모던 C++ 프로그래밍 입문

Modern C++ Programming for Beginners 2nd Ed.

음두헌 지음

C++98
C++03
C++11
C++14
C++17
C++20

{C++11, C++14, C++17, C++20} Modern C++

좋은 책 · 알찬 내용
KM 가메출판사

모던 C++ 프로그래밍 입문

Modern C++ Programming for Beginners 2nd Ed.

지은이 음두헌
펴낸이 이병렬
펴낸곳 도서출판 가메 https://www.kame.co.kr
주소 서울시 마포구 양화로 56, 504호(서교동, 동양한강트레벨)
전화 02-322-8317
팩스 0303-3130-8317
이메일 km@kame.co.kr

등록 제313-2009-264호
발행 2023년 5월 30일 개정판 1쇄 발행
정가 30,000원

ISBN 978-89-8078-314-4

표지 / 편집 디자인 편집디자인팀

머리말

C++는 게임, 공학, 그래픽, 시스템 등의 고성능을 요구하는 분야의 언어로 자리 잡았는데, C를 확장한 언어이므로 C를 먼저 학습하고 다음 단계로 C++를 배우는 것이 일반적이다. 그간 C++도 개혁의 과정을 여러 차례 거치면서 성능을 개선하고 개발자에게 친근하게 다가서기 위한 새로운 기능들로 무장했지만, 시장에서는 이 새로운 기능들이 오히려 진입 장벽으로 작용하는 것도 사실이다. 여기서 최신 기능을 갖춘 C++란 2011년에 발표된 C++11 표준, 2014년에 발표된 C++14 표준, 2017년에 발표된 C++17 표준 그리고 2020년에 발표된 C++20 표준을 준수하는 모던 C++를 의미한다.

프로그래밍 언어도 언어이므로 한국어, 영어 등과 같은 자연어와 유사한 점이 많다. 시대에 따라 같은 것을 표현하는 예전 용어나 관용구를 대체하는 새로운 용어나 관용구가 자연어에 등장하기도 하고 기술의 발전으로 인해서 예전에 없던 것을 표현하는 새로운 용어나 관용구가 도입되기도 한다. 필자는 이러한 새로운 용어나 관용구를 내 것으로 만들기 위해서는 과감하게 무조건 사용해 보는 것이 가장 중요하다고 생각한다. 처음에는 어색해도 여러 번 사용하다 보면 자연스럽게 내 것이 된다. 필자는 이러한 신념을 이 책의 구성과 내용에 반영해서 모던 C++의 기능들을 충분한 설명과 함께 책의 초기 예제부터 적극적으로 사용했다.

그간의 프로그래밍 교육 경험에 의하면 프로그래밍 언어는 예제를 중심으로 다루는 것이 가장 효과적이라고 생각한다. 따라서 150개가 넘는 예제 프로그램들을 이 책에 제공해서 접근성을 높였고 직관적인 설명을 위해서 그림을 많이 사용했다. 예제 프로그램들은 객체지향 개념 전달용으로 사용한 비교적 긴 것들과 문법 전달용으로 사용한 짧은 것들을 적절하게 섞어서 구성했다.

■ 이 책의 대상

이 책의 대상은 다음과 같다.

- ▶ C 프로그래밍 학습 이후 C++로 객체지향 제네릭 프로그래밍에 입문하고자 하는 독자

- C++ 프로그래밍의 경험자이지만 모던 C++의 새로운 기능들을 적극적으로 활용하고자 하는 독자
- 게임 프로그래밍, 그래픽 프로그래밍, 시스템 프로그래밍 등으로 가기 전에 객체지향 개념과 제네릭 프로그래밍의 기본을 확고하게 정립해서 첫 단추를 잘 끼우고 싶은 독자

■ 이 책의 특징

프로그래밍 언어의 관점에서 보면 객체지향 프로그래밍과 제네릭 프로그래밍은 서로 다른 패러다임이지만 이 두 가지 기능을 모두 지원하는 C++의 입장에서 보면 두 패러다임은 상호 보완적이면서 시너지 효과를 내는 관계이다. C++의 표준 템플릿 라이브러리를 살펴보면, C++가 객체지향 개념을 큰 틀로 삼고 그 안에서 제네릭 프로그래밍이 제공하는 장점을 적극적으로 수용한다는 것을 확인할 수 있다. 이 책의 구성과 내용도 표준 템플릿 라이브러리와 같은 접근 방식을 채택했는데, 이 책이 제공하는 굵직한 내용은 다음과 같다.

첫째, 비주얼한 실습을 통한 객체지향 개념의 단계적 정립

대부분의 C++ 책들이 문법 위주의 바텀-업 구성을 채택했지만, 필자는 문법 위주의 구성이 객체지향 프로그래밍의 개념과 활용을 학습하기에는 적절하지 못하다고 생각한다. 객체지향 개념을 효율적으로 전달하기 위해서, 필자는 실습으로 카드 게임을 완성해 나가면서 그 안에서 필수 문법을 다루는 탑-다운 구성을 채택했다. 카드 게임의 완성을 위해서 3장부터는 내용이 이어 지지만, 클래스, 상속 관계, 포함 관계, 다형성의 활용을 큰 주제로 프로그램 파일 단위로 끊어지는 구성이므로 독자의 백그라운드에 따라 필요한 장부터 학습해도 좋을 것 같다.

또한, 쉽고 재미있는 학습을 위해서 시각적인 실습을 진행할 수 있는 시각 사용자 인터페이스 라이브러리와 기본 코드 틀을 2장부터 제시해서 활용했다. 윈도우에 카드가 표시되고 움직이며 애니메이션도 이뤄진다. 객체지향 개념을 모두 활용해서 구현된 시각 사용자 인터페이스 라이브러리를 활용하고 시각적으로 확인해 보는 것이 객체지향 개념을 제대로 이해하기 위해서 필수라고 생각한다. iOS 앱의 개발 환경인 Xcode, 안드로이드 앱의 개발

환경인 안드로이드 스튜디오, 웹 서버의 개발 환경인 스프링 프레임워크 등의 거의 모든 객체지향 개발 환경은 이 책에서 사용하는 시각 사용자 인터페이스 라이브러리처럼 프레임워크 기반의 프로그래밍 방식을 사용하고 있다.

둘째, 표준 템플릿 라이브러리를 적극 활용하는 제네릭 프로그래밍의 기초 확립

코딩의 난이도를 낮춰주는 표준 템플릿 라이브러리는 C++ 프로그래밍에서 필수적으로 사용하게 되고 객체지향 개념을 잘 이해하고 있어야 효율적인 활용이 가능하다. 대부분 프로그램은 데이터를 저장, 검색, 삭제, 분석하는 등의 데이터 처리 작업을 포함하는데, C++는 이러한 데이터 처리 작업을 지원하기 위해서 표준 템플릿 라이브러리를 제공한다. 표준 템플릿 라이브러리는 다양한 타입의 데이터를 저장하고 관리하는 컨테이너들과 이러한 데이터에 적용할 수 있는 유용한 함수들을 모아 놓은 것이다. 이 책에서 제네릭 프로그래밍이란 주로 표준 템플릿 라이브러리를 활용하는 포괄적인 프로그래밍을 의미한다. 포괄적인 프로그래밍이란 한 번 정의한 코드를 여러 타입의 데이터에 포괄적으로 적용할 수 있게 코드를 작성하는 것을 말한다.

필자는 표준 템플릿 라이브러리 전체를 다루는 대신 자주 사용하고 꼭 알고 있어야 하는 것들만 추려서 설명하며 이 책의 초기 실습 예제부터 적극적으로 활용했다. 또한, 객체지향 개념을 큰 틀로 삼고 그 안에서 제네릭 프로그래밍의 장점을 활용하는 구성을 채택했으므로 객체지향 개념의 정립 단계에 맞춰 제네릭 프로그래밍의 기법을 점진적으로 설명해 나간다.

셋째, 대형 프로그램의 작성을 위한 모듈화 프로그래밍의 기초 정립

프로그램을 구현한 파일이 수백 행의 코드를 포함한다면 유지보수에 대한 부담이 크지 않지만 수천 행의 코드를 포함한다면 유지보수에 상당한 어려움을 겪게 된다. 모듈화 프로그래밍이란 프로그램을 작성할 때 기능별로 모듈을 정의해서 프로그램을 모듈 단위로 설계하고 구현하는 것을 의미한다. C++에서 하나의 모듈은 모듈을 사용하는데 필요한 정보를 담고 있는 인터페이스 파일(헤더 파일)과 모듈을 실제 정의한 구현 파일로 구성된다. 모듈은 프로그램을 논리적인 기능별로 나눈 것이므로 그 크기가 클 수도 있고 작을 수도 있지만, 유지보수에 부담을 주지 않는 크기로 정의하는 것이 좋다. C++에서 모듈은 객체지향 관점에서 정의하는 것이 일반적이다. 또한, 프로그램이 활용하는 C++의 표준 라이브러리들도 시스템 모듈들이다. 따라서 모듈이 많아지면 물리적으로 나눠지는 파일들이 많아지므로 모듈의 정보를 담고 있는 헤더 파일들을 효율적으로 작성하고 관리하는 요령이 필요하다. 필자는 모듈화 프로그래밍의 실습을 위해서 이 책의 최종 실습 과제에서 완성하는 카드 게임을 일부러 다섯 개의 작은 논리적인 모듈들로 구성했고 2장부터 모듈을 한 개씩 추가해서 카드 게임을 완성해 나가는 구성을 채택했다.

필자는 이러한 내용을 빠르게 훑어보고 싶은 독자를 위해서 필수적으로 학습할 절과 옵션 절을 나눠서 구성했는데, 심화 내용을 담고 있는 옵션 절은 "**2.9 string_view 타입 ☞ C++17"처럼 절 제목 앞에 **를 표시했고 연계된 연습 문제도 번호에 **를 표시했다.

■ 이 책의 구성

객체지향 개념의 정립을 위해서 단계적으로 이어지는 실습 과제들을 중심으로 이 책을 구성했다. 1장에서 실습 환경을 구축하고 클래스와 객체의 개념을 소개해서 간단한 콘솔 입출력 기반의 응용 프로그램들을 작성해 본다. 콘솔이란 출력을 위한 모니터(명령어 창)와 입력을 위한 키보드의 쌍을 의미한다. 2장에서는 이 책에서 제공하는 시각 사용자 인터페이스 라이브러리와 기본 코드 틀을 이용해서 간단한 윈도우 기반의 응용 프로그램을 작성하는 방법을 실습한다. 3장에서 사각형 클래스를 정의해서 활용해 보고 클래스와 객체의 개념을 정립한다. 4장에서는 이 사각형 클래스를 상속받는 카드 클래스를 정의해서 활용해 보고 상속의 개념을 정립한다. 5장에서는 4장의 카드 클래스를 포함하는 카드 파일 card pile 컨테이너 클래스를 작성해서 활용해 보고 다형성의 개념을 정립한다. 6장은 5장의 카드 파일 클래스를 상속받는 네 종류의 카드 파일 클래스들을 정의하고 앞선 장들에서 정립한 개념들을 종합해서 활용하는 카드 게임을 완성한다.

제네릭 프로그래밍의 기초를 다지기 위해서 이 책은 실습 과제와 연관되는 제네릭 프로그래밍의 요소들을 해당 장의 필수 문법절에서 다룬다. 1장과 2장에서는 C에서 개선된 C++의 새로운 기능들과 함께 제네릭 함수를 설명한다. 클래스의 개념을 구체적으로 다루는 3장에서는 클래스와 연관된 C++의 문법적인 요소들을 자세하게 설명하고 제네릭 클래스를 설명한다. 또한, 이를 바탕으로 C++가 제공하는 표준 템플릿 라이브러리의 활용을 예제 중심으로 다룬다. 4장에서는 상속과 연관된 문법적인 요소들을 상세하게 다루고 람다 함수를 예제 위주로 자세하게 설명한다. 또한, 람다 함수를 제네릭 람다 함수로 확장하는 방법도 소개한다. 5장에서는 C++의 복사 시맨틱과 이동 시맨틱의 기능을 설명하고 이를 제네릭 클래스에 적용하는 내용을 다룬다. 특히, 복사 시맨틱이 필수인 경우를 설명하고 성능 개선을 위한 이동 시맨틱의 성능 개선 효과를 예제 중심으로 설명한다. 6장의 필수 문법절에서는 C++의 표준 라이브러리 중, 앞선 장들에서 다루지 않았던 나머지 라이브러리들을 간략하게 소개하고 표준 템플릿 라이브러리의 고급 컨테이너들을 활용해 본다.

각 장의 구성은 동일하며 절들의 연관 관계는 다음과 같다.

- ▶ 실습 과제: 1장부터 6장까지 Hello ▶ Pen ▶ Rectangle ▶ Card ▶ Pile ▶ Game 응용 프로그램의 실습으로 이어져서 카드 게임을 완성(객체지향 개념 전달에 초점)
- ▶ 필수 문법: 장별로 필수적인 문법을 예제 위주로 다룸(제네릭 프로그래밍의 기초 전달에 초점)
- ▶ 응용 과제: 실습 과제와 필수 문법절에서 다룬 개념과 문법 요소들을 응용하는 2~4개의 과제
- ▶ 연습 문제: 장별로 실습 과제, 필수 문법, 응용 과제에서 설명한 개념과 문법을 발전시킴

■ 이 책의 실습 환경

많이 사용하는 C++ 컴파일러는 g++, Clang, Visual C++ 등이 있는데, 이 책의 실습 환경은 윈도우에 설치된 Microsoft Visual Studio Community 2022 버전의 Visual C++ 2022 컴파일러를 기준으로 한다. Visual C++ 2022는 C++11~C++20 표준에 규정된 모던 C++의 기능들을 대부분 지원한다.

다음 그림에 보인 C++ 표준 중 C++11 표준 이후의 표준들을 합쳐서 모던 C++이라고 부른다.

C++98
C++03
C++11
C++14
C++17
C++20

(C++11 ~ C++20: Modern C++)

Visual C++ 2022는 C++14 표준을 기본으로 설정하는데, 이후 표준의 기능이 필요하면 Microsoft Visual Studio 환경에서 [프로젝트] 메뉴 항목을 선택하고 펼쳐진 항목 중 [속성] 항목을 선택해서 다음 그림처럼 구성 창을 생성한다.

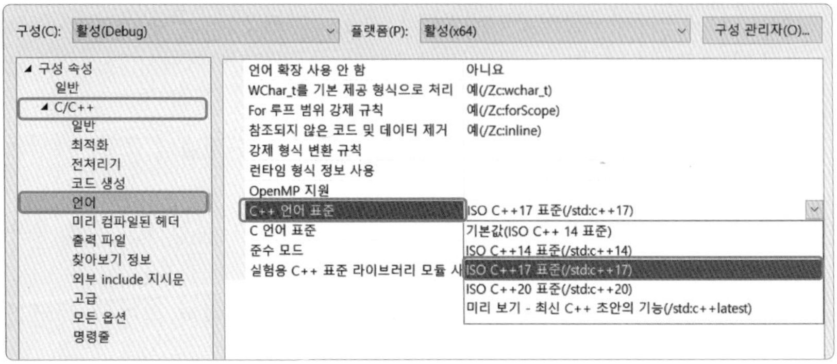

그림의 왼쪽 뷰에서 [C/C++] 항목을 전개하고 [언어] 항목을 선택하면 오른쪽에 [C++ 언어 표준] 항목이 보이는데, 이 항목을 전개해서 원하는 컴파일러 옵션을 선택한다.

이 책에서는 Visual C++ 2022가 기본으로 설정하는 C++14 표준까지의 기능은 실습 과제, 응용 과제, 연습 문제에 적극적으로 적용했고 이후 표준의 기능은 이 책이 입문서 이므로 기능이 필요한 이유와 개념을 위주로 필수 문법절에서 다뤘다. 또한, 본문에서 string_view 타입 ☞ C++17, ranges 라이브러리 ☞ C++20 등처럼 모던 C++ 기능을 처음 언급할 때 위첨자로 표준을 구분했다.

■ 이 책이 제공하는 자료

다음 그림처럼 https://www.kame.co.kr 사이트에 연결해서 [게시판] 탭을 선택하고 [소스 자료실] 항목을 선택하면 이 책에서 제공하는 자료를 다운로드받을 수 있다.

ModernC++.zip 압축 파일을 다운로드받아 압축을 풀면 다음 리스트에 보인 자료를 담은 폴더를 얻을 수 있다. 이 자료를 활용하는 방법은 본문에서 설명한다.

- ▶ 실습 과제 소스 프로그램
- ▶ 필수 문법절의 예제 소스 프로그램
- ▶ 응용 과제 소스 프로그램
- ▶ 연습 문제 홀수번 소스 프로그램
- ▶ 연습 문제 실행 파일

실습 과제, 필수 문법절의 예제, 응용 과제, 연습 문제의 소스 프로그램들을 제공하는 chapter3 폴더의 구성은 다음 그림에 보인 것과 같다.

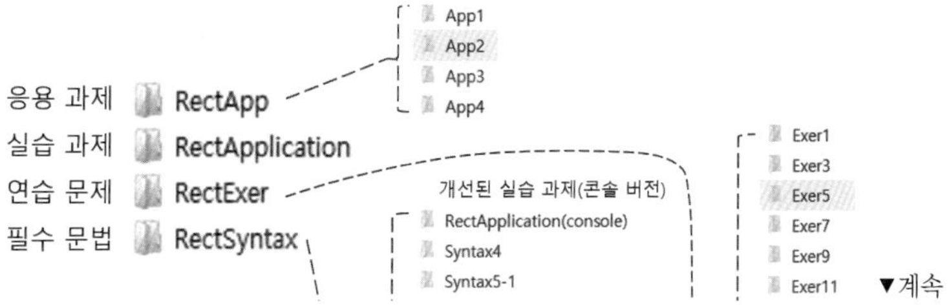

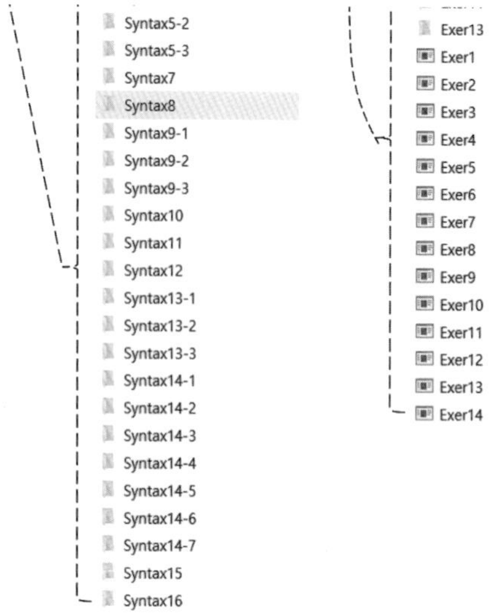

그림에서 필수 문법절의 RectApplication(console) 폴더는 3장의 실습 과제를 문법적으로 개선하고 콘솔 버전으로 변경한 소스 프로그램을 담고 있다. 문법 요소들은 콘솔 응용 프로그램을 사용해서 전달하는 것이 윈도우 버전보다 더 효율적이므로 필수 문법절의 모든 예제 프로그램들을 콘솔 응용 프로그램으로 작성했다. 연습 문제의 실행 파일들은 연습 문제를 작성하기 전에 문제가 요구하는 사항들을 시각적으로 확인해 보는 용도로 사용한다. 나머지 장들의 폴더들도 같은 구조를 가진다. *XXX*App, *XXX*Application, *XXX*Exer, *XXX*Syntax 폴더명은 각각 응용 과제, 실습 과제, 연습 문제, 필수 문법절을 의미하고 필수 문법절의 Syntax 뒤의 번호는 필수 문법절의 세부 절을 의미한다.

소스 프로그램들은 콘솔 응용 프로그램용과 이 책에서 제공하는 시각 사용자 인터페이스 라이브러리를 활용하는 윈도우 응용 프로그램용으로 구분된다. 해당 폴더가 이 책에서 제공하는 시각 사용자 인터페이스 라이브러리 파일인 pclaf.h 파일과 pclaf.cpp 파일을 포함한다면 그 프로그램은 윈도우 응용 프로그램이다. Visual C++ 2022는 프로그램을 프로젝트 단위로 설정하는데, 콘솔 응용 프로그램의 프로젝트 설정은 1장의 실습 과제에서 다루고 윈도우 응용 프로그램의 프로젝트 설정은 2장의 실습 과제에서 설명한다.

목차

CHAPTER 1

Hello 응용 프로그램

객체지향 기술의 필요성을 설명하기 위해서, 소프트웨어의 생명 주기 life cycle를 먼저 생각해 보자. [그림 1.1]은 대형 소프트웨어(몇 십만 또는 몇 백만 행 단위)가 개발되어 테스팅 과정을 거친 뒤, 상품화되고 사용과 수정 단계를 반복한 후 폐기될 때까지의 주기를 보인 것이다. 여기서 수정이라 함은 사용 중에 발견된 오류를 고치는 작업과 응용 환경의 변화에 따른 갱신 작업을 의미한다.

한 연구 결과에 의하면, 대형 소프트웨어인 경우 철저한 테스팅을 거쳤다 하더라도 백 개의 프로그램 문장마다 평균 세 개 내지 다섯 개의 오류를 포함한다고 한다. 오류에는 컴파일 오류와 실행 오류가 있는데, 여기서 오류는 실행할 때 발생하는 예상하지 못한 오동작을 의미한다. 수정 단계가 필요하지 않은 완벽한 소프트웨어를 구현하는 작업은 불가능하므로 수정 작업을 최소화하는 것이 최선이라 할 수 있다.

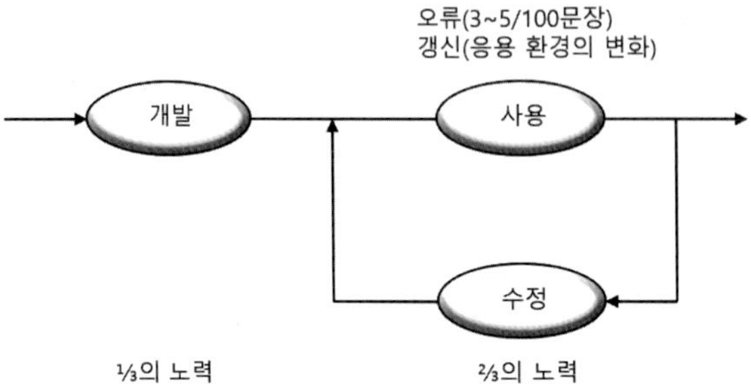

▲ 그림 1.1 ▷ 소프트웨어의 생명 주기

하나의 소프트웨어가 개발되어 관리되며 일생을 마칠 때까지 드는 전체 노력 주로 인건비을 1로 본다면, 개발 작업에 1/3, 수정 작업에 2/3 정도로 배분된다. 물론, 전체 노력의 1/3이 개발시 단기간에 집중적으로 필요하지만, 한 소프트웨어의 수명을 오년 정도라고 볼 때 이 기간 동안 수정 작업에 드는 2/3의 노력을 줄이는 것이 소프트웨어 회사 입장에서는 무엇보다 중요하다고 할 수 있다.

수정 작업에 드는 노력을 줄이기 위한 연구가 소프트웨어 엔지니어들에 의해 계속되어 왔으며 개발 단계와 수정 단계의 연관 관계를 분석해 본 결과, 개발 단계에서 보다 구조화된 소프트웨어 구현을 위한 작은 노력이 수정 단계에 미치는 보상 효과가 상당히 크다는 것을 인식하게 되었다.

남이 작성한 프로그램 코드를 분석해서 수정해 본 경험이 있는 개발자라면 이를 쉽게 이해할 수 있을 것이다. 남이 작성한 프로그램에서 수정해야 할 부분을 찾아내는 작업도 쉽지 않지만 이보다 더한 것은 어떤 부분을 수정하기 위해 그것과 연관된 모든 부분에 손을 대야 하는 것이다. 잘 구조화된 프로그램인 경우는 수정이 필요한 부분만을 이해하고 수정하면 되는 반면, 잘 구조화된 프로그램이 아니라면 간단한 수정을 위해서 전체 프로그램의 흐름을 완벽하게 이해해야 한다. 대형 소프트웨어일수록 이러한 수정 단계에서의 보상 효과는 더 커지고 전체 소프트웨어의 생명 주기를 통해 볼 때 노력의 큰 삭감을 가져올 수 있다.

따라서 수정 작업에 드는 노력을 줄이기 위한 최선책은 개발 단계에서 가능한 한 독립적인 소프트웨어 부품 software component 단위로 소프트웨어를 설계하고 구현하는 것이다. 이를 위한 연구가 계속되어 왔으며 그 결과 객체지향 기술로 발전하기에 이르렀다.

가정에서 사용하는 냉장고의 예를 들어 소프트웨어 부품의 중요성을 설명해 보자. 냉장고는 모터, 온도조절기, 실내등, 선반 등과 같은 여러 부품들의 조립품이며 각 부품은 냉장고의 전체 기능 중 일부를 담당한다. [그림 1.2]는 냉장고의 온도조절기 부품과 이 책에서 사용하게 될 부품 표기 방식으로 이 온도조절기를 보인 것이다.

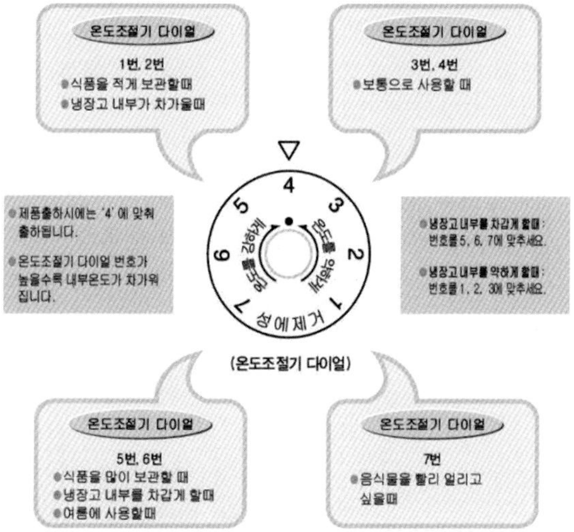

온도조절기 부품

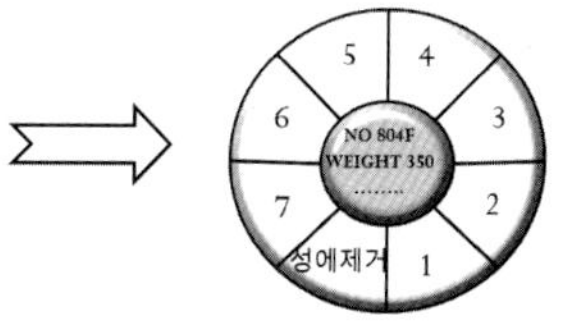

온도조절기 부품 (이 책의 표기 방식)

▲ 그림 1.2 ▷ 이 책에서의 부품표기 방식

온도조절기는 성에 제거, 1단, 2단 등의 기능을 수행하는 기능적인 면과 제품번호 NO, 무게 WEIGHT, 제조사 등의 데이터적인 면을 함께 가지고 있다. 사용자가 사용하는데 필요한 기능적인 속성들은 외부에 표시되고 사용자가 사용하는데 필요하지 않은 데이터적인 속성들은 뒷면에 표시되거나 부품 내부에 존재한다.

이 책의 부품표기 방식은 이러한 면을 반영하기 위해서 [그림 1.2]의 오른쪽 그림과 같이 기능적인 속성들은 부품의 외부 원에 도출해서 표기하고, 데이터적인 속성들은 부품의 내부 원에 표기한다. 냉장고의 모터, 실내등, 선반 등과 같은 나머지 부품들도 이와 같이 표기할 수 있다.

부품들을 조립해서 생산하는 냉장고의 관리 측면을 생각해 보자. 우리는 냉장고를 구입해서 사용하다 고장나면 냉장고 제조 회사의 서비스를 받는다. 이때 문제가 생긴 부품은 나머지 부품들과는 상관없이 교체되는 것이 일반적이다. 온도조절기에 문제가 발생하면 새로운 온도조절기로 교체하면 된다. 소프트웨어도 수정 작업을 해야 할 때 문제가 생긴 소프트웨어 부품을 나머지 부분에 영향을 주지 않고 해당 부품 내에서 수정 작업을 할 수 있다면 좋을 것이다.

냉장고의 예를 더 확장해서 냉장고의 설계와 제조 과정을 살펴보자. 신형 냉장고는 모든 부품들을 처음부터 다시 설계해서 조립한 것이 아니며 기존의 부품들에 새로 개발된 부품들이 추가로 조립되어 만들어진다. 소프트웨어도 이와 같이 기존의 소프트웨어 부품들을 그대로 활용하고 새로운 부품을 추가해서 소프트웨어 제품을 만들 수 있다면 생산성이 크게 향상될 수 있다.

이번에는 우리가 일상생활에서 자주 사용하는 [그림 1.3]의 만능 드라이버 부품을 살펴보자.

▲ 그림 1.3 ▷ 제니릭 부품

만능 드라이버도 on, off, 1단, 2단, 역방향 등의 기능을 수행하는 기능적인 면과 가격, 제품번호, 무게, 제조사 등의 데이터적인 면을 함께 가지고 있는 부품이다. 그러나 만능 드라이버는 냉장고의 온도조절기 부품과 달리 다양한 볼트 타입을 지원한다. 이와 같은 부품을 제네릭 generic; 포괄적인 부품이라고 하는데 C++는 다양한 기능의 제네릭 소프트웨어 부품들을 라이브러리 형태로 제공한다.

객체지향 기술이 지향하는 이상적인 소프트웨어의 제작과 관리 환경은 [그림 1.4]에 보인 것과 같다.

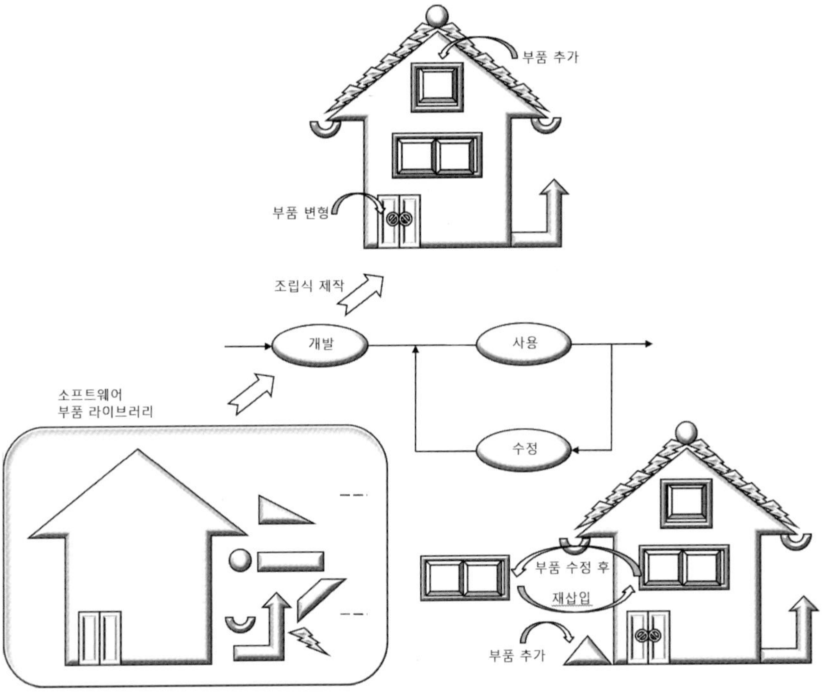

▲ 그림 1.4 ▷ 소프트웨어의 조립식 생산과 수정

소프트웨어 제작을 집 짓는 것에 비유해 보자. 소프트웨어의 생산은 소프트웨어 부품 라이브러리로부터 필요한 부품들을 이용하고, 없는 부품은 제작해서 조립식으로 이루어진다. 라이브러리의 부품을 변형해서 사용하는 것도 가능하며 만능 드라이버처럼 여러 상황에 적용시킬 수 있는 제네릭 부품을 효율적으로 사용할 수도 있다.

당연히 제작 기간이 짧아져 생산성이 증대될 것이며 라이브러리 내의 검증된 부품들을 사용하므로 소프트웨어의 질도 높아질 것이다. 소프트웨어의 수정은 문제를 일으킨 부품을 빼내 수정한 후, 다시 넣어 주면 될 것이고 기능이 더 필요하다면 부품을 추가하면 될 것이다. 따라서 관리 비용과 생산 비용을 크게 줄일 수 있다.

객체지향 기술은 이와 같이 재사용이 가능한 소프트웨어 부품을 작성하기 위한 기술로서 소프트웨어의 설계와 구현시 적용해야 할 기술로 자리 잡았다. 결론적으로, 객체지향 기술은 소프트웨어를 냉장고처럼 부품들의 조립식으로 제작하고 관리하기 위한 기술이다. C++, 자바, 코틀린, 스위프트 등과 같은 객체지향 언어는 객체지향 기술을 적용해 소프트웨어를 제작하기 위한 도구들이다.

이 장에서는 Visual C++ 2022의 통합 개발 환경인 Visual Studio Community 2022를 이용해서 프로그램을 작성하는 과정과 콘솔 윈도우 명령창에 문자열을 출력하는 'Hello 응용 프로그램'을 작성해 본다. C++는 기존의 C에서 사용하기 쉽고 신뢰할 수 있게 기능을 확장하는 동시에 객체지향 프로그래밍과 제네릭 프로그래밍의 특성을 추가한 언어이다. 'Hello 응용 프로그램'은 C++가 제공하는 cout이라는 소프트웨어 부품을 사용해서 콘솔 윈도우에 문자열을 출력하게 되는데, cout 부품이 우리가 사용할 첫 번째 소프트웨어 부품이다.

C++는 이 부품 외에 다양하고 방대한 소프트웨어 부품 라이브러리를 제공하는데, 이 책의 실습 과제들을 진행하면서 핵심 부품들을 활용해 보고 부품들을 직접 제작도 해서 [그림 1.4]에 보인 것처럼 소프트웨어 부품들로 구성되는 카드 게임을 완성해 나갈 것이다.

01 Hello 응용 프로그램 실습

✓ Check Point 콘솔 입출력, 주석, 이름 공간, 클래스와 객체

▶ 콘솔 창에 [그림 1.5]처럼 “hello world!” 문자열을 출력하는 응용 프로그램을 작성한다.

▲ 그림 1.5 ▷ Hello 응용프로그램의 실행 결과

STEP 01 비주얼 스튜디오 2022 커뮤니티 버전 다운로드

이 책에서는 프로그래밍 실습을 위해서 마이크로소프트 비주얼 스튜디오 2022 커뮤니티 버전을 사용한다. 비주얼 스튜디오 커뮤니티 버전은 다음의 URL을 사용하는 비주얼 스튜디오 사이트에서 무료로 다운로드받을 수 있다.

https://visualstudio.microsoft.com/ko/downloads

비주얼 스튜디오는 이전 버전을 갱신해서 설치되지 않으므로 이전 버전이 이미 설치되어 있다면 제거하고 2022 버전을 설치하는 것이 좋다. 서로 다른 버전의 충돌로 인해 프로그램이 제대로 실행되지 않는 경우가 있다.

위의 URL을 사용하여 사이트에 접속하면 [그림 1.6]처럼 선택 페이지가 표시된다. [커뮤니티] 항목의 [무료 다운로드] 버튼을 클릭해서 다운로드를 시작한다.

이전 버전이 설치되어 있지 않다면, STEP 03으로 진행한다.

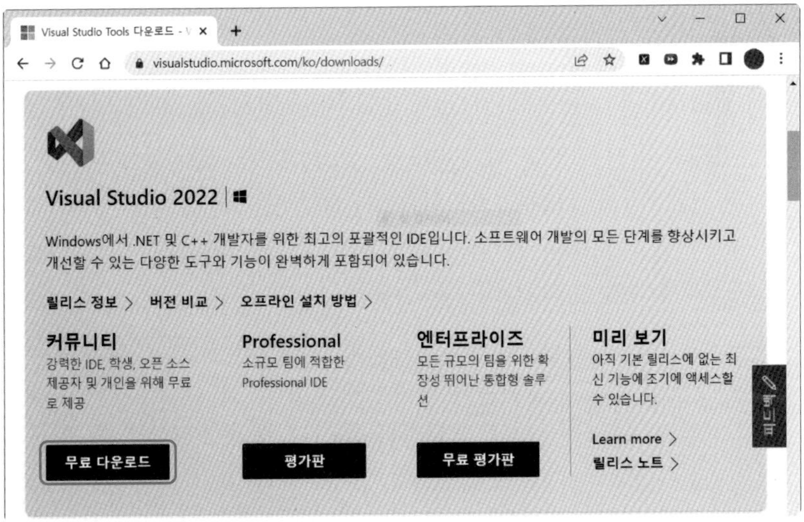

▲ 그림 1.6 ▷ 비주얼 스튜디오 다운로드 사이트

STEP 02 이전 버전의 비주얼 스튜디오 제거

이전 버전의 비주얼 스튜디오 제거는 해당 버전의 설치 관리자를 사용해서 제거한다. 윈도우 작업표시줄에 위치한 검색창에 '제어판'을 입력하고 제어판 앱을 검색하여 실행한다. 제어판의 [프로그램 및 기능] 항목을 선택해서 [그림 1.7]의 [프로그램 및 기능] 창을 표시한다.

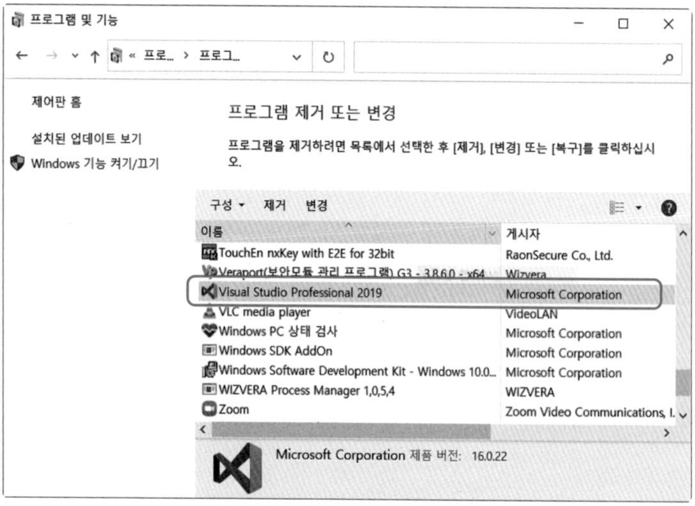

▲ 그림 1.7 ▷ 이전 버전의 비주얼 스튜디오 설치관리자 실행

[그림 1.7]처럼 Visual Studio Professional 2019 버전이 설치되어있다면, 더블클릭해서 설치관리자를 실행한다. [그림 1.8]의 [Visual Studio Installer] 창이 나타나면 [OK] 버튼을 클릭해서 이전 버전을 제거한다.

STEP 03 비주얼 스튜디오 2022 커뮤니티 버전 설치

STEP 01에서 다운로드한 VisualStudioSetup 설치 관리자를 더블클릭해서 실행하면 [그림 1.9]의 [설치] 창이 표시된다.

▲ 그림 1.8 ▷ 이전 버전의 비주얼 스튜디오 제거

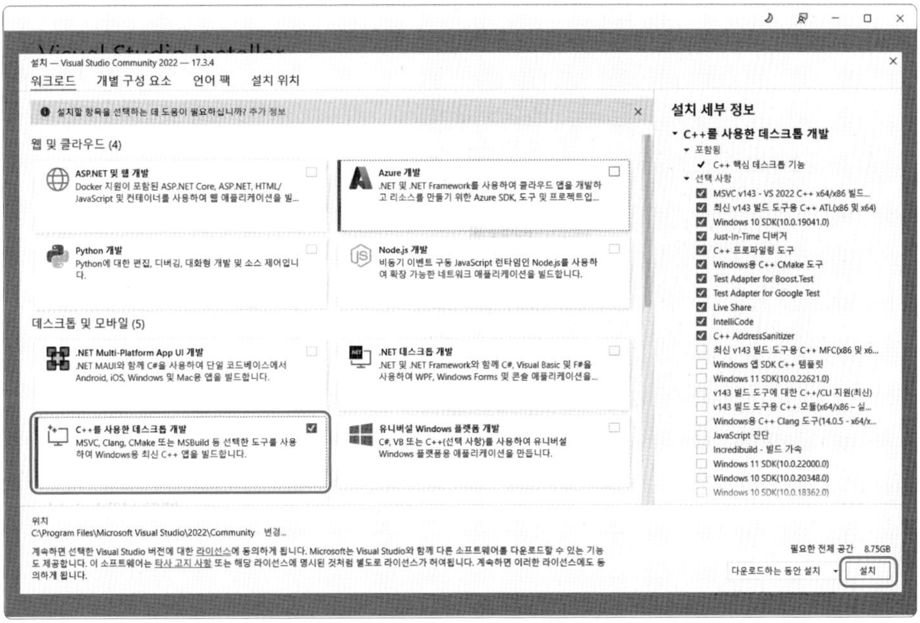

▲ 그림 1.9 ▷ 설치 항목 선택

[C++를 사용한 데스크톱 개발] 항목을 선택하고 [설치] 버튼을 클릭해서 비주얼 스튜디오를 설치한다. 설치가 완료되면 [그림 1.10]의 [설치 완료] 창이 표시된다. [OK] 버튼을 클릭하고 [설치 완료] 창에서 안내하는 것처럼 컴퓨터를 다시 시작하는 것이 좋다.

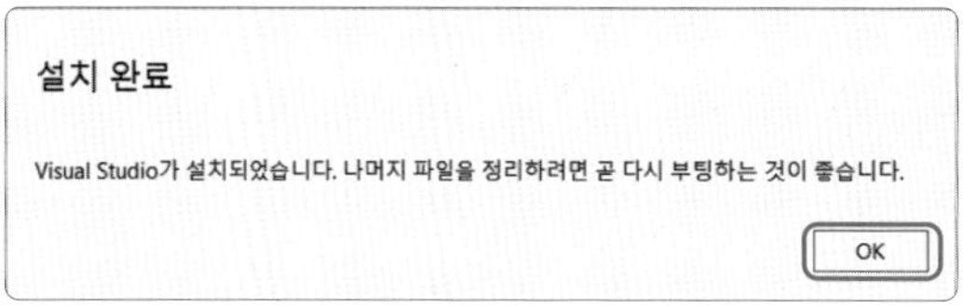

▲ 그림 1.10 ▷ 설치 완료

STEP 04 비주얼 스튜디오 실행

윈도우 작업 표시줄에 위치한 윈도우 버튼을 클릭하고 표시되는 앱 항목들 중, 'Visual Studio 2022'를 선택해서 실행한다. 윈도우 운영체제에 마이크로소프트 계정이 등록되어 있지 않다면 [그림 1.11]처럼 [Visual Studio에 로그인] 창이 표시된다.

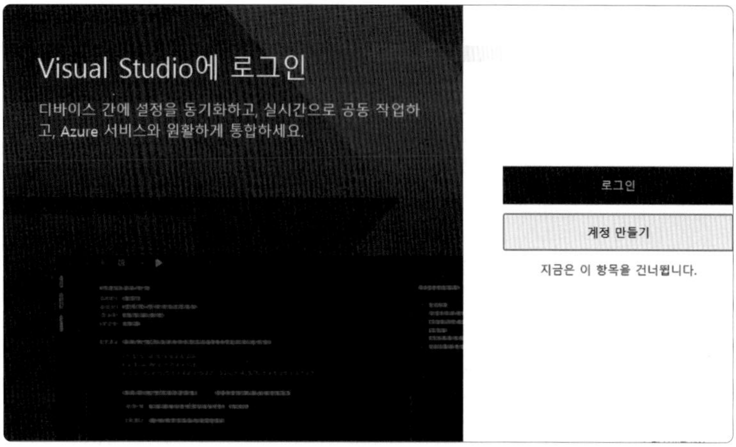

▲ 그림 1.11 ▷ 마이크로소프트 계정으로 로그인

로그인 창이 표시되면 마이크로소프트 계정으로 로그인한다. 마이크로소프트 계정이 없으면 [계정 만들기] 버튼을 클릭해서 계정을 생성하고 로그인한다. 로그인 과정이 완료되면 [그림 1.12]처럼 작업 선택을 위한 [시작] 창이 표시된다.

▲ 그림 1.12 ▷ 작업 선택

STEP 05 HelloApplication 프로젝트 생성

비주얼 스튜디오에서 C++ 소스 파일을 작성하려면 프로젝트와 솔루션을 생성한다. [그림 1.12]의 창에서 [새 프로젝트 만들기] 항목을 선택해서 [그림 1.13]처럼 [새 프로젝트 만들기] 창을 표시한다.

▲ 그림 1.13 ▷ 프로젝트 생성

이 책에서는 실습을 위해 마법사를 사용해서 프로젝트를 생성한다. [Windows 데스크톱 마법사] 항목을 선택하고 [다음] 버튼을 클릭해서 [그림 1.14]의 [새 프로젝트 구성] 창을 표시한다.

▲ 그림 1.14 ▷ 새 프로젝트 구성

[프로젝트 이름] 항목은 'HelloApplication'으로 입력한다. 프로젝트를 정의하면 프로젝트 폴더가 생성되는데, 'HelloApplication' 프로젝트 폴더는 [위치] 항목에 지정한 'C:\VC++\chapter1' 폴더의 하위 폴더로 생성된다. 프로젝트 폴더의 위치를 변경하려면 [...] 버튼을 클릭해서 새로운 위치를 지정할 수 있다. 솔루션 Solution은 여러 개의 프로젝트로 구성되는 보다 큰 단위의 프로젝트인데, 이 책에서는 솔루션을 사용하지 않는다. [솔루션 및 프로젝트를 같은 디렉터리에 배치] 항목을 체크하면 한 개의 솔루션에 한 개의 프로젝트를 담게 되므로 솔루션이 곧 프로젝트가 된다. 이 책에서는 솔루션과 프로젝트를 구분하지 않고 프로젝트라는 용어를 사용한다. [솔루션 및 프로젝트를 같은 디렉터리에 배치] 항목을 체크하고 [만들기] 버튼을 클릭해서 [그림 1.15]처럼 [Windows 데스크톱 프로젝트] 창을 표시한다.

▲ 그림 1.15 ▷ 프로젝트 설정

[애플리케이션 종류]는 '콘솔 애플리케이션(.exe)' 항목을 선택하고 [추가 옵션]은 '빈 프로젝트' 항목을 선택한다. 2장에서 다룰 윈도우 응용 프로그램은 애플리케이션 종류를 '데스크톱 애플리케이션'으로 설정하는데, 윈도우 응용 프로그램을 다룰 때 다시 설명하기로 한다. [확인] 버튼을 클릭하면 [그림 1.16]과 같은 비주얼 스튜디오의 통합 개발 환경 Interactive Development Environment; IDE이 표시된다.

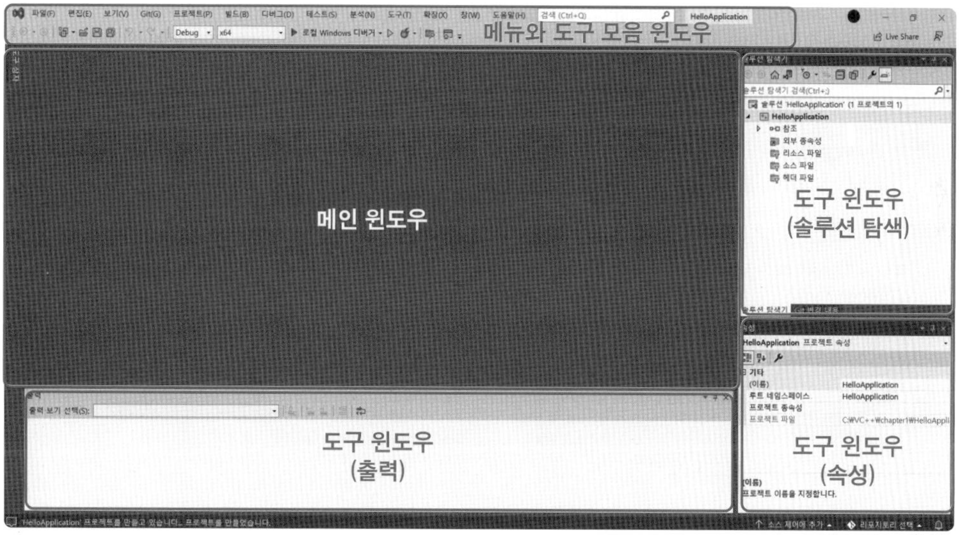

▲ 그림 1.16 ▷ 비주얼 스튜디오 통합 개발 환경

비주얼 스튜디오의 IDE는 '메뉴와 도구 모음 윈도우', '메인 윈도우', '도구 윈도우'의 세 가지 영역으로 구성된다. '메인 윈도우'는 소스 파일을 작성할 때 사용하는 편집기가 표시되는 작업 공간이다. '도구 윈도우' 중, 오른쪽 위에 표시되는 '솔루션 탐색 윈도우'는 프로젝트를 관리하며 소스 파일을 생성하고 삭제하는 작업을 할 때 사용한다. 아래쪽에 표시되는 '출력 윈도우'는 컴파일 과정, 오류 메시지, 프로그램 실행 결과 등을 출력한다. 마지막으로 '속성 윈도우'는 프로젝트의 속성 정보를 표시한다. '솔루션 탐색 윈도우'의 [솔루션 탐색기]에서 생성된 'HelloApplication' 프로젝트를 확인한다.

STEP 06 HelloApp.cpp 소스 파일 생성

솔루션 탐색기의 'HelloApplication' 프로젝트 항목에서 [그림 1.17]처럼 마우스 오른쪽 버튼을 클릭하면 선택 메뉴가 펼쳐진다. 표시된 항목 중에서 [추가]▶[새 항목]을 선택해서 [그림 1.18]의 [새 항목 추가] 창을 표시한다.

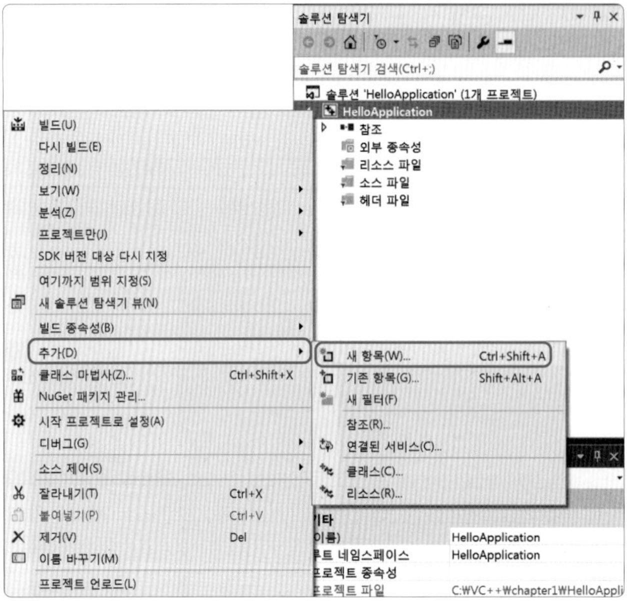

▲ 그림 1.17 ▷ C++ 소스 파일 추가

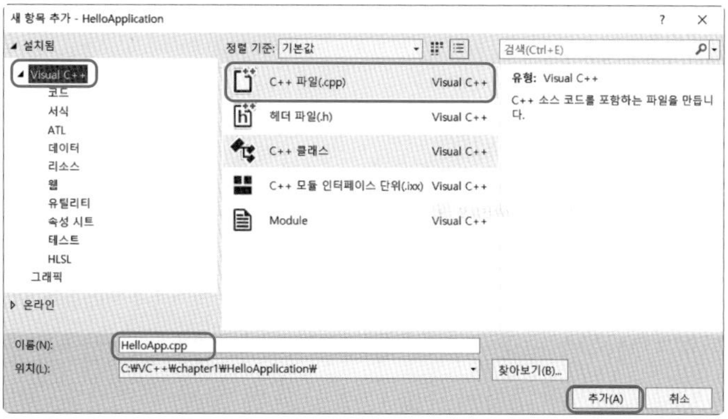

▲ 그림 1.18 ▷ C++ 소스 파일 설정

'Visual C++' 범주에서 'C++ 파일(.cpp)' 항목을 선택하고 소스 파일의 이름을 지정하는 [이름] 항목에 'HelloApp'을 입력한다. 파일의 확장자는 자동으로 '.cpp'로 설정되므로 입력하지 않아도 된다. C의 소스 파일 확장자가 '.c'인데 비해 C++의 소스 파일 확장자는 '.cpp'이다. [추가] 버튼을 클릭하면 솔루션 탐색기에 'HelloApp.cpp' 파일이 생성되고 메인 윈도우에 파일을 편집할 수 있는 편집기가 표시된다. 솔루션 탐색기에 열거된 파일 마다 한 개의 코드 편집 탭이 연계된다.

STEP 07 코드 작성

메인 윈도우 영역에 열린 파일 편집기에 [리스트 1.1]의 코드를 입력한다. 편집기에서 C++의 키워드는 청색으로 표시되는 등 문자열의 종류별로 다른 색깔로 자동 표시된다. C++ 코드는 대문자와 소문자를 구분하므로 주의해야 한다. 코드를 입력하면 입력된 문자열에 대한 추천 단어나 보조 정보를 표시하는 상자가 표시되는 것을 확인할 수 있다. 상자의 내용은 실습이 진행되면서 자연스럽게 활용할 수 있을 것이다.

리스트 1.1 HelloApplication 프로젝트의 HelloApp.cpp 파일

```
//==============================================
// 실습 과제
// 콘솔 윈도우에 'hello world!' 문자열을 출력
//==============================================
#include <iostream>
using namespace std;
```

```
07
08 int main()
09 {
10   cout << "hello world!\n";
11
12   return 0;
13 }
```

'//'로 시작하는 01행은 행의 끝까지를 주석으로 간주하는 한 행 주석문으로서 컴파일시 컴파일 대상에서 제외된다. C++가 C를 포함하므로 C에서 여러 행을 주석으로 처리할 수 있는 주석문인 '/*'와 '*/'도 사용할 수 있지만, C++에서는 한 행 주석문의 사용을 권장한다.

주석이 여러 행일 경우는 01~04행처럼 각 줄을 '//'로 시작한다. 일반적으로 프로그램의 디버깅 과정에서는 '/*'와 '*/'를 편리하게 사용하지만, 최종본에서는 한 행 주석문을 사용해서 코드를 깔끔하게 정리하는 것이 좋다. 한글로 주석을 다는 것도 허용된다.

C++ 프로그램은 표준 라이브러리들과 함께 실행되는 것이 일반적이다. 콘솔 입출력을 위해 필요한 라이브러리는 iostream이므로 라이브러리의 헤더 파일을 05행처럼 포함한다. 콘솔이란 출력 장치인 모니터와 입력 장치인 키보드의 조합을 의미한다.

C++ 프로그램은 세 단계를 거쳐 빌드 build된다. 첫 번째 단계는 전처리 작업 preprocess으로서 코드 내에서 '#' 문자를 사용해서 지시된 정보를 인식하여 소스 코드를 수정한다. 두 번째 단계는 컴파일 작업으로서 소스 코드를 기계어로 번역하여 오브젝트 파일을 생성한다. 마지막 단계는 링크 작업으로서 기계어로 된 여러 오브젝트 파일들을 묶어서 하나의 실행 파일로 만든다. #include 전처리 지시자는 <iostream> 헤더 파일의 코드를 모두 가져와 지정된 위치에 삽입할 것을 지시한다.

iostream 라이브러리에 정의된 cout 10행에서 사용, cin 등과 같은 이름들은 std standard라는 이름 공간 namespace에 존재한다. 따라서 std 이름 공간에 존재하는 이름들을 프로그램에서 사용하려면 06행처럼 using namespace 문장으로 std 이름 공간의 사용을 선언한다. 이름 공간은 필수 문법 절에서 자세하게 다루기로 한다.

프로그램이 실행되면 C 프로그램처럼 08행의 main 함수가 제일 먼저 호출된다. C에서 출력에 사용되는 printf 문은 C++의 출력문이기도 하지만 C++에서 권장하는 입출력 방식은 스트림 입출력 stream input output이며, 콘솔에 이러한 스트림 입출력을 담당하는 소프트웨어 부품들이 [그림 1.19]의 cin common input과 cout common output이다.

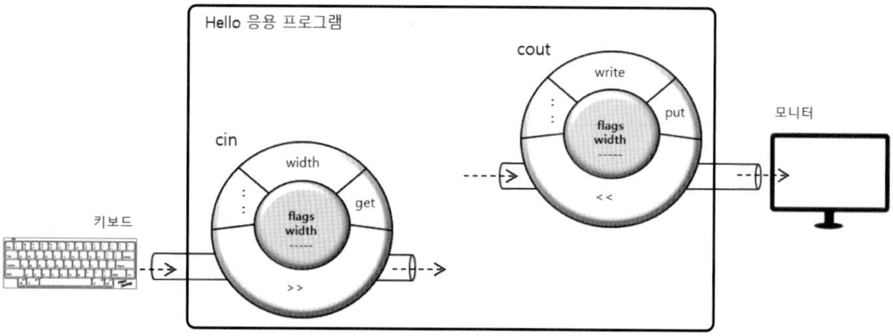

▲ 그림 1.19 ▷ cin과 cout 소프트웨어 부품

스트림이란 데이터의 흐름을 말한다. 데이터의 흐름이 외부에서 프로그램으로 향할 때 입력 스트림이라 부르고, 프로그램에서 외부로 향할 때 출력 스트림이라고 부른다. 여기서 데이터란 문자들로 구성되는 문자열을 의미한다. cout 부품의 한쪽 끝은 프로그램에 연결되고 다른 끝은 모니터에 연결되어 프로그램에서 출력하는 문자열이 모니터에 표시된다. cin 부품은 키보드를 통해 입력된 문자열을 프로그램 내의 변수에 저장한다.

[그림 1.2]의 온도조절기가 여러 단계의 냉각 기능을 제공하는 것처럼 cout 부품은 [그림 1.20]에 보인 것처럼 write, put, << 등의 기능적인 속성들을 제공한다. write, put, <<의 기능적인 속성은 모니터에 문자열을 출력하기 위해 사용되는데, 문자열의 출력 형식은 cout 부품이 문자열, 정수, 실수 등의 출력 대상에 따라 자동으로 결정한다. <<는 C++에서 연산자 operator라고 하는데, 온도조절기와 비유할 수 있는 mp3 플레이어의 play 버튼을 일반적으로 ▶ 로 표기하는 것과 같은 이치라고 생각하면 된다. cout 부품은 이외에도 다양한 기능들을 제공한다.

cout 부품은 데이터적인 속성으로 flags, width 등을 갖는데, 온도조절기의 부품 번호나 무게가 온도조절기를 사용하는데 필요 없듯이 데이터적인 속성들을 직접 사용할 일은 드물다.

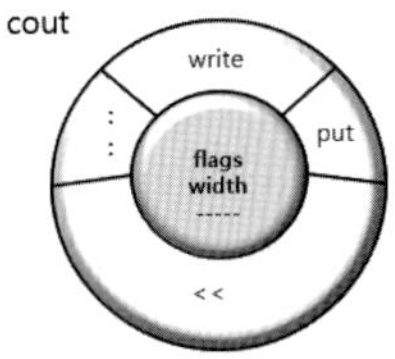

▲ 그림 1.20 ▷ cout 출력 전담 부품

[리스트 1.1]에서 10행은 출력 전담 소프트웨어 부품인 cout에게 << 연산자를 호출해서 "hello world\n" 문자열의 출력을 요청하는 문장이다. '\n' 문자는 새로운 줄을 의미하는 문자이다. << 연산자는 왼쪽 결합성이므로 복잡한 형식의 출력도 하나의 문장으로 표현할 수 있다. 예를 들어, 두개의 정수 n과 m 그리고 두 수의 평균값을 출력하는 문장은 다음 코드와 같다.

```
int m = 12;
int n = 19;
cout << "m " << m << " n " << n <<
     " average " << (n + m) / 2.0 << endl;
```

cout 부품은 << 연산자로 제공되는 값이 문자열이든 정수든 실수든 표준 형식으로 변환해서 출력해 줄 수 있는 기능을 가진 부품이다. m인 경우, cout 부품은 정수 12를 '1'과 '2'의 문자로 구성되는 문자열 "12"로 변환해서 콘솔로 내보낸다. (n + m) / 2.0을 계산한 결과값인 실수 예의 결과 15.5인 경우, cout 부품은 소수점 이하의 여섯 자리까지를 포함해서 문자열을 출력한다.

cout 부품은 문자열을 출력할 때 문자별로 모니터에 바로바로 전송하는 것이 아니라 성능 개선을 위해서 출력 버퍼라는 메모리 공간에 문자열을 쌓아 두었다가 적절할 때 한꺼번에 모니터에 전송한다. endl end line은 '\n' 문자에 붙여진 이름인데, endl을 출력하면 추가로 출력 버퍼를 비우는 효과도 얻게 된다.

프로그램을 디버깅할 때 cout 부품을 사용해서 오류 메시지를 출력할 수 있는데, cout 부품은 출력 버퍼를 사용하기 때문에 오류가 발생된 시점과 개발자가 오류 메시지를 보게 되는 시점이 다를 수 있어 개발자가 오류 메시지를 보기 전에 프로그램이 종료되기도 한다. 이때는 cerr common error 부품을 사용한다. cerr 부품은 cout 부품과 같은 출력 기능을 제공하지만 출력 버퍼를 사용하지 않고, 문자 단위로 바로바로 모니터에 출력하므로 cout 부품과 비교하여 성능은 떨어지지만 디버깅 용도로는 적합한 부품이다.

입력 전담 소프트웨어 부품인 cin은 데이터를 입력할 때 공백 문자 스페이스, 탭는 무시하고 값을 입력받는다. 다음 코드는 문자열을 읽어 정수로 변환하여 정수 타입의 변수 age에 저장하고, 또 다른 문자열을 읽어 문자열 변수 name에 저장하기 위해 cin 부품의 >> 연산자를 사용하는 예이다.

```
int age;
char name[15];
cin >> age;
cin >> name;
```

>> 연산자도 왼쪽 결합성이므로 위의 예에서 cin 부품을 사용하는 두 문장은 다음 코드처럼 하나의 문장으로 표현할 수 있다. 이때 입력되는 첫 번째 데이터와 두 번째 데이터는 공백 문자에 의해 구분된다.

```
cin >> age >> name;
```

C++와 같은 객체지향 언어에서 cout과 같은 소프트웨어 부품을 객체 object라고 부른다. 객체는 클래스 class로부터 생성되는데, 클래스란 [그림 1.21]에 보인 붕어빵의 붕어빵 틀처럼 소프트웨어 부품을 찍어 만들어 낼 수 있는 부품 원판이라 할 수 있다. 또한, 이러한 부품 원판으로부터 생성된 소프트웨어 부품 붕어빵을 객체라고 한다. 붕어빵 틀은 같은 모양과 질의 붕어빵들을 찍어 내지만, 붕어빵 객체들의 정확한 무게나 만든 시간은 서로 다를 수 있다. 클래스는 같은 기능적이고 데이터적인 속성을 갖는 객체들을 몇 개라도 생성할 수 있지만, 클래스를 사용하여 만들어진 부품인 객체들의 데이터적인 속성의 값들은 서로 다를 수 있다. 객체들의 기능은 동일하다.

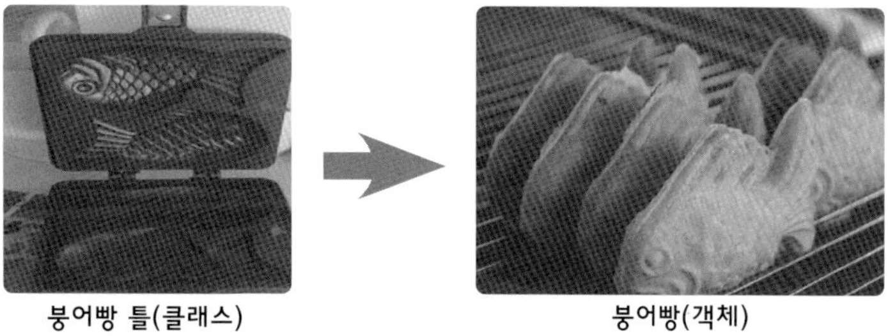

▲ 그림 1.21 ▷ 붕어빵 틀과 붕어빵

[그림 1.22]는 이 책에서 사용하는 표기 방식으로 cout 객체와 cout 객체를 생성하는 ostream이라는 클래스를 붕어빵과 붕어빵 틀처럼 음양각을 살려 보인 것이다. ostream 클래스가 붕어빵 틀이라면, ostream 클래스로부터 생성된 cout 객체는 붕어빵이다. 클래스는 붕어빵 틀처럼 음각으로 표기하고 객체는 붕어빵처럼 양각으로 표기한다. 따라서 [그림 1.4]에 보인 소프트웨어 부품 라이브러리는 소프트웨어 부품들을 생성할 수 있는 클래스 라이브러리이다.

C++에서 cout 객체의 write, put, << 등의 기능적인 속성을 멤버 함수 member function라고 부르고 flags, width와 같은 데이터적인 속성을 멤버 변수 member variable라고 부른다. 클래스에 대한 상세한 개념은 3장에서 다룬다.

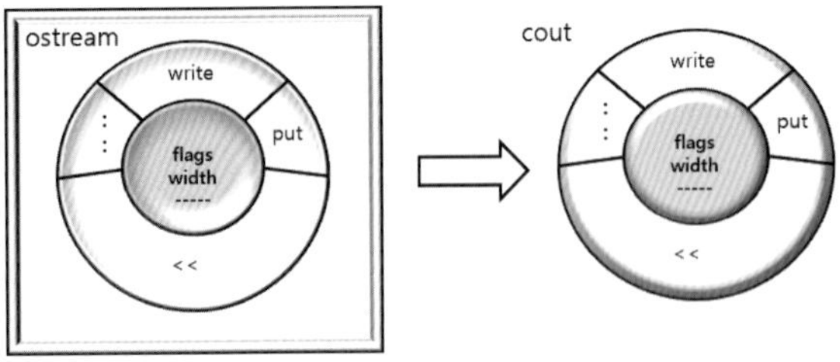

▲ 그림 1.22 ▷ 클래스와 객체

[리스트 1.1]에서 08행의 main 함수는 콘솔 윈도우에 "hello world!" 문자열을 출력하는 10행의 한 문장으로 이루어진다. cout 객체는 [그림 1.23]에 보인 것처럼 << 멤버 함수가 호출되면 오른쪽의 문자열을 콘솔 윈도우에 출력하는 기능을 갖은 소프트웨어 부품(객체)이다. 이 멤버 함수의 호출은 [그림 1.2]의 온도조절기에서 사용자가 다이얼을 돌려 성에제거나 원하는 냉각 기능에 맞추는 것에 비유할 수 있다.

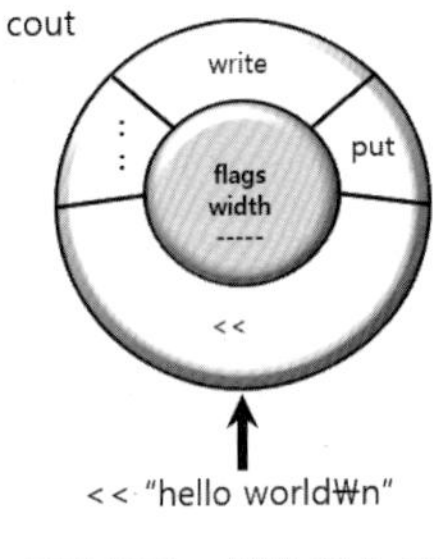

▲ 그림 1.23 ▷ 멤버 함수 호출

STEP 08 HelloApplication 프로젝트 실행

소스 파일 작성 중, 문법적으로 오류가 있는 문장에는 물결 모양의 빨간 밑줄이 표시된다. 빨간 밑줄에 마우스를 대면 오류 내용이 표시된다. 소스 코드의 입력이 완료되면 [그림 1.24]처럼 메뉴에서 [디버그]▶[디버그 하지 않고 시작] 메뉴 항목을 선택해서 프로젝트를 빌드하고 실행한다. 빌드 build란 컴파일과 링크를 연속해서 실행하는 것을 의미한다. 컴파일과 링크의 진행 상황은 아래쪽의 출력 윈도우에 표시된다.

소스 파일에 오류가 없으면 프로젝트의 실행 파일 .exe이 생성되어 저장된다. 오류가 있을 경우, 출력 윈도우에서 오류 메시지 행을 더블클릭하면 편집기의 해당 문장으로 커서가 이동해서 쉽게 수정할 수 있다. 오류 없이 정상적으로 실행되었다면 [그림 1.5]처럼 콘솔 창이 생성되고 메시지가 출력되는 것을 확인할 수 있다. 콘솔 창에서 아무 키나 누르면 콘솔 창이 닫히고 프로젝트의 실행이 종료된다.

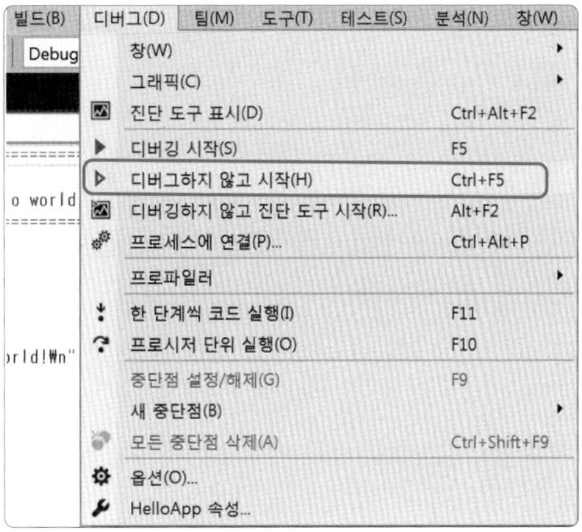

▲ 그림 1.24 ▷ 프로젝트 실행

STEP 09 비주얼 스튜디오 종료

프로젝트를 구성하는 파일들은 빌드 전에 자동으로 저장된다. 따라서 빌드를 완료한 시점에서 파일들을 따로 저장할 필요는 없다. IDE의 오른쪽 위에 위치한 닫기 ☒ 버튼을 클릭해서 비주얼 스튜디오를 종료한다.

STEP 10 HelloApplication.exe 실행 파일 확인

'HelloApplication' 프로젝트를 빌드하면 프로젝트 폴더인 'C:\VC++\chapter1\HelloApplication' 밑에 'x64'라는 폴더가 생성되고, 'x64' 폴더 아래에 'Debug'라는 폴더가 생성된다. 'Debug' 폴더에는 'HelloApplication.exe' 실행 파일과 빌드 중에 생성된 중간 오브젝트 파일들이 저장된다.

윈도우 운영체제의 탐색기를 이용해서 'HelloApplication.exe' 실행 파일을 실행해 본다. 비주얼 스튜디오에서 실행할 때와 달리 문자열을 출력하고 콘솔 창이 바로 닫히기 때문에 출력 내용을 확인하기가 어렵다. 이럴 때는 main 함수의 return 0; 문장 앞에 다음의 문장을 삽입해서 임의의 문자가 입력될 때까지 창을 유지하면 된다.

```
system("pause");
```

02 필수 문법

이 절에서는 실습 과제에서 다뤘던 문법 요소들을 보충 설명하고 C++의 기본적인 문법 요소들을 소개한다.

2.1 이름 공간

이름 공간 namespace은 우리 주변에서 이미 많이 사용하고 있는 개념이다. '02-901-8341'라는 전화번호를 생각해 보자. '8341'이라는 번호는 [그림 1.25]의 왼쪽 그림처럼 여러 사람이 이미 사용하고 있을 가능성이 높다. 이와 같은 번호 충돌을 해결하려면 체계적인 번호 관리가 필요하다. 그래서 도입된 것이 지역번호와 국번호이다. 지역번호와 국번호는 집합 형태의 번호 공간을 형성해서 '02-901-8341'과 '02-591-8341'을 다른 번호로 인식할 수 있게 해준다. 또한, '02' 번호공간의 외부에는 '031'이라는 번호공간도 존재해서 수많은 전화번호의 집합을 이룬다.

대형 프로그램을 작성하면서 직면하는 문제 중 하나는 변수명, 함수명 등과 같은 많은 이름들을 관리하는 것이다. 여러 팀이 참여하는 대형 프로그램은 일반적으로 여러 모듈로 나눠서 각 모듈을 한 팀이 맡는다. 프로그램의 효율적인 개발을 위해서 각 모듈은 가능한 독립적으로 구현되는 것이 좋고 최종 단계에 하나로 묶는 작업을 진행한다. 각 팀은 변수명, 함수명 등을 자율적으로 정해 사용하므로 다른 모듈과의 이름 충돌 가능성이 높다. 이 문제는 전화번호의 번호공간과 같이 이름 공간을 도입하면 해결할 수 있다.

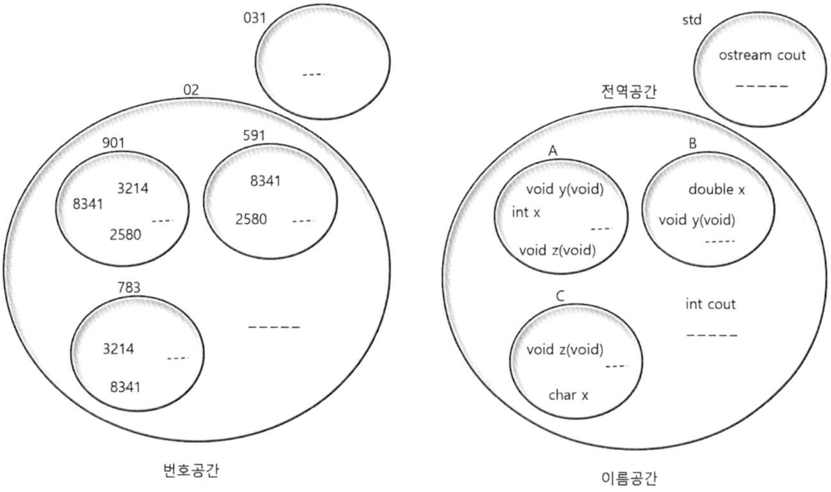

▲ 그림 1.25 ▷ 번호공간과 이름 공간

[그림 1.25]의 오른쪽 그림에서, 프로그램 전체의 이름 공간인 '전역공간'이 존재하고 A, B, C 모듈에 대해 각각 이름 공간이 존재한다. 전역공간이 왼쪽 그림의 '02' 번호공간에 해당한다고 하자. 또한, 외부에는 std standard라는 이름 공간이 존재한다. C++는 std 이름 공간의 cout을 std::cout으로 표기하는데, '::'은 범위 지정 연산자로서 번호공간의 '-'와 같다고 생각하면 된다. 범위 지정 연산자는 이어지는 장들에서 클래스라는 개념을 다룰 때도 사용한다. 이제, 컴파일러는 A::z 함수와 C::z 함수를 다른 함수로 인식할 수 있다. 또한, std::cout과 구분되는 cout이라는 이름을 전역공간에서 사용할 수도 있다.

실습 과제에서 사용한 <iostream> 헤더 파일에 정의된 cout, cin 등의 이름은 std 이름 공간에 존재한다. 실습 과제에서 using namespace std;라는 문장으로 std 이름 공간에 존재하는 모든 이름을 사용하겠다고 선언했었다. 이는 프로그램의 전역공간과 std 이름 공간을 합치겠다는 선언과 같다. 따라서 std 이름 공간에 존재하는 수많은 이름을 전역공간에서 사용할 수 없게 된다. 반면, [리스트 1.2]는 이름 공간의 using 키워드를 사용하지 않고 범위 지정 연산자를 프로그램 문장에서 직접 사용하는 버전이다. 이름 공간의 using 키워드라고 하는 이유는 using이라는 키워드가 C++에서 다른 용도로도 사용되므로 구분하기 위해서이다.

리스트 1.2 Syntax 1-1 프로젝트의 NameSpaceApp.cpp 파일

```
01 #include <iostream>
02
03 int main()
04 {
05   std::cout << "hello world!" << std::endl;
06
07   return 0;
08 }
```

[리스트 1.2]의 05행에서 std::cout은 std 이름 공간의 cout을 지정하며 std 이름 공간에서 cout이라는 이름만 사용하겠다는 의미가 된다. 수많은 이름이 존재하는 std 이름 공간 전체를 전역 공간으로 끌어 들여 std 이름 공간 내의 이름들을 프로그램에서 변수명이나 함수명으로 사용할 수 없게 하는 것보다는 좋다. 그러나 이름을 사용할 때마다 범위 지정 연산자로 이름 공간을 지정해야하는 번거로움이 따른다.

[리스트 1.3]은 실습 과제인 [리스트 1.1]과 [리스트 1.2]의 절충형 버전이다.

리스트 1.3 Syntax 1-2 프로젝트의 NameSpaceApp.cpp 파일

```
01 #include <iostream>
02 using std::cout;
03 using std::endl;
04
05 int main()
06 {
07   cout << "hello world!" << endl;
08
09   return 0;
10 }
```

[리스트 1.3]의 02행과 03행처럼 std 이름 공간에서 cout과 endl 이름의 사용을 이름 공간의 using 키워드로 선언하면 07행처럼 cout과 endl을 범위 지정 연산자 없이 사용할 수 있다. std 이름 공간에서 cout과 endl의 이름만 전역공간으로 끌어 들이고 프로그램 내에서는 범위 지정 연산자 없이 이들을 사용할 수 있으므로 편리하다.

[리스트 1.4]는 이름 공간을 프로그램 내에서 정의해서 사용하는 예이고 [그림 1.27]은 프로그램을 실행한 결과이다.

리스트 1.4 Syntax 1-3 프로젝트의 NameSpaceApp.cpp 파일

```
#include <iostream>

namespace A
{
  void y(void)
  {
    std::cout << “A 모듈의 y 함수” << std::endl;
  }
}

namespace B
{
  void y(void)
  {
    std::cout << “B 모듈의 y 함수” << std::endl;
  }
}

int foo(int x)
{
  return x;
}

int main()
{
  int result = ::foo(8);          // int result = foo(8);
  std::cout << result << std::endl;
  A::y();
  B::y();

  return 0;
}
```

▲ 그림 1.26 ▷ 이름 공간의 정의

[리스트 1.4]에서 03~09행은 A라는 이름 공간을 04행의 '{'부터 09행의 '}'까지의 범위로 정의한다. 11~17행은 B라는 이름 공간을 정의한다. A와 B의 이름 공간에서 05행과 13행처럼 y라는 같은 이름의 함수를 정의한다. 함수명이 같아도 함수가 속한 이름 공간이 다르므로 이름 충돌이 생기지 않는다.

19~22행은 전역 함수 foo를 정의한다. foo와 같이 특정 이름 공간 내에 정의하지 않은 변수명, 함수명 등은 모두 전역공간에 존재한다. 전역 변수명, 함수명 등을 다른 이름 공간의 이름과 구분하려면 26행처럼 함수명 왼쪽에 이름 공간을 지정하지 않고 범위 지정 연산자만 사용하거나 다른 이름 공간의 이름과 구분이 필요하지 않으면 이름 충돌이 없으면 범위 지정 연산자 없이 26행의 주석 처리된 것처럼 사용한다. 28행은 이름 공간 A에 존재하는 y 함수를 호출하는 것이고 29행은 이름 공간 B에 존재하는 y 함수를 호출하는 것이다. 이와 같이 이름 공간을 설정하면 이름의 충돌을 피하고 이름들을 효율적으로 관리할 수 있다.

입문서인 이 책에서 이름 공간의 사용은 프로그램 내에 이름 공간을 [리스트 1.4]처럼 선언해서 사용하는 것보다는 주로 C++가 제공하는 표준 라이브러리의 이름 공간인 std를 프로그램에서 활용할 때로 제한적일 것이다.

이름 공간 내에 다른 이름 공간을 설정할 수 있는데, 이러한 기능을 중첩 이름 공간 nested namespace ☞ C++17이라고 부른다. 다음 코드는 NameSpace1 이름 공간 내에 NameSpace2 이름 공간을 설정하고 NameSpace2 이름 공간 내에 NameSpace3 이름 공간을 또 설정한 예이다.

```
namespace NameSpace1
{
  namespace NameSpace2
  {
    namespace NameSpace3
    {
      // some code
    }
  }
}
```

범위 지정 연산자 ::를 연속으로 사용해서 위 코드를 다음 코드처럼 간결하게 나타낼 수도 있다.

```
namespace NameSpace1::NameSpace2::NameSpace3
{
  // some code
}
```

기본 데이터 타입 2.2

C++가 지원하는 기본 데이터 타입 built-in data type과 사용 예는 [표 1.1]과 같다.

▼ 표 1.1 ▷ 기본 데이터 타입과 사용 예

데이터 타입	설명	사용 예
int	정수, 표현 가능한 크기는 컴파일러에 따라 다름	int i = 7;
short (int)	작은 정수(보통 2바이트 크기)	short s = 10;
long (int)	long 정수(보통 4바이트 크기)	long l = −8;
long long (int)	long long 정수(최소 long 정수 이상으로 보통 8바이트 크기)	long long ll = 14;

unsigned int
unsigned short (int)
unsigned long (int)
unsigned long long (int)
	0을 포함한 양수 정수	unsigned int i = 3;
		unsigned short s = 32;
		unsigned long l = 2300;
		unsigned long long ll = 130;

float	실수(부동소수점 수)	float f = 7.5f;
double	float의 배정도 정밀한 실수	double d = 7.9;
long double	double의 배정도 정밀한 실수	long double ld = 16.98L;
char	8비트 문자	char c = 'm';
char16_t	16비트 문자	char16_t c = u'm';
char32_t	32비트 문자	char32_t c = U'm';
wchar_t	와이드 문자로 컴파일러에 따라 다름	wchar_t w = L'm';
bool	true/false 값을 갖는 논리 타입	bool b = true;

auto	컴파일러에 의해 자동으로 타입이 결정되는 타입	auto i = 7; // i는 자동으로
		// int 타입

decltype(expr)	expr에 의해 결정되는 타입을 따르는 타입	int i = 7;
		decltype(i) j = 8; // j는 i의
		// 타입을 따르는 int 타입

[표 1.1]에서 (int)는 int를 생략할 수 있다는 의미이고, auto 타입 ☞ C++11은 컴파일러에게 타입을 유추해서 결정하라는 의미이다. 개발자가 타입을 직접 지정하지 않아도 다음 코드처럼 auto 키워드와 함께 변수 이름만 컴파일러에게 전달하면, 변수에 저장되는 값에 의해 컴파일러가 자동으로 변수의 타입을 유추해서 지정한다.

```
auto i = 100;                  // i 변수의 타입은 int
auto j = i;                    // j 변수의 타입은 int
auto d = 106.9L;               // d 변수의 타입은 long double
auto divide(double a, int b) // 반환 타입은 double
{
  if (b != 0)
    return a / b;
}
```

auto 타입은 다음 코드처럼 함수의 정의에도 활용할 수 있다.

```
auto foo(int i) -> int
{
  return i * 2;
}
cout << foo(3) << endl;
```

함수명 앞에 오는 함수의 반환 타입을 auto 타입으로 지정하고 실제 반환 타입은 -> 뒤에 명시한다 ☞C++14. return 문에 의해 정수를 반환하는 것을 컴파일러가 유추할 수 있으므로 -> int는 생략할 수 있다. 함수를 정의하는 형식이 달라졌지만, 함수 호출은 기존과 같다.

위의 예에서는 auto 타입의 용도가 크게 와 닿기 않겠지만 앞으로 다루게 될 길이가 긴 템플릿 타입 template type이나 표준 템플릿 라이브러리 standard template library의 컨테이너 타입을 지정할 때, auto 타입을 사용하여 입력해야 할 코드의 길이를 상당 부분 줄일 수 있어 많이 사용된다. 이어지는 실습에서 auto 타입의 편리한 사용 예를 계속 접하게 된다.

decltype(expr) 타입은 () 내의 expr 표현식의 타입을 가지고 컴파일러가 직접 유추해서 결정하라는 의미이다. decltype 타입과 auto 타입은 다음 코드처럼 용도가 비슷하지만, decltype 타입은 주로 뒤에서 다룰 템플릿 함수의 반환 타입을 결정하는데 유용하게 사용된다.

```
int x = 3;
decltype(x) y = x;            // auto y = x;
auto divide(double a, int b) -> decltype(a / b)
{
  if (b != 0)
    return a / b;
}
```

마지막 사용 예는 divide 함수의 반환 타입을 ->와 decltype 키워드로 () 내의 표현식의 타입을 따르도록 컴파일러에게 지정한다.

기본 데이터 타입은 아니지만, size_t 타입도 많이 사용되는데, size_t 타입은 자동으로 포함되는 C++의 cstddef라는 헤더 파일에서 typedef 문으로 [표 1.1]의 unsigned 정수들 중 하나로 명시된 타입이다.

size_t 이름은 C에서 전역공간에 존재하고 C++에서는 std 이름 공간에 존재하지만 C++가 C를 포함하므로 size_t 타입은 size_t나 std::size_t의 표현으로 사용할 수 있다. size_t 타입은 컴파일러에 따라 32비트 컴퓨터에서는 4바이트로 고정 설정되고, 64비트 컴퓨터에서는 8바이트로 고정 설정되므로 이름이 의미하듯이 해당 컴퓨터의 메모리 크기를 나타내는 용도로 사용된다. 32비트 컴퓨터의 최대 메모리 크기는 4바이트로 표현이 가능하고 64비트 컴퓨터의 최대 메모리 크기는 8바이트로 표현이 가능하다.

반면, 기본 데이터 타입의 정수들은 컴파일러 종류에 따라서 설정되는 바이트 수가 유동적이다. 따라서 size_t 타입은 특정 타입의 메모리 크기를 반환하는 sizeof 함수의 반환 타입으로 사용된다. 또한, 배열의 이론적인 최대 크기는 32비트 컴퓨터에서 4바이트로 표현이 가능하고, 64비트 컴퓨터에서는 8바이트로 표현이 가능하므로 size_t 타입은 다음 코드처럼 배열을 사용하는 반복문에서 배열의 인덱스 값의 타입으로 많이 사용한다.

```
int arr[5] = { 0, 1, 2, 3, 4 };
for (size_t i = 0; i < 5; ++i)
  std::cout << arr[i] << std::endl;
```

size_t 타입 대신 int 타입을 사용해도 좋지만, 배열을 사용하는 반복문인 경우에는 size_t 타입의 사용을 권장한다.

코드에서 값은 리터럴 literal이라고 불리는 문자열로 표시된다. 다음 코드는 10진수, 8진수, 16진수의 값을 리터럴로 지정한 것이다. 10진수는 기본이므로 숫자만 명시하고, 8진수는 숫자 앞에 0 숫자 0을 붙이며 16진수는 숫자 앞에 0x를 붙인다.

```
int main()
{
  int x = 10;
  int y = 012;
  int z = 0xA;
}
```

위 코드에서 x, y, z 변수는 모두 같은 10을 저장한다. 컴퓨터가 궁극적으로 사용하는 2진수도 다음 코드처럼 이진 리터럴 binary literal ☞C++14로 표시할 수 있다.

```
int main()
{
  int x = 0b1010;
}
```

이진 리터럴은 2진수 숫자 앞에 0b를 붙이며 위 코드에서 x는 역시 10을 저장한다. 정수 42를 저장하려면 0b101010의 리터럴을 사용한다.

긴 숫자 리터럴은 다음 코드처럼 숫자 분리자 digit separator ☞C++14인 작은 따옴표(')를 사용해서 가독성을 높일 수 있다.

```
int main()
{
  int x = 100'000'000;
}
```

위 코드의 숫자는 1억을 표시한 것인데, 숫자 분리자는 개발자의 편의를 위한 것이므로 컴파일러는 따옴표를 무시한다.

inline 함수 2.3

inline 함수는 C의 매크로 함수를 대체하는 기능을 제공한다. 우선, C의 매크로 함수를 사용하는 [리스트 1.5]의 코드를 살펴보자. 실행 결과는 [그림 1.27]과 같다.

리스트 1.5 Syntax 3-1 프로젝트의 InlineApp.cpp 파일

```
01 #include <iostream>
02 using namespace std;
03
04 #define SQ(x) x * x
05
06 int main()
07 {
08   cout << SQ(8) << '\n';
09   cout << SQ(9 + 5) << '\n';
10
11   return 0;
12 }
```

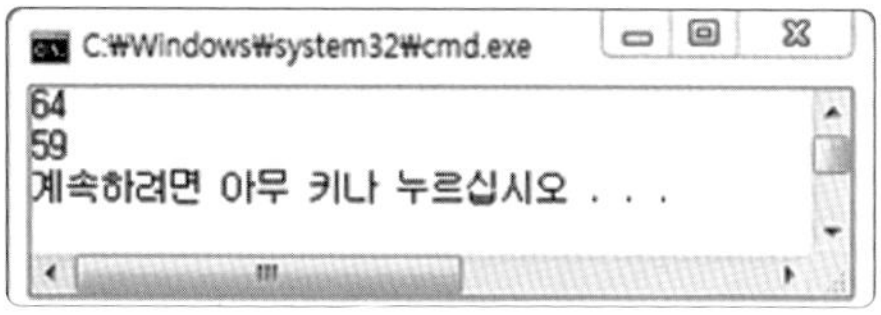

▲ 그림 1.27 ▷ 매크로 함수의 활용

C++ 프로그램은 전처리 과정을 거친 후 컴파일러와 링커에 의해 빌드된다. 전처리를 수행하는 전처리기는 01행과 04행처럼 '#'으로 시작하는 문장들을 처리한다. 다음 코드는 [리스트 1.5]의 코드 중 08행과 09행의 SQ 매크로 함수의 호출을 전처리기가 처리한 결과이다.

```
cout << 8 * 8 << '\n';
cout << 9 + 5 * 9 + 5 << '\n';
```

전처리기는 SQ의 x를 08행과 09행의 () 내의 텍스트로 단순 대입하므로 위 코드의 두 번째 문장에서 5 * 9의 수식이 먼저 계산된다. 따라서 개발자가 의도한 14^2이 아닌 59를 출력한다. 이 문제는 [리스트 1.5]에서 04행을 다음 코드처럼 정의하면 해결된다.

```
#define SQ(x) (x) * (x)
```

SQ 매크로 함수를 위의 코드처럼 정의하면, 전처리기는 09행을 다음 코드와 같이 처리한다.

```
cout << (9 + 5) * (9 + 5) << '\n';
```

매크로 함수의 호출은 호출한 위치에 함수의 몸체가 그대로 텍스트 형태로 대입되므로 신속하게 처리된다. 이에 반해, 일반 함수의 호출은 호출한 위치에서 함수의 몸체가 있는 부분으로 제어를 넘겨야하고 함수의 실행 결과도 스택이라는 메모리 공간을 할당해서 받아와야하므로 값비싼 작업이 된다.

그러나 매크로 함수의 몸체가 크고 호출을 많이 하게 되면 그만큼 프로그램의 크기가 커지는 단점이 있다. 일반적으로, 매크로 함수는 다섯 문장 이내의 짧은 코드에 대해서 사용하는 것이 바람직하다.

이번에는 C++의 inline 함수를 이용해서 SQ 매크로 함수를 [리스트 1.6]에 보인 것처럼 구현해 보자. 실행 결과는 [그림 1.28]과 같다.

리스트 1.6 Syntax3-2 프로젝트의 InlineApp.cpp 파일

```
#include <iostream>
using namespace std;

inline int SQ(int x)
{
  return x * x;
}

int main()
{
  cout << SQ(8) << '\n';
  cout << SQ(9 + 5) << '\n';
```

```
13
14   return 0;
15 }
```

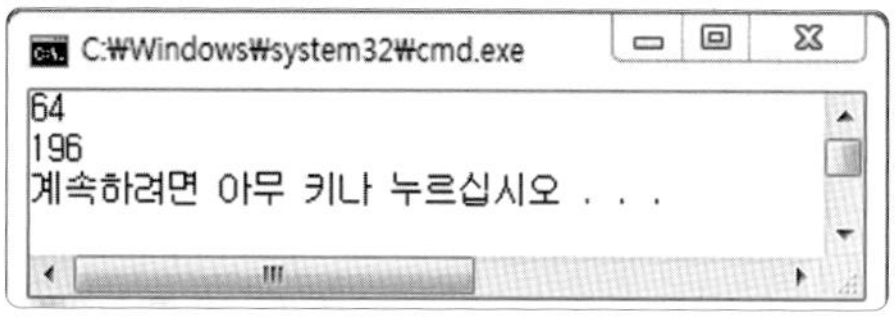

▲ 그림 1.28 ▷ inline 함수의 활용

[리스트 1.6]의 04행은 inline이란 키워드를 붙인 것 외에는 일반 함수의 정의와 같다. inline 키워드의 의미는 이 함수를 가능한 한 매크로 함수로 처리해 달라고 컴파일러에게 요구하는 것이다. 컴파일러에 따라 inline 선언이 오히려 성능 향상에 해가 된다고 판단되면 그냥 무시해 버리기도 한다. C++는 inline 함수를 도입해서 매크로 함수의 정의 기능을 C++ 문법 내로 끌어 들였으므로 inline 함수는 전처리기가 아닌 C++ 문법을 이해할 수 있는 컴파일러에 의해 처리된다. 따라서, 12행은 [그림 1.28]처럼 14^2의 값인 196을 출력한다.

const의 사용 2.4

const 키워드의 사용법을 살펴 보자. 다음 코드는 C나 C++에서 상수 정의의 예이다. 상수의 타입은 const 키워드와 상수 이름 사이에 명시한다.

```
const int val = 10;
const double PI = 3.14159;
```

const 키워드를 포인터 주소값와 함께 사용할 때는 주의가 필요하다. 다음 코드는 const 키워드로 포인터 변수 doublePtr이 가리키는 데이터를 상수화하는 예이다.

```
double e = 2.71828;
const double* doublePtr = &e;   // 또는 double const* doublePtr = &e;
*doublePtr = 20.3027;           // 컴파일 오류
```

위 코드의 두 번째 행에서 doublePtr이 가리키는 값인 2.71828이 상수화되므로 세 번째 행처럼 값을 변경하면 컴파일 오류가 발생한다. 이 책에서는 doublePtr처럼 가리키는 데이터를 상수화하는 포인터를 상수 포인터라고 부른다.

반면, 다음의 코드는 세 번째 행에서 포인터 자체를 상수화하므로 네 번째 행처럼 가리키는 값을 변경하는 것은 허용되지만, 다섯 번째 행처럼 포인터 값을 변경하면 컴파일 오류가 발생한다. 이 책에서는 doublePtr처럼 포인터 자체가 상수화된 포인터를 포인터 상수라고 부른다.

```
double e = 2.71828;
double r = 3.894;
double* const doublePtr = &e;
*doublePtr = 20.3027;
doublePrt = &r;                // 컴파일 오류
```

이외에도 const 키워드는 변수나 파라미터 값의 변경을 제어해서 강한 타입 검증과 최적화된 코드 생성을 가능하게 한다. 이어지는 장들에서 이러한 사용 예를 이어가기로 하자.

2.5 열거형 타입과 구조체

C++에서 struct, enum, union 키워드 다음에 명시되는 이름은 바로 타입의 이름이 된다. 다음 코드는 카드를 다루는 프로그램에서 카드들을 저장하는 deck 배열을 C로 정의한 예이다.

```
enum Suit { clubs, diamonds, hearts, spades };     /* C의 열거형 */
struct Card                                         /* C의 구조체 */
{
  enum Suit s;
  int rank;
};
struct Card deck[52];
```

Card 구조체 정의에서 s는 카드의 무늬 첫 번째 행의 열거형 타입를 나타내고 rank는 카드의 숫자를 나타낸다. s의 타입은 enum Suit이고, deck 배열의 타입은 struct Card이다.

반면, C++로 deck 배열을 정의한 예는 다음 코드와 같다.

```
enum Suit { clubs, diamonds, hearts, spades };
struct Card
{
  Suit s;                                    // Suit가 타입 이름
  int rank;
};
Card deck[52];                               // Card가 타입 이름
```

s의 타입은 enum 없이 그냥 Suit라는 이름만으로 정의되고, deck 배열의 타입도 struct 없이 그냥 Card라는 이름만으로 정의된다. C++에서 배열을 정의할 때 배열의 크기는 52와 같이 상수로 지정해야 한다. 배열의 크기를 const 변수 상수로 지정할 수 있지만, 값이 변할 수 있는 일반 변수로 지정할 수는 없다. 2장의 필수 문법 절에서 다룰 constexpr 표현식이 이러한 제한을 조금 완화하는 역할을 한다. 배열을 동적으로 생성하면 크기를 변수로 지정할 수 있다. 이 장의 "2.11 new와 delete 연산자" 절은 배열의 동적 생성과 활용을 다룬다.

열거형 타입 enumeration type은 컴파일러에 의해 정수 타입으로 처리된다. Suit 열거 타입에서 clubs는 0, diamonds는 1, hearts는 2, spades는 3으로 처리된다. 따라서 카드의 무늬 s에 정수를 직접 배정할 수는 없지만, 다음 코드처럼 정수와 비교 연산은 가능하다.

```
if (deck[3].s == 0)
  std::cout << "clubs" << std::endl;
```

열거형 타입의 값을 일반 정수와 비교하는 것은 바람직하지 않다. 이를 보완하기 위해서 다음 코드처럼 enum class 키워드를 사용해서 Suit 열거형 타입을 엄격한 열거형 타입 strongly typed enumeration type ☞ C++11으로 정의할 수 있다.

```
enum class Suit { clubs, diamonds, hearts, spades };
```

이제, 카드의 무늬 s를 일반 열거 타입처럼 정수와 비교하는 것이 허용되지 않고 다음 코드와 같이 범위 지정 연산자를 사용하는 열거형 항목 Suit::clubs와 비교해야 한다.

```
if (deck[3].s == Suit::clubs)
  std::cout << "clubs" << std::endl;
```

C++에서 변수는 실행문과 섞어 정의할 수 있으므로 변수의 정의는 필요한 곳 어디서나 이뤄질 수 있다. 다음 코드는 deck 배열에 저장된 52개 카드들의 값을 초기화하는 init_deck 함수의 코드이다.

```
void init_deck(Card d[])
{
  for (int i = 0; i < 52; i++) {
    d[i].rank = 1 + i % 13;
  }
}
```

for 문에서 정의한 i 변수는 for 문 괄호 내에서 정의했으므로 i가 의미를 갖는 유효 범위는 선언된 가장 안쪽 블록인 for 문 내부가 된다.

2.6 함수의 오버로딩

함수의 오버로딩 function overloading은 서로 다른 파라미터 리스트를 갖는 함수들을 같은 이름으로 정의하는 것을 말한다. 여기서 파라미터 리스트가 다르다는 것은 개수가 다르거나 개수가 같다면 타입이 하나라도 다른 것을 의미한다.

[리스트 1.7]은 두 개 실수와 세 개 실수의 평균을 구하는 ave 함수를 오버로딩한 예이고, [그림 1.29]는 실행 결과를 보인 것이다.

리스트 1.7 Syntax6 프로젝트의 OverloadingApp.cpp 파일

```
#include <iostream>
using std::cout;
using std::endl;
```

```
04
05 double ave(double n1, double n2)
06 {
07   return ((n1 + n2) / 2.0);
08 }
09
10 double ave(double n1, double n2, double n3)
11 {
12   return ((n1 + n2 + n3) / 3.0);
13 }
14
15 int main()
16 {
17   cout << ave(3.0, 2.9, 2.0) << endl;
18   cout << ave(3.5, 4.5) << endl;
19
20   return 0;
21 }
```

▲ 그림 1.29 ▷ 함수 오버로딩의 활용

두 개 실수의 평균을 구하는 것과 세 개 실수의 평균을 구하는 것은 평균값을 구한다는 의미가 같으므로 같은 함수 이름을 붙여 주는 것이 자연스럽다. 17행과 18행에서 컴파일러는 파라미터의 개수와 타입을 확인해서 05행의 ave 함수와 10행의 ave 함수 중 어떤 함수를 호출할지 결정한다. C인 경우는 같은 상황에 다음 코드처럼 서로 다른 함수 이름을 사용해야 한다. C는 함수의 오버로딩 기능을 지원하지 않는다.

```
double ave2(double n1, double n2);
double ave3(double n1, double n2, double n3);
```

같은 이름의 함수들 중에서 어떤 함수를 실행하는가의 결정은 컴파일러가 한다. 다음과 같이 반환 타입만 다른 경우는 두 함수를 오버로딩할 수 없다.

```
double ave(double n1, double n2);                    // 컴파일 오류
int ave(double n1, double n2);
```

2.7 레퍼런스와 레퍼런스 전달 호출

다음 코드처럼 정수 타입의 변수를 정의하면 [그림 1.30]과 같이 정수가 들어 갈 수 있는 메모리 방 공간이 생성되고, 방의 이름으로 지정된 변수명인 n이 사용된다. 변수 n을 10으로 초기화했으므로 메모리 방에는 10이 저장된다.

```
int n = 10;
```

▲ 그림 1.30 ▷ 변수와 레퍼런스의 정의

C++에서 다음 코드처럼 타입명과 변수명 사이에 &를 명시해서 레퍼런스 reference를 정의하면 [그림 1.30]의 메모리 방은 n이라는 이름에 더해서 nn이라는 이름을 별명으로 갖게 된다.

```
int& nn = n;
```

레퍼런스는 포인터를 사용해서 내부적으로 구현되지만, 개발자의 입장에서 레퍼런스는 그냥 별명으로 생각하는 것이 편하다. 메모리 방은 하나고 이름만 한 개 더 주어지는 셈이다. 이제, n으로 할 수 있는 모든 작업은 nn으로도 똑같이 할 수 있다. 레퍼런스는 기존 변수에 대한 별명이므로 레퍼런스를 정의하면서 바로 기존 변수로 초기화해야 한다. 따라서 다음 코드는 컴파일 오류를 발생시킨다.

```
int& nn;                 // 컴파일 오류
nn = n;
```

다음 코드에서 숫자나 표현식의 결과처럼 이름이 없는 값에는 별명을 붙일 수 없으므로 레퍼런스를 정의할 수 없다.

```
int& k = 7;             // 상수로 초기화, 컴파일 오류
int a = 2, b = 3;
int& j = a + b;         // a + b 표현식의 결과인 5로 초기화, 컴파일 오류
```

숫자와 같이 이름이 없는 값을 임시값이라고 부른다. 메모리의 상수 영역에 이름이 붙지 않는 임시 방이 생성되고 그 방에 임시값이 저장되어 사용되지만, 상수 영역에 생성된 방이므로 저장된 값을 변경할 수 없다.

다음 코드처럼 레퍼런스에 const 속성을 지정해서 상수 레퍼런스로 정의하면 임시값으로도 초기화할 수 있다. 상수 레퍼런스는 임시값이 저장된 임시 방에 이름을 붙이는 것이지만, 상수 레퍼런스를 사용해서 임시 방의 값을 변경할 수는 없다. 레퍼런스의 목적이 기존 변수에 별명을 붙여서 별명으로 변수에 할당된 방의 값을 읽고 변경하는 것이므로 상수 레퍼런스는 5장에서 다룰 복사 시맨틱 copy semantic과 같은 경우에 주로 사용된다.

```
const int& k = 5;
```

기존 변수로 한번 초기화한 레퍼런스는 그 대상을 변경할 수 없고, 다음 코드처럼 참조하고 있는 방의 값만 변경할 수 있다.

```
int x = 3, y = 4;
int& r = x;
r = y;          // 변수 x의 값이 4로 변경, r의 대상이 y로 변경되는 것은 아님
```

위의 코드에서 세 번째 행처럼 레퍼런스 r에 y를 배정하면 r이 참조하는 x의 값이 y의 값인 4로 변경되는 것이지, r이 참조하는 대상이 x에서 y로 변경되는 것은 아니다. 따라서 기존 변수로 초기화한 레퍼런스는 초기화한 대상 변수로 이미 상수화된 것이고, const 속성을 지정한 상수 레퍼런스는 참조하는 대상값을 상수화하는 것이다.

2.7.1 레퍼런스 전달 호출

레퍼런스는 함수의 파라미터 타입으로 사용할 때 효과를 발휘한다. C는 함수의 파라미터 전달 방식으로 값 전달 호출 call-by-value과 주소 전달 호출 call-by-address을 지원한다. C++는 C의 주소 전달 호출을 대체하는 레퍼런스 전달 호출 call-by-reference을 지원하는데, 레퍼런스 전달 호출을 사용하면 주소 전달 호출에 비해 간결한 코드를 작성할 수 있다.

전달하는 값을 복사해서 파라미터로 전달하는 값 전달 호출과 달리, 주소 전달 호출이나 레퍼런스 전달 호출은 값의 주소값이나 값에 별명을 설정해서 전달하므로 큰 구조체 값 예를 들어, 1000바이트을 파라미터로 전달하는 경우에 사용하면 함수의 신속한 실행과 함께 메모리 공간을 절약할 수 있다.

우선, 레퍼런스 전달 호출 방식부터 살펴보자. [리스트 1.8]의 코드는 레퍼런스 파라미터를 사용해서 레퍼런스 전달 호출 방식을 사용하는 예이고, [그림 1.31]은 실행 결과를 보인 것이다.

리스트 1.8 Syntax7-1 프로젝트의 ReferenceApp.cpp 파일

```
#include <iostream>
using namespace std;

void squareCube(int& s, int& c)
{
  s = s * s;
  int temp = c * c;
  c = temp * c;
}

int main()
{
  int number, square, cube;
  cout << "정수 입력: ";
  cin >> number;
  square = cube = number;
  squareCube(square, cube);
  cout << number << "의 제곱은 " << square << endl;
  cout << "세제곱은 " << cube << "입니다" << endl;

  return 0;
}
```

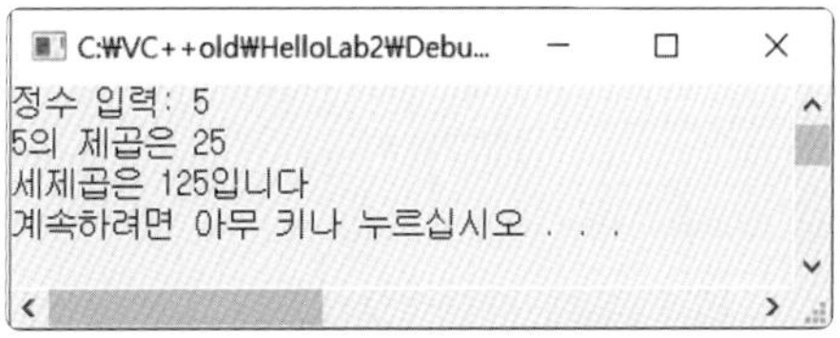

▲ 그림 1.31 ▷ 레퍼런스 전달 호출의 활용

[리스트 1.8]의 02행은 using namespace std; 문장을 사용해서 std 이름 공간의 cout, cin, endl을 14행, 15행, 18행처럼 범위 지정 연산자 없이 사용하겠다는 선언이다. 04행의 squareCube 함수는 첫 번째 파라미터 s의 제곱 승과 두 번째 파라미터 c의 세제곱 승을 구하는 함수이다.

main 함수의 13행처럼 square와 cube 변수를 정의하면 [그림 1.32]처럼 square와 cube라는 이름의 메모리 방이 생성되고 15행에서 입력받은 정수가 16행에 의해서 두 방에 저장된다. 사용자가 5를 입력한다고 가정하자. 17행처럼 squareCube 함수를 호출하면, 파라미터 간에 int& s = square와 int& c = cube가 성립한다. 레퍼런스로 지정된 squareCube 함수의 s와 c를 레퍼런스 파라미터라고 부른다. s와 c 레퍼런스 파라미터는 square와 cube의 별명이므로 별도의 메모리 방이 생성되지 않고 [그림 1.32]에 보인 것처럼 main 함수 내에서 square와 cube에 할당된 메모리 방을 공유한다.

07행과 08행은 지역 변수를 설명하기 위해서 c = c * c * c;의 한 문장을 일부러 두 문장으로 분리한 것인데, temp 지역 변수는 squareCube 함수 내에서 메모리 방이 생성되어 사용되다가 함수가 종료되면 소멸된다. 지역 변수의 스코프 scope는 함수 내부인 것이다.

squareCube 함수 내에서 06행처럼 5의 제곱 승을 구해서 s에 저장하고 07행과 08행처럼 5의 세제곱 승을 구해서 c에 저장하면, s와 c가 square와 cube의 별명이므로 main 함수의 square와 cube 방의 내용이 25와 125로 변경된다. 18행과 19행처럼 square의 값과 cube의 값을 출력하면 [그림 1.31]의 두 번째 행과 세 번째 행처럼 25와 125가 출력된다.

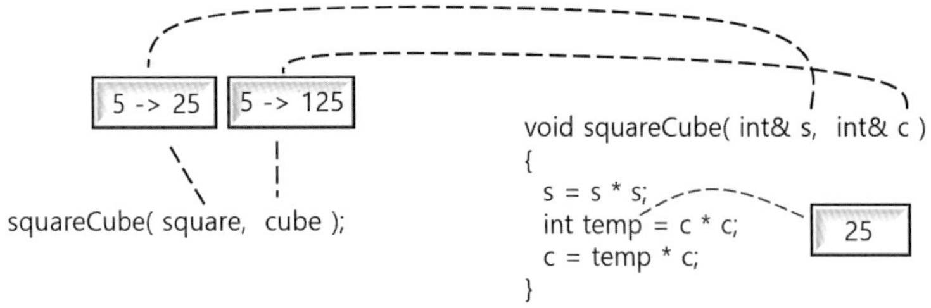

▲ 그림 1.32 ▷ 레퍼런스 전달 호출

이번에는, squareCube 함수의 두 파라미터 정의에서 &를 제거하고 실행해 보자. &를 제거하면 C의 값 전달 호출 방식을 사용하는 것인데, [리스트 1.8]의 17행에서 squareCube 함수를 호출하면 [그림 1.33]처럼 s와 c라는 이름의 파라미터 방이 생성되고, 생성된 파라미터 방에 main 함수의 square와 cube 방의 값인 5가 전달된다. 06~08행에 의해서 5의 제곱 승인 25가 s에 저장되고 세제곱 승인 125가 c에 저장되지만, main 함수의 square와 cube 방의 내용은 계속 5를 유지한다. 따라서 18행과 19행처럼 square의 값과 cube의 값을 출력하면 5와 5가 출력된다. s와 c 파라미터 변수와 temp 지역 변수는 squareCube 함수가 실행되는 동안만 유효하고 함수 실행이 끝나면 소멸된다.

squareCube 함수처럼 두 개 이상의 값을 반환하는 함수를 값 전달 방식으로 정의하려면 함수의 반환 타입을 구조체나 3장의 필수 문법 절에서 다룰 튜플로 설정하면 되지만, 지금처럼 레퍼런스 전달 방식을 사용하는 것이 더 효율적일 수 있다.

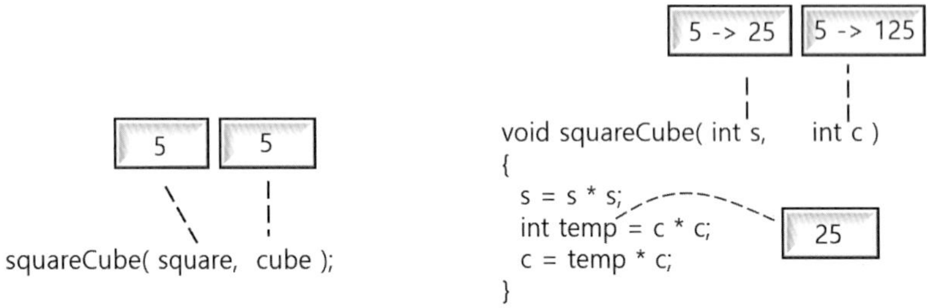

▲ 그림 1.33 ▷ 값 전달 호출

한편, C의 주소 전달 호출의 실행 과정은 [그림 1.34]에 보인 것과 같다. main 함수의

square와 cube 변수명 앞에 & 연산자를 적용하면 square 방과 cube 방의 주소값 포인터인 xx와 yy를 얻을 수 있다. squareCube 함수의 파라미터는 타입 이름에 *를 붙여 포인터 타입으로 지정한다. xx와 yy의 주소값이 squareCube 함수의 포인터 파라미터인 s와 c의 방에 전달된다.

레퍼런스는 기존 방의 별명이므로 방이 따로 생성되지 않지만 포인터 변수는 레퍼런스와 달리 주소값을 저장하는 방이 생성된다. s와 c의 방에 *s와 *c처럼 역참조 연산자를 적용하면, squareCube 함수 내에서 main 함수의 square와 cube 방에 접근해서 5의 제곱 승과 세제곱 승의 값을 구해 저장할 수 있다.

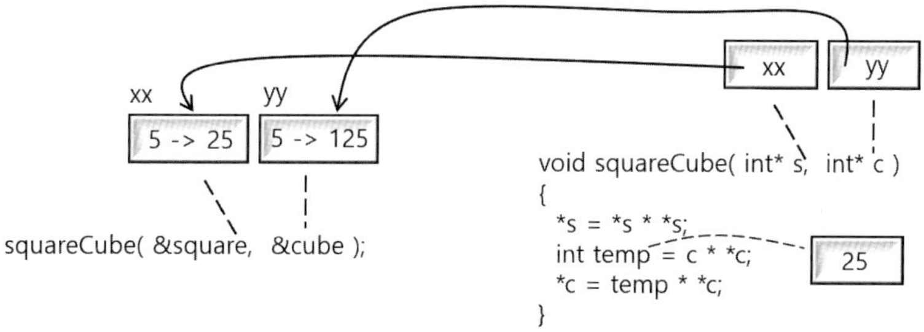

▲ 그림 1.34 ▷ 주소 전달 호출

레퍼런스 전달 호출은 문법적으로 함수의 파라미터 타입 이름 뒤에 &를 사용하는 것 외에는 값 전달 호출과 같으나 내용 면에서는 포인터를 사용하는 주소 전달 호출의 효과를 제공한다. C++의 레퍼런스 전달 방식을 사용하면 함수를 필요시 함수 원형만 손질해서 값 전달 호출 방식으로 쉽게 변경할 수 있다. 반면, C의 주소 전달 호출 방식을 사용하면 함수를 값 전달 호출 방식으로 변경하기 위해서 프로그램 전체에 퍼져 있는 이 함수의 호출문과 함수 자체를 손질해야 한다. 또한, 주소 전달 방식이 사용하는 포인터는 잘 못 사용하면 치명적일 수 있다. 파라미터의 전달에 레퍼런스와 포인터의 선택이 가능하다면 레퍼런스를 선택하는 것이 좋으며 포인터는 연결 리스트 linked list, 트리 tree 등의 동적 자료 구조에 한해 사용하는 것이 좋다.

C++는 일반 변수에 const 속성을 부여해서 변수를 상수로 변환하는 것을 허용한다. 함수의 실행 중 함수가 파라미터로 받은 값을 변경하지 않게 하려면 다음 코드처럼 파라

미터 정의시 const 속성을 붙여서 상수 레퍼런스로 지정할 수 있다. 이와 같은 파라미터 전달 방식을 상수 레퍼런스 전달 call-by-constant reference 방식이라고 부른다. 그러나 [리스트 1.8]에서 squareCube 함수를 다음 코드처럼 변경하면, 함수 내에 s나 c의 값을 변경하는 문장이 존재하므로 컴파일 오류가 발생한다.

```
void squareCube(const int& s, const int& c)        // 컴파일 오류
```

일반적으로, 함수의 파라미터를 정의할 때 함수 내에서 이 파라미터의 값을 변경하지 않는다면 상수 레퍼런스 전달 방식을 사용하고, squareCube 함수처럼 함수 내에서 파라미터의 값을 변경해야 하는 경우에만 const 속성 지정을 생략하는 것이 바람직하다.

또한, 임시값으로 레퍼런스를 초기화할 수 없듯이 다음 코드처럼 임시값을 전달하면서 squareCube 함수를 호출하면 int& s = 4와 int& c = 5가 성립하지 않으므로 컴파일 오류가 발생한다.

```
squareCube(4, 5);                    // 컴파일 오류
```

2.7.2 레퍼런스를 반환하는 함수

함수가 값을 반환할 때 레퍼런스로 반환하는 경우를 생각해 보자. [리스트 1.9]의 코드는 두 수를 비교해서 큰 수를 레퍼런스로 반환하는 함수의 예이고, [그림 1.35]는 실행 결과를 보인 것이다.

리스트 1.9 Syntax7-2 프로젝트의 ReferenceApp.cpp 파일

```
#include <iostream>
using std::cout;
using std::endl;

int& max(int& a, int& b)
{
  if (a > b)
    return a;
  else
    return b;
```

```
11 }
12
13 int main()
14 {
15   int i = 20, j = 10;
16   int& k = max(i, j);
17   cout << k << endl;
18
19   return 0;
20 }
```

▲ 그림 1.35 ▷ 레퍼런스를 반환하는 함수의 활용

[리스트 1.9]에서 05행의 max 함수는 레퍼런스로 전달받은 두 수 중 큰 수를 찾아 결과를 레퍼런스 타입으로 반환하는 함수이다. 16행은 max 함수가 반환하는 레퍼런스를 [그림 1.36]처럼 k라는 이름의 레퍼런스에 배정한다.

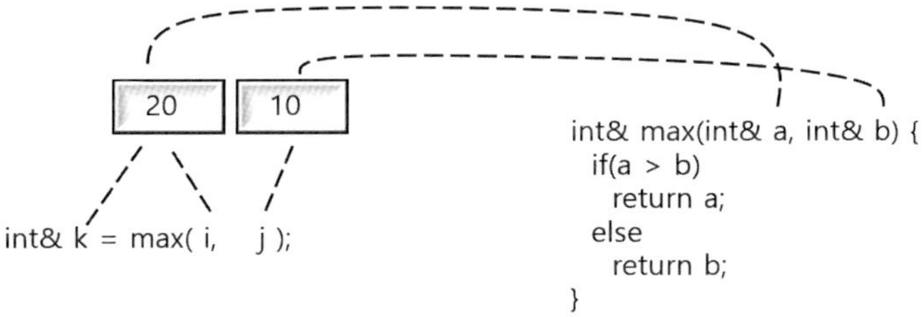

▲ 그림 1.36 ▷ 레퍼런스를 반환하는 함수

max 함수에서 파라미터로 정의된 a와 b는 max 함수가 종료되면 소멸된다. i와 j에 붙였던 별명이 소멸되는 것일 뿐, 메모리 공간이 소멸되는 것은 아니다. 07행에서 a가 b보다 크면 max 함수가 int& 타입의 값을 반환하므로 08행은 a의 별명을 반환한다. a의 입장에서 보면 i가 별명이 된다. 따라서 16행에서 int& k = i;가 성립되어 k는 다시 i의 별명이 된다. 17행은 k의 값인 20을 출력한다.

여기서 주의할 점은 [그림 1.32]의 temp와 같은 지역 변수는 레퍼런스로 반환할 수 없다는 것이다. 지역 변수에 할당된 메모리 공간은 함수가 종료되면 소멸되고, 소멸되는 메모리 공간의 복사값이 반환된다. 그러나 복사값은 이름이 없는 임시값이므로 임시값에 별명이 붙을 수는 없다. 레퍼런스를 반환하는 함수는 3장의 필수 문법 절에서 다시 다룬다.

** 2.8 우측값 레퍼런스 ☞ C++11

C++에서 다음 코드처럼 배정 연산자를 사용해서 변수를 정의하면 [그림 1.30]에 보인 것처럼 정수가 들어갈 수 있는 메모리 방이 생성되고, 방의 이름으로는 지정된 변수명인 n이 사용된다. 또한, 초기값으로 상수 10을 지정했으므로 이 방에는 10이 저장된다.

```
int n = 10;
```

C++의 배정문에서 좌측값 lvalue은 메모리 방이 생성되고 이 방에 이름이 주어지는 대상을 의미하고 우측값 rvalue은 좌측값이 아닌 값들을 의미한다. 우측값은 일반적으로 다음 코드처럼 배정 연산자의 우측에 놓이게 되는 상수나 표현식의 결과인 임시값이다.

```
int x = 2, y = 3;            // 상수인 2와 3을 x와 y에 배정
int z = x + y;               // x + y 표현식의 결과인 5를 z에 배정
```

변수 x, y, z는 메모리 방이 생성되고 이름이 주어지는 대상이므로 좌측값이고 2, 3, x + y는 임시값이므로 우측값이다. 이와 같이 변수를 정의할 때 좌측값은 배정 연산자의 왼쪽에 위치하고 우측값은 오른쪽에 위치한다. 메모리 방이 생성된다는 의미는 &x나 &y와 같이 & 연산자로 그 방의 주소값을 얻을 수 있다는 것이며 메모리 내에 고정적인 위치가 있다는 것이다. 반면, 2, 3, x + y의 값 등의 우측값은 메모리의 상수 영역에 임시로 생성되어 사용되고 사용 후에는 바로 버려질 대상들이다.

앞 절에서 다룬 레퍼런스를 좌측값 레퍼런스 lvalue reference라고도 하는데, 좌측값 레퍼런스라고 하는 이유는 좌측값 레퍼런스는 이미 정의된 기존 변수에 대한 별명이고 기존 변수는 메모리 방과 이름이 있는 좌측값이기 때문이다. 좌측값은 다음 코드처럼 좌측값 레퍼런스를 정의하는 문장이나 배정문에서 배정 연산자의 좌측이나 우측에 올 수 있지만 우측값은 오직 배정 연산자의 우측에만 올 수 있다.

```
int& nn = n;
x = y;
```

우측값 레퍼런스 rvalue reference는 다음 코드처럼 이름을 갖지 않는 임시값에 대해서도 [그림 1.37]과 같이 메모리의 상수 영역이 아닌 곳에 메모리 방을 생성하고, 생성된 방에 이름을 붙여 줘서 일반 변수화하는 것으로 이해하면 된다. 우측값 레퍼런스는 좌측값 레퍼런스와 구분하기 위해서 타입명과 변수명 사이에 &를 두 개 붙여 정의한다.

```
int x = 2, y = 3;
int&& m = 3;            // int m = 3;과 같은 효과
int&& k = x + y;        // int k = x + y;와 같은 효과
int&& t = std::move(x); // t는 x의 별명이 아니고 int t = x;와 같은 효과
```

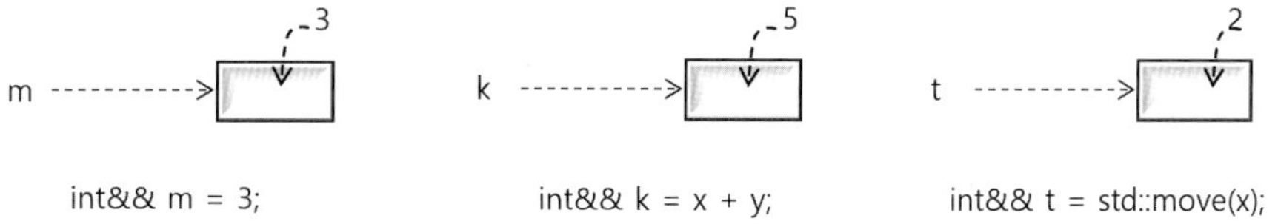

▲ 그림 1.37 ▷ 우측값 레퍼런스의 정의

위 코드의 네 번째 행에서 &를 두 개 명시해서 우측값 레퍼런스로 t를 정의했으므로 t는 x의 별명이 아니고 x의 값인 2를 저장하는 일반 변수와 같다. std::move 함수는 [리스트 1.10]의 코드에서 설명한다.

좌측값 레퍼런스는 기존 변수에 대한 별명이고 따로 메모리 방이 생성되지 않지만, 우측값 레퍼런스는 임시값을 변수화하는 것이므로 메모리 방이 생성되고 이름도 주어진다. 또한, 우측값 레퍼런스의 유효 범위는 우측값 레퍼런스가 정의된 블록 내부가 되는 것도 일반 변수의 유효 범위와 마찬가지다.

그렇다면, 일반 변수로 정의하면 될 것을 무용시물 같은 우측값 레퍼런스라는 개념을 도입해서 혼란을 주는 이유는 무엇일까? [리스트 1.10]의 코드를 가지고 그 이유를 설명한다. [그림 1.38]은 프로그램의 실행 결과를 보인 것이다.

리스트 1.10 Syntax8 프로젝트의 RreferenceApp.cpp 파일

```
01 #include <iostream>
02
03 void increment(int& value)
04 {
05   std::cout << “좌측값 레퍼런스로 증가” << std::endl;
06   ++value;
07 }
08
09 void increment(int&& value)
10 {
11   std::cout << “우측값 레퍼런스로 증가” << std::endl;
12   ++value;
13 }
14
15 int main()
16 {
17   int a = 10, b = 20;
18   increment(a);
19   std::cout << a << std::endl;
20   increment(a + b);
21   increment(3);
22
23   return 0;
24 }
```

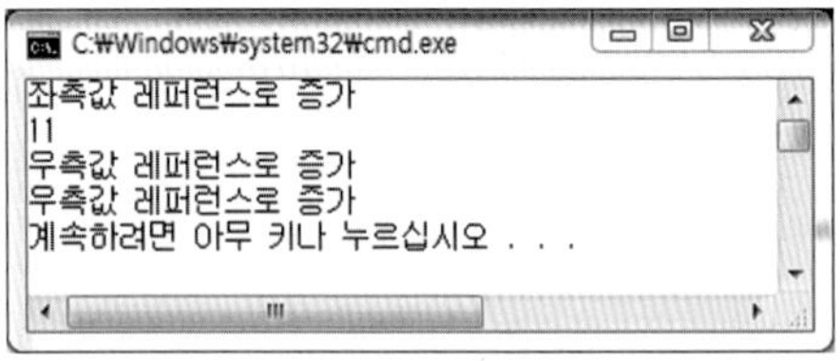

▲ 그림 1.38 ▷ 우측값 레퍼런스의 활용

좌측값 레퍼런스와 우측값 레퍼런스는 [리스트 1.10]의 코드처럼 주로 함수의 레퍼런스 파라미터 타입으로 사용된다. 03행의 increment 함수는 좌측값 레퍼런스 파라미터를 사용하고 09행에 오버로딩된 increment 함수는 우측값 레퍼런스 파라미터를 사용한다.

18행에서 increment 함수를 호출하면서 전달하는 a 파라미터는 17행에서 메모리 방이 생성되고 이름이 주어진 좌측값이다. 컴파일러는 03행의 함수 원형에서 int& value = a가 성립하므로 좌측값 레퍼런스를 사용하는 increment 함수를 호출한다. 레퍼런스 전달 호출 방식이므로 함수가 실행된 후 a 변수의 값은 11이 된다.

20행과 21행에서는 increment 함수의 파라미터가 우측값인 표현식과 숫자로 전달되므로 09행의 함수 원형에서 int&& value = a + b와 int&& value = 3이 성립되어 우측값 레퍼런스를 사용하는 increment 함수가 호출된다.

우측값 레퍼런스는 우측값을 변수화하는 기능이다. increment 함수의 value 파라미터는 호출과 동시에 메모리 방이 생성되고, 함수 내에서는 이름이 붙은 변수이므로 좌측값 변수로 유효하다가 함수가 종료되면 소멸된다. 따라서 main 함수의 우측값을 전달받아 value 파라미터 변수가 생성되고, value 파라미터 변수는 increment 함수 내에서 좌측값 행세를 하게 된다. 그러나 12행에서 value 변수의 값을 증가시킨 효과는 함수의 종료와 함께 value 변수도 소멸되기 때문에 묻히게 된다.

09~13행의 우측값 레퍼런스 파라미터를 사용하는 increment 함수를 주석 처리해 보자. 또한, 03행의 좌측값 레퍼런스 파라미터를 사용하는 increment 함수의 value 파라미터의 정의를 const int& value로 변경해서 좌측값 상수 레퍼런스 파라미터를 전달받도록 수정한다. value를 상수 레퍼런스 파라미터로 설정했으므로 value의 값을 변경하는 06행도 주석 처리하고 실행해 본다.

20행과 21행에서 우측값을 전달하면서 increment 함수를 호출하는 문장도 const int& value = a + b와 const int& value = 3이 성립되어 잘 실행된다. 그러나 상수로 전달받았으므로 함수 내에서 value 파라미터를 수정할 수는 없다.

이번에는 우측값 레퍼런스를 사용하는 09~13행의 increment 함수를 복원하고 03~07행의 좌측값 레퍼런스 파라미터를 사용하는 increment 함수를 주석 처리한 후 실행해 보자. 18행에서 a는 좌측값이므로 03행의 주석 처리된 increment 함수가 호출돼야 하지만 존재하지 않아 컴파일 오류가 발생한다.

18행의 문장을 increment(std::move(a));로 수정하면 컴파일 오류 없이 잘 실행되고 함수가 종료된 후 a 변수의 값은 11이 된다. std::move 함수는 좌측값을 우측값으로 변환하는 함수이므로 09행의 우측값 레퍼런스를 사용하는 increment 함수가 호출되고 파라미터를 상수로 전달받지 않았으므로 함수 내에서 파라미터의 값을 변경한 효과가 반영되는 것처럼 보인다.

그러나 std::move 함수로 좌측값인 a 변수를 우측값으로 변환하면, 이후 a 변수는 존재하지만 일반적으로 그 값이 의미 없는 값이므로 a 변수를 19행처럼 바로 사용하지 않고 새로운 값을 배정해서 사용하거나 더 이상 사용하지 않도록 한다.

std::move 함수는 <utility> 헤더 파일에 정의되어 있는데, Visual C++ 2022는 <utility> 헤더 파일을 기본적으로 포함한다. [표 1.2]는 좌측값, 우측값, 레퍼런스 좌측값 레퍼런스, 우측값 레퍼런스의 개념을 정리한 것이다.

▼ 표 1.2 ▷ 좌측값, 우측값, 레퍼런스(좌측값 레퍼런스), 우측값 레퍼런스의 구분

구분	설명
좌측값	고정 메모리 방이 주어지고 이름이 붙는 값(일반적으로 변수)
우측값	좌측값이 아닌 값(일반적으로 상수 등의 임시값)
레퍼런스(좌측값 레퍼런스)	좌측값에 붙는 별명
우측값 레퍼런스	우측값에 고정 메모리 방과 이름을 줘서 변수화(좌측값화) 하는 기능(따라서 우측값 레퍼런스는 좌측값)

결론적으로, [리스트 1.10]의 프로그램은 좌측값 레퍼런스와 우측값 레퍼런스를 사용하는 두 개의 오버로딩된 increment 함수를 모두 정의했으므로 컴파일러는 전달되는 파라미터가 좌측값인지 우측값인지 구분해서 문법적으로 해당 함수를 연결할 수 있다. 컴파일러는 전달되는 파라미터가 우측값이면 함수 내에서 전달받은 값을 변경할 수 있는 09행의 increment 함수를 연결하고, 좌측값이면 03행의 increment 함수를 연결한다.

이러한 구분을 위해서 우측값 레퍼런스의 사용은 필수이다. 그렇다면, 우측값 전달과 좌측값 전달을 왜 구분해야 할까? 이에 대한 답은 5장의 필수 문법 절에서 다루게 될 이동 시맨틱 move semantic ☞C++11에서 설명하기로 하자.

디폴트 파라미터 2.9

디폴트 파라미터 default parameter란 함수의 호출시 파라미터 리스트 중 생략된 것이 있다면 디폴트로 지정된 값이 해당 파라미터의 값으로 사용되는 기능이다.

[리스트 1.11]은 디폴트 파라미터를 사용하는 예이고 [그림 1.39]는 실행 결과를 보인 것이다.

리스트 1.11 Syntax9 프로젝트의 DefaultParamApp.cpp 파일

```
01 #include <iostream>
02 using std::cout;
03 using std::endl;
04
05 int boxVolume(int length, int width = 1, int height = 1)
06 {
07   return length * width * height;
08 }
09
10 int main()
11 {
12   cout << boxVolume(5, 6, 3) << endl;
13   cout << boxVolume(5, 6) << endl;
14   cout << boxVolume(5) << endl;
15
16   return 0;
17 }
```

▲ 그림 1.39 ▷ 디폴트 파라미터의 활용

디폴트 파라미터의 정의는 05행처럼 boxVolume 함수의 원형에서 파라미터의 타입과 이름 뒤에 = 연산자를 이용해서 디폴트값을 지정한다. 12행처럼 boxVolume 함수를 호출하면

length 파라미터에 5가, width 파라미터에 6이, height 파라미터에 3이 전달된다. 13행에서는 length 파라미터에 5가, width 파라미터에 6이 전달되고 height 파라미터에는 전달할 값을 지정하지 않았으므로 디폴트값으로 지정된 1이 height의 값으로 사용된다. 14행에서는 length에 5가 전달되고 width와 height에는 디폴트값으로 지정된 1이 배정된다. 파라미터가 여러 개 있을 경우, 디폴트값의 지정은 05행처럼 뒤부터 차례대로 지정해야 컴파일러가 어느 파라미터에 디폴트값을 적용할지 판단할 수 있다.

2.10 string 타입

C의 문자열을 먼저 복습해 보자. "hello world"와 같은 문자열은 내부적으로 널 문자 null character인 '\0'이 마지막에 추가된 char 타입의 배열로 처리된다. C에서 배열 변수와 포인터 변수는 유사한 부분이 많다. 예를 들어, 다음 코드의 두 경우는 모두 같은 문자열을 정의한다.

```
char arrString[20] = "hello world";
const char* ptrString = "hello world";
```

" "로 둘러싸인 문자열을 문자열 리터럴이라고 하는데, arrString은 컴파일러가 char 타입의 값을 20개 저장할 수 있는 메모리 공간을 할당한 후, 앞의 12 문자를 "hello world"로 채워 넣고 13번째 문자에 널 문자 '\0'을 넣는다. 널 문자는 문자열의 끝을 표시하는 역할만 하고 실제 문자열에 포함되어 출력되지는 않는다. 따라서 20개 문자 분량의 배열이 할당됐지만 문자열의 길이는 12가 된다.

ptrString은 컴파일러가 ptrString 포인터 변수에 대한 메모리를 할당하고 "hello world"에 대한 메모리는 별도의 문자열 상수 저장 영역에 할당한 후, 할당된 상수 저장 영역의 포인터를 ptrString에 저장한다. 이때도 문자열의 마지막에는 널 문자가 삽입된다. 두 개의 문자열은 다음 코드처럼 문자열 내의 값을 변경할 수 있는지 여부가 차이점이다. 포인터 ptrString을 사용해서 정의한 문자열은 문자열이 상수 저장 영역에 할당되므로 변경할 수 없다.

```
arrString[0] = 'H';    // OK
ptrString[0] = 'H';    // 컴파일 오류 발생, 상수 저장 영역에 쓰기 시도
```

C는 문자열의 길이를 구하고 두 문자열을 붙이는 등의 문자열을 다루기 위한 여러 함수들을 <cstring> 헤더 파일을 통해 제공하는데, 이 책에서는 C++가 제공하는 훨씬 강력하고 유연한 string 타입을 사용해서 문자열을 처리할 것이므로 이 함수들을 다루지 않는다.

<cstring> 헤더 파일은 C의 <string.h> 헤더 파일의 이름을 C++ 코드에서 사용할 수 있도록 변경해 놓은 것이다. 물론, <string.h> 헤더를 사용해도 좋다.

string 타입은 <string> 헤더 파일에 정의되어 있고 std 이름 공간을 사용한다. [리스트 1.12]는 string 타입을 다양하게 활용한 예이고, [그림 1.40]은 실행 결과를 보인 것이다.

리스트 1.12 Syntax10 프로젝트의 StringApp.cpp 파일

```
#include <iostream>
#include <string>
using namespace std;

int main()
{
  string str1 = "hello ";
  string str2("world");
  const char* cstr = str2.c_str();
  cout << "C string is " << cstr << endl;
  string str3 = str1 + str2;
  cout << "combined string is " << str3 << endl;
  if (str3 == "hello world")
    cout << "two strings are same" << endl;
  string myString = "hi";
  myString += ", there";
  string myOtherString = myString;
  if (myString == myOtherString)
    myOtherString[0] = 'H';
  cout << "value of myString is " << myString << endl;
  cout << "value of myOtherString is " << myOtherString << endl;
  long double d = 3.14;
  string s1 = to_string(d);
  cout << "double number is " << d << endl;
  cout << "string version is " << s1 << endl;
```

```
26    const string s2 = "1234";
27    int i = stoi(s2);
28    cout << "string is " << s2 << endl;
29    cout << "integer vesion is " << i << endl;
30
31    return 0;
32 }
```

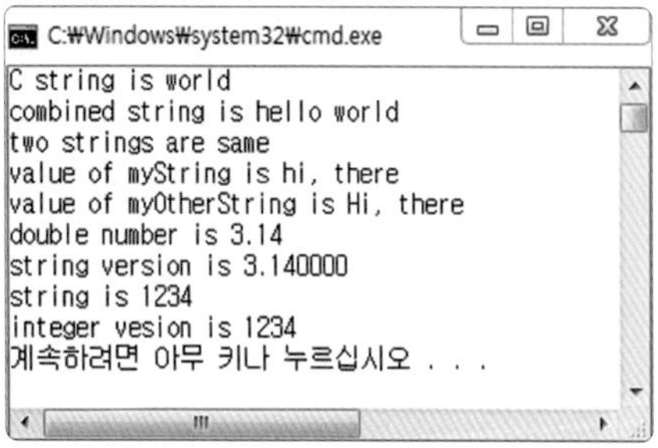

▲ 그림 1.40 ▷ string 타입의 활용

02행은 string 타입을 사용하기 위해서 <string> 헤더 파일을 포함한다. string 타입은 실습 과제에서 소개한 클래스로 구현됐다. 클래스와 객체의 개념은 3장에서 자세하게 다룰 것이므로 이 절에서는 클래스를 소프트웨어 부품을 생성하는 부품 원판의 관점에서 설명하기로 한다.

string 객체는 07행과 08행처럼 문자열 리터럴을 사용해서 두 가지 형태로 생성할 수 있다. 07행은 "hello " 문자열 리터럴을 지정해서 str1 객체를 [그림 1.41]처럼 string 클래스로부터 생성하고, 08행은 "world" 문자열을 지정해서 str2 객체를 생성한다. str1과 str2 객체는 실습 과제에서 설명한 cout과 같은 소프트웨어 부품으로 생각하면 된다.

str1 객체는 C의 문자열인 "hello "를 멤버 변수의 값으로 가진다. string 클래스에서 length 멤버 함수는 문자열의 길이를 정수로 반환하고 clear 멤버 함수는 멤버 변수로 저장된 문자열을 삭제한다. C의 비교 연산자인 ==와 같은 형태인 == 멤버 함수를 연산자 멤버 함수라고 하는데, == 연산자 멤버 함수는 두 문자열 객체가 내용적으로 같은지를 판단해서 같으면 true를 반환하고, 다르면 false를 반환하는 기능을 수행한다.

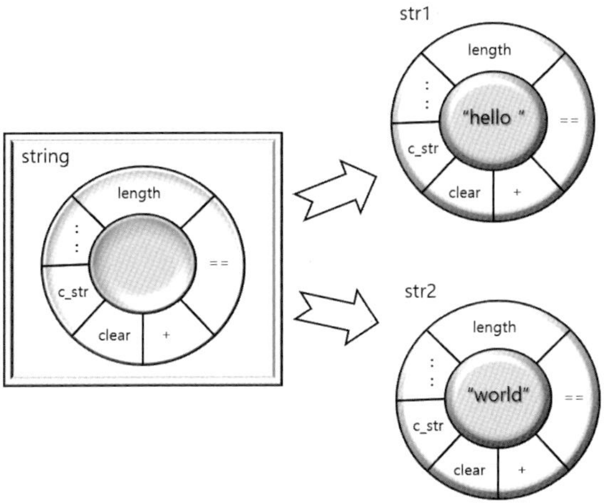

▲ 그림 1.41 ▷ string 객체의 생성

3장에서 다룰 연산자 멤버 함수는 함수명이 C의 연산자와 같은 함수를 의미한다. + 연산자 멤버 함수는 두 문자열 객체를 하나로 연결해서 반환하는 기능을 수행한다. c_str 멤버 함수는 멤버 변수로 저장된 C 문자열을 반환한다. 이외에도 string 클래스는 10개가 넘는 멤버 변수와 50개에 가까운 멤버 함수들을 제공한다.

string 클래스는 C 문자열과의 호환성을 위해서 string 객체를 C의 const char* 타입의 문자열로 변환하는 c_str 멤버 함수를 제공하는데, 09행은 str2 객체의 c_str 멤버 함수를 호출해서 [그림 1.42]에 보인 것처럼 멤버 변수로 저장된 C 문자열을 반환받아 그 포인터를 cstr 변수에 저장한다. 객체의 멤버 함수를 호출하는 형식은 '객체.멤버함수'처럼 마침표(.)를 사용한다. 10행은 이 C 스타일 문자열을 [그림 1.40]의 첫 행처럼 출력한다.

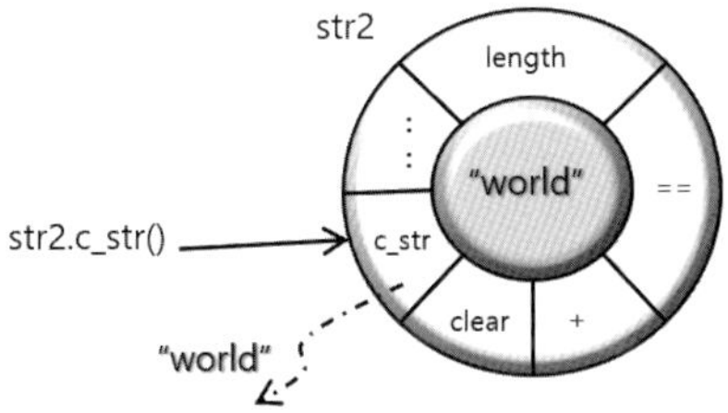

▲ 그림 1.42 ▷ c_str 멤버 함수 호출

[리스트 1.12]에서 11행은 str1과 str2를 + 연산자로 합쳐 str3 객체를 정의한다. 여기서, + 연산자는 C의 산술 연산자가 아니라 [그림 1.41]에 보인 + 연산자 멤버 함수인데, + 연산자 멤버 함수는 두 문자열을 붙인 새로운 문자열 객체를 생성해서 반환한다. 기존의 str1과 str2 객체는 변경되지 않는다.

13행은 str3 객체에 저장된 문자열과 "hello world" 문자열 리터럴을 비교한다. 두 문자열이 모두 C 문자열이라면 두 문자열이 저장된 메모리의 포인터가 비교되어 false가 반환되지만, string 객체의 == 연산자 멤버 함수는 그 내용을 비교하기 때문에 true가 반환된다. string 문자열 간 <, <=, >, >= 비교 연산자 멤버 함수들도 지원된다.

15행과 16행에서 myString 객체에 저장된 문자열은 += 연산자 멤버 함수에 의해서 "hi, there"가 된다. 17행은 myOtherString 변수를 정의하면서 myString 객체를 배정한다. 두 값이 같으므로 19행에서 myOtherString 객체에 저장된 문자열의 첫 문자가 대문자로 변경된다. 이와 같이 string 객체는 C의 문자열 배열처럼 [] 연산자로 각 문자에 직접 접근해서 사용할 수 있다.

string 라이브러리는 숫자와 string 문자열을 상호 변환하는 편리한 함수들도 제공한다. 23행은 long double 타입의 숫자 3.14를 to_string 함수를 사용해서 문자열 "3.140000"으로 변환한다. to_string 함수는 int, float, double 등의 기본 데이터 타입의 파라미터를 전달받는 함수들로 오버로딩되어 있으므로 변환을 원하는 타입의 값을 전달하면서 to_string 함수를 호출하면 해당 string 문자열을 반환받을 수 있다. cout 객체는 string 타입과 기본 데이터 타입의 값을 모두 출력할 수 있으므로 24행과 25행의 출력 결과는 [그림 1.40]에 보인 것처럼 같다.

반대로, 문자열을 숫자로 변환하는 함수들의 원형은 다음 코드와 같다.

```
// string to int
int stoi(const string& str, size_t* idx = 0, int base = 10);
// string to long int
long stol(const sting& str, size_t* idx = 0, int base = 10);
// string to unsigned long
unsigned long stoul(const string& str, size_t* idx = 0,
                    int base = 10);
// string to float
float stof(const string& str, size_t* idx = 0);
```

나머지 기본 데이터 타입에 대한 변환 함수들도 비슷하게 정의된다. 이 함수들에서 파라미터 str은 변환할 string 타입의 문자열을 지정하고 파라미터 idx는 변환에 실패했을 경우 문자열 중 실패한 첫 문자의 인덱스값을 반환하며 파라미터 base는 2진수, 10진수 등의 변환할 진수를 정수로 지정한다. idx와 base는 디폴트 파라미터가 설정되어 있고 idx에 NULL 값을 전달하면 오류 위치가 필요 없다는 의미가 된다. 따라서 27행의 stoi 함수는 "1234" 문자열을 정수 1234로 변환한다.

string 타입은 클래스이지만 int, char 등과 같은 기본 데이터 타입으로 취급하고 활용해도 아무런 문제가 없다. 사실상 string 클래스로부터 생성된 문자열이 객체라는 사실을 잊어버리면 오히려 편하다.

new와 delete 연산자 2.11

C++에서 변수는 정적 변수 static variable와 동적 변수 dynamic variable로 구분된다. 정적 변수는 프로그램의 흐름이 함수처럼 변수가 선언된 블록에 들어갈 때 생성되고 블록을 빠져 나올 때 자동으로 소멸된다. 따라서 정적 변수를 자동 변수 automatic variable 라고도 부른다. 전역 변수는 프로그램의 전체 블록에 정의된 변수이므로 프로그램이 시작될 때 생성되고 종료될 때 소멸된다. 반면, 개발자가 프로그램의 임의 위치에서 생성하고 소멸시키는 변수를 동적 변수라고 부른다.

C에서 개발자는 메모리를 동적으로 할당하기 위해 malloc이나 calloc 시스템 함수를 사용하고 할당한 메모리를 시스템에 환원하기 위해 free 시스템 함수를 사용한다. C++는 new와 delete의 두 연산자를 제공해서 메모리의 할당과 환원을 언어의 기본 기능으로 지원한다. 다음 코드의 첫 번째 행은 int 타입의 데이터 하나를 저장할 수 있는 메모리 방을 new 연산자로 할당하고 new 연산자가 반환하는 그 방의 포인터를 포인터 변수 iPtr에 저장하는 코드이다.

```
int* iPtr = new int(9);
*iPtr = 5;
int i = 10;
delete iPtr;
```

앞 코드에서 첫 번째 행과 두 번째 행은 할당된 메모리 방을 9로 초기화하고 iPtr 포인터 변수를 역참조해서 그 방에 5를 배정한다. new 연산자를 사용하면 malloc 함수를 사용할 때처럼 메모리 공간의 크기를 sizeof 함수로 계산할 필요도 없고 malloc 함수가 반환하는 포인터를 int* 타입으로 변환할 필요도 없다.

시스템 메모리 부족으로 인해, new 연산자에 의한 메모리 할당이 실패할 수도 있다. 이러한 경우, new 연산자는 nullptr을 반환한다. nullptr 포인터 값은 2장에서 다룬다. 할당된 메모리 공간의 환원은 네 번째 행처럼 delete 연산자와 함께 포인터 변수 iPtr을 지정한다.

C++ 프로그램이 사용하는 메모리는 스택 stack과 힙 heap의 두 가지로 분류된다. 위의 코드에서 int 타입의 일반 변수 i에 대한 메모리 방은 [그림 1.43]처럼 스택에 생성되고 10으로 초기화된다.

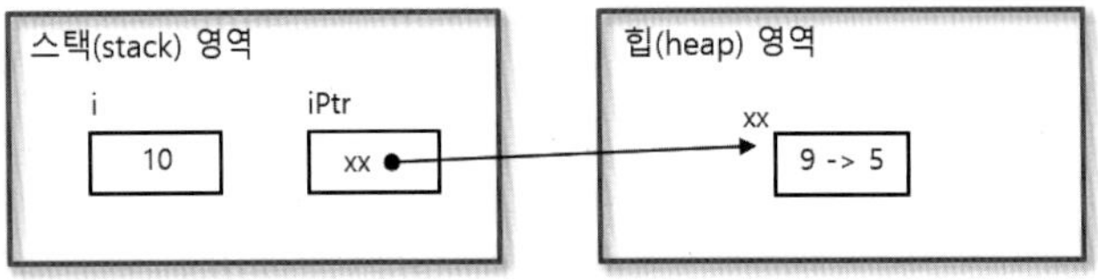

▲ 그림 1.43 ▷ 스택과 힙 영역

new 연산자를 사용해서 정의한 int 타입의 포인터 변수 iPtr은 스택에 메모리 방이 생성되고 iPtr이 가리키는 정수 타입의 방은 힙에 생성된다. 일반 변수와 포인터 변수는 저장하는 값이 다르다. int 타입의 일반 변수 i에는 실제값 10이 저장되지만, 포인터 변수 iPtr에는 메모리의 주소값 포인터이 저장된다.

new 연산자는 [그림 1.43]처럼 정수가 저장될 메모리 방을 힙 영역에 생성하고, 생성된 메모리 방의 실제 주소값 xx를 반환한다. 실제 주소값을 xx라고 가정하면 이 값은 배정문에 의해 포인터 변수 iPtr에 저장된다. [그림 1.43]은 포인터 변수가 힙에 생성된 메모리 방을 가리키는 것을 화살표로 나타낸다.

다음 코드는 열 개의 정수를 저장하는 배열을 정의하고 for 문으로 배열의 원소를 모두 5로 초기화하는 코드이다.

```
const int ARRAY_SIZE = 10;
int myArray[ARRAY_SIZE];
for (size_t i = 0; i < ARRAY_SIZE; ++i)
  myArray[i] = 5;
cout << myArray[7] << endl;
```

배열을 정의할 때, 두 번째 행처럼 [] 내의 크기가 컴파일시 결정돼야 하므로 크기를 변수로 지정할 수 없고 상수로 지정해야 한다. 이러한 배열을 정적 배열이라고 부른다.

다음 코드는 new 연산자를 이용해서 배열을 동적으로 생성하는 예이다.

```
int array_size = 10;
int* yourArray = new int[array_size];
for (size_t i = 0; i < array_size; ++i)
  yourArray[i] = 5;
cout << yourArray[7] << endl;
delete[] yourArray;
```

new 연산자에 의해서 배열이 실행시 생성되므로 크기를 변수로 지정할 수 있다. 배열의 크기는 타입 이름 다음의 [] 내에 지정한다. 이러한 배열을 동적으로 생성된 배열이라고 부른다. 동적으로 생성된 배열은 3장의 필수 문법 절에서 다룰 동적 배열 vector과 구분된다. 동적 배열인 벡터는 실행 중, 필요에 따라 크기가 자동으로 변경되는 배열이다.

위 코드에 보인 것처럼 동적으로 생성된 배열의 사용법은 정적 배열과 같다. 배열에 할당된 메모리를 환원할 때는 delete 연산자와 변수명 사이에 []를 명시한다. new 연산자로 생성한 메모리 공간은 delete 연산자로 환원하고 new[] 연산자로 생성한 메모리 공간은 delete[]로 환원한다.

C나 C++에서 배열의 변수명 myArray는 [그림 1.44]에 보인 것처럼 정적 배열이라고 해도 배열의 첫 번째 원소를 가리키는 포인터 상수이다.

포인터 상수라는 것은 첫 번째 원소의 주소값인 zz로 초기화된 후, 다른 주소값으로 변경할 수 없다는 의미이다. [그림 1.43]의 iPtr은 포인터 변수이므로 다른 주소값으로 변경할 수 있다.

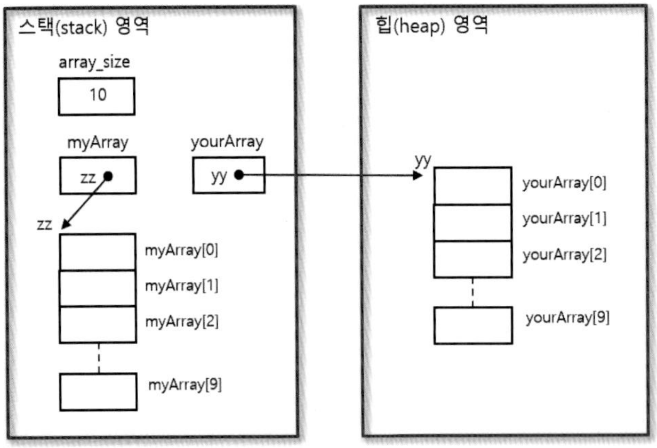

▲ 그림 1.44 ▷ 스택과 힙 영역에 할당된 배열

new 연산자를 사용해서 정의한 yourArray 배열인 경우, yourArray 포인터 상수는 스택에 생성되지만, 실제 배열을 위한 메모리 공간은 힙에 생성된다. new 연산자는 [그림 1.44]에 보인 것처럼 메모리 공간을 힙 영역에 생성하고, 생성한 메모리 공간의 실제 주소값인 yy를 반환한다. 포인터 상수인 스택 영역의 yourArray는 배정문에 의해 yy로 초기화된다. myArray나 yourArray처럼 배열은 자동으로 포인터 상수가 되지만 거꾸로 [그림 1.43]에 보인 iPtr과 같은 포인터 변수가 배열은 아니다.

포인터 변수를 사용해서 메모리를 할당하여 사용한 뒤에는 메모리를 환원시켜 메모리 누수를 방지하는 것이 개발자의 몫이지만 2장의 필수 문법 절에서 다룰 스마트 포인터를 사용하면 메모리의 환원을 신경 쓰지 않고 자동화할 수 있다. 또한, myArray나 yourArray와 같은 C 배열을 사용하는 것보다 3장에서 다룰 vector나 array라는 컨테이너를 사용하는 것이 안전하고 편리하다.

이 책은 [그림 1.43]처럼 스택 영역과 힙 영역을 구분하지 않고 포인터 변수가 메모리 방을 참조한다는 의미로 포인터 변수 iPtr로부터 메모리 방으로 화살표만 그어 표기한다. yy와 같은 실제 주소값은 필요할 때만 명시하도록 한다.

수학 상수 ☞ C++20 2.12

<numbers> 헤더 파일은 수학에서 사용하는 다양한 상수 mathematical constant를 제공하고 std::numbers 이름 공간은 상수 이름을 정의한다. [리스트 1.13]은 상수로 지정된 pi, e, 로그 함수의 값, 제곱근의 값 등을 사용한 코드이고 [그림 1.45]는 실행 결과이다. 수학 상수는 C++20 표준부터 지원되는 기능이므로 이 책의 '머리말' 중 [이 책의 실습 환경]에 설명한 대로 컴파일러 옵션을 C++20 표준으로 설정하는 것을 잊지 말자.

리스트 1.13 Syntax12 프로젝트의 ConstantApp.cpp 파일

```
#include <iostream>
#include <numbers>

int main()
{
  std::cout << "Pi: " << std::numbers::pi << std::endl;
  std::cout << "e: " << std::numbers::e << std::endl;
  std::cout << "log2(e): " << std::numbers::log2e << std::endl;
  std::cout << "log10(e): " << std::numbers::log10e << std::endl;
  std::cout << "ln(2): " << std::numbers::ln2 << std::endl;
  std::cout << "ln(10): " << std::numbers::ln10 << std::endl;
  std::cout << "sqrt(2): " << std::numbers::sqrt2 << std::endl;
  std::cout << "sqrt(3): " << std::numbers::sqrt3 << std::endl;

  return 0;
}
```

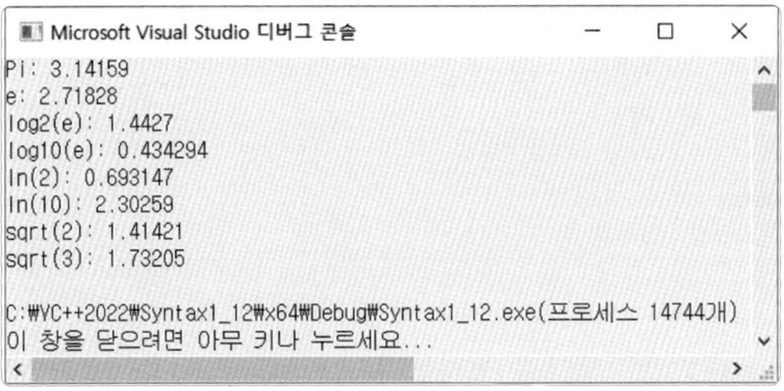

▲ 그림 1.45 ▷ 수학 상수의 활용

[리스트 1.13]의 06~09행에서 사용한 std::numbers::pi, std::numbers::e, std::numbers::log2e, std::numbers::log10e 등의 상수는 “2.1 이름 공간” 절에서 소개한 중첩 이름 공간을 사용한다.

03 응용 과제

이 절에서는 실습 과제를 응용하고 필수 문법 절에서 설명한 문법을 활용하는 두 개의 응용 과제를 다룬다.

3.1 응용 과제 1

✔ **Check Point** CoinMoneyApp 프로그램의 C 버전과 향상된 C++ 버전

- ▶ 실습 과제를 발전시킨다.
- ▶ 우리나라 동전은 1, 5, 10, 50, 100, 500원짜리 동전들로 구성된다. 이 중 50, 100, 500원짜리 동전만으로 구성되는 동전다발을 [그림 1.46]에 보인 것처럼 정의하고, 정의된 동전 다발을 구성하는 동전의 개수와 총액을 출력하는 C 프로그램과 C++ 프로그램을 작성한다.

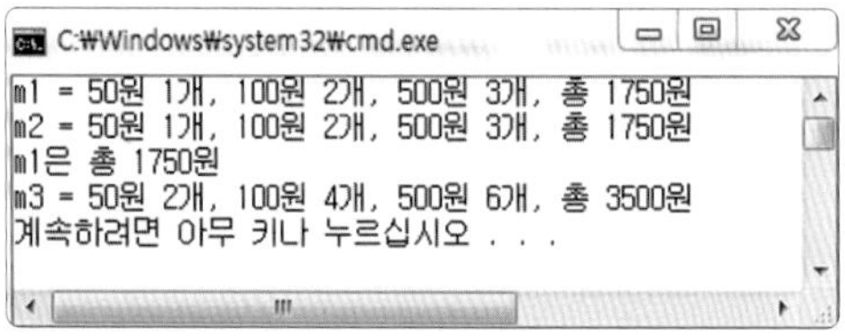

▲ 그림 1.46 ▷ 동전 다발 처리 프로그램의 실행 결과

실습 과제와 같은 방법으로 ‘App1-1’ 프로젝트를 생성한다. CoinMoneyApp.cpp 파일을 생성하고 [리스트 1.14]의 코드를 입력해서 실행한다. [리스트 1.14]는 동전다발 처리 프로그램을 C로 작성한 것이다.

리스트 1.14 App1-1 프로젝트의 CoinMoneyApp.cpp 파일

```
//==========================================================
// 응용 과제 1-1
// 실습 과제를 발전시킴
// 동전 다발 처리 - C 버전
//==========================================================
#include <stdio.h>

// structure for CoinMoney - three int members
struct CoinMoney {
  int c50;
  int c100;
  int c500;
};

int CoinMoney_value(struct CoinMoney m)
{
  return (50 * m.c50 + 100 * m.c100 + 500 * m.c500);
}

struct CoinMoney CoinMoney_add(struct CoinMoney m1, struct CoinMoney m2)
{
  struct CoinMoney sum;
  sum.c50 = m1.c50 + m2.c50;
  sum.c100 = m1.c100 + m2.c100;
  sum.c500 = m1.c500 + m2.c500;
  return sum;
}

void CoinMoney_print(struct CoinMoney m)
{
  printf("50원 %d개, 100원 %d개, 500원 %d개, 총 %d원\n",
         m.c50, m.c100, m.c500, CoinMoney_value(m));
}

int main()
{
  struct CoinMoney m1, m2, m3;     // 3개의 CoinMoney 변수
  int value;
  m1.c50 = 1;                      // m1 초기화
  m1.c100 = 2;
  m1.c500 = 3;
  printf("m1 = ");
  CoinMoney_print(m1);             // m1의 구성 요소와 총금액 출력
```

```
44    m2 = m1;                      // 구조체끼리 배정, 구조체 필드 각각을 배정함
45    printf("m2 = ");
46    CoinMoney_print(m2);      // m2의 구성 요소와 총금액 출력
47    value = CoinMoney_value(m1);      // m1의 총금액 계산
48    printf("m1은 ");
49    printf("총 %d원\n", value);       // m1의 총금액 출력
50    m3 = CoinMoney_add(m1, m2);       // m1과 m2를 더해서 m3에 배정
51    printf("m3 = ");
52    CoinMoney_print(m3);              // m3의 구성 요소와 총금액 출력
53
54    return 0;
55 }
```

06행은 C 스타일의 콘솔 출력 함수인 printf 함수를 사용하기 위해서 <stdio.h> 헤더 파일을 포함한다. 09~13행은 CoinMoney 구조체를 선언하는데, CoinMoney 구조체는 각 동전의 개수를 저장하는 c50, c100, c500의 정수 필드들을 가진다.

15행의 CoinMoney_value 함수는 파라미터로 제공되는 동전다발 구조체 m의 필드값에 따라 총액을 계산해서 반환한다. 20행의 CoinMoney_add 함수는 파라미터로 제공되는 두 동전다발 구조체 m1과 m2의 합을 나타내는 sum 동전다발 구조체를 22행처럼 생성하고 23~25행처럼 필드별로 더해서 결과 구조체를 반환한다.

28행의 CoinMoney_print 함수는 printf 문을 사용해서 파라미터로 제공된 동전다발 구조체 m의 필드들의 값과 총액을 지정된 형식으로 출력한다. 32행은 CoinMoney_value 함수를 호출해서 이 함수가 반환하는 총액을 출력한다.

37행은 세 개의 CoinMoney 구조체 변수를 생성하고 38행은 동전다발의 총액을 저장하는 value 변수를 정의한다. 39~41행은 m1 구조체의 필드들을 초기화한다. 42행과 43행은 m1 구조체 변수를 CoinMoney_print 함수를 호출해서 출력한다. 구조체 변수끼리는 44행처럼 배정 연산이 가능하므로 m2에 m1을 배정해서 같은 값을 갖도록 한 후, 45행과 46행처럼 m2도 출력한다.

47행에서 CoinMoney_value 함수를 호출해서 반환된 m1 동전다발의 총액을 value에 저장한 후, 48행과 49행처럼 value의 값을 출력한다. 50행은 m1과 m2를 파라미터로 전달하면서 CoinMoney_add 함수를 호출하고, 반환된 결과 구조체를 m3에 배정한다. 51행과 52행은 m3 동전다발을 출력한다.

[리스트 1.15]의 코드는 필수 문법 절에서 소개한 C++의 기능들을 [리스트 1.14]의 프로그램에 적용해서 개선한 것이다. 'App1-2' 프로젝트를 생성하고 CoinMoneyApp.cpp 파일을 생성한다. 이 파일에 [리스트 1.15]의 코드를 입력해서 실행한다.

리스트 1.15 App1-2 프로젝트의 CoinMoneyApp.cpp 파일

```
//============================================================
// 응용 과제 1-2
// 응용 과제 1-1을 발전시킴
// 동전 다발 처리 - C++ 버전
//============================================================
//#include <cstdio>
#include <iostream>           // <iostream>
using std::cout; using std::endl;

struct CoinMoney {
  int c50;
  int c100;
  int c500;
};
// inline, const CoinMoney&
inline int CoinMoney_value(const CoinMoney& m)
{
  return (50 * m.c50 + 100 * m.c100 + 500 * m.c500);
}
// struct CoinMoney->CoinMoney
CoinMoney CoinMoney_add(const CoinMoney& m1, const CoinMoney& m2)
{
  CoinMoney sum;
  sum.c50 = m1.c50 + m2.c50;
  sum.c100 = m1.c100 + m2.c100;
  sum.c500 = m1.c500 + m2.c500;
  return sum;
}

void CoinMoney_print(const CoinMoney& m)
{
  /*
  printf("50원 %d개, 100원 %d개, 500원 %d개, 총 %d원\n",
         m.c50, m.c100, m.c500, CoinMoney_value(m));
  */
  // stream io
  cout << "50원 " << m.c50 << "개, "
       << "100원 " << m.c100 << "개, "
```

```
39         << "500원 " << m.c500 << "개, "
40         << "총 " << CoinMoney_value(m) << "원" << endl;
41 }
42
43 auto main() -> int                         // 다른 함수 스타일
44 {
45   CoinMoney m1, m2, m3;
46 // int value;
47   m1.c50 = 1;
48   m1.c100 = 2;
49   m1.c500 = 3;
50 // printf("m1 = ");
51   cout << "m1 = ";                          // stream io
52   CoinMoney_print(m1);
53   m2 = m1;
54 // printf("m2 = ");
55   cout << "m2 = ";
56   CoinMoney_print(m2);
57   auto value = CoinMoney_value(m1);         // auto
58 // printf("m1은 ");
59 // printf("총 %d원\n", value);
60   cout << "m1은 총 " << value << "원" << endl;
61   m3 = CoinMoney_add(m1, m2);
62 // printf("m3 = ");
63   cout << "m3 = ";
64   CoinMoney_print(m3);
65
66   return 0;
67 }
```

06행에서 주석 처리한 <cstdio> 헤더 파일은 <stdio.h> 헤더 파일의 C++ 버전인데 이 책에서는 C++에서 권장하는 스트림 입출력을 사용할 것이므로 주석 처리한 것이다. 스트림 입출력을 사용하기 위해서 <iostream> 헤더 파일을 07행처럼 포함하고 08행처럼 std 이름 공간의 cout과 endl 이름의 사용을 선언한다.

16행의 CoinMoney_value 함수는 inline 함수로 정의해서 컴파일러가 매크로 함수로 처리할 수 있도록 한다. 한 행짜리 함수이므로 컴파일러는 이 함수를 매크로 함수로 처리해서 프로그램의 성능을 향상시킬 것이다. CoinMoney_value 함수의 파라미터는 const CoinMoney& 타입으로 정의해서 원본 구조체를 상수 레퍼런스 전달 방식으로 전달받는다. m은 레퍼런스 파라미터이므로 원본 구조체의 복사본이 아니고 원본 구조체의

별명이다. CoinMoney_value 함수의 성격이 원본 구조체의 필드들에 접근해서 총액을 구하는 것이지 원본 구조체를 변경하는 것이 아니므로 상수 레퍼런스 전달 방식으로 전달받는 것이 프로그램의 성능 향상에 도움이 된다. 또한, 구조체명도 struct CoinMoney 대신 struct 없이 CoinMoney만 사용한다.

21행의 CoinMoney_add 함수의 두 파라미터도 상수 레퍼런스 파라미터로 전달받는다. 30~41행의 CoinMoney_print 함수는 printf 문 대신 스트림 입출력 방식을 사용하는 것으로 개선한다.

43행의 main 함수의 형식은 C++에서 auto 타입의 도입으로 가능해진 또 다른 함수 정의 방식 ☞C++14을 보이기 위한 것이다. 46행의 value 변수를 주석 처리하는 대신 value 변수가 필요한 시점인 57행에서 value 변수를 자동 변수로 정의한다. auto 변수의 사용은 컴파일러가 타입을 추정할 수 있어야 하는데, CoinMoney_value 함수가 정수 타입의 값을 반환하므로 컴파일러가 value의 타입을 충분히 추정할 수 있다.

52행에서 m1 동전다발 구조체를 상수 레퍼런스 전달 방식으로 CoinMoney_print 함수에 전달하므로 값이 변경되지 않고 프로그램의 성능도 개선할 수 있다. 나머지 코드의 변경은 printf 문 대신 스트림 입출력을 위해 수정된 것들이다.

응용 과제 2 ** 3.2

✓ Check Point cin 객체를 활용한 입력 검증

- ▶ 실습 과제를 발전시킨다.
- ▶ [그림 1.47]처럼 사용자의 이름을 입력받고 이어서 다섯 개의 정수를 입력받아 출력하는 프로그램을 작성한다. 프로그램은 사용자가 올바른 정수를 입력할 때까지 사용자를 계속 유도한다.

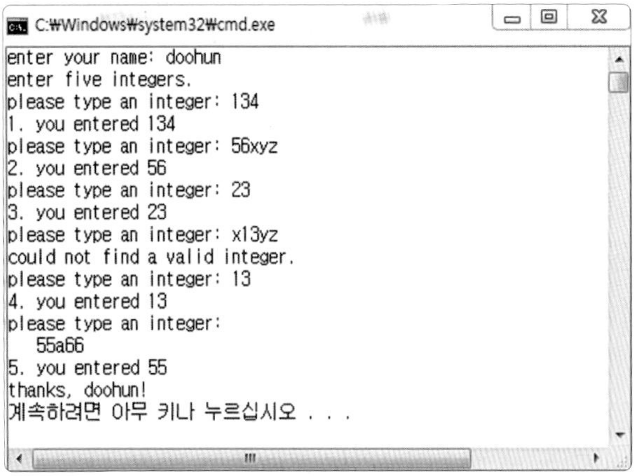

▲ 그림 1.47 ▷ 입력 검증을 위한 cin 객체의 활용

실습 과제와 같은 방법으로 'App2' 프로젝트를 생성한다. HelloApp.cpp 파일을 생성하고 [리스트 1.16]의 코드를 입력해서 실행한다.

리스트 1.16 App2 프로젝트의 HelloApp.cpp 파일

```
//=============================================================
// 응용 과제 2
// 실습 과제를 발전시킴
// 콘솔 입출력
//=============================================================
#include <iostream>
using namespace std;

int getInt() {
  int x;
  bool done = false;
  do {
    cout << "please type an integer: ";
    cin >> x;
    if (cin)
      done = true;
    else {
      cout << "could not find a valid integer." << endl;
      cin.clear();
    }
    while (cin.get() != '\n') {};
  } while (!done);
```

```
23   return x;
24 }
25
26 int main()
27 {
28   char name[20];
29   cout << "enter your name: ";
30   cin >> name;
31   cout << "enter five integers." << endl;
32   for (int i = 0; i < 5; ++i)
33     cout << i + 1 << ". you entered " << getInt() << endl;
34   cout << "thanks, " << name << "!" << endl;
35
36   return 0;
37 }
```

[리스트 1.16]에서 09~24행의 getInt 함수는 사용자로부터 한 개의 정수를 입력받아 입력받은 정수를 반환한다. 출력 처리에 비해, 입력 처리는 일반적으로 사용자가 입력한 값이 올바른 형태가 아닐 수 있으므로 이에 대처하는 작업이 필요하다. 12~22행의 do~while 반복문은 사용자가 올바른 정수를 입력할 때까지 사용자를 유도하는 역할을 수행한다.

13행의 출력문은 출력 문자열과 같은 줄에서 정수를 입력받기 위해 endl을 출력하지 않는다. 14행에서 cin 객체의 >> 연산자는 사용자가 키보드에서 리턴키를 누를 때까지 대기하므로 사용자는 리턴키를 누르기 전까지 타이핑한 문자열을 수정할 수 있다. 사용자가 리턴키를 누르면 >> 연산자는 입력 문자열을 처리하기 시작하는데, 입력 문자열에서 선행하는 공백 문자 스페이스키, 리턴키, 탭키 등는 무시하고 int 타입의 x에 저장될 수 있는 문자열을 찾기 시작한다. 이러한 작업은 입력 스트림에서 입력 형식 예에서는 int 타입의 형식을 만족하는 문자열을 찾거나 리턴키를 만나면 종료된다. 입력 형식을 만족하는 문자열은 입력 스트림에서 제거되고 다음 입력 처리는 바로 다음 문자부터 다시 시작된다.

다음 코드는 >> 연산자를 연속적으로 적용한 문장과 샘플 입력을 보인 것이다.

```
cin >> int_var1 >> int_var2 >> int_var3;
    123 456            789   <Return>
```

위의 코드에서, 첫 번째 >> 연산자는 입력 형식에 맞는 123을 정수로 변환해서 int_var1에 저장하고, 두 번째 >> 연산자는 3의 바로 다음 문자인 스페이스부터 처리해서 입력 형식에 맞는 456을 추출한다. 세 번째 >> 연산자는 6의 바로 다음 문자부터 시작하여 789를 정수로 변환해서 int_var3에 저장한다. 세 개의 >> 연산자가 성공적으로 실행됐으므로 9의 바로 다음 스페이스 문자는 무시되고 이 문장은 종료된다.

[리스트 1.16]에서 14행이 성공적으로 실행되면 15행의 조건절에 명시된 cin 객체는 입력 스트림이 정상 상태라는 것을 알리는 true를 반환한다. [그림 1.47]의 다섯 번째 행에서 입력이 56xyz이면 >> 연산자는 56까지를 정수 형식에 맞는 문자열로 간주하고 cin 객체는 true를 반환한다. 다음 입력 처리는 x부터 시작된다.

[그림 1.47]의 아홉 번째 행에서 입력이 x13yz이면 첫 글자부터 정수 형식이 아니므로 >> 연산자는 문자열 추출에 실패하고 cin 객체는 false를 반환한다. 14행의 실행이 성공적이지 못하면 18행과 19행이 실행되는데, 사용자에게 적절한 메시지를 출력하고 cin 객체의 clear 멤버 함수를 호출해서 입력 스트림의 상태를 정상으로 돌린다.

그러나 다음 입력 처리는 입력 스트림에서 문제가 발생한 문자부터 다시 시작하므로 입력 스트림을 정상으로 돌리는 것만으로는 부족하며 21행의 while 문을 사용해서 나머지 문자열을 입력 스트림에서 제거해야 한다. while 문은 한 문자를 읽는 cin 객체의 get 멤버 함수를 호출해서 리턴키 '\n'를 읽을 때까지 나머지 문자열을 소진시킨다. while 문은 빈 바디 {}를 갖는다. 입력 스트림이 정상 상태로 설정됐고 리턴키를 포함하는 나머지 문자들도 소진됐으므로 13행부터 입력 처리 작업이 다시 반복된다.

30행은 문자열을 읽게 되는데, cin 객체는 선행하는 공백 문자를 무시하고 문자열 입력 형식에 맞는 문자열을 입력 스트림으로부터 추출해서 name 배열에 저장한다. 이때, name 배열은 입력된 문자열을 충분히 커버할 수 있을 정도의 크기로 설정돼야 한다. [리스트 1.16]의 프로그램은 문자열을 C의 문자열로 저장하므로 끝에 널 문자가 저장되는 것을 고려해서 크기를 설정한다.

입력된 문자열을 저장하는 변수는 28행처럼 배열로 정의하거나 new 연산자를 사용해서 동적으로 충분하게 공간을 확보한 const char* 타입을 사용한다. C++는 C의 문자열보다 "2.10 string 타입" 절에서 다룬 string 문자열의 사용을 권장한다. cin 객체는 입력된 문자열을 저장할 대상이 string 타입이면 입력된 문자열의 크기에 맞는 string 객체로 변환해서 문자열을 저장한다.

연습 문제 04

✓ 연습 문제 1

- ▶ 응용 과제 1을 발전시킨다.
- ▶ 응용 과제 1의 C++ 버전을 재작성하는데, 동전 다발을 구성하는 동전의 개수는 [그림 1.48]처럼 사용자로부터 입력받는다.

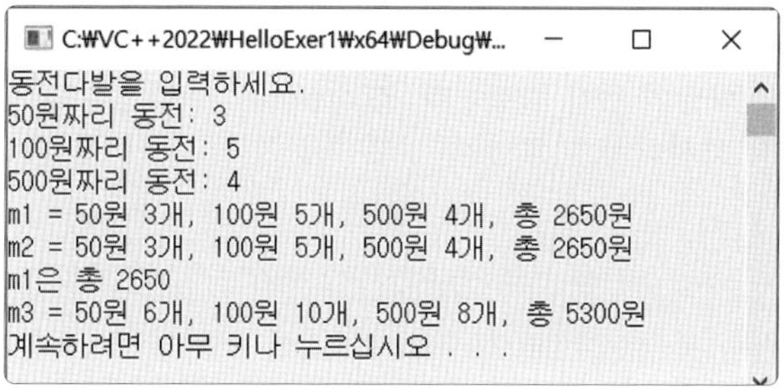

▲ 그림 1.48 ▷ 연습 문제 1: 동전 개수 입력

✓ 연습 문제 2

- ▶ 연습 문제 1을 발전시킨다.
- ▶ [그림 1.49]처럼 세 동전 다발을 구성하는 동전 개수를 입력받아 처음 두 동전 다발의 합과 세 동전 다발의 합을 계산해서 출력한다. 크기 3인 동전 다발 배열을 사용하고 다음 코드처럼 CoinMoney_add 함수를 오버로딩해서 사용한다.

```
CoinMoney CoinMoney_add(const CoinMoney& m1,
                        const CoinMoney& m2,
                        const CoinMoney& m3);
```

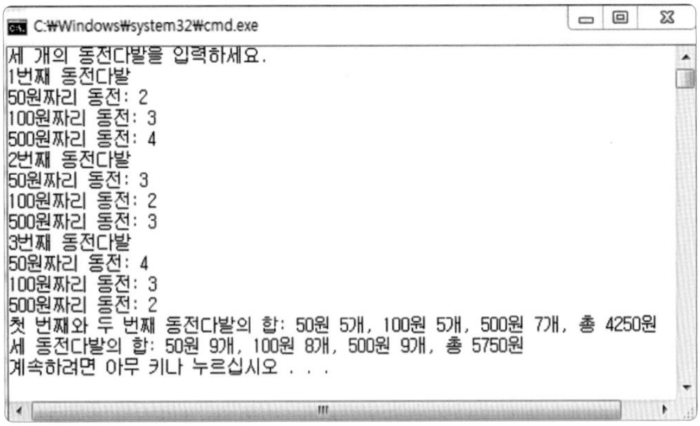

▲ 그림 1.49 ▷ 연습 문제 2: 세 동전 다발의 합 구하기

✓ 연습 문제 3

▶ 응용 과제 1을 발전시킨다.

▶ CoinMoney 구조체에 string 타입의 owner 필드를 추가해서 동전 다발의 소유자를 표현한다. [그림 1.50]처럼 두 동전 다발을 생성하고 소유자를 각각 "doohun"과 "youngmi"로 초기한 후, 두 동전다발의 합을 출력한다. CoinMoney_add 함수에서는 두 동전다발의 소유자가 같은지 조사해서 다르면 두 소유자를 이어 붙인 문자열을 새로운 소유자로 설정한다.

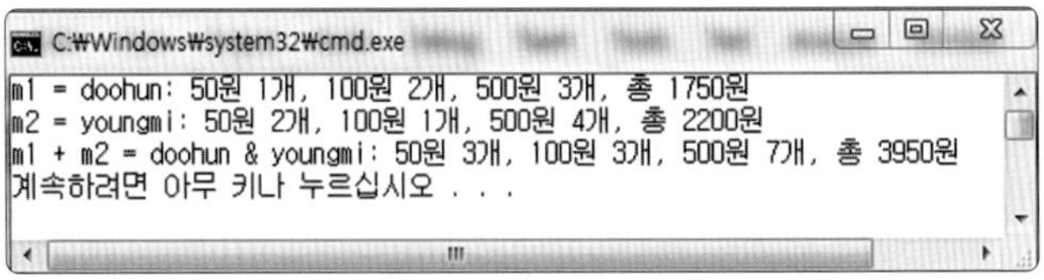

▲ 그림 1.50 ▷ 연습 문제 3: 소유자를 추가한 동전 다발의 처리

✓ 연습 문제 4

▶ 연습 문제 3을 발전시킨다.

▶ [그림 1.51]처럼 두 동전 다발의 소유자가 같으면 두 동전 다발의 합을 출력하고, 소유자가 다르면 소유자가 다르다는 메시지와 함께 "nobody" 소유의 빈 동전 다발을 출력한다.

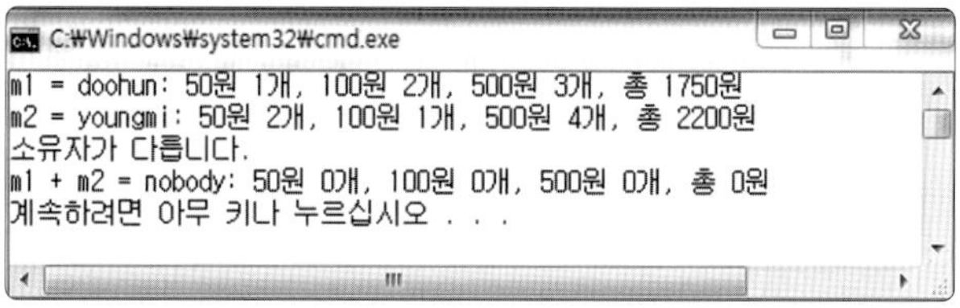

▲ 그림 1.51 ▷ 연습 문제 4: 소유자에 따른 동전 다발의 처리

✓ ** 연습 문제 5

- 응용 과제 1을 발전시킨다.
- main 함수 내의 다음 코드에 대해서 [그림 1.52]처럼 출력하는 프로그램을 작성한다.

```
CoinMoney m;
m.c50 = 1;
m.c100 = 2;
m.c500 = 3;
cout << "m = ";
CoinMoney_print(m);
// Exer: lvalue reference call
CoinMoney_increment(m);
cout << "m = ";
CoinMoney_print(m, "youngmi");
// Exer: rvalue reference call, uniform initialization
CoinMoney_increment({ 1, 2, 3 });
```

CoinMoney_print 함수는 "doohun"을 디폴트값으로 지정하는 두 번째 파라미터를 추가해서 파라미터를 두 개 사용하는 함수로 수정한다. 또한, 전달받은 동전 다발의 구성 동전의 개수를 각각 1만큼 증가시키는 두 CoinMoney_increment 함수를 다음 코드처럼 오버로딩해서 사용한다.

```
void CoinMoney_increment(CoinMoney& m);
void CoinMoney_increment(CoinMoney&& m);
```

위에 보인 main 함수 내의 코드에서 CoinMoney_increment 함수를 두 번 호출하는데, 첫 번째 호출은 좌측값 레퍼런스를 사용하는 함수를 호출하고 두 번째 호출은 우측값 레퍼런스를 사용하는 함수를 호출하도록 두 함수를 작성한다. 첫 번째 좌측값 레퍼런스 전달 호출의 효과는 m 동전 다발에 반영돼야 한다. 두 번째 우측값 레퍼런스 전달 호출은 3장의 필수 문법 절에서 다룰 유니폼 초기자 uniform initializer ☞C++11라는 기능을 사용해서 호출하는데, 이 기능은 다음 코드처럼 {} 내에 CoinMoney 구조체의 필드값들을 지정하면 이 값들을 필드로 갖는 임시 구조체가 생성돼서 CoinMoney_increment 함수에 전달되는 기능이다.

```
CoinMoney_increment({ 1, 2, 3 });
```

[그림 1.52]에 출력된 메시지들을 잘 살펴보고 두 CoinMoney_increment 함수에서 해당 메시지들을 출력하도록 한다.

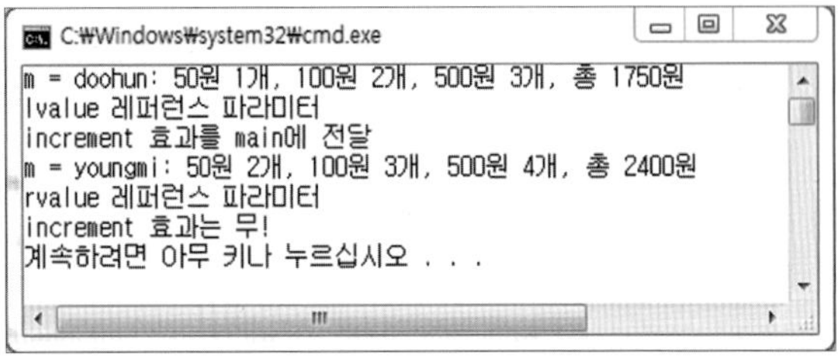

▲ 그림 1.52 ▷ 연습 문제 5: 좌측값과 우측값 레퍼런스 파라미터의 활용

CHAPTER 2

Pen 응용 프로그램

1장의 실습 과제에서 작성한 “Hello 응용 프로그램”은 간단하지만, 전형적인 텍스트 기반 프로그램의 예이다. 모든 입출력이 콘솔에서 텍스트 기반으로 이뤄진다. 반면, 윈도우, MacOS 등의 시각 사용자 인터페이스 GUI: Graphical User Interface 환경에서 윈도우 기반으로 실행되는 프로그램은 텍스트 기반의 프로그램에 비해 윈도우, 메뉴, 버튼 등의 시각적인 GUI 요소들이 추가되어 매우 다르고 복잡하게 구현된다.

윈도우 운영체제의 경우, 컴퓨터 사용자들에게 익숙한 호글, 익스플로러, 메신저 등 거의 모든 응용 프로그램들이 윈도우 기반으로 실행된다. 1장에서 작성한 텍스트 기반의 “Hello 응용 프로그램”은 8행짜리이지만, 윈도우를 생성하고 그 윈도우에 “hello world!” 문자열을 출력하는 C 응용 프로그램은 70행 이상으로 작성된다.

응용 프레임워크 application framework나 소프트웨어 프레임워크 software framework라고 불리는 클래스 라이브러리를 이용하여 추가되는 복잡성을 간략화할 수 있다. 응용 프레임워크는 응용 프로그램이 필요로 하는 GUI 요소의 초기화, 윈도우 생성과 출력 등의 굵직한 작업을 대신해 주는 기본적인 서비스를 클래스 형태로 제공한다. 응용 프레임워크는 프레임워크 뼈대 작업라는 단어가 의미하듯이 응용 프로그램이 갖추어야 할 뼈대를 제공하고 응용 프로그램은 응용 프레임워크로부터 뼈대를 받고 여기에 필요한 살을 추가 제공해서 완성된다.

[그림 2.1]에서 윈도우 API Application Programming Interface 응용 프로그램들은 주로 C로 작성되며 윈도우 운영체제가 제공하는 API 함수 라이브러리를 사용한다. 윈도우 운영체제와 연계되는 응용 프로그램의 구동 원리를 잘 이해해야 작성할 수 있다. MFC Microsoft Foundation Class 응용 프로그램들은 윈도우 운영체제가 제공하는 API를 객체지향적으로 모델링 표현해서 구축한 MFC 응용 프레임워크상에서 구현된다. 그러나 수백 개의 클래스로 구성되는 MFC는 구조가 복잡하고 방대해서 입문하기가 쉽지 않다. MFC는 객체지향 개념을 학습하는 도구로는 적당하지 않지만, 함수 API 방식을 사용하는 것보다 상용 프로그램들을 쉽고 빠르게 작성할 수 있게 해준다.

이 책의 실습은 교육용으로 제작된 작은 응용 프레임워크인 PC Little Application Framework pclaf를 이용한다. pclaf는 실습을 통한 객체지향 프로그래밍의 개념 전달에 초점을 맞춰 설계됐다. MFC와 마찬가지로 함수 API를 객체지향적으로 모델링한 pclaf를 이용해서 다양하고 재밌는 작은 응용 프로그램들을 작성할 수 있다. MFC나 pclaf를 이용하면 객체지향 환경에서 윈도우 기반의 "Hello 응용 프로그램"을 20행 이내로 쉽게 작성할 수 있다.

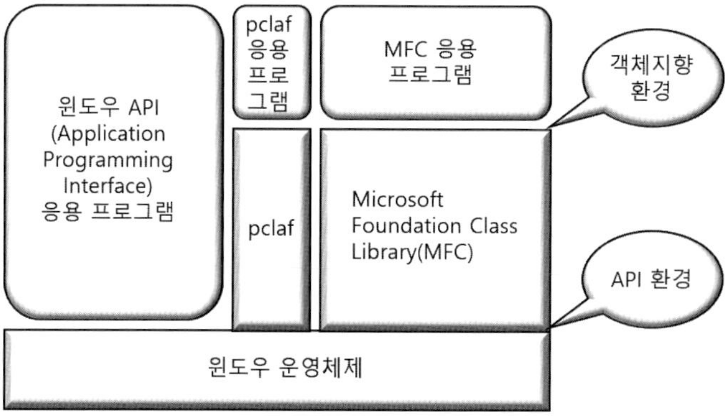

▲ 그림 2.1 ▷ 윈도우 기반 응용 프로그래밍 환경

이 장의 실습 과제는 pclaf를 사용해서 마우스로 윈도우에 선을 그리는 pclaf 응용 프로그램을 작성한다. 윈도우 기반 응용 프로그램에 뼈대를 제공하는 pclaf 응용 프레임워크의 동작 원리를 이해하고 활용하기 위해서는 객체지향 프로그래밍에 대한 보다 깊은 이해가 필요하다.

pclaf 응용 프레임워크의 동작 원리는 5장에서 다룬다. 따라서 4장까지는 [그림 2.2]에 보인 pclaf 기반 응용 프로그램의 기본 코드 틀을 그대로 받아들여 시각적인 실습을 진행하기로 한다. 기본 코드 틀은 pclaf로부터 뼈대를 제공받기 위한 코드 틀이다.

pclaf 응용 프로그램은 헤더 파일 XXX.h 파일과 구현 파일 XXX.cpp 파일로 구성된다. 두 가지 파일을 사용해서 응용 클래스를 선언하고 정의한다. 클래스명을 XXX라고 하자. 응용 클래스의 선언은 헤더 파일에 코딩하고, 선언된 클래스의 정의는 구현 파일에 코딩하는데 구현 파일에 이 클래스를 활용하는 메인 함수도 함께 정의한다.

[그림 2.2]의 헤더 파일에서 02행의 #include 문은 pclaf의 헤더 파일을 포함해서 pclaf 응용 프레임워크를 사용하겠다는 선언이다. 03~10행은 XXX 응용 클래스를 선언한다. XXX 클래스명은 기본 코드 틀에서 여러 번 사용된다. 06행, 07행, 08행에 클래스명과

같은 이름의 XXX 함수, mouseDown 함수, paint 함수의 원형을 선언한다. XXX 함수는 반환 타입을 명시하지 않는다. XXX 응용 클래스 내부 전체가 유효 범위인 변수들은 09행의 변수 선언부에 정의한다. 여기에 정의한 변수들은 이 클래스 내에서 전역 변수와 같은 역할을 한다.

XXX.h

```
01 #pragma once
02 #include "pclaf.h"
03 class XXX : public Application
04 {
05 public:
06   XXX(const TCHAR*, int, int, int, int);
07   void mouseDown(int, int);
08   void paint();
09   변수 선언부
10 };
```

XXX.cpp

```
11 #include "XXX.h"
12 XXX::XXX(const TCHAR* apName, int width, int height, int x, int y)
13   : Application(apName, width, height, x, y)
14 {}
15 void XXX::mouseDown(int x, int y)
16 {
17   마우스 클릭시 작업
18   clearAndUpdate();
19 }
20 void XXX::paint()
21 {
22   윈도우 그래픽 작업
23 }
24 int mainLAF()
25 {
26   XXX theApp(TEXT( "윈도우의 타이틀"), 600, 500, 0, 0);
27   theApp.run();
28   return 0;
29 }
```

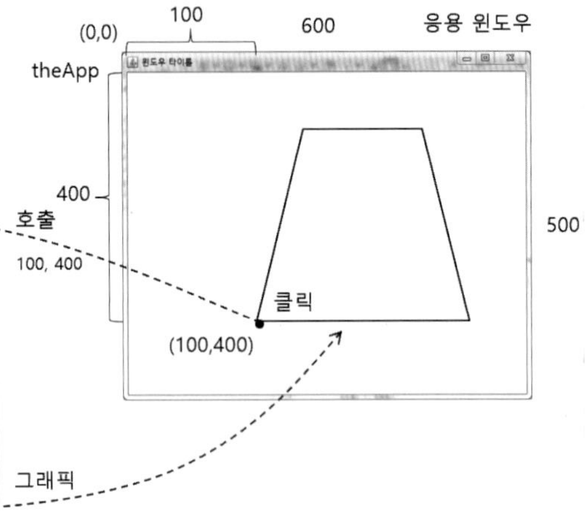

▲ 그림 2.2 ▷ pclaf 기반 응용 프로그램의 기본 코드 틀

[그림 2.2]의 구현 파일에서 15행의 mouseDown 함수는 사용자가 마우스를 클릭할 때마다 호출된다. 따라서 사용자가 마우스를 클릭했을 때 처리해야 할 작업을 mouseDown 함수에 코딩한다. 사용자가 클릭한 클릭점의 x와 y 좌표가 그림에 보인 것처럼 파라미터로 mouseDown 함수에 전달된다. 클릭점인 (x, y)점은 응용 윈도우의 왼쪽 위 꼭짓점을 (0, 0)점으로 하는 상대적인 좌표점이다. 그림에서 사용자가 (100, 400)점에서 마우스를 클릭하면 100은 x 파라미터에 전달되고, 400은 y 파라미터에 전달된다. 18행의 clearAndUpdate

함수의 호출은 20행의 paint 함수를 호출한다. paint 함수에는 22행처럼 윈도우에 마름모꼴 그리기 등의 그래픽 작업을 하는 문장들을 담는다. 이 기본 코드 틀의 자세한 분석은 5장에서 다룬다.

24행의 mainLAF 함수는 pclaf 응용 프로그램 실행의 진입점이다. 26행은 XXX 클래스로부터 theApp 객체를 생성한다. theApp 객체는 그림에서 응용 윈도우라고 일단 생각하면 된다. pclaf에 제공하는 문자열은 TEXT("윈도우 타이틀")처럼 문자열에 TEXT 함수를 씌우는 것을 유념하자. 이때, 12행의 XXX 함수가 실행된다. 생성될 윈도우의 크기 지정, 윈도우의 타이틀 달기 등과 같이 프로그램의 실행 초기에 한 번만 실행할 문장들은 XXX 함수 내에 기술한다.

26행의 문장에서 지정한 "윈도우의 타이틀" 문자열과 600, 500, 0, 0의 정수는 XXX 함수의 파라미터로 전달된다. 문자열은 생성될 윈도우의 타이틀바에 표시할 문자열인데, 파라미터의 타입을 const TCHAR* 타입으로 지정한다. 원하는 문자열로 대체해도 좋다. 600과 500은 윈도우의 폭과 높이를 픽셀 단위로 지정한 것인데, 폭 600픽셀과 높이 500픽셀의 크기를 그대로 사용하기로 하자. 픽셀 pixel이란 모니터 화면에서 한 점을 나타내는 화소 picture element를 의미한다. 세 번째 0과 네 번째 0은 모니터 화면상에서 윈도우의 왼쪽 위 꼭짓점의 좌표를 나타낸다. 27행은 theApp 윈도우 객체를 모니터에 표시하고 마우스 클릭에 반응할 수 있도록 윈도우를 기동시킨다.

[그림 2.3]은 [그림 2.2]의 기본 코드 틀을 이용해서 작성한 윈도우 버전의 "Hello 응용 프로그램"의 실행을 보인 것이다. 프로그램을 실행하면 윈도우가 생성되고 윈도우의 왼쪽 위에 "hello world!" 문자열이 표시된다.

기본 코드 틀로 작성한 윈도우 버전의 "Hello 응용 프로그램"을 살펴보자. 이 책에서 제공하는 소스 파일 중, chapter2 폴더에 존재하는 HelloWinApplication 폴더가 이 프로그램의 소스 파일들을 담고 있다.

▲ 그림 2.3 ▷ 윈도우 버전의 Hello 응용 프로그램

[리스트 2.1]은 HelloWinApp.h 헤더 파일을 보인 것이다.

리스트 2.1 HelloWinApplication 프로젝트의 HelloWinApp.h 파일

```
#pragma once
#include "pclaf.h"

class HelloWinApp : public Application
{
public:
  HelloWinApp(const TCHAR*, int, int, int, int);
  void mouseDown(int, int);
  void paint();
};
```

[그림 2.2]의 기본 코드 틀과 대조해서 살펴보자. 기본 코드 틀에서 클래스명인 XXX는 HelloWinApp이다. 필요한 변수가 없으므로 [그림 2.2]의 변수 선언부는 이 프로그램에서 공백이다.

[리스트 2.2]는 HelloWinApp.cpp 파일을 보인 것이다.

리스트 2.2 HelloWinApplication 프로젝트의 HelloWinApp.cpp 파일

```
#include "HelloWinApp.h"

HelloWinApp::HelloWinApp(const TCHAR* apName,
                         int width, int height, int x, int y)
      : Application(apName, width, height, x, y)
{}

void HelloWinApp::mouseDown(int x, int y)
{
  clearAndUpdate();
}

void HelloWinApp::paint()
{
  wout << setpos(100, 100) << TEXT("hello world!");
}

```

```
18 int mainLAF()
19 {
20   HelloWinApp theApp(TEXT("HELLO"), 600, 500, 0, 0);
21   theApp.run();
22
23   return 0;
24 }
```

이 프로그램은 마우스 클릭시 처리할 작업이 없으므로 08행의 mouseDown 함수는 clearAndUpdate 함수의 호출문만 가진다. 사실상, 마우스 클릭을 처리하기 위한 mouseDown 함수는 이 프로그램에서 생략할 수 있다.

[리스트 2.2]에서 13행의 paint 함수는 15행처럼 pclaf가 제공하는 윈도우 버전의 cout 객체인 wout 객체를 사용해서 "hello world!" 문자열을 응용 윈도우의 왼쪽 위 꼭짓점으로부터 픽셀 단위로 (100, 100) 위치에 출력한다. 출력할 문자열의 위치는 Visual C++ 2022의 setpos 함수로 지정한다. "hello world" 문자열은 pclaf의 wout 객체에 제공하는 것이므로 TEXT 함수를 씌워 제공한다.

[그림 2.3]의 응용 윈도우는 pclaf로부터 뼈대를 제공받아 작성됐으므로 윈도우 운영체제의 다른 윈도우처럼 크기 조정이 가능하고 타이틀바를 드래깅해서 이동도 가능하며 아이콘화도 가능하다. 따라서 이 윈도우는 윈도우로서 갖추어야 할 기본적인 기능들을 코딩 작업 없이 가진다.

Pen 응용 프로그램 실습 01

✔ **Check Point** 클래스, 객체, public과 private 접근자, 클래스 내 멤버 초기화, 생성자

▶ [그림 2.4]처럼 빈 윈도우를 생성하고 윈도우 내에서 마우스의 왼쪽 버튼을 클릭하면 윈도우의 왼쪽 위 꼭짓점에서 마우스로 클릭한 지점까지 선을 그린다. 이어지는 다른 지점에서의 마우스 클릭에 대해서는 전 지점에서 새로운 지점으로 선을 그리는 프로그램을 작성한다.

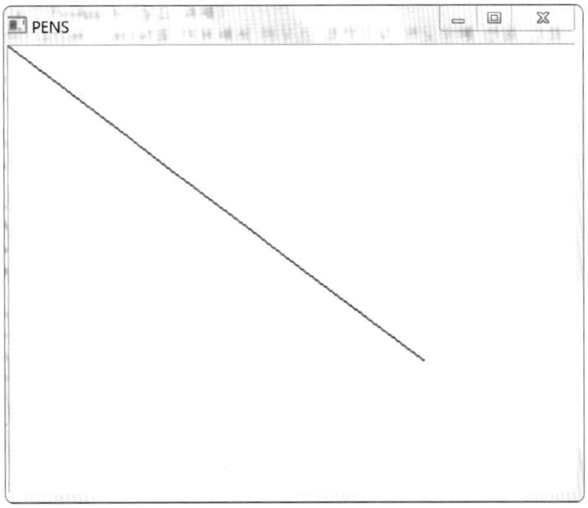

▲ 그림 2.4 ▷ Pen 응용 프로그램의 실행

STEP 01 ModernC++.zip 압축 파일의 해제

이 책에서 제공하는 "ModernC++.zip" 파일의 압축을 해제하면 생성되는 ModernC++ 폴더는 chapter1, chapter2, chapter3, chapter4, chapter5, chapter6의 하위 폴더들을 담고 있는데, 각 폴더는 해당 장에서 사용할 실습 과제, 필수 문법 절의 예제, 응용 과제, 연습 문제 홀수번의 소스 파일들을 포함한다.

각 폴더의 구성은 같고 chapter2 폴더의 구성은 [그림 2.5]와 같다.

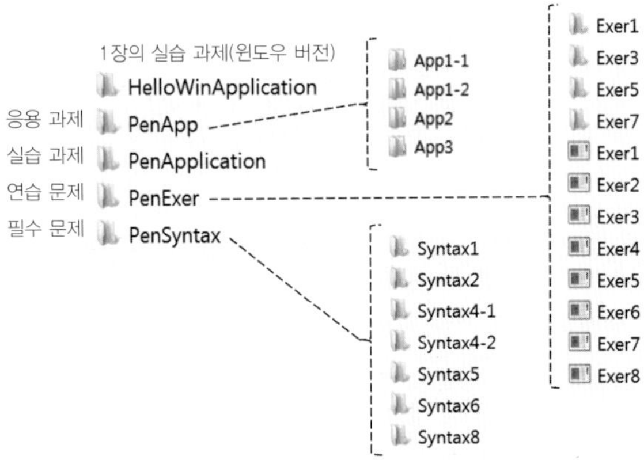

▲ 그림 2.5 ▷ chapter2 폴더의 구성

폴더명 중, 'App'으로 끝나는 것은 응용 과제들을 나타내고, 'Application'으로 끝나는 것은 실습 과제를 나타낸다. 또한, 'Exer'로 끝나는 것은 연습 문제를 나타내고, 'Syntax'로 끝나는 것은 필수 문법 절에서 다루는 예제들을 나타낸다. 필수 문법 절의 Syntax 뒤의 번호는 필수 문법 절의 세부 절을 의미한다. HelloWinApplication 폴더는 1장 실습 과제의 윈도우 버전을 나타낸다.

STEP 02 PenApplication 프로젝트의 생성

비주얼 스튜디오를 실행하고 [시작] 창에서 [새 프로젝트 만들기] 항목을 선택한다. [그림 2.6]의 '새 프로젝트 만들기' 창이 표시되면 [Windows 데스크톱 마법사] 항목을 선택하고 [다음] 버튼을 클릭해서 [그림 2.7]의 '새 프로젝트 구성' 창을 표시한다.

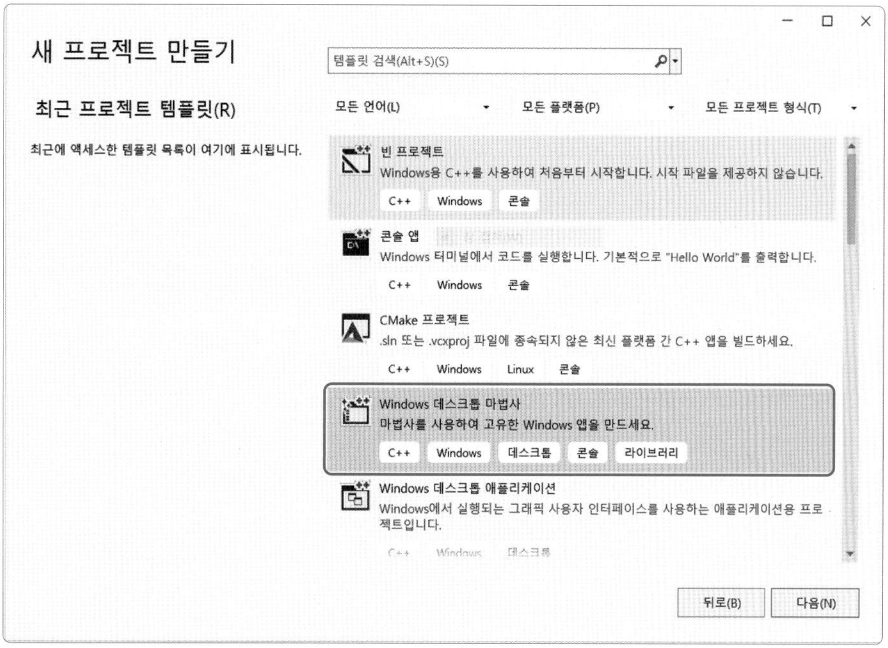

▲ 그림 2.6 ▷ PenApplication 프로젝트의 생성

[그림 2.7]의 '새 프로젝트 구성' 창에서 [프로젝트 이름]을 'PenApplication'으로 지정한다. 프로젝트를 정의하면 프로젝트 폴더가 생성되는데, PenApplication 프로젝트의

폴더는 [위치] 항목에 지정한 "C:\VC++\chapter2" 폴더의 하위 폴더로 생성된다. [솔루션 및 프로젝트를 같은 디렉터리에 배치] 항목을 체크하고 [만들기] 버튼을 클릭해서 [그림 2.8]처럼 'Windows 데스크톱 프로젝트' 창을 표시한다.

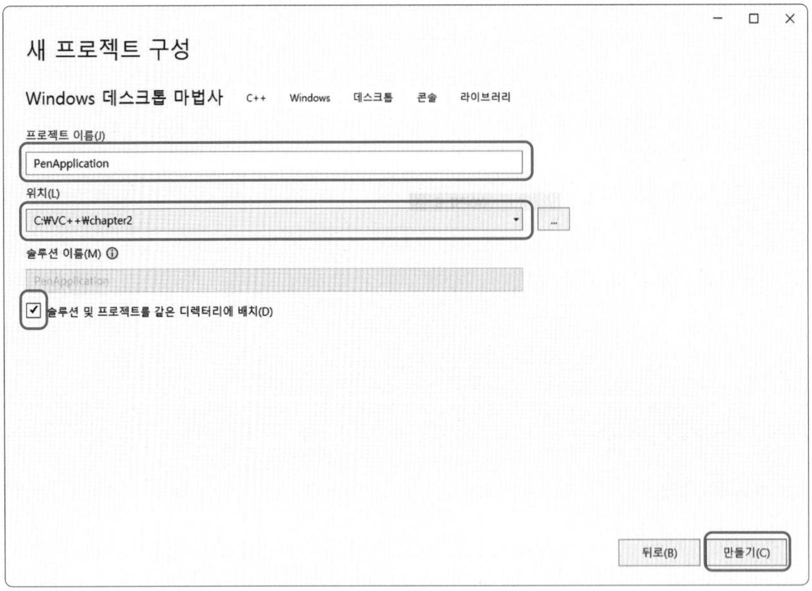

▲ 그림 2.7 ▷ PenApplication 프로젝트의 구성

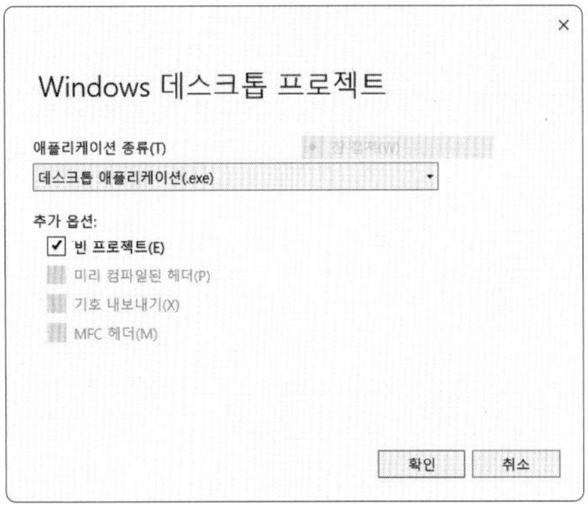

▲그림 2.8 ▷ PenApplication 프로젝트의 설정

[애플리케이션 종류]는 '데스크톱 애플리케이션' 항목을 선택하고 [추가 옵션]은 '빈 프로젝트' 항목을 선택한다. 이 책이 제공하는 소스 프로그램들은 콘솔 응용 프로그램용과 'pclaf.h' 파일과 'pclaf.cpp' 파일을 활용하는 윈도우 응용 프로그램용으로 구분된다. [그림 2.5]에 보인 프로젝트 폴더가 'pclaf.h' 파일과 'pclaf.cpp' 파일을 포함한다면, 해당 프로그램은 윈도우 응용 프로그램이다. 1장 실습 과제와 같은 콘솔 기반 응용 프로그램의 [애플리케이션 종류]는 '콘솔 애플리케이션' 항목을 선택하고, pclaf 기반의 윈도우 응용 프로그램의 [애플리케이션 종류]는 '데스크톱 애플리케이션' 항목을 선택하는 것에 주의한다. [확인] 버튼을 클릭하고 솔루션 탐색기 윈도우에 생성된 PenApplication 프로젝트를 확인한다.

STEP 03 소스 파일 복사

윈도우 운영체제의 탐색기를 이용해서 [그림 2.5]의 PenApplication 폴더 내의 소스 파일들을 [그림 2.9]처럼 C:\VC++\chapter2\PenApplication 폴더에 복사한다. PenApplication 프로젝트에 관한 정보를 담은 파일들은 이미 생성되어 있다.

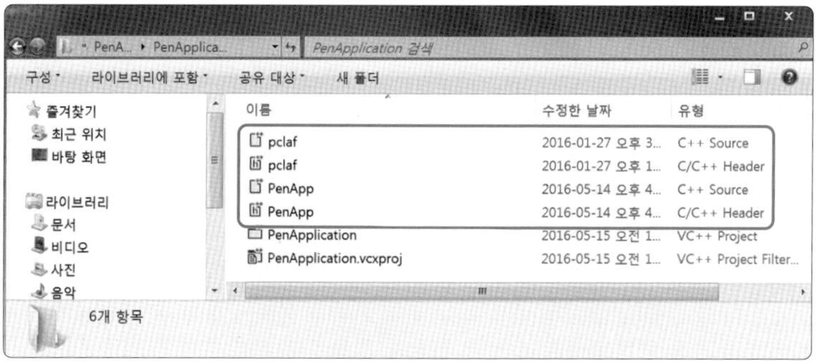

▲ 그림 2.9 ▷ 탐색기를 사용한 소스 파일의 복사

STEP 04 소스 파일 추가

솔루션 탐색기의 PenApplication 프로젝트 항목에서 마우스 오른쪽 버튼을 클릭하면 [그림 2.10]처럼 메뉴가 펼쳐지는데, [추가] ▶ [기존 항목] 메뉴 항목을 선택해서 [그림 2.11]의 [기존 항목 추가] 창을 표시한다.

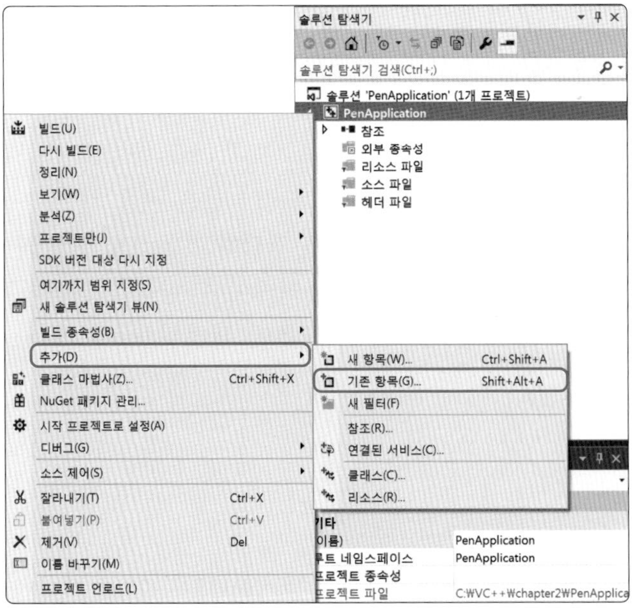

▲ 그림 2.10 ▷ 기존 항목의 추가

▲ 그림 2.11 ▷ 소스 파일의 추가

Shift 키를 이용해서 [그림 2.11]에 보인 네 개 파일을 동시에 선택한 후, [추가] 버튼을 클릭하면 솔루션 탐색기에 추가된 파일들이 표시되고 파일 아이콘을 클릭하면 메인 윈도우에 해당 파일을 편집할 수 있는 편집기가 표시된다.

STEP 05 PenApp 클래스의 분석

Pen 응용 프로그램은 pclaf 모듈 pclaf.h, pclaf.cpp과 PenApp 클래스 PenApp.h, PenApp.cpp로 구성된다. PenApp 클래스는 [그림 2.2]의 기본 코드 틀을 기반으로 작성됐다. [그림 2.2]에 보인 XXX 클래스가 PenApp 클래스이다. 3장의 실습 과제에서 클래스의 개념을 자세하게 다루는데, 이번 실습 과제는 실습에 필요한 클래스의 기본 사항들만 간단하게 설명하면서 진행하기로 하자.

솔루션 탐색기에서 PenApp.h 파일 아이콘을 클릭해서 비주얼 스튜디오의 메인 윈도우에 [리스트 2.3]의 코드를 표시한다.

리스트 2.3 PenApplication 프로젝트의 PenApp.h 파일

```
//==========================================================
// 실습 과제
// pclaf를 이용해서 마우스 클릭으로 윈도우에 선을 그림
//==========================================================
#pragma once
#include “pclaf.h”

// Customized Application
class PenApp : public Application
{
public:
  PenApp(const TCHAR*, int, int, int, int);
  void mouseDown(int, int);
  void paint();
  // 펜 위치를 위한 데이터 필드
  int oldx = 0;
  int oldy = 0;
  int newx = 0;
  int newy = 0;
};
```

1장의 실습 과제에서 클래스와 객체의 개념을 간략하게 다루면서 객체의 데이터적인 속성은 멤버 변수로 표현하고 기능적인 속성은 멤버 함수로 표현한다고 설명했다. 객체의 속성들은 클래스로 정의하고, 정의한 클래스로부터 이러한 속성들을 갖는 객체를 생성해서 활용한다. 붕어빵 틀과 붕어빵의 관계를 다시 생각해 본다.

[리스트 2.3]은 PenApp 클래스의 인터페이스를 정의하는 코드이다. 인터페이스 정의와 인터페이스 구현으로 이뤄지는 클래스의 정의는 깔끔하게 패키지 처리된 소프트웨어 부품을 생성할 수 있는 부품 원판의 정의이다. 패키지 처리한다는 것은 [그림 1.2]의 온도 조절기 부품의 외부를 플라스틱 덮개로 씌우는 것을 의미한다. 이러한 패키지 처리를 객체 지향 프로그래밍에서는 캡슐로 만든다고 해서 캡슐화 encapsulation라고 부른다. 캡슐화는 추상화 abstraction라고도 하는데, 추상화보다는 의미상으로 고급화라고 부르는 것이 더 바람직하다.

C++에서, 패키지 내에 은닉할 속성들과 패키지 외부에 인터페이스로 제공할 속성들에 대해서 public, private, protected의 키워드로 가시성 visibility을 지정할 수 있다. private 속성은 패키지 내에 은닉하겠다는 의미이고, public 속성은 패키지 외부에 인터페이스로 제공하겠다는 의미이다. protected 속성은 4장의 필수 문법 절에서 설명한다. 클래스의 디폴트 가시성은 private이다. 가시성 속성을 제어하는 public, private, protected 키워드를 접근자 access modifier라고 부른다.

[리스트 2.3]에서 13행의 mouseDown과 14행의 paint 멤버 함수들을 외부에 인터페이스로 제공할 속성으로 지정하기 위해서 11행의 public: 키워드 이후에 나열한다. 함수는 반환 타입, 함수명, 파라미터 리스트로 구성되는 함수 원형 형태로 명시한다. 파라미터는 타입만 명시해도 좋다. 일반적으로, 기능적인 속성을 표현하는 멤버 함수는 public 접근자를 지정하고 데이터적인 속성을 표현하는 멤버 변수는 private 접근자를 지정하지만, 실습 과제에서는 일단 모두 public 접근자를 지정하는 것으로 한다. 따라서 클래스의 인터페이스 정의란 데이터적인 속성들과 기능적인 속성들을 정의하고 그 속성들에 가시성을 지정하는 것을 의미한다.

12행의 클래스 이름과 같은 이름의 PenApp 함수를 생성자 constructor라고 부른다. [그림 2.2]의 기본 코드 틀에서는 생성자 함수를 XXX 함수라고 했었다. 생성자는 클래스로부터 객체가 생성될 때 자동으로 실행되는 함수를 의미한다. 생성자 함수가 수행하는 주된 작업은 클래스로부터 생성된 객체의 멤버 변수들을 파라미터로 지정된 값으로 초기화하는 것이다. 생성자는 반환값이 없으므로 반환 타입은 명시하지 않는다. 클래스를 정의할 때 초기화하고 싶은 멤버 변수의 개수에 따라 두 개 이상의 생성자를 오버로딩하는 것이 일반적이다.

[그림 2.2]의 변수 선언부에 해당하는 16~19행은 사용자가 응용 윈도우 내에서 마우스를 클릭했을 때 그 위치를 저장하기 위한 변수들을 선언하고 초기화한다. 이처럼 멤버 변수들을 생성자 함수의 구현에서 초기화하지 않고, 클래스의 인터페이스 정의에서 바로 초기화하는 것을 클래스 내 멤버 초기화 in-class member initialization라고 부른다.

윈도우나 MacOS 운영체제는 [그림 2.12]에 보인 것처럼 윈도우 좌표계와 응용 좌표계를 사용한다. 윈도우 좌표계는 모니터 화면의 왼쪽 위 꼭짓점을 시작점으로 해서 x축과 y축으로 픽셀 단위로 증가한다. 왼쪽 아래 꼭짓점이 시작점인 수학에서 사용하는 좌표계와 y축이 반대이다. 응용 좌표계는 응용 프로그램이 생성한 응용 윈도우의 왼쪽 위 꼭짓점을 시작점인 (0, 0)점으로 해서 윈도우 좌표계처럼 x축과 y축을 사용한다. 응용 윈도우의 클라이언트 영역이란 응용 윈도우의 타이틀바를 제외한 작업 영역을 의미하며, 클라이언트 영역의 왼쪽 위 꼭짓점이 시작점이 된다. 선은 직전에 클릭한 (oldx, oldy)점으로부터 새로 클릭한 (newx, newy)점으로 그어진다.

클래스 인터페이스의 정의는 한 문장이므로 [리스트 2.3]의 20행처럼 끝에 반드시 세미콜론(;)을 붙이는 것에 유의하자.

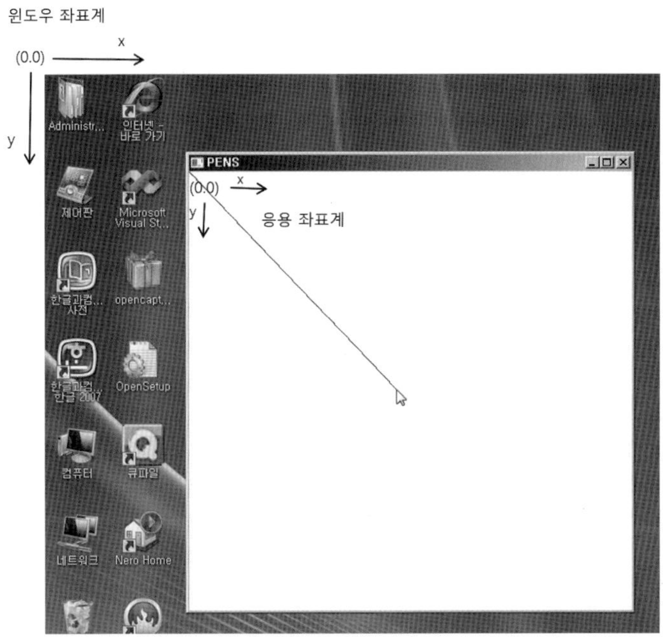

▲ 그림 2.12 ▷ 윈도우 좌표계와 응용 좌표계

STEP 06 PenApp 클래스의 분석 계속

이번에는 솔루션 탐색기의 PenApp.cpp 파일 아이콘을 클릭해서 [리스트 2.4]의 코드를 표시한다.

리스트 2.4 PenApplication 프로젝트의 PenApp.cpp 파일

```
#include "PenApp.h"

PenApp::PenApp(const TCHAR* apName,int width, int height, int x, int y)
       : Application(apName, width, height, x, y)
{}

void PenApp::mouseDown(int x, int y)
{
  // set location to move to
  newx = x;
  newy = y;
  // then update the screen
  clearAndUpdate();
}

void PenApp::paint()
{
  // draw a line
  line(oldx, oldy, newx, newy);
  // update old locations
  oldx = newx;
  oldy = newy;
}

// pclaf program entry point
int mainLAF()
{
  PenApp theApp(TEXT("PENS"), 500, 500, 150, 150);
  theApp.run();

  return 0;
}
```

[리스트 2.4]의 코드는 PenApp 클래스의 인터페이스 정의에서 선언한 멤버 함수들에 대한 구현을 제공한다. [그림 2.2]의 기본 코드 틀을 기반으로 작성한 이 프로그램은

5장에서 자세하게 분석하기로 하고, 여기서는 우선 프로그램의 굵직한 흐름만을 살펴보기로 하자.

구현 파일은 [리스트 2.4]의 01행처럼 해당 인터페이스 파일을 포함한다. PenApp 클래스의 인터페이스 정의를 벗어나 외부에 구현하는 것이므로 멤버 함수는 범위 지정 연산자인 ::을 사용해서 지정한다. 따라서 03행에서 PenApp::PenApp는 PenApp 클래스에서 선언된 PenApp 생성자라는 의미가 된다.

pclaf를 사용하는 프로그램의 메인은 26행의 mainLAF이다. 28행의 문장은 [그림 2.13]의 ①에 보인 것처럼 PenApp 클래스로부터 theApp 윈도우 객체를 생성한다.

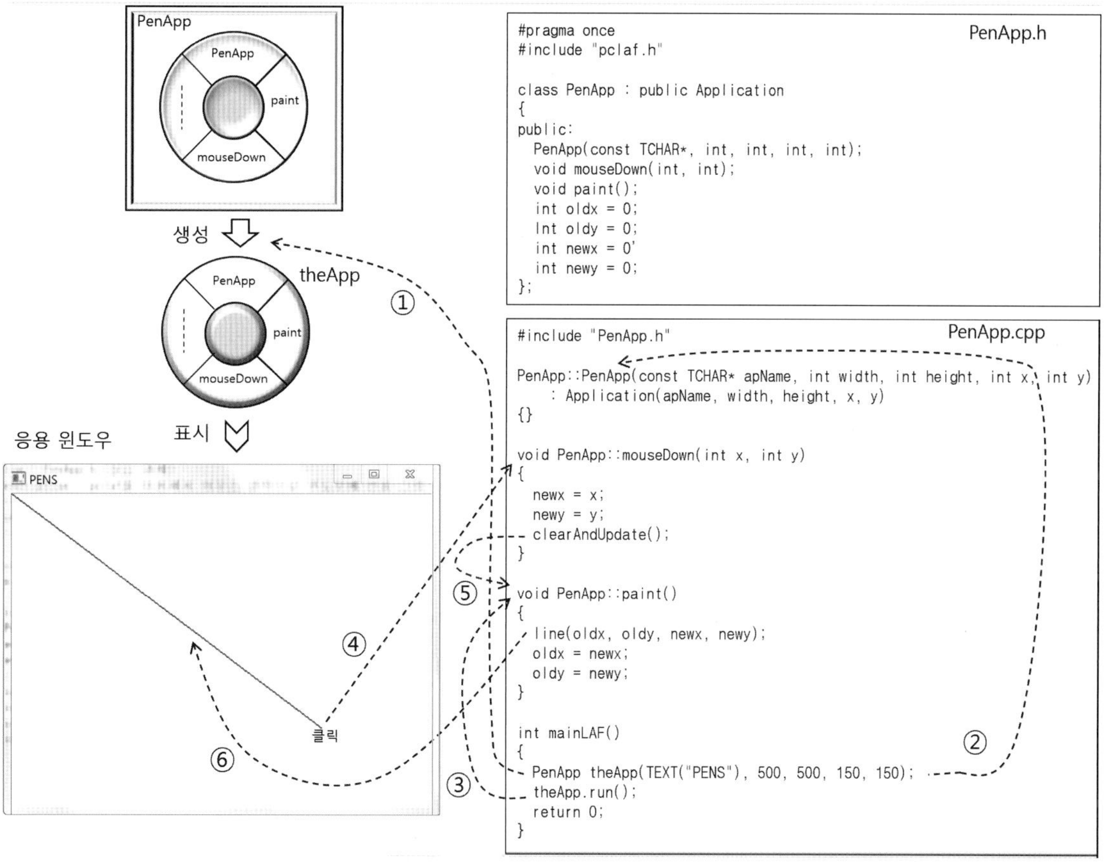

▲ 그림 2.13 ▷ Pen 응용 프로그램의 응용 윈도우와 기본 코드 틀

[그림 2.13]에서 응용 윈도우는 윈도우 객체가 모니터 화면에 표시된 것을 나타낸다. 이때, ②에 보인 것처럼 자동으로 생성자가 실행되면서 다섯 개의 파라미터가 제공된다. 다섯 개의 파라미터들은 윈도우 타이틀로 "PENS" 문자열을 지정하고, 생성될 윈도우의 왼쪽 위 꼭짓점을 화면의 왼쪽 위 꼭짓점으로부터 (150, 150)점으로 지정하며, 윈도우의 크기를 500 * 500으로 지정한다. pclaf에 제공하는 문자열은 TEXT 함수를 씌워서 전달한다.

PenApp 생성자는 파라미터로 const TCHAR* 타입의 apName(application name)을 전달받는데, apName은 theApp 객체가 화면상에 표시될 때 윈도우의 타이틀바에 표시할 문자열이다. 나머지 파라미터들은 윈도우의 폭과 높이를 나타내는 width와 height 그리고 윈도우의 왼쪽 위 꼭짓점 (x, y)이다. 여기서 x와 y는 [그림 2.12]의 윈도우 좌표계에서 픽셀 단위의 값을 나타낸다. width와 height도 픽셀 단위의 정수이다.

[리스트 2.4]에서 29행은 생성된 theApp 객체에게 run이란 멤버 함수를 호출하는데, 멤버 함수의 호출은 객체명 다음에 멤버 접근 연산자 .와 함께 멤버 함수명을 붙여서 명시한다. run 멤버 함수는 빈 윈도우를 화면에 표시하고 ③에 보인 것처럼 16행의 paint 멤버 함수를 호출한 후, 사용자의 마우스 클릭을 기다리는 무한 루프를 실행한다.

이처럼 윈도우가 처음으로 화면에 표시될 때 paint 멤버 함수가 run 멤버 함수에 의해서 자동으로 호출되지만, oldx, oldy, newx, newy 변수의 값이 모두 0이므로 시작점과 끝점이 같아서 19행처럼 pclaf의 line 함수로 선을 그려도 우리 눈에는 보이지 않는다. pclaf의 line 함수는 전달받은 (oldx, oldy)점에서 (newx, newy)점까지 선을 그리는 함수이다.

사용자가 ④에 보인 것처럼 마우스를 클릭하면 07행의 mouseDown 멤버 함수가 호출된다. mouseDown 멤버 함수는 사용자가 마우스를 클릭하면 윈도우 운영체제에 의해서 클릭점 x와 y이 파라미터로 제공되면서 호출되는 함수이다. mouseDown 멤버 함수는 반환값이 없으므로 반환 타입을 void 타입으로 지정한다. 개발자는 사용자가 마우스를 클릭하면 처리해야 할 작업을 이 멤버 함수에 코딩한다. 이 프로그램은 파라미터로 제공된 x와 y의 값을 10행과 11행처럼 newx와 newy 변수에 저장한다.

이제, (oldx, oldy)점으로부터 (newx, newy)점으로 선을 그려야 하는데, 이 작업은 16행의 paint 멤버 함수가 담당한다. 콘솔 기반 프로그램 같으면 mouseDown 함수에서 paint

함수를 직접 호출하겠지만, 윈도우 프로그램에서는 13행처럼 clearAndUpdate 함수를 호출해서 ⑤에 보인 것처럼 paint 함수를 간접 호출한다. paint 함수는 프로그램 내에서 직접 호출되는 함수가 아니라 pclaf의 협력하에 clearAndUpdate 함수에 의해 간접 호출되는 방식을 사용한다. 16행의 paint 함수는 다음의 세 가지 경우에 호출된다.

1. clearAndUpdate 함수에 의해 호출
2. 프로그램 실행 초기에 윈도우가 처음으로 표시될 때 호출
3. 윈도우의 크기가 변경되거나 다른 윈도우에 가려졌다가 다시 나타날 때 호출

paint 함수는 직전의 점에서 새로운 점으로 line 함수를 호출해서 ⑥에 보인 것처럼 선을 그린다. 선을 그린 다음에는 다음 선을 위해서 21행과 22행처럼 newx의 값을 oldx 변수에 저장하고 newy의 값은 oldy 변수에 저장한다.

paint 함수의 실행이 종료되면 프로그램의 흐름은 29행에서 실행된 무한 루프로 복귀한다. 이 루프는 프로그램이 종료될 때까지 사용자의 다음 마우스 클릭에 대비하는 역할을 수행한다. 프로그램에 무한 루프의 실체는 없지만 pclaf에 의해서 물밑에서 실행되고 있다.

다소 복잡하게 느껴질지 모르겠지만 윈도우 운영체제와 연계해서 동작하는 윈도우 기반 응용 프로그램의 이와 같은 실행 방식은 pclaf에 의해 숨겨져 제공된다. pclaf를 사용하는 개발자의 입장에서 보면, 결과적으로 사용자가 마우스 클릭을 했을 때 요구되는 작업을 mouseDown 함수에 코딩하고 클라이언트 영역에 그리기 작업은 paint 함수에 코딩하면 된다. 이 두 함수의 연계는 앞에서 설명한 대로 clearAndUpdate 함수를 통해서 이뤄진다.

STEP 07 PenApplication 프로젝트의 실행

비주얼 스튜디오의 메뉴에서 [디버그]▶[디버그 하지 않고 시작] 항목을 선택해서 프로젝트를 빌드하고 실행한다. [그림 2.4]처럼 빈 윈도우가 생성되고 윈도우 내에서 마우스 버튼을 클릭하면 윈도우의 왼쪽 위 꼭짓점에서 클릭한 지점까지 선이 그려지는지 확인한다. 다른 지점에서의 마우스 클릭에 대해서도 전 지점에서 새로운 지점으로 선을 그리는지 확인한다.

STEP 08 펜의 교체

PenApp.cpp 파일의 mouseDown 멤버 함수에서 clearAndUpdate 함수의 호출 전에 다음 코드를 삽입하고 실행해 본다.

```
setPen(blue, dashedLine, 2);
```

setPen은 pclaf가 제공하는 함수인데, 이 함수는 첫 번째 파라미터로 선의 색깔을 지정하고, 두 번째 파라미터로 선의 형태를 지정하며, 세 번째 파라미터로는 선의 굵기를 픽셀 단위로 지정해서 펜의 속성을 변경한다. pclaf에서 색과 선의 형태는 다음 코드와 같이 열거형 타입으로 제공된다.

```
enum Color
{
  black, blue, green, cyan, red, magenta, brown, gray,
  white, brightBlue, brightGreen, brightCyan, brightRed,
  brightMagenta, brightYellow, brightGray
};
// 실선, 끊어진 선, 점선
enum LineStyle { solidLine, dashedLine, dottedLine, nullLine };
```

setPen 함수의 원형은 다음 코드와 같다.

```
void setPen(Color, LineStyle = solidLine, int = 1);
```

위 코드에서 두 번째와 세 번째 파라미터는 1장의 "2.9 디폴트 파라미터" 절에서 다룬 디폴트 파라미터로서 값이 제공되지 않을 경우, 각각 지정된 solidLine과 1이 사용된다. 따라서 다음 코드와 같은 형식의 호출이 가능하다.

```
setPen(red, dottedLine);      // 굵기는 디폴트값인 1로 설정
setPen(brown);                // 형태는 solidLine, 굵기는 1로 설정
```

STEP 09 디버거에서 중단점 설정

디버거를 사용해서 프로그램을 단계별로 실행해 보자. 우선, 프로그램의 실행이 멈추는

지점인 중단점 break point을 설정한다. 중단점에서 프로그램의 실행이 중단되므로 그곳부터 단계별로 실행해서 프로그램의 동작을 한 행씩 확인할 수 있다. mouseDown 멤버 함수에 중단점을 설정해 보자.

[리스트 2.4]에서 [그림 2.14]처럼 mouseDown 멤버 함수를 시작하는 08행의 가장 왼쪽 회색 공간에 마우스를 클릭하면 ● 표시가 생기면서 그 행에 중단점이 설정된다. 중단점을 여러 행에 설정할 수 있고 중단점을 해제하려면 ● 표시를 클릭한다. 08행에 중단점이 설정된 상태를 유지한다.

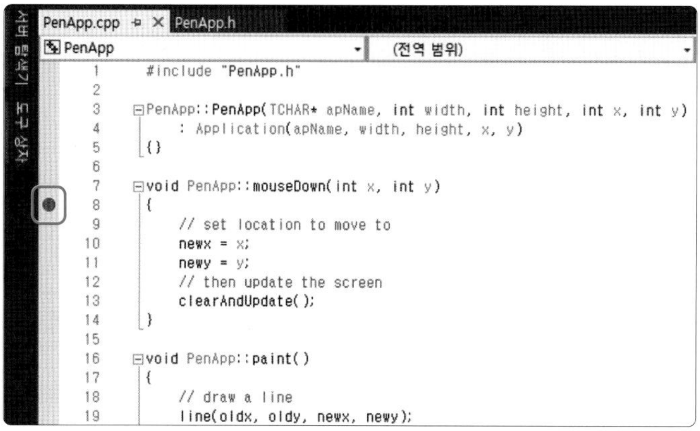

▲ 그림 2.14 ▷ 중단점의 설정

STEP 10 중단점에서 변수의 값 확인

비주얼 스튜디오의 메뉴에서 [디버그] ▶ [디버깅 시작] 항목을 선택하면 프로그램이 시작되고 중단점에서 실행이 멈춘다. [그림 2.13]에 보인 프로그램의 흐름에 의해서 윈도우가 먼저 표시되고 윈도우에서 사용자가 마우스를 클릭하면 mouseDown 멤버 함수가 호출된다. 생성된 빈 윈도우에서 마우스를 클릭해 보자. mouseDown 멤버 함수의 시작 행에 중단점이 설정됐으므로 [그림 2.15]처럼 프로그램의 흐름이 중단점에서 멈춘다. 중단된 행에는 편집기의 가장 왼쪽 회색 공간에 화살표 아이콘이 표시된다.

디버깅 중에는 디버깅 정보를 표시하는 진단 도구, 호출 스택, 변수 윈도우들이 표시된다. 이 책에서는 편집기 왼쪽 아래에 위치하는 변수 윈도우만 사용하기로 한다. 변수 윈도우는 변수들의 값을 확인해 보는 용도로 사용되는데, 사용자가 클릭한 지점의 좌표값이 mouseDown 멤버 함수의 x와 y 파라미터로 전달되므로 변수 윈도우에 그 값이 표시된다. 편집기에서 해당 변수명 위에 마우스 커서를 올려놓아도 작은 박스가 표시되어 변수의 값을 확인할 수 있다.

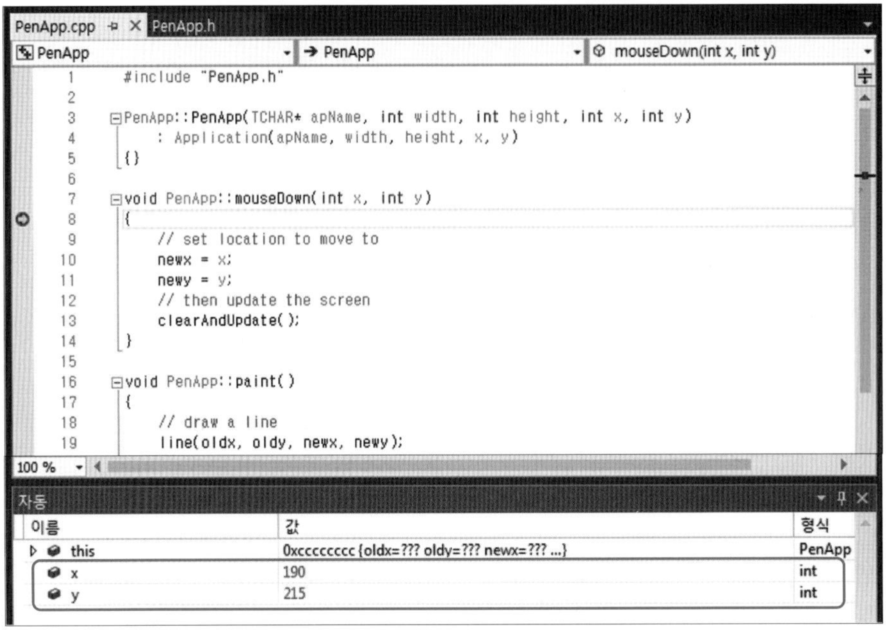

▲ 그림 2.15 ▷ 프로그램 실행의 중단

STEP 11 프로그램의 스텝 실행

중단점 설정으로 인해 화살표가 표시된 행은 다음에 실행될 행을 의미한다. 프로그램을 단계별로 실행하기 위해서 F11 키 또는 F10 키를 사용한다. 다음에 실행될 행이 함수 호출문일 때 F11 키를 누르면 함수의 내부에 들어가서 스텝 실행이 수행된다. 이것을 스텝 인 step-in이라 부른다. F10 키를 누르면 함수의 내부로 진입하지 않고 함수 단위의 스텝 실행이 수행된다. 이것을 스텝 오버 step-over라 부른다. 함수를 호출한 결과만을 조사하고 싶은 경우는 스텝 오버를 사용하고, 함수 내부의 동작도 조사하고 싶은 경우는 스텝 인을 사용한다.

여기서는 F10 키를 계속 눌러 화살표 아이콘을 clearAndUpdate 함수의 호출문에 위치시켜 보자. F10 키를 누르면서 해당 문장에 의해 변수 윈도우의 newx와 newy 변수의 값이 변경되는 것을 확인한다. 이제, clearAndUpdate 함수를 호출할 차례인데, 호출할 함수는 pclaf.cpp 파일 내에 존재한다. F11 키를 누르면 pclaf.cpp 파일이 열리고 그 안의 clearAndUpdate 함수로 이동될 것이나, pclaf.cpp 파일의 구현 내용은 관심사가 아니므로 F5 키를 눌러 프로그램의 나머지 코드를 일괄 실행한다. clearAndUpdate 함수가 실행되고, 연이어 paint 함수가 실행되어 클릭점까지 선이 그려진다. Shift + F5 키는 한 시점에서 디버깅을 종료하고 싶을 때 사용한다.

STEP 12 디버거의 종료

디버거를 종료하려면 비주얼 스튜디오의 메뉴에서 [디버그] ▶ [디버깅 중지] 항목을 선택한다.

필수 문법 02

이 절부터 C++의 제네릭 프로그래밍 generic programming 기능을 소개하기 시작한다. '제네릭'이란 사전적으로 '포괄적인'이라는 의미를 지니므로 제네릭 프로그래밍을 포괄적 프로그래밍이라고 해석할 수 있다. 일반화 프로그래밍이라고도 부른다. C++에서 포괄적 프로그래밍을 한다는 것은 데이터의 타입을 포괄적으로 처리하는 프로그래밍을 한다는 의미이다. C++에서 데이터의 타입은 1장의 "2.2 기본 데이터 타입" 절에서 살펴본 기본 데이터 타입과 3장부터 본격적으로 다룰 클래스 타입이 있다.

C++는 제네릭 프로그래밍을 템플릿 template이라는 기능으로 제공한다. 템플릿에는 템플릿 함수와 템플릿 클래스의 형태가 있는데, 이 절에서 템플릿 함수를 먼저 다루고 다음 장의 필수 문법 절에서 템플릿 클래스와 활용을 다룬다. 또한, 이 절에서는 실습 과제에서 다뤘던 문법 요소들을 보충 설명하고 C++의 필수적인 문법 요소들을 소개하고 활용해 본다.

2.1 템플릿 함수

템플릿 함수란 같은 함수를 가지고 파라미터로 제공되는 여러 타입의 데이터를 포괄적으로 처리할 수 있는 함수를 의미한다. [리스트 2.5]는 두 개의 파라미터를 비교해서 큰 값을 반환하는 템플릿 함수를 사용하는 예이고 [그림 2.16]은 실행 결과를 보인 것이다.

리스트 2.5 Syntax1 프로젝트의 TemplateFuncApp.cpp 파일

```
01 #include <iostream>
02 using std::cout;
03 using std::endl;
04
05 template <typename T>
06 T max(T a, T b)
07 {
08   if (a > b)
09     return a;
10   return b;
11 }
12
13 int main()
14 {
15   int i = 300;
16   int j = 400;
17   int k = max(i, j);
18   cout << "두 정수 중 큰 값은 " << k << "입니다." << endl;
19   float x = 250.0f;
20   float y = 250.57f;
21   float z = max(x, y);
22   cout << "두 실수 중 큰 값은 " << z << "입니다." << endl;
23
24   return 0;
25 }
```

05행은 타입이 아직 정해지지 않은 임의의 타입 T를 max 템플릿 함수에서 사용하겠다는 선언이다. typename 키워드 대신 class라는 키워드를 사용하기도 하는데, 의미 전달이 더 명확한 typename 키워드를 사용하는 것이 좋다. max 템플릿 함수의 정의는 파라미터와 반환 타입에 int, double 등과 같은 C++의 특정 타입이 아닌 이들을 포괄적으로 표현한

T 타입을 06행처럼 사용한다. T와 같은 파라미터를 템플릿 파라미터 template parameter라고 부른다.

▲ 그림 2.16 ▷ 템플릿 함수의 활용

컴파일러는 컴파일 과정에서 17행과 21행을 만나면 [그림 2.17]처럼 max 템플릿 함수로부터 17행의 정수 파라미터에 대응하는 max 함수와 21행의 실수 파라미터에 대응하는 max 함수를 생성한다. 이 max 함수들은 소스 코드에 만들어지는 것이 아니고 프로그램의 코드 영역에 생성되어 컴파일 과정에서 처리되는 것이므로 실행시 프로그램의 성능을 떨어뜨리지 않는다.

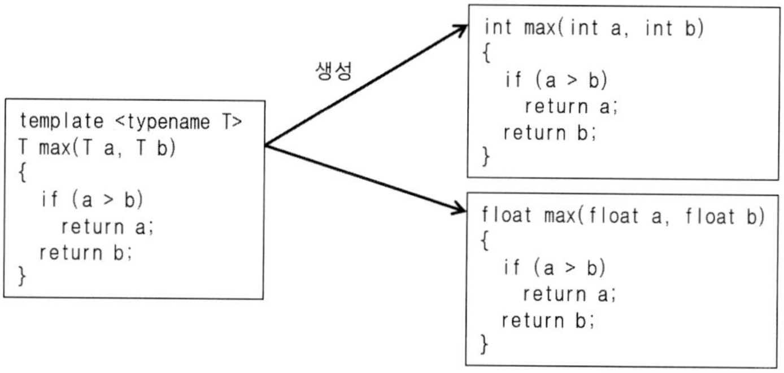

▲ 그림 2.17 ▷ 템플릿 함수로부터 함수들의 생성

[그림 2.17]에서 왼쪽 함수를 함수 템플릿이라고 부르고 이 함수 템플릿으로부터 생성된 오른쪽 함수들을 템플릿 함수라고 구분하기도 하지만, 이 구분이 큰 의미를 갖지 않으므로 이 책에서는 모두 템플릿 함수라고 부르기로 한다. 프로그램을 실행할 때는 17행에서 정수 타입 파라미터를 처리하는 max 함수가 호출되고 21행에서는 실수 타입 파라미터를 처리하는 max 함수가 호출된다.

따라서 max 함수를 호출하면서 파라미터로 제공되는 int, float 등의 타입에 따라 max 템플릿 함수의 T 타입이 대응되어 실행되고 T에 대응된 타입의 값이 반환된다. max 템플릿 함수는 정수와 실수 등의 기본 데이터 타입 외에도 클래스 타입으로부터 생성되는 객체들도 포괄적으로 처리할 수 있다. 객체 파라미터를 처리하는 템플릿 함수의 예는 이어지는 내용에서 다룬다.

생성된 max 함수의 파라미터 타입은 기본 데이터 타입은 물론, 크기가 큰 클래스 타입도 사용할 수 있으므로 파라미터의 값 전달 방식보다는 레퍼런스 전달 방식을 사용하는 것이 바람직하다. 또한, max 함수는 내부에서 파라미터의 값을 변경하지 않으므로 상수 레퍼런스 전달을 명시적으로 선언해서 컴파일러가 검증하도록 하는 것이 좋다. 다음 코드는 이 두 가지 사항을 반영해서 개선한 max 템플릿 함수이다.

```
template <typename T>
const T& max(const T& a, const T& b)
{
  if (a > b)
    return a;
  return b;
}
```

max 템플릿 함수를 상수 레퍼런스 타입인 const T& 타입을 반환하는 것으로 수정하고 파라미터들도 const T& 타입으로 수정했다. 레퍼런스를 반환하는 함수는 1장의 "2.7.2 레퍼런스를 반환하는 함수" 절에서 다뤘다. 크기가 작은 기본 데이터 타입의 값들은 복사되어 전달되고 반환되어도 큰 지장이 없지만 크기가 큰 클래스 타입의 객체는 복사되어 전달되거나 반환될 때 프로그램의 성능을 떨어뜨리는 요인이 될 수 있다.

이제, 다음 코드를 main 함수의 return 0; 문장 전에 추가하고 실행해 본다.

```
int m = max(i, x);
```

max 함수의 첫 번째 파라미터는 int 타입이고 두 번째 파라미터는 float 타입이다. 이 문장에서 컴파일 오류가 발생하는데, 이는 컴파일러가 max 템플릿 함수의 서로 다른 타입의 파라미터 a와 b에 대해 템플릿 파라미터 T를 int로 설정해야 할지 아니면 float로 설정해야 할지 판단할 수 없기 때문이다. max(x, i)를 호출해도 똑같은 오류가 발생한다.

이 문제는 다음 코드처럼 두 개의 템플릿 파라미터를 사용하는 max 템플릿 함수를 사용하면 해결할 수 있다.

```
template <typename T1, typename T2>
const T1& max(const T1& a, const T2& b)
{
  if (a > b)
    return a;
  return b;
}
```

위의 개선된 max 템플릿 함수로부터 컴파일러가 int m = max(i, x); 문장에 대해 생성하는 max 함수는 [그림 2.18]과 같다.

```
const int& max(const int& a, const float& b)
{
  if (a > b)
    return a;
  return b;
}
```

▲ 그림 2.18 ▷ 두 개의 템플릿 파라미터를 사용하는 템플릿 함수로부터 생성된 함수

이 절에서 max 템플릿 함수를 직접 정의해서 활용해 봤지만, C++ 라이브러리는 max 템플릿 함수를 포함해서 [표 2.1]에 보인 템플릿 함수들을 제공한다. 이 함수들을 사용하려면 <algorithm> 헤더 파일을 포함하고 std 이름 공간을 사용한다.

▼ 표 2.1 ▷ C++ 라이브러리가 제공하는 기본 템플릿 함수

템플릿 함수	설명	사용 예
min	파라미터로 제공되는 두 값 중 작은 값을 반환	cout << std::mix('G', 'Z'); cout << std::min(12, 7);
max	파라미터로 제공되는 두 값 중 큰 값을 반환	cout << std::max('G', 'Z'); cout << std::max(12.5, 7.3);

swap	파라미터로 제공되는 두 변수의 값을 치환	int x = 10, y = 20;
		std::swap(x, y);
		cout << x << y;

minmax	파라미터로 제공되는 두 값의 작은 값과 큰 값을 pair 타입으로 반환	auto p = std::minmax(x, y); cout << p.first << p.second;

min과 max는 작은 값과 큰 값을 상수 레퍼런스로 반환하고, swap은 두 개의 파라미터를 레퍼런스로 전달받아 값을 교환한다. minmax 템플릿 함수는 6장의 필수 문법 절에서 다룰 C++의 pair 타입의 값을 반환한다. pair 타입을 아직 모르더라도 auto 타입을 사용하면 컴파일러가 타입을 지정해준다. 반환된 값은 구조체처럼 first와 second 필드로 접근할 수 있다.

C도 매크로 함수로 구현된 min과 max 함수를 제공하지만, 매크로 함수는 타입에 안전하지 못하므로 C++의 std::min과 std::max 템플릿 함수를 사용하는 것이 바람직하다. 타입에 안전하지 못하다는 것은 컴파일러가 타입 검증을 완벽하게 하지 못해서 실행 오류가 발생할 수 있다는 의미이다.

2.2 nullptr 포인터

널 포인터를 나타내기 위해서 C는 NULL 매크로나 숫자 0을 사용한다. 그러나 [리스트 2.6]의 코드처럼 NULL을 함수의 파라미터로 전달하는 경우, int 타입으로 추론되는 문제가 발생한다. [그림 2.19]는 프로그램의 실행 결과를 보인 것이다.

리스트 2.6 Syntax2 프로젝트의 NullptrApp.cpp 파일

```
#include <iostream>
using namespace std;

void func(int a)
{
  cout << "함수-int" << endl;
}

void func(double* p)
{
  cout << "함수-double*" << endl;
}

int main()
{
  func(0);
```

코드에서
변경으로
2.19도 변
습니다. 확
주세요.

```
17    func(NULL);
18    func(static_cast<double*>(NULL));
19    func(nullptr);
20
21    return 0;
22 }
```

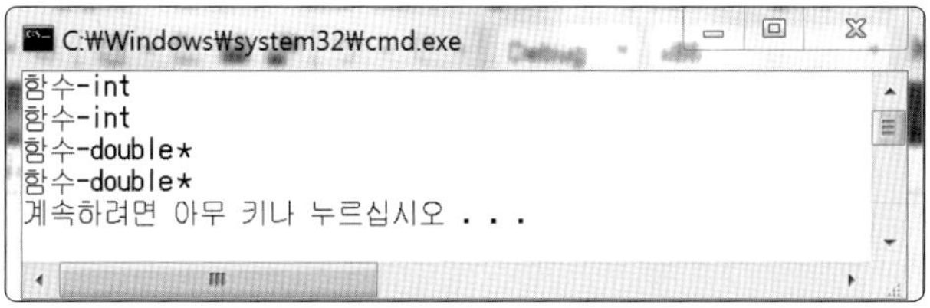

▲ 그림 2.19 ▷ nullptr 포인터 활용

[리스트 2.6]의 04행과 09행처럼 함수 func를 오버로딩해서 정의한다. 16행은 첫 번째 func 함수를 호출한다. 17행에서 NULL 매크로가 널 포인터를 의미하므로 개발자의 의도는 파라미터로 포인터를 전달받는 두 번째 func 함수의 호출일 것이다. 그러나 NULL 매크로는 컴파일러에 의해 0으로 유추되므로 첫 번째 func 함수가 호출된다. 이를 해결하려면 18행처럼 NULL을 static_cast 함수로 double* 타입으로 변환해서 전달하거나, NULL 매크로 대신 19행처럼 C++에 새롭게 도입된 nullptr을 사용한다. nullptr은 이러한 특수한 상황을 해결하기 위해서 도입됐으며 사용 방법은 C에서 0이나 NULL을 사용하던 것을 nullptr로 대체해서 사용하면 된다.

객체 포인터 2.3

포인터 변수를 잠깐 복습해 보자. 포인터 변수란 메모리 방의 주소값을 저장하는 변수이다. 다음 코드처럼 int 타입의 변수 n을 정의하면 정수가 들어갈 수 있는 메모리 방이 생성되고 그 방의 이름은 n이 된다. 이 방은 정수 10으로 초기화된다.

```
int n = 10;
```

다음 코드는 int 타입의 포인터 변수 p를 정의해서 int 타입 방의 주소값을 저장할 수 있는 메모리 방을 생성하고 이 방에 메모리 방 n의 주소값을 [그림 2.20]에 보인 것처럼 저장하는 문장이다.

```
int* p = &n;
```

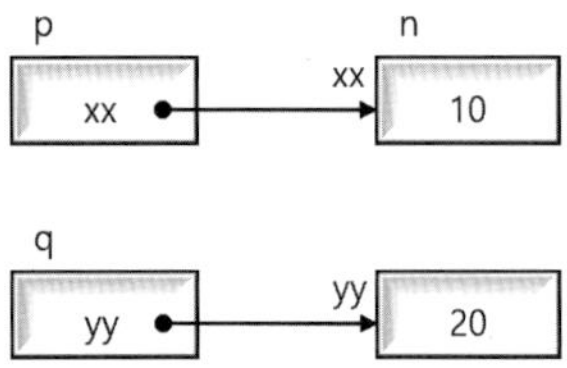

▲ 그림 2.20 ▷ 포인터 변수

메모리 방 n의 주소값을 문법적으로는 &n으로 표현하지만, 그림처럼 실제 주소값으로 xx가 주어져서 p에 배정됐다고 가정하자. 우리는 일반적으로 포인터 변수로부터 대상 변수로 가상의 화살표를 그어 표시한다.

이제, 1장의 "2.11 new와 delete 연산자" 절에서 소개한 new 연산자를 사용해서 다음 코드처럼 정수 방을 동적으로 생성하고 그 주소값을 int 타입의 포인터 변수 q에 저장해 보자.

```
int* q = new int(20);
```

new 연산자는 정수가 저장될 수 있는 메모리 방을 생성하고 이 방의 주소값을 반환한다. 이 주소값을 yy라고 가정하면 이 값이 배정 연산자에 의해 int 타입의 포인터 변수 q에 [그림 2.20]에 보인 것처럼 저장된다. int 타입의 방은 지정된 정수 20으로 초기화된다.

이제, int 타입의 변수 n과 int 타입의 포인터 변수 p와 q를 다음 코드처럼 활용할 수 있다.

```
n = 100;
*p = 200;
*q = 300;
```

1장의 "2.10 string 타입" 절에서 다룬 string 클래스 타입의 str 변수를 다음 코드처럼 정적으로 정의하면 string 클래스로부터 생성된 문자열 객체가 들어갈 수 있는 메모리 방이 생성되고 그 방의 이름은 str이 된다. 이 방은 "doohun" 문자열 객체로 초기화된다.

```
string str("doohun");
```

다음 코드는 string 타입의 포인터 변수 p를 정의해서 string 타입 방의 주소값을 저장할 수 있는 메모리 방을 생성하고 이 방에 메모리 방 str의 주소값을 [그림 2.21]에 보인 것처럼 저장하는 문장이다.

```
string* p = &str;
```

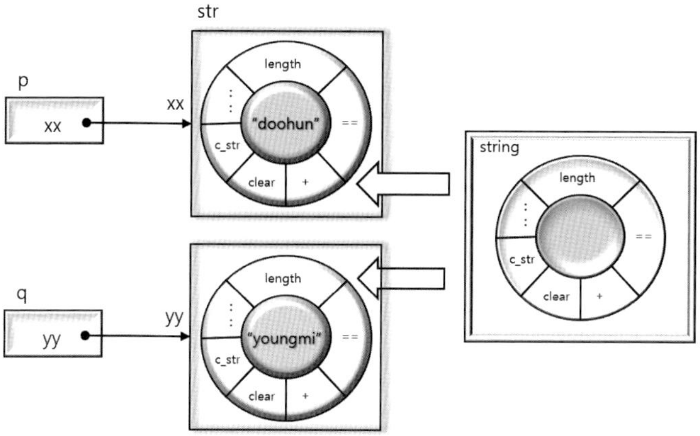

▲ 그림 2.21 ▷ 객체 포인터 변수

메모리 방 str의 주소값을 문법적으로는 &str로 표현하지만, 그림처럼 실제 주소값으로 xx가 주어져서 p에 배정됐다고 가정하자. string* 타입인 p를 객체 포인터 변수라고 부른다. 이 개념은 int 타입의 포인터 변수와 다를 바 없다. string 클래스는 int 타입과 같은 역할을 하고 str 변수는 n 변수와 같은 역할을 한다. int 타입의 포인터 변수와 마찬가지로 객체 포인터 변수로부터 대상 변수로 가상의 화살표를 그어 [그림 2.21]처럼 표시한다.

이제, new 연산자를 사용해서 다음 코드처럼 string 타입의 방을 동적으로 생성하고, 동적으로 생성된 방의 주소값을 string 타입의 포인터 변수 q에 저장해 보자.

```
string* q = new string("youngmi");
```

new 연산자는 string 클래스의 객체가 저장될 수 있는 메모리 방을 생성하고, 생성된 메모리 방의 주소값을 반환한다. 반환된 주소값을 yy라고 가정하면 이 값이 배정 연산자에 의해 string 타입의 포인터 변수 q에 [그림 2.21]에 보인 것처럼 저장된다.

이제, int 타입의 변수와 포인터 변수처럼 다음 코드에 보인 방식으로 문자열 객체를 다룰 수 있다.

```
str.length();
p->length();
(*p).c_str();
q->length();
(*q).length();
```

str 방에 존재하는 문자열 객체는 멤버 접근 연산자인 마침표 .로 접근해서 멤버 함수를 호출하고 p가 가리키는 방에 존재하는 문자열 객체는 멤버 접근 연산자인 ->로 접근해서 멤버 함수를 호출한다. int 타입의 포인터 변수와 마찬가지로 포인터를 역참조하면 문자열 객체가 존재하는 방을 의미하므로 (*p).c_str()처럼 마침표 . 연산자로도 객체에 접근할 수 있다.

[그림 2.22]에 보인 이 책의 클래스와 객체의 표기 방식은 [그림 2.21]에 보인 것처럼 객체에 대한 메모리 방을 따로 표기하지 않는다.

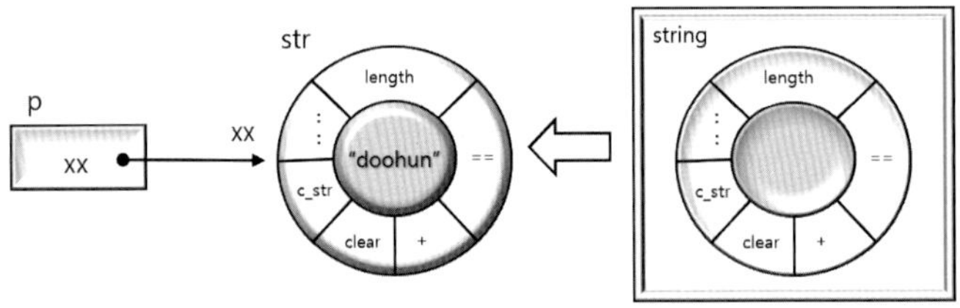

▲ 그림 2.22 ▷ 이 책의 클래스와 객체 표기

실습 과제의 mainLAF 함수에서 사용한 다음 코드의 문장으로 PenApp 클래스 타입의 theApp 변수를 정의하면 [그림 2.13]에 보인 것처럼 PenApp 클래스로부터 생성된 객체가 들어갈 수 있는 메모리 방이 생성되고, 생성된 메모리 방의 이름은 theApp가 된다. 그림에서 theApp 객체가 저장되는 방은 표시하지 않았다.

```
PenApp theApp(TEXT("PEN1"), 500, 500, 150, 150);
```

다음 코드는 PenApp 타입의 포인터 변수 p를 정의해서 PenApp 타입 방의 주소값을 저장하는 메모리 방을 생성하고 이 방에 메모리 방 theApp의 주소값을 저장하는 문장이다. 메모리 방 theApp의 주소값을 문법적으로는 &theApp로 표현하지만, [그림 2.13]에서는 실제 주소값으로 xx가 주어져서 p에 배정됐다고 가정하자.

```
PenApp* p = &theApp;
```

이제, new 연산자를 사용해서 다음 코드처럼 PenApp 타입의 방을 동적으로 생성하고, 주소값을 PenApp 타입의 포인터 변수 q에 저장해 보자.

```
PenApp* q = new PenApp(TEXT("PEN2"), 500, 500, 150, 150);
```

new 연산자는 PenApp 클래스의 객체가 저장될 수 있는 메모리 방을 생성하고, 생성된 메모리 방의 주소값을 반환한다. 이 주소값을 yy라고 가정하면 이 값이 배정 연산자에 의해 PenApp 타입의 포인터 변수 q에 저장된다.

이제, 실습 과제의 main 함수에서 다음 코드처럼 윈도우를 기동시킬 수 있다.

```
theApp.run();
p->run();
(*p).run();
q->run();
(*q).run();
```

C++에서 클래스 타입으로부터 생성된 객체는 20, 38.9 등과 같은 기본 데이터 타입의 값과 똑같이 취급되므로 변수에 저장될 수 있고 함수의 파라미터로 전달될 수 있으며 함수의 반환값일 수도 있다. C++의 타입 시스템은 3장의 필수 문법 절에서 자세하게 다룬다.

2.4 스마트 포인터 ☞ C++11

new 연산자를 사용해서 동적으로 할당한 메모리는 사용 후 delete 연산자로 해제하지 않으면 메모리 누수 memory leak가 발생해서 시간이 지나면 큰 문제가 발생할 수 있다. 소규모 프로그램은 개발자가 할당과 해제를 실수 없이 잘 할 수 있지만, 동적 메모리 할당을 자주 사용하고 코드가 복잡한 대형 프로그램은 필연적으로 메모리 누수를 발생시킨다. 또한, 포인터가 가리키는 메모리를 해제한 후, 실수로 해당 포인터를 통해 메모리에 다시 접근하면 예측할 수 없는 결과를 초래하기도 한다. 이러한 포인터를 댕글링 포인터 dangling pointer라고 부른다.

Java나 C#과 같은 언어는 가비지 컬렉션 garbage collection 기능을 제공해서 시스템이 메모리를 자동으로 관리해 준다. 그러나 세상에 공짜가 없듯이 물밑에서 작동하는 가비지 컬렉션 기능은 시스템 자원을 많이 사용하므로 프로그램의 성능을 떨어뜨리는 요인이 된다. 성능을 중요하게 여기는 C++는 가비지 컬렉션 기능을 채택하는 대신 동적으로 할당된 메모리를 자동으로 해제해 주는 스마트 포인터 smart pointer 기능을 지원해서 개발자들을 돕고 있다.

앞 절에서 활용한 C 포인터를 내장 포인터 built-in pointer, raw pointer라고 하는데, 이 포인터를 사용하면 메모리의 할당과 해제는 개발자의 몫이 된다. 반면, 스마트 포인터를 사용하면 개발자가 메모리를 할당해서 사용하지만, 해제는 자동으로 이뤄진다. 내장 포인터를 사용하는 것과 비교해서 스마트 포인터를 사용하면 성능 측면에서 손해가 거의 없으면서 메모리 관리의 편리함을 제공받을 수 있으므로 적극적으로 사용하는 것이 바람직하다.

스마트 포인터는 다음과 같은 세 가지 종류가 있다.

- shared_ptr: 공유 포인터
- weak_ptr: 약한 포인터
- unique_ptr: 독점 포인터

shared_ptr 공유 포인터은 이름이 의미하듯이 여러 포인터 변수들이 한 객체를 동시에 가리켜서 이 객체를 공동으로 소유할 수 있는 포인터를 의미한다. 이 객체는 공유 포인터 중, 제일 마지막 포인터가 소멸되면 자동으로 소멸된다.

weak_ptr 약한 포인터은 객체를 가리키지만 소유하지는 않고, shared_ptr과 함께 사용되어 shared_ptr을 보조하는 역할을 주로 담당한다. weak_ptr 변수는 특정 객체가 shared_ptr 변수에 의해 아직 사용되는지를 조사하는 용도로 많이 사용된다.

unique_ptr 독점 포인터은 이름이 의미하듯이 한 객체를 독점적으로 가리켜서 소유하며 다른 포인터 변수가 이 객체를 동시에 가리킬 수 없게 하는 포인터를 의미한다.

세 가지 포인터 중, C 포인터처럼 생각하고 사용할 수 있는 포인터는 shared_ptr이다.

2.4.1 shared_ptr과 weak_ptr 포인터

shared_ptr 포인터와 weak_ptr 포인터의 활용은 [리스트 2.7]의 코드를 가지고 설명한다. [그림 2.23]은 프로그램을 실행한 결과를 보인 것이다.

리스트 2.7 Syntax4-1 프로젝트의 SmartPointerApp.cpp 파일

```
#include <iostream>
#include <string>
#include <memory>
using std::shared_ptr;
using std::weak_ptr;
using std::make_shared;
using std::cout;
using std::endl;
using std::string;

int main()
{
  shared_ptr<string> sp1(new string("doohun"));
  shared_ptr<string> sp2 = sp1;
  weak_ptr<string> wp1 = sp2;
  {
    // wp1을 통해 sp2를 sp3으로 복사
    shared_ptr<string> sp3 = wp1.lock();
    if (sp3) {
      cout << "wp1을 통해 sp3 복사 완료" << std::endl;
    }
    shared_ptr<int> sp4 = make_shared<int>(10);
```

```
23      weak_ptr<string> wp2(sp1);
24    } // sp3, sp4, wp2 자동 소멸
25    cout << "sp1이 가리키는 문자열 출력: " << *sp1 << std::endl;
26    sp1.reset();
27    sp2 = nullptr;
28    shared_ptr<string> sp5 = wp1.lock();
29    if (sp5) {
30      std::cout << "이 문장은 실행되지 않음!" << std::endl;
31    }
32    wp1.reset();
33
34    return 0;
35 }
```

△ 그림 2.23 ▷ shared_ptr과 weak_ptr 포인터의 활용

[리스트 2.7]에서 03행은 스마트 포인터를 사용하기 위해 <memory> 헤더 파일을 포함하고 04~06행은 shared_ptr, weak_ptr, make_shared 이름의 사용을 선언한다.

13행은 shared_ptr<string> 타입의 포인터 변수 sp1을 정의하면서 sp1을 "doohun" 문자열 객체의 포인터로 초기화한다. 이 문장은 다음 코드의 두 문장을 결합한 것이다.

```
string* str = new string("doohun");
shared_ptr<string> sp1(str);
```

"doohun" 문자열 객체를 가리키는 C 포인터 변수 str을 정의한 후, 이 C 포인터를 파라미터로 제공하면서 shared_ptr<string> 타입의 포인터 변수 sp1을 생성한다.

"2.1 템플릿 함수" 절에서 템플릿 함수를 설명했고 다음 장의 필수 문법 절에서 템플릿 클래스를 다루는데, shared_ptr 타입은 템플릿 클래스로 구현됐다. 템플릿 함수처럼 컴파일러는 <> 내에 지정한 타입을 사용하는 클래스를 템플릿 클래스로부터 생성한다.

컴파일러는 위 코드의 두 번째 문장에서 shared_ptr<T> 클래스로부터 shared_ptr<string> 클래스를 생성하고 이 클래스로부터 객체를 생성해서 sp1 변수에 배정한다. 스마트 포인터는 C 포인터를 스마트 포인터로 변환하는 함수를 내장해서 가지고 있으므로 sp1 객체는 첫 번째 문장으로 생성되어 파라미터로 제공된 C 포인터로 초기화된다. 따라서 sp1은 <>로 지정한 string 타입의 객체를 가리키는 포인터 객체이다. sp1 포인터 객체가 "doohun" string 객체를 가리키는 형태이다.

스마트 포인터는 클래스로 구현되었지만, C 포인터처럼 취급하고 사용해도 거의 문제가 없다. 따라서 [그림 2.24]에서 sp1, sp2 등이 객체이지만 이 책의 클래스와 객체의 표기 방식을 따르지 않고 C 포인터 변수의 표기법을 따르기로 한다. shared_ptr 포인터 변수가 가리키는 객체는 실선 화살표로 표기하고 weak_ptr 포인터 변수가 가리키는 객체는 점선 화살표로 표기한다.

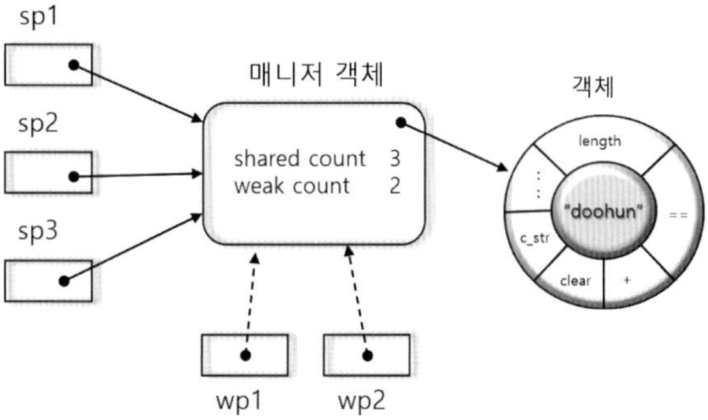

▲ 그림 2.24 ▷ shared_ptr<string>과 weak_ptr<string> 포인터 변수

[리스트 2.7]의 13행은 프로그램에서 첫 번째 shared_ptr 변수를 정의하는 것이므로 [그림 2.24]처럼 "doohun" 문자열로 초기화된 string 객체를 생성하고 이 객체를 가리키는 중간 매니저 객체를 생성하며 최종적으로 sp1 변수가 이 매니저 객체를 가리키게 하는 작업을 수행한다. 따라서 sp1 포인터 변수는 매니저 객체를 통해 간접적으로 string 객체를 가리킨다.

매니저 객체는 몇 개의 shared_ptr 변수와 몇 개의 weak_ptr 변수가 문자열 객체를 가리키는지를 shared count와 weak count 변수로 관리하고 shared count 변수의 값이 0이 되면 문자열 객체를 소멸하는 작업을 수행한다. sp1이 첫 번째 shared_ptr 변수이므로

shared count의 값은 1이 되고 weak count의 값은 아직 0이다. shared count와 weak count를 참조 카운터 reference counter라고 부른다.

[리스트 2.7]의 14행은 shared_ptr<string> 타입의 변수 sp2를 정의하면서 sp2를 sp1의 값으로 초기화한다. 공유 포인터들이므로 문자열 객체를 공유할 수 있다. [그림 2.24]에서 sp2도 같은 매니저 객체를 가리키고 매니저 객체의 shared count의 값은 2가 된다. 15행은 weak_ptr<string> 타입의 변수 wp1을 정의하면서 sp2의 값으로 초기화한다. 매니저 객체의 weak count의 값이 이제 1이 된다.

16~24행은 main 함수 내에서 '{'와 '}'로 중간 스코프를 설정한다. 18행은 이 중간 스코프 내에서 sp3 변수를 정의하면서 wp1의 lock 멤버 함수를 호출해서 sp3을 wp1의 값으로 초기화한다. 따라서 [그림 2.24]의 sp3도 매니저 객체를 통해 문자열 객체를 공유하며 shared count의 값은 3이 된다. 19행은 if 문의 조건절에서 sp3의 값을 조사하는데, sp3은 현재 nullptr이 아니고 매니저 객체를 가리키고 있으므로 sp3이 반환하는 값은 true이다. 따라서 20행의 출력문이 실행된다.

22행은 shared_ptr<int> 타입의 변수 sp4를 정의하는데, 이번에는 new 연산자를 사용하지 않고 make_shared라는 템플릿 함수를 사용해서 정수 10으로 초기화된 메모리 방을 [그림 2.25]처럼 생성한다.

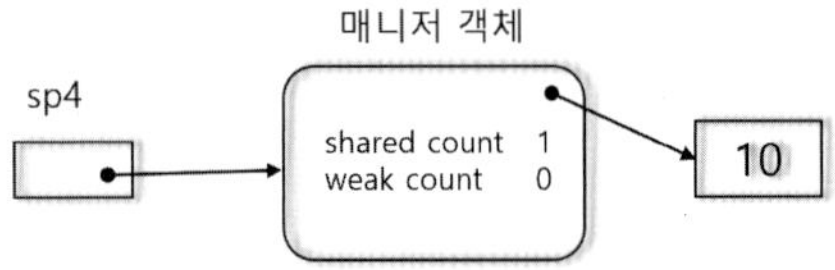

▲ 그림 2.25 ▹ shared_pt<int> 포인터 변수

sp4가 정수 방을 가리키는 첫 번째 변수이므로 중간 매니저 객체도 생성되며 이 매니저 객체의 shared count의 값은 1이 된다. make_shared 함수는 13행처럼 new 연산자를 사용하는 것보다 성능적으로 최적화되어 있으므로 스마트 포인터 변수를 정의할 때는 이 함수를 사용하는 것이 바람직하다. 23행은 wp2 변수를 정의하면서 wp2를 sp1의 값으로 초기화한다. [그림 2.24]는 매니저 객체의 shared count의 값이 3이고 weak count의 값이 2이므로 바로 이 상황을 나타낸 것이다.

24행에서 중간 스코프를 벗어나면 이 스코프 내에서 정의됐던 sp3, sp4, wp2 변수가 소멸된다. 특히, sp4인 경우는 [그림 2.25]에서 매니저 객체의 shared count의 값이 0이 되어 더 이상 10으로 초기화된 메모리 방을 소유한 변수가 없다는 의미이기 때문에 정수 방과 매니저 객체 모두 자동으로 같이 소멸된다.

wp2가 소멸됐으므로 [그림 2.24]에서 매니저 객체의 weak count의 값은 1이 되고 sp3도 소멸됐으므로 shared count의 값은 2가 된다. 25행은 sp1 포인터 변수를 역참조해서 sp1이 가리키는 객체의 값 즉 "doohun" 문자열을 출력한다. 26행은 sp1 객체의 reset 멤버 함수를 호출해서 sp1 변수에 nullptr을 배정하고 27행은 sp2 변수에 nullptr을 직접 배정해서 sp1과 sp2의 문자열 객체와의 연결을 끊는다. 두 문장은 같은 기능을 수행한다. 그 결과, [그림 2.24]에서 매니저 객체의 shared count의 값은 2만큼 감소한다. 이 값이 2였고 두 번 감소하므로 0이 돼서 객체를 소유한 shared_ptr 변수가 없다는 의미가 된다. 따라서 문자열 객체는 소멸된다. 매니저 객체는 아직 wp1이 가리키고 있으므로 소멸되지 않고 남게 된다.

28행은 아직 살아있는 wp1 변수로부터 sp5 변수를 생성하려는 것인데, 이미 모든 shared_ptr 변수들이 소멸되거나 연결이 끊겨서 문자열 객체도 소멸됐으므로 sp5 변수에는 nullptr이 배정된다. 따라서 30행은 실행될 수 없는 문장이고, wp1 변수는 지금처럼 대상 객체가 존재하는지를 조사하는 목적으로 사용된다.

32행에서 wp1의 연결도 끊기므로 [그림 2.24]에서 매니저 객체의 shared count와 weak count의 값이 모두 0이 되어 이제 매니저 객체도 소멸된다. 35행에서 main 함수의 블록을 벗어나면 소멸될 wp1 변수를 예를 들기 위해, 미리 32행처럼 연결을 끊어 보았다. weak count의 값이 먼저 0이 된다고 해도 shared count의 값이 0이 아니면 객체는 소멸되지 않는다. weak_ptr 변수는 객체를 소유하지 않고 가리키기만 할 뿐이므로 소멸에는 관여하지 않는다.

shared_ptr 변수는 C 포인터 변수와 똑같은 문법으로 new, *, -> 등의 연산자들을 적용해서 사용하면 된다. 단지, shared_ptr 변수가 가리키는 객체의 소멸을 자동으로 처리해 준다는 점이 C 포인터 변수와 다르다. 위에서 설명한 세부 과정도 객체의 생성과 소멸 관리를 위해 C++가 물밑에서 자동으로 수행하는 작업을 정리한 것이다. 그러나 shared_ptr 포인터와 C 포인터를 같은 객체를 가리키게 해서 혼용하는 것은 바람직하지 않다.

이 책의 실습은 shared_ptr 포인터를 주로 사용하는데, shared_ptr 포인터 변수의 표기는 중간 매니저 객체 없이 [그림 2.26]처럼 C 포인터 변수를 표기할 때와 같은 방식을 따른다.

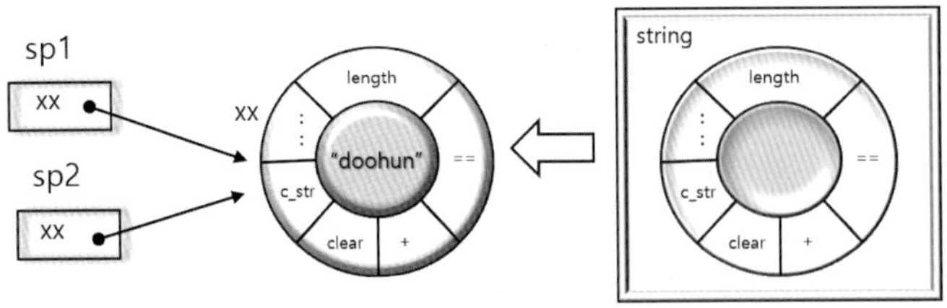

▲ 그림 2.26 ▷ 이 책의 shared_ptr 포인터 변수 표기 방식

실습 과제의 main 함수에서 다음 코드는 shared_ptr 포인터 변수를 이용해서 PenApp 객체를 동적으로 생성하고 윈도우를 기동시킨다. 물론, PenApp.cpp 파일에 <memory> 헤더 파일을 포함해야 한다.

```
std::shared_ptr<PenApp> appPtr(new PenApp(TEXT("PENS"),
                               500, 500, 150, 150));
appPtr->run();
```

weak_ptr 포인터 변수를 사용하지 않고 shared_ptr 포인터 변수만 사용하면 [그림 2.27]에 보인 것처럼 순환 참조 문제 cycle reference problem가 발생할 수 있다.

[그림 2.27]의 왼쪽 그림에서 세 개의 객체는 내부의 shared_ptr 멤버 변수로 맞물려 가리키며 링 형태를 이루고 있다. 외부에서는 sp1, sp2, sp3의 shared_ptr 변수가 각 객체를 가리킨다. sp1, sp2, sp3 변수가 소멸되면 세 개의 객체에 접근할 수 있는 방법이 없으므로 당연히 세 객체도 자동 소멸돼야 하나 상호 가리키는 내부 shared_ptr 멤버 변수가 존재하기 때문에 세 객체는 소멸되지 않는다.

이 문제를 해결하기 위해서 객체 내의 상호 가리키는 포인터 변수들을 오른쪽 그림처럼 weak_ptr 변수로 변경한다. 그림에서 이를 점선 화살표로 표시했다. 이제, sp1, sp2, sp3 변수가 소멸되면 weak_ptr 변수들은 객체의 소유권에 참여하지 않으므로 세 객체도 함께 소멸된다.

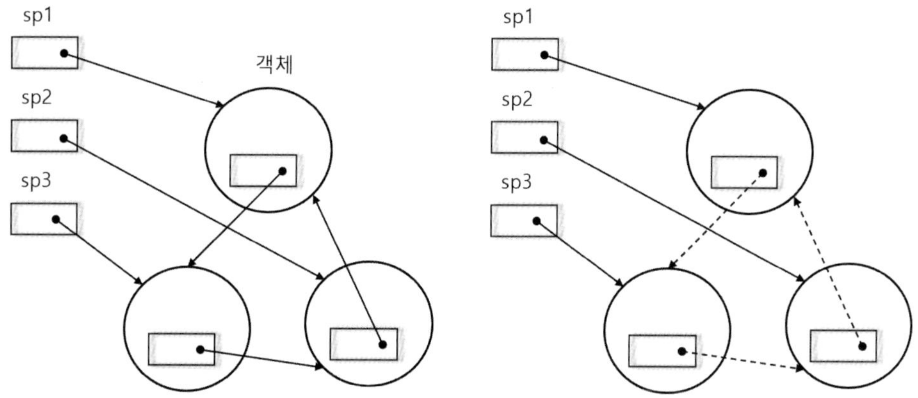

▲ 그림 2.27 ▷ 순환 참조 문제

개발자들은 shared_ptr 포인터 변수를 C 포인터의 대용으로 사용하면서 순환 참조 같은 문제가 예견되면 weak_ptr 변수를 보조적으로 사용하면 된다. shared_ptr 포인터 변수의 사용은 C 포인터 변수의 사용과 문법적으로 거의 같다.

unique_ptr 포인터 ** 2.4.2

unique_ptr 포인터 변수들은 동시에 한 객체를 가리킬 수 없으므로 중간 매니저 객체가 필요 없다. unique_ptr 포인터 변수로 할 수 있는 작업은 shared_ptr 포인터 변수로도 항상 가능하다.

그렇다면, 왜 unique_ptr 포인터를 만들었을까? 첫 번째 이유는 unique_ptr 포인터는 shared_ptr 포인터에 비해 경량이므로 성능이 좋다는 것이다. 두 번째 이유는 함수 내에서 지역 변수로 포인터 변수가 필요할 때 unique_ptr 변수를 사용하면, 함수가 종료될 때 unique_ptr 변수가 가리키는 객체도 자동으로 소멸되기 때문이다. 이는 안전한 프로그래밍을 할 수 있다는 의미이다. 세 번째로는 게임 프로그램 등에서 여러 포인터 변수들이 한 객체에 대한 소유권을 주고받지만, 어느 한순간에는 한 변수만이 이 객체의 소유권을 가져야 할 경우에 unique_ptr이 유용하게 사용될 수 있다.

[리스트 2.8]은 unique_ptr 포인터의 사용 예를 보인 것이고, [그림 2.28]은 실행 결과를 보인 것이다.

리스트 2.8 Syntax4-2 프로젝트의 SmartPointerApp.cpp 파일

```
01 #include <iostream>
02 #include <memory>
03 using namespace std;
04
05 int main()
06 {
07   unique_ptr<int> p1(new int(5));
08   unique_ptr<int> p2;
09 // p2 = p1;
10   unique_ptr<int> p3 = move(p1);          // 소유권 이전
11   cout << p1.get() << endl;
12   cout << p3.get() << endl;
13   cout << *p3 << endl;
14   auto a = *p3;
15   cout << a << endl;
16   auto& a2 = p3;
17   cout << *a2 << endl;
18   unique_ptr<int> p4(make_unique<int>(10));
19   cout << *p4 << endl;
20   p4.reset();
21
22   return 0;
23 }
```

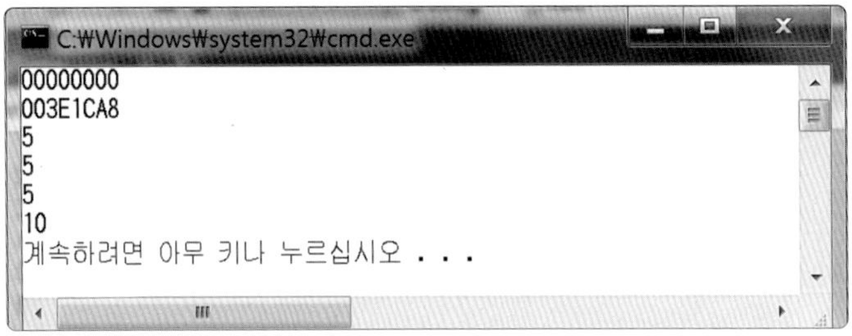

▲ 그림 2.28 ▷ unique_ptr 포인터의 활용

07행은 정수 5를 가리키는 독점 포인터 변수 p1을 정의한다. 07행은 다음 코드에 보인 두 문장을 결합한 것이다.

```
int* i = new int(5);
unique_ptr<int> p1(i);
```

정수 5를 가리키는 C 포인터 변수 i를 정의한 후, 이 C 포인터를 파라미터로 제공하면서 unique_ptr<int> 타입의 포인터 변수 p1을 정의한다. 스마트 포인터는 C 포인터를 스마트 포인터로 변환하는 함수를 내장해서 가지고 있다.

08행은 nullptr이 배정된 포인터 변수 p2를 정의한다. 09행에서 p1이 독점 포인터이므로 복사를 허용하지 않고 컴파일 오류가 발생한다. 10행에서 사용한 std::move 함수는 p1을 좌측값에서 우측값으로 변환하는 함수이다. 이 우측값이 p3 변수에 배정된다. 따라서 p1 변수가 독점적으로 소유하던 정수 5는 그 소유권이 p3 변수로 이전된다. 이때부터 p3 변수가 정수 5를 독점 소유하고 p1 변수에는 nullptr이 배정된다.

스마트 포인터는 스마트 포인터를 C 포인터로 변환하는 get 멤버 함수를 제공한다. 11행에서 p1 객체의 get 멤버 함수를 호출하면 이 함수는 해당 C 포인터 값을 반환하지만, p1의 값이 nullptr이므로 [그림 2.28]처럼 nullptr의 값인 0이 출력된다. 12행처럼 p3의 get 멤버 함수를 호출해서 반환값을 출력하면 소유권이 이전된 정수 방의 주소값이 표시된다. 13행은 p3 포인터를 역참조했으므로 정수 방의 값인 5를 출력한다. 14행과 15행처럼 p3이 가리키는 정수 5는 다른 정수 타입 변수에 복사할 수 있다. 14행에서 컴파일러가 유추한 a의 타입은 int일 것이다.

16행은 p3 변수의 레퍼런스인 a2를 정의한다. a2는 p3에 대한 별명이지 복사가 수행되는 것이 아니므로 p3가 unique_ptr 변수라도 레퍼런스 정의가 허용된다. 컴파일러가 유추한 a2의 타입은 std::unique_ptr<int>일 것이다. 이제, 17행처럼 p3 변수로 수행할 수 있는 작업은 a2로도 수행할 수 있다. unique_ptr 변수는 복사를 허용하지 않으므로 함수를 호출하면서 p3을 전달할 때는 레퍼런스 전달 방식을 사용하도록 한다.

18행은 new 연산자보다 성능이 우수한 make_unique 함수 ☞ C++14로 p4 변수를 정의한다. 20행은 reset 멤버 함수로 p4 변수에 nullptr을 배정한다. 이 시점에 p3 변수는 아직 살아 있지만 23행에서 main 함수의 스코프를 벗어나면 프로그램이 종료되기 직전에 소멸된다.

2.5 범위 기반 for 문 ☞ C++11

범위 기반 for 문 range-based for을 사용하면 반복문을 아주 쉽고 안전하게 사용할 수 있다. [리스트 2.9]는 C의 for 문과 범위 기반 for 문을 비교하는 코드이고, [그림 2.29]는 실행 결과를 보인 것이다.

리스트 2.9 Syntax5 프로젝트의 ForApp.cpp 파일

```
#include <iostream>
#include <string>

int main()
{
  int arr[5] = { 0, 1, 2, 3, 4 };
  std::cout << "일반 for문" << std::endl;
  for (auto i = 0; i < 5; ++i)
    std::cout << arr[i];
  std::cout << std::endl;
  std::cout << "범위 기반 for문" << std::endl;
  for (auto i : arr)
    std::cout << i;
  std::cout << std::endl;
  std::string strArr[3] = { "eum", "doo", "hun" };
  for (auto s : strArr)
    std::cout << s;
  std::cout << std::endl;

  return 0;
}
```

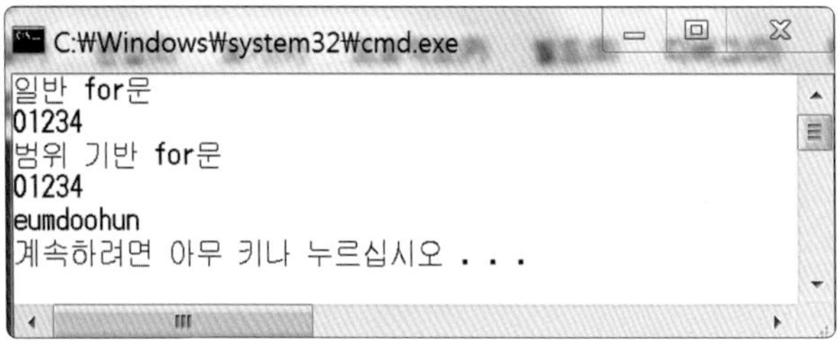

▲ 그림 2.29 ▷ 범위 기반 for 문의 활용

06행은 크기 5인 정수 배열을 정의하고 초기화한다. 08행은 C의 for 문으로 배열을 출력하고 12행은 범위 기반 for 문으로 배열을 출력한다. 범위 기반 for 문은 콜론(:)을 중심으로 처리하고자 하는 배열을 오른쪽에 명시하고 이 배열의 원소 타입으로 정의한 변수를 왼쪽에 명시한다.

08행에서 사용한 auto 타입은 컴파일러에 의해 std::size_t 타입으로 유추되며 12행에서 사용한 auto 타입은 컴파일러에 의해 arr 배열의 원소 타입인 int 타입으로 유추된다. 08행의 i는 배열의 인덱스를 나타내고 12행의 i는 배열의 원소를 나타낸다. 15~17행은 문자열 배열을 범위 기반 for 문으로 출력한다. 16행의 변수 s는 컴파일러에 의해 string 타입으로 유추된다.

범위 기반 for 문을 사용하면 C의 for 문과 비교해서 편하고 종료 조건을 잘 못 주어서 메모리를 침범하게 되는 위험도 피할 수 있다. 범위 기반 for 문은 배열뿐만 아니라 3장에서 다룰 표준 템플릿 라이브러리의 컨테이너들을 처리할 때 더욱 간편하고 편리하게 사용된다.

12행에서 배열의 원소를 나타내는 변수 i를 for 문 내에서 변경할 수 있지만, for 문을 벗어나면 arr 배열의 원소에는 반영되지는 않는다. 원소의 내용을 변경하고 싶다면 다음 코드처럼 레퍼런스를 사용한다.

```
for (auto& i : arr)
  i = i + 1;
```

반대로, 원소의 내용뿐만 아니라 임시 변수의 값도 변경하지 않으려면 다음 코드처럼 const 속성을 지정한다.

```
for (const auto i : arr)
  std::cout << i;
for (const auto& i : arr)
  std::cout << i;
```

** 2.6 constexpr 표현식 ☞ C++11

constexpr 지시자로 명시한 변수나 함수는 컴파일시 그 값을 결정할 수 있다는 것을 컴파일러에 전달해서 컴파일러가 constexpr로 명시한 코드를 최적화할 수 있게 해 준다. constexpr 표현식은 상수, constexpr로 명시한 변수, constexpr로 명시한 함수로 구성되는 식을 의미한다. 컴파일러가 constexpr 표현식의 값을 결정할 수 없으면 컴파일 오류가 발생한다.

배열을 정의하면서 크기를 지정하는 경우처럼 상수가 요구되는 곳에 constexpr 표현식을 대신 사용할 수 있다. [리스트 2.10]은 constexpr 표현식을 사용하는 예이고, [그림 2.30]은 실행 결과를 보인 것이다.

리스트 2.10 Syntax6 프로젝트의 ConstexprApp.cpp 파일

```
#include <iostream>

constexpr size_t getArraySize(int k)
{
  return k == 0 ? 10 : k;
}

int main()
{
  int myArray[1 + getArraySize(0)];
  int count = 0;
  for (size_t i = 0; i < 1 + getArraySize(0); ++i) {
    myArray[i] = i;
    count = count + 1;
  }
  std::cout << "array size: " << count << std::endl;

  return 0;
}
```

1장의 "2.11 new와 delete 연산자" 절에서 설명한 것처럼 new 연산자를 사용해서 동적으로 배열을 정의할 때는 [] 내에 변수를 사용할 수 있지만, 정적으로 배열을 정의할 때는 컴파일시 그 크기가 결정돼야 하므로 [] 내에 실행시 결정되는 변수값이나 함수의

반환값을 사용할 수 없다. 그러나 [리스트 2.10]의 03~06행처럼 constexpr 지시자를 선행해서 정의한 getArraySize 함수는 상수가 요구되는 곳에 사용할 수 있는 함수이므로 10행처럼 정적으로 배열을 정의하면서 상수가 요구되는 [] 내에서 getArraySize 함수를 호출하고 그 반환값을 사용할 수 있다. 10행에서 [] 내의 1 + getArraySize(0)이 constexpr 표현식이다.

▲ 그림 2.30 ▷ constexpr 표현식의 활용

constexpr 지시자로 지정한 함수에 전달되는 파라미터는 0과 같은 상수이어야 하며 constexpr 함수는 05행처럼 return 문을 한 개만 가질 수 있다. 10행의 [] 내처럼 constexpr 표현식을 사용하면 컴파일러가 컴파일시 이를 최적화에 활용할 수 있다. 또한, constexpr 함수의 결과도 컴파일러가 결정하므로 10행과 12행처럼 함수를 호출하기 전에 그 구현부가 04~06행처럼 컴파일러에 의해 컴파일시 처리될 수 있어야 한다.

static_assert 함수 ☞ C++11는 컴파일시 주어진 constexpr 조건을 검사해서 조건이 false 이면 지정된 오류 메시지를 출력한다. 다음 코드는 static_assert 함수로 x의 값이 컴파일시 456인지 검사하고 결과가 false이면 두 번째 파라미터로 주어진 오류 메시지를 출력한다.

```
int main()
{
  constexpr int x = 123;
  static_assert(x == 456, “the constexpr value is not 456”);
}
```

위 코드는 static_assert 함수의 첫 번째 파라미터로 주어진 조건을 만족하지 못하므로 “the constexpr value is not 456” 메시지를 출력한다. 이 코드는 constexpr 표현식이 컴파일시 예상한 값을 갖는지 검사하는 용도로 static_assert 함수를 사용한 예이다.

** 2.7 템플릿 파라미터의 추론

C++가 지원하는 제네릭 프로그래밍의 기능은 템플릿을 통해 제공된다. 이 절에서는 템플릿 함수에 사용된 템플릿 파라미터의 타입을 컴파일러가 추론하는 과정을 살펴보자. 일반적인 템플릿 함수의 선언과 이 함수의 호출문은 다음 코드와 같다.

```
template <typename T>
void foo(ParamType param);

foo(expr);
```

위 코드에서 *ParamType*은 T, T&, const T&, T* 등의 타입을 총칭해서 나타낸다. *expr*은 x, x + y, &x, x + 27, 27 등과 같은 표현식의 결과 타입을 총칭해서 나타내는데, 이 결과 타입은 int, const int, const int&, int*, const int* 등으로 다양할 수 있다.

다음과 같은 세 가지 경우에 대해 템플릿 파라미터의 타입을 추론하는 컴파일 과정이 다르다.

- ▷ *ParamType*에 레퍼런스나 포인터를 사용하지 않는 경우
- ▷ *ParamType*에 레퍼런스나 포인터를 사용하는 경우
- ▷ *ParamType*이 T&&인 경우

2.7.1 *paramType*에 레퍼런스나 포인터를 사용하지 않는 경우

*ParamType*에 레퍼런스나 포인터를 사용하지 않는 전형적인 템플릿 함수의 형식은 다음 코드처럼 *ParamType*이 그냥 T인 경우이다.

```
template <typename T>
void foo(T param);
```

반면, 이 템플릿 함수를 호출하는 호출문의 예는 다음 코드와 같은데, expr의 결과 타입이 다양할 수 있다.

```
int x = 23;             // x는 int
const int cx = x;       // cx는 const int
const int& rx = x;      // rx는 const int에 대한 레퍼런스
foo(x);                 // T와 ParamType은 int
foo(cx);                // T와 ParamType은 int
foo(rx);                // T와 ParamType은 int
```

foo 함수의 파라미터 형식은 파라미터의 값 전달 방식을 의미하므로 param은 전달된 값의 복사본이다. 이 경우, 컴파일러가 추론에 사용하는 규칙은 다음과 같다.

1. *expr*의 타입이 레퍼런스를 사용하면 레퍼런스는 무시된다.
2. *expr*의 타입이 const 상수 속성를 사용하면 const도 무시된다.
3. *expr*의 타입을 T 템플릿 파라미터와 *ParamType*과 매칭시켜 T의 타입을 추론한다.

const 속성이 무시되는 이유는 전달되는 원본이 const 속성이지만 값에 의한 전달이므로 복사본이 생성되고 이 복사본이 함수 내에서 사용되므로 함수 내에서 const 속성을 유지하는 것이 무의미하기 때문이다. 이 규칙에 따라 컴파일러가 템플릿 파라미터 T의 타입을 추론하는 과정은 [그림 2.31]과 같다.

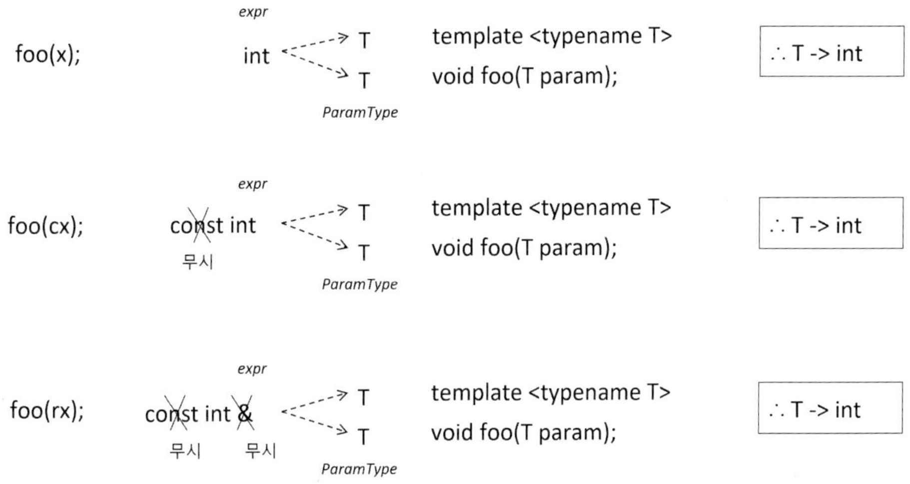

▲ 그림 2.31 ▷ 레퍼런스나 포인터를 사용하지 않는 경우의 T 타입 추론

[그림 2.31]에서 foo(x)인 경우, *expr*의 타입이 int이므로 템플릿 파라미터인 T와

*ParamType*인 T에 매칭되는 T는 int일 수밖에 없다. foo(cx)와 foo(rx)의 경우, const와 레퍼런스 속성이 무시된 후, *expr*의 타입이 역시 int가 되므로 foo(x)의 경우와 같다.

2.7.2 *paramType*에 레퍼런스나 포인터를 사용하는 경우

*ParamType*에 레퍼런스를 사용하는 전형적인 템플릿 함수의 형식은 다음 코드와 같다.

```
template <typename T>
void foo(T& param);
```

이 템플릿 함수를 호출하는 호출문의 예는 다음 코드와 같은데, *expr*의 결과 타입이 역시 다양할 수 있다.

```
int x = 23;              // x는 int
const int cx = x;        // cx는 const int
const int& rx = x;       // rx는 const int에 대한 레퍼런스
foo(x);                  // T는 int, ParamType은 int&
foo(cx);                 // T는 const int, ParamType은 const int&
foo(rx);                 // T는 const int, ParamType은 const int&
```

foo 함수의 파라미터 형식은 레퍼런스에 의한 파라미터 전달 방식을 의미하므로 param은 전달된 값의 별명이다. 이 경우, 컴파일러가 추론에 사용하는 규칙은 다음과 같다.

1. *expr*의 타입이 레퍼런스를 사용하면 레퍼런스는 무시된다.
2. *expr*의 타입을 T 템플릿 파라미터와 *ParamType*과 매칭시켜 T의 타입을 추론한다.

앞 절의 규칙과 달리, const 속성을 살리는 이유는 전달되는 원본이 const 속성이고 레퍼런스에 의한 전달이므로 함수 내에서 이 원본의 속성이 유지돼야 하기 때문이다. 이 규칙에 따라 컴파일러가 템플릿 파라미터 T의 타입을 추론하는 과정은 [그림 2.32]와 같다.

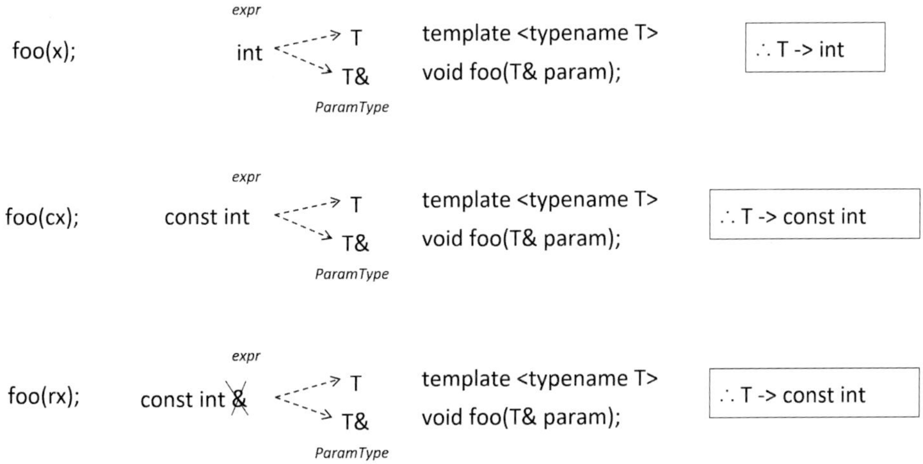

▲ 그림 2.32 ▷ 레퍼런스를 사용하는 경우의 T 타입 추론

foo(x)인 경우, *expr*의 타입이 int이므로 템플릿 파라미터인 T와 *ParamType*인 T&를 만족하는 T는 int일 수밖에 없다. foo(cx)와 foo(rx)의 경우, 레퍼런스 속성이 무시된 후, expr의 타입이 const int이므로 템플릿 파라미터인 T와 *ParamType*인 T&를 만족하는 T는 const int가 된다.

*ParamType*에 레퍼런스를 사용하는 또 다른 템플릿 함수의 형식은 다음 코드처럼 파라미터에 const 속성을 지정해서 상수 레퍼런스 전달을 사용하는 것이다.

```
template <typename T>
void foo(const T& param);
```

이 템플릿 함수를 호출하는 호출문의 예는 다음 코드와 같고, 컴파일러가 T의 타입을 추론하는 과정은 [그림 2.33]과 같다.

```
int x = 23;             // x는 int
const int cx = x;       // cx는 const int
const int& rx = x;      // rx는 const int에 대한 레퍼런스(상수 레퍼런스)
foo(x);                 // T는 int, ParamType은 const int&
foo(cx);                // T는 int, ParamType은 const int&
foo(rx);                // T는 int, ParamType은 const int&
```

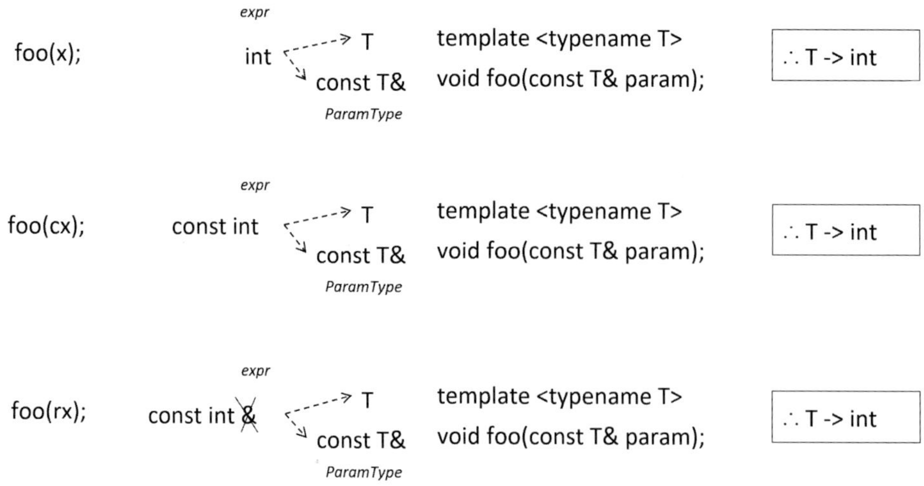

▲ 그림 2.33 ▷ 상수 레퍼런스를 사용하는 경우의 T 타입 추론

다음 코드는 *ParamType*에 포인터를 사용하는 템플릿 함수의 형식과 이 함수를 호출하는 문장들이다.

```
template <typename T>
void foo(T* param);

int x = 23;                    // x는 int
const int* px = &x;            // px는 const int에 대한 포인터
f(&x);                         // T는 int, ParamType은 int*
f(px);                         // T는 const int, ParamType은 const int*
```

호출문들에 대해 컴파일러가 T의 타입을 추론하는 과정은 [그림 2.34]와 같다.

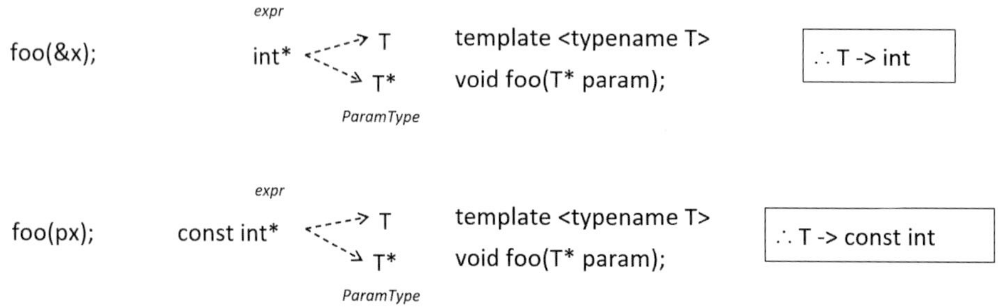

▲ 그림 2.34 ▷ 포인터를 사용하는 경우의 T 타입 추론

*ParamType*이 T&&인 경우 2.7.3

마지막으로 다음 코드와 같은 템플릿 함수의 형식을 생각해 볼 수 있는데, *ParamType*이 T&&이므로 우측값 레퍼런스로 쉽게 생각할 수 있지만, 템플릿 파라미터의 추론 과정에서 T&&는 우측값 레퍼런스나 좌측값 레퍼런스 중 하나라는 의미로 해석된다.

```
template <typename T>
void foo(T&& param);
```

이러한 레퍼런스 파라미터를 중계 레퍼런스 forward reference나 유니버설 레퍼런스 universal reference 파라미터라고 하는데, 이 형식의 파라미터는 이 책에서는 다루지 않는 완벽 중계 perfect forwarding의 기능을 구현하기 위해서 주로 사용된다. 완벽 중계는 C++의 표준 라이브러리의 템플릿 타입들을 정의하는 과정에서 많이 사용된 기능이기도 하다.

완벽 중계에서 중계란 템플릿 함수 goo를 직접 호출하는 대신 중계 템플릿 함수 foo를 두어서 이 중계 함수를 통해 goo 함수를 간접적으로 호출하는 것을 말한다. 함수를 호출하면서 파라미터를 전달하게 되는데 이 파라미터는 좌측값이나 우측값일 수 있고 const 속성이 지정된 값이나 아닌 값일 수도 있다.

완벽 중계에서 완벽이란 중계 함수 foo가 전달받은 파라미터의 원래 속성을 완전하게 유지한 채로 이 파라미터를 goo 함수에 전달한다는 의미이다. 완벽 중계를 위해서 foo 중계 함수는 T&&의 형식으로 파라미터를 전달받고, 전달받은 파라미터를 goo 함수에 전달할 때는 C++의 std::forward 함수를 사용해서 전달한다. 따라서 foo 함수를 통해서 goo 함수를 호출하는 것이 goo 함수를 직접 호출하는 것과 완전히 똑같은 효과를 내도록 하는 것이 완벽 중계 기능의 역할이다. 템플릿 기능을 사용할 때 이 *ParamType*이 자주 사용되는 것이 아니므로 이 책에서는 더 이상의 설명을 생략하기로 하자.

파일 입출력 2.8

1장에서 키보드로부터의 입력 스트림을 처리하기 위해 iostream 라이브러리에 정의된 istream input stream 클래스의 객체인 cin을 이용하고 콘솔 윈도우로의 출력 스트림을 처리하기 위해 ostream output stream 클래스의 객체인 cout을 사용했다. 파일 입출력도 [그림 2.35]에 보인 것처럼 콘솔 입출력과 크게 다르지 않다.

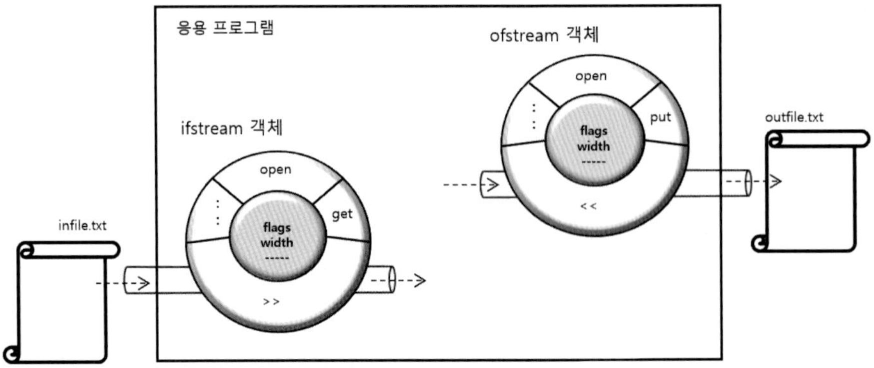

▲ 그림 2.35 ▷ 파일의 스트림 입출력

파일로부터의 입력 스트림을 처리하기 위해 ifstream input file stream 클래스로부터 생성된 객체를 사용하고 파일로의 출력 스트림을 처리하기 위해 ofstream output file stream 클래스로부터 생성된 객체를 사용한다. cin과 cout 객체는 프로그램이 시작되면 자동으로 전역 객체로 생성되고 키보드와 콘솔 윈도우에 연결되어 제공되지만 파일 스트림을 처리하는 ifsream 객체와 ofstream 객체는 프로그램 내에서 생성하고 파일과 연결해야 한다.

ifstream 클래스와 ofstream 클래스는 fstream 라이브러리에 정의되며 std 이름 공간에 이름들이 존재한다. [리스트 2.11]의 코드는 "infile.txt" 파일로부터 정수를 읽어 들여 읽은 정수의 두 배 값을 "outfile.txt" 파일에 기록하는 프로그램이다. [그림 2.36]은 "infile.txt" 파일과 프로그램의 실행으로 생성된 "outfile.txt" 파일을 보인 것이다. 프로그램을 실행하기 전에 [그림 2.36]의 "infile.txt" 파일을 윈도우의 메모장이나 비주얼 스튜디오의 편집기를 사용해서 소스 파일이 있는 폴더에 생성한다. 파일의 끝엔 리턴키를 쳐서 저장하도록 하자. 이 책이 제공하는 소스 폴더의 "infile.txt" 파일을 사용해도 좋다.

리스트 2.11 Syntax8 프로젝트의 FileApp.cpp 파일

```
#include <iostream>
#include <fstream>
```

```
03 using std::ifstream; using std::ofstream;
04 using std::cout; using std::endl;
05
06 int main()
07 {
08   ifstream input_file;
09   input_file.open("infile.txt");      // open the input file
10   if (!input_file.is_open()) {
11     cout << "input file could not be opened! terminating!" << endl;
12     return 1;
13   }
14   ofstream output_file("outfile.txt");  // open the output file
15   if (!output_file.is_open()) {
16     cout << "output file could not be opened! terminating!" << endl;
17     return 1;
18   }
19   // read as long as the stream is good,
20   // output is each number times two
21   int datum;
22   while (input_file >> datum) {
23     output_file << datum * 2 << endl;
24   }
25   input_file.close();
26   output_file.close();
27   cout << "Done!" << endl;
28
29   return 0;
30 }
```

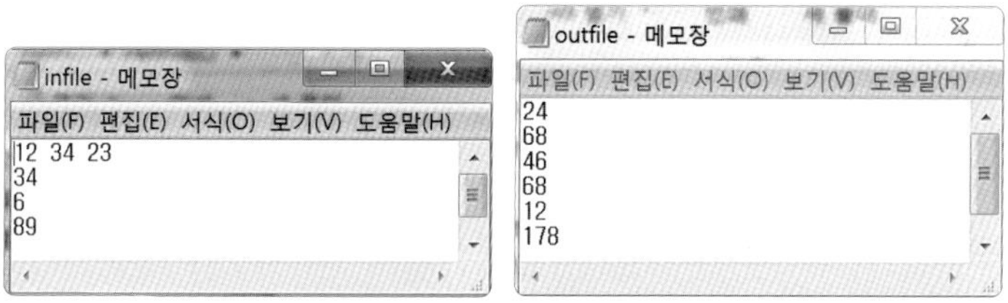

▲ 그림 2.36 ▷ 입력 파일과 출력 파일

[리스트 2.11]에서 01행은 오류 메시지를 콘솔 윈도우에 출력하기 위해 <iostream> 헤더 파일을 포함하고, 02행은 파일 입출력을 위해 <fstream> 헤더 파일을 포함한다. 08행은

ifstream 클래스로부터 파일 입력 전담 부품인 input_file이란 객체를 생성한다. 09행은 파일 이름을 C 문자열로 지정하면서 open 멤버 함수를 호출해서 input_file 객체와 지정된 파일을 연결한다. 따라서 input_file 객체는 "infile.txt" 파일로부터의 입력 전담 부품이 된다. C 문자열 대신 다음 코드처럼 string 타입의 문자열을 사용해서 파일 이름을 사용자로부터 입력받아 지정할 수도 있다.

```
std::string filename;
cin >> filename;
input_file.open(filename);
```

[리스트 2.11]에서 10행은 is_open 멤버 함수로 파일 연결 작업이 성공했는지 조사한다. is_open 멤버 함수는 파일 연결에 성공하면 입력 스트림이 정상이라는 의미로 true를 반환한다. 파일이 존재하지 않거나 읽기 권한이 없는 등의 문제가 발생하면 11행처럼 오류 메시지를 출력하고, 12행과 같이 비정상 종료를 의미하는 1을 반환하면서 프로그램을 종료한다.

14행은 파일 출력 전담 부품인 output_file 객체를 생성한다. 08행과 09행처럼 객체를 생성하고 파일을 연결하는 대신 14행처럼 한 문장으로 객체를 생성하면서 "outfile.txt" 파일과 연결할 수 있다. input_file 객체와 달리 output_file 객체는 지정된 파일이 존재하지 않으면 파일을 새롭게 생성한다. 지정된 파일이 이미 존재하면 해당 파일을 삭제하고 새롭게 파일을 생성한다.

input_file과 output_file 객체의 사용은 cin과 cout 객체의 사용과 유사하며 실제로 1장에서 다룬 cout과 cin 객체에 대한 모든 내용이 적용된다. 다음 코드는 정수와 실수를 "infile.txt" 파일에서 읽어서 정수만 "outfile.txt" 파일에 저장하는 예이다.

```
input_file >> int_var >> double_var;
output_file << "the integer is " << int_var << endl;
```

21~24행은 "infile.txt" 파일과 연계된 input_file 객체의 >> 연산자로 정수를 읽어서 "outfile.txt" 파일과 연계된 output_file 객체의 << 연산자로 읽은 정수의 두 배를 저장한다. 22행에서 >> 연산자가 정수 읽기에 실패하거나 파일의 끝 eof, end of file에 도달하면 input_file 객체는 false를 반환한다. 파일 스트림을 사용한 뒤에는 25행과 26행처럼 close 멤버 함수를 호출해서 닫아 주는 것이 좋다.

"outfile.txt" 파일이 이미 존재하고 데이터가 저장된 경우, "outfile.txt" 파일을 14행처럼 열면 기존 파일이 삭제되고 새로운 파일이 생성된다. 기존 내용에 데이터를 추가하고 싶은 경우는 14행에서 다음 코드의 문장을 사용한다.

```
output_file.open("outfile.txt", ios::app);
```

위 문장에서 두 번째 파라미터인 ios::app는 ios 클래스에 정의된 상수인데, app는 append를 의미한다. ios 클래스는 iostream과 fstream 라이브러리에 존재하고 그 이름은 std 이름 공간에 존재하므로 [리스트 2.11]의 05행에 다음의 문장을 추가해야 한다.

```
using std::ios;
```

string_view 타입 ☞ C++17 ** 2.9

데이터를 복사하거나 객체를 생성하는 작업은 CPU 시간을 많이 소모한다. 문자열이 데이터의 주를 이루는 프로그램에서, string 타입과 함께 string_view 타입을 활용하면 편리하고 성능도 개선할 수 있다.

string_view 타입은 string_view 클래스이며, string_view 클래스로부터 생성된 string_view 객체는 C 문자열이나 string 문자열을 보조하는 역할을 담당한다. 다음 코드는 C 문자열과 string 문자열로부터 string_view 객체를 생성한다.

```
std::string_view sv1("hello world");

std::string s("hi world");
std::string_view sv2(s);             // 또는 std::string_view sv2 = s;

std::cout << sv1 << std::endl;       // hello world 출력
std::cout << sv2 << std::endl;       // hi world 출력
```

위 코드에서 sv1 객체는 C 문자열로부터 생성되고, sv2 객체는 string 문자열로부터 생성된다. sv1과 sv2는 원본 문자열의 포인터와 길이만 갖는 경량 객체로 생성되므로

원본 문자열을 읽고 처리할 수 있는 보조 역할을 수행하지만, sv1과 sv2를 통해 기존 문자열을 수정할 수는 없다.

문자열을 다루는 함수를 작성하면서 파라미터를 string 타입으로 지정하면 문자열 복사가 이뤄지므로 char* 포인터 타입이나 string& 레퍼런스 타입으로 지정하는 것이 바람직하다. char* 타입이나 string& 타입의 선택은 각각 장단점을 제공한다. char* 타입은 문자열을 리터럴로 받더라도 가벼운 문자열 포인터가 전달되므로 CPU 시간을 거의 소모하지 않지만, string 객체가 전달되는 것이 아니므로 string 클래스가 제공하는 많은 기능을 함수 내에서 활용할 수 없다. string& 타입으로 전달받으면 string 클래스의 많은 기능을 활용할 수 있지만, 문자열이 우측값인 리터럴로 전달되는 경우를 대비해서 string& 타입과 string&& 타입을 전달받는 함수를 오버로딩해야 한다.

char*, string&, string&& 타입을 파라미터로 전달받는 함수를 모두 오버로딩해서 정의할 수 있지만, 세 타입의 장점만을 제공하는 string_view 타입을 사용하면 프로그램의 성능을 개선하고 함수들을 오버로딩할 필요가 없으므로 편리하다. string_view 타입의 변수는 문자열 포인터와 길이 정보만 가지므로 string_view 타입으로 파라미터를 전달받으면 실질적으로 문자열 포인터를 받으면서 string 클래스의 기능도 활용할 수 있다.

[리스트 2.12]는 string_view 타입을 활용하는 코드이고 [그림 2.37]은 실행 결과를 보인 것이다. string_view 타입은 C++17 표준부터 지원되는 기능이므로 이 책의 '머리말' 중 [이 책의 실습 환경]에 설명한 대로 컴파일러 옵션을 C++17 표준 이상으로 설정하는 것을 잊지 말자

리스트 2.12 Syntax9 프로젝트의 String_viewApp.cpp 파일

```
#include <iostream>
#include <string_view>

void string_print(const std::string& str)      // 레퍼런스 전달
{
  std::cout << "문자열:" << str << " 길이:" << str.length() << std::endl;
}

void string_print(const std::string&& str)    // 우측값 레퍼런스 전달
{
  std::cout << "문자열:" << str << " 길이:" << str.length() << std::endl;
}
```

```
13
14 void string_view_print(const std::string_view sview)
15 {
16   std::cout << "문자열:" << sview << " 길이:"
17             << sview.length() << std::endl;
18 }
19
20 int main()
21 {
22   std::string s = "hello world";
23   string_print(s);                        // 레퍼런스 전달
24   string_view_print(s);
25
26   string_print("hi there");               // 우측값 레퍼런스 전달
27   string_view_print("hi there");
28
29   std::string_view sv(s);
30   string_view_print(sv);
31   std::string_view sv2 = sv.substr(0, 5);
32   string_view_print(sv2);
33
34   return 0;
35 }
```

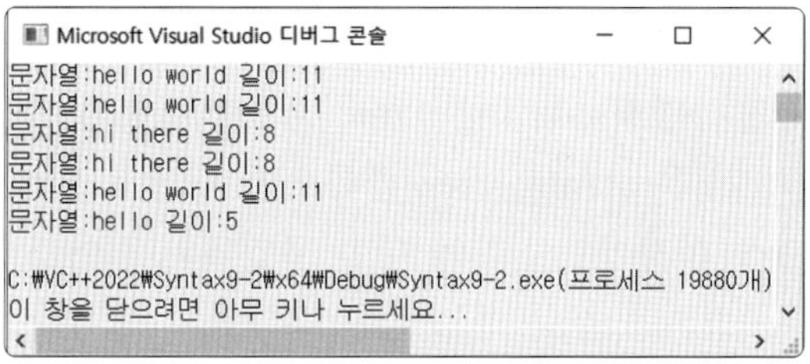

▲ 그림 2.37 ▷ string_view 타입의 활용

string_view 타입을 사용하려면 02행처럼 <string_view> 헤더 파일을 포함한다. 04행과 09행은 string& 타입과 string&& 타입의 문자열을 파라미터로 전달받아 문자열과 길이를 출력하는 함수를 오버로딩해서 정의한다. str 문자열이 string 객체이므로 length와 같은 멤버 함수들을 활용할 수 있다. 14행은 string_view 타입의 문자열을 파라미터로 전달받아 문자열과 길이를 출력하는 함수를 정의한다. 역시 length 멤버 함수를 사용할 수 있다.

22행은 "hello world"로 초기화된 string 객체 s를 정의한다. 23행은 04행의 레퍼런스를 전달받는 string_print 함수를 호출해서 [그림 2.37]의 첫 행처럼 문자열과 길이를 출력한다. 24행은 14행의 string_view_print 함수를 호출하는데, 파라미터끼리 const std::string_view sview = s가 성립한다. 그 의미는 s 문자열을 복사해서 sview 문자열을 생성하라는 것이 아니고 s 문자열의 시작 포인터와 길이만을 갖는 가벼운 sview 객체를 생성하라는 것이다. 메모리에 존재하는 "hello world" 문자열은 s가 소유하고 sview는 포인터를 가지고 참조만 하는 구조이지만, string 객체인 s의 모든 멤버 함수를 string_view 객체인 sview도 지원한다. 16행과 17행은 sview 객체의 length 멤버 함수를 호출해서 [그림 2.37]의 두 번째 행처럼 출력한다.

[리스트 2.12]의 26행은 우측값인 "hi there" 문자열 리터럴을 전달하면서 string_print 함수를 호출하므로 우측값 레퍼런스를 전달받는 09행의 string_print 함수가 호출된다. 27행은 문자열 리터럴을 전달하면서 14행의 string_view_print 함수를 호출해서 [그림 2.37]의 네 번째 행처럼 문자열과 길이를 출력한다. 14행의 string_view_print 함수는 전달받는 문자열이 변수 형태이든 리터럴 형태이든 상관하지 않으므로 편리하고, 포인터와 길이로 구성되는 가벼운 string_view 객체로 전달받으므로 CPU 시간도 거의 소모하지 않는다.

29행은 string 객체 s로부터 string_view 객체 sv를 생성한다. std::string_view sv = s;의 배정문을 사용하기도 한다. sv 객체는 "hello world" 문자열의 포인터와 길이인 11을 가진다. 30행은 sv를 전달하면서 string_view_print 함수를 호출해서 [그림 2.37]의 다섯 번째 행을 출력한다. 31행은 string_view 클래스의 substr 멤버 함수를 호출해서 "hello world" 문자열의 첫 다섯 문자 부분 문자열에 대한 포인터와 길이 5를 갖는 sv2 객체를 생성한다. 첫 다섯 문자로 구성되는 부분 문자열을 복사해서 생성하는 것이 아니고, 부분 문자열의 포인터와 길이를 갖는 객체를 생성한다는 것에 유의한다. 32행은 sv2를 전달하면서 string_view_print 함수를 호출해서 [그림 2.37]의 마지막 행을 출력한다. string_view 타입을 활용하면 메모리에 존재하는 문자열을 복사하거나 변경하지 않고 포인터로 순회하면서 필요한 문자열 작업을 할 수 있다.

any 타입 ☞ C++ 17 ** 2.10

any 타입의 변수는 어떤 타입의 값이라도 저장할 수 있다. [리스트 2.13]의 코드는 any 타입을 활용한 예이고 [그림 2.38]은 실행 결과를 보인 것이다.

리스트 2.13 Syntax10 프로젝트의 AnyApp.cpp 파일

```
01 #include <iostream>
02 #include <any>
03
04 int main() {
05     std::any a = 123;
06     std::cout << “a stores an integer: ”
07               << std::any_cast<int>(a) << std::endl;
08     a = 456.789;
09     std::cout << “a stores a double: ”
10               << std::any_cast<double>(a) << std::endl;
11     a = true;
12     std::cout << “a stores a boolean: ”
13               << std::any_cast<bool>(a) << std::endl;
14     if (a.has_value())
15     {
16         std::cout << “a has a value.” << std::endl;
17     }
18
19     return 0;
20 }
```

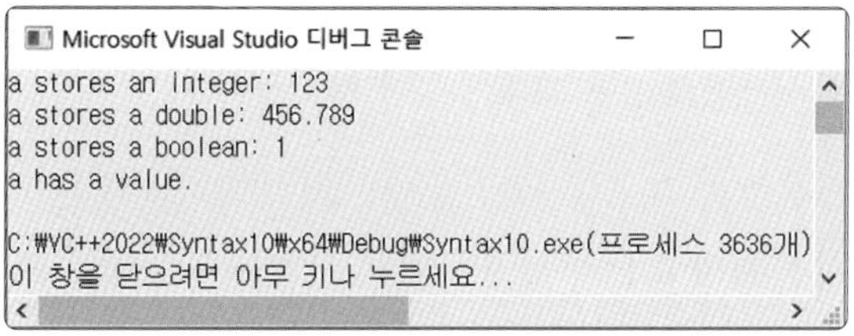

▲ 그림 2.38 ▷ any 타입의 활용

02행처럼 <any> 헤더 파일을 포함해서 any 타입을 활용한다. 05행은 any 타입의 변수 a를

정의하고 123으로 초기화한다. any 타입 변수에 저장된 값을 사용하려면 07행처럼 any_cast 템플릿 함수를 사용해서 저장된 값의 타입으로 변환한 후 활용한다. 저장된 값이 정수이므로 템플릿 파라미터는 int로 지정한다.

a 변수는 any 타입이므로 08행처럼 a에 456.789의 실수를 저장할 수 있지만 저장된 값을 사용하려면 10행처럼 double로 지정된 any_cast 템플릿 함수로 변환해서 사용한다. 11행과 13행은 bool 타입의 값을 저장하고 출력한다.

any 타입의 값은 has_value 멤버 함수를 가지고 있어서 any 타입 변수에 값이 존재하는지를 14행처럼 판단할 수 있다.

03 응용 과제

이 절에서는 실습 과제를 응용하고 필수 문법 절에서 설명한 문법을 활용하는 세 개의 응용 과제를 다룬다.

3.1 응용 과제 1

✔ **Check Point** CoinMoneyApp 프로그램의 C 포인터 버전과 스마트 포인터 버전

- ▶ 1장의 응용 과제 1-2를 발전 시킨다.
- ▶ C 포인터와 스마트 포인터를 사용해서 1장의 응용 과제 1-2를 재작성한다.

[리스트 2.14]의 코드는 C 포인터를 사용해서 1장의 응용 과제 1-2를 재작성한 프로그램이고, [그림 2.39]는 실행 결과를 보인 것이다. 1장의 응용 과제 1은 C 버전과 C++ 버전 중 C++ 버전을 사용한다.

리스트 2.14 App1-1 프로젝트의 CoinMoneyApp.cpp 파일

```
//============================================================
// 응용 과제 1-1
// 1장의 응용 과제 1번을 발전시킴
// C 포인터 버전
//============================================================
#include <iostream>
using std::cout; using std::endl;

struct CoinMoney {
  int c50;
  int c100;
  int c500;
};

inline int CoinMoney_value(const CoinMoney& m)
{
  return (50 * m.c50 + 100 * m.c100 + 500 * m.c500);
}
// 응용 과제 1-1, C 포인터
CoinMoney* CoinMoney_add(const CoinMoney* m1, const CoinMoney* m2)
{
  CoinMoney* psum(new CoinMoney());    // CoinMoney* psum = new CoinMoney();
  psum->c50 = m1->c50 + m2->c50;
  psum->c100 = m1->c100 + m2->c100;
  psum->c500 = m1->c500 + m2->c500;
  return psum;
}

void CoinMoney_print(const CoinMoney& m)
{
  cout << “50원 ” << m.c50 << “개, ”
       << “100원 ” << m.c100 << “개, ”
       << “500원 ” << m.c500 << “개, ”
       << “총 ” << CoinMoney_value(m) << “원” << endl;
}

int main()
{
  CoinMoney* pm1 = new CoinMoney();      // C 포인터
  CoinMoney* pm2 = new CoinMoney();
  pm1->c50 = 1;
  pm1->c100 = 2;
  pm1->c500 = 3;
  cout << “m1 = ”;
```

```
45    CoinMoney_print(*pm1);
46    *pm2 = *pm1;
47    cout << "m2 = ";
48    CoinMoney_print(*pm2);
49    auto value = CoinMoney_value(*pm1);
50    cout << "m1은총 " << value << endl;
51    // auto -> CoinMoney*
52    auto pm3 = CoinMoney_add(pm1, pm2);
53    cout << "m3 = ";
54    CoinMoney_print(*pm3);
55    // 응용과제 1-1
56    delete pm1;
57    delete pm2;
58    delete pm3;
59    return 0;
60 }
```

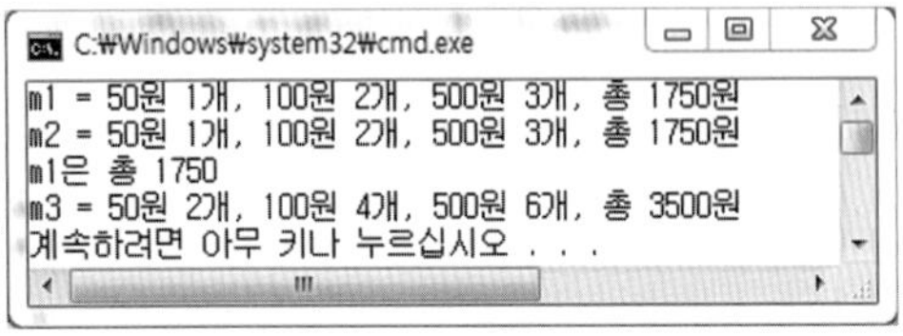

▲ 그림 2.39 ▷ C 포인터 버전의 CoinMoney 응용 프로그램

[리스트 2.15]의 15행, 20행, 29행의 세 함수 중, 20행의 CoinMoney_add 함수만 두 개 동전 다발의 포인터 m1, m2를 파라미터로 전달받아 두 동전 다발을 더한 동전 다발의 포인터를 반환하는 것으로 변경한다.

22행은 동전 다발 구조체를 동적으로 생성해서 그 포인터를 psum 변수에 저장한다. 동전 다발 구조체의 동적 생성은 new 연산자를 사용하는 22행이나 주석처리된 배정문처럼 두 가지 문법으로 생성할 수 있다. 23~25행에서 m1, m2 파라미터와 psum이 포인터 변수이므로 구조체 필드의 접근은 -> 연산자로 이뤄진다. 26행은 두 동전 다발을 더한 동전 다발의 포인터를 반환한다.

39행과 40행은 동전 다발 구조체를 동적으로 생성해서 포인터들을 pm1과 pm2 변수에 저장하고, 41~43행은 pm1이 가리키는 동전 다발 구조체를 [그림 2.40]에 보인 것처럼 초기화한다. pm1과 pm2에 * 연산자를 적용한 *pm1과 *pm2는 구조체 방의 이름으로 간주할 수 있다.

45행에서 CoinMoney_print 함수의 호출은 CoinMoney_print 함수가 동전 다발 구조체를 상수 레퍼런스 파라미터로 전달받으므로 const CoinMoney& m = *pm1이 성립한다. *pm1이 구조체 방의 이름이므로 m은 이 방의 별명이 된다.

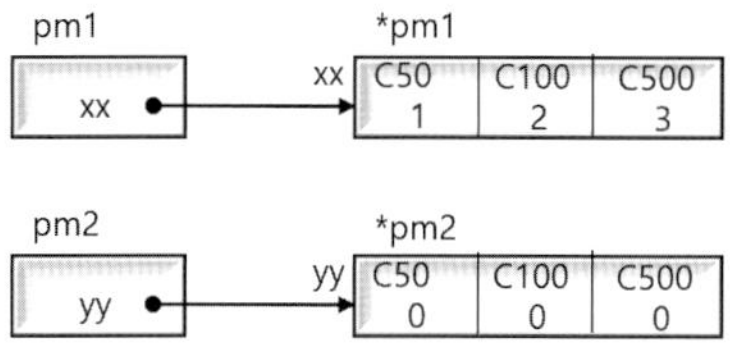

▲ 그림 2.40 ▷ 구조체 변수의 초기화

46행처럼 두 포인터를 역참조해서 배정하면 pm1이 가리키는 동전 다발 구조체의 필드값들이 pm2가 가리키는 구조체의 필드들에 배정된다. 52행에서 사용된 auto는 CoinMoney_add 함수가 CoinMoney* 타입의 값을 반환하므로 컴파일러에 의해 CoinMoney* 타입으로 유추된다. 스마트 포인터와 달리, C 포인터가 가리키는 동적으로 생성된 동전 다발 구조체는 메모리 누수를 방지하기 위해서 56~58행처럼 delete 연산자로 삭제한다.

[리스트 2.15]의 코드는 같은 프로그램을 C 포인터 대신 shared_ptr 스마트 포인터를 사용한 버전이다.

리스트 2.15 App1-2 프로젝트의 CoinMoneyApp.cpp 파일

```
//==========================================================
// 응용 과제 1-2
// 응용 과제 1-1번을 발전시킴
// 스마트 포인터 버전
//==========================================================
#include <iostream>
#include <memory>                // 응용 과제 1-2, shared_ptr
using std::shared_ptr;
using std::cout; using std::endl;
```

```

struct CoinMoney {
  int c50;
  int c100;
  int c500;
};

inline int CoinMoney_value(const CoinMoney& m)
{
  return (50 * m.c50 + 100 * m.c100 + 500 * m.c500);
}
// 응용 과제 1-2, 스마트 포인터
shared_ptr<CoinMoney> CoinMoney_add( const shared_ptr<CoinMoney> m1,
                            const shared_ptr<CoinMoney> m2)
{
  shared_ptr<CoinMoney> psum(new CoinMoney());
  psum->c50 = m1->c50 + m2->c50;
  psum->c100 = m1->c100 + m2->c100;
  psum->c500 = m1->c500 + m2->c500;
  return psum;
}

void CoinMoney_print(const CoinMoney& m)
{
  cout << “50원 ” << m.c50 << “개, ”
       << “100원 ” << m.c100 << “개, ”
       << “500원 ” << m.c500 << “개, ”
       << “총 ” << CoinMoney_value(m) << “원” << endl;
}

int main(void)
{
  shared_ptr<CoinMoney> pm1(new CoinMoney());    // 스마트 포인터
  shared_ptr<CoinMoney> pm2(new CoinMoney());
  pm1->c50 = 1;
  pm1->c100 = 2;
  pm1->c500 = 3;
  cout << “m1 = ”;
  CoinMoney_print(*pm1);
  *pm2 = *pm1;
  cout << “m2 = ”;
  CoinMoney_print(*pm2);
  auto value = CoinMoney_value(*pm1);
  cout << “m1은 총 ” << value << endl;
```

```
54    // auto -> shared_ptr<CoinMoney>
55    auto pm3 = CoinMoney_add(pm1, pm2);
56    cout << "m3 = ";
57    CoinMoney_print(*pm3);
58
59    return 0;
60 }
```

[리스트 2.15]에서 07행과 08행은 shared_ptr 포인터를 사용하기 위해서 <memory> 헤더 파일을 포함하고 shared_ptr 이름의 사용을 선언한다. 22행의 CoinMoney_add 함수는 이제 두 개의 shared_ptr<CoinMoney> 타입의 파라미터들을 전달받고 이 포인터들이 가리키는 동전 다발 구조체의 합을 저장하는 동적 구조체를 생성해서 그 포인터를 반환한다.

42행과 43행은 동전 다발 구조체를 동적으로 생성해서 그 포인터들을 pm1과 pm2의 shared_ptr<CoinMoney> 타입의 변수에 저장하고, 44~46행은 pm1이 가리키는 동전 다발 구조체를 초기화한다. 55행에서 사용된 auto는 CoinMoney_add 함수가 shared_ptr<CoinMoney> 타입의 값을 반환하므로 컴파일러에 의해 shared_ptr<CoinMoney> 타입으로 유추된다. 나머지 코드는 C 포인터를 사용할 때와 같지만 C 포인터처럼 delete 문으로 shared_ptr<CoinMoney> 변수들이 가리키는 동적 구조체를 삭제할 필요가 없다. 이 포인터 변수들은 60행에서 main 함수가 종료되면 소멸되는데, 이때 가리키고 있던 동전 다발 구조체들도 참조 카운터가 0이 되므로 자동으로 소멸된다.

응용 과제 2 3.2

✓ Check Point 응용 프레임워크의 활용

- ▶ 실습 과제를 발전 시킨다.
- ▶ 실습 과제처럼 동작하지만, [그림 2.41]처럼 마우스 왼쪽 버튼을 클릭할 때는 파란 색상의 선을 그리고 오른쪽 버튼을 클릭할 때는 빨간 색상의 선을 그린다. 선의 끝점에는 "hello" 문자열을 출력한다.

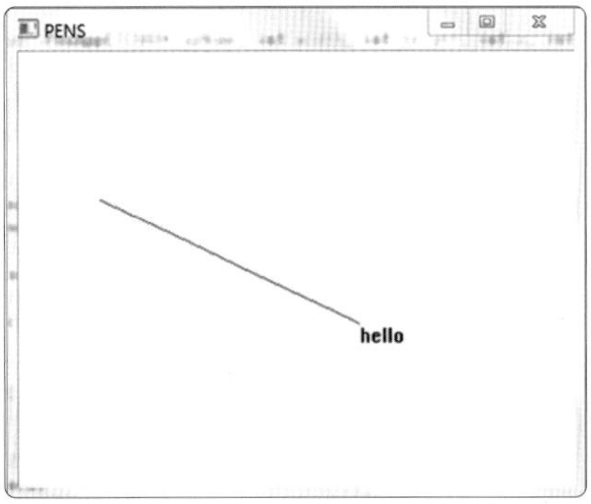

▲ 그림 2.41 ▷ 색상 변경과 문자열 출력

pclaf가 제공하는 mouseDown 멤버 함수는 마우스의 왼쪽 버튼 클릭에 반응하고, mouseRDown 멤버 함수는 오른쪽 버튼 클릭에 반응한다. 따라서 mouseRDown 멤버 함수를 재정의하기 위해서 다음 코드에 보인 mouseRDown 함수의 원형을 PenApp.h 헤더 파일에 추가한다.

```
void mouseRDown(int, int);
```

[리스트 2.16]은 PenApp.cpp 파일의 코드를 보인 것이다.

리스트 2.16 App2 프로젝트의 PenApp.cpp 파일

```
#include "PenApp.h"

PenApp::PenApp(const TCHAR* apName,
               int width, int height, int x, int y)
       : Application(apName, width, height, x, y)
{}

void PenApp::mouseDown(int x, int y)
{
  newx = x;
  newy = y;
  // 응용 과제 2
  setPen(blue);
  clearAndUpdate();
}

```

```
17 // 응용 과제 2
18 void PenApp::mouseRDown(int x, int y)
19 {
20   // set location to move to
21   newx = x;
22   newy = y;
23   setPen(brightRed);
24   // then update the screen
25   clearAndUpdate();
26 }
27
28 void PenApp::paint()
29 {
30   line(oldx, oldy, newx, newy);
31   // 응용 과제 2
32   wout << setpos(newx, newy) << TEXT("hello");
33   oldx = newx;
34   oldy = newy;
35 }
36
37 int mainLAF()
38 {
39   PenApp theApp(TEXT("PENS"), 600, 500, 150, 150);
40   theApp.run();
41
42   return 0;
43 }
```

pclaf에서 선을 그리는 펜의 색은 검은색이 기본색이다. 펜의 색은 setPen 멤버 함수로 원하는 색으로 변경할 수 있다. 왼쪽 버튼을 클릭하면 호출되는 08행의 mouseDown 멤버 함수에서 13행처럼 펜의 색을 파란색으로 변경하고, 오른쪽 버튼을 클릭하면 호출되는 18행의 mouseRDown 멤버 함수에서는 23행처럼 펜의 색을 밝은 빨간색으로 변경한다.

25행에서 clearAndUpdate 함수의 호출로 실행되는 paint 멤버 함수 내에서 30행처럼 선을 그리면 선은 설정된 펜의 색으로 그려진다. 32행은 선의 끝점 (newx, newy)에 "hello" 문자열을 그린다. C++의 ostream 클래스의 객체인 cout이 콘솔 윈도우에 출력을 전담하는 것처럼 pclaf의 wostream 클래스의 객체인 wout은 윈도우에 출력을 전담하도록 구현됐다. 따라서 << 연산자 뒤에 Visual C++ 2022의 setpos 함수로 펜의 위치를 지정하고 cout 객체를 사용하는 것과 같이 wout 객체의 << 연산자 뒤에 문자열을 지정하면 윈도우의 지정된 위치에 문자열이 그려진다. pclaf에 제공하는 문자열은 TEXT 함수를 씌워서 전달한다.

** 3.3 응용 과제 3

✓ **Check Point** 윈도우 객체의 활용

- ▶ 실습 과제를 발전 시킨다.
- ▶ 프로그램을 실행하면 윈도우가 생성되어 실습 과제처럼 선을 그리다가 이 윈도우를 닫으면 [그림 2.42]처럼 두 번째 윈도우가 생성되어 선 그리기가 계속된다.

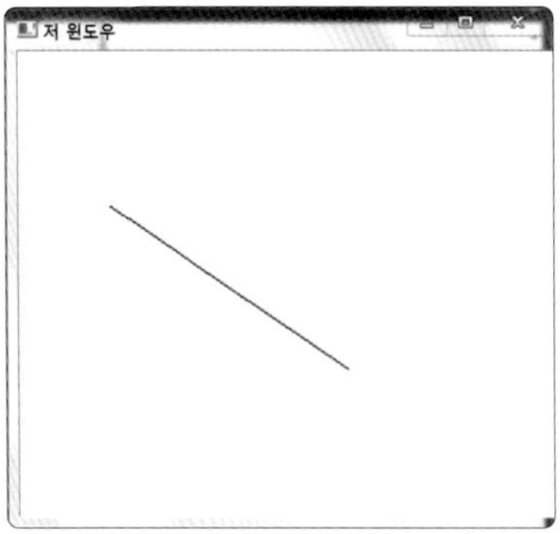

▲ 그림 2.42 ▷ 두 개의 윈도우 생성

PenApp.cpp 파일에서 mainLAF의 코드를 다음 코드처럼 변경한다.

```
PenApp thisApp(TEXT("이 윈도우"), 500, 500, 100, 100);
PenApp thatApp(TEXT("저 윈도우"), 500, 500, 600, 100);
thisApp.run();
thatApp.run();
```

위 코드는 PenApp 클래스로부터 윈도우 객체를 두 개 생성하고 이 두 윈도우 객체의 run 멤버 함수를 차례대로 호출해서 실행한다. thisApp 윈도우 객체가 [그림 2.13]처럼 먼저 생성되고 윈도우를 닫아 종료하면 thatApp 윈도우 객체가 run 멤버 함수에 의해 활성화되어 표시된다. 이처럼 한 개의 응용 프로그램에 두 개의 윈도우를 생성하는 것이 가능하나, 한 개의 응용 프로그램에는 한 개의 윈도우가 연계되는 것이 일반적이다. 이 응용 과제는 3장에서 본격적으로 다룰 클래스와 객체의 개념을 미리 맛보기 위해서 제시했다.

연습 문제 04

✓ 연습 문제 1

- ▶ 응용 과제 1을 발전시킨다.
- ▶ CoinMoney_add 함수를 CoinMoney* 타입과 std::shared_ptr<CoinMoney> 타입의 두 타입을 모두 처리하는 템플릿 함수로 정의한다. 다음의 main 함수 코드가 실행되어 [그림 2.43]처럼 출력하도록 프로그램을 작성한다. 응용 과제 1의 shared_ptr 포인터 버전을 사용한다.

```
// Exer: shared_ptr type(smart pointer)
shared_ptr<CoinMoney> sp1(new CoinMoney());
shared_ptr<CoinMoney> sp2(new CoinMoney());
sp1->c50 = 1; sp1->c100 = 2; sp1->c500 = 3;
sp2->c50 = 2; sp2->c100 = 3; sp2->c500 = 4;
shared_ptr<CoinMoney> sp3 = CoinMoney_add(sp1, sp2);
cout << "두 동전 다발의 합: ";
CoinMoney_print(*sp3);

// Exer: CoinMoney* type(C-pointer)
CoinMoney* cp1(new CoinMoney());
CoinMoney* cp2(new CoinMoney());
cp1->c50 = 3; cp1->c100 = 4; cp1->c500 = 5;
cp2->c50 = 4; cp2->c100 = 5; cp2->c500 = 6;
CoinMoney* cp3 = CoinMoney_add(cp1, cp2);
cout << "두 동전 다발의 합: ";
CoinMoney_print(*cp3);
```

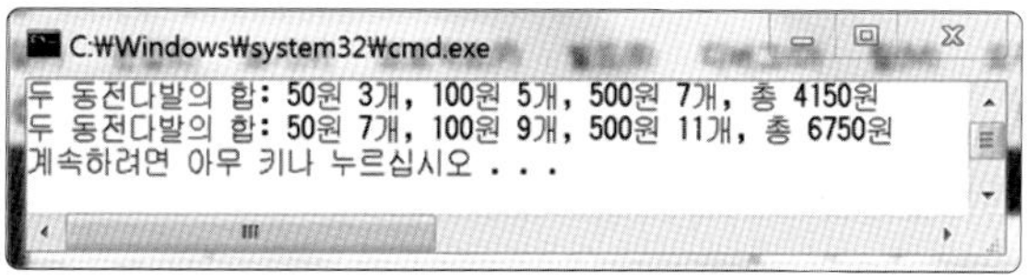

▲ 그림 2.43 ▷ 템플릿 함수의 정의

✓ 연습 문제 2

- 연습 문제 1을 발전시킨다.
- 템플릿 파라미터를 두 개 사용하는 CoinMoney_add 템플릿 함수를 연습 문제 1의 CoinMoney_add 템플릿 함수와 오버로딩해서 정의한다. 연습 문제 1의 main 함수에 추가되는 다음의 코드에서 CoinMoney_add 함수의 호출은 shared_ptr<CoinMoney> 타입의 sp1과 CoinMoney* 타입의 cp1을 섞어서 전달한다. 두 번의 CoinMoney_add 함수의 호출에서, 이 함수가 반환하는 값을 저장하는 변수의 타입과 전달하는 파라미터의 타입에 유념해서 CoinMoney_add 함수의 원형을 정의한다. [그림 2.44]처럼 출력하도록 연습 문제 1의 코드를 수정한다.

```
// Exer: smart pointer & C-pointer
shared_ptr<CoinMoney> sp;
sp = CoinMoney_add(sp1, cp1);
cout << "두 동전 다발의 합: ";
CoinMoney_print(*sp);

// Exer: C-pointer & smart pointer
CoinMoney* cp;
cp = CoinMoney_add(cp1, sp1);
cout << "두 동전 다발의 합: ";
CoinMoney_print(*cp);
```

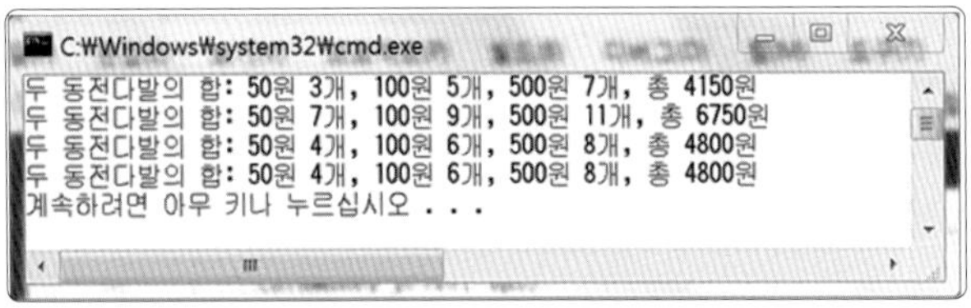

▲ 그림 2.44 ▷ 두 개의 템플릿 파라미터를 사용하는 템플릿 함수

✓ 연습 문제 3

- 응용 과제 1을 발전시킨다.
- 크기 3인 shared_ptr 포인터 배열을 정의해서 [그림 2.45]처럼 세 개의 동전 다발을 처리한다. 배열의 초기화는 C의 for 문을 사용하고 출력은 범위 기반 for 문을 사용한다. 응용 과제 1의 shared_ptr 포인터 버전을 사용한다.

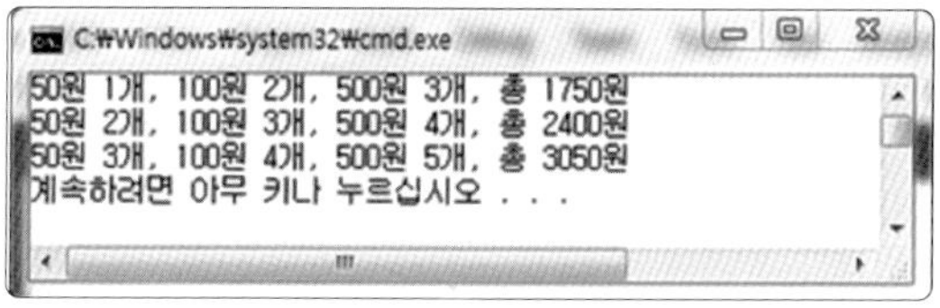

▲ 그림 2.45 ▷ shared_ptr 포인터 배열의 활용

✓ ** 연습 문제 4

- ▶ 연습 문제 3을 발전시킨다.
- ▶ 배열의 크기를 다음 코드의 함수를 호출해서 정의하는데, 이 함수는 파라미터로 전달되는 값이 true이면 크기 10을 반환하고 false이면 3을 반환한다. [그림 2.46]은 크기 10으로 설정된 경우의 출력 결과를 보인 것이다. 동전 다발을 구성하는 동전들의 개수는 for 문을 사용해서 1씩 증가시켜 설정한다.

```
constexpr size_t getSize(bool big);
```

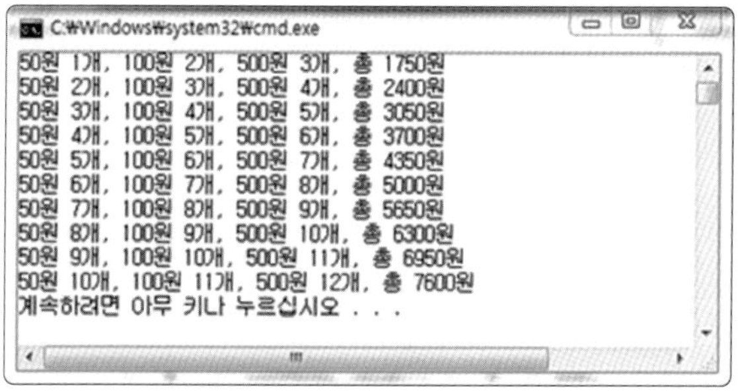

▲ 그림 2.46 ▷ constexpr 함수를 통한 배열의 정의

✓ 연습 문제 5

- ▶ 응용 과제 2를 발전시킨다.
- ▶ [그림 2.47]처럼 두 번의 마우스 클릭으로 선을 정의해서 그린다. 첫 번째 클릭점은 선의 시작점이고, 두 번째 클릭점은 선의 끝점이다. 다음 코드처럼 클릭점을 나타내는 Pt 구조체를 정의해서 사용한다.

```
struct Pt
{
  int x = 0;
  int y = 0;
};
```

▶ 두 클릭점의 저장은 PenApp 클래스에 다음 코드처럼 멤버 변수들을 추가해서 활용한다.

```
Pt startPoint, endPoint;
```

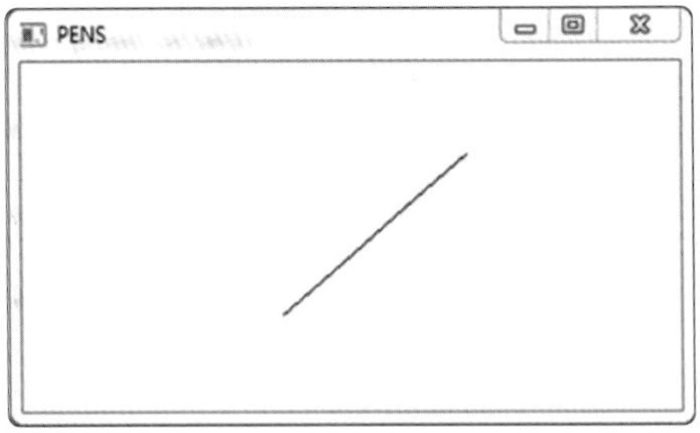

▲ 그림 2.47 ▷ 두 번의 마우스 클릭으로 선을 정의

✓ 연습 문제 6

▶ 연습 문제 5를 발전시킨다.
▶ 마우스의 왼쪽 버튼 클릭점을 잇는 선이 [그림 2.48]처럼 연속으로 다섯 개까지 그려진다. PenApp 클래스의 멤버 변수로 다음 코드의 배열을 선언해서 사용한다. MAX_LINES는 상수 5로 정의한다.

```
Pt points[MAX_LINES];
```

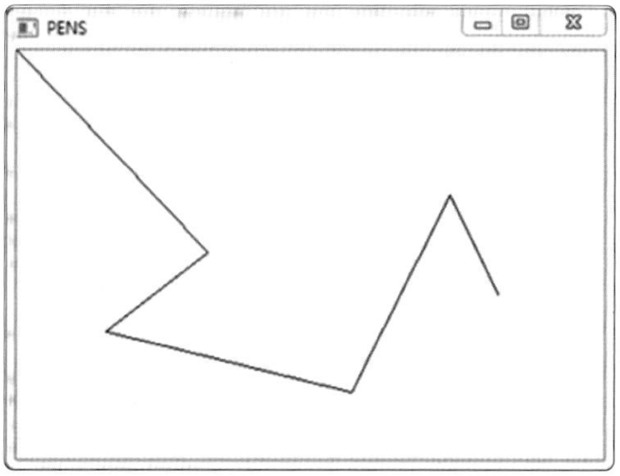

▲ 그림 2.48 ▷ 클릭점을 저장하는 배열의 활용

✓ 연습 문제 7

- ▶ 실습 과제를 발전시킨다.
- ▶ 마우스를 클릭할 때마다 클릭점을 "point.txt" 파일에 [그림 2.49]처럼 저장한다. 파일이 이미 존재하면 클릭점들을 이어서 저장하고 다음 코드처럼 멤버 변수를 PenApp 클래스에 추가해서 사용한다.

```
std::ofstream outStream;
```

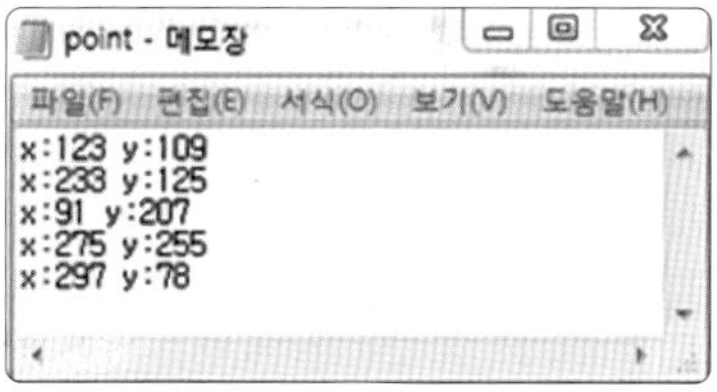

▲ 그림 2.49 ▷ 클릭점들을 파일에 저장

✓ ** 연습 문제 8

- ▶ 연습 문제 7을 발전시킨다.
- ▶ 마우스의 두 번 클릭으로 [그림 2.50(a)]처럼 원을 그린다. 첫 번째 클릭점은 원점이고 두 번째 클릭점은 원주상의 한 점이다. 다음 코드처럼 멤버 변수들을 PenApp 클래스에 추가해서 사용하고, 원점과 반지름을 [그림 2.50(b)]처럼 "circle.txt" 파일에 저장한다.

```
int firstX = 0;
int firstY = 0;
int secondX = 0;
int secondY = 0;
```

▶ PenApp.cpp 파일에 <cmath> 헤더 파일을 포함하고 원은 pclaf의 circle 함수를 이용해서 다음 코드처럼 그린다.

```
long double distance = sqrt(pow(long double(secondX - firstX), 2.0)
              + pow(long double(secondY - firstY), 2.0));
int dist = static_cast<int>(distance);
circle(firstX, firstY, dist);
```

▶ circle 함수의 첫 번째와 두 번째 파라미터는 그릴 원의 원점이고 세 번째 파라미터는 반지름이다. 반지름은 두 클릭점 간의 거리인 (secondX - firstX)^2 + (secondY - firstY)^{2}의 제곱근이다. 이 코드는 4장에서 다시 자세하게 설명한다.

(a) (b)

▲ 그림 2.50 ▷ 두 번의 클릭으로 원을 정의하고 원점과 반지름을 파일에 저장

CHAPTER 3

Rectangle 응용 프로그램

일반적으로, 부품이란 데이터적인 속성들과 기능적인 속성들이 결합된 하드웨어 장치를 말한다. CD 플레이어, DVD 플레이어, 캠코더, TV, 스피커, 앰프 등으로 구성되는 홈시어터 시스템을 생각해 보면, CD 플레이어는 홈시어터 시스템을 구성하는 부품이라고 할 수 있다. CD 플레이어가 완제품이기는 하나 홈시어터 시스템을 구성하는 입장에서 보면 하나의 부품이라고 생각할 수 있다.

CD 플레이어는 데이터적인 속성들로 일련번호, 제조사, 모델명, 가격, 무게 등을 가지고 기능적인 속성들로는 재생, 정지, 일시 정지, 앞으로 빨리 감기, CD 꺼내기 등을 가지는 부품이다. 이러한 CD 플레이어는 제조 공장에서 설계에 의해서 생산된다. 설계에 의해 같은 타입의 여러 CD 플레이어들이 생산된다. 따라서 C++ 용어로 CD 플레이어의 설계를 1장에서 소개한 클래스라 할 수 있고 CD 플레이어들을 객체라고 할 수 있다.

CD 플레이어 생산 공장인 경우, 일반적으로 CD 플레이어만 생산하는 것이 아니라 DVD 플레이어, 캠코더 등도 생산한다. 이들 플레이어는 많은 데이터적인 속성들과 기능적인 속성들을 공유한다. 예를 들면, 모두 제조사, 모델명, 가격, 무게 등의 데이터적인 속성들과 플레이어 켜기, 끄기, 재생, 정지, 일시 정지, 앞으로 빨리 감기, 미디어 꺼내기 등의 기능적인 속성들을 공통으로 갖고 있다.

그렇다면, 이 플레이어들을 각각 처음부터 설계하는 것이 아니라 공통인 속성들을 뽑아 공통 모델을 설계하고 이 공통 설계를 바탕으로 각 플레이어에 맞게 설계를 발전시키면 효율적일 것이다. 여기서는 이러한 공통 설계에 의해 제작된 플레이어를 [그림 3.1]의 기본 플레이어라고 하자.

▲ 그림 3.1 ▷ 기본 플레이어

기본 플레이어는 기능적인 속성 중, 모든 플레이어에 대해 같은 작업을 수행하는 플레이어 켜기, 끄기, 미디어 꺼내기 등은 완전한 기능을 갖춘 버튼들을 갖추게 되고 DVD, CD 등의 미디어에 종속되는 재생, 앞으로 빨리 감기 등은 기능이 구현되지 않은 채 버튼만 갖추고 있게 된다.

기본 플레이어를 발전시켜 DVD 플레이어, CD 플레이어, 캠코더 등이 제작될 때 각 미디어에 맞는 재생, 앞으로 빨리 감기 등의 기능이 해당 버튼에 연계되어 제작된다. 기본 플레이어에 없는 기능이 필요하다면 버튼을 추가해서 필요한 기능을 연계하면 된다. 기본 플레이어에 추가로 필요한 데이터적인 속성이 있다면 이들도 추가해 주면 된다. 따라서 기본 플레이어는 모든 플레이어를 제작할 때 재사용 가능한 기본 부품이 된다.

기본 플레이어는 사용자가 사용하는 데 있어, 알 필요 없는 데이터적인 속성들과 기능적인 속성들의 동작 원리가 박스 처리되어 깔끔한 사용자 인터페이스 user interface를 제공한다.

사용자 인터페이스란 플레이어가 사용자와 대화하는 방식을 말하며 기본 플레이어는 켜기, 끄기, 재생, 정지, 일시 정지 등의 버튼으로 자신이 어떤 기능을 할 수 있는지의 사항만을 사용자 인터페이스로 제공한다. 사용자가 켜기 버튼을 누르는 것은 기본 플레이어에게 플레이어 켜기 기능을 요청하는 것이고 플레이어가 박스 안에서 어떻게 그 기능을 수행하는지 기능적인 속성들의 동작 원리와 모델명, 가격, 무게 등이 무엇인지 데이터적인 속성는 사용자의 관심사가 아니다.

기본 플레이어와 같은 개념의 기본 소프트웨어 부품을 만드는 경우를 생각해 보자. 우선, 무엇을 어떻게 부품화할 것인가? 하드웨어 부품인 DVD 플레이어, CD 플레이어, 캠코더와 비유할 수 있는 한글, 익스플로러, 파워포인트 응용 프로그램들이 동시에 실행되는 [그림 3.2]의 화면에서 힌트를 얻어 보자.

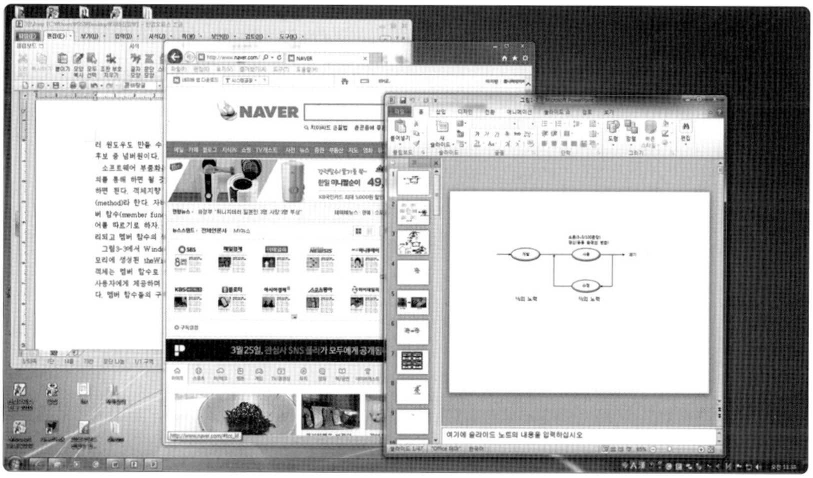

▲ 그림 3.2 ▷ 윈도우 응용 프로그램들의 실행

모든 응용 프로그램들은 윈도우를 기반으로 실행된다. 윈도우는 한 개의 응용 프로그램이 동작하는 기본 단위가 된다. 그렇다면, 훈글, 익스플로러, 파워포인트 윈도우들로부터 공통적인 속성들을 뽑아 부품화한다면 이 부품은 기본 플레이어와 같은 역할을 하는 기본 윈도우가 될 것이다.

기본 윈도우란 윈도우의 기본 기능은 갖추었지만, 윈도우에 표시하는 내용은 아직 없는 빈 윈도우를 의미한다. 기본 윈도우는 화면상의 위치가 있고 폭과 높이가 있으며 바탕색도 설정되어 있다. 이런 속성들을 기본 윈도우의 데이터적인 속성들로 설정하면 된다. 또한, 기본 윈도우는 크기 조정이 가능하며 마우스로 타이틀바를 끌면 이동한다. 타이틀바의 ⊠ 버튼을 클릭하면 사라지기도 한다. 이런 속성들은 기본 윈도우의 기능적인 속성들이 된다.

이와 같은 기본 윈도우를 소프트웨어 부품화해서 모든 응용 프로그램들이 활용한다면 효율적일 것이란 생각이 든다. 기본 윈도우를 발전시켜 문서 편집 기능을 추가하면 훈글 윈도우를 만들 수 있고 웹 탐색 기능을 추가하면 익스플로러 윈도우도 만들 수 있다. 따라서 이런 기본 윈도우는 재사용 가능한 소프트웨어 부품화 후보 중 넘버원이다.

소프트웨어 부품화는 어떻게 하면 될까? 소프트웨어 부품의 데이터적인 속성들은 변수 정의를 통해서 하면 될 것이고 기능적인 속성들은 해당 기능을 실행하는 함수들을 통해서 구현하면 된다. 객체지향 용어로 이러한 데이터를 애트리뷰트 attribute라고 부르고 함수를 메소드 method라고 부른다. C++의 용어로는 데이터를 멤버 변수라고 부르고 함수를 멤버 함수라 부르며 멤버 변수와 멤버 함수를 멤버라고 부른다. 우리는 C++의 용어를 따르기로 하자.

2장에서 활용해 본 pclaf는 이와 같은 기본 윈도우를 모델링한 [그림 3.3]의 Window 클래스를 제공한다. Window 클래스는 1장에서 소개한 부품 원판이고 theWindow, thisWindow, thatWindow 기본 윈도우 객체들은 Window 클래스로부터 생성된 부품들이다. 기본 윈도우 객체는 멤버 함수 기능적인 속성로 활성화하기 run, 자신의 클라이언트 영역 윈도우의 타이틀바를 제외한 작업 영역에 선 긋기 line, 그리기 paint, 마우스 클릭시의 작업 mouseDown, 위치 이동, 크기 조절, 크기 최소화 등을 사용자에게 제공하며 멤버 변수 데이터적인 속성로는 화면상의 위치 clientX, clientY, 폭, 높이, 바탕색 등을 패키지 처리해서 가진다.

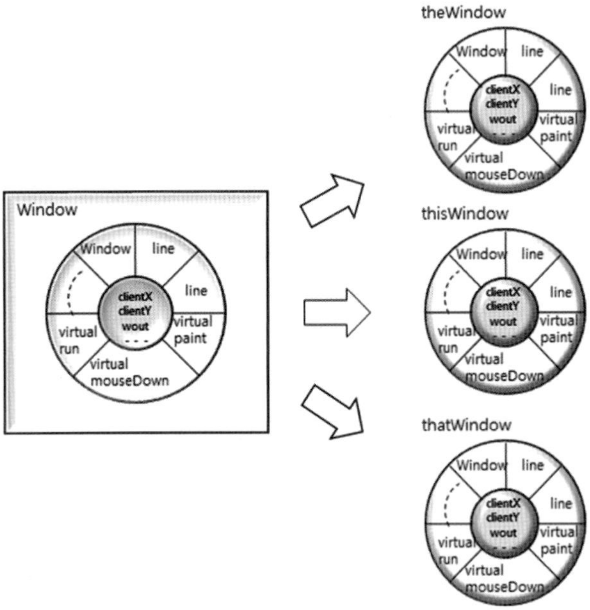

▲ 그림 3.3 ▷ Window 클래스와 기본 윈도우 객체

멤버 변수들을 private 접근자로 지정하고 멤버 함수들을 public 접근자로 지정한다면 기본 윈도우 객체에서 멤버 변수들과 멤버 함수들의 구현 함수 바디은 내부 원에 존재하여 캡슐화되고 멤버 함수의 원형만이 외부 원에 제공되어 깔끔한 인터페이스를 제공한다. 이는 기본 플레이어의 데이터적인 속성과 기능적인 속성의 동작 원리가 박스 내에 존재하고 기능 버튼만이 외부 인터페이스로 제공되는 것과 같은 이치이다.

1장의 "2.6 함수의 오버로딩" 절에서 설명했듯이, C++는 함수의 오버로딩을 지원하므로 멤버 함수들도 [그림 3.3]에 보인 것처럼 오버로딩시킬 수 있다. 선을 그리는 line 멤버 함수는 Window 클래스 내에서 다음 코드처럼 오버로딩되어 두 개가 존재한다.

```
void line(const int, const int, const int, const int);
void line(const Point&, const Point&);
```

첫 번째 line 함수의 첫 번째와 두 번째 파라미터는 그리고자 하는 선의 시작점을 나타내고 세 번째와 네 번째 파라미터는 선의 끝점을 나타낸다. 파라미터 앞에 명시한 const 속성은 함수 내에서 파라미터값 변경 불가를 선언하는 것이다. 함수 내에서 값을 변경하는 문장이 있다면 컴파일 오류가 발생한다.

두 번째 line 함수에서, pclaf가 제공하는 Point 타입은 다음 코드에 보인 구조체로서 윈도우상의 (x, y)점을 나타낸다. 따라서 첫 번째와 두 번째 파라미터는 시작점과 끝점을 나타낸다. 두 번째 line 함수는 Point 구조체들을 상수 레퍼런스 파라미터로 전달받는다.

```
struct Point {
  int x;
  int y;
};
```

멤버 함수들의 구현도 패키지 내에 존재해서 깔끔한 인터페이스를 제공한다. 실제로 Window 클래스는 62개의 멤버 함수들과 45개의 멤버 변수들을 제공하는 큰 부품 원판이다. [그림 3.3]에서 멤버 함수명 앞에 표시한 virtual 키워드는 4장에서 설명하기로 하고 여기서는 일단 함수의 이름만 고려하자.

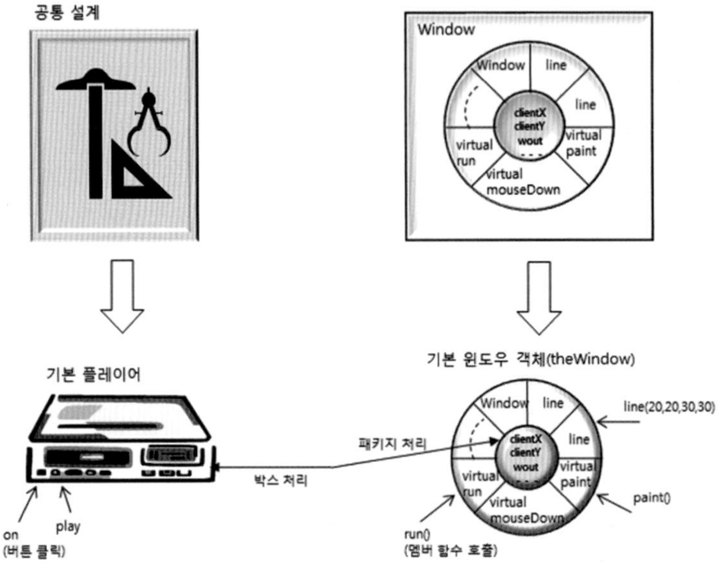

▲ 그림 3.4 ▷ 기본 플레이어와 기본 윈도우 객체의 유사성

[그림 3.4]는 기본 플레이어와 기본 윈도우의 유사성을 보인 것이다. 기본 윈도우 객체 theWindow의 run, paint, mouseDown 등의 멤버 함수의 원형을 기본 플레이어의 on, play 재생, 정지 등의 버튼으로 간주한다면 기본 플레이어의 on 버튼을 누르는 것을 객체지향

프로그래밍에서는 theWindow 객체의 run이라는 멤버 함수를 호출하는 것으로 표현한다. run 멤버 함수의 구현은 [그림 3.5]에 보인 것처럼 내부 원 패키지 내에 존재한다.

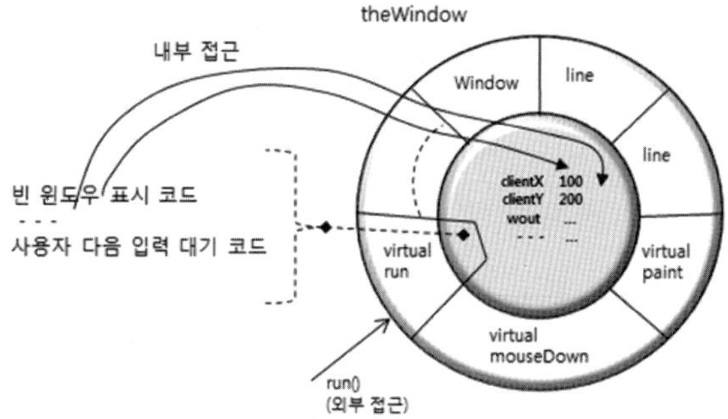

▲ 그림 3.5 ▷ 멤버 변수들을 내부 접근하는 run 멤버 함수

따라서 멤버 함수의 호출은 호출 대상 객체가 있어야 하고, 그 객체에 해당 멤버 함수의 실행을 요청하는 것이다. 기본 플레이어의 on 버튼은 박스에 내장된 부속품들을 동작시켜 플레이어를 켜고 사용자의 다음 버튼 입력을 기다리는 기능을 수행한다.

theWindow 객체의 run 멤버 함수는 [그림 3.5]처럼 100의 값을 갖는 clientX, 200의 값을 갖는 clientY, 바탕색 등의 멤버 변수의 값을 이용해서 화면상에 빈 윈도우를 표시하고 사용자의 다음 입력을 기다리는 기능을 수행한다. 따라서 기본 윈도우가 화면상에 그 모습을 드러내고 활동을 시작하게 된다.

run 멤버 함수가 같은 패키지 내의 멤버 변수들에 접근해서 멤버 변수들의 값을 사용하는 것을 멤버 변수의 내부 접근이라고 부른다. 기본 플레이어가 박스 처리되어 외부에서 그 부속품들을 직접 접근할 수 없듯이 기본 윈도우의 패키지 내 멤버들도 외부 접근은 할 수 없고 인터페이스로 제공된 멤버 함수를 통해 접근해야 한다. 기본 플레이어의 play 버튼과 theWindow 객체의 paint 멤버 함수는 기본 플레이어와 theWindow 객체가 아직 기본 부품이므로 그 기능이 구현되어 있지 않은 상태이다.

이번에는 1장의 [그림 1.3]에 보인 만능 드라이버의 설계를 생각해 보자. [그림 3.1]에 보인 기본 플레이어는 플레이어들의 공통적인 속성들을 추려서 설계하는데, 이 설계는 이후 세부 플레이어의 설계로 발전시킬 것을 염두에 둔 기본 설계이다. 반면, 개발자의 입장에서 보면, 만능 드라이버의 설계는 여러 볼트 타입의 볼트에 적용할 수 있는 완제품의 설계이다.

여기서 개발자의 입장에서 본다는 것은 컴파일러가 이 설계를 각 볼트 타입에 맞는 설계로 물밑에서 구체화해 주므로 개발자의 입장에서는 완제품의 설계로 볼 수 있다는 의미이다. 따라서 기본 플레이어의 설계는 향후 재사용이 가능한 기본 부품의 설계로 비유할 수 있고, 만능 드라이버의 설계는 포괄적으로 사용할 수 있는 제네릭 부품의 설계로 비유할 수 있다.

이 장에서는 윈도우에서 마우스 버튼을 클릭해 사각형을 그리는 Rectangle 응용 프로그램을 작성한다. Window 클래스에 비해서 규모가 작은 사각형 클래스를 작성해 보고 이 클래스로부터 사각형 객체를 생성해서 활용한다.

01 Rectangle 응용 프로그램 실습

✓ **Check Point** 클래스, 객체, 생성자, 생성자 초기자, 객체 파라미터, this 포인터

▶ 프로그램을 실행하면 빈 윈도우가 생성되고 윈도우 내에서 마우스를 클릭하면 [그림 3.6]처럼 그 점을 왼쪽 위 꼭짓점으로 하여 폭 70, 높이 50인 청색 사각형이 그려진다. 생성된 사각형 내에서 마우스를 클릭하면 그 점으로 사각형이 이동된다. 사각형 외부에서의 클릭은 무시된다.

STEP 01 프로젝트의 생성과 소스 파일의 추가

2장의 실습 과제처럼 RectApplication 프로젝트를 생성하고 이 책에서 제공하는 RectApplication 폴더 내의 소스 파일들을 프로젝트에 추가한다. Rectangle 응용 프로그램은 pclaf 모듈, Rect 클래스, 기본 코드 틀 기반의 RectApp 클래스로 구성된다.

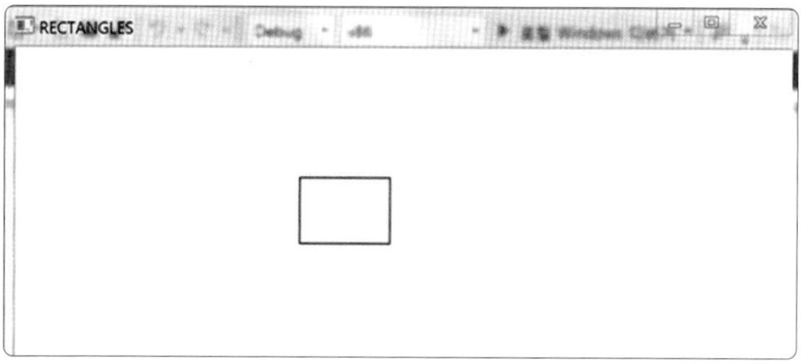

▲ 그림 3.6 ▷ Rectangle 응용 프로그램의 실행

STEP 02 Rect 클래스의 분석

솔루션 탐색기에서 Rect.h 파일을 클릭해서 [리스트 3.1]의 코드를 편집기에 표시한다

리스트 3.1 RectApplication 프로젝트의 Rect.h 파일

```
// RECTANGLE CLASS
#pragma once
class Application;

class Rect
{
public:
  // constructor
  Rect(int, int, int, int);
  // operations
  void moveTo(int, int);
  bool includes(int, int);
  virtual void draw(Application&);
  // data fields
  int upperLeftX;
  int upperLeftY;
  int lowerRightX;
  int lowerRightY;
};
```

[그림 3.6]처럼 마우스 클릭으로 생성된 사각형을 객체로 표현하기 위해서 이 객체를 생성하는 Rect 클래스를 먼저 정의한다. [리스트 3.1]은 Rect 클래스의 인터페이스 정보를 담고 있는 헤더 파일을 보인 것이다. Rect 클래스를 사용하는 모듈은 이 헤더 파일을 포함

해서 Rect 클래스를 활용하게 되는데, Rect 클래스를 사용하는 모듈이 여러 개일 경우, 이 헤더 파일이 포함되는 횟수만큼 Rect 클래스가 중복으로 정의되는 문제를 발생시켜서 컴파일할 수 없게 된다. 모듈은 대형 프로그램을 기능별로 나눈 단위인데, 프로그램을 구성하는 여러 파일 중 한 개의 파일 쌍 .h 파일 + .cpp 파일이 모듈이라고 일단 생각하자. 모듈은 4장의 필수 문법 절과 5장의 실습 과제에서 자세하게 다룬다.

[리스트 3.1]에서 02행의 #pragma once 지시자는 이 헤더 파일의 포함 횟수와 관계없이 파일을 한 번만 처리하도록 컴파일러에 지시하는 역할을 수행한다. 따라서 모든 헤더 파일은 이 지시자를 명시하고 시작하는 것이 바람직하다.

03행과 같은 Application 클래스의 선언을 선행 선언 forward declaration이나 불완전 선언 incomplete declaration이라고 하는데, class 키워드 대신 struct 키워드를 사용해도 좋다. 03행의 선행 선언은 13행에서 사용하는 Application 클래스의 존재만 미리 컴파일러에 알리는 역할을 수행해서 컴파일러가 이 헤더 파일을 문제없이 컴파일할 수 있도록 해준다.

Application 클래스는 pclaf에 정의된 클래스이므로 Application 클래스를 사용하기 위해서 pclaf.h 헤더 파일을 포함하는 것이 정식이지만, 13행처럼 Application 클래스가 함수의 파라미터 타입으로만 사용되면 선행 선언만으로도 가능하다. pclaf.h 헤더 파일을 Rect.h 파일에 포함하는 대신 Rect.h 파일을 구현하는 Rect.cpp 파일에 포함하는데, 컴파일러는 이때 Application 클래스의 완전한 정의를 제공받게 된다.

모듈들은 일반적으로 헤더 파일을 상호 포함하면서 모듈 간의 결합도가 증가하게 된다. 선행 선언을 사용하면 모듈 간 결합도를 줄일 수 있고 종속 관계도 최소화할 수 있으므로 컴파일 시간도 줄이고 프로그램의 관리도 쉬워진다. 따라서 지금처럼 선행 선언으로 충분한 경우에는 헤더 파일 전체를 포함하는 대신 선행 선언을 적극적으로 사용한다. 헤더 파일의 작성과 관리 요령은 4장의 필수 문법 절에서 자세하게 다룬다.

나머지 코드는 사각형의 데이터적인 속성 멤버 변수과 기능적인 속성 멤버 함수을 캡슐화해서 Rect 클래스로 표현한 것이다. 객체지향 용어로는 사각형을 Rect 클래스로 모델링한다고 부른다. 하나의 사각형을 규정할 수 있는 데이터적인 속성은 [그림 3.7]에 보인 것처럼 여러 가지이다.

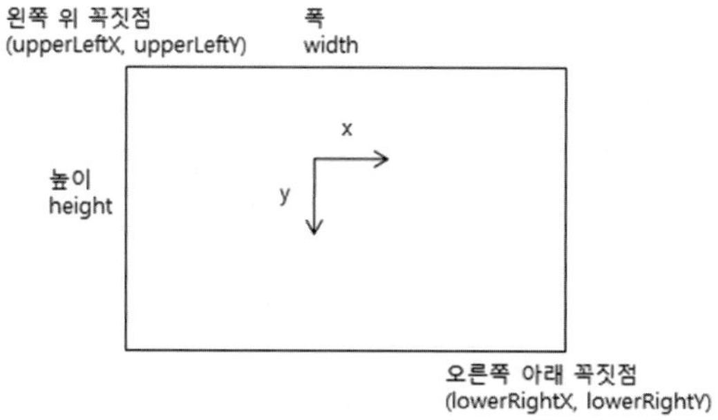

▲ 그림 3.7 ▷ 사각형의 모델링

[리스트 3.1]에서는 데이터적인 속성으로 네 개의 정수를 사용하는데, 두 개는 15행과 16행처럼 왼쪽 위 꼭짓점의 x와 y의 좌표를 나타내고, 나머지 두 개는 17행과 18행처럼 오른쪽 아래 꼭짓점의 x와 y의 좌표를 나타낸다. 왼쪽 위 꼭짓점, 폭 width, 높이 height를 사용하는 모델링도 일반적이다. 두 경우 모두 한 개의 사각형을 규정하기에 적합하다.

1장의 실습 과제에서 클래스의 정의는 데이터적인 속성과 기능적인 속성을 표현하는 멤버들을 정의하고 그 멤버들에 접근자 access modifier를 지정해서 CD 플레이어처럼 패키지화하는 것이라고 소개했다. C++에서 멤버를 public 접근자로 지정하면 그 멤버를 패키지 외부에 인터페이스로 제공하는 것이고, 멤버를 private 접근자로 지정하면 그 멤버를 패키지 내에 숨기는 것을 의미한다. C++는 protected 접근자도 지원하는데, 이는 4장에서 상속의 예를 가지고 설명한다.

클래스의 디폴트 접근자는 private이므로 Rect 클래스의 모든 멤버들을 public 접근자로 지정하기 위해서 07행의 public: 키워드 이후에 모든 멤버들을 나열한다.

멤버 함수는 반환 타입, 함수명, 파라미터 리스트로 구성되는 함수 원형 형태로 명시한다. 파라미터는 타입만 명시해도 좋다. 클래스 정의에서, 멤버 변수는 일반적으로 private 또는 protected 접근자로 지정하지만, 여기서는 예제 코드의 길이를 줄이기 위해서 모두 public 접근자를 지정한다. 이 장의 필수 문법 절에서는 Rect 클래스의 멤버 변수들을 protected 접근자로 지정해서 Rect 클래스를 개선한다.

멤버 함수들은 Rect 클래스로부터 생성될 사각형 객체들의 기능을 나타낸다. 사각형 객체는 어떤 기능을 가져야 하는지 생각해 보자. [리스트 3.1]에서 09행의 클래스명 Rect와 같은 이름의 멤버 함수를 생성자 constructor, 축약해서 ctor라고 부른다. 2장에서 소개한 기본 코드 틀에서 프로그램 초기에 한 번만 실행되는 클래스명과 같은 멤버 함수가 생성자였다. 생성자는 STEP 05에서 자세하게 설명한다.

사각형 객체는 기본 코드 틀이 제공하는 GUI 환경에서 사용할 객체이므로 객체 스스로 자신을 그릴 수 있어야 하고 13행의 draw 멤버 함수 자신의 위치를 이동할 수 있어야 한다 11행의 moveTo 멤버 함수. 여기에 더해, 사용자가 마우스를 클릭했을 때 그 클릭점이 자신의 내부점인지 아니면 외부점인지 판단하는 기능도 추가하자 12행의 includes 멤버 함수. 13행에서 draw 멤버 함수 앞에 지정한 virtual 키워드의 의미는 4장의 실습 과제에서 설명한다. 여기서는 일단 virtual 키워드를 고려하지 않기로 한다.

[그림 3.8]은 이 책의 표기 방식으로 Rect 클래스를 표현한 것이다. Rect 클래스로부터 생성된 사각형 객체를 [그림 3.4]의 기본 플레이어에 비유해 보면, 사각형 객체는 draw, moveTo, includes라는 버튼을 갖고 박스 내에는 upperLeftX, upperLeftY, lowerRightX, lowerRightY가 존재한다. 또한, 버튼들의 기능도 박스 내에 구현된다.

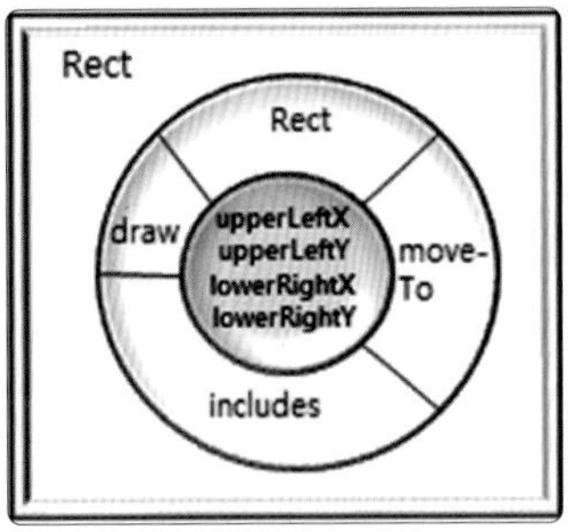

▲ 그림 3.8 ▷ Rect 클래스

클래스의 인터페이스 정의는 한 문장이므로 [리스트 3.1]의 19행처럼 반드시 세미콜론(;)으로 끝나야 한다. C++에서 struct나 union도 클래스처럼 멤버 함수들을 가질 수 있다. 클래스와 다른 점은 디폴트 접근자가 class는 private이고 struct나 union은 public이라는 것이다. 따라서 위 클래스의 인터페이스 정의를 struct Rect로 시작한다면 07행의 public: 키워드가 필요 없다.

STEP 03 Rect 클래스의 분석 계속

솔루션 탐색기에서 Rect 클래스의 멤버 함수들을 구현한 Rect.cpp 파일을 클릭해서 [리스트 3.2]의 코드를 표시한다

리스트 3.2 RectApplication 프로젝트의 Rect.cpp 파일

```
#include "Rect.h"
#include "pclaf.h"

Rect::Rect(int a, int b, int c, int d)
       : upperLeftX(a),  upperLeftY(b),
         lowerRightX(c), lowerRightY(d)
{}

void Rect::moveTo(int x, int y)
{
  int width  = lowerRightX - upperLeftX;
  int height = lowerRightY - upperLeftY;
  upperLeftX = x;
  upperLeftY = y;
  lowerRightX = x + width;
  lowerRightY = y + height;
}

void Rect::draw(Application& theWindow)
{
  // first make sure the pen is correct
  theWindow.setPen(blue, solidLine, 1);
  // then draw the rectangle
  int width  = lowerRightX - upperLeftX;
  int height = lowerRightY - upperLeftY;
  theWindow.rectangle(upperLeftX, upperLeftY, width, height);
}

bool Rect::includes(int x, int y)
{
  if ((upperLeftX < x) && (lowerRightX > x))
    if ((upperLeftY < y) && (lowerRightY > y))
      return true;
  return false;
}
```

[리스트 3.2]에서 04행의 생성자는 Rect 클래스로부터 객체를 생성할 때 자동으로 실행되는 멤버 함수이다. 이 멤버 함수의 주된 작업은 05행과 06행의 생성자 초기자 constructor initializer를 사용해서 생성된 객체의 멤버 변수들을 전달받은 파라미터 a, b, c, d로 초기화하는 것이다. 생성자 초기자란 콜론(:) 뒤에 멤버 변수를 함수 호출하듯이 호출하면서 초기값을 파라미터로 제공하는 것을 의미한다. 하나 이상의 생성자 초기자들은 쉼표(,)로 구분한다. 생성자 초기자를 사용하지 않고 다음 코드와 같이 일반 함수처럼 구현해도 좋다.

```
Rect::Rect(int a, int b, int c, int d)
{
  upperLeftX = a;
  upperLeftY = b;
  lowerRightX = c;
  lowerRightY = d;
}
```

생성자는 반환값이 없으므로 반환 타입을 명시하지 않는다. 일반적으로, 클래스를 정의할 때 초기화하고 싶은 멤버 변수의 개수에 따라 두 개 이상의 생성자를 오버로딩한다. 이렇게 정의한 생성자가 언제 자동으로 호출되는지는 RectApp 클래스에서 Rect 클래스로부터 객체를 생성할 때 설명한다.

09행의 moveTo 멤버 함수는 이동할 점의 x와 y 좌표를 파라미터로 전달받는다. 이 점은 이동된 사각형의 새로운 왼쪽 위 꼭짓점이 된다. 새로운 오른쪽 아래 꼭짓점을 계산하기 위해서 11행과 12행처럼 현재 사각형의 폭 width과 높이 height를 구한다. x와 y는 moveTo 멤버 함수의 파라미터이고 width와 height는 moveTo 멤버 함수의 지역 변수이므로 moveTo 멤버 함수가 호출될 때 생성되고 moveTo 멤버 함수가 종료되면 소멸된다.

[그림 3.9]에 보인 것처럼 오른쪽 아래 꼭짓점의 x 좌표에서 왼쪽 위 꼭짓점의 x 좌표를 빼서 폭을 구하고, 오른쪽 아래 꼭짓점의 y 좌표에서 왼쪽 위 꼭짓점의 y 좌표를 빼서 높이를 구한다. 13행과 14행은 파라미터로 전달받은 점으로 왼쪽 위 꼭짓점을 설정한다. 15행과 16행처럼 새로운 오른쪽 아래 꼭짓점은 이 점에 width와 height 값을 더하면 얻을 수 있다.

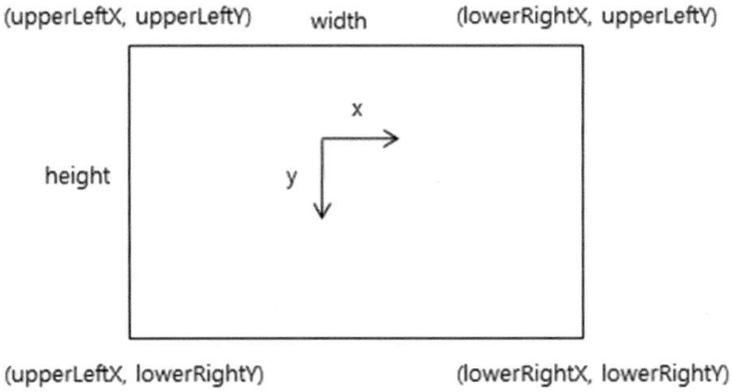

▲ 그림 3.9 ▷ 사각형의 꼭짓점 좌표

19행의 draw 멤버 함수는 사각형 객체가 윈도우에 자신을 스스로 그리는 작업을 수행한다. 그러나 윈도우에 그리기 작업을 수행하는 line, circle, setPen 등과 같은 멤버 함수들은 윈도우 객체가 소유한 것들이다.

[그림 2.13]에서 기본 코드 틀이 생성하는 theApp 윈도우 객체를 다시 한번 살펴보자. 이번 과제에서, 기본 코드 틀의 XXX 클래스가 RectApp 클래스이므로 RectApp 클래스로부터 생성되는 객체가 theApp 윈도우 객체이다. draw 멤버 함수의 파라미터 타입으로 지정한 pclaf의 Application 클래스는 기본 코드틀에서 RectApp 클래스의 부모 클래스로 정의되는데, 부모 클래스는 다음 장에서 설명하기로 하고, 여기서는 Application 클래스를 RectApp 클래스 대신 사용할 수 있는 클래스 정도로 생각하자.

따라서 사각형 객체의 draw 멤버 함수는 [그림 3.10]에 보인 것처럼 theApp 윈도우 객체를 Application& 타입의 레퍼런스 파라미터로 전달받아 이 윈도우 객체가 소유하는 line, setPen 등의 멤버 함수들을 호출해서 자신을 그리는 작업을 수행한다. 객체의 레퍼런스 전달 호출 방식을 사용하므로 theWindow 파라미터는 theApp 객체에 붙는 별명이 된다.

C++에서 객체는 int, float, char 등의 기본 데이터 타입의 값들과 똑같이 취급되므로 지금처럼 파라미터로 전달될 수 있고 변수에 배정될 수도 있으며 함수의 반환값일 수도 있다. 이에 관해서는 필수 문법 절에서 자세하게 다룬다. 따라서 큰 덩치의 윈도우 객체를 파라미터로 전달받기 위해서 그 객체의 레퍼런스 전달 방식을 사용하는 것이 바람직하다.

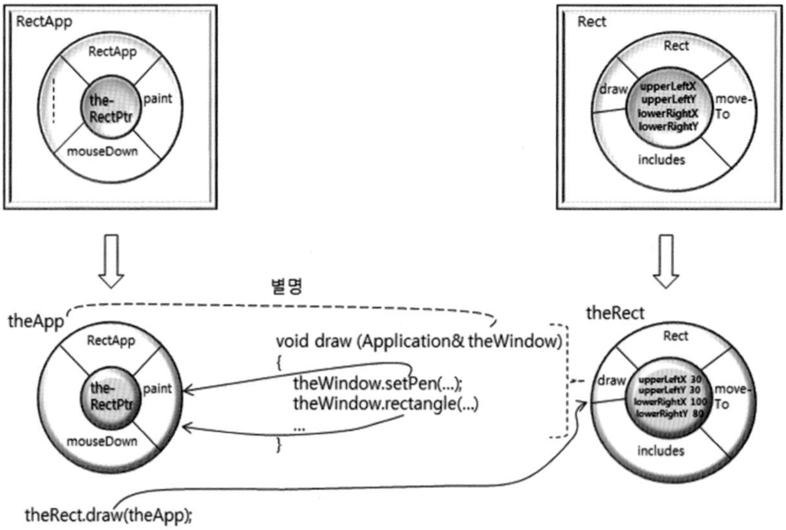

▲ 그림 3.10 ▷ 객체의 레퍼런스 전달 호출

객체의 값 전달 호출 방식을 사용한다면, [그림 3.11]에 보인 것처럼 덩치 큰 윈도우 객체의 복사본 객체가 draw 멤버 함수 내에 생성되고 그 객체의 이름이 theWindow가 된다. 객체의 레퍼런스 전달 호출 방식과 문법적인 차이는 파라미터의 타입이 Application& 대신 그냥 Application이라는 것이다.

draw 멤버 함수 내에서는 이 복사본 객체를 사용한다. 따라서 복사본 객체의 멤버 변수의 값을 변경할 경우, 원본 객체인 theApp에 반영되지 않는다. 복사본 객체는 draw 멤버 함수가 종료되면 소멸된다. C++에서 객체를 파라미터로 전달할 경우, 레퍼런스 전달 호출 방식을 사용하는 것이 일반적이다. 객체의 값 전달 호출 방식은 객체의 복사로 인한 메모리 낭비와 성능 저하의 원인이 된다. 이 책에서는 객체를 파라미터로 전달할 경우에는 레퍼런스 전달 호출 방식을 사용하고 기본 데이터 타입의 값을 파라미터로 전달할 경우에는 값 전달 호출 방식을 사용하기로 한다.

사각형은 [리스트 3.2]의 26행처럼 theWindow 객체의 rectangle 멤버 함수를 호출해서 그리게 되는데, rectangle 멤버 함수는 그릴 사각형의 왼쪽 위 꼭짓점, 폭, 높이를 파라미터로 전달받는다. 우리는 사각형을 왼쪽 위 꼭짓점과 오른쪽 아래 꼭짓점으로 모델링 했으므로 24행처럼 폭을 구하고 25행처럼 높이를 구해서 rectangle 멤버 함수의 파라미터로 제공한다. 22행은 theWindow 객체의 setPen 멤버 함수를 호출해서 펜의 색을 파란색으로 변경한다.

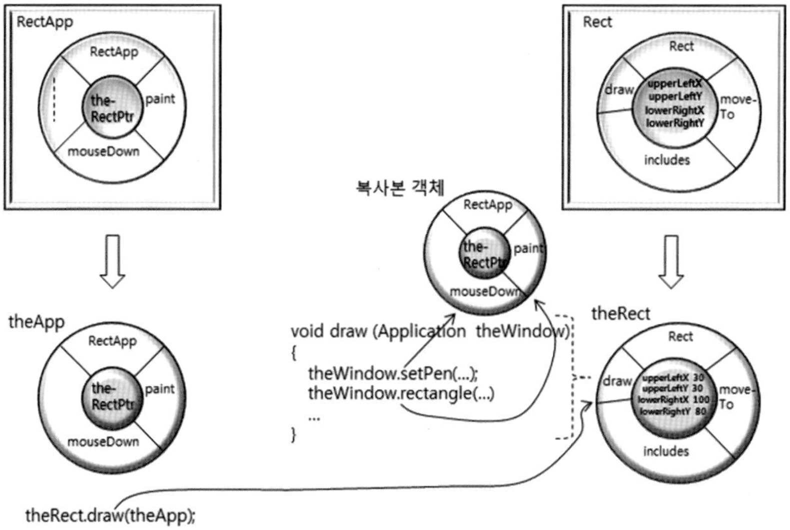

▲ 그림 3.11 ▷ 객체의 값 전달 호출

[리스트 3.2]에서 29행의 includes 멤버 함수는 사용자가 클릭한 클릭점의 x와 y의 좌표 값을 파라미터로 전달받아 이 점이 사각형 객체가 차지하는 영역 내에 존재하면 true를 반환하고 그렇지 않으면 false를 반환한다. 클릭점이 내부점이기 위해서는 클릭점의 x 좌표가 사각형의 upperLeftX 값과 lowerRightX 값 사이에 있어야 하고, y 좌표도 upperLeftY 값과 lowerRightY 값 사이에 있어야 한다. 클릭점이 두 조건을 만족하면 33행처럼 true를 반환한다.

includes 멤버 함수의 파라미터인 x와 y는 클릭점이므로 includes 멤버 함수 내에서 그 값을 변경할 필요가 없다. 이럴 경우, C++에서는 함수가 파라미터의 값을 변경하지 못하도록 다음과 같이 파라미터의 타입 앞에 const 키워드를 붙여 줌으로써 상수 파라미터로 선언함으로써 컴파일러에 의해 함수의 파라미터 변경 여부를 검증하도록 할 수 있다.

```
int includes(const int, const int);          // Rect 클래스 인터페이스 정의에서
int Rect::includes(const int x, const int y) // 멤버 함수의 구현에서
```

STEP 04 RectApp 클래스의 분석

2장의 실습 과제에서 소개한 기본 코드 틀을 기반으로 작성한 RectApp 클래스는 Rect 클래스로부터 사각형 객체를 생성해서 활용한다. 솔루션 탐색기에서 RectApp.h 파일을 클릭해서 [리스트 3.3]의 코드를 편집기에 표시한다.

리스트 3.3 RectApplication 프로젝트의 RectApp.h 파일

```
01 //==========================================================
02 // 실습 과제
03 // 마우스 클릭점을 왼쪽 위 꼭짓점, 폭 70, 높이 50인 청색 사각형을 그림
04 // 생성된 사각형 내에서 클릭하면 그 점으로 사각형이 이동
05 //==========================================================
06 #pragma once
07 #include "pclaf.h"
08 class Rect;
09
10 // Customized Application
11 class RectApp : public Application
12 {
13 public:
14   RectApp(const TCHAR*, int, int, int, int);
15   void mouseDown(int, int);
16   void paint();
17   // data field
18   Rect* theRectPtr = nullptr;
19 };
```

Rect.h 헤더 파일과 마찬가지로 06행은 #pragma once 지시자를 사용해서 RectApp 클래스의 중복 정의를 피하고, 08행은 18행에서 사용된 Rect 클래스를 선행 선언해서 이 파일을 사용하는 모듈과의 결합도를 최소화한다. Rect.h 헤더 파일을 포함하는 대신 지금처럼 Rect 클래스의 선행 선언을 사용할 수 있는 이유는 컴파일러가 이 파일을 컴파일하기 위해서 Rect 클래스로부터 생성되는 사각형 객체가 차지하는 메모리 공간을 계산하지 않아도 되기 때문이다. 18행은 Rect 클래스의 포인터 변수를 정의하는데, C++에서 모든 포인터 변수의 크기는 타입과 관계없이 같으므로 컴파일러가 이 포인터 변수의 크기를 계산하지 않아도 된다. Rect.h 헤더 파일은 RectApp.cpp 파일에 포함된다.

반면, 컴파일러가 11행에서 사용된 Application 클래스를 처리하기 위해서 이 클래스의 완전한 정의를 담은 pclaf.h 헤더 파일이 필요하므로 07행처럼 pclaf.h 헤더 파일을 포함한다. 4장의 필수 문법 절에서는 헤더 파일 전체를 포함해야 하는 경우와 클래스의 선행 선언만으로 충분한 경우를 자세하게 다룬다.

이 프로그램에서 사각형 객체는 기본 코드 틀의 변수 선언부에 정의한 18행의 theRectPtr 멤버 변수가 가리키는 것 하나만 존재한다. theRectPtr 변수는 일단 nullptr로 초기화한다.

STEP 05 RectApp 클래스의 분석 계속

솔루션 탐색기에서 RectApp.cpp 파일을 클릭해서 [리스트 3.4]의 코드를 편집기에 표시한다.

리스트 3.4 RectApplication 프로젝트의 RectApp.cpp 파일

```
#include "RectApp.h"
#include "Rect.h"

RectApp::RectApp(const TCHAR* apName, int width, int height, int x, int y)
        : Application(apName, width, height, x, y)
{}

void RectApp::mouseDown(int x, int y)
{
  if (theRectPtr != nullptr) {
    if (theRectPtr->includes(x, y)) {
      // move the rectangle
      theRectPtr->moveTo(x, y);
    }
  }
  else {
    theRectPtr = new Rect(x, y, x + 70, y + 50);
  }
  // then update the screen
  clearAndUpdate();
}

```

```
23 void RectApp::paint()
24 {
25   if (this->theRectPtr != nullptr)
26     theRectPtr->draw(*this);
27 }
28
29 // pclaf program entry point
30 int mainLAF()
31 {
32   RectApp theApp(TEXT("RECTANGLES"), 750, 500, 150, 150);
33   theApp.run();
34
35   delete theApp.theRectPtr;
36   theApp.theRectPtr = nullptr;
37   return 0;
38 }
```

[리스트 3.4]에서 08행의 mouseDown 멤버 함수는 사용자가 윈도우 내에서 마우스를 클릭하면 클릭점의 x와 y의 좌표값이 전달되면서 호출된다. 사용자가 마우스를 클릭했을 때 수행해야 할 작업을 이곳에 코딩한다. 10행의 if 문에서 theRectPtr 변수의 값이 nullptr인지 조사해서 nullptr이면 현재 생성된 사각형 객체가 없다는 의미이므로 17행이 실행되어 사각형 객체를 동적으로 생성한다.

17행은 [그림 3.12]에 보인 것처럼 세 단계 작업을 수행한다. new 연산자의 사용은 클래스명과 함께 생성자에 전달할 파라미터들을 ()로 묶어서 나열한다. [그림 3.12]의 ①처럼 첫 번째 단계에서 new 연산자에 의해 Rect 클래스로부터 메모리에 사각형 객체가 생성된다. 두 번째 단계에서 new 연산자는 생성된 사각형 객체의 Rect 생성자를 ②처럼 자동으로 호출한다. 사용자의 클릭점이 (100, 100)인 경우, 100, 100, 170, 150이 a, b, c, d 파라미터로 전달된다. Rect 생성자가 실행되어 생성된 사각형 객체의 멤버 변수 upperLeftX, upperLeftY, lowerRightX, lowerRightY가 100, 100, 170, 150으로 초기화된다.

new 연산자의 반환값은 생성된 객체에 대한 포인터인데, 여기서는 그 값이 pp라고 가정하자. 마지막 단계로는 이 반환값이 ③처럼 theRectPtr 변수에 배정돼서 theRectPtr 변수가 생성된 사각형 객체를 가리키게 된다. theRectPtr 변수는 [리스트 3.3]의 18행처럼 정의된 RectApp 클래스의 멤버 변수이므로 RectApp 클래스와 Rect 클래스의 관계를 보인

[그림 3.10]에서 theApp 윈도우 객체의 theRectPtr 멤버 변수이다. 따라서 [그림 3.10]에서 theApp 윈도우 객체의 theRectPtr 멤버 변수가 생성된 사각형 객체를 가리킨다.

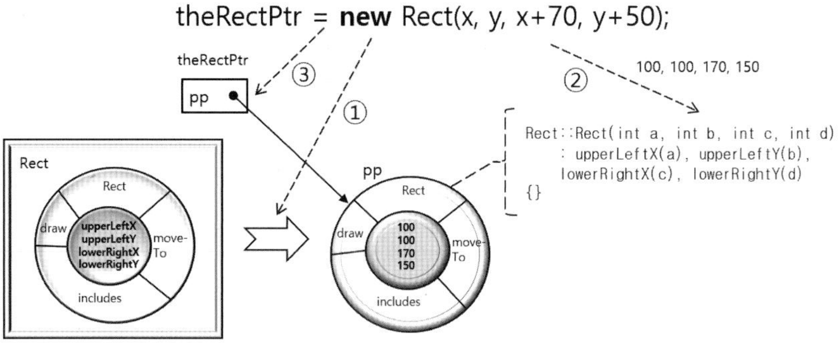

▲ 그림 3.12 ▷ 객체의 생성과 초기화

다시 [리스트 3.4]의 10행에 있는 if 문으로 돌아가서, theRectPtr 멤버 변수의 값이 nullptr이 아니면 생성된 사각형 객체가 이미 존재한다는 의미이므로 클릭점이 그 사각형 객체의 내부점인지를 11행의 if 문으로 판단한다.

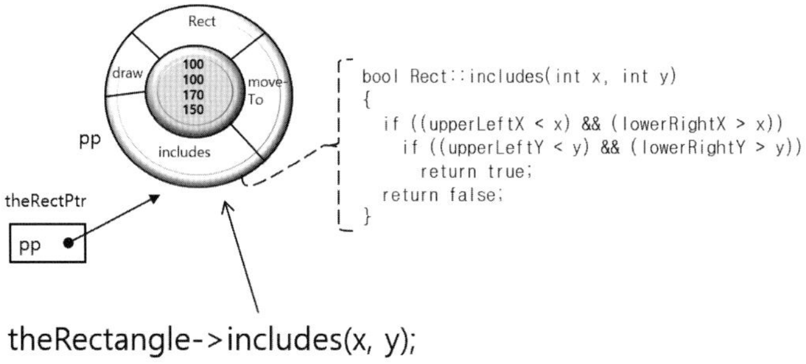

△ 그림 3.13 ▷ includes 멤버 함수의 호출

11행에서 if 문의 조건절인 theRectPtr->includes(x, y)의 의미는 [그림 3.13]에 보인 것처럼 theRectPtr이 가리키는 객체의 includes라는 멤버 함수를 호출하는 것으로서 theRectPtr이 가리키는 객체가 사각형 객체이므로 Rect 클래스의 includes 멤버 함수가 호출된다. 클릭된 (x, y)점은 includes 멤버 함수의 파라미터로 제공된다. theRectPtr이

가리키는 사각형 객체를 [그림 3.4]의 기본 플레이어에 비유해 보면, includes 멤버 함수의 호출은 기본 플레이어의 되감기, 빨리감기 등의 버튼 버튼을 누르는 것이다.

includes 멤버 함수의 반환값이 true이면 클릭점이 내부점이라는 의미이므로 13행처럼 theRectPtr 변수가 가리키는 사각형 객체의 moveTo 멤버 함수를 호출해서 사각형 객체를 클릭점으로 이동한다. 클릭점이 사각형의 외부점이면 그냥 if 문을 빠져나온다. 이동된 사각형 객체를 시각적으로 그릴 paint 함수를 호출하기 위해 20행처럼 clearAndUpdate 함수를 호출한다.

윈도우에 사각형을 그리는 작업은 23행의 paint 함수에 코딩한다. 이 paint 함수는 프로그램 내에서 clearAndUpdate 함수에 의해 호출되는 것뿐만 아니라 프로그램 실행 초기에 윈도우를 화면에 처음 표시할 때도 pclaf에 의해서 호출된다. 초기에는 사용자가 마우스를 클릭해서 사각형 객체를 생성하기 전이므로 25행처럼 theRectPtr 변수의 값이 nullptr이 아닌지 조사하는 if 문이 꼭 필요하다. if 문이 없으면 26행처럼 존재하지 않는 사각형 객체의 draw 멤버 함수가 호출되므로 실행 오류가 발생한다.

theRectPtr의 값이 nullptr이 아니고 가리키는 사각형 객체가 있으면 26행처럼 그 사각형 객체의 draw 멤버 함수를 호출하면서 this 포인터 변수를 역참조한 값을 파라미터로 전달한다. C++가 제공하는 this를 자기 참조 포인터 변수라고 하는데, 이 변수에 대한 설명은 다음과 같다.

이 프로그램을 실행하면 프로그램의 흐름은 mainLAF 함수에서 시작된다. 이후 흐름은 클래스들로부터 생성된 객체들이 각자의 멤버 함수를 실행하면서 다른 객체를 생성하거나 다른 객체의 멤버 함수를 호출하면서 객체들끼리 상호작용하는 패턴으로 진행된다. 5장부터는 객체들의 이러한 상호작용 패턴이 확실해진다.

그러나 실행 중, 한 시점을 놓고 볼 때 멤버 함수를 실행하고 있는 객체는 하나이다. C++가 시스템 변수로 제공하는 this 포인터 변수는 어느 한 시점에 멤버 함수를 실행하고 있는 객체의 포인터를 갖도록 내부에서 상시 조정된다. [그림 3.14]는 RectApp 클래스로부터 생성된 theApp 객체가 [리스트 3.4]의 20행에 의해 paint 멤버 함수를 실행하고 있는 시점의 상황을 보인 것이다.

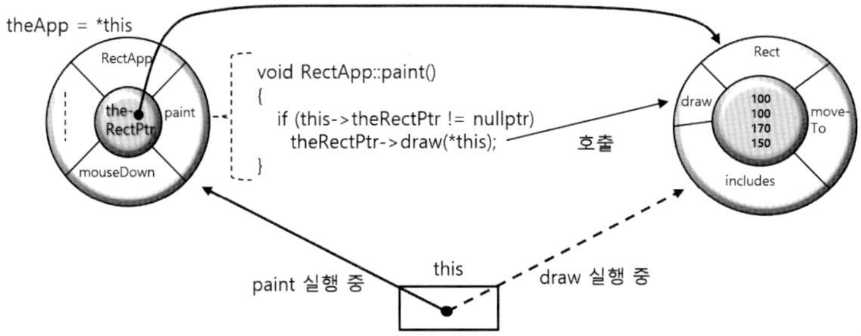

▲ 그림 3.14 ▷ this 포인터 변수

paint 멤버 함수가 실행되고 있는 시점이므로 this 포인터 변수는 paint 멤버 함수의 실행 주체인 theApp 객체의 포인터를 가진다. 따라서 this의 값은 25행이 실행되는 시점에 &theApp를 가진다. paint 멤버 함수 내에서 25행의 의미는 this가 가리키는 객체의 theRectPtr의 값이 nullptr인지 조사하는 것이다.

this 시스템 변수가 현재 theApp 객체의 포인터를 가지므로 this->theRectPtr은 theApp의 theRectPtr 변수에 대한 내부 접근을 의미한다. 내부 접근이므로 this->는 생략이 가능하다. 26행은 [그림 3.14]에 보인 것처럼 this 포인터 변수를 역참조한 값 *this를 파라미터로 전달하면서 draw 멤버 함수를 레퍼런스 전달 호출 방식으로 호출한다. *this는 this가 가리키는 객체인 theApp를 의미한다.

paint 멤버 함수 실행 중에 theApp 객체를 가리키던 this 포인터 변수는 26행에 의해 프로그램의 흐름이 draw 멤버 함수로 넘어가면 draw 멤버 함수의 실행 주체인 사각형 객체의 포인터를 가진다. 따라서 [그림 3.14]에 보인 것처럼 this는 사각형 객체를 가리키게 된다.

이 시점에, draw 멤버 함수를 설명한 [그림 3.10]을 [그림 3.14]와 연계시켜 보자. [그림 3.10]에서 draw 멤버 함수의 파라미터는 theApp이고, [그림 3.14]에서 draw 멤버 함수의 파라미터는 *this인데, paint 멤버 함수 실행 중에 this는 theApp 객체를 가리키는 포인터이므로 *this는 theApp 객체를 의미한다. 따라서 [그림 3.10]에 보인 theWindow 파라미터는 *this를 draw 멤버 함수의 파라미터로 사용해도 theApp 객체의 별명으로 설정된다. 즉, [그림 3.10]에 보인 theRect.draw(theApp); 문장이 [그림 3.14]에서는 theRectPtr 멤버 변수를 사용하는 theRectPtr->draw(*this); 문장으로 변경된 것이다.

개발자의 입장에서 보면, C++가 제공하는 this 시스템 변수를 moveTo, draw 등과 같은 멤버 함수에 공짜로 제공되는 제3의 파라미터로 생각하면 편하다. 모든 멤버 함수는 그 멤버 함수가 속한 객체를 가리키는 this 포인터를 파라미터로 제공받아 활용할 수 있다고 생각하자.

[그림 3.15]에 보인 것처럼 Rect 클래스의 멤버 함수인 Rect, draw, moveTo, includes에서 내부의 멤버 변수인 upperLeftX, upperLeftY, lowerRightX, lowerRightY에 접근하는 것을 멤버 변수의 내부 접근이라고 부른다. 내부 접근은 멤버 변수의 접근자 지정과 상관없이 내부의 멤버에 접근하는 것이므로 항상 가능하다. RectApp 클래스에서 theRectPtr->upperLeftX나 theRectPtr->lowerRightX 등으로 사각형 객체의 멤버 변수에 접근하는 것을 멤버 변수의 외부 접근이라고 부른다. 외부 접근은 멤버 변수가 public으로 지정됐을 때만 가능하다.

이제, 사용자가 마우스를 클릭할 때마다 08행의 mouseDown 함수가 호출되고 20행의 clearAndUpdate 함수에 의해 23행의 paint 함수가 호출되는 패턴이 반복된다.

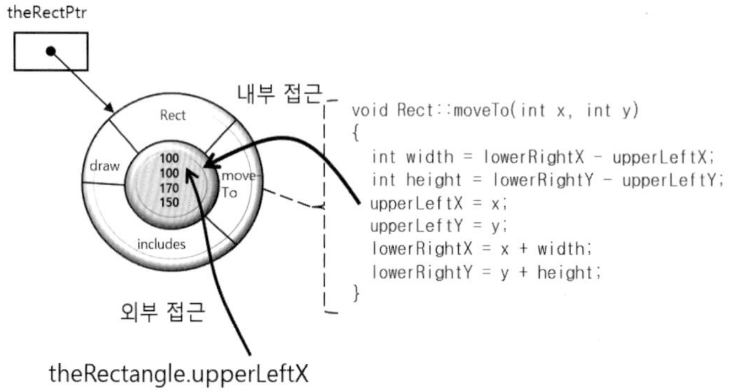

▲ 그림 3.15 ▷ 멤버 변수의 내부 접근과 외부 접근

mainLAF 함수는 32행처럼 RectApp 클래스로부터 theApp 객체를 생성하고 33행처럼 theApp 윈도우 객체를 기동시킨다. 이 프로그램에서 사용한 theApp 객체의 theRectPtr 멤버 변수는 C 포인터 변수이다. 따라서 프로그램이 종료되기 전에 35행처럼 theRectPtr이 가리키는 사각형 객체를 소멸시키고, 36행처럼 theRectPtr 변수에 nullptr을 배정하는 마무리 작업이 필요하다. theRectPtr 변수는 theApp 윈도우 객체의 멤버 변수이므로 theApp.theRectPtr 형식을 사용한다.

STEP 06 RectApplication 프로젝트의 실행

비주얼 스튜디오 메뉴에서 [디버그]▶[디버그 하지 않고 시작] 항목을 선택해서 프로젝트를 빌드하고 실행한다. [그림 3.6]처럼 빈 윈도우가 생성되고 윈도우 내에서 마우스 버튼을 클릭하면 클릭점을 왼쪽 위 꼭짓점으로 하는 파란색 사각형이 생성되는지 확인한다.

STEP 07 사각형 객체의 정적 생성

앞선 과정은 프로그램 실행 중에 사각형 객체를 생성하는 동적 객체 생성 방식을 사용했다. 프로그램은 사각형 객체 없이 시작하고 사용자가 마우스를 클릭하면 클릭한 자리에 사각형 객체를 그때 생성해서 그린다. 이번에는 프로그램 실행 초기에 사각형 객체를 생성하는 정적 객체 생성 방식을 활용해 보자.

Rect 클래스는 그대로 유지하고 RectApp.h 파일을 다음 코드처럼 변경한다.

```
#pragma once
#include “pclaf.h”
#include “Rect.h”                // class Rect;

// Customized Application
class RectApp : public Application
{
public:
  RectApp(const TCHAR*, int, int, int, int);
  void mouseDown(int, int);
  void paint();
  // data field
  Rect theRect {0, 0, 70, 50};       // Rect* theRectPtr = nullptr;
};
```

끝에서 두 번째 행에 주목한다. 주석 처리한 theRectPtr 포인터 변수를 정의하는 대신 왼쪽 위 꼭짓점으로 (0, 0)점과 오른쪽 아래 꼭짓점으로 (70, 50)점을 갖는 theRect 객체를 정적으로 생성한다. 이때 사용한 중괄호 {0, 0, 70, 50}는 이 장의 “2.16 유니폼 초기자” 절에서 다룰 유니폼 초기자 문법인데, 지금처럼 클래스의 인터페이스를 정의하면서 객체를 정적으로 생성하려면 (0, 0, 70, 50)의 생성자 호출 대신 유니폼 초기자 기능을 사용한다. 컴파일러가 사각형 객체를 정적으로 생성하려면 필요한 메모리의 크기를 알아야 하므로 Rect 클래스의 선행 선언 대신 위 코드의 세 번째 행처럼 Rect.h 헤더 파일을 포함한다.

RectApp.cpp 파일을 다음 코드처럼 변경한다. [리스트 3.4]와 비교하면서 살펴보자.

```
#include "RectApp.h"
//#include "Rect.h"

RectApp::RectApp(const TCHAR* apName,
                 int width, int height, int x, int y)
  : Application(apName, width, height, x, y)
{}

void RectApp::mouseDown(int x, int y)
{
  if (theRect.includes(x, y)) {
    // move the rectangle
    theRect.moveTo(x, y);
  }
  // then update the screen
  clearAndUpdate();
}

void RectApp::paint()
{
  theRect.draw(*this);
}

// pclaf program entry point
int mainLAF()
{
  RectApp theApp(TEXT("RECTANGLES"), 750, 500, 150, 150);
  theApp.run();

  return 0;
}
```

첫 번째 행에서 포함한 RectApp.h 헤더 파일이 Rect.h 헤더 파일을 포함하므로 두 번째 행처럼 #include "Rect.h" 문장을 주석 처리한다. 사각형 객체를 프로그램 초기부터 가지고 시작하므로 mouseDown 멤버 함수는 사각형 객체의 존재 여부를 가리지 않고 클릭점이 사각형의 내부점인지 가려 내부점이면 사각형 객체를 이동한다. 또한, paint 멤버 함수도 사각형 객체의 존재 여부를 가리지 않고 사각형을 그린다. 동적 객체 생성과 달리, 사각형 객체에 할당된 메모리는 사각형 객체를 소유한 윈도우 객체가 소멸되면 같이 소멸되므로 mainLAF 함수는 사각형 객체를 소멸하는 delete 문장을 갖지 않는다.

프로그램을 실행하면 동적 객체 생성 버전과 달리, 실행 초기부터 정적으로 생성된 사각형이 그려진다. 이후 동작은 동적 버전과 같다.

필수 문법 02

C++는 제네릭 프로그래밍의 기능을 템플릿 형태로 지원한다. 템플릿 형태로는 템플릿 함수와 템플릿 클래스가 있는데, 템플릿 함수는 이미 2장의 "2.1 템플릿 함수"절에서 다뤘다.

템플릿 함수는 함수를 정의하면서 함수가 사용하는 데이터 타입을 고정시키지 않고 임의의 템플릿 파라미터로 지정해서 정의하는 함수를 말한다. 이 템플릿 파라미터는 코드의 함수 호출 문장에서 구체적인 데이터 타입으로 지정되어, 컴파일러가 지정된 데이터 타입을 사용하는 함수를 생성할 수 있도록 해준다.

템플릿 클래스란 템플릿 함수처럼 클래스를 정의할 때, 클래스가 사용하는 데이터 타입을 고정시키지 않고 데이터 타입을 나타내는 템플릿 파라미터로 지정해서 포괄적으로 정의하는 클래스를 말한다. 템플릿 클래스는 [그림 1.3]에 보인 만능 드라이버처럼 여러 타입의 볼트를 적용할 수 있는 포괄적인 부품의 틀을 의미한다.

이 절에서는 템플릿 클래스를 정의해서 활용해 본다. C++의 템플릿 기능은 같은 함수나 클래스를 가지고 템플릿 파라미터로 제공되는 여러 타입의 데이터를 처리할 수 있게 해주며 컴파일러의 강한 타입 검증을 통해 잘못된 코드의 작성을 미리 방지해 준다. 실행시 타입 오류가 발생하는 것보다는 컴파일시 미리 타입을 강하게 검증해서 오류를 사전에 방지하는 것이 좋다.

대부분의 응용 프로그램은 데이터를 저장, 검색, 삭제, 분석하는 등의 데이터 처리 작업을 포함한다. C++는 이러한 데이터 처리 작업을 지원하기 위해서 표준 템플릿 라이브러리를 제공하는데, 이 라이브러리는 데이터를 다양한 형태로 저장하는 컨테이너 클래스들과 데이터를 처리하는 많은 알고리즘 함수들을 포함한다. 컨테이너 클래스들과 알고리즘 함수들은 모두 템플릿 형태로 제공된다. 따라서 표준 템플릿 라이브러리를 데이터 처리 프레임워크라고 할 수 있는데, 2장의 도입부에서 설명했듯이, 데이터 처리 프레임워크란 응용 프로그램의 데이터 처리 작업을 위한 뼈대를 제공하는 라이브러리를 의미한다.

이 절에서 표준 템플릿 라이브러리 중, 많이 사용하는 컨테이너와 알고리즘을 예제 중심으로 다루고, 6장의 필수 문법 절에서는 고급 컨테이너들을 소개한다. 또한, 실습 과제에서 다루지 않았지만, 클래스 정의시 자주 사용하는 필수 문법들을 살펴본다.

실습 과제에서 사용한 Rect 클래스의 인터페이스를 정의하는 Rect.h. 파일을 [리스트 3.5]처럼 개선한다. 문법을 다룰 때는 pclaf를 사용하는 윈도우 응용 프로그램보다는 콘솔에 입출력을 할 수 있는 콘솔 응용 프로그램이 더 적합하므로 Rect 클래스를 콘솔 버전으로 변경한다.

리스트 3.5 RectApplication(console) 프로젝트의 Rect.h 파일

```
// Refined Rect Class- console version
#pragma once
//class Application;
#include <iostream>                    // console version
using std::cout; using std::endl;

class Rect
{
public:
  // 생성자 함수
  Rect(int, int, int, int);
  Rect();
  // 타입 변환
  Rect(int);
  operator int();
  // 소멸자 함수
  virtual ~Rect();
  // 연산
  void moveTo(int, int);
  bool includes(const int, const int);
// virtual void draw(Application&);       // console version
  int area() const;
  // 연산자 오버로딩
  bool operator>(const Rect&);
  Rect& operator++();
```

```
26    Rect operator++(int);
27    // 접근 함수
28    int getUpperLeftX() const;
29    int getUpperLeftY() const;
30    int getLowerRightX() const;
31    int getLowerRightY() const;
32    // 변경 함수
33    void setUpperLeftX(int);
34    void setUpperLeftY(int);
35    void setLowerRightX(int);
36    void setLowerRightY(int);
37  protected:
38    // 멤버 변수
39    int upperLeftX;
40    int upperLeftY;
41    int lowerRightX;
42    int lowerRightY;
43  };
44
45  extern bool operator<(const Rect&, const Rect&);
46  extern Rect& operator--(Rect&);
47  extern Rect operator--(Rect&, int);
48  // console version
49  extern std::ostream& operator<<(std::ostream&, const Rect&);
```

Rect 클래스를 콘솔 버전으로 변경하는 것은 그래픽 관련 멤버 함수인 21행의 draw 멤버 함수의 선언과 draw 멤버 함수의 선언에서 사용했던 03행의 Application 클래스의 선행 선언을 주석 처리하면 되므로 간단하게 처리할 수 있다. 물론, Rect.cpp 파일의 draw 멤버 함수의 정의와 pclaf.h 헤더 파일을 포함하는 문장도 주석 처리한다.

draw 멤버 함수를 주석 처리하는 대신 49행처럼 선언한 operator<<이라는 연산자를 추가해서 콘솔 윈도우에 사각형 객체를 직접 출력하게 되는데, 이 연산자는 이 장의 "2.7 연산자 오버로딩" 절에서 다룬다.

1장과 2장에서 cout 객체의 << 멤버 함수를 << 연산자라고 불렀지만, << 연산자의 C++ 공식 이름은 operator 키워드를 붙인 operator<< 연산자이다. 이 연산자가 iostream 라이브러리를 사용하므로 04행은 <iostream> 헤더 파일을 포함하고 05행은 cout과 endl 이름의 사용을 선언한다.

[리스트 3.5]의 45~49행에 extern 키워드와 함께 선언한 함수 원형들은 Rect.cpp 파일에서 구현하는 전역 함수들인데, extern 지시자는 이 헤더 파일을 포함해서 사용하는 모듈들에게 이러한 전역 함수들을 Rect 클래스가 지원한다는 것을 알리고 활용할 수 있게 하는 역할을 담당한다. 이 함수들의 구현과 사용 방법은 이어지는 절들에서 자세하게 다룬다.

개선된 Rect 클래스는 37행에서 protected: 키워드를 사용해서 멤버 변수들에 protected 속성을 지정한다. 이는 객체지향 기술의 캡슐화를 지켜 깨지지 않는 단단한 사각형 부품을 만들기 위함이다. 외부에서 멤버 변수들을 직접 접근해서 값을 변경시킬 수 있다면 사각형 부품이 쉽게 깨질 수 있다는 의미이다. Rect 클래스는 다음 장에서 카드 클래스를 정의할 때 부모 클래스의 역할을 담당하므로 private가 아닌 protected 접근자를 멤버 변수들에 지정한다.

[리스트 3.6]은 개선된 Rect 클래스를 활용하는 RectApp.cpp 파일의 코드이고 [그림 3.16]은 실행 결과를 보인 것이다. 콘솔 버전의 Rectangle 응용 프로그램은 pclaf를 사용하는 RectApp 클래스를 사용하지 않으므로 RectApp.cpp 파일은 main 함수만 가진다. RectApp.cpp 파일을 Main.cpp 파일이라고 파일명을 정하는 것이 더 적합할 수도 있다.

리스트 3.6 RectApplication(console) 프로젝트의 RectApp.cpp 파일

```
#include "Rect.h"

int main()
{
  Rect* theRectPtr = nullptr;
  int x = 30, y = 40;
  theRectPtr = new Rect(x, y, x + 70, y + 50);
  cout << *theRectPtr << endl;
  x = 40; y = 50;
  if (theRectPtr->includes(x, y))
    theRectPtr->moveTo(x, y);
  cout << *theRectPtr << endl;

  delete theRectPtr;
  theRectPtr = nullptr;
  return 0;
}
```

▲ 그림 3.16 ▷ 콘솔 버전의 Rectangle 응용 프로그램

콘솔 버전은 실습 과제와 비교해서 윈도우나 마우스를 사용하지 않기 때문에 불편하지만, 콘솔 윈도우에 사각형 객체를 직접 출력해 볼 수 있으므로 이어지는 절들에서 문법 요소를 다룰 때 그 기능을 확인해 보기에 적합하다.

[리스트 3.6]에서 05~07행은 실습 과제처럼 Rect 객체를 동적으로 생성하고 그 포인터를 theRectPtr 포인터 변수에 저장한다. 08행은 이 사각형 객체를 operator<< 연산자를 사용해서 콘솔 윈도우에 직접 출력하는데, 출력 형식은 [그림 3.16]에 보인 것처럼 사각형의 왼쪽 위 꼭짓점, 폭, 높이를 사용한다. 그림에서 '위치'는 사각형 객체의 왼쪽 위 꼭짓점을 나타내고 오른쪽 아래 꼭짓점 대신 폭과 높이를 사용한다. C++가 제공하는 cout 객체의 operator<< 연산자는 우리가 정의한 사각형 객체를 직접 출력하는 방법을 알지 못한다. 그러나 cout 객체의 operator<< 연산자를 오버로딩해서 사각형 객체를 직접 출력하는 방법을 이 장의 "2.7 연산자 오버로딩" 절에서 설명한다.

09행은 사용자가 (40, 50)점에서 마우스를 클릭한 것을 가정하고, x와 y 변수에 값을 설정한다. (40, 50)점이 사각형의 내부점이므로 10행과 11행처럼 이 사각형 객체를 (40, 50)점으로 이동한 후, 12행처럼 이 사각형을 다시 출력하면 [그림 3.16]에 보인 것처럼 사각형이 이동된 것을 확인할 수 있다. 05행처럼 C 포인터를 사용했으므로 14행과 15행처럼 프로그램이 종료되기 전에 동적으로 생성한 사각형 객체를 해제해 주는 것이 좋다.

이제 [리스트 3.5]의 코드에서 Rect 클래스의 개선된 사항들을 차례대로 살펴보자. 이 장의 2.9절까지는 [리스트 3.5]의 개선된 사항들을 다루면서 [리스트 3.5]의 코드를 자주 언급하기 때문에 [리스트 3.5]의 페이지를 살짝 접어 두어 쉽게 찾아볼 수 있게 하는 것도 좋은 생각인 것 같다.

2.1 디폴트 생성자

생성자를 하나도 정의하지 않으면 컴파일러가 자동으로 디폴트 생성자 default constructor를 제공한다. 디폴트 생성자란 파라미터를 한 개도 사용하지 않는 생성자를 의미한다. 컴파일러가 제공하는 디폴트 생성자는 멤버 변수들의 값을 모두 0으로 초기화한다.

개선된 사각형 클래스에서 [리스트 3.5]의 11행처럼 네 개의 파라미터를 사용하는 생성자를 정의했으므로 컴파일러는 Rect 클래스에 디폴트 생성자를 제공하지 않는다. 따라서 디폴트 생성자가 필요하면 [리스트 3.5]의 12행처럼 파라미터를 하나도 사용하지 않는 생성자를 정의해 줘야 한다.

사각형의 왼쪽 위 꼭짓점과 오른쪽 아래 꼭짓점을 모두 (0, 0)점으로 지정하는 것은 사각형이 성립되지 않으므로 다음 코드처럼 왼쪽 위 꼭짓점을 (100, 100)점으로 초기화하고 오른쪽 아래 꼭짓점은 (200, 200)으로 초기화하는 디폴트 생성자를 Rect.cpp 구현 파일에 정의한다.

```
Rect::Rect()
    : upperLeftX(100), upperLeftY(100),
    lowerRightX(200), lowerRightY(200)
{}
```

이제, 다음 코드처럼 사각형 객체를 정적이나 동적으로 생성하면 디폴트 생성자가 실행돼서 사각형의 왼쪽 위 꼭짓점을 (100, 100)점으로 초기화하고 오른쪽 아래 꼭짓점은 (200, 200)점으로 초기화한다.

```
Rect theRectangle;                  // Rect theRectangle();이 아님!
Rect* theRectPtr = new Rect();      // 또는 Rect* theRectPtr = new Rect;
```

생성자를 한 개라도 정의하면 디폴트 생성자가 제공되지 않지만, 다음 코드처럼 MyClass 클래스를 정의할 때 MyClass(int) 생성자를 정의했더라도 네 번째 행처럼 디폴트 생성자의 원형에 default 키워드를 명시해서 디폴트 생성자 explicitly defaulted ctor ☞ C++11의 생성을 컴파일러에 요구할 수 있다. 컴파일러에 의해 파라미터를 한 개도 사용하지 않고 멤버 변수들을 모두 0으로 초기화하는 디폴트 생성자가 제공된다.

```
class MyClass
{
public:
  MyClass() = default;
  MyClass(int);
};
```

반대로, 디폴트 생성자를 포함해서 생성자가 하나도 없는 클래스를 정의하고 싶으면 다음 코드처럼 디폴트 생성자의 원형에 delete 키워드를 명시한다. 이러한 생성자를 명시적으로 삭제된 생성자 explicitly deleted ctor ☞ C++11라고 부른다.

```
class MyClass
{
public:
  MyClass() = delete;
};
```

delete 키워드는 생성자에만 적용할 수 있는 것이 아니라 클래스의 일반 멤버 함수에도 적용할 수 있다. 우선, 다음의 클래스 정의와 코드를 살펴보자.

```
class MyClass
{
public:
  void foo(int i);
};

MyClass c;
c.foo(123);
c.foo(1.23);
```

foo 멤버 함수의 두 번째 호출에서 컴파일러는 실수 1.23을 정수 1로 자동 타입 변환해서 foo(int i) 멤버 함수를 호출하는데, 그 결과는 개발자가 의도한 결과가 아닐 수 있다. 이러한 상황을 방지하기 위해서 다음 코드처럼 foo(double d) 함수를 명시적으로 삭제 선언하면 컴파일러는 위 코드의 두 번째 호출에서 int 타입으로 자동 타입 변환을 하는 대신 컴파일 오류를 발생시킨다. 컴파일시 오류의 발견이 실행시 오류에 직면하는 것보다 낫다.

```
class MyClass
{
public:
  void foo(int i);
  void foo(double d) = delete;
};
```

2.2 const 멤버 함수와 상수 객체

[리스트 3.5]에서 22행의 area 멤버 함수는 사각형의 면적 (폭 * 높이)을 계산해서 그 값을 반환하는 함수로서 Rect.cpp 파일에 다음 코드처럼 구현된다.

```
int Rect::area() const
{
  return((lowerRightX - upperLeftX) * (lowerRightY - upperLeftY));
}
```

area 멤버 함수는 멤버 변수의 값을 변경하지 않는 함수이므로 첫 번째 행처럼 const 키워드를 붙여 const 멤버 함수로 정의한다.

사각형 객체 thisRectangle을 생성하고 이 객체의 면적을 구하기 위해서 thisRectangle 객체의 area 멤버 함수를 호출하는 다음 코드를 살펴보자.

```
Rect thisRectangle(20, 30, 70, 50);
int area = thisRectangle.area();
cout << area << endl;
```

area 멤버 함수는 함수 내에서 thisRectangle 객체의 멤버 변수들을 이용해서 면적을 구해 그 값을 반환할 뿐 멤버 변수들의 값을 변경하지 않는다. 사각형 객체의 멤버 변수의 값을 변경하는 코드가 area 함수 내에 존재하면 컴파일 오류가 발생한다. 멤버 변수의 값을 변경하지 않는 함수는 const 속성으로 정의하는 것이 컴파일러가 이를 검증해 주므로 안전한 프로그래밍을 위해서 좋은 습관이다. const 속성이 지정된 const 함수는 const 속성이 지정되지 않은 다른 함수의 호출을 허용하지 않고 멤버 변수의 포인터를 반환하는 것도 허용하지 않는다.

const 멤버 함수와 연관해서 상수 객체라는 것도 살펴보자. 다음 코드는 사각형 객체 thisRectangle을 상수 객체로 정의해서 사용하는 예이다.

```
const Rect thisRectangle(20, 30, 70, 50);
int area = thisRectangle.area();            // ok
thisRectangle.moveTo(100, 100);             // 컴파일 오류
```

일반 객체에 대해서는 const 속성 여부와 상관없이 이 객체의 모든 멤버 함수를 호출할 수 있지만, 상수 객체에 대해서는 이 객체의 const 멤버 함수만 호출할 수 있다. 따라서 상수 객체로 정의된 thisRectangle 객체에 대해서 const 멤버 함수인 area는 호출할 수 있어도 일반 멤버 함수인 moveTo를 호출하면 컴파일 오류가 발생한다.

상수 객체의 일반 멤버 함수는 호출할 수 없고, 멤버 변수의 값을 변경하지 않는 const 멤버 함수만 호출할 수 있다는 것은 멤버 변수가 상수화된 객체가 상수 객체라는 의미가 된다. 일반 변수와 달리 const 속성이 지정된 상수는 한번 값이 지정되면 지정된 값을 변경할 수 없는 것과 마찬가지로 const 속성이 지정된 상수 객체는 일반 객체와 달리 한번 멤버 변수의 값이 지정되면 지정된 값을 변경할 수 없다. 따라서 객체의 멤버 변수의 값을 변경하지 않는 모든 멤버 함수들을 가능한 한 const 속성으로 정의해서 상수 객체에서도 호출할 수 있게 하는 것이 바람직하다.

이번에는 상수 객체와 연관해서 함수가 상수 레퍼런스 파라미터로 객체를 전달받는 경우를 생각해 보자. 실습 과제에서 Rect 클래스의 draw 멤버 함수는 다음 코드처럼 정의됐다.

```
void Rect::draw(Application& theWindow)
{
  theWindow.setPen(blue, solidLine, 1);
  int width  = lowerRightX - upperLeftX;
  int height = lowerRightY - upperLeftY;
  theWindow.rectangle(upperLeftX, upperLeftY, width, height);
}
```

이 멤버 함수는 Application 클래스의 객체인 윈도우 객체를 theWindow 레퍼런스 파라미터로 전달받는다. 함수 내에서는 윈도우 객체의 별명인 theWindow를 사용해서 사각형을 그리는데, 세 번째 행의 setPen 멤버 함수는 pclaf에서 const 속성이 지정되지 않은 일반 멤버 함수이다.

레퍼런스 파라미터에 const 속성을 지정해서 파라미터의 형식을 다음 코드처럼 const Application& theWindow로 변경하면 어떻게 될까?

```
void Rect::draw(const Application& theWindow)
{.....}
```

객체를 상수 레퍼런스로 전달받으므로 theWindow를 잠시 상수 객체 레퍼런스 파라미터라고 해보자. theWindow 상수 객체 레퍼런스 파라미터는 함수 내에서 상수 객체화된 윈도우 객체의 별명이다. 상수 객체화된 윈도우 객체의 setPen 일반 함수를 호출할 수 없으므로 컴파일 오류가 발생한다. 상수 객체는 const 멤버 함수만 호출할 수 있다. 윈도우 객체는 함수 내에서만 상수 객체화되고 함수를 벗어나면 원래 속성을 그대로 유지한다.

잠시 상수 객체 레퍼런스라고 해보자고 한 이유는 C++가 상수 레퍼런스와 상수 객체 레퍼런스를 구분하지 않고 모두 상수 레퍼런스라고 부르기 때문이다. 이 책도 C++의 용어를 따르지만, 상수 레퍼런스는 1장의 "2.7.1 레퍼런스 전달 호출" 절에서 설명한 것처럼 기본 데이터 타입의 값을 상수화시켜서 전달받는 것이고 상수 객체 레퍼런스는 클래스로부터 생성된 객체를 상수 객체화시켜서 전달받는 것을 염두에 두도록 하자.

함수가 파라미터로 전달받은 객체의 멤버 변수의 값을 변경하지 않는다면 컴파일러가 이를 검증해 주므로 상수 객체 레퍼런스 파라미터를 적극적으로 사용하는 것이 좋다. 상수 레퍼런스 파라미터로 객체를 전달받는 예는 앞으로 많이 접하게 된다.

2.3 멤버 함수의 내부 구현

Rect 클래스의 인터페이스를 Rect.h 헤더 파일에 정의할 때 다음 코드처럼 멤버 함수의 구현을 따로 Rect.cpp 파일에 작성하지 않고 직접 클래스 범위 내에 제공할 수 있다.

```
class Rect
{
public:
  // 생성자 함수
  Rect(int a, int b, int c, int d)
```

```
    : upperLeftX(a), upperLeftY(b),
  lowerRightX(c), lowerRightY(d)
  {}

  Rect()
    : upperLeftX(100), upperLeftY(100),
  lowerRightX(200), lowerRightY(200)
  {}
  ......
  int area() const
  {
    return((lowerRightX - upperLeftX) * (lowerRightY - upperLeftY));
  }
  ......
protected:
  // 멤버 변수
  int upperLeftX;
  int upperLeftY;
  int lowerRightX;
  int lowerRightY;
};
```

이처럼 멤버 함수를 클래스 내부에 정의하면 함수에 inline 키워드를 붙이지 않아도 컴파일러에게 inline 함수로 지정된다. 1장의 "2.3 inline 함수" 절에서 설명한 inline 함수는 해당 함수를 매크로 함수로 처리할 것을 컴파일러에게 요청하는 함수이다. 그러나 긴 멤버 함수를 inline 함수로 지정하면 메모리 낭비가 커지고 클래스 정의도 한 눈에 깔끔하게 들어오지 않는다. 또한, 대형 프로그램인 경우에는 헤더 파일을 기반으로 하는 모듈들의 관리가 어려워진다.

따라서 멤버 함수는 [리스트 3.5]처럼 헤더 파일과 짝이 되는 구현 파일에 정의하는 것이 일반적이다. 멤버 함수의 내부 구현은 멤버 함수들을 매크로 함수로 처리해 달라고 요청하는 것이므로 컴파일러가 판단해서 매크로 함수로 적당하지 않은 긴 함수는 매크로 함수로 처리하지 않는다. 이 책에서는 문법 요소들을 한눈에 전달하기 위해서 멤버 함수의 내부 구현 방식을 많이 사용한다.

2.4 소멸자와 디폴트 소멸자

[리스트 3.5]에서 17행의 ~Rect 멤버 함수를 소멸자 destructor, 축약해서 dtor라고 부른다. 소멸자 앞에 명시한 virtual 키워드는 4장에서 설명한다. 소멸자는 생성자와 반대로 객체가 소멸되기 직전에 자동으로 호출된다. 소멸자의 이름은 클래스 이름 앞에 틸더(~)를 붙인다. Rect 클래스에서 소멸자의 역할은 없으므로 다음 크드처럼 빈 바디를 가진다.

```
Rect::~Rect()
{}                    // 소멸자 함수의 빈 바디
```

소멸자는 파라미터를 사용하지 않고 개발자에 의해 명시적으로 호출될 수도 없다. 생성자처럼 반환 타입도 없다. 소멸자를 정의하지 않으면 위 코드에서 정의한 것과 같은 빈 바디를 갖는 디폴트 소멸자가 컴파일러에 의해 자동 제공된다.

일반적으로, 소멸자는 멤버 변수의 값이 동적으로 할당되는 클래스의 정의에 유용하다. 스택 stack 클래스를 예로 들어 소멸자가 꼭 필요한 경우를 살펴보자. 스택이란 항목들을 쌓아 올린 더미를 말한다. 뷔페식당의 접시들을 쌓아 올린 접시 더미를 생각해 보자. 접시에 1번부터 10번까지 번호를 매긴 후, 1번 접시부터 쌓았다면 10번 접시는 제일 위에 놓이게 된다. 접시를 하나씩 꺼내 사용하는 경우, 10번 접시가 제일 먼저 꺼내지고 1번 접시가 제일 나중에 꺼내질 것이다. 이처럼 접시 스택은 LIFO Last In First Out 구조를 갖는 접시의 저장소이다. LIFO 구조란 제일 나중에 들어간 것이 제일 먼저 나오는 구조를 의미한다. 접시 스택에 접시를 놓는 행위를 푸시 push라고 부르고 꺼내는 행위를 팝 pop이라고 부른다.

이번에는 [그림 3.17]의 정수 스택을 생각해 보자. 1, 2, 3이 담긴 정수 스택에서 pop 연산을 수행하면 1, 2가 남고 여기에 push(4) 연산을 수행하면 정수 스택은 1, 2, 4를 저장하게 된다. push(5), pop, pop 연산을 다시 실행하면 정수 스택은 최종적으로 1, 2를 저장한다.

스택을 원소의 저장과 인출이 한쪽 끝으로 제한된 배열이라고 생각해도 좋다. 원소의 저장과 인출이 한쪽 끝으로 제한되므로 스택은 그 한쪽 끝을 항시 가리키는 top을 유지해서 저장과 인출이 top에서 이뤄지도록 한다. top은 push 연산으로 다음에 삽입될 원소의 삽입 위치를 가리킨다.

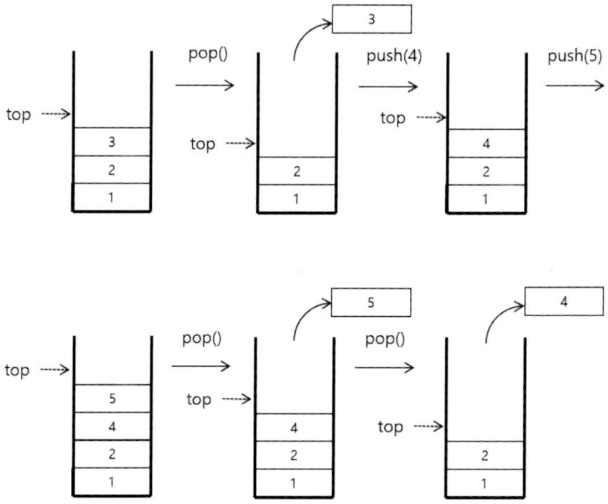

▲ 그림 3.17 ▷ 정수 스택

문자들이 저장될 메모리 공간을 동적으로 할당해서 char* 타입의 멤버 변수가 이를 가리키도록 구현된 Stack 클래스를 정의해서 활용해 보자. 이 문자 스택은 문자들을 LIFO 구조로 저장하는 저장소이다. a, b, c, d의 문자들을 푸시한 후, 차례대로 팝하면 d, c, b, a와 같이 역순으로 꺼내지게 된다. 정적 배열을 멤버 변수로 사용해서 문자 스택을 구현하면 쉽겠지만, 문자들을 저장할 메모리 공간을 동적으로 할당하는 배열을 사용하면 꼭 필요한 메모리 공간만 사용할 수 있으므로 효율적인 문자 스택을 구현할 수 있다.

Stack 클래스의 인터페이스를 정의한 Stack.h 헤더 파일은 [리스트 3.7]과 같다.

리스트 3.7 Syntax4 프로젝트의 Stack.h 파일

```
#pragma once

class Stack
{
public:
  Stack(int s = 100);
  ~Stack();
  void push(const char& value);
  char pop();
  int length();
```

```
11 private:
12   int top = 0;
13   int size;
14   char* stackPtr;
15 };
```

[리스트 3.7]의 12행에 정의한 top 멤버 변수는 동적으로 생성되는 배열에서 다음에 삽입될 문자에 대한 인덱스값을 가진다. 문자가 푸시될 때마다 1씩 증가되고 팝될 때마다 1씩 감소된다.

객체지향 프로그램에서 멤버 변수는 생성자에서 초기화하는 것이 원칙이지만, top 멤버 변수는 고정적으로 0부터 시작하므로 정의와 동시에 바로 0으로 초기화한다. 13행의 size 멤버 변수는 스택 객체의 크기를 저장한다. 14행의 stackPtr은 동적으로 생성되는 배열을 가리키는 C 포인터 변수이다. 06행의 생성자는 디폴트 파라미터 s의 값으로 100이 주어졌으므로 파라미터의 값이 제공되지 않으면 크기가 100인 스택을 생성한다.

Stack 클래스를 구현한 Stack.cpp 파일은 [리스트 3.8]과 같다.

리스트 3.8 Syntax4 프로젝트의 Stack.cpp 파일

```
#include "Stack.h"

Stack::Stack(int s)
        : size(s)
{
  stackPtr = new char[s];
}

Stack::~Stack()
{
  delete[] stackPtr;
}

void Stack::push(const char& val)
{
  if (top < size)
    stackPtr[top++] = val;
}

```

```
20 char Stack::pop()
21 {
22   if (top > 0)
23     return stackPtr[--top];
24 }
25
26 int Stack::length()
27 {
28   return top;
29 }
```

[리스트 3.8]에서 04행은 생성자 초기자인데, size 멤버 변수를 파라미터 s의 값으로 초기화한다. 06행은 지정된 크기의 배열을 동적으로 생성하고 그 포인터를 stackPtr 멤버 변수에 저장한다. 09행의 소멸자는 스택 객체가 소멸되기 직전에 호출되며 멤버 변수 stackPtr이 가리키는 동적으로 생성된 배열을 11행처럼 소멸한다.

14행의 push 멤버 함수는 현재 top의 값이 size의 값보다 작으면 스택에 여유 공간이 있다는 의미이므로 17행처럼 파라미터로 제공된 문자를 배열에 삽입한다. 삽입 후에는 top의 값을 1만큼 증가시킨다. 20행의 pop 멤버 함수는 인출할 문자가 있으면 top의 값을 1만큼 감소시키고 그 위치의 문자를 23행처럼 반환한다. 26행의 length 멤버 함수는 스택 객체가 현재 저장하고 있는 문자들의 개수를 반환한다.

Stack 클래스를 활용하는 DestructorApp.cpp 파일은 [리스트 3.9]와 같고 [그림 3.18]은 실행 결과를 보인 것이다.

리스트 3.9 Syntax4 프로젝트의 DestructorApp.cpp 파일

```
#include “Stack.h”
#include <iostream>

void reversePrint()
{
  Stack charStack(15);
  charStack.push(‘a’);
  charStack.push(‘b’);
  charStack.push(‘c’);
  int cnt = charStack.length();
```

```
11   for (int k = 0; k < cnt; k++) {
12     std::cout << charStack.pop() << std::endl;
13   }
14 }
15
16 int main()
17 {
18   reversePrint();
19
20   return 0;
21 }
```

▲ 그림 3.18 ▷ Stack 클래스의 활용

[그림 3.19]는 04행의 reversePrint 전역 함수가 실행되는 과정을 번호를 붙여 순서대로 보인 것이다.

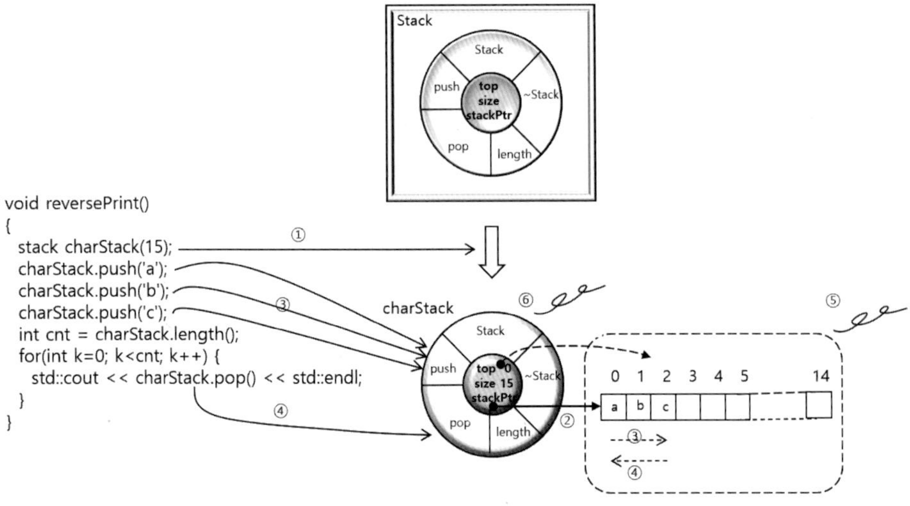

▲ 그림 3.19 ▷ reversePrint 함수의 실행

① [리스트 3.9]의 18행에서 reversePrint 함수를 호출하면 06행처럼 charStack 객체가 Stack 클래스로부터 생성된다.

② 15가 Stack 생성자에 전달되며 생성자는 new 연산자로 크기 15인 배열을 동적으로 생성하고 stackPtr 멤버 변수가 이를 가리키게 된다. 아직 저장된 문자가 없으므로 top 멤버 변수의 값은 0이다.

③ 07~09행처럼 a, b, c 세 문자를 푸시해서 저장한다. push 멤버 함수는 문자를 상수 레퍼런스로 전달받아 배열에 저장한다. 각 문자를 저장한 후에는 top의 값을 1만큼 증가시킨다.

④ 10~13행은 저장된 문자들을 팝해서 출력한다. c, b, a 순으로 출력될 것이다. pop 멤버 함수는 top의 값을 1만큼 감소시킨 후 이 위치의 문자를 반환한다.

⑤ 프로그램의 흐름이 14행에 도달하면 reversePrint 함수의 지역 변수로 생성된 charStack 객체 지역 객체가 소멸된다. charStack 객체가 소멸되기 직전에 ~Stack 소멸자가 자동으로 실행되어 stackPtr이 가리키는 배열의 메모리 공간을 시스템에 환원한다.

⑥ 이제, charStack 객체가 소멸되면서 charStack 객체에 할당된 메모리 공간도 시스템에 환원된다.

~Stack 소멸자를 정의하지 않았다면 charStack 객체에 할당된 메모리 공간은 환원되어도 stackPtr이 가리키는 배열에 할당된 메모리 공간은 환원되지 않은 채 프로그램이 종료될 때까지 메모리 공간을 잡고 있게 된다. 이를 메모리 누수 memory leak라고 한다.

Stack 클래스는 동적으로 메모리가 할당되는 멤버 변수를 갖는다. 이러한 클래스를 정의할 때 생성자와 소멸자는 매우 유용하게 사용된다. 다음 코드는 1,000개의 문자를 저장할 수 있는 charStack 객체를 생성하는데, 필요한 메모리 공간만큼 꼭 맞게 메모리가 할당된다.

```
stack charStack(1000);
```

템플릿 클래스 2.5

2장의 "2.1 템플릿 함수" 절에서 템플릿 함수에 관해 설명했다. 이제 템플릿 클래스 template class를 살펴보자. 템플릿 클래스는 템플릿 함수가 함수에 템플릿 기능을 사용한 것처럼 클래스에 템플릿 기능을 적용한 것이다. 앞 절에서 구현해 본, 문자를 저장하는 스택 클래스를 템플릿 클래스로 변경해서 이 클래스의 객체가 문자뿐만 아니라 모든 타입의 데이터를 저장할 수 있게 해보자. 또한, 이 스택 템플릿 클래스에 사각형 객체들도 적용해서 활용해 보자.

2.5.1 Stack 템플릿 클래스

[리스트 3.10]의 코드는 템플릿 버전의 Stack 클래스를 구현한 것이다. 템플릿 클래스의 정의는 헤더 파일과 구현 파일로 나눌 수 없고 일반적으로 헤더 파일에 인터페이스 정의와 구현을 같이 담는다.

리스트 3.10 Syntax5-1 프로젝트의 Stack.h 파일

```
#pragma once

template <typename T>
class Stack
{
public:
  Stack(int s = 100);
  ~Stack();
  void push(const T& value);
  T pop();
  int length();
private:
  int top = 0;
  int size;
  T* stackPtr;
};

template <typename T>
Stack<T>::Stack(int s)
        : size(s)
{
  stackPtr = new T[s];
}

template <typename T>
Stack<T>::~Stack()
{
  delete[] stackPtr;
}

```

```
31 template <typename T>
32 void Stack<T>::push(const T& val)
33 {
34   if (top < size)
35     stackPtr[top++] = val;
36 }
37
38 template <typename T>
39 T Stack<T>::pop()
40 {
41   if (top > 0)
42     return stackPtr[--top];
43 }
44
45 template <typename T>
46 int Stack<T>::length()
47 {
48   return top;
49 }
```

Stack 템플릿 클래스의 정의는 [리스트 3.10]의 03행처럼 template <typename T> 절이 Stack 클래스의 인터페이스 정의 앞에 붙고 09행, 10행, 15행처럼 파라미터의 타입, 반환 타입, 멤버 변수의 타입에 int, double 등과 같은 C++의 특정 타입이 아닌 이들을 포괄적으로 표현한 T 타입을 사용한다. 템플릿 파라미터 T가 char 대신 사용되는 것을 제외하면 앞 절의 Stack 클래스의 인터페이스 정의와 같다. 멤버 함수들을 클래스 외부에 구현할 경우, 18행처럼 template <typename T> 절이 함수마다 항상 선행돼야 하며 Stack::Stack의 표현 대신 19행처럼 Stack<T>::Stack의 표현을 사용해야 한다. Stack 템플릿 클래스가 클래스 외부에서는 Stack<T> 클래스로 명시된다.

이 Stack 템플릿 클래스를 사용하는 TemplateFuncApp.cpp 파일은 [리스트 3.11]과 같고 [그림 3.20]은 실행 결과를 보인 것이다.

리스트 3.11 Syntax5-1 프로젝트의 TemplateFuncApp.cpp 파일

```
#include "Stack.h"
#include <iostream>
#include <string>
using namespace std;

```

```
06 template <typename T>
07 void reversePrint(Stack<T>& stk)
08 {
09   int cnt = stk.length();
10   for (int i = 0; i < cnt; ++i) {
11     cout << stk.pop() << endl;
12   }
13 }
14
15 int main()
16 {
17   Stack<char> charStack(10);
18   charStack.push('e');
19   charStack.push('u');
20   charStack.push('m');
21   reversePrint(charStack);
22   Stack<string> strStack(10);
23   string str("eum");
24   string* strPtr = new string("doo");
25   strStack.push(str);
26   strStack.push(*strPtr);
27   strStack.push(*(new string("hun")));
28   reversePrint(strStack);
29
30   return 0;
31 }
```

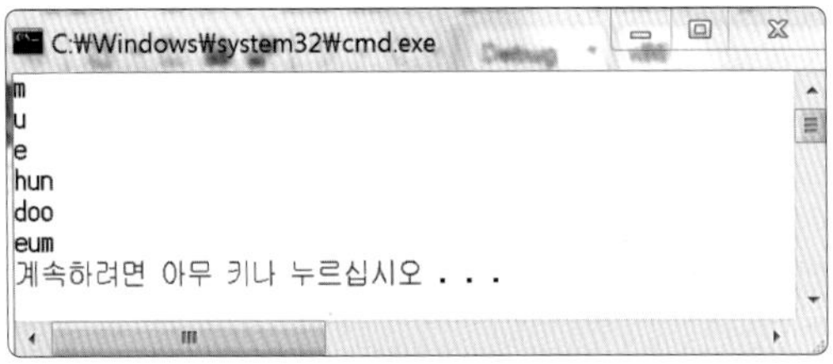

▲ 그림 3.20 ▷ Stack 템플릿 클래스의 활용

Stack 템플릿 클래스에 string 타입의 문자열을 적용하기 위해서 03행처럼 <string> 헤더 파일을 포함한다. 07행은 reversePrint 전역 함수를 정의하는데, 이 함수는 [리스트 3.9]의 reversePrint 함수와 달리 스택 객체를 레퍼런스 파라미터로 전달받아 이 스택 객체에 저장된 값들을 거꾸로 출력하는 함수이다. Stack 템플릿 클래스 이름이 Stack<T>로 사용되는 것에 주의하자.

[리스트 3.11]의 17행에 있는 문장에서 <char>의 char은 Stack 템플릿 클래스에 파라미터로 전달되어 템플릿 파라미터 T와 대응된다. 컴파일러는 문자를 저장하는 Stack<char> 클래스를 [그림 3.21]에 보인 것처럼 생성한 후, 이 Stack<char> 클래스로부터 charStack 객체를 생성한다.

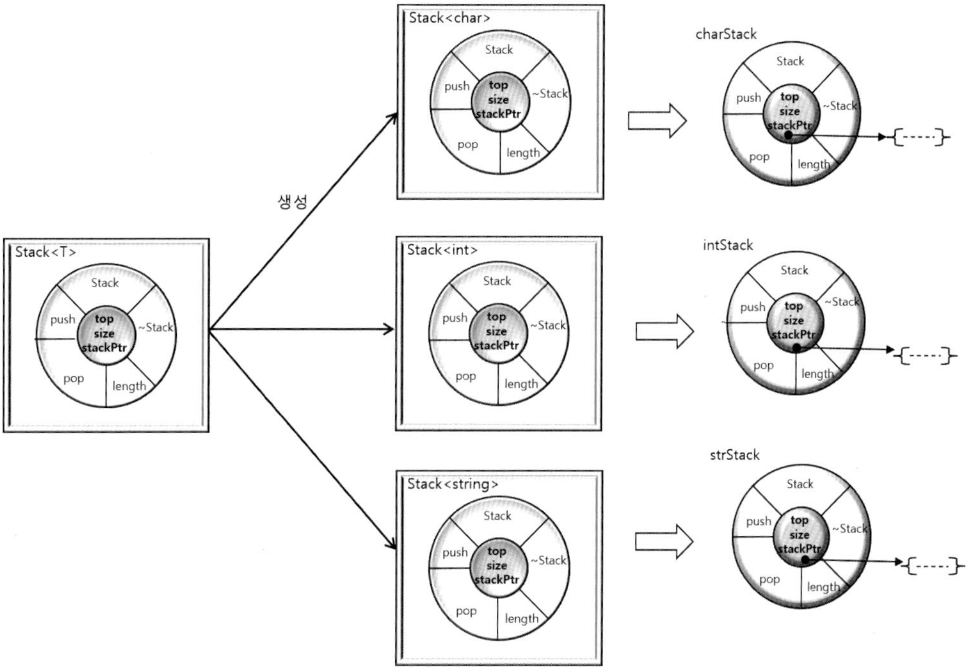

▲ 그림 3.21 ▷ 템플릿 클래스로부터 클래스들의 생성

[리스트 3.11]의 18~20행처럼 세 개의 문자를 charStack 객체에 푸시한 후, 21행처럼 reversePrint 함수를 호출한다. charStack 객체는 레퍼런스 전달 호출 방식으로 전달된다. reversePrint 함수는 템플릿 함수이므로 [그림 2.17]에 보인 것처럼 컴파일러는 reversePrint 템플릿 함수로부터 void reversePrint(Stack<char>& stk) 함수를 생성해서 이 함수를 사용한다. 09행처럼 스택 객체의 길이를 얻은 후, 10~12행처럼 문자들을 팝해서 출력하면 m, u, e가 출력된다.

22행은 string 타입의 문자열을 저장할 수 있는 strStack 객체를 생성한다. 컴파일러가 [그림 3.21]에 보인 과정을 거쳐서 strStack 객체를 생성하므로 [리스트 3.11]의 프로그램은 사실상 Stack<char>과 Stack<string>의 두 클래스를 포함한다. 컴파일러는 이 두 클래스를 소스 코드에 생성하는 것이 아니라 메모리의 코드 영역에 생성해서 나머지 코드와 함께 컴파일한다. 실행 코드의 크기는 조금 증가되지만 성능이 떨어지지는 않는다.

[리스트 3.11]에서 23행은 "eum" 문자열 객체를 정적으로 생성하고 24행은 "doo" 문자열 객체를 동적으로 생성한다. 25행과 26행에서는 이 두 문자열 객체를 strStack 객체에 푸시해서 저장한다. 27행은 "hun" 문자열 객체를 동적으로 생성해서 strStack 객체에 푸시한다. 28행에서 reversePrint 함수를 호출하면 컴파일러에 의해 void reversePrint(Stack<string>& stk) 함수가 생성되어 "hun", "doo", "eum"의 순으로 출력된다.

2.5.2 비타입 파라미터를 사용하는 Stack 템플릿 클래스

T와 같은 템플릿 파라미터 외에 기본 데이터 타입의 파라미터도 템플릿 클래스의 파라미터로 사용할 수 있다. 이러한 기본 데이터 타입의 파라미터를 템플릿 파라미터가 아니라는 의미로 비타입 파라미터 non-type parameter라고 부른다.

[리스트 3.12]의 코드는 Stack 템플릿 클래스의 정의에 비타입 파라미터로 int 타입을 사용한 예이다.

리스트 3.12 Syntax5-2 프로젝트의 Stack.h 파일

```
#pragma once

template <typename T, int S = 100>
class Stack
{
public:
  Stack();
  ~Stack();
  void push(const T& value);
  T pop();
  int length();
private:
  int top = 0;
  int size = S;
```

```
15   T* stackPtr;
16 };
17
18 template <typename T, int S>
19 Stack<T, S>::Stack()
20 {
21   stackPtr = new T[size];
22 }
23
24 template <typename T, int S>
25 Stack<T, S>::~Stack()
26 {
27   delete[] stackPtr;
28   cout << "stack deleted!" << endl;
29 }
30
31 template <typename T, int S>
32 void Stack<T, S>::push(const T& val)
33 {
34   if (top < size)
35     stackPtr[top++] = val;
36 }
37
38 template <typename T, int S>
39 T Stack<T, S>::pop()
40 {
41   if (top > 0)
42     return stackPtr[--top];
43 }
44
45 template <typename T, int S>
46 int Stack<T, S>::length()
47 {
48   return top;
49 }
```

[리스트 3.12]의 03행에서 템플릿 파라미터 T와 함께 int 타입의 파라미터 S를 정의하면서 디폴트값으로 100을 지정한다. 14행은 스택의 크기인 size 멤버 변수를 S의 값으로 초기화한다. 따라서 값이 제공되지 않으면 size 멤버 변수는 디폴트값인 100으로 초기화된다. 나머지 코드는 [리스트 3.10]의 Stack 템플릿 클래스의 코드와 거의 같다.

멤버 함수의 구현에 18행처럼 template <typename T, int> 절을 사용하는 것과 19행처럼 클래스명이 Stack<T, int>인 것이 다르다. 또한, 동적으로 할당할 배열의 크기가 [리스트 3.10]의 19행과 달리 생성자에게 전달되는 것이 아니고, 03행의 비타입 파라미터인 S로 전달되므로 19행의 생성자는 파라미터를 사용하지 않고 21행처럼 멤버 변수 size의 크기로 동적 배열을 생성한다. 스택 객체가 소멸되는 것을 확인하기 위해서 28행의 출력문을 소멸자에 추가한다.

이 클래스를 활용하는 TemplateFuncApp.cpp 파일은 [리스트 3.13]과 같고 [그림 3.22]는 실행 결과를 보인 것이다.

리스트 3.13 Syntax5-2 프로젝트의 TemplateFuncApp.cpp 파일

```
#include “Stack.h”
#include <iostream>
#include <string>
using namespace std;

template <typename T, int S>
void reversePrint(Stack<T, S>& stk)
{
  int cnt = stk.length();
  for (int i = 0; i < cnt; ++i) {
    cout << stk.pop() << endl;
  }
}

int main()
{
  {
    Stack<char> charStack;
    charStack.push(‘e’);
    charStack.push(‘u’);
    charStack.push(‘m’);
  }
  Stack<string, 20> strStack;
  strStack.push(*(new string(“doo”)));
  strStack.push(*(new string(“hun”)));
  cout << “length of string stack = ” << strStack.length() << endl;
  reversePrint(strStack);
  cout << “length of string stack = ” << strStack.length() << endl;

  return 0;
}
```

[리스트 3.13]의 main 함수에 17~22행처럼 중간 스코프를 설정한다. 18행의 charStack 객체는 이 스코프를 벗어나는 22행에서 소멸된다. charStack 객체를 생성하면서 <> 내에 크기를 지정하는 S의 값을 생략했으므로 디폴트값인 100이 사용된다. charStack 객체가 소멸되기 직전에 소멸자가 자동으로 호출되는데, 소멸자에서 동적으로 할당된 배열이 메모리에 환원되고 "stack deleted!"라는 메시지가 [그림 3.22]의 첫 번째 행처럼 출력된다. 이 배열에는 19~21행에 의해 세 개의 문자가 저장되어 있었을 것이다.

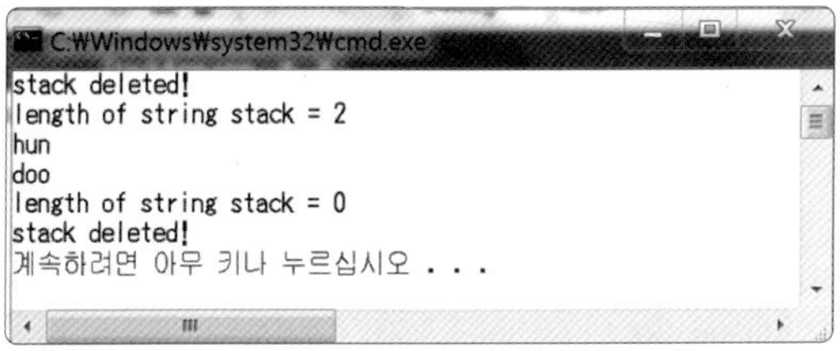

▲ 그림 3.22 ▷ 비타입 파라미터를 사용하는 Stack 템플릿 클래스의 활용

23행은 string 타입의 문자열을 저장하고 크기가 20인 strStack 객체를 생성한다. 27행에서 reversePrint 함수를 호출하기 전에 26행에서 strStack 객체의 길이를 출력한다. 두 개의 문자열이 저장됐으므로 2가 출력된다. 27행의 reversePrint 함수가 실행된 후, 28행처럼 strStack 객체의 길이를 다시 출력하면 reversePrint 함수에서 모든 원소를 팝해서 출력했으므로 [그림 3.22]의 다섯 번째 행처럼 0이 출력된다. 31행에서 main 함수의 스코프를 벗어나면 strStack 객체도 소멸되는데, 이때도 소멸자가 호출되어 "stack deleted!" 메시지가 한 번 더 출력된다.

표준 템플릿 라이브러리의 array 컨테이너는 비타입 파라미터를 사용해서 구현된 템플릿 클래스이다. 이 array 컨테이너의 활용은 4장의 응용 과제 3에서 다룬다.

Stack 템플릿 클래스의 활용 2.5.3

이제, [리스트 3.5]의 개선된 Rect 클래스에 Stack 템플릿 클래스를 적용해 보자. 이 책이 제공하는 Syntax5-3 폴더는 개선된 Rect 클래스의 소스 파일들과 [리스트 3.10]의

Stack.h 헤더 파일을 포함한다. Rect 클래스와 Stack 템플릿 클래스를 활용하는 TemplateFuncApp.cpp 파일은 [리스트 3.14]와 같고 [그림 3.23]은 실행 결과를 보인 것이다.

리스트 3.14 Syntax5-3 프로젝트의 TemplateFuncApp.cpp 파일

```
01 #include “Rect.h”
02 #include “Stack.h”
03 #include <memory>
04
05 int main()
06 {
07   Stack<Rect> rectStack(10);
08   Rect rect1(100, 100, 130, 150);
09   Rect* rect2 = new Rect(200, 200, 250, 270);
10   std::shared_ptr<Rect> rect3(new Rect(300, 300, 320, 380));
11   cout << rect1 << endl;
12   cout << *rect2 << endl;
13   cout << *rect3 << endl;
14   cout << “Stack - LIFO” << endl;
15   rectStack.push(rect1);
16   rectStack.push(*rect2);
17   rectStack.push(*rect3);
18   rectStack.push(Rect(400, 400, 430, 450));
19   rectStack.push(Rect());
20   Rect r1 = rectStack.pop();
21   Rect r2 = rectStack.pop();
22   Rect r3 = rectStack.pop();
23   Rect r4 = rectStack.pop();
24   cout << r1 << endl;
25   cout << r2 << endl;
26   cout << r3 << endl;
27   cout << r4 << endl;
28   cout << rectStack.pop() << endl;
29
30   delete rect2;
31   rect2 = nullptr;
32   return 0;
33 }
```

01~03행은 이 파일에 필요한 헤더 파일들을 포함한다. 사각형 객체를 저장하는 크기 10인 rectStack 객체를 07행처럼 생성한다. 08행은 rect1 객체를 정적으로 생성하고 09행은

C 포인터 변수 rect2를 이용해서 사각형 객체를 동적으로 생성한다. 10행은 사각형 객체를 동적으로 생성해서 그 포인터를 shared_ptr<Rect> 타입의 변수 str3에 저장한다. 11~13행은 이 세 객체를 출력한다.

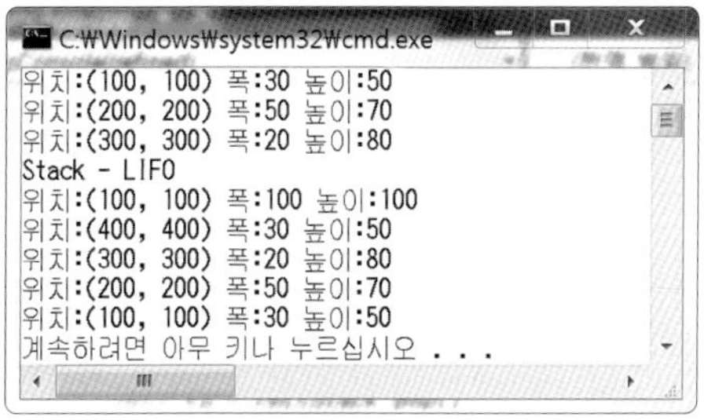

▲ 그림 3.23 ▷ Rect 클래스에 적용한 Stack 템플릿 클래스

15~17행은 세 객체를 스택에 푸시해서 저장한다. 18행은 파라미터를 네 개 사용하는 Rect 클래스의 생성자를 호출해서 사각형 객체를 생성하면서 바로 스택에 푸시해서 저장한다. 이 객체는 08행처럼 이름이 지정되어 생성된 rect1 좌측값 객체와 달리 1장의 "2.8 우측값 레퍼런스" 절에서 다룬 이름이 없는 우측값 임시 객체로 생성되어 스택에 저장된다. 우측값 객체이지만 스택 객체에 저장되는 순간, rectStack[3]이라는 이름을 가지므로 좌측값 객체가 된다. 19행은 이 장의 "2.1 디폴트 생성자" 절에서 설명한 Rect 클래스의 디폴트 생성자를 호출해서 사각형 객체를 생성하면서 바로 스택에 푸시해서 저장한다. 20~27행은 스택에 저장된 네 사각형 객체를 팝해서 출력한다. 28행은 스택에 남아 있는 마지막 사각형 객체를 팝해서 바로 출력한다. 다섯 개의 객체들이 [그림 3.23]에 보인 것처럼 저장된 순서의 역순으로 출력되는 것을 확인할 수 있다.

제네릭 프로그래밍을 지원하는 C++의 템플릿 기능은 파라미터 다형성 parametric polymorphism을 제공한다. 다형성이라고 번역되는 polymorphism은 여럿의 의미를 갖는 poly와 형태의 의미를 갖는 morph의 합성어이므로 다형성을 여러 형태라고 해석할 수 있다. 따라서 파라미터 다형성은 같은 함수나 클래스를 가지고 파라미터로 제공되는 여러 타입의 데이터를 처리할 수 있는 것을 의미한다.

템플릿 기능은 4장에서 설명할 객체지향 기술의 다형성 기능과 함께 포괄적이고 유연한 프로그래밍을 가능하게 한다. C++에서 템플릿 기능으로 제공되는 파라미터 다형성은 컴파일시 제공되고 컴파일시 다형성 객체지향 다형성 기능은 실행시 제공된다 실행시 다형성. 두 종류의 다형성은 객체지향 다형성을 다룰 때 다시 설명하기로 하자. 템플릿 클래스의 코드는 Stack 템플릿 클래스처럼 임의의 타입에 적용될 수 있도록 포괄적으로 작성돼야 한다.

2.6 접근 함수와 변경 함수

[리스트 3.5]의 개선된 Rect 클래스에서, protected 접근자로 지정한 upperLeftX, upperLeftY, lowerRightX, lowerRightY 멤버 변수들 리스트 3.5의 39~42행은 Rect 클래스와 4장에서 다룰 자식 클래스의 객체에만 직접 접근을 허용한다. 사각형 객체의 외부에서 멤버 변수의 값이 필요한 경우, 외부 접근을 허용하기 위해서 그 값을 반환하는 getUpperLeftX, getUpperLeftY, getLowerRightX, getLowerRightY 접근 함수 accessor들을 [리스트 3.5]의 28~31행처럼 public 접근자를 지정해서 추가해 주고 다음 코드처럼 구현한다. 접근 함수의 이름은 일반적으로 get으로 시작한다. 접근 함수는 멤버 변수의 값을 반환할 뿐 그 값을 변경하지 않으므로 const 멤버 함수로 정의하는 것이 좋다.

왼쪽 글 [그림 3.5 글을 수정 주셨는데, 스트 3.5] 경했습니다

```
int Rect::getUpperLeftX() const
{
  return upperLeftX;
}
int Rect::getUpperLeftY() const
{
  return upperLeftY;
}
int Rect::getLowerRightX() const
{
  return lowerRightX;
}
int Rect::getLowerRightY() const
{
  return lowerRightY;
}
```

이 멤버 변수들의 값 변경을 외부에 허용하려면 다음 코드처럼 public 속성의 변경 함수들 mutator, [리스트 3.5]의 33~36행을 정의해 준다. 변경 함수명은 일반적으로 set으로 시작한다.

```
void Rect::setUpperLeftX(int k)
{
  upperLeftX = k;
}
void Rect::setUpperLeftY(int k)
{
  upperLeftY = k;
}
void Rect::setLowerRightX(int k)
{
  lowerRightX = k;
}
void Rect::setLowerRightY(int k)
{
  lowerRightY = k;
}
```

연산자 오버로딩 2.7

C에서 +, -, >, ++ 등의 연산자는 int, double과 같은 기본 데이터 타입에만 적용되는 내장 함수이다. 연산자는 기호화된 함수명을 사용한다는 것이 다를 뿐 일반 함수와 동작 원리가 같다.

1장의 "2.6 함수의 오버로딩" 절에서는 일반 함수를 오버로딩하는 C++의 기능을 소개했다. 함수의 오버로딩은 같은 함수명을 사용하는 여러 함수를 정의할 수 있는 기능이다. C++는 클래스를 정의하면서 =, -, >, ++ 등으로 기호화된 멤버 함수나 전역 함수를 정의해서 이 클래스로부터 생성된 객체에 정의된 함수를 적용할 수 있는 기능도 제공한다.

이처럼 기존의 연산자를 오버로딩하는 것을 연산자 오버로딩 operator overloading이라고 부른다. 오버로딩할 수 있는 연산자는 +, > 등과 같은 이항 연산자와 ++, -- 등과 같은 단항 연산자로 구분된다. 3항 연산자인 ?:는 오버로딩할 수 없다.

[리스트 3.5]의 개선된 Rect 클래스에서, 24행의 operator> 멤버 함수는 operator 키워드를 사용해서 이항 연산자인 >를 오버로딩하는 함수이다. C++는 > 연산자 앞에 operator 키워드를 붙여 operator> 연산자라는 용어를 사용한다. 25행과 26행에 선언한 멤버 함수들과 45행, 46행, 47행, 49행에 선언한 전역 함수들은 모두 C의 연산자를 오버로딩하는 함수들이다. 이들을 활용하는 [리스트 3.15]의 코드를 살펴보면서, 그 구현을 이항 연산자와 단항 연산자로 구분해서 설명한다. [그림 3.24]는 이 프로그램을 실행한 결과를 보인 것이다.

리스트 3.15 Syntax7 프로젝트의 OperatorOverloadingApp.cpp 파일

```
#include “Rect.h”

int main()
{
  // operator> 연산자 - 멤버 함수
  cout << “operator> 연산자” << endl;
  Rect thisRectangle(30, 40, 70, 80);
  Rect thatRectangle(100, 90, 110, 120);
  if (thisRectangle > thatRectangle)
    cout << thisRectangle << endl;
  // operator< 연산자 - 전역 함수
  cout << “operator< 연산자” << endl;
  Rect hisRectangle(30, 40, 70, 80);
  Rect herRectangle(100, 90, 130, 150);
  if (hisRectangle < herRectangle)
    cout << hisRectangle << endl;
  // operator++ 전위 연산자 - 멤버 함수
  cout << “operator++ 전위 연산자” << endl;
  Rect aRectangle(30, 40, 70, 80);
  cout << aRectangle << endl;
  cout << ++aRectangle << endl;
  cout << ++(++aRectangle) << endl;
  // operator-- 연산자 - 전역 함수
  cout << “operator-- 연산자” << endl;
  Rect theRectangle(30, 40, 70, 80);
  cout << theRectangle << endl;
  cout << --theRectangle << endl;
  cout << --(--theRectangle) << endl;
  // operator++ 후위 연산자 - 멤버 함수
  cout << “operator++ 후위 연산자” << endl;
  Rect myRectangle(30, 40, 70, 80);
  cout << myRectangle << endl;
```

```
33    cout << myRectangle++ << endl;
34    cout << myRectangle++ << endl;
35
36    return 0;
37 }
```

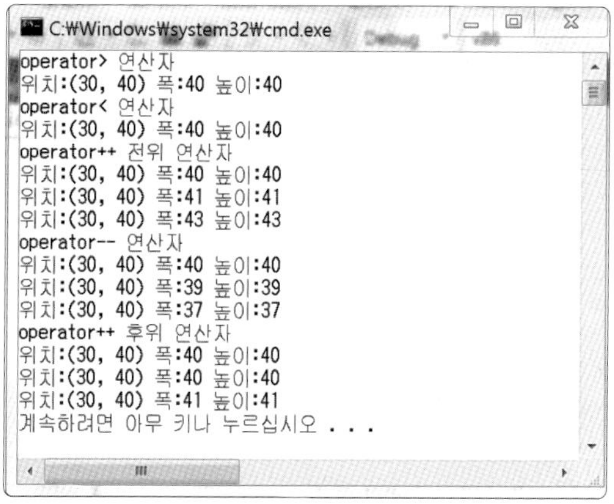

▲ 그림 3.24 ▷ 사각형 객체에 적용한 다양한 연산자들

이항 연산자의 오버로딩 2.7.1

[리스트 3.15]의 07행과 08행은 두 개의 사각형 객체를 생성한다. operator> 멤버 함수가 구현되면 09행처럼 삽입 표현식 infix notation으로 두 사각형의 면적을 비교하는 것이 가능하다. 삽입 표현식이란 C의 x > y 표현식처럼 연산자가 가운데에 삽입되고 이 연산자의 두 파라미터가 좌우에 놓이는 표현식을 의미한다.

if 문의 조건절인 thisRectangle > thatRectangle 표현식은 컴파일러에 의해 [그림 3.25]처럼 thisRectangle.operator>(thatRectangle)의 멤버 함수 호출로 해석된다.

thisRectangle 객체에 이어서 멤버 접근 연산자인 마침표(.)를 명시하고 호출할 멤버 함수로 operator>를 명시한다. 파라미터 리스트를 괄호로 묶어 표현하는 것은 일반 멤버 함수의 호출과 같다. 따라서 thisRectangle 객체는 실습 과제에서 설명한 this 포인터 변수가 가리키는 객체이다. this 포인터 변수는 멤버 함수 내에서 이 멤버 함수의 소유 객체를 가리키고 이 함수에 제공되는 제3의 파라미터라고 설명했다.

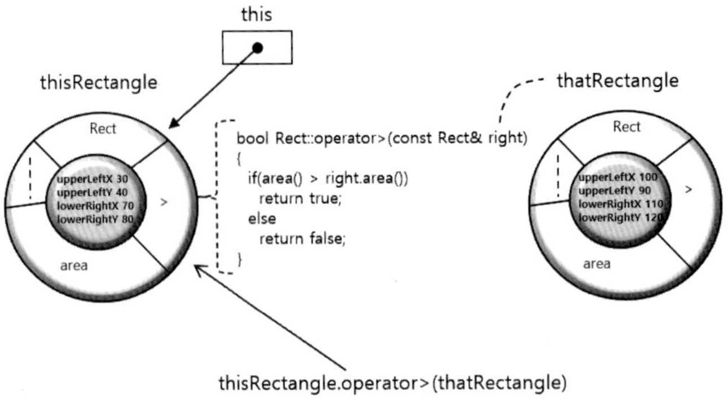

▲ 그림 3.25 ▷ thisRectangle > thatRectangle 표현식의 의미

Rect.cpp 파일에 정의된 Rect::operator> 멤버 함수는 다음 코드와 같다.

```
bool Rect::operator>(const Rect& right)
{
  if (area() > right.area())
    return true;
  else
    return false;
}
```

thisRectangle > thatRectangle의 조건절을 생각해 보면, 위 코드의 첫 번째 행에서 right 파라미터는 [그림 3.25]처럼 thatRectangle 객체를 상수 레퍼런스로 전달받는다. 이 장의 "2.2 const 멤버 함수와 상수 객체" 절에서 객체를 상수 레퍼런스 파라미터로 전달받으면 이 파라미터는 함수 내에서 상수 객체에 대한 별명이라고 설명했다. 상수 객체는 const 멤버 함수만 호출할 수 있다.

위 코드의 세 번째 행에서 area()는 앞에 this->가 생략된 표현이므로 this 포인터 변수가 가리키는 thisRectangle 객체 자신의 area 멤버 함수를 호출해서 면적을 반환한다. right.area()는 상수 객체화된 thatRectangle 객체의 area 멤버 함수를 호출해서 면적을 반환하는데, area 멤버 함수가 const 멤버 함수이므로 문제없이 잘 실행된다.

세 번째 행에서 operator> 연산자로 두 면적을 비교하는데, 여기서 사용되는 operator> 연산자는 두 항이 정수이므로 컴파일러에 의해 C의 operator> 연산자로 해석된다. 따라서 첫 번째 행의 operator>와 세 번째 행의 operator>가 서로 다른 함수이므로 함수가 같은 함수를 호출하는 재귀 호출 recursive call의 경우가 아니다.

컴파일러는 operator> 연산자의 왼쪽 항이 사각형 객체이면 우리가 정의한 operator> 멤버 함수의 호출로 해석하고 정수이면 C의 operator> 연산자 함수의 호출로 해석한다. 이는 컴파일러가 일반 함수의 오버로딩을 파라미터 리스트에 의해 구분하는 것과 같다. thisRectangle 객체의 면적이 크므로 네 번째 행처럼 true가 반환되어 [그림 3.24]에 보인 것처럼 thisRectangle 객체가 출력된다.

연산자 오버로딩은 멤버 함수가 아닌 전역 함수로도 정의할 수 있다. 다음은 [리스트 3.5]의 45행에 명시한 operator< 연산자를 Rect.cpp 파일에 전역 함수로 오버로딩한 코드이다.

```
bool operator<(const Rect& left, const Rect& right)
{
  if (left.area() < right.area())
    return true;
  else
    return false;
}
```

위 코드에서, 멤버 함수로 오버로딩한 경우와 다른 점은 첫 번째 행에 보인 것처럼 파라미터의 개수이다. 이는 [리스트 3.15]에서 15행의 코드를 살펴보면 당연하다. if 문의 조건절인 hisRectangle < herRectangle의 표현식이 이번에는 멤버 함수의 호출이 아닌 [그림 3.26]처럼 operator<(hisRectangle, herRectangle)의 전역 함수 호출로 해석되므로 operator< 전역 함수는 두 개의 파라미터를 사용한다.

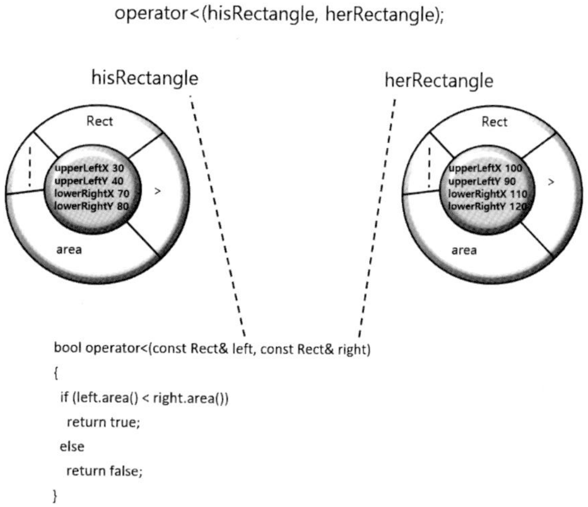

▲ 그림 3.26 ▷ hisRectangle < herRectangle 표현식의 의미

지금까지, 개선된 Rect 클래스의 객체를 operator<< 연산자로 콘솔 윈도우에 직접 출력할 수 있었다. C++가 제공하는 cout 객체의 operator<< 연산자는 사각형 객체를 직접 출력할 수 없지만 [리스트 3.5]의 개선된 Rect 클래스에서 49행의 전역 함수를 다음 코드처럼 구현하면 가능하다.

```
std::ostream& operator<<(std::ostream& os, const Rect& r)
{
  os << "위치:(" << r.getUpperLeftX() << ", "
     << r.getUpperLeftY() << ")";
  os << " 폭:"  << r.getLowerRightX() - r.getUpperLeftX();
  os << " 높이:" << r.getLowerRightY() - r.getUpperLeftY();
  return os;
}
```

위 코드는 cout 객체를 생성하는 ostream 클래스의 operator<< 연산자를 전역 함수로 오버로딩한 것이다. 이 함수가 구현되면 cout 객체를 이용해서 사각형 객체를 위치, 폭, 높이의 형식으로 바로 출력할 수 있다.

[리스트 3.15]의 10행은 cout << thisRectangle << endl;의 문장인데, 이 문장은 operator<< 연산자를 두 번 연속으로 사용한다. 첫 번째 연산자는 컴파일러에 의해 operator<<(cout, thisRectangle)의 전역 함수 호출로 해석되고 두 번째 연산자는 cout.operator<<(endl)의 멤버 함수 호출로 해석된다. operator<< 연산자의 파라미터가 사각형 객체를 포함하면 위 코드처럼 오버로딩한 전역 함수가 호출되고 endl처럼 cout이 지원하는 데이터 타입의 값이면 ostream 클래스의 operator<< 멤버 함수가 호출된다. endl은 '\n' 문자에 붙여진 이름이다.

operator<< 연산자의 오버로딩은 전역 함수로만 가능하다. 이는 operator<< 연산자의 왼쪽 항이 cout 객체이므로 라이브러리 클래스인 ostream 내에서 이 함수를 멤버 함수로 오버로딩할 수 없기 때문이다.

1장의 "2.7 레퍼런스와 레퍼런스 전달 호출" 절에서 함수의 파라미터를 레퍼런스로 전달하는 방식과 레퍼런스를 반환하는 함수를 다뤘다. cout << thisRectangle의 문장에서 위 코드의 operator<< 연산자가 호출되는데, cout 전역 객체가 파라미터로 전달돼 operator<< 연산자 내에서 사용된다. operator<< 연산자는 레퍼런스 전달 방식으로 cout

객체를 os 파라미터로 전달받는다. operator<< 연산자의 반환 타입도 ostream 클래스의 레퍼런스 타입으로 정의해야 cout << thisRectangle << thatRectangle << endl; 처럼 operator<< 연산자를 한 문장 내에서 두 사각형 객체에 연속으로 적용할 수 있다. 전역 객체인 cout을 별명으로 전달받고 별명으로 반환해야 한 문장 내에서 같은 cout 객체에 operator<< 함수를 연속으로 사용할 수 있다.

또한, operator<< 연산자가 사각형 객체를 출력만 하기 위한 함수이므로 r 파라미터도 상수 레퍼런스 타입으로 정의하는 것이 좋다. 2장의 "2.8 파일 입출력" 절에서 다룬 파일 출력 전담 객체의 operator<< 연산자도 같은 방식으로 오버로딩할 수 있다.

cin 객체의 operator>> 연산자를 오버로딩하면 키보드로부터 지정된 형식으로 사각형 객체의 왼쪽 위 꼭짓점과 오른쪽 아래 꼭짓점을 입력받아 사각형 객체를 생성할 수 있다. operator>> 연산자를 오버로딩하는 것은 operator<< 연산자의 오버로딩과 크게 다르지 않다.

다음 코드는 operator>> 연산자를 오버로딩할 경우에 사용될 전역 함수의 원형을 보인 것이다. r 파라미터는 입력된 값으로 멤버 변수의 값이 지정돼야 하므로 const 속성으로 지정할 수 없다.

```
std::istream& operator>>(std::istream& is, Rect& r);
```

2장의 "2.8 파일 입출력" 절에서 다룬 파일 입력 전담 객체의 operator>> 연산자도 같은 방식으로 오버로딩할 수 있다.

연산자를 오버로딩할 때 멤버 함수와 전역 함수의 선택이 가능하다면 멤버 함수로 구현하는 것이 객체지향 원리에 맞고 코드도 깔끔해져서 좋다. 일반적으로, 이항 연산자를 멤버 함수로 오버로딩할 때 왼쪽 항은 반드시 클래스 타입이어야 하며 이항 연산자를 전역 함수로 오버로딩할 때는 두 항 중 한 개가 클래스 타입이면 된다.

2.7.2 단항 연산자의 오버로딩

[리스트 3.5]의 개선된 Rect 클래스에서, 25행의 operator++ 멤버 함수는 단항 연산자인 operator++를 오버로딩한다. [리스트 3.15]의 21행은 cout << ++aRectangle << endl;의 문장인데, operator++ 멤버 함수가 구현되면 operator++ 연산자를 사각형 객체에 적용해서 사각형의 폭과 높이를 1픽셀씩 증가시키는 것이 가능하다. ++aRectangle의 표현은 컴파일러에 의해서 aRectangle.operator++()의 멤버 함수 호출로 해석된다. 이 멤버 함수의 구현은 다음 코드와 같다.

```
Rect& Rect::operator++()
{
  ++lowerRightX;
  ++lowerRightY;
  return *this;
}
```

위 코드에서 lowerRightX와 lowerRightY 멤버 변수의 값을 1씩 증가시키는데, 이때 호출되는 operator++ 연산자는 항이 정수이므로 C의 operator++ 연산자이다. lowerRightX와 lowerRightY 멤버 변수의 값을 1씩 증가시키면 사각형의 폭과 높이를 1씩 증가시키는 결과이다.

위 코드의 첫 번째 행에서 반환 타입이 Rect가 아닌 Rect& 타입인 이유는 [리스트 3.15]의 22행에 사용한 ++(++aRectangle)처럼 operator++ 연산자를 연속으로 적용하는 표현식에서 찾을 수 있다. 이 표현식의 의미는 aRectangle 객체의 폭과 높이를 2픽셀씩 증가시키는 것이다.

Rect 타입으로 반환할 경우는 사각형 객체의 복사본 객체가 반환되므로 [그림 3.27]의 아래 그림처럼 처리돼서 의도한 결과를 얻지 못한다. operator++ 연산자를 aRectangle 객체에 적용하면 aRectangle 객체의 오른쪽 아래 꼭짓점을 1씩 증가시키지만, 복사본이 반환되므로 두 번째 operator++ 연산자는 그 복사본에 적용된다. 두 번째 operator++ 연산자는 복사본의 오른쪽 아래 꼭짓점을 다시 1씩 증가시키므로 복사본의 오른쪽 아래 꼭짓점은 2씩 증가하는 결과이지만, aRectangle 객체의 오른쪽 아래 꼭짓점은 첫 적용 때 1씩 증가시킨 값을 유지한다.

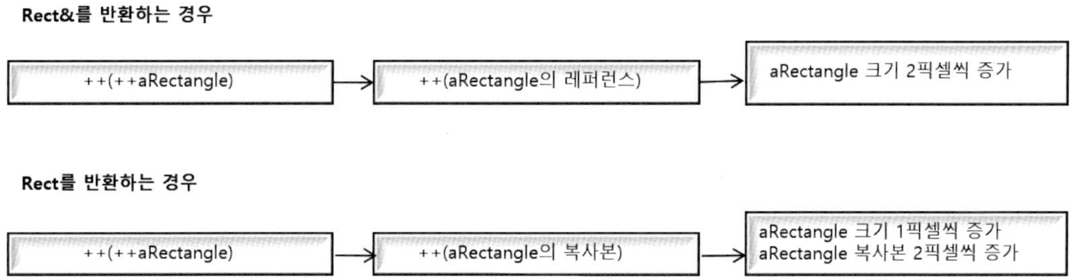

▲ 그림 3.27 ▷ 반환 타입에 따른 차이

[그림 3.27]에서 객체의 레퍼런스를 반환하는 것은 [그림 1.36]에서 정수의 레퍼런스를 반환하는 것과 같은 이치이다. Rect& 타입으로 반환하는 경우를 살펴보자. operator++ 연산자를 aRectangle 객체에 적용하면 aRectangle 객체의 오른쪽 아래 꼭짓점을 1씩 증가시키고, 이 aRectangle 객체를 반환하는 결과이므로 두 번째 operator++ 연산자도 같은 aRectangle 객체에 적용된다. 따라서, 의도한 대로 operator++ 연산자를 같은 aRectangle 객체에 연달아 적용해서 aRectangle 객체의 오른쪽 아래 꼭짓점을 2씩 증가시킨다. operator++ 멤버함수에제공되는 this는 operator++ 멤버함수를 소유한 aRectangle 객체에 대한 포인터이므로 *this는 aRectangle 객체를 의미한다

전역 함수나 멤버 함수에서 반환 타입으로 레퍼런스를 사용할 경우, 파라미터나 지역 변수는 함수가 실행될 때만 유효하고 종료되면 소멸되므로 파라미터나 지역 변수의 값을 레퍼런스 타입으로 반환하지 않도록 한다.

[리스트 3.15]의 25~28행은 operator-- 단항 연산자를 전역 함수로 오버로딩해서 사용하는 예이다. 27행에서 --theRectangle의 표현이 이번에는 멤버 함수의 호출이 아닌 operator--(theRectangle)의 전역 함수 호출로 해석되므로 operator-- 함수는 다음 코드처럼 한 개의 파라미터를 사용한다.

```
Rect& operator--(Rect& r)
{
  int lrx = r.getLowerRightX();
  int lry = r.getLowerRightY();
  r.setLowerRightX(--lrx);
  r.setLowerRightY(--lry);
  return r;
}
```

operator-- 전역 함수에서 사각형 객체 r의 멤버 변수들에 접근해서 감소시켜야 하는 외부 접근이므로 접근 함수와 변경 함수를 사용한다. 위 코드의 다섯 번째 행에서 사용한 --lrx는 lrx가 정수이므로 C의 operator-- 연산자의 호출이다.

[리스트 3.5]의 개선된 Rect 클래스에서 26행의 operator++ 멤버 함수는 25행의 operator++ 멤버 함수를 다시 오버로딩하고 있다. 그 이유는 [리스트 3.15]의 21행과 33행에서 찾을 수 있다. 21행은 cout << ++aRectangle << endl;의 문장이고 33행은 cout << myRectangle++ << endl;의 문장이다. 21행은 aRectangle 객체의 폭과 높이를 1씩 증가시킨 후, 출력하는 operator++의 전위 연산을 사용하고 33행은 myRectangle 객체를 먼저 출력한 후, 폭과 높이를 1씩 증가시키는 operator++의 후위 연산을 사용한다.

따라서 33행에서 사각형이 1픽셀씩 커진 것이 반영되지 않지만 34행에서는 후위 연산으로 증가된 크기가 반영되어 출력된다. 다음 코드는 후위 연산의 operator++ 연산자를 구현한 것이다.

```
Rect Rect::operator++(int k)
{
  Rect temp(upperLeftX, upperLeftY, lowerRightX, lowerRightY);
  ++(*this);
  return temp;
}
```

[리스트 3.5]에서 25행의 operator++ 연산자는 전위 연산일 때 호출된다. 26행의 operator++ 연산자는 후위 연산일 때 호출되는데, 위 코드에서 파라미터로 명시된 int는 아무 의미가 없고 컴파일러가 이 두 멤버 함수를 구분하기 위한 용도로만 사용된다.

위 코드는 후위 연산이므로 세 번째 행처럼 멤버 변수들의 현재 값으로 temp라는 지역 객체를 생성해서 이 temp 객체를 반환한다. 네 번째 행에서는 자기 자신의 폭과 높이를 1씩 증가시키기 위해 이미 구현된 전위 연산의 operator++ 연산자를 호출한다. this가 operator++ 멤버 함수에 제공되는 제3의 파라미터이고, this는 자기 참조 변수이므로 [리스트 3.15]의 33행에서 this 변수를 역참조한 *this는 myRectangle 객체 자신을 의미한다. temp가 지역 객체이므로 그 복사본이 반환되고 temp 객체는 함수의 종료와 함께 소멸된다. 따라서 주의할 점은 Rect& 타입이 아닌 Rect 타입으로 반환한다는 것이다.

파라미터 k는 전혀 사용되지 않는다. 일반적으로 후위 연산은 세 번째 행의 복사 과정 때문에 전위 연산보다 성능 측면에서 떨어진다. [리스트 3.5]의 47행에 선언된 operator-- 후위 연산자의 구현은 다음 절에서 설명한다.

연산자 오버로딩은 C++를 처음 배우는 개발자에게 매혹적일 수 있지만, 연산자의 기존 의미를 바꿀 수 있다는 점에서 남용해서는 안 되는 기능이기도 하다. 한 개발자에게 연산자를 오버로딩해도 좋을 것 같은 경우가 다른 개발자에게는 자연스럽지 않게 느껴져 혼란을 초래할 수 있기 때문이다.

따라서 오버로딩하는 연산자의 의미가 모든 사람에게 분명한 경우 외에는 연산자 오버로딩 대신 add, remove 등과 같은 일반 이름의 함수로 그 기능을 구현하는 것이 바람직하다. 특히, 프로그램이 주로 포인터 조작을 다룬다면 연산자 오버로딩은 사용하지 않는 것이 좋다.

연산자들이 혼합된 표현식에서 연산의 우선순위는 C 연산자들의 규칙을 따른다. 다음의 연산자들은 오버로딩할 수 없다.

```
.    ::    ?:    .*    sizeof
```

C에서 사용하는 연산자 외에 @와 같은 새로운 연산자를 도입할 수 없으며 기본 데이터 타입에 주어진 연산자의 기존 의미를 바꿀 수는 없다. 또한, 연산자 함수는 디폴트 파라미터를 설정할 수 없다.

디폴트 배정 연산자와 디폴트 복사 생성자 2.8

[리스트 3.16]은 [리스트 3.5]의 개선된 Rect 클래스로부터 생성된 사각형 객체 간의 배정과 이미 생성된 사각형 객체와 똑같은 복사본 사각형 객체를 생성하는 예이고 [그림 3.28]은 이 프로그램의 실행 결과를 보인 것이다.

리스트 3.16 Syntax8 프로젝트의 DefaultAssignCopyCtorApp.cpp 파일

```
01 #include “Rect.h”
02
03 int main()
04 {
05   // default assignment operator
06   Rect thisRectangle(30, 30, 100, 80);
07   Rect thatRectangle(80, 90, 130, 150);
08   cout << “default assignment operator” << endl;
09   cout << thisRectangle << endl;
10   thisRectangle = thatRectangle;
11   cout << thisRectangle << endl;
12   // default copy constructor
13   Rect myRectangle(thatRectangle);
14   cout << “default copy constructor” << endl;
15   cout << thatRectangle << endl;
16   cout << myRectangle << endl;
17
18   return 0;
19 }
```

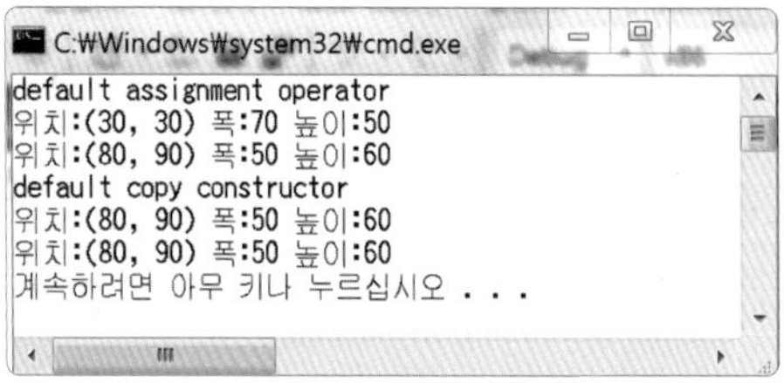

▲ 그림 3.28 ▷ 디폴트 배정 연산자와 디폴트 복사 생성자

06행과 07행은 두 개의 사각형 객체를 생성하고 09행은 첫 번째 사각형 객체를 출력한다. 10행에서 사용한 operator= 연산자는 C의 operator= 연산자를 오버로딩한 디폴트 배정 연산자 default assignment operator이다. [리스트 3.5]의 개선된 Rect 클래스에 정의하지 않았지만, 디폴트 배정 연산자는 컴파일러에 의해 자동으로 Rect 클래스의 멤버 함수로 제공된다.

컴파일러가 제공하는 디폴트 배정 연산자는 다음 코드와 같다.

```
Rect& Rect::operator=(const Rect& right)
{
  upperLeftX = right.upperLeftX;
  upperLeftY = right.upperLeftY;
  lowerRightX = right.lowerRightX;
  lowerRightY = right.lowerRightY;
  return *this;
}
```

[그림 3.29]는 이 디폴트 배정 연산자가 [리스트 3.16]의 10행에서 실행되는 과정을 보인 것이다.

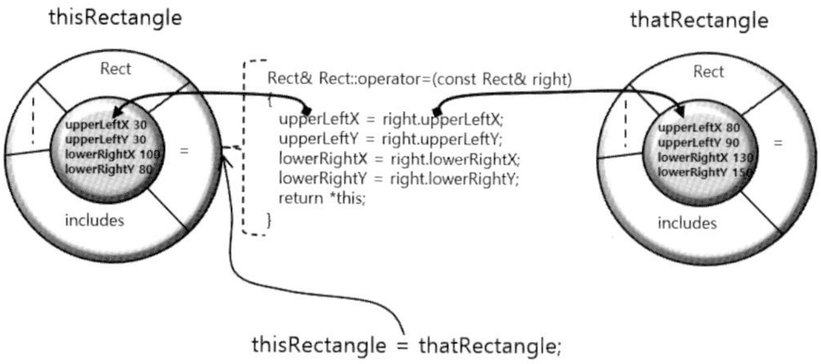

▲ 그림 3.29 ▷ 디폴트 배정 연산자의 실행

[그림 3.29]에서 right는 operator= 연산자의 오른쪽 항인 thatRectangle 객체의 상수 레퍼런스이다. 함수 내에서 왼쪽 항인 thisRectangle 객체의 멤버 변수에 right 객체의 멤버 변수의 값이 배정된다. thisRectangle 객체의 upperLeftX 멤버 변수는 protected 속성이므로 외부 접근이 제한되지만, operator= 연산자가 thisRectangle 객체의 멤버 함수이므로 upperLeftX에 대한 접근은 내부 접근이다. 또한, thisRectangle 객체의 operator= 연산자는 같은 클래스로부터 생성된 thatRectangle 객체의 protected 속성을 갖는 upperLeftX 멤버 변수도 직접 접근이 가능하다.

[리스트 3.16]의 11행처럼 thisRectangle 객체를 다시 출력해 보면 thatRectangle 객체의 복사본으로 변경된 것을 [그림 3.28]에서 확인할 수 있다. operator= 연산자가 Rect&

타입의 값을 반환하는 이유는 [그림 3.27]에서 설명한 것처럼 다음 코드와 같은 문장에서 operator= 연산자가 연속 실행될 수 있게 하기 위해서이다.

```
thisRectangle = thatRectangle = myRectangle;
```

13행은 myRectangle 객체를 생성하면서 생성자에게 제공하는 파라미터로 thatRectangle 객체를 지정한다. [리스트 3.5]의 개선된 Rect 클래스에는 사각형 객체를 파라미터로 사용하는 생성자를 정의하지 않았다. 그런데도 컴파일 오류가 발생하지 않는다. 이는 다음 코드와 같은 디폴트 복사 생성자 default copy constructor를 컴파일러가 자동으로 Rect 클래스에 제공하기 때문이다.

```
Rect::Rect(const Rect& r)
{
  upperLeftX = r.upperLeftX;
  upperLeftY = r.upperLeftY;
  lowerRightX = r.lowerRightX;
  lowerRightY = r.lowerRightY;
}
```

복사 생성자란 자기 자신과 같은 타입의 객체를 파라미터로 전달받는 생성자를 의미한다. 위 코드에서 디폴트 복사 생성자는 myRectangle 객체의 멤버 변수들을 thatRectangle 객체의 상수 레퍼런스인 r의 멤버 변수 값들로 복사한다.

다음 코드는 앞 절에서 설명하지 않은 operator-- 후위 연산자를 전역 함수로 구현한 것이다.

```
Rect operator--(Rect& r, int k)
{
  Rect temp(r);   // Rect temp = r;
  --r;
  return temp;
}
```

위 코드에서 첫 번째 행의 k 파라미터는 전위 연산의 operator-- 함수와 구분하기 위함이고 사용되지는 않는다. 세 번째 행은 temp 지역 객체를 생성하면서 파라미터로 사각형 객체인 r을 전달한다. 디폴트 복사 생성자가 실행되어 r 객체와 똑같은 temp 복사본 객체가 생성된다. 네 번째 행에서 호출한 operator-- 연산자는 Rect 클래스에서 오버로딩한 전위 operator-- 연산자이다.

컴파일러가 제공하는 디폴트 배정 연산자와 디폴트 복사 생성자를 사용하지 않고 반드시 배정 연산자와 복사 생성자를 정의해야 하는 경우는 5장의 필수 문법 절에서 다룬다.

타입 변환 2.9

이 절에서는 기본 데이터 타입 간의 타입 변환 type conversion을 먼저 살펴보고 이 책에서 정의한 Rect 클래스와 기본 데이터 타입 간의 타입 변환을 설명한다.

기본 데이터 타입 간의 타입 변환 2.9.1

C의 타입 변환을 잠깐 복습해 보자. 타입 변환에는 자동 변환과 수동 변환의 두 가지 방식이 있다. x + y와 같은 표현식은 값과 타입을 가진다. 예를 들어, x와 y의 두 변수가 같은 int 타입이면 표현식 x + y도 그 결과값은 int 타입이 된다. 그러나 x와 y가 서로 다른 타입이면 x + y는 혼합식이 된다. x가 short 타입이고 y가 int 타입이면 x는 int 타입으로 변환되고 x + y는 int 타입이 된다. 이때, x는 표현식이 계산되는 동안만 임시 변환되는 것이고 영구적으로 int 타입이 되는 것은 아니다.

[리스트 3.17]은 기본 데이터 타입 간의 타입 변환을 보인 예이고, [그림 3.30]은 실행 결과를 보인 것이다.

리스트 3.17 Syntax9-1 프로젝트의 TypeConversionApp.cpp 파일

```
#include <iostream>

int main()
{
  // 자동 타입 변환
  std::cout << “implicit type conversion” << std::endl;
```

```
07   short a = 3;
08   int b = 4;
09   long c = a * b;
10   std::cout << c << std::endl;
11   // 수동 타입 변환(타입 캐스팅)
12   std::cout << "explicit type conversion" << std::endl;
13   int x = 5;
14   double y = 3.14;
15   y = double(x) + y;                    // or (double)x
16   std::cout << y << std::endl;
17   double z = static_cast<double> (x);
18   std::cout << z << std::endl;
19   // 포인터 변수의 타입 변환
20   std::cout << "type conversion of pointers" << std::endl;
21   int* i = new int(7);
22   void* v;
23   v = static_cast<void*> (i);
24   int* j = static_cast<int*> (v);
25   std::cout << *j << std::endl;
26
27   return 0;
28 }
```

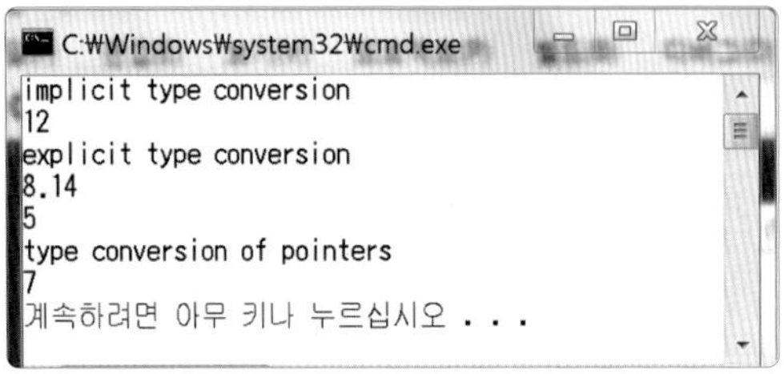

▲ 그림 3.30 ▷ 기본 데이터 타입 간의 타입 변환

[리스트 3.16]에서 09행의 혼합식에서 short 타입인 a는 int 타입으로 자동 증진되어 혼합식의 결과 타입은 int 타입이 된다. 배정문의 왼쪽 항인 c 변수가 long 타입이므로 혼합식의 결과값은 다시 long 타입으로 자동 증진되어 c에 배정된다.

15행은 타입 캐스팅 type casting이라 불리는 수동 변환을 이용해서 int 타입인 x를 double 타입으로 변환한다. 변환하고자 하는 타입명을 함수처럼 사용하는 형식과 주석 처리된 것처럼 () 내에 타입을 명시하는 C의 형식이 가능하다.

17행처럼 static_cast 템플릿 함수를 사용하면 잘못된 타입 변환을 컴파일러가 걸러주므로 C의 타입 캐스팅 방식보다 static_cast 함수의 사용을 권장한다. 수동 변환은 개발자가 컴파일러가 수행하는 자동 변환을 사용하지 않고, 변환 타입을 지정하고 싶을 때 사용한다.

모든 포인터 타입은 23행처럼 void* 타입으로 변환할 수 있다. 24행은 void* 타입의 포인터를 다시 int 타입의 포인터로 변환한다.

다음 코드처럼 const 속성이 아닌 포인터를 파라미터로 전달받는 print 함수에 상수 포인터를 전달하기 위해서 const_cast 템플릿 함수를 사용하기도 하는데, const_cast 함수는 상수 포인터를 일반 포인터로 잠시 변환하는 역할을 담당한다.

```
void print (char* str)
{
  cout << str << '\n';
}

int main () {
  const char* c = "sample text";
  print (const_cast<char*> (c));

  return 0;
}
```

위 코드의 print 함수는 str 파라미터의 값을 출력만 하므로 괜찮지만, 함수 내에서 str 파라미터의 값을 변경하면 실행 오류가 발생하기 때문에 const_cast 함수는 꼭 필요한 경우에만 사용하는 것이 좋다.

기본 데이터 타입 간의 타입 변환은 배정문이나 혼합식에서 이뤄지며 함수에 파라미터를 전달할 때나 함수로부터 결과값을 반환받을 때도 이뤄진다.

기본 데이터 타입과 클래스 타입 간의 타입 변환 2.9.2

C++는 사용자가 정의하거나 라이브러리가 제공하는 구조체나 클래스 타입과 기본 데이터

타입을 [그림 3.31]에 보인 것처럼 하나의 타입 시스템으로 통합해서 관리한다. C++에서 구조체의 정의는 기본 접근자가 public인 클래스의 정의와 같다.

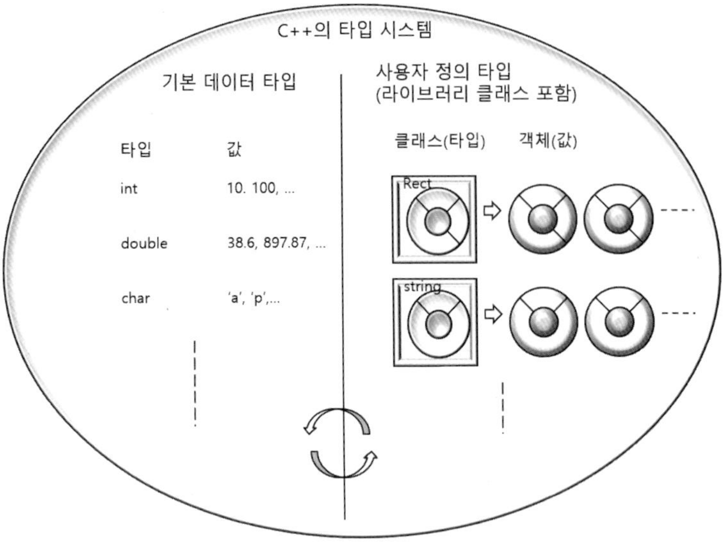

▲ 그림 3.31 ▷ C++의 타입 시스템

C++는 기본 데이터 타입과 클래스 타입 간의 타입 변환과 함께 클래스 타입 간의 타입 변환도 지원한다. 클래스 타입에서 기본 데이터 타입으로의 변환과 기본 데이터 타입에서 클래스 타입으로의 변환을 차례대로 살펴보자. 이러한 변환은 기본 데이터 타입끼리의 변환과 같이 자동 또는 수동으로 수행된다. 클래스 타입 간의 타입 변환도 지원되지만, 이 책에서는 다루지 않는다.

[리스트 3.18]은 [리스트 3.5]의 개선된 Rect 클래스를 활용해서 타입 변환을 수행하는 예이고 [그림 3.32]는 실행 결과를 보인 것이다.

리스트 3.18 Syntax9-2 프로젝트의 TypeConversionApp.cpp 파일

```
#include “Rect.h”

int main()
{
  // Rect type -> int type
```

```
    cout << "Rect to int conversion -----" << endl;
    Rect thatRectangle(40, 30, 80, 90);
    int i;
    // 자동 변환
    i = (++thatRectangle);
    cout << i << endl;
    // 수동 변환
    int j = static_cast<int>(thatRectangle);
    cout << j << endl;
    // int type -> Rect type
    cout << "int to Rect conversion ------" << endl;
    Rect tempRectangle(50, 50, 100, 110);
    Rect theRectangle(40, 30, 80, 90);
    int m = 10000;
    // 자동 변환
    tempRectangle = m;
    cout << tempRectangle << endl;
    // 수동 변환
    theRectangle = static_cast<Rect>(m);
    cout << theRectangle << endl;

    return 0;
}
```

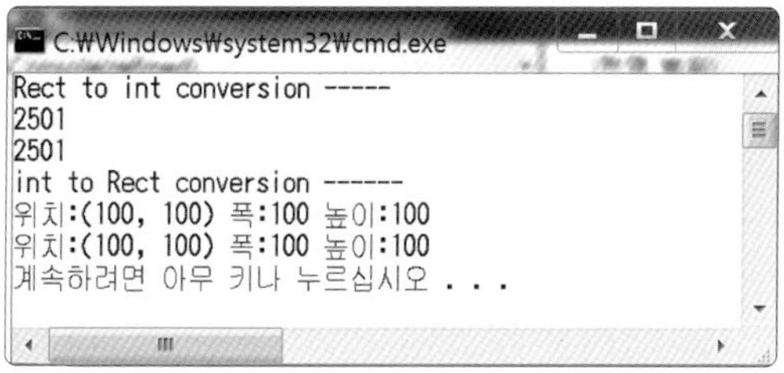

▲ 그림 3.32 ▷ 기본 데이터 타입과 클래스 타입 간의 타입 변환

■ 클래스 타입에서 기본 데이터 타입으로의 변환

[리스트 3.5]의 개선된 Rect 클래스에서 15행을 살펴보자. 타입 변환 연산자인 operator int는 Rect 클래스 타입을 int 타입으로 변환할 필요가 있을 때 호출된다. 사각형 객체를 정수로 변환하는 상식적인 의미는 사각형 객체를 그 면적으로 변환하는 것이다. 반환값을 명시하지 않았지만, int 타입으로의 타입 변환이므로 다음 코드에 보인 operator int 연산자는 int 타입의 값을 반환한다.

```
Rect::operator int()
{
  return area();
}
```

[리스트 3.18]의 10행은 thatRectangle 객체의 폭과 높이를 1씩 증가시킨 후, int 타입 변수 i에 배정한다. 이때, operator int 연산자가 자동으로 수행되어 thatRectangle의 면적이 반환되고 이 값이 i에 배정된다. 13행은 static_case 템플릿 함수를 사용해서 thatRectangle 객체를 명시적으로 int 타입의 값으로 변환한다. operator int 함수는 멤버 변수의 값을 변경하지 않고 const 멤버 함수인 area만 호출하므로 const 멤버 함수로 정의할 수 있다.

■ 기본 데이터 타입에서 클래스 타입으로의 변환

[리스트 3.5]의 개선된 Rect 클래스에서 14행을 살펴보자. 14행은 int 타입의 파라미터를 한 개 사용하는 생성자의 선언이다. 클래스에 기본 데이터 타입의 파라미터를 한 개 갖는 생성자를 정의하면, 이 생성자는 파라미터로 지정된 기본 데이터 타입에서 클래스 타입으로의 타입 변환 함수의 역할을 한다.

그러나 Rect 클래스의 경우는 약간의 문제가 있다. 면적을 정수로 전달받아 사각형 객체로 변환해야 하는데, 사각형 객체의 왼쪽 위 꼭짓점을 어떻게 설정해 주어야 할지 애매하다. 폭과 높이는 면적의 제곱근을 구해서 설정하면 적당할 것 같다. 다음 코드는 왼쪽 위 꼭짓점을 (100, 100)점으로 잡은 경우의 코드이다.

```
Rect::Rect(int x)
  : upperLeftX(100), upperLeftY(100)
{
  int length = static_cast<int>(sqrt(static_cast<double>(x)));
  lowerRightX = upperLeftX + length;
  lowerRightY = upperLeftY + length;
}
```

위 코드에서 네 번째 행의 sqrt 함수는 double 타입의 파라미터를 사용하므로 x를 double 타입으로 변환해서 전달한다. sqrt 함수의 반환값은 다시 int 타입으로 변환한다. Visual C++ 2022는 sqrt 함수를 제공하는 <cmath> 헤더 파일을 기본적으로 포함한다.

[리스트 3.18]의 21행은 위 코드에 보인 타입 변환 생성자를 사용해서 tempRectangle 객체의 멤버 변수들의 값을 100, 100, 200, 200으로 변경한다. 24행은 int 타입의 변수 m에 저장된 10000을 theRectangle 객체로 수동 변환한다. 정수에서 사각형으로의 변환이 모든 사람에 혼돈 없이 자연스러운 것이 아니므로 21행과 같은 자동 변환을 방지하고 개발자가 원하는 경우에만 변환하도록 하려면, [리스트 3.5]의 14행에 보인 Rect(int)를 다음 코드처럼 변환 함수 앞에 explicit 키워드를 붙여 주면 된다.

```
explicit Rect(int);
```

Rect(int) 생성자 앞에 explicit 키워드를 붙이면 [리스트 3.18]의 21행에서 컴파일 오류가 발생하고 24행처럼 수동 변환을 할 경우에만 변환 작업이 수행된다.

String 클래스의 정의 ** 2.9.3

이제, 기본 데이터 타입과 클래스 타입 간의 상호 타입 변환이 모두 자연스러운 예를 들어 보자. C는 문자열의 처리를 위해 기본 데이터 타입인 char* 타입을 많이 사용한다. 그러나 char* 타입으로 표현된 문자열의 길이를 구하거나 문자열을 합치려면 라이브러리의 strlen, strcpy_s 등의 함수를 사용해야 한다. 또한, 문자열이 포인터로 구현되므로 잘못 사용하면 실행 오류가 발생하기도 한다.

1장의 "2.10 string 타입" 절에서는 향상된 문자열 기능을 지원하는 C++의 string 타입을 다뤘다. 이제, C++의 string 타입과 유사한 String 클래스를 우리가 정의해서 활용해 보자. 이 절에서 String 클래스의 기본 버전을 정의하고 5장의 필수 문법 절에서는 C++의 string 타입에 근사하게 이 클래스를 개선한다. String 클래스는 C의 char* 타입의 문자열을 기반으로 하는데, char* 타입의 C 문자열과 String 클래스 타입의 문자열 간의 상호 변환도 지원하기로 한다. String 클래스의 기본 버전은 [리스트 3.19]의 String.h 파일과 [리스트 3.20]의 String.cpp 파일로 구성되고 [리스트 3.21]의 TypeConversionApp.cpp 파일은 이 String 클래스를 활용하는 코드이다. [그림 3.33]은 실행 결과를 보인 것이다.

리스트 3.19 Syntax9-3 프로젝트의 String.h 파일

```
#pragma once

class String {
public:
  // char* 타입 파라미터를 취하는 타입 변환 생성자
  String(const char* cstr = nullptr);
  // 소멸자
  ~String();
  // 타입 변환 연산자
  operator char*();
  bool operator==(const String& str);
private:
  // 멤버 변수
  int length;
  char* s;
};
```

리스트 3.20 Syntax9-3 프로젝트의 String.cpp 파일

```
#include "String.h"
#include <cstring>

String::String(const char* cstr)
{
  if (cstr == nullptr)
    length = 1;
  else
    length = strlen(cstr) + 1;
  s = new char[length];
  if (cstr != nullptr)
    strcpy_s(s, length, cstr);
}

String::~String()
{
  delete[] s;
}

String::operator char*()
{
  return s;
}
```

```cpp

bool String::operator==(const String& str)
{
  return strcmp(s, str.s) ? false : true;
}
```

리스트 3.21 Syntax9-3 프로젝트의 TypeConversionApp.cpp 파일

```cpp
#include "String.h"
#include <iostream>
using std::cout; using std::endl;

int main()
{
  String str1("eum");
  char* name = "doohun";
  // 기본 데이터 타입에서 클래스 타입으로 변환 후 배정
  String str2 = name;        // str2 = String(name);
  // 클래스 타입에서 기본 데이터 타입으로 변환
  char* c1 = str1;
  char* c2 = str2;
  cout << c1 << c2 << endl;
  String str3 = "kimyoungmi";
  if (str3 == String("kimyoungmi"))
    cout << str3 << endl;

  return 0;
}
```

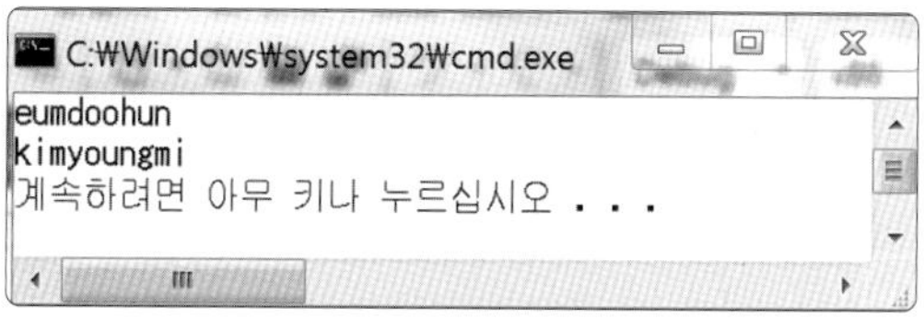

▲ 그림 3.33 ▷ String 클래스의 활용

String 클래스는 [리스트 3.19]의 14행과 15행처럼 문자열의 길이와 동적으로 할당되는 문자열을 가리키는 char* 타입의 멤버 변수들을 가진다. 06행의 파라미터를 한 개 사용하는 생성자는 char* 타입으로부터 String 클래스 타입으로의 타입 변환 기능을 수행한다.

디폴트 파라미터로 nullptr이 지정됐으므로 다음 코드처럼 String 객체를 생성하는 것이 가능하다.

```
String str;
```

[리스트 3.19]에서 08행은 소멸자를 선언하고, 10행은 String 타입으로부터 char* 타입으로의 타입 변환 기능을 수행하는 operator char* 멤버 함수를 선언한다. 11행의 operator== 연산자는 두 String 문자열이 같은지 조사한다.

[리스트 3.20]의 코드에서 04행의 String 생성자는 파라미터로 전달받은 cstr이 가리키는 문자열이 C 문자열이므로 이 문자열의 길이에 널 문자를 위한 1을 더한 값을 length 멤버 변수에 저장한다. 문자열의 길이는 02행에서 포함한 <cstring> 헤더 파일의 strlen 함수를 사용해서 구한다. 10행처럼 동적으로 메모리를 할당하고 12행처럼 strcpy_s 함수를 사용해서 cstr이 가리키는 문자열을 복사한다. s 멤버 변수는 이 복사본을 가리킨다. 따라서 20행의 operator char* 연산자는 s 멤버 변수의 값을 반환하기만 하면 된다.

String 객체 문자열들끼리의 연산은 문자열을 출력하고 두 문자열을 결합하는 등의 기능을 제공하는 멤버 함수들에 의해 수행되는데, 이 함수들은 5장의 필수 문법 절에서 정의한다. 여기서는 [리스트 3.20]에서 25행의 operator== 연산자만 먼저 정의하기로 하자. 이 연산자는 비교 대상인 String 객체를 상수 레퍼런스로 전달받아 27행처럼 자신의 멤버 변수 s와 str의 멤버 변수인 str.s를 strcmp 함수로 비교한 결과를 반환한다. String 클래스와 같이 멤버 변수를 동적으로 할당하는 경우는 15행처럼 소멸자를 제공해서 String 클래스의 객체가 소멸되기 직전에 s에 할당된 메모리를 환원하는 것이 좋다.

[리스트 3.21]의 07행은 "eum"의 C 문자열로부터 str1 객체를 생성하고, 10행은 "doohun"의 C 문자열로부터 str2 객체를 생성한다. 이 문장은 주석 처리한 문장과 같은데, 두 문장 모두 [리스트 3.19]의 06행에 보인 String 생성자를 실행해서 지정된 C 문자열로 초기화된 String 객체를 생성한다. 따라서 이 생성자는 char* 타입을 String 클래스 타입으로 변환하는 역할을 수행한다. 12행과 13행은 [리스트 3.19]의 10행에 보인 String 클래스의 operator char* 연산자를 사용해서 str1과 str2 객체를 C 문자열로 자동 변환한다.

15행도 10행처럼 C 리터럴 문자열로부터 String 객체를 생성하는데, 컴파일러는 String

생성자를 사용해서 변환 작업을 수행한다. 16행은 두 String 객체를 operator== 연산자를 사용해서 비교하는데, 두 문자열 객체가 같으므로 17행이 실행된 것을 [그림 3.33]의 두 번째 행처럼 확인할 수 있다. 17행은 String 클래스의 객체인 str3을 출력하는데, 컴파일러가 operator char* 연산자를 사용해서 str3을 C 문자열로 자동 변환하므로 변환된 C 문자열이 출력되는 것이다.

[표 3.1]은 이 절을 마무리하면서 여러 가지 상황에 사용되는 C++의 타입 변환 템플릿 함수들을 정리한 것이다.

▼ 표 3.1 ▷ 상황별 적용되는 타입 변환 함수

상황	타입 변환 함수
const 속성의 제거	const_cast
기본 데이터 타입 간의 명시적 변환	static_cast
클래스의 타입 변환 생성자나 연산자를 통한 명시적 변환	static_cast
전혀 관계없는 두 객체 간의 변환	불가
전혀 관계없는 두 포인터 간의 변환	reinterpret_cast
전혀 관계없는 두 레퍼런스 간의 변환	reinterpret_cast
함수 포인터 간의 변환	reinterpret_cast
클래스 계층구조에서 클래스 간의 변환	4장의 2.3절에서 설명

reinterpret_cast 함수를 이용하면 C++에서 일반적으로는 허용되지 않지만, 개발자가 원하는 상황에서 타입 간 강제적인 변환을 수행할 수 있다. reinterpret_cast 함수는 매우 강력하지만 잘못 사용하면 static_cast 함수보다 위험한 타입 변환 함수이다.

dynamic_cast라는 함수도 있는데, dynamic_cast 함수는 프로그램 실행시 타입 정보 RTTI, RunTime Type Information를 기반으로 해당 변환이 4장에서 다룰 클래스 계층구조 상에서 가능한지 조사한다. 이 책에서 reinterpret_cast와 dynamic_cast 함수는 다루지 않는다.

** 2.10 tuple 타입 ☞ C++11

C에서, 두 개 이상의 서로 다른 타입의 값을 하나로 묶을 때 일반적으로 구조체를 사용한다. C++의 튜플 tuple 기능을 이용하면 구조체를 정의하는 번거로움 없이 편리하게 두 개 이상의 값을 묶어 활용할 수 있다. [리스트 3.22]의 코드는 개선된 Rect 클래스에 튜플을 적용해서 다양하게 활용한 예이고 [그림 3.34]는 실행 결과를 보인 것이다.

리스트 3.22 Syntax10 프로젝트의 TupleApp.cpp 파일

```
#include “Rect.h”
#include <string>
#include <tuple>
using std::string; using std::tuple;
using std::make_tuple; using std::get;
using std::tuple_size;

struct Person
{
  string name;
  int birthDate;
};

int main()
{
  cout << “student1-----” << endl;
  Person p1;
  p1.name = “wonjin”;
  p1.birthDate = 820301;
  tuple<int, string, Person> student1 =
             tuple<int, string, Person>(20167777, “cs”, p1);
  cout << get<1>(student1) << endl;
  cout << get<2>(student1).name << endl;
  cout << “student2-----” << endl;
  Person p2{ “doohun”, 821112 };
  tuple<int, string, Person> student2 = make_tuple(20168888, “english”, p2);
  cout << get<2>(student2).birthDate << endl;
  auto count = tuple_size<decltype(student2)>::value;
  cout << count << endl;
  cout << “student3-----” << endl;
  Person p3{ “youngmi”, 830117 };
```

```
32    tuple<int, string, Person> student3;
33    get<0>(student3) = 20173333;
34    get<1>(student3) = “fashion design”;
35    get<2>(student3) = p3;
36    cout << get<1>(student3) << endl;
37    cout << get<2>(student3).name << endl;
38    cout << “Rect Class-----” << endl;
39    Rect theRect(30, 40, 50, 70);
40    string rectName(“the rectangle”);
41    // tuple<string&, Rect&> rect = tie(rectName, theRect);
42    auto rect = tie(rectName, theRect);
43    get<0>(rect) = “smart rectangle”;
44    cout << rectName << endl;
45    // tuple<int, string, Person, string&, Rect&> rectOwner =
46    //                          tuple_cat(student1, rect);
47    auto rectOwner = tuple_cat(student1, rect);
48    cout << get<2>(student1).name << “’s rectangle is ”
49         << get<3>(rectOwner) << endl;
50
51    return 0;
52 }
```

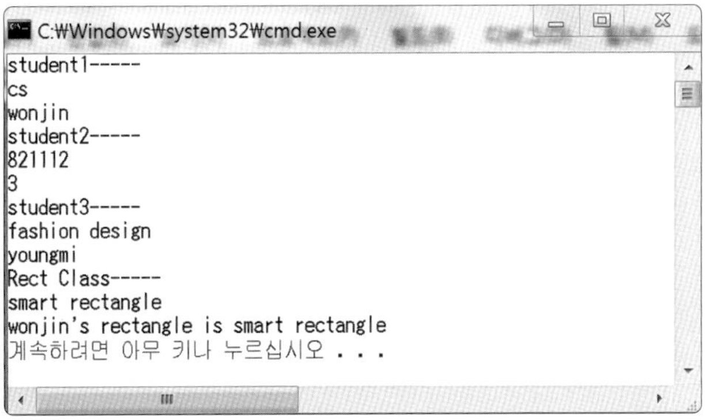

▲ 그림 3.34 ▷ 튜플의 활용

튜플을 사용하려면 03행처럼 <tuple> 헤더 파일을 포함하고, 04~06행처럼 튜플 관련 이름들의 사용을 선언한다.

08~12행은 name과 birthDate 필드를 갖는 Person 구조체의 정의이다. int 타입인

birthDate는 주민등록번호의 앞부분을 나타낸다고 하자. [리스트 3.22]의 17~19행은 이 구조체 변수 p1을 정의하고 p1 변수의 필드들에 값을 배정한다. 20행과 21행은 int 타입, string 타입, Person 타입을 묶는 tuple<int, string, Person> 타입의 student1 변수를 정의한다. int 타입은 학번, string 타입은 학과를 나타낸다고 하자.

tuple은 템플릿 클래스로 정의됐으므로 컴파일러는 tuple 템플릿 클래스로부터 tuple<int, string, Person> 클래스를 생성하고 이 클래스로부터 student1 객체를 생성한다. () 내의 값들은 tuple<int, string, Person> 클래스의 생성자에게 전달될 파라미터들이다.

tuple<int, string, Person> 클래스는 세 개의 원소들을 갖는데, 이 원소들은 0번부터 번호가 매겨진다. 22행은 student1 객체의 두 번째 원소를 get 멤버 함수로 접근해서 출력한다. <> 내에 원소의 번호를 지정하고, () 내에는 접근할 객체를 명시한다. 23행은 튜플의 세 번째 원소인 Person 구조체의 name 필드에 접근해서 출력한다.

25행은 이 장의 "2.16 유니폼 초기자" 절에서 다룰 유니폼 초기자 uniform initializer 기능으로 p2 객체를 정의한다. 유니폼 초기자를 사용해서 객체를 초기화하려면 {} 내에 초기화하고 싶은 값들을 나열하면 된다. 26행은 make_tuple 함수를 사용해서 튜플 객체를 더 쉽게 정의한다.

28행은 tuple_size 함수로 student2 객체의 원소 개수를 반환받아 count 변수에 저장한다. 1장의 "2.2 기본 데이터 타입" 절에서 다룬 decltype(student2)의 표현은 student2의 타입을 컴파일러에게 유추해서 사용하라는 지시이다. 컴파일러가 유추한 타입은 tuple<int, string, Person>일 것이다. 이 타입의 value 멤버에 접근하면 원소의 개수를 얻을 수 있다. 32행은 일단 빈 튜플 객체 student3을 정의하고 33~35행처럼 get 멤버 함수로 원소에 접근해서 값을 배정한다.

39행은 사각형 객체 theRect를 생성한다. 40행은 이 사각형 객체에 붙일 이름인 rectName string 객체를 정의하면서 "the rectangle" 문자열로 초기화한다. 42행의 tie 함수는 () 내에 전달된 두 객체로 구성되는 튜플을 생성해서 반환한다. 반환된 튜플은 사각형 객체와 함께 이 사각형 객체의 이름을 묶은 객체이다. 이 튜플 객체는 rect 변수에 저장되는데, auto 키워드에 의해 컴파일러가 유추한 타입은 주석 처리된 41행처럼 tuple<string&, Rect&>이다.

43행처럼 이 튜플 객체의 첫 번째 원소인 사각형 객체의 이름을 변경하면, tuple<string&, Rect&> 타입에서 첫 번째 파라미터가 레퍼런스로 선언됐으므로 rectName 변수의 값이 변경된다. 44행에서 rectName 변수의 값을 출력하면 [그림 3.34]의 끝에서 두 번째 행처럼 변경된 사각형의 이름이 출력된다.

41행은 tuple<string&, Rect&> 타입으로 rect를 정의했지만, tuple<string, Rect> 타입으로 rect를 정의한다면 rectName에 저장된 문자열의 복사본이 튜플 객체의 첫 번째 원소로 들어가므로 43행처럼 문자열을 변경해도 rectName에는 반영되지 않는다. 42행처럼 auto 타입을 사용하면 편리하지만, 컴파일러가 유추해서 사용한 타입이 지금처럼 tuple<string, Rect>인지 아니면 tuple<string&, Rect&>인지 확실하지 않아 애매할 때가 있다. 42행에서 좌측값인 theRect와 rectName 변수를 전달하면서 tie 함수를 사용했으므로 컴파일러가 유추한 타입은 레퍼런스 전달 방식을 사용하는 tuple<string&, Rect&>이다.

47행의 tuple_cat 함수는 () 내의 두 튜플을 다시 합친 튜플을 반환하는데, 이 튜플은 rectOwner 변수에 저장된다. 컴파일러가 유추한 타입은 주석 처리된 45행처럼 다섯 개의 원소들로 구성되는 tuple<int, string, Person, string&, Rect&>일 것이다. 48행은 student1 객체의 세 번째 원소인 구조체에 접근해서 name 필드의 값을 출력하고 49행은 rectOwner 객체의 네 번째 원소에 접근해서 사각형의 이름을 출력한다.

구조적 바인딩 ☞ C++17 ** 2.11

구조적 바인딩 structured binding은 튜플, 구조체, 배열, 맵 등의 원소에 일괄적으로 변수를 지정할 수 있는 기능이다. [리스트 3.23]은 튜플에 구조적 바인딩을 적용한 코드이고 [그림 3.35]는 실행 결과를 보인 것이다.

리스트 3.23 Syntax11 프로젝트의 StructuredBindingApp.cpp 파일

```
#include <iostream>
#include <tuple>

int main()
{
  // double, char, string의 튜플
```

```
07    auto tuple = std::make_tuple(1.9, ‘a’, “eum”);
08    // C++17 이전, 변수들을 먼저 선언
09    double d;
10    char c;
11    std::string s;
12    // std::tie 함수를 이용해서 바인딩
13    std::tie(d, c, s) = tuple;
14    std::cout << “d=” << d << “ c=” << c
15              << “ s=” << s << std::endl;
16
17    // C++17, 바로 구조적 바인딩이 가능
18    auto [d2, c2, s2] = tuple;
19    std::cout << “d2=” << d2 << “ c2=” << c2
20              << “ s2=” << s2 << std::endl;
21
22    // 구조적 레퍼런스 바인딩도 가능
23    auto& [d3, c3, s3] = tuple;
24    d3 = 123.5;
25    s3 = “doohun”;
26    std::cout << “d3=” << d3 << “ tuple<0>=”
27              << std::get<0>(tuple) << std::endl;
28    std::cout << “s3=” << s3 << “ tuple<3>=”
29              << std::get<2>(tuple) << std::endl;
30
31    return 0;
32 }
```

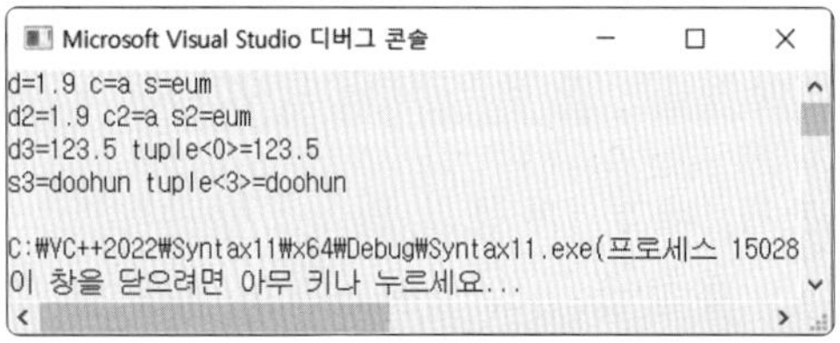

▲ 그림 3.35 ▷ 튜플에 적용한 구조적 바인딩

[리스트 3.23]에서 07행은 double, char, string 타입의 원소를 갖는 튜플 타입의 tuple을 정의하면서 원소를 1.9, ‘a’, “eum”으로 초기화한다. 구조적 바인딩 기능이 지원되기 전에는 08~15행처럼 변수를 먼저 정의하고 std::tie 함수를 이용해서 tuple의 원소에 변수를 지정할 수 있었다.

17~20행은 변수를 미리 정의하지 않고 구조적 바인딩을 사용해서 tuple의 원소에 d2, c2, s2의 변수를 바로 지정한다. 구조적 바인딩 문법은 18행처럼 auto 키워드를 선행하면서 [] 내에 각 원소에 지정할 변수를 나열하고 배정문의 오른쪽에 대상 표현식을 명시한다. d2, c2, s2는 tuple<0>, tuple<1>, tuple<2>의 복사본이므로 d2, c2, s2의 값을 변경해도 tuple의 원소에 영향을 주지 않는다.

22~29행은 23행처럼 auto& 문법을 사용해서 레퍼런스 타입으로 구조적 바인딩을 적용한 예이다. d3, c3, s3는 tuple<0>, tuple<1>, tuple<2>의 별명이므로 24행과 25행처럼 d3와 s3의 값을 변경하면 [그림 3.35]에 보인 것처럼 tuple의 원소값도 같이 변경된다.

다음 코드는 구조적 바인딩을 구조체에 적용한 예이다.

```
#include <iostream>

struct Structure
{
  double d;
  char c;
  std::string s;
};

int main()
{
  Structure structure;
  structure.d = 1.9; structure.c = ‘a’; structure.s = “eum”;
  auto [d, c, s] = structure;
  auto& [d2, c2, s2] = structure;
  s2 = “doohun”;
  // s2=doohun structure.s=doohun 출력
  std::cout << “s2=” << s2 << “ structure.s=”
            << structure.s << std::endl;
}
```

위 코드에서 d, c, s의 필드를 갖는 Structure 구조체를 정의한다. main 함수의 세 번째 문장은 구조체에 구조적 바인딩을 적용하고, 네 번째 문장은 구조체에 레퍼런스 타입으로 구조적 바인딩을 적용한다. 다섯 번째 문장처럼 s2에 “doohun”을 배정하고 structure.s의 값을 출력하면 레퍼런스로 구조적 바인딩을 사용했으므로 structure.s의 값이 “eum”에서 “doohun”으로 변경된 것을 확인할 수 있다.

다음 코드는 배열에 구조적 바인딩을 적용한 예이다.

```
#include <iostream>

int main()
{
    int arr[] = { 1, 2, 3 };
    auto [i, j, k] = arr;
    auto& [i2, j2, k2] = arr;
    i2 = 10;
    // i2=10 arr[0]=10 출력
    std::cout << "i2=" << i2 << " arr[0]="
              << arr[0] << std::endl;
}
```

위 코드에서 main 함수의 두 번째 문장은 배열에 구조적 바인딩을 적용하고 세 번째 문장은 배열에 레퍼런스 타입으로 구조적 바인딩을 적용한다.

** 2.12 variant 타입 ☞ C++17

C의 공용체 union 타입을 먼저 살펴본다. 공용체 타입은 구조체처럼 서로 다른 타입의 필드들을 지원하지만, 구조체와 달리 필드들이 같은 메모리 공간을 공유하므로 한 번에 한 종류의 데이터만 저장하고 사용할 수 있다. 공용체의 크기는 제일 큰 필드의 크기로 결정된다. variant 타입은 공용체 타입에 타입 검증 기능을 강화해서 개선한 데이터 타입인데, 공용체를 정의하는 번거로움이 없어 편리하게 사용할 수 있다. [리스트 3.24]는 공용체 타입과 variant 타입을 활용해서 비교한 코드이고 [그림 3.36]은 실행 결과를 보인 것이다.

리스트 3.24 Syntax12 프로젝트의 VariantApp.cpp 파일

```
#include <iostream>
#include <variant>
using std::string;

union Union
```

```
{
  char c;
  int i;
  double d;
};

int main()
{
  // C++ union
  Union u;
  u.c = 'a';
  std::cout << u.c << std::endl;
  u.i = 123;
  std::cout << u.i << std::endl;
  u.d = 456.789;
  std::cout << u.d << std::endl;

  // C++17 std::variant - 개선된 union
  std::variant<int, double, string> myvariant{123};
  std::cout << std::get<0>(myvariant) << std::endl;
  std::cout << std::get<int>(myvariant) << std::endl;
  myvariant = 456.789;
  std::cout << std::get<1>(myvariant) << std::endl;
  std::cout << std::get<double>(myvariant) << std::endl;
  myvariant = "eum";
  std::cout << std::get<2>(myvariant) << std::endl;
  std::cout << std::get<string>(myvariant) << std::endl;

  return 0;
}
```

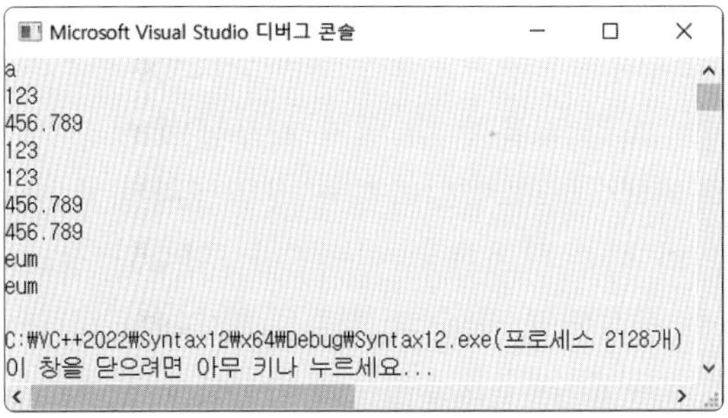

▲ 그림 3.36 ▷ variant 타입의 활용

variant 타입을 사용하려면 [리스트 3.24]의 02행처럼 <variant> 헤더 파일을 포함한다. 05~10행은 Union 공용체를 정의한다. 공용체는 필드를 여러 개 정의하지만 한순간에 한 개의 필드값만 저장할 수 있다. Union 공용체 변수의 크기는 c, i, d의 세 필드 중 가장 큰 공간이 배정되는 double 타입의 크기로 결정된다. 15행에 정의한 Union 공용체 변수 u는 문자, 정수, 실수 중 한 개를 저장할 수 있다. 16~21행은 u 변수에 문자, 정수, 실수를 저장하고 출력한다.

24행은 int, double, string 타입의 값 중 한 개를 저장할 수 있는 variant 타입의 변수 myvariant를 정의하고 int 타입의 123으로 초기화한다. variant는 템플릿 클래스로 정의됐으므로 컴파일러는 variant 템플릿 클래스로부터 variant<int, double, string> 클래스를 생성하고 이 클래스로부터 myvariant 객체를 생성한다.

25행은 get 함수를 사용해서 0부터 시작하는 필드의 인덱스값으로 저장된 값을 읽어 오고 26행은 타입명으로 저장된 값을 읽어 온다. <> 내에 원소의 번호나 타입을 지정하고 () 내에는 접근할 객체를 명시한다. 27~32행은 myvariant 변수에 실수를 저장해 출력하고 이어서 문자열을 저장해 출력한다.

2.13 함수 객체

이 절에서는 다음 절에서 다룰 표준 템플릿 라이브러리 standard template library와 4장의 필수 문법절에서 다룰 람다 표현식 lambda expression이 사용하는 함수 객체 function object, 축약해서 functor의 기능을 설명한다.

함수 객체란 객체를 문법적으로 마치 함수처럼 사용할 수 있기 때문에 붙여진 이름이다. 함수 객체는 표준 템플릿 라이브러리의 컨테이너와 알고리즘에 매우 유용하게 사용된다. 일반적으로, 함수의 사용은 함수의 정의와 함수의 호출로 이뤄진다. 함수의 정의는 반환 타입, 함수명, () 내의 파라미터 리스트로 구성되고, 함수의 호출은 함수명과 () 내의 파라미터 값의 리스트로 이뤄진다. 함수의 정의와 함수의 호출에서 문법적으로 공통은 ()이다.

따라서 operator()를 함수 호출 연산자라고 부르는데, 객체를 함수처럼 사용한다는 것은 객체에 ()를 붙여서 마치 겉보기에는 함수를 호출하는 것처럼 사용한다는 의미이다.

[리스트 3.25]의 코드는 함수 객체를 사용하는 간단한 예이고 [그림 3.37]은 실행 결과를 보인 것이다.

리스트 3.25 Syntax13-1 프로젝트의 FunctorApp.cpp 파일

```
01 #include <iostream>
02 using namespace std;
03
04 class Functor
05 {
06 public:
07   void operator()(int k) const
08   {
09     cout << "Functor: passed parameter =" << k << endl;
10   }
11 };
12
13 int main()
14 {
15   Functor func;
16   func(3);
17
18   return 0;
19 }
```

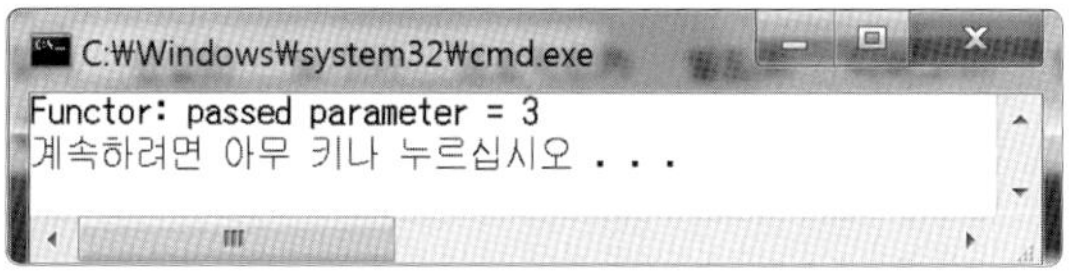

▲ 그림 3.37 ▷ 간단한 함수 객체의 활용

04~11행은 함수 객체를 생성하기 위해서 Functor 클래스를 정의한다. 이 클래스는 07행에 정의한 한 개의 멤버 함수만 가진다. 이 멤버 함수는 함수 호출 연산자인 operator()를 오버로딩하는데, 파라미터로 전달받은 정수 k를 09행처럼 출력한다. 15행은 이 클래스로

부터 함수 객체 func를 생성하고 16행은 이 함수 객체의 operator() 연산자를 호출하면서 정수 3을 전달한다.

16행은 마치 함수의 호출처럼 보이지만 func는 객체이고 이 객체의 operator() 연산자를 호출하는 것이다. 클래스의 정의에서 함수 호출 연산자만 오버로딩해 주면 함수 객체를 생성하는 클래스로서의 조건은 만족된다.

어떤 기능을 일반 함수로 구현하지 않고 함수 객체 클래스를 정의해서 문법적으로 함수 호출 형태를 사용하는 이유는 함수 객체는 객체이므로 멤버 변수를 가질 수 있고 표준 템플릿 라이브러리의 알고리즘들이 함수 객체를 즐겨 사용하기 때문이다.

[리스트 3.26]의 코드는 멤버 변수를 갖는 함수 객체를 정의해서 활용한 예이고 [그림 3.38]은 실행 결과를 보인 것이다.

리스트 3.26 Syntax13-2 프로젝트의 FunctorApp.cpp 파일

```
#include <iostream>
using namespace std:

class Accumulator
{
public:
  Accumulator()
       : counter(0)
  {}

  int operator()(int i)
  {
    return counter += i;
  }

  int counter;
};

int main()
{
  Accumulator a;
  cout << a(10) << endl;
  cout << a(20) << endl;
```

```
24
25   return 0;
26 }
```

▲ 그림 3.38 ▷ 멤버 변수를 갖는 함수 객체의 활용

04~17행은 Accumulator라는 클래스를 정의한다. 이 클래스는 16행의 counter 멤버 변수, 07행의 생성자, 11행의 operator() 연산자로 구성된다.

11행의 operator() 연산자는 파라미터로 제공된 정수를 counter 멤버 변수에 누적해서 저장하고 누적된 값을 반환하는 멤버 함수이다. 21행은 Accumulator 객체 a를 생성하고 22행과 23행은 a 객체의 operator() 연산자를 호출해서 누적된 합을 출력한다. 23행에서 출력된 값이 20이 아니라 누적된 값인 30인 것을 [그림 3.38]에서 확인할 수 있다.

[그림 3.39]는 23행에서 a(20)의 호출 때 상황을 보인 것이다.

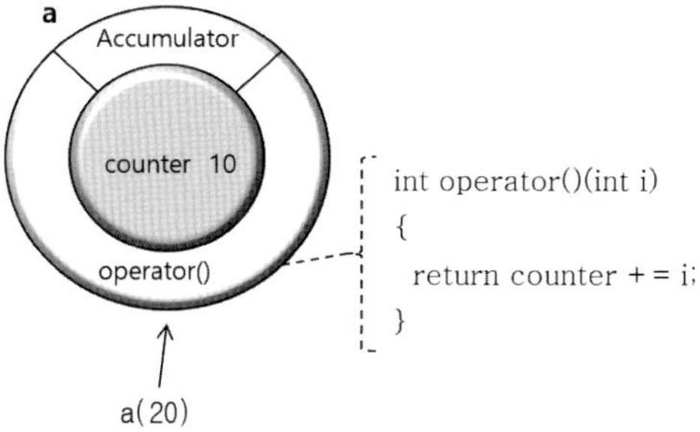

▲ 그림 3.39 ▷ 이전 상태를 기억하는 함수 객체

일반 함수는 파라미터를 전달받아 지정된 작업을 수행해서 결과를 반환한 후 종료되면

이전에 실행됐던 작업의 결과를 기억하지 않는다. 반면, a 함수 객체는 counter 멤버 변수를 사용해서 이전 호출의 결과를 자신의 상태 정보로 저장하고 이 정보를 객체가 소멸될 때까지 유지한다.

이제, 개선된 Rect 클래스에 함수 객체를 [리스트 3.27]처럼 적용해 보자. [그림 3.40]은 실행 결과를 보인 것이다.

리스트 3.27 Syntax13-3 프로젝트의 FunctorApp.cpp 파일

```
#include “Rect.h”
#include <iostream>
using namespace std;

class AreaAccumulator
{
public:
  AreaAccumulator()
       : totalArea(0), count(0)
  {}

  int operator()(const Rect& r)
  {
    ++count;
    return totalArea += r.area();
  }
  // data fields
  int totalArea;
  int count;
};

int main()
{
  AreaAccumulator aa;
  Rect aRectangle(30, 40, 70, 80);
  Rect bRectangle(100, 90, 130, 150);
  Rect cRectangle(50, 60, 100, 110);
  cout << “area of ” << aa.count << “ rects is ”
       << aa(aRectangle) << endl;
  cout << “area of ” << aa.count << ” rects is ”
       << aa(bRectangle) << endl;
  cout << “area of ” << aa.count << ” rects is ”
       << aa(aRectangle) << endl;
```

```
34
35   return 0;
36 }
```

▲ 그림 3.40 ▷ 사각형 객체에 적용한 함수 객체

05행에 정의한 AreaAccumulator는 생성된 사각형 객체들의 면적을 누적해서 총면적을 관리하는 클래스이다. 누적된 사각형 객체들의 개수는 19행의 count 멤버 변수에 저장하고 총면적은 18행의 totalArea 멤버 변수에 저장한다. 12행에 정의한 operator() 연산자는 상수 레퍼런스 파라미터로 제공된 사각형의 면적을 totalArea 멤버 변수에 15행처럼 누적하고 누적된 값을 반환한다. r은 상수 레퍼런스 객체이므로 15행처럼 이 객체의 const 멤버 함수인 area를 호출할 수 있지만, const 속성이 지정되지 않은 멤버 함수는 호출할 수 없다.

24행은 함수 객체 aa를 생성하고 25~27행은 세 개의 사각형 객체들을 생성한다. 28~33행은 함수 객체의 count 멤버 변수에 접근하고 함수 객체의 operator() 연산자를 호출해서 사각형 객체들의 누적된 개수와 총면적을 [그림 3.40]처럼 출력한다.

표준 템플릿 라이브러리의 알고리즘에서 함수 객체를 활용하는 방법은 다음 절에서 다루는데, 함수 객체가 이 알고리즘에 사용될 때 그 함수 객체를 콜백 함수 callback function 라고도 부른다.

표준 템플릿 라이브러리 2.14

표준 템플릿 라이브러리 Standard Template Library, STL란 데이터의 저장, 검색, 삭제, 가공 등을 효율적이고 신속하게 처리할 수 있도록 개발자를 도와주는 템플릿 클래스와 템플릿 함수들의 모음을 말한다.

STL은 크게 STL 컨테이너 container와 STL 알고리즘 algorithm으로 분류된다. STL 컨테이너란 데이터들을 모아 저장하는 저장소로서 기본 데이터 타입의 값과 클래스 타입의 객체들을 저장하는 객체를 말한다. 컨테이너에 저장되는 데이터를 원소 element라고 부른다.

컨테이너는 원소를 저장하고 검색하는 방식에 따라 vector, list, queue, array, stack, set, map, bitset, unordered_set ☞ C++11, unordered_map ☞ C++11 등의 17개가 존재하며 이들은 순차 컨테이너 sequence container, 연관 컨테이너 associative container, 컨테이너 어댑터 container adapter의 카테고리로 세분된다.

순차 컨테이너는 vector, list, queue, array와 같이 순서에 따라 데이터를 저장한다. 연관 컨테이너는 set, map과 같이 키값 key과 짝을 이루어 데이터를 저장한다. 따라서 데이터를 넣고, 빼고, 찾을 때 키값이 필요하다. 컨테이너 어댑터는 stack과 같이 기존 컨테이너에 기능을 추가해서 구현된 컨테이너를 말한다.

이 절에서 순차 컨테이너 중 많이 사용되는 컨테이너들을 다루고 6장의 필수 문법 절에서는 연관 컨테이너 중 많이 사용되는 컨테이너들을 소개한다. 컨테이너 어댑터는 실습 과제와 응용 과제에서 활용될 때 설명한다.

지금까지 사용해 온 C 배열이 컨테이너의 기능을 제공하지만, STL의 컨테이너들은 훨씬 더 강력하고 유연한 기능들을 제공한다. array와 bitset을 제외한 모든 STL 컨테이너들은 원소의 개수에 따라서 자동으로 커지거나 작아져서 융통성 있게 사용할 수 있다.

C 배열은 고정된 크기만 사용할 수 있고 경계를 벗어나기 쉬운데, 경계를 벗어나서 엉뚱한 곳에 원소를 저장하면 프로그램이 강제 종료되기도 한다. 모든 컨테이너는 템플릿 클래스로 구현됐으므로 저장하는 데이터의 타입과 관계없이 제네릭 데이터를 지원한다. 컨테이너는 일반적으로 한 번에 한 가지 타입의 원소들만 저장할 수 있지만, 이 장의 "2.10 tuple 타입" 절에서 다룬 tuple 타입을 이용하면 서로 다른 타입의 데이터들도 묶어서 원소로 담을 수 있다.

STL은 이러한 컨테이너들과 상호 연동될 수 있는 60여 개 이상의 다양한 제네릭 STL 알고리즘들도 제공한다. 알고리즘이란 정렬, 탐색 등과 같이 특정 작업을 수행하는 것으로서 주로 함수로 구현됐다. 이러한 알고리즘을 이용하면 컨테이너의 원소들을 검색하고 정렬하고 가공하는 것은 물론 여러 가지 다른 작업과도 연계할 수 있다.

STL 알고리즘들은 템플릿 함수이므로 처리하는 데이터의 타입뿐만 아니라 이 데이터들이 저장된 컨테이너의 종류와도 무관하게 동작한다. 알고리즘이 컨테이너의 종류와 무관하게 실행될 수 있는 이유는 컨테이너를 직접 사용하지 않고 반복자 iterator라는 것을 매개로 컨테이너를 이용하기 때문이다.

모든 STL 알고리즘은 템플릿 함수로 구현됐고 반복자 타입을 템플릿 파라미터로 전달받는다. 반복자는 모든 컨테이너의 각 원소를 순회하기 위해서 표준 인터페이스를 채택하고 있으므로 내부 구현에 신경 쓰지 않고 알고리즘에 적용할 수 있다. C++20 표준은 ranges ☞ C++20라는 라이브러리를 지원해서 STL 컨테이너를 반복자 없이 쉽게 순회할 수 있는 기능을 제공한다. ranges 라이브러리는 6장의 필수 문법 절에서 소개한다.

객체지향 관점에서 보면, 알고리즘이 제공하는 기능이 컨테이너의 기능이므로 알고리즘을 컨테이너 클래스의 멤버 함수로 정의하는 것이 바람직하지만, STL에서는 컨테이너 데이터와 알고리즘 기능을 최대한 분리하는 방식을 채택하고 있다. 이러한 방식이 비록 데이터적인 속성과 기능적인 속성을 패키지화하는 객체지향 개념에 어긋나는 것처럼 보이지만 다양한 컨테이너에 적용할 수 있는 제네릭 알고리즘을 지원하기 위해서 불가피한 선택이었다.

STL은 알고리즘과 컨테이너를 최대한 상호 독립적으로 만들어 알고리즘과 컨테이너의 조합에 따른 제약을 최소화하는 전략을 사용한다. 이 절에서는 STL의 알고리즘 중 많이 사용하는 것을 중심으로 설명한다. STL 컨테이너는 그 자체만으로도 매우 유용하지만 알고리즘과 결합되면 유용성이 더 커진다. 5장의 실습 과제는 STL의 array 컨테이너를 사용해서 카드들의 저장소인 카드 컨테이너를 정의해서 활용한다.

이 절에서는 STL의 컨테이너 중 가장 기본적인 vector와 list를 설명하고 나머지 주요 컨테이너들은 이어지는 실습 과제와 응용 과제에서 다룬다. 알고리즘들은 크게 불변 알고리즘과 변경 알고리즘의 카테고리로 분류되는데, 이 절에서는 많이 사용되는 불변 알고리즘과 변경 알고리즘들을 살펴본다.

find, find_if, accumulate와 같은 불변 알고리즘은 컨테이너에 저장된 원소들을 대상으로 지정된 작업을 수행하지만, 원소의 값이나 원소들의 순서를 변경하지 않는 알고리즘을 의미하고 for_each, sort, shuffle과 같은 변경 알고리즘은 원소의 값이나 순서를 변경하는 알고리즘을 의미한다. STL의 컨테이너와 알고리즘은 std 이름 공간에 속한다.

■ 반복자

반복자는 컨테이너의 원소들을 순회할 때 사용되는 스마트 포인터이다. 각 컨테이너는 그 컨테이너만의 반복자를 지원하지만, 이 반복자들은 모두 표준 인터페이스를 따르고 있으므로 같은 방식으로 모든 컨테이너의 원소들을 순회할 수 있다.

반복자는 컨테이너의 특정 원소를 가리키는 포인터이다. 반복자는 포인터이므로 operator++ 연산자로 다음 원소로 옮겨갈 수 있고 operator* 연산자로 가리키는 원소를 역참조할 수 있으며 operator-> 연산자를 통해 가리키는 원소의 멤버에 접근할 수도 있다.

반복자가 표준 인터페이스를 채택하고 있다는 것은 각 컨테이너가 서로 다른 반복자를 사용해서 다음 원소로 옮기고 원소를 역참조하며 원소의 멤버에 접근하지만, 반복자 타입 이름과 이러한 작업을 수행하는 연산자의 이름을 통일했다는 의미이다. 또한, 어떤 컨테이너의 반복자는 operator== 연산자와 operator!= 연산자를 지원하고 이전 원소로 옮겨갈 수 있는 operator-- 연산자를 지원하며 원소의 직접 접근을 허용하는 operator[] 연산자를 지원하기도 한다. 이러한 연산자들은 해당 컨테이너를 다룰 때 설명하기로 하자.

STL 컨테이너 클래스들은 public 속성으로 반복자 타입을 제공한다. 이 반복자 타입은 typedef 문을 사용해서 컨테이너와 상관없이 iterator라는 이름으로 통일되어 있다. iterator 타입의 읽기 전용 버전인 const_iterator, 역방향 순회를 지원하는 reverse_iterator, reverse_iterator의 읽기 전용 버전인 const_reverse_iterator 타입들도 public 속성으로 제공한다.

또한, 각 컨테이너 클래스는 반복자를 반환하는 begin 멤버 함수와 end 멤버 함수를 지원하는데, begin 멤버 함수는 컨테이너의 첫 번째 원소를 가리키는 반복자를 반환하고 end 멤버 함수는 마지막 원소 바로 다음의 반복자를 반환한다. 마지막 원소 바로 다음이라는 것은 마지막 원소를 가리키는 반복자에 operator++ 연산자를 한 번 더 적용한 상태라는 의미이다.

따라서, 한 컨테이너에서 begin과 end 멤버 함수로 제공받을 수 있는 반복자의 범위는 첫 번째 원소부터 마지막 원소까지만 포함되는 [begin, end)와 같이 반 개방 범위이다. 이렇게 복잡하게 설정된 이유는 원소가 없는 빈 컨테이너를 지원하기 위해서이다. begin과 end 멤버 함수가 반환하는 반복자가 같으면 더 이상 원소가 없다는 의미가 된다.

각 컨테이너 클래스는 const_iterator 버전 읽기 전용의 반복자를 얻을 수 있는 cbegin 멤버 함수와 cend 멤버 함수도 지원한다. 컨테이너에 따라서는 역방향 순회를 위해서 rbegin과 rend 멤버 함수를 지원하기도 한다. 반복자의 사용 예는 다음 절에서 vector 컨테이너와 함께 다룬다.

2.14.1 vector 컨테이너

벡터 vector는 가장 많이 사용되는 STL 컨테이너이다. 벡터를 동적 배열이라고도 하는데, 동적 배열이란 생성될 때 크기가 고정되지 않고 저장되는 원소의 수에 따라 크기가 자동으로 늘어나는 배열을 의미한다. C 배열은 생성될 때 크기가 결정되므로 예측할 수 없는 큰 크기의 데이터를 다루는 프로그램에는 적합하지 않다.

[리스트 3.28]은 개선된 Rect 클래스에 벡터를 적용하는 예이고 [그림 3.41]은 실행 결과를 보인 것이다.

리스트 3.28 Syntax14-1 프로젝트의 StlApp.cpp 파일

```
#include "Rect.h"
#include <memory>
#include <vector>

int main()
{
  // 사각형을 담을 vector
  cout << "-- 사각형 벡터 --" << endl;
  std::vector<Rect> rectVector;
```

```
Rect aRect(10, 10, 130, 130);
Rect bRect(20, 20, 100, 110);
Rect cRect(30, 30, 70, 70);
rectVector.push_back(aRect);
rectVector.push_back(bRect);
rectVector.push_back(cRect);
// 사각형의 개수
cout << “사각형의 개수” << endl;
int rectCount = rectVector.size();
cout << rectCount << endl;
// 반복자로 접근 – 순방향
cout << “반복자 - 순방향” << endl;
for (std::vector<Rect>::iterator it = rectVector.begin();
     it != rectVector.end(); ++it)
  cout << *it << endl;
// 반복자로 접근 - 순방향(일부)
cout << “반복자 - 순방향(일부)” << endl;
std::vector<Rect>::iterator iter = rectVector.begin() + 2;
for (std::vector<Rect>::iterator it = rectVector.begin();
     it != iter; ++it)
  cout << *it << endl;
// 반복자로 접근 - 역방향
cout << “반복자 - 역방향” << endl;
for (std::vector<Rect>::reverse_iterator it = rectVector.rbegin();
     it != rectVector.rend(); ++it) {
  it->moveTo(150, 150);
  cout << *it << endl;
}
// 배열 방식으로 접근
cout << “배열 방식으로 접근” << endl;
for (int i = 0; i < rectCount; ++i) {
  rectVector[i].moveTo(300, 300);
  cout << rectVector[i] << endl;
}
// 첫 번째 사각형에 접근
cout << “첫 번째 사각형의 왼쪽 위 꼭짓점의 x 좌표” << endl;
Rect& firstRect = rectVector.front();
cout << firstRect.getUpperLeftX() << endl;
// 마지막 사각형에 접근
cout << “마지막 사각형의 오른쪽 아래 꼭짓점의 x 좌표” << endl;
Rect& lastRect = rectVector.back();
cout << lastRect.getLowerRightX() << endl;
// at을 사용해서 두 번째 사각형에 접근
cout << “두 번째 사각형의 오른쪽 아래 꼭짓점의 y 좌표” << endl;
Rect& secondRect = rectVector.at(1);
```

```
55    cout << secondRect.getLowerRightY() << endl;
56    // 마지막 사각형 제거
57    cout << “마지막 사각형 제거” << endl;
58    rectVector.pop_back();
59    cout << “사각형의 개수” << endl;
60    rectCount = rectVector.size();
61    cout << rectCount << endl;
62    // 사각형이 있다면 모두 제거
63    cout << “사각형 모두 제거” << endl;
64    if (!rectVector.empty()) {
65      rectVector.clear();
66      rectCount = rectVector.size();
67      cout << “사각형의 개수” << endl;
68      cout << rectCount << endl;
69    }
70    // 사각형 포인터를 담을 vector
71    cout << “-- 사각형 포인터 벡터 --” << endl;
72    typedef std::shared_ptr<Rect> RectPtr;
73    std::vector<RectPtr> rectPtrVector;
74    RectPtr aRectPtr(new Rect(510, 110, 630, 230));
75    rectPtrVector.push_back(aRectPtr);
76    rectPtrVector.push_back(std::make_shared<Rect>(520, 120, 600, 210));
77    rectPtrVector.push_back(std::make_shared<Rect>(530, 130, 570, 170));
78    // 반복자로 접근 - 순방향
79    cout << “반복자 - 순방향” << endl;
80    for (std::vector<RectPtr>::iterator it = rectPtrVector.begin();
81                it != rectPtrVector.end(); ++it) {
82      cout << *(*it) << endl;    // RectPtr& rp = *it; cout << *rp << endl;
83      cout << “area : ” << (*it)->area() << endl;
84    }
85    /*
86    for (auto it = rectPtrVector.begin(); it != rectPtrVector.end(); ++it) {
87     cout << *(*it) << endl;
88     cout << “area : “ << (*it)->area() << endl;
89    }
90    */
91    rectPtrVector.clear();
92
93    return 0;
94 }
```

[리스트 3.28]에서 02행은 스마트 포인터를 사용하기 위해서 <memory> 헤더 파일을 포함하고 03행은 벡터를 사용하기 위해서 <vector> 헤더 파일을 포함한다. 09행은 사각형

객체들이 저장될 rectVector 벡터를 빈 상태로 생성한다. vector 클래스는 템플릿 클래스이므로 <> 내에 원소의 타입으로 Rect 타입을 지정한다.

10~12행은 aRect, bRect, cRect 사각형 객체들을 생성한다. 13~15행은 rectVector 객체의 push_back 멤버 함수를 호출해서 이 사각형 객체들을 [그림 3.42]처럼 저장한다. push_back 멤버 함수는 지정된 원소를 벡터의 끝에 추가한다. 18행은 벡터의 size 멤버 함수를 호출해서 반환된 사각형의 개수를 rectCount 변수에 저장한다.

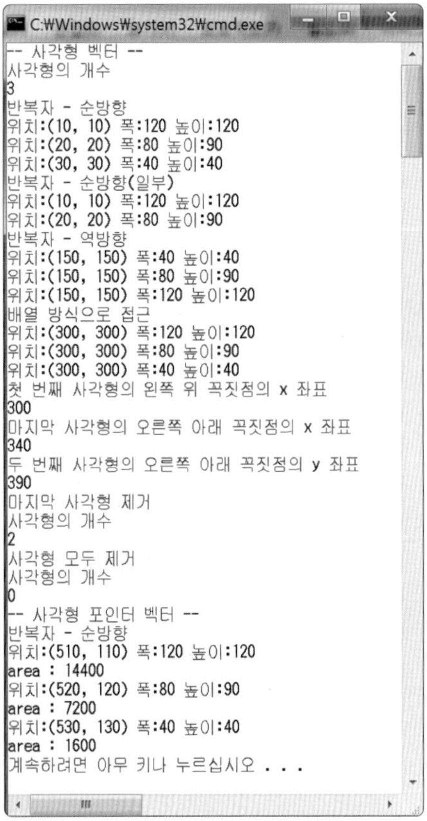

▲ 그림 3.41 ▷ 사각형 객체에 적용한 벡터

vector<Rect> 클래스는 public 속성의 반복자 타입을 제공한다. 이 반복자 타입은 컨테이너와 상관없이 iterator라는 이름으로 통일되어 있다. 22행의 for 문은 std::vector<Rect> 클래스가 제공하는 iterator 반복자 타입 std::vector〈Rect〉::iterator 타입의 변수

it를 정의하면서 [그림 3.42]처럼 rectVector의 begin 멤버 함수가 반환하는 포인터로 it 변수를 초기화한다.

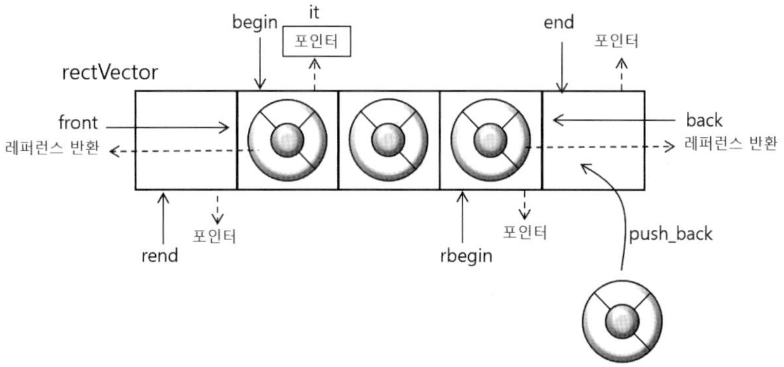

▲ 그림 3.42 ▷ 세 개의 사각형 객체를 저장한 벡터

it는 첫 번째 원소를 가리키는 포인터 변수이다. operator++ 연산자는 it 변수의 값을 다음 원소의 포인터로 변경한다. for 문은 이 it 변수의 값이 rectVector의 end 멤버 함수가 반환하는 마지막 원소의 다음 포인터와 같을 때 종료된다. 24행은 it 포인터 변수가 가리키는 사각형 객체 *it를 출력한다. [그림 3.41]의 다섯 번째 행처럼 세 개의 사각형들이 출력된 것을 확인한다.

[리스트 3.28]에서 27행은 iter 포인터 변수를 첫 번째 원소의 포인터에 2를 더한 값으로 초기화하므로 iter 변수는 세 번째 사각형 객체를 가리킨다. 28행의 for 문에서 종료 조건이 it != iter로 지정됐으므로 이 for 문은 rectVector 컨테이너를 부분적으로 순회해서 첫 번째 사각형과 두 번째 사각형을 출력하고 세 번째 사각형은 출력하지 않는다.

33~37행은 [그림 3.42]에 보인 것처럼 벡터를 역방향으로 순회하면서 각 사각형을 35행처럼 (150, 150)점으로 이동시키고 출력한다. 역방향 순회는 std::vector<Rect> 클래스가 제공하는 reverse_iterator 타입의 반복자 변수를 사용한다. 역방향 순회는 [그림 3.42]에 보인 것처럼 rbegin과 rend 멤버 함수를 사용한다. 역방향 순회도 반복자를 증가시키는 연산자는 operator++이다. 역방향으로 순회하므로 cRect, bRect, aRect의 순으로 출력된 것을 [그림 3.41]에서 확인할 수 있다.

[그림 3.42]에서, 벡터의 각 방은 C 배열처럼 방 번호가 0번부터 매겨져 있으므로 operator[] 연산자를 사용해서 40~43행처럼 C 배열의 순회 방식으로 벡터를 순회할 수 있다. 이 for 문은 41행처럼 각 사각형을 (300, 300)점으로 이동시켜서 출력한다. 46행에서 rectVector의 front 멤버 함수는 첫 사각형의 레퍼런스를 [그림 3.42]에 보인 것처럼 반환한다.

첫 번째 사각형을 복사해서 그 복사본을 반환하는 것이 아니므로 firstRect는 rectVector 내의 첫 번째 사각형 객체의 별명이다. 47행은 이 사각형 객체의 getUpperLeftX 멤버 함수를 호출해서 왼쪽 위 꼭짓점의 x 좌표인 300을 출력한다. 50행과 51행은 같은 방식으로 rectVector의 마지막 사각형 객체에 접근해서 마지막 사각형 객체의 오른쪽 아래 꼭짓점의 x 좌표를 출력한다.

54와 55행은 rectVector 객체의 at 멤버 함수로 두 번째 사각형에 접근해서 두 번째 사각형 객체의 오른쪽 아래 꼭짓점의 y 좌표를 출력한다. 58~61행은 rectVector의 마지막 사각형을 pop_back 멤버 함수로 제거한 후, 사각형의 개수 2를 출력한다. 64~69행은 rectVector의 empty 멤버 함수로 빈 벡터인지 조사하고, 빈 벡터가 아니면 clear 멤버 함수로 사각형들을 모두 제거한 후에 빈 rectVector의 크기인 0을 출력한다.

70행 이후의 코드는 사각형 객체를 직접 벡터에 저장하는 대신 사각형 객체의 스마트 포인터를 저장해서 처리한 코드이다. 이름 공간과 템플릿을 사용하면 장점이 많지만 타입 이름이 길어져서 입력해야 할 코드가 길어지고 가독성도 떨어진다는 단점이 있다. typedef 문과 auto 키워드를 사용하면 이 문제를 어느 정도는 해결할 수 있다.

72행의 typedef 문은 사각형 객체의 shared_ptr 타입인 std::shared_ptr<Rect> 타입을 이후로는 RectPtr로 간결하게 명시하겠다는 선언이다. 73행은 사각형의 포인터들을 저장할 빈 벡터인 rectPtrVector 객체를 생성한다. 74행은 new 연산자를 사용해서 사각형 객체를 동적으로 생성하고 그 포인터를 aRectPtr 변수에 저장한다. 75행은 rectPtrVector의 push_back 멤버 함수를 호출해서 이 포인터를 [그림 3.43]처럼 벡터의 첫 번째 원소로 저장한다. 76행과 77행은 make_shared<Rect> 함수를 이용해서 두 사각형 객체의 포인터를 벡터에 저장한다.

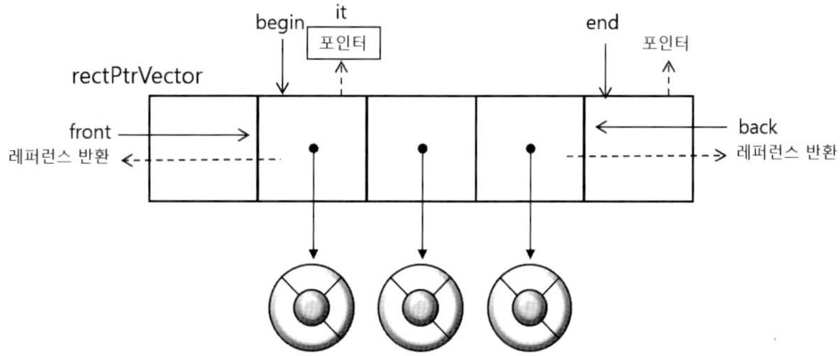

▲ 그림 3.43 ▷ 사각형 객체의 포인터를 저장한 벡터

[리스트 3.28]에서 80~84행은 rectPtrVector를 순방향으로 순회하면서 세 개의 사각형들을 면적과 함께 출력한다. 82행의 *(*it) 표현식에서, *it는 포인터 변수 it의 역참조로서 it 변수가 가리키는 벡터의 방을 나타낸다. 이 방에는 사각형 객체의 포인터가 저장되어 있다. 따라서 이 포인터를 한 번 더 역참조하면 방에 저장된 포인터가 가리키는 사각형 객체가 된다.

이 문장은 82행에서 주석 처리된 두 문장을 하나로 합친 것이므로 이 두 문장을 사용해도 된다. 83행은 (*it)이 나타내는 사각형 객체의 포인터에 operator-> 멤버 접근 연산자를 적용해서 사각형 객체의 면적을 출력한다.

주석 처리한 86~89행은 80~84행의 for 문과 같은 작업을 수행하는데, auto 타입을 사용해서 간편하게 표현한 것이다. auto 타입은 컴파일러에게 타입을 유추하라는 지시이므로 컴파일러는 rectPtrVector로부터 타입 결정에 필요한 정보를 추출해서 it 변수에 알맞은 타입을 지정한다.

벡터는 이외에도 [표 3.2]에 보인 것처럼 다양한 멤버 함수들을 제공한다.

▼ 표 3.2 ▷ vector 클래스의 주요 멤버 함수

멤버 함수	설명
assign	지정된 원소로 벡터를 채움
at	지정 위치의 원소의 레퍼런스를 반환

back	마지막 원소의 레퍼런스를 반환
begin	첫 번째 원소의 반복자(포인터)를 반환
clear	모든 원소를 삭제
empty	빈 벡터이면 true를 반환
end	마지막 원소의 다음 반복자를 반환
erase	지정 위치의 원소나 지정 범위의 원소들을 삭제
front	첫 번째 원소의 레퍼런스를 반환
insert	지정된 위치에 원소 삽입
pop_back	마지막 원소를 삭제
push_back	끝에 원소 삽입
rbegin	역방향으로 첫 번째 원소의 반복자를 반환
rend	역방향으로 마지막 원소의 다음 반복자를 반환
reserve	지정된 크기의 저장 공간을 확보
size	원소의 개수를 반환
swap	벡터의 두 원소를 치환

** 2.14.2 list 컨테이너

리스트 list는 [그림 3.44]에 보인 연결 리스트 linked list를 템플릿 클래스로 구현한 것이다.

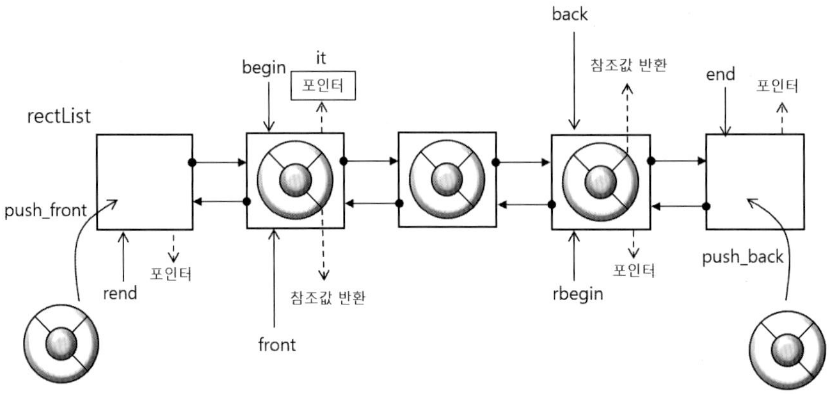

▲ 그림 3.44 ▷ 세 개의 사각형 객체를 저장한 리스트

각 방에 방 번호가 매겨져 있는 벡터와 다르게 연결 리스트의 각 방은 상호 포인터로 연결되어 있고 방 번호는 없다. 벡터는 방 번호가 있으므로 방 번호를 가지고 특정 방에 바로 접근 임의 접근할 수 있지만, 연결 리스트는 방 번호가 없으므로 특정 방에 접근하기 위해서 첫 번째 방부터 시작해서 포인터를 따라 원하는 방까지 이동해야 접근 순차 접근할 수 있다. 물론, 벡터도 순차 접근이 가능하다.

임의 접근은 방 번호로 바로 접근할 수 있으므로 순차 접근보다 좋은 성능을 제공한다. 그러나 벡터의 중간 원소를 삭제하면 원소의 삭제 후, 이후 원소들을 한 칸씩 앞당겨 채워줘야 하고 중간에 한 원소를 삽입하려면 이 자리를 내기 위해서 이후 원소들을 한 칸씩 밀어내야 하므로 성능이 떨어지게 된다.

연결 리스트는 [그림 3.45]에 보인 것처럼 간편한 포인터의 조작으로 원소의 삽입과 삭제를 할 수 있으므로 성능 면에서 유리하다. 그림에서는 원소가 세 개 또는 네 개 있는 경우를 보였지만 이러한 장단점은 원소의 개수가 몇백 또는 몇천 개일 때 두드러진다. 사실, 원소가 몇 개 안 되는 경우는 어느 쪽이 더 유리하다고 할 수 없다.

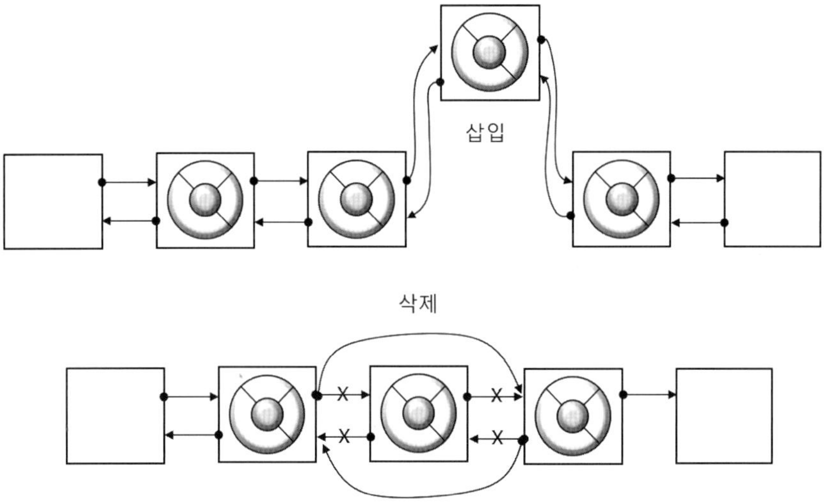

▲ 그림 3.45 ▷ 리스트에서 원소의 삽입과 삭제

[표 3.3]은 vector 컨테이너와 list 컨테이너의 장단점을 비교한 것이다.

▼ 표 3.3 ▷ vector 컨테이너와 list 컨테이너의 비교

구분	vector	list
크기 변경 가능	O	O
중간 삽입과 삭제 용이	X	O
순차 접근 가능	O	O
임의 접근 가능	O	X

중간 삽입과 삭제가 없고 임의 접근을 자주 해야 한다면 vector가 유리하고, 중간 삽입과 삭제가 자주 있으며 임의 접근이 필요 없으면 list가 유리하다.

[리스트 3.29]는 개선된 Rect 클래스에 list 컨테이너를 적용해서 활용한 예이고 [그림 3.46]은 실행 결과를 보인 것이다.

리스트 3.29 Syntax14-2 프로젝트의 StlApp.cpp 파일

```
#include "Rect.h"
#include <list>

int main()
{
  // 사각형을 담을 list
  std::list<Rect> rectList;
  Rect aRect(10, 10, 130, 130);
  Rect bRect(20, 20, 100, 110);
  Rect cRect(30, 30, 70, 70);
  rectList.push_back(aRect);
  rectList.push_front(bRect);
  rectList.push_front(cRect);
  // 범위 기반 for 문 - 순방향
  cout << "범위 기반 for - 순방향" << endl;
  for (auto& r : rectList)
    cout << r << endl;
  // 반복자로 접근 - 역방향
  cout << "반복자 - 역방향" << endl;
  std::list<Rect>::reverse_iterator it;
  for (it = rectList.rbegin(); it != rectList.rend(); ++it) {
    it->moveTo(150, 150);
```

```
    cout << *it << endl;
  }
  // 첫 번째 사각형에 접근
  cout << "첫 번째 사각형의 왼쪽 위 꼭짓점의 x 좌표" << endl;
  Rect& firstRect = rectList.front();
  cout << firstRect.getUpperLeftX() << endl;
  // 첫 번째 사각형 제거
  rectList.pop_front();
  // 마지막 사각형 제거
  rectList.pop_back();
  cout << "첫 번째와 마지막 사각형 제거" << endl;
  cout << "사각형의 개수" << endl;
  int rectCount = rectList.size();
  cout << rectCount << endl;
  // 사각형이 있다면 모두 제거
  cout << "사각형 모두 제거" << endl;
  if (!rectList.empty()) {
    rectList.clear();
    cout << "사각형의 개수" << endl;
    rectCount = rectList.size();
    cout << rectCount << endl;
  }

  return 0;
}
```

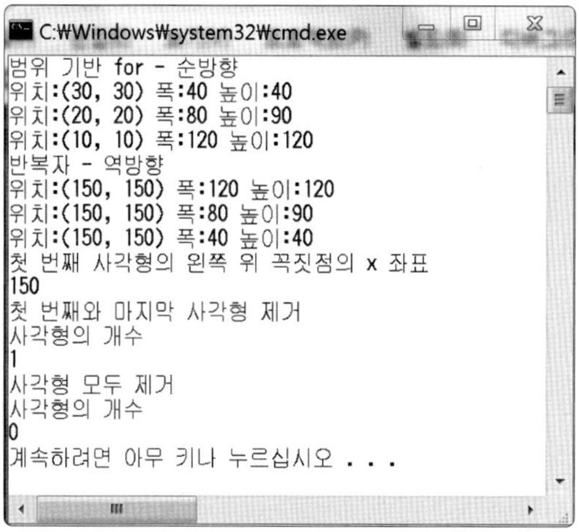

▲ 그림 3.46 ▷ 사각형 객체에 적용한 리스트

[리스트 3.29]에서 02행은 list를 사용하기 위해서 <list> 헤더 파일을 포함한다. 07행은 사각형 객체들이 저장될 rectList 연결 리스트를 생성한다. 08~10행은 aRect, bRect, cRect 사각형 객체들을 생성한다. 11행은 aRect 객체를 rectList의 끝에 추가한다. 리스트는 앞과 뒤에 원소를 추가할 수 있으므로 12행과 13행은 bRect와 cRect 객체를 rectList의 앞에 추가한다. 따라서 리스트에는 cRect, bRect, aRect의 순으로 저장된다.

16행과 17행처럼 범위 기반 for 문과 auto 타입을 사용하면 컨테이너 내의 원소들을 간결하게 순회해서 처리할 수 있다. vector와 list는 원소를 반환할 때 레퍼런스로 반환하므로 컴파일러에게 auto&로 타입을 추론할 것을 지정한다. 이 경우, 컴파일러가 추론한 타입은 Rect&일 것이다. 2장의 "2.7 템플릿 파라미터의 추론" 절에서 컴파일러의 템플릿 파라미터의 추론 과정을 설명했듯이 그냥 auto로 지정해도 컴파일러는 Rect& 타입으로 추론한다. [그림 3.46]처럼 사각형들이 cRect, bRect, aRect의 순으로 출력된 것을 확인할 수 있다.

20행은 std::list<Rect>::reverse_iterator 타입의 변수 it를 정의한다. 이 변수는 21~24행의 for 문에서 반복 제어 변수의 역할을 한다. 이 for 문은 rectList를 역방향으로 순회하면서 각 사각형을 (150, 150)점으로 이동시키고 출력한다. 역방향으로 순회하므로 aRect, bRect, cRect의 순으로 출력된다.

27행처럼 리스트의 제일 앞 원소를 레퍼런스로 반환받아 28행처럼 이 사각형의 왼쪽 위 꼭짓점의 x 좌표를 출력한다. 30행은 리스트의 제일 앞 원소를 삭제하고 32행은 제일 마지막 원소를 삭제한다. 35행처럼 리스트의 크기를 반환받아 36행처럼 이 크기를 출력하면 1이 출력된다. 39~44행은 rectList의 empty 멤버 함수로 빈 리스트인지 조사하고 빈 리스트가 아니면 clear 멤버 함수로 사각형들을 모두 제거한 후, 빈 rectList의 크기인 0을 출력한다.

리스트는 이외에도 [표 3.4]에 보인 것처럼 다양한 멤버 함수들을 제공한다.

▼ 표 3.4 ▷ list 클래스의 주요 멤버 함수

멤버 함수	설명
back	마지막 원소의 레퍼런스를 반환
begin	첫 번째 원소의 반복자(포인터)를 반환

clear	모든 원소를 삭제
empty	빈 리스트이면 true를 반환
end	마지막 원소의 다음 반복자를 반환
erase	지정된 위치의 원소나 지정된 범위의 원소들을 삭제
front	첫 번째 원소의 레퍼런스를 반환
insert	지정된 위치에 원소 삽입
front	첫 번째 원소의 레퍼런스를 반환
insert	지정된 위치에 원소 삽입
pop_back	마지막 원소를 삭제
pop_front	첫 번째 원소를 삭제
push_back	끝에 원소 삽입
push_front	앞에 원소 삽입
rbegin	역방향으로 첫 번째 원소의 반복자를 반환
rend	역방향으로 마지막 원소의 다음 반복자를 반환
size	원소의 개수를 반환

find 알고리즘 2.14.3

템플릿 함수로 구현된 STL의 알고리즘은 vector, list, map, set 등의 컨테이너의 종류와 상관없이 같은 방식으로 컨테이너에 적용해서 활용할 수 있다. 또한, STL 컨테이너만이 아닌 C 배열에도 적용해서 사용할 수 있다.

컨테이너 내의 원소 중 원하는 원소를 찾기 위해서 find 알고리즘을 사용한다. 알고리즘을 사용하려면 <algorithm> 헤더 파일을 포함한다. [리스트 3.30]의 코드는 정수 원소들을 담은 벡터에서 원하는 정수를 find 알고리즘으로 찾는 예이고 [그림 3.47]은 실행 결과를 보인 것이다.

리스트 3.30 Syntax14-3 프로젝트의 StlApp.cpp 파일

```
#include <algorithm>
#include <vector>
#include <iostream>
using namespace std;

int main()
```

```
07 {
08   vector<int> intVector;
09   intVector.push_back(12);
10   intVector.push_back(100);
11   intVector.push_back(77);
12   vector<int>::iterator findIter;
13   // intVector의 처음과 끝에서 12를 찾는다.
14   findIter = find(intVector.begin(), intVector.end(), 12);
15   if (findIter != intVector.end()) {
16     cout << "12를 찾았습니다." << endl;
17   }
18   else {
19     cout << "12는 없습니다." << endl;
20   }
21   // intVector 두 번째와 끝에서 12를 찾는다.
22   // ++intVector.begin()으로 반복자를 한 칸 이동한다.
23   findIter = find(++intVector.begin(), intVector.end(), 12);
24   if (findIter != intVector.end()) {
25     cout << "12를 찾았습니다." << endl;
26   }
27   else {
28     cout << "12는 없습니다" << endl;
29   }
30
31   return 0;
32 }
```

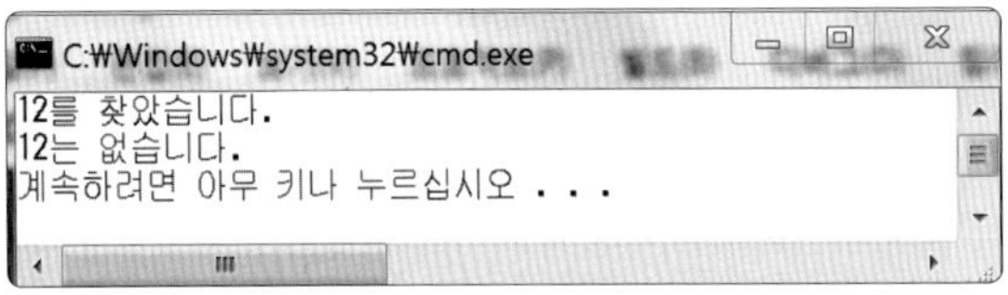

▲ 그림 3.47 ▷ find 알고리즘의 활용

[리스트 3.30]에서 08~11행은 정수 벡터를 생성해서 세 개의 정수를 벡터에 저장한다. 세 개의 정수가 같은 값이면 다음 코드처럼 크기와 초깃값을 함께 지정해서 벡터를 생성할 수도 있다.

```
vector<int> intVector(3, 20);          // 세 개의 원소가 20으로 초기화된 벡터
```

12행은 std::vector<int> 클래스의 반복자 타입 변수 findIter를 정의한다. 14행은 find 알고리즘으로 벡터 내에서 12를 찾는다. find 함수는 첫 번째와 두 번째 파라미터로 검색 범위를 지정하는데, 첫 번째 파라미터는 begin 멤버 함수가 반환하는 시작 원소의 반복자이고 두 번째 파라미터는 end 멤버 함수가 반환하는 마지막 원소의 다음 반복자이다. 세 번째 파라미터는 찾을 값이다. find 함수는 검색에 성공하면 해당 원소를 가리키는 반복자를 반환하고 실패하면 end 함수가 반환하는 반복자를 반환한다.

벡터에 12가 있으므로 정수 12를 가리키는 반복자가 반환되어 14행처럼 findIter 변수에 저장된다. 15행처럼 이 findIter 변수의 값을 end 함수가 반환하는 값과 비교하면 검색의 성공 여부를 알 수 있다. 이 프로그램의 경우는 16행이 실행된다.

find 템플릿 함수의 C++ 표준 형식은 다음과 같다.

```
template <class InputIterator, class T>
InputIterator find(InputIterator first, InputIterator last,
                   const T& val);
```

이 형식은 InputIterator와 T라는 두 개의 템플릿 파라미터를 사용한다. T는 익숙한 템플릿 파라미터명이지만 InputIterator는 다소 생소하다. 템플릿 파라미터명으로 반드시 T1, T2 등의 간단한 이름을 사용할 필요는 없다. C++ 표준 형식은 InputIterator, Allocator 등의 의미를 담은 템플릿 파라미터명을 주로 사용하고 일반 타입의 의미를 나타낼 때만 T를 사용한다. 또한, typename 키워드 대신 이전 스타일인 class 키워드를 사용하고 있다. 이 표준 형식의 구현은 컴파일러의 종류에 따라 다르겠지만 가능한 구현은 다음 코드와 같다.

```
template<class InputIterator, class T>
InputIterator find(InputIterator first, InputIterator last,
                   const T& val)
{
  while(first != last) {
    if(*first == val)
      return first;
    ++first;
  }
  return last;
}
```

컴파일러는 [리스트 3.30]의 14행에서 STL 라이브러리에 존재하는 이 템플릿 함수의 InputIterator를 vector<int>::iterator 타입으로 추론하고 T를 int 타입으로 추론해서 다음 코드와 같은 함수를 생성한 후, 이 함수로 14행을 처리한다.

```
vector<int>::iterator find(vector<int>::iterator first,
               vector<int>::iterator last, const int& val)
{
  while(first != last) {
    if(*first == val)
      return first;
    ++first;
  }
  return last;
}
```

이 함수는 intVector의 [first, last) 구간을 순회하면서 지정된 값을 갖는 원소를 찾아 그 원소의 반복자를 반환한다. 지정된 값을 갖는 원소가 없으면 두 번째 파라미터로 전달받은 반복자를 그대로 반환한다.

[리스트 3.30]의 23행에서 begin 멤버 함수가 반환하는 벡터의 첫 원소를 가리키는 반복자에 operator++ 연산자를 적용하므로 두 번째 원소부터 검색이 시작된다. find 함수가 두 번째 원소부터 마지막 원소까지의 범위에서 12를 찾게 되는데, 12는 벡터의 첫 번째 원소이므로 검색에 실패한다. 따라서 28행이 실행된 것을 [그림 3.47]에서 확인할 수 있다. 이 프로그램은 find 알고리즘을 vector 컨테이너에 적용했지만, list나 queue와 같은 컨테이너들도 같은 방식으로 적용할 수 있다.

2.14.4 find_if 알고리즘

앞 절에서 다룬 find 알고리즘을 사용하면 컨테이너에 있는 원소 중 원하는 것을 쉽게 찾을 수 있다. 그러나 find 알고리즘은 컨테이너가 기본 데이터 타입의 값을 저장하고 있을 때만 사용할 수 있다. 클래스 타입의 객체를 저장하는 컨테이너는 find 알고리즘을 사용할 수 없고 find_if 알고리즘을 사용한다. find_if 함수는 조건자 predicate라는 것을 사용한다.

클래스 타입의 객체를 담은 컨테이너를 find_if 알고리즘에서 사용하기 위해서는 원소를 어떤 방식으로 찾을지 정의한 함수를 파라미터로 넘겨준다. 이러한 함수를 조건자나 콜백 함수라고 부른다. 알고리즘에 파라미터로 전달하는 함수는 일반 함수보다는 이 장의 "2.13 함수 객체" 절에서 다룬 함수 객체나 4장의 필수 문법 절에서 다룰 람다 표현식을 사용하는 것이 일반적이다. find_if는 기본적으로 find와 같으며 다른 점은 조건자를 파라미터로 전달받아 사용한다는 것이다.

[리스트 3.31]의 코드는 개선된 Rect 클래스를 사용해서 find_if 알고리즘을 활용한 예이고, [그림 3.48]은 실행 결과를 보인 것이다.

리스트 3.31 Syntax14-4 프로젝트의 StlApp.cpp 파일

```
#include "Rect.h"
#include <vector>
#include <algorithm>
#include <iostream>
using namespace std;

class FindAreaRect
{
public:
  bool operator()(Rect& r) {
    return (r.area() >= compareArea ? true : false);
  }

  int compareArea = 0;
};

int main()
{
  vector<Rect> rectVector;
  Rect aRect(30, 40, 70, 70);       // area = 1200
  Rect bRect(100, 90, 130, 150);    // area = 1800
  Rect cRect(20, 30, 50, 50);       // area = 600
  Rect dRect(100, 100, 150, 150);   // area = 2500
  rectVector.push_back(aRect);
  rectVector.push_back(bRect);
  rectVector.push_back(cRect);
  rectVector.push_back(dRect);
  // 면적이 1500 이상인 첫 번째 사각형 찾기
  vector<Rect>::iterator findRect;
```

```
30    FindAreaRect findAreaRect;
31    findAreaRect.compareArea = 1500;
32    findRect = find_if(rectVector.begin(), rectVector.end(),findAreaRect);
33    if (findRect != rectVector.end()) {
34      cout << "면적이 1500 보다 큰 첫 사각형은 " << *findRect << endl;
35    }
36    else {
37      cout << "면적이 1500보다 큰 사각형 없음" << endl;
38    }
39
40    return 0;
41 }
```

▲ 그림 3.48 ▷ find_if 알고리즘의 활용

[리스트 3.31]에서 07~15행은 FindAreaRect라는 클래스를 정의하는데, 이 클래스의 객체가 find_if 알고리즘의 조건자로 사용할 함수 객체이다. 이 함수 객체는 14번째 행의 compareArea 멤버 변수의 값보다 레퍼런스 파라미터로 전달받은 사각형이 큰 면적을 갖는지 조사해서 true나 false를 반환하는 10행의 operator() 멤버 함수를 가진다.

19~27행은 사각형 객체를 저장하는 벡터를 생성하고 네 개의 사각형 객체를 생성해서 벡터에 저장한다. 20~23행의 주석에 각 사각형의 면적을 표시했다. 29행은 findRect 반복자 변수를 정의하고 30행은 FindAreaRect 클래스로부터 함수 객체 findAreaRect를 생성한다. 31행은 이 함수 객체의 compareArea 멤버 변수를 1500으로 설정한다.

32행은 find_if 함수를 호출한다. 앞 절에서 설명한 find 함수와 비교하면, 첫 번째와 두 번째 파라미터는 같으며 세 번째 파라미터가 다르다. find 함수는 세 번째 파라미터에 찾을 값을 전달지만 find_if 함수는 함수 객체를 조건자로 전달한다.

컴파일러는 32행에서 STL 라이브러리에 존재하는 다음 코드의 find_if 템플릿 함수로부터 템플릿 파라미터 InputIterator를 vector<Rect>::iterator 타입으로 추론하고 템플릿 파라미터 UnaryPredicate를 FindAreaRect 클래스 타입으로 추론한다.

```
template<class InputIterator, class UnaryPredicate>
InputIterator find_if(InputIterator first, InputIterator last,
                      UnaryPredicate pred)
{
  while(first != last) {
    if(pred(*first))
      return first;
    ++first;
  }
  return last;
}
```

다음 코드는 컴파일러가 이 find_if 템플릿 함수로부터 생성한 함수의 예이고, [그림 3.49]는 이 프로그램이 실행될 때 생성된 find_if 함수가 32행에서 실행되는 과정을 보인 것이다.

```
vector<Rect>::iterator find_if(vector<Rect>::iterator first,
        vector<Rect>::iterator last, FindAreaRect pred)
{
  while(first != last) {
    if(pred(*first))
      return first;
    ++first;
  }
  return last;
}
```

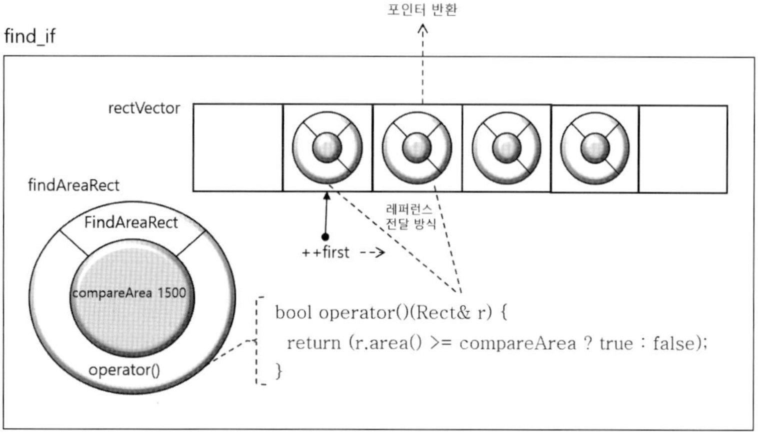

▲ 그림 3.49 ▷ 생성된 find_if 함수의 실행

생성된 find_if 함수는 rectVector를 while 문으로 순회하면서 pred(*first)를 실행한다. pred(*first)는 pred가 findAreaRect이고 first는 사각형 원소를 가리키는 반복자이기 때문에 findAreaRect(사각형 객체)의 의미가 된다. 따라서 pred(*first)는 findAreaRect 객체의 operator() 멤버 함수를 호출하면서 사각형 객체를 파라미터로 전달하는 문장이 된다. operator() 함수의 파라미터 r이 레퍼런스로 지정됐으므로 r은 각 사각형 원소의 별명이 된다.

첫 번째 사각형 원소가 함수에 전달된 결과가 false이므로 while 문의 ++first에 의해서 두 번째 사각형 원소가 함수에 전달된다. 두 번째 원소가 전달된 결과는 true이므로 find_if 함수는 두 번째 원소를 가리키는 반복자 포인터인 first를 반환하고 종료된다.

따라서 find_if 함수는 면적이 1500 이상인 첫 번째 사각형 bRect을 가리키는 반복자를 반환한다. 이 반복자는 [리스트 3.31]의 32행에서 findRect 변수에 저장되고 findRect의 값이 end 멤버 함수가 반환하는 값이 아니므로 34행이 실행된다. 34행에서 *findRect의 표현은 findRect 반복자가 가리키는 bRect 사각형 객체를 의미하므로 [그림 3.48]처럼 bRect 객체가 출력된 것을 확인할 수 있다.

STL에는 find와 find_if처럼 조건자를 사용하지 않는 것과 조건자를 사용하는 것의 두 가지 버전을 제공하는 알고리즘들이 상당수 존재한다. 조건자를 사용하는 알고리즘은 조건자를 사용하지 않는 알고리즘의 이름 뒤에 if를 붙인 이름을 사용한다.

** 2.14.5 for_each 알고리즘

for_each는 컨테이너에 저장된 원소들을 순차적으로 함수 객체의 파라미터로 전달해서 함수를 실행하는 알고리즘이다. [리스트 3.32]의 코드는 개선된 Rect 클래스로부터 생성된 사각형 객체를 [그림 3.50]처럼 회전시키기 위해서 for_each 알고리즘을 활용한 예이고, [그림 3.51]은 실행 결과를 보인 것이다.

리스트 3.32 Syntax14-5 프로젝트의 StlApp.cpp 파일

```
#include "Rect.h"
#include <vector>
```

```
#include <algorithm>
#include <iostream>
using namespace std;

class RotateRect
{
public:
  void operator()(Rect& r)
  {
    int width = r.getLowerRightX() - r.getUpperLeftX();
    int height = r.getLowerRightY() - r.getUpperLeftY();
    r.setLowerRightX(r.getUpperLeftX() + height);
    r.setLowerRightY(r.getUpperLeftY() + width);
  }
};

void rectRotate(Rect& r)
{
  int width = r.getLowerRightX() - r.getUpperLeftX();
  int height = r.getLowerRightY() - r.getUpperLeftY();
  r.setLowerRightX(r.getUpperLeftX() + height);
  r.setLowerRightY(r.getUpperLeftY() + width);
}

int main()
{
  vector<Rect> rectVector;
  Rect aRect(0, 0, 70, 90);
  Rect bRect(0, 0, 130, 150);
  Rect cRect(0, 0, 50, 60);
  rectVector.push_back(aRect);
  rectVector.push_back(bRect);
  rectVector.push_back(cRect);
  // 각 사각형을 회전
  // 1. for문 사용
  cout << "For --------------------" << endl;
  for (Rect& r : rectVector) {
    int width = r.getLowerRightX() - r.getUpperLeftX();
    int height = r.getLowerRightY() - r.getUpperLeftY();
    r.setLowerRightX(r.getUpperLeftX() + height);
    r.setLowerRightY(r.getUpperLeftY() + width);
  }
  for (const Rect& r : rectVector) {
    cout << "lowerRightX = " << r.getLowerRightX()
       << ", lowerRightY = " << r.getLowerRightY() << endl;
  }
```

```
49   // 2. 함수 객체 사용
50   cout << “Functor -----------------” << endl;
51   RotateRect rotateRect;
52 // for_each(rectVector.begin(), rectVector.end(), RotateRect());
53   for_each(rectVector.begin(), rectVector.end(), rotateRect);
54   for (const Rect& r : rectVector) {
55     cout << “lowerRightX = ” << r.getLowerRightX()
56        << “, lowerRightY = ” << r.getLowerRightY() << endl;
57   }
58   // 3. 함수 포인터 사용
59   cout << “Function Pointer --------” << endl;
60   for_each(rectVector.begin(), rectVector.end(), rectRotate);
61   for (const Rect& r : rectVector) {
62     cout << “lowerRightX = ” << r.getLowerRightX()
63          << “, lowerRightY = ” << r.getLowerRightY() << endl;
64   }
65
66   return 0;
67 }
```

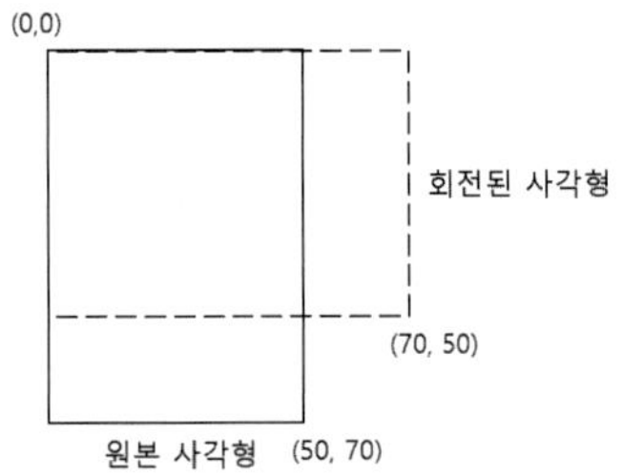

▲ 그림 3.50 ▷ 사각형의 회전

[리스트 3.32]에서 07~17행은 함수 객체를 생성하기 위해서 RotateRect 클래스를 정의하는데, 이 클래스는 10행의 operator() 연산자만 가진다. 12행과 13행은 레퍼런스로 전달받은 사각형 객체의 폭과 높이를 구해서 width와 height 지역 변수에 저장한다. 14행과 15행은 [그림 3.50]의 회전된 사각형처럼 사각형의 오른쪽 아래 꼭짓점을 설정한다. 레퍼런스로 사각형 객체를 전달받으므로 벡터 내 사각형 객체의 오른쪽 아래 꼭짓점이 변경된다.

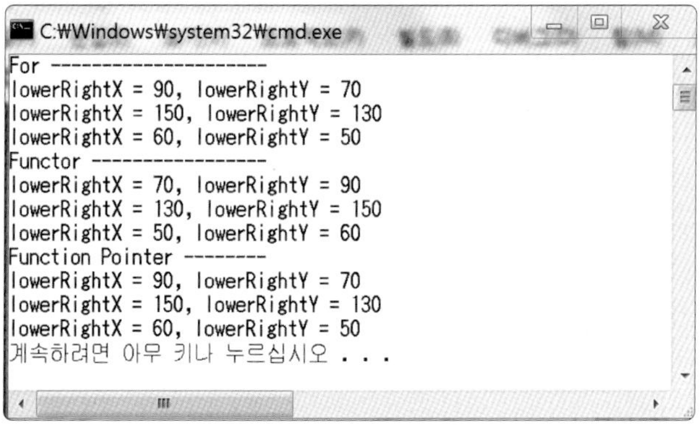

▲ 그림 3.51 ▷ for_each 알고리즘의 활용

19~25행은 RotateRect 클래스의 operator() 연산자 10행와 같은 작업을 수행하는 rectRotate 전역 함수의 정의이다. C에서 rectRotate와 같은 함수 이름 자체가 함수가 위치한 메모리를 가리키므로 함수 이름을 함수 포인터라고 부른다. 조건자를 사용하는 STL 알고리즘은 함수 포인터, 함수 객체, 그리고 다음 장에서 다룰 람다 함수의 형태를 모두 조건자로 사용할 수 있다.

29~35행은 사각형 객체를 저장하는 벡터를 생성하고 세 개의 사각형 객체를 생성해서 벡터에 저장한다. 회전된 것을 쉽게 확인하기 위해 왼쪽 위 꼭짓점은 모두 (0, 0)점으로 지정한다. 39~44행은 범위 기반 for 문을 이용해서 벡터 내 사각형 객체들을 회전시킨다. for 문 내에서 벡터 내의 사각형 객체들을 직접 회전시키기 위해서 39행처럼 Rect 클래스의 레퍼런스 타입 변수 r을 사용한다. 45~48행처럼 각 사각형 객체의 오른쪽 아래 꼭짓점을 출력하면 [그림 3.51]에 보인 것처럼 각 사각형이 회전된 것을 확인할 수 있다.

53행은 for_each 함수를 호출해서 사각형들을 회전시킨다. 51행에서 생성한 rotateRect 함수 객체를 for_each 함수의 조건자로 전달한다. 54~57행처럼 각 사각형의 오른쪽 아래 꼭짓점을 출력하면 각 사각형이 원위치 된 것을 [그림 3.51]에 보인 것처럼 확인할 수 있다. 51행과 53행 대신 주석 처리한 52행을 사용해도 좋다. 52행은 함수 객체를 생성해서 for_each 함수의 조건자로 제공하는 대신 for_each 함수 내에서 RotateRect 디폴트 생성자로 함수 객체를 생성해서 바로 조건자로 제공한다.

60행은 for_each 함수를 다시 호출해서 사각형들을 한 번 더 회전시킨다. 이번 for_each

함수 호출에는 19행에서 정의한 rectRotate 함수 포인터를 조건자로 전달한다. 61~64행처럼 각 사각형의 오른쪽 아래 꼭짓점을 출력하면 각 사각형이 한 번 더 회전된 것을 확인할 수 있다.

for_each 알고리즘의 사용은 for 문을 사용하는 것보다 함수 객체의 생성을 위한 클래스의 정의나 함수 포인터를 사용하기 위한 함수의 정의 때문에 코드의 분량이 늘어나지만, STL 알고리즘이 안전하고 성능이 우수하므로 권장하는 방식이다. 4장의 필수 문법 절에서 다룰 람다 표현식을 사용하면 코드의 분량도 늘어나지 않는다.

함수 포인터와 함수 객체의 사용은 다음과 같은 장단점을 가지고 있다.

- 함수 포인터는 간결하게 작성할 수 있지만, 함수 객체는 함수 호출 연산자를 오버로딩한 클래스를 정의해야 하므로 번거롭다.
- 함수 포인터는 일반적으로 전역 함수로 정의된다. 함수 포인터의 개수가 많아지면 이름 공간을 어지럽히게 된다.
- 함수 객체는 앞 절의 find_if 예제처럼 상태 정보를 가질 수 있으므로 함수 포인터보다 유연하다. 앞 절의 예제에서 함수 객체는 compareArea 라는 멤버 변수를 활용했다.
- 함수 포인터는 컴파일러가 컴파일할 때 어떤 함수를 사용해야 할지 알 수 없고 실행시에나 조건자로 사용된다. 반면, 함수 객체는 컴파일러가 컴파일할 때 사용할 함수가 어떤 함수인지 알 수 있으므로 컴파일러에 의해 성능의 이점을 제공하는 inline 함수로 처리될 수 있다.

함수 포인터와 함수 객체를 사용하는 두 방식의 장점만 취하는 방식이 4장의 필수 문법 절에서 다룰 람다 함수를 조건자로 사용하는 것이다.

** 2.14.6 accumulate 알고리즘

<algorithm>이 아닌 <numeric> 헤더 파일을 통해 제공되는 accumulate 알고리즘은 컨테이너의 지정된 범위 내 원소들에 대해 누적 연산을 지원한다. [리스트 3.33]의 코드는 벡터에 저장된 정수들의 평균을 구하는 예이고 [그림 3.52]는 실행 결과를 보인 것이다.

리스트 3.33 Syntax14-6 프로젝트의 StlApp.cpp 파일

```
01 #include <iostream>
02 #include <numeric>
03 #include <vector>
04 using namespace std;
05
06 double mean(const vector<int>& nums)
07 {
08   double sum = accumulate(nums.begin(), nums.end(),
09                           0, plus<int>());
10   return sum / nums.size();
11 }
12
13 int main()
14 {
15   vector<int> nums;
16   for (int i = 0; i < 10; ++i)
17     nums.push_back(i);
18   cout << mean(nums) << endl;
19
20   return 0;
21 }
```

▲ 그림 3.52 ▷ accumulate 알고리즘의 활용

15행은 정수를 저장하는 nums 벡터를 정의하고, 16행과 17행은 이 벡터에 0부터 9까지의 정수를 저장한다. 평균값을 구하는 06행의 mean 함수는 정수 벡터를 상수 레퍼런스 객체로 전달받는다. 08행은 accumulate 알고리즘을 이용해서 벡터 내 정수들의 합을 구한다.

컨테이너에 저장된 데이터의 타입이 기본 데이터 타입이면 STL이 제공하는 plus, minus, multiplies, divides, modulus, negate 템플릿 클래스로부터 생성된 함수 객체를 알고리즘에 사용할 수 있다. 다음 코드는 이들 중, plus<int> 클래스의 myPlus 함수 객체를 사용하는 예이다. plus<int> 클래스의 operator() 연산자는 항을 두 개 사용하는 이항 연산자로서 두 항을 더한 값을 반환한다.

```
plus<int> myPlus;
int result = myPlus(4, 5);
cout << result << endl;
```

[리스트 3.33] 08행에서 컴파일러는 plus 템플릿 클래스로부터 plus<int> 클래스를 생성해서 함수 객체를 생성하고 accumulate 템플릿 함수로부터 accumulate 함수를 생성하는 두 가지 템플릿 기능을 수행한다. plus<int>() 디폴트 생성자를 호출해서 생성된 함수 객체는 생성된 accumulate 함수의 네 번째 파라미터로 제공된다. [그림 3.53]은 생성된 accumulate 함수가 실행시 수행하는 작업을 보인 것이다.

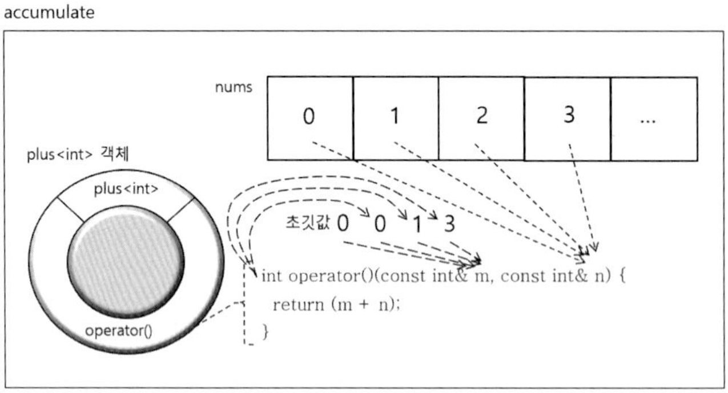

▲ 그림 3.53 ▷ 생성된 accumulate 함수의 실행

컴파일러가 생성한 accumulate 함수는 전달받은 함수 객체의 operator() 연산자를 사용해서 nums 벡터를 순회하면서 원소들의 합을 구한다. operator() 연산자는 파라미터를 두 개 사용해서 두 값의 합을 반환한다.

operator() 연산자는 파라미터를 두 개 사용하는데, 첫 번째 파라미터인 m에 처음에는 초깃값인 0이 전달되지만, 다음부터는 직전 operator() 연산자의 반환값이 상수 레퍼런스로 전달된다. 두 번째 파라미터인 n에는 nums 벡터의 원소들이 차례대로 전달된다. accumulate 함수의 세 번째 파라미터는 누적값의 초깃값인데, 정수 원소들을 누적하는 것이므로 0으로 지정한다.

accumulate 함수는 최종적으로 실행된 operator() 연산자의 반환값을 반환한다. [리스트

3.33]의 08행에서 네 번째 파라미터로 주어진 plus<int> 타입의 함수 객체는 accumulate 함수의 디폴트값이므로 생략할 수 있다.

sort 알고리즘 ** 2.14.7

sort는 컨테이너에 저장된 데이터들을 내림차순 descending order이나 오름차순 ascending order으로 정렬할 때 사용하는 알고리즘이다.

find_if, for_each, sort 등과 같은 알고리즘처럼, 사용할 때 조건자로 사용되는 함수 객체를 별도로 작성해야 하는 수고를 덜어 주기 위해서 STL은 자주 사용되는 함수 객체를 생성하는 클래스들을 <functional> 헤더 파일을 통해 제공한다.

컨테이너에 저장된 데이터의 타입이 기본 데이터 타입이면 STL이 제공하는 greater나 less와 같은 비교 조건자 템플릿 클래스를 사용한다. 이외에도 >=의 greater_equal, <=의 less_equal, ==의 equal_to, !=의 not_equal_to 등의 클래스들도 제공된다. greater나 less 클래스는 sort 알고리즘을 사용해서 string 타입의 문자열들을 알파벳순으로 정렬할 때도 사용된다. 컨테이너에 저장된 데이터가 기본 데이터 타입이 아닌 경우에는 비교 조건자를 직접 작성해서 사용한다.

sort 알고리즘은 vector나 array 컨테이너처럼 임의 접근 반복자를 지원하는 컨테이너에만 적용할 수 있다. [리스트 3.34]의 코드는 sort 알고리즘을 int 타입에 적용한 예이고, 실습 과제에서 정의한 Rect 클래스에 적용하는 예는 응용 과제 4에서 다룬다. [그림 3.54]는 이 프로그램의 실행 결과를 보인 것이다.

리스트 3.34 Syntax14-7 프로젝트의 StlApp.cpp 파일

```
#include <iostream>
#include <vector>
#include <algorithm>   // sort
#include <functional>  // less, greater
using namespace std;

int main()
{
```

```
09    vector<int> vec;
10    vector<int>::iterator it;
11    vec.push_back(41); vec.push_back(22);
12    vec.push_back(88); vec.push_back(32);
13    vec.push_back(89); vec.push_back(11);
14    vec.push_back(76); vec.push_back(37);
15    cout << “정렬 하기 전” << endl;
16    for (it = vec.begin(); it != vec.end(); ++it) {
17      cout << *it << “, ”;
18    }
19    cout << endl << endl;
20    // 오름차순 정렬
21    sort(vec.begin(), vec.end());
22    cout << “오름차순 정렬” << endl;
23    for (it = vec.begin(); it != vec.end(); ++it) {
24      cout << *it << “, ”;
25    }
26    cout << endl << endl;
27    // 내림차순 정렬
28    sort(vec.begin(), vec.end(), greater<int>());
29    cout << “내림차순 정렬” << endl;
30    for (it = vec.begin(); it != vec.end(); ++it) {
31      cout << *it << “, ”;
32    }
33    cout << endl << endl;
34    // 일부만 오름차순 정렬
35    sort(vec.begin() + 4, vec.end());
36    cout << “일부만 오름차순 정렬” << endl;
37    for (it = vec.begin(); it != vec.end(); ++it) {
38      cout << *it << “, ”;
39    }
40    cout << endl;
41
42    return 0;
43  }
```

[리스트 3.34]에서 03행은 sort 알고리즘을 사용하기 위해서 <algorithm> 헤더 파일을 포함하고 04행은 less와 greater 템플릿 클래스를 사용하기 위해서 <functional> 헤더 파일을 포함한다. 09~14행은 vector<int> 객체를 생성하고 벡터를 순회하기 위해서 반복자 변수를 정의하며 벡터를 임의의 정수들로 채운다. 15~18행은 이 벡터를 순회하면서 원소들을 출력한다.

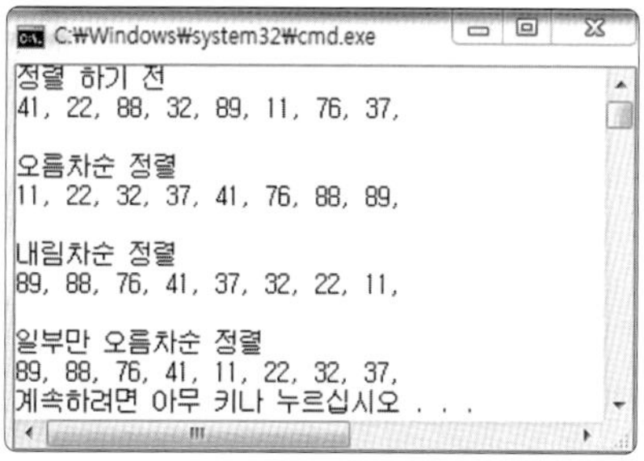

▲ 그림 3.54 ▷ sort 알고리즘의 활용

21~25행은 벡터 내 정수들을 오름차순으로 정렬하고 벡터를 순회하면서 출력한다. 오름차순으로 정렬하면 벡터 내에서 원소들의 순서가 변경된다. 21행의 sort 함수의 호출에서 첫 번째와 두 번째 파라미터는 정렬하려는 구간의 시작 원소를 가리키는 반복자와 마지막 원소를 가리키는 반복자의 다음 반복자이다. 벡터 내의 두 원소를 비교하는 조건자를 사용하지 않았는데, 디폴트값으로 less<int> 객체가 세 번째 파라미터로 사용되어 오름차순으로 정수들을 정렬한다.

STL이 제공하는 less 템플릿 클래스의 원형은 다음과 같다.

```
template<class T>
struct less : binary_function<T, T, bool>
{
  bool operator() (const T& x, const T& y) const {
    return x < y;
  }
}
```

구조체명 클래스명은 less고 binary_function이라는 클래스를 상속받는다. 상속은 4장에서 다룰 것이므로 여기서는 operator() 연산자만 살펴보자. operator() 연산자는 x와 y를 상수 레퍼런스 호출 방식으로 전달받아 x가 y보다 작으면 true를 반환한다.

28행은 sort 함수의 세 번째 파라미터로 greater<int>()를 제공하는데, greater<int>()는 greater<int> 클래스로부터 디폴트 생성자를 사용해서 조건자 객체를 생성하는 표현식이다. greater<int> 객체는 less<int> 객체와 반대로 내림차순으로 벡터를 정렬할 때 사용한다. 35~39행은 벡터의 하반부만 오름차순으로 정렬해서 출력한다. [그림 3.54]에서 마지막 출력의 전반부는 내림차순으로 정렬되고 후반부는 오름차순으로 정렬된 것을 확인할 수 있다.

** 2.15 초기화 리스트 ☞ C++11

파라미터의 개수가 가변적인 함수를 작성할 때 편리하게 이용할 수 있는 초기화 리스트 initializer list 기능이 <initializer_list> 헤더 파일을 통해 제공된다. 다음은 초기화 리스트를 파라미터로 사용해서 임의 개수의 정수 합을 구하는 makeSum 함수와 makeSum 함수를 활용하는 main 함수의 코드이다.

```
int makeSum(std::initializer_list<int> lst)
{
  int total = 0;
  for (auto it = lst.begin(); it != lst.end(); ++it)
    total = total + (*it);
  return total;
}

int main()
{
  int a = makeSum({ 1 , 2,  3 });
  int b = makeSum({ 10, 20, 30, 40, 50 });
  std::cout << a << std::endl;
  std::cout << b << std::endl;
// int c = makeSum({ 1, 2, 3.0 });  // 컴파일 오류
  return 0;
}
```

위 코드에서 makeSum 함수는 초기화 리스트를 사용해서 정수들을 전달받는다. 파라미터의 타입으로 지정한 std::initializer_list는 템플릿 클래스이다. makeSum 함수는 초기화 리스트 lst를 순회하면서 원소들의 누적값을 구해 반환한다. main 함수는 makeSum 함수를 호출하면서 임의 개수의 정수들을 {} 내의 리스트 형태로 전달한다. makeSum 함수의 파라미터 타입을 std::initializer_list<int>로 지정했으므로 주석 처리한 문장처럼 실수가 포함되면 컴파일 오류가 발생한다.

[리스트 3.35]의 코드는 개선된 Rect 클래스를 사용해서 초기화 리스트를 활용한 예이고, [그림 3.55]는 실행 결과를 보인 것이다.

리스트 3.35 Syntax15 프로젝트의 InitializerListApp.cpp 파일

```
01 #include “Rect.h”
02 #include <initializer_list>
03 #include <vector>
04 #include <iostream>
05 using std::vector; using std::initializer_list;
06 using std::cout; using std::endl;
07
08 int totalArea(std::initializer_list<Rect> lst)
09 {
10   int total = 0;
11   for (auto it = lst.begin(); it != lst.end(); ++it)
12     total = total + (*it).area();
13   return total;
14 }
15
16 int main()
17 {
18   cout << “total area: ” <<
19        totalArea({ Rect(30, 40, 70, 70), Rect(100, 90, 130, 150) }) << endl;
20   cout << “total area: ” <<
21        totalArea({ Rect(30, 40, 70, 70), Rect(100, 90, 130, 150),
22                    Rect(20, 30, 50, 50), Rect(100, 100, 150, 150) }) << endl;
23
24   return 0;
25 }
```

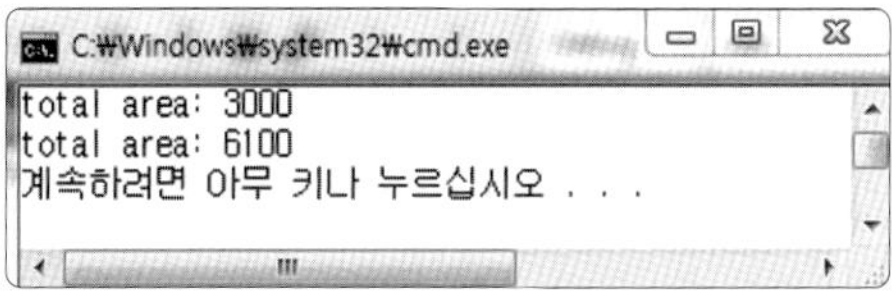

▲ 그림 3.55 ▷ 초기화 리스트의 활용

02행은 초기화 리스트 기능을 사용하기 위해서 <initializer_list> 헤더 파일을 포함하고, 05행은 initializer_list의 이름 사용을 선언한다. 08행의 totalArea 함수는 임의

개수의 사각형들을 초기화 리스트를 사용해서 전달받는다. 10~13행은 초기화 리스트 내의 사각형들을 반복자로 순회하면서 면적의 누적값을 구해서 반환한다. 18행은 두 개의 사각형 객체를 생성해서 totalArea 함수를 호출하고 반환된 값을 출력한다. 20행은 네 개의 사각형 객체를 생성해서 같은 totalArea 함수를 호출하고 반환된 값을 [그림 3.55]처럼 출력한다.

2.16 유니폼 초기자 ☞ C++11

다음은 벡터를 생성해서 정수로 채우는 코드이다.

```
vector<int> vec;
vec.push_back(1);
vec.push_back(2);
vec.push_back(3);
vec.push_back(4);
```

for 문을 사용해서 더 간결하게 처리할 수 있지만 저장할 데이터가 연속된 값이 아니라면 위 코드처럼 push_back 함수를 일일이 사용해야 한다. 유니폼 초기자 uniform initializer 기능을 사용하면 연속된 값이 아니라도 다음 코드처럼 간결하게 한 줄로 처리할 수 있다.

```
vector<int> vec{ 3, 1, 4, 2 };
```

[리스트 3.36]의 코드는 개선된 Rect 클래스를 사용해서 유니폼 초기자를 활용한 예이고, [그림 3.56]은 실행 결과를 보인 것이다.

리스트 3.36 Syntax16 프로젝트의 UniformInitializerApp.cpp 파일

```
#include "Rect.h"
#include <vector>
#include <iostream>
using std::vector;
using std::cout; using std::endl;

```

```
07 int main()
08 {
09   Rect aRect(30, 40, 70, 70);
10   Rect bRect{ 100, 90, 130, 150 };
11   vector<Rect> rectVector {
12        { 20, 30, 50, 50 }, { 100, 100, 150, 150 }
13   };
14   for(const Rect& r : rectVector)
15     cout << “the area: ” << r.area() << endl;
16
17   return 0;
18 }
```

▲ 그림 3.56 ▷ 유니폼 초기자의 활용

09행은 Rect 클래스의 생성자를 이용해서 aRect 객체를 생성하고 10행은 유니폼 초기자를 사용해서 bRect 객체를 생성한다. 모던 C++는 객체를 생성해서 초기화할 때 생성자보다 유니폼 초기자의 사용을 권장한다.

11행처럼 벡터를 정의하면서 유니폼 초기자 기능을 이용해서 벡터 내부를 사각형들로 바로 채울 수도 있다. 벡터가 vector<Rect> 타입이므로 Rect 생성자를 호출하지 않고 유니폼 초기자 기능을 이용해서 {} 내에 사각형 객체의 멤버 변수들의 값만 지정하면 사각형 객체가 생성되고 초기화돼서 벡터에 저장된다. 임의 개수의 사각형 객체를 생성해서 저장할 수 있으므로 vector 템플릿 클래스에 앞 절에서 소개한 초기자 리스트를 사용하는 생성자가 존재한다는 것을 알 수 있다. 14행과 15행은 rectVector 벡터 내의 두 사각형의 면적을 [그림 3.56]처럼 출력한다.

유니폼 초기자 기능은 vector 컨테이너뿐만 아니라 STL 컨테이너에 모두 적용된다. 객체들을 생성해서 초기화하고 컨테이너를 이 객체들로 채우는 작업이 유니폼 초기자 기능을 사용하면 간결해진다.

유니폼 초기자는 객체나 컨테이너의 초기화에 주로 사용하지만, 다음 코드처럼 기본 데이터 타입의 변수 초기화에도 사용한다.

```
int main()
{
  int x{ 123 };
  int y = { 456 };
  double d{ 3.14 };

  return 0;
}
```

2.17 클래스와 객체의 실체

Rect 클래스를 정의하고 Rect 클래스로부터 객체를 생성하면 이 객체의 멤버 함수와 멤버 변수는 메모리 내에서 실제 어떤 형태로 구성되는지 간략하게 살펴보자. [그림 3.57]은 Rect 클래스로부터 a, b, c의 세 개 객체를 생성한 경우, 메모리 내의 상황을 보인 것이다.

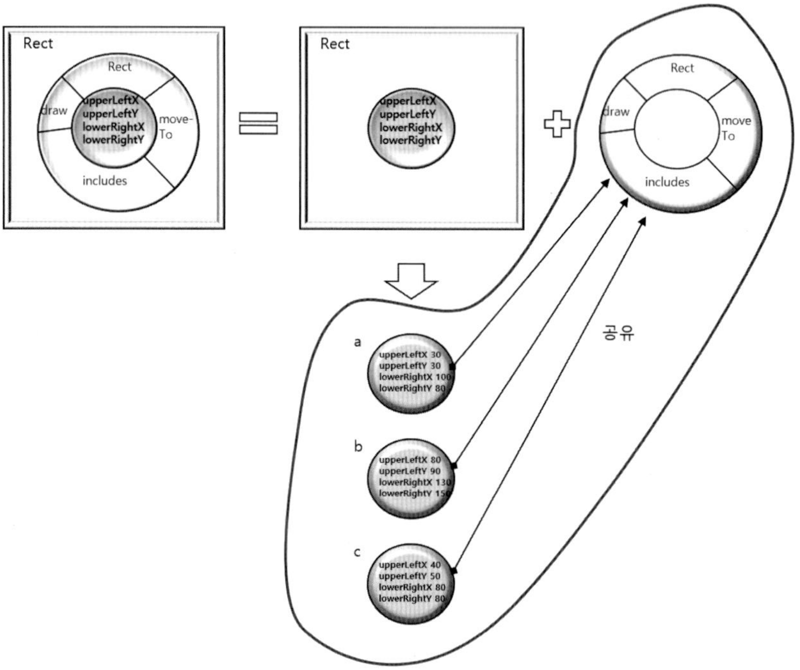

▲ 그림 3.57 ▷ Rect 클래스와 객체의 구성

클래스의 정의는 멤버 변수의 정의와 멤버 함수의 정의로 나눠진다. 객체가 생성되면 멤버 변수들은 객체 내에 존재한다. 멤버 함수는 메모리의 한 공간에 따로 존재하면서 이 클래스로부터 생성된 모든 객체가 공유한다. 그러나 이 책의 클래스와 객체 표기 방식처럼 멤버 함수가 객체 내에 같이 존재해서 캡슐을 이룬다고 생각하는 것이 개념적으로는 편리하다.

응용 과제 03

이 절에서는 실습 과제를 응용하고 필수 문법 절에서 설명한 문법을 활용하는 네 개의 응용 과제를 다룬다

응용 과제 1 3.1

✓ **Check Point** CoinMoney 클래스

- 1장의 응용 과제 1-2를 발전 시킨다.
- CoinMoney 구조체를 CoinMoney 클래스로 변경하고, 동전 다발 객체들을 [그림 3.58] 처럼 CoinMoney 클래스로부터 생성해서 1장의 응용 과제 1-2를 재작성한다. 멤버 함수들은 CoinMoney 클래스에 내부 구현한다.

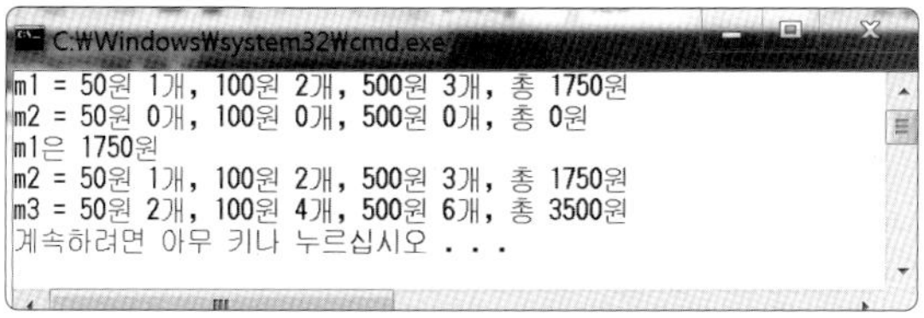

▲ 그림 3.58 ▷ CoinMoney 클래스로 재작성한 CoinMoney 응용 프로그램

[리스트 3.37]의 코드는 CoinMoney 구조체를 CoinMoney 클래스로 변경해서 1장의 응용 과제 1-2를 재작성한 프로그램이다.

리스트 3.37 App1 프로젝트의 CoinMoneyApp.cpp 파일

```
//==========================================================
// 응용 과제 1
// 1장의 응용 과제 1번을 발전시킴
// class
//==========================================================
#include <iostream>
using std::cout; using std::endl;
using std::ostream;

class CoinMoney
{
public:
  // default constructor - no arguments
  CoinMoney() : c50(0), c100(0), c500(0)
  {}
  // constructor with parameters
  CoinMoney(int c, int cc, int ccc)
       : c50(c), c100(cc), c500(ccc)
  {}
  // virtual destructor instead of default destructor
  virtual ~CoinMoney()
  {}
  // member functions
  int get_value() const
  {
    return (50 * c50 + 100 * c100 + 500 * c500);
  }

  void print() const
  {
    cout << "50원 " << c50 << "개, "
         << "100원 " << c100 << "개, "
         << "500원 " << c500 << "개, "
         << "총 " << get_value() << "원" << endl;
  }
  // getters
  int get_c50() const { return c50; }
  int get_c100() const { return c100; }
  int get_c500() const { return c500; }
```

```
  // setters
  void set_c50(int c) { c50 = c; }
  void set_c100(int cc) { c100 = cc; }
  void set_c500(int ccc) { c500 = ccc; }
protected:
  int c50;
  int c100;
  int c500;
};

// global function
CoinMoney add(const CoinMoney& m1, const CoinMoney& m2)
{
  CoinMoney sum;
  sum.set_c50(m1.get_c50() + m2.get_c50());
  sum.set_c100(m1.get_c100() + m2.get_c100());
  sum.set_c500(m1.get_c500() + m2.get_c500());
  return sum;
}
// << operator overloading
ostream& operator<<(ostream& os, const CoinMoney& m)
{
  os << “50원 ” << m.get_c50() << “개, ”
     << “100원 ” << m.get_c100() << “개, ”
     << “500원 ” << m.get_c500() << “개, ”
     << “총 ” << m.get_value() << “원” << endl;
  return os;
}

int main()
{
  CoinMoney m1(1, 2, 3);    // initialized by constructor with parameters
  CoinMoney m2, m3;         // initialized by default constructor
  cout << “m1 = ”;          // print values using print member function
  m1.print();
  cout << “m2 = ” << m2;    // print values using << operator
  // m2.c50 = 3;            // error! protected members!
  m2.set_c50(1);
  m2.set_c100(2);
  m2.set_c500(3);
  cout << “m1은 ” << m1.get_value() << “원” << endl;
  m2 = m1;                  // default = operator
  cout << “m2 = ” << m2;
  m3 = add(m1, m2);         // use add function to add members
  cout << “m3 = ” << m3;
```

```
85
86   return 0;
87 }
```

[리스트 3.37]에서 08행은 60행에서 operator<< 연산자를 오버로딩할 때 필요한 ostream 클래스의 사용을 선언한다. 10~48행은 1장 응용 과제 1-2의 CoinMoney 구조체 대신 사용하는 CoinMoney 클래스의 정의이다. CoinMoney 구조체의 세 개의 필드들을 45~47행처럼 protected 속성을 갖는 클래스의 멤버 변수들로 정의한다. 이 세 멤버 변수들에 protected 속성을 지정하고 36~43행처럼 접근 함수와 변경 함수들을 제공한다.

14행과 17행은 파라미터를 사용하지 않는 디폴트 생성자와 파라미터를 세 개 사용하는 생성자를 오버로딩해서 정의한다. 디폴트 생성자는 멤버 변수들을 모두 0으로 초기화하고 파라미터를 사용하는 생성자는 파라미터로 전달받은 값으로 멤버 변수들을 초기화한다.

소멸자를 21행처럼 정의하지 않으면 컴파일러가 디폴트 소멸자를 제공하지만, 컴파일러가 제공하는 소멸자는 virtual 속성의 소멸자가 아니므로 virtual 속성을 지정하기 위해서 소멸자를 정의한다. 소멸자를 virtual 속성의 소멸자로 선언하는 이유와 virtual 키워드의 의미는 다음 장에서 설명한다.

24행의 동전 다발의 값을 구하는 get_value 멤버 함수와 29행의 동전 다발을 출력하는 print 멤버 함수는 1장 응용 과제 1-2에서 정의한 전역 함수들을 클래스의 멤버 함수들로 끌어들인 것이다. 두 함수는 멤버 변수의 값을 변경하지 않으므로 const 멤버 함수로 정의한다.

51행의 두 동전 다발을 더하는 add 함수도 클래스의 멤버 함수로 모델링하는 것이 자연스러우나 이 프로그램은 연습 문제에서 계속 확장할 것이므로 여기에서는 그냥 전역 함수로 놓아두기로 하자. add 함수는 두 동전 다발 객체를 상수 레퍼런스 객체로 전달받는다. 이 장의 "2.2 const 멤버 함수와 상수 객체" 절에서 설명했듯이, 객체를 상수 레퍼런스로 전달받는다는 것은 함수 내에서 상수 객체화한 객체를 별명으로 접근해서 사용한다는 의미이다.

ostream 클래스의 operator<< 연산자를 오버로딩해서 정의한 60행의 operator<<

연산자는 동전 다발을 operator<< 연산자로 콘솔 윈도우에 직접 출력할 수 있는 기능을 제공한다. 이 장의 "2.7 연산자 오버로딩" 절에서 다룬 operator<< 연산자는 전역 함수로 오버로딩해야 하며 멤버 함수로 정의한 29행의 print 멤버 함수와 같은 기능을 제공한다. operator<< 연산자는 전역 함수이므로 상수 레퍼런스 객체로 전달받은 동전 다발 m의 멤버 변수에 접근하려면 m.get_c50(), m.get_c100() 등과 같이 접근 함수를 사용해야 한다.

71행은 파라미터를 사용하는 생성자로 동전 다발 객체 m1을 생성하고 72행은 디폴트 생성자로 동전 다발 객체 m2와 m3을 생성한다. 73행과 74행은 m1 객체의 print 멤버 함수를 호출해서 m1 동전 다발을 출력하고 75행은 전역 함수로 정의한 operator<< 연산자를 호출해서 m2 객체를 출력한다. 76행처럼 protected 속성이 지정된 멤버 변수의 값은 직접 변경할 수 없고 77~79행처럼 변경 함수를 사용해서 멤버 변수의 값을 설정해야 한다.

80행은 m1 객체의 get_value 멤버 함수를 호출해서 m1 동전 다발의 총합을 출력한다. 81행은 컴파일러가 제공한 디폴트 배정 연산자를 사용해서 m1 객체를 m2 객체에 배정한다. 83행은 m1과 m2 객체를 더한 값을 갖는 동전 다발 객체를 반환하는 add 전역 함수를 사용해서 반환된 동전 다발 객체를 m3 객체에 배정한다.

응용 과제 2 ** 3.2

✓ Check Point 이름 공간의 정의, unique_ptr 포인터의 활용

- ▶ 실습 과제를 발전시킨다.
- ▶ Rect 클래스를 이름 공간으로 설정하고 C 포인터 대신 unique_ptr 스마트 포인터를 사용해서 [그림 3.59]처럼 동작하는 실습 과제를 재작성한다.

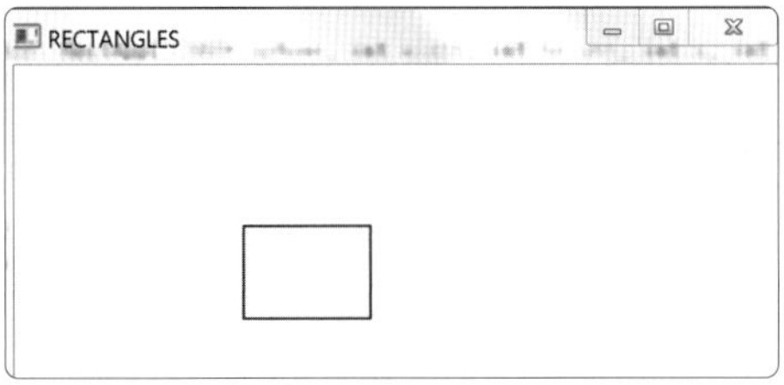

▲ 그림 3.59 ▷ unique_ptr 포인터를 사용한 Rectangle 응용 프로그램

Rect 클래스의 인터페이스 정의와 구현을 다음 코드처럼 RectSpace 이름 공간으로 설정한다.

```
namespace RectSpace {                    // Rect.h 헤더 파일
  class Rect
  {
  public:
    // constructor
    Rect(int, int, int, int);
  .....
  };
}

namespace RectSpace {                    // Rect.cpp 구현 파일
  Rect::Rect(int a, int b, int c, int d)
  : upperLeftX(a), upperLeftY(b),
  lowerRightX(c), lowerRightY(d)
  {}
  .....
}
```

[리스트 3.38]의 코드는 수정된 RectApp 클래스의 인터페이스 정의이다.

리스트 3.38 App2 프로젝트의 RectApp.h 파일

```
//==========================================================
// 응용 과제 2
// 실습 과제를 발전시킴
// namespace, unique_ptr
//==========================================================
#pragma once
#include "pclaf.h"
#include "Rect.h"
#include <memory>
using namespace RectSpace;

class RectApp : public Application
{
public:
  RectApp(const TCHAR*, int, int, int, int);
  void mouseDown(int, int);
  void paint();
```

```
18   // data fields
19   std::unique_ptr<Rect> smartRectangle = nullptr;
20 };
```

실습 과제와 달리, 10행에서 RectSpace 이름 공간의 사용을 선언하므로 Rect 클래스의 선행 선언 대신 08행처럼 RectSpace 이름 공간이 설정된 Rect.h 헤더 파일을 포함한다.

unique_ptr 타입을 사용하기 위해서 09행처럼 <memory> 헤더 파일을 포함한다. 이 프로그램은 사각형 객체를 동적으로 생성해서 그 포인터를 저장하는 변수를 고정적으로 한 개만 사용하므로 참조 카운터를 관리하는 shared_ptr 타입을 사용하는 것보다 unique_ptr 타입을 사용하는 것이 성능 면에서 유리하다.

10행은 Rect 클래스를 사용하기 위해서 RectSpace 이름 공간의 사용을 선언한다. 19행은 C 포인터 타입 대신 unique_ptr<Rect> 포인터 타입의 멤버 변수 smartRectangle을 정의하고 nullptr로 초기화한다.

[리스트 3.39]는 RectApp 클래스를 구현한 RectApp.cpp 파일의 코드를 보인 것이다.

리스트 3.39 App2 프로젝트의 RectApp.cpp 파일

```
#include "RectApp.h"

RectApp::RectApp(const TCHAR* apName, int width, int height, int x, int y)
      : Application(apName, width, height, x, y)
{}

void RectApp::mouseDown(int x, int y)
{
  // 응용 과제 2
  if (smartRectangle != nullptr) {
    if (smartRectangle->includes(x, y)) {
      smartRectangle->moveTo(x, y);
    }
  }
  else {
    smartRectangle = std::make_unique<Rect>(x, y, x + 70, y + 50);
//  smartRectangle = std::unique_ptr<Rect>(new Rect(x, y, x + 70, y + 50));
```

```
18     }
19     clearAndUpdate();
20 }
21
22 void RectApp::paint()
23 {
24 // if (smartRectangle.get() != nullptr)
25     if(smartRectangle)
26         smartRectangle->draw(*this);
27 }
28
29 int mainLAF()
30 {
31     RectApp theApp(TEXT("RECTANGLES"), 750, 500, 150, 150);
32     theApp.run();
33
34     return 0;
35 }
```

[리스트 3.39]에서 10행은 사각형 객체가 아직 생성되지 않았는지 조사하는데, 생성되지 않았으며 16행처럼 make_unique 템플릿 함수 ☞ C++11로 사각형 객체를 동적으로 생성한다. 주석 처리한 17행처럼 new 연산자로도 동적 사각형 객체를 생성할 수 있지만 객체 생성과 초기화에 최적화된 make_unique 함수를 사용하는 것이 성능 면에서 유리하다.

주석 처리한 24행처럼 스마트 포인터 객체의 get 멤버 함수를 호출하면 그 스마트 포인터 객체가 소유한 C 포인터를 반환받을 수 있지만, C 포인터보다 우수한 스마트 포인터를 사용하면서 굳이 C 포인터를 반환받아 사용하는 경우는 드물다. 나머지 코드에서 unique_ptr 포인터의 사용은 C 포인터의 사용과 같다.

3.3 응용 과제 3

✔ **Check Point** array 컨테이너, 객체 포인터 배열

- 실습 과제를 발전 시킨다.
- [그림 3.60]처럼 첫 번째 마우스 클릭에는 클릭점을 왼쪽 위 꼭짓점으로 하고 폭 70, 높이 50이 사각형을 그리고 다음 클릭부터는 클릭점이 직전 사각형의 내부점이면 그 클릭점을 왼쪽 위 꼭짓점으로 하는 사각형들을 20개까지 생성해서 그린다.

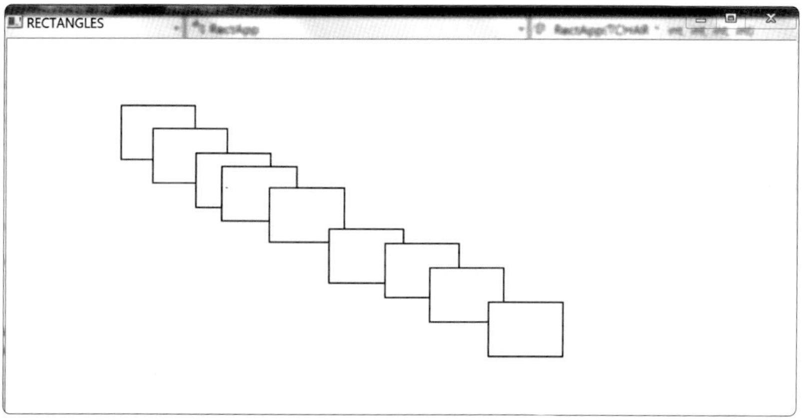

▲ 그림 3.60 ▷ 멀티 사각형 응용 프로그램

생성된 사각형 객체들을 보존해야 하므로 사각형 객체들의 포인터를 저장하는 배열을 사용한다. 이러한 배열을 객체 포인터 배열이라고 부른다. 실습 과제의 RectApp.h 헤더 파일을 [리스트 3.40]처럼 변경한다.

리스트 3.40 App3 프로젝트의 RectApp.h 파일

```
//==========================================================
// 응용 과제 3
// 실습 과제를 발전시킴
// 20개까지 사각형을 생성
//==========================================================
#pragma once
#include "pclaf.h"
#include <array>
#include <memory>
class Rect;

const auto MAX_RECTS = 20;

class RectApp : public Application
{
public:
  RectApp(const TCHAR*, int, int, int, int);
  void mouseDown(int, int);
  void paint();
  // data fields, 응용 과제 3
  std::array<std::shared_ptr<Rect>, MAX_RECTS> rects;
```

```
22   int rectCount = 0;
23 };
```

[리스트 3.40]의 10행처럼 Rect 클래스의 선행 선언으로 21행에서 사용할 Rect 클래스의 존재를 컴파일러에게 알린다. STL의 array 컨테이너와 shared_ptr 포인터를 사용하기 위해서 08행과 09행처럼 <array>와 <memory> 헤더 파일들을 포함한다. 12행은 생성될 사각형 객체의 최대 개수를 저장하는 상수를 정의한다.

21행에서 정의한 rects 배열은 array 템플릿 클래스 타입의 객체 포인터 배열인데, <> 내의 첫 번째 템플릿 파라미터에는 저장될 원소의 타입을 지정하고 두 번째 템플릿 파라미터에는 크기를 지정한다. 저장될 원소의 타입은 shared_ptr<Rect> 포인터 타입으로 지정하고 크기는 MAX_RECTS 상수로 지정한다. array 템플릿 클래스는 이 장의 "2.5.2 비타입 파라미터를 사용하는 Stack 템플릿 클래스" 절에서 다룬 비타입 파라미터를 사용해서 정의된 클래스이다.

이 장의 "2.12.1 vector 컨테이너" 절에서 설명한 vector 컨테이너는 크기를 미리 지정할 수 없을 때 주로 사용하고 array 컨테이너는 크기를 미리 지정할 수 있을 때 많이 사용한다. vector 컨테이너는 동적으로 크기가 증가하고 유용한 기능들을 많이 제공하지만, 생성, 소멸, 크기 조정 등이 모두 실행시에 이뤄지므로 array 컨테이너에 비해 오버헤드가 크다. C 배열을 클래스로 모델링한 array 타입은 컴파일시 크기가 고정되지만, STL 컨테이너의 편리함은 그대로 가져오면서도 오버헤드는 낮춰서 성능에 민감한 프로그램의 작성에 적합하다. 다음 코드는 array 타입의 사용 예이다.

```
std::array<int, 3> arr = { 9, 8, 7 };       // 초기화 리스트와 유니폼 초기자
std::cout << arr.size() << std::endl;       // 배열 크기 출력
// 반복자로 순회
for (auto it = arr.cbegin(); it != arr.cend(); ++it)
  std::cout << *it << std::endl;
arr.fill(3);                                // 원소를 모두 3으로 변경
for (auto& i : arr)                         // 범위 기반 for
  std::cout << i << std::endl;
```

array 컨테이너는 이 장의 "2.16 유니폼 초기자" 절에서 다룬 유니폼 초기자 기능으로 쉽게 초기화할 수 있다. 위 코드의 첫 번째 행처럼 {} 내에 원소의 값들을 나열하면 array 클래스의 생성자가 이 값들을 전달받아 배열의 원소들을 이 값들로 초기화한다.

size 멤버 함수는 배열의 크기를 반환하고 fill 멤버 함수는 파라미터로 지정된 값으로 모든 원소의 값을 변경한다. begin과 end 멤버 함수는 반복자 포인터를 반환하고 네 번째 행에서 사용한 cbegin과 cend 멤버 함수는 상수 반복자 포인터 상수를 반환한다. 또한, array 컨테이너는 vector 컨테이너처럼 front, back, at, operator[]의 멤버 함수들을 지원하고 STL 컨테이너이므로 반복자를 이용해서 원소에 접근할 수도 있다. 그러나 array 컨테이너는 고정된 크기를 가지므로 push_back, pop_back, insert, erase, clear, resize 등의 멤버 함수들은 지원하지 않는다.

[리스트 3.40]에서 21행의 rects는 20개의 사각형 객체들을 가리키는 객체 포인터 배열이고 22행의 rectCount 멤버 변수는 생성된 사각형의 개수를 저장한다. rectCount 멤버 변수는 0으로 초기화한다. 세 개의 사각형 객체들이 생성돼서 저장된 경우라면 [그림 3.61]처럼 사각형 객체들의 포인터가 rects 배열에 차례대로 저장된다. rectCount 멤버 변수에는 3이 저장된다.

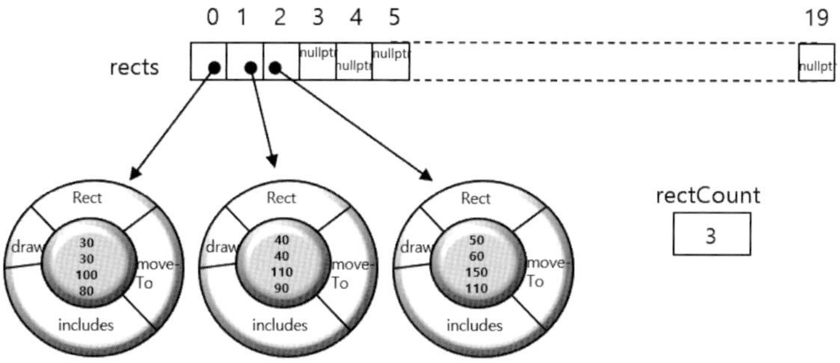

▲ 그림 3.61 ▷ rects 객체 포인터 배열

[리스트 3.41]은 RectApp.cpp 파일의 코드를 보인 것이다.

리스트 3.41 App3 프로젝트의 RectApp.cpp 파일

```
#include “RectApp.h”
#include “Rect.h”

RectApp::RectApp(const TCHAR* apName, int width, int height, int x, int y)
        : Application(apName, width, height, x, y)
{}
```

```
07 // 응용과제 3
08 void RectApp::mouseDown(int x, int y)
09 {
10   if (rectCount == 0) {
11     rects[rectCount] = std::make_shared<Rect>(x, y, x + 70, y + 50);
12     ++rectCount;
13   }
14   else {
15     if (rectCount < MAX_RECTS) {
16       if (rects[rectCount - 1]->includes(x, y)) {
17         rects[rectCount] = std::make_shared<Rect>(x, y, x + 70, y + 50);
18         rectCount = rectCount + 1;
19       }
20     }
21   }
22   clearAndUpdate();
23 }
24
25 void RectApp::paint()
26 {
27   // 응용과제 3
28   for(int i = 0; i < rectCount; ++i)
29     rects[i]->draw(*this);
30 }
31
32 int mainLAF()
33 {
34   RectApp theApp(TEXT("RECTANGLES"), 750, 500, 150, 150);
35   theApp.run();
36
37   return 0;
38 }
```

[리스트 3.41]의 01행에서 포함한 RectApp.h 파일에는 Rect 클래스의 선행 선언만 존재하므로 02행처럼 Rect.h 헤더 파일을 포함한다.

10행은 생성할 사각형이 첫 번째 사각형인지 조사한다. 첫 번째 사각형이면 클릭점이 직전 사각형의 내부점인지 판단할 필요가 없으므로 11행처럼 make_shared<Rect> 함수로 사각형 객체를 생성하고 그 포인터를 rects[0]에 저장한 후, 22행의 clearAndUpdate 함수를 호출해서 사각형을 그린다.

첫 번째 사각형이 아닌 경우는 클릭점이 직전 사각형의 내부점인지 판단하기 위해서 16행처럼 rects[rectCount - 1]이 가리키는 직전 사각형 객체의 includes 멤버 함수를 호출한다. 내부점이면 17행처럼 클릭점을 왼쪽 위 꼭짓점으로 하는 사각형 객체를 생성해서 그 포인터를 저장한다. 생성된 사각형의 개수를 저장하는 rectCount 변수는 다음 삽입될 사각형의 배열 내 인덱스값을 나타내기도 한다. 22행의 clearAndUpdate 함수를 통해 paint 멤버 함수를 호출한다.

25행의 paint 멤버 함수는 저장된 사각형들을 모두 그려야 하므로 rects 배열을 순회하면서 원소들이 가리키는 사각형 객체들을 29행처럼 그린다. [그림 3.61]에 보인 것처럼 반복 제어 변수 i는 0부터 rectCount-1까지 변하므로 for 문은 생성된 사각형 객체의 수만큼 순회한다. 배열의 원소값이 포인터이므로 operator-> 멤버 접근 연산자를 사용해서 사각형 객체의 draw 멤버 함수를 호출한다. [그림 2.13]에서 설명했듯이 paint 멤버 함수는 프로그램 실행 초기에도 호출되는데, 실행 초기에는 rectCount의 값이 0이므로 for 문 내부로 진입하지 않아 실행 오류가 발생하지 않는다는 것에 유의한다.

응용 과제 4 ** 3.4

✓ Check Point sort 알고리즘

- 응용 과제 3을 발전 시킨다.
- [그림 3.62]처럼 사각형들을 다섯 개까지 생성해서 그린 후, 오른쪽 마우스 버튼을 클릭하면 사각형의 면적순으로 사각형의 왼쪽 위 꼭짓점에 번호가 매겨진다. 사각형은 왼쪽 마우스 버튼의 두 번 클릭으로 정의하는데, 첫 번째 클릭점은 사각형의 왼쪽 위 꼭짓점이고 두 번째 클릭점은 오른쪽 아래 꼭짓점이다.

이번 과제는 사각형 객체의 포인터를 사용하지 않고 사각형 객체들을 직접 vector 컨테이너에 저장해서 활용한다. [리스트 3.42]는 RectApp.h 헤더 파일의 코드를 보인 것이다.

리스트 3.42 App4 프로젝트의 RectApp.h 파일

```
//=============================================================
// 응용 과제 4
// 응용 과제 3을 발전시킴
```

```
04 // 마우스 두 번 클릭으로 사각형들을 생성 후
05 // 오른쪽 버튼을 클릭하면 사각형들을 크기순으로 정렬
06 // vector에 사각형들을 직접 저장
07 //=============================================================
08 #pragma once
09 #include “pclaf.h”
10 #include <vector>
11 class Rect;
12
13 const auto MAX_RECTS = 5;
14
15 class RectApp : public Application
16 {
17 public:
18   RectApp(const TCHAR*, int, int, int, int);
19   void mouseDown(int, int);
20   void mouseRDown(int, int);              // 응용 과제 4
21   void paint();
22   // data fields, 응용 과제 4
23   std::vector<Rect> theRects;             // 빈 벡터 생성
24   int numRects = 0;
25 };
```

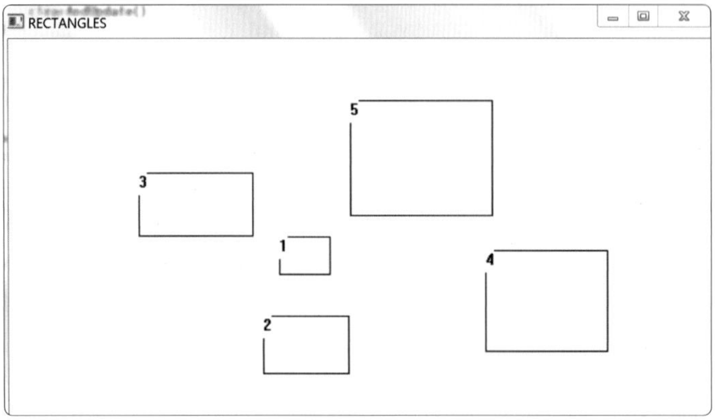

▲ 그림 3.62 ▷ 사각형들의 오름차순 정렬

[리스트 3.42]의 23행에서 사용한 vector 컨테이너를 위해서 10행처럼 <vector> 헤더 파일들을 포함한다. 13행의 MAX_RECTS 상수는 5로 지정한다. 20행은 마우스 오른쪽 버튼의 클릭을 처리하는 mouseRDown 함수를 선언한다. 23행은 사각형 객체를 저장할

theRects 빈 벡터를 생성하고 24행은 생성된 사각형의 개수를 저장할 numRects 변수를 정의하고 0으로 초기화한다.

[리스트 3.43]은 RectApp 클래스를 구현한 RectApp.cpp 파일의 코드를 보인 것이다.

리스트 3.43 App4 프로젝트의 RectApp.cpp 파일

```
#include "RectApp.h"
#include "Rect.h"
#include <memory>
#include <algorithm>                    // 응용 과제 4

// 응용 과제 4
int upperLeftX, upperLeftY, lowerRightX, lowerRightY;
bool firstClick = true;
bool sorting = false;

RectApp::RectApp(const TCHAR* apName, int width, int height, int x, int y)
       : Application(apName, width, height, x, y)
{}

// 응용 과제 4, 전역 함수
bool operator<(const Rect& left, const Rect& right)
{
  int leftArea  = (left.lowerRightX - left.upperLeftX) *
                  (left.lowerRightY - left.upperLeftY);
  int rightArea = (right.lowerRightX - right.upperLeftX) *
                  (right.lowerRightY - right.upperLeftY);
  if (leftArea < rightArea)
    return true;
  else
    return false;
}
// 응용 과제 4, 전역 함수
bool operator>(const Rect& left, const Rect& right)
{
  int leftArea  = (left.lowerRightX - left.upperLeftX) *
                  (left.lowerRightY - left.upperLeftY);
  int rightArea = (right.lowerRightX - right.upperLeftX) *
                  (right.lowerRightY - right.upperLeftY);
  if (leftArea > rightArea)
    return true;
  else
```

```
    return false;
}

// 응용 과제 4
void RectApp::mouseDown(int x, int y)
{
  if (firstClick) {
    upperLeftX = x;
    upperLeftY = y;
    firstClick = false;
  }
  else {
    lowerRightX = x;
    lowerRightY = y;
    // 사각형 객체 생성 후 벡터에 저장
    if (numRects < MAX_RECTS) {
      theRects.push_back(*(std::make_shared<Rect>
                (upperLeftX, upperLeftY, lowerRightX, lowerRightY)));
      /*
      Rect* r = new Rect(upperLeftX, upperLeftY, lowerRightX, lowerRightY);
      theRects.push_back(*r);
      */
      ++numRects;
    }
    firstClick = true;
    clearAndUpdate();
  }
}

// 응용 과제 4
void RectApp::mouseRDown(int x, int y)
{
  sorting = true;
  clearAndUpdate();
}

// 응용 과제 4
void RectApp::paint()
{
  if (sorting) { // 오른쪽 버튼이 클릭됐을 때의 처리
    std::sort(theRects.begin(), theRects.end());                // 오름 차순
//    std::sort(theRects.begin(), theRects.end(), operator>);   // 내림 차순
    int i = 0;
    for(Rect& r : theRects) {
      r.draw(*this);
```

```
82         // 왼쪽위 꼭짓점에 순서 표시
83         wout << setpos(r.upperLeftX, r.upperLeftY) << ++i;
84       }
85     }
86     else {
87       for (auto r : theRects)
88         r.draw(*this);
89     }
90 }
91
92 int mainLAF()
93 {
94   RectApp theApp(TEXT("RECTANGLES"), 750, 500, 150, 150);
95   theApp.run();
96
97   return 0;
98 }
```

[리스트 3.43]의 04행은 이 장의 "2.14.7 sort 알고리즘" 절에서 소개한 sort 알고리즘을 사용하기 위해서 <algorithm> 헤더 파일을 포함한다. 마우스 왼쪽 버튼의 첫 번째와 두 번째 클릭점을 저장할 int 타입의 네 변수를 07행처럼 정의한다. 08행의 firstClick 변수는 첫 번째 마우스 클릭인지 두 번째 마우스 클릭인지를 가리키는 역할을 하고 09행의 sorting 변수는 사용자가 오른쪽 마우스 버튼을 클릭했는지를 나타내는 역할을 한다.

16행의 operator< 연산자와 28행의 operator> 연산자는 두 사각형의 크기를 비교하기 위해서 C++의 비교 연산자들을 오버로딩한 전역 함수이다. 이 함수들은 비교할 두 사각형 객체를 상수 레퍼런스 객체로 전달받는다. 필수 문법 절의 개선된 Rect 클래스에서는 operator< 연산자를 전역 함수로 정의했고 operator> 연산자를 멤버 함수로 정의했다.

77행처럼 sort 함수에 조건자를 지정하지 않으면 컴파일러는 Rect 클래스 내에 operator< 연산자가 멤버 함수로 정의되어 있거나 operator< 전역 함수가 정의되어 있으면 이 연산자를 디폴트 조건자로 사용한다. sort 함수는 오름차순 정렬을 기본 정렬 방식으로 채택하고 있으므로 operator< 연산자가 멤버 함수나 전역 함수로 정의되어 있으면 이를 활용해서 컨테이너의 원소들을 오름차순으로 정렬한다. 오름차순 정렬이란 제일 작은 것부터 큰 순으로 원소들을 정렬하는 방식을 말한다.

주석 처리된 78행처럼 연산자를 조건자로 지정하는 경우, 연산자를 멤버 함수로 정의하려면 이 연산자를 컴파일러에게 지정하기 위해서 클래스 내에서 자연스럽지 못한 추가적인 작업이 필요하다. 연산자가 전역 함수로 정의되어 있으면 아무 문제 없이 컴파일러는 이 연산자를 조건자로 사용한다. 이 과제에서는 두 연산자를 모두 전역 함수로 정의해서 77행과 78행처럼 이 함수들의 포인터 함수 포인터를 편리하게 사용하고 있다.

[리스트 3.43]에서 16행의 operator< 연산자는 18행과 20행처럼 상수 레퍼런스로 전달받은 사각형 객체의 면적을 계산해서 leftArea와 rightArea 지역 변수에 저장한다. 22행은 이 두 면적을 비교해서 leftArea가 작으면 true를 반환하고 크면 false를 반환한다. 28행의 operator> 연산자도 비슷한 방식으로 정의한다.

41행의 mouseDown 멤버 함수에서, 첫 번째 클릭이면 44~46행처럼 클릭점을 upperLeftX와 upperLeftY 변수에 저장하고 firstClick 변수에 false를 배정해서 다음 마우스 클릭이 두 번째 클릭으로 인식될 수 있게 한다. 두 번째 클릭이면 49행과 50행처럼 클릭점을 lowerRightX와 lowerRightY 변수에 저장한다.

52행에서 사각형의 개수가 5 이하이면 53행처럼 사각형 객체를 동적으로 생성하고 make_shared 함수가 반환하는 포인터를 역참조한 사각형 객체를 push_back 멤버 함수로 벡터에 저장한다. 이번 과제는 사각형 객체의 포인터를 컨테이너에 저장하는 대신 사각형 객체를 직접 컨테이너에 저장한다.

주석 처리한 56행과 57행은 shared_ptr 포인터 대신 C 포인터를 사용할 경우의 코드이다. 사각형이 저장되면 59행처럼 사각형의 개수를 1만큼 증가시키고 다음 클릭은 다시 첫 번째 클릭으로 인식될 수 있도록 61행처럼 firstClick 변수에 true를 배정한다. 62행은 paint 멤버 함수를 호출해서 생성된 사각형들을 그린다.

마우스 오른쪽 버튼을 클릭하면 호출되는 67행의 mouseRDown 멤버 함수는 69행처럼 sorting 변수에 true를 배정해서 벡터에 저장된 사각형들을 정렬할 것을 지정한다. 70행의 clearAndUpdate 함수는 paint 멤버 함수를 호출한다.

paint 멤버 함수는 오른쪽 버튼이 클릭되지 않았으면 87행과 88행처럼 범위 기반 for 문으로 벡터 내의 사각형들을 그린다. 오른쪽 버튼이 클릭됐으면 77행처럼 sort 알고리즘으로 벡터 내의 사각형들을 오름차순으로 정렬한다. sort 함수는 세 번째 파라미터로 조건자를 전달받는데, 77행처럼 지정하지 않으면 전역 함수로 정의된 operator< 연산자를 조건자로 사용한다. operator< 전역 함수는 상수 레퍼런스 파라미터로 전달받은 두 사각형 중, 첫 번째 사각형이 두 번째 사각형보다 작으면 true를 반환하므로 sort 함수는 벡터 내의 사각형들을 작은 것부터 크기순으로 정렬한다. 주석 처리된 78행은 사각형들을 내림차순으로 정렬하고자 할 때 sort 함수의 세 번째 파라미터로 operator> 연산자를 지정하는 경우이다.

79~84행은 정렬된 사각형들을 범위 기반 for 문으로 차례대로 출력하면서 각 사각형의 왼쪽 위 꼭짓점에 순서를 표시한다. 범위 기반 for 문은 간편하지만, 지금처럼 순서를 표시해야 할 경우, 반복 제어 변수가 없어서 79행에 정의해서 83행처럼 사용하는 정수 타입의 변수 i가 따로 필요하다.

연습 문제 04

✓ 연습 문제 1

- 응용 과제 1을 발전시킨다.
- print 멤버 함수와 add 전역 함수를 제거하고 operator+와 operator== 연산자를 CoinMoney 클래스의 멤버 함수로 오버로딩한다. 다음의 main 함수 코드가 실행되어 [그림 3.63]의 결과를 얻도록 프로그램을 작성한다.

```
CoinMoney m1{ 2, 0, 1 }, m2, m3;
cout << "m1 = " << m1;
m2 = m1;
cout << "m2 = " << m2;
if (m1 == m2)          // Exer
  cout << "m1 and m2 are equal" << endl;
m2.set_c100(3);
cout << "m2 is now " << m2;
m3 = m1 + m2;          // Exer
cout << "m3 = " << m3;
```

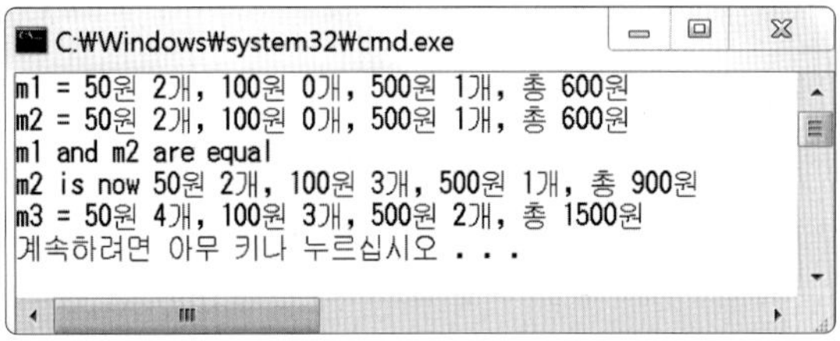

▲ 그림 3.63 ▷ operator+와 operator== 연산자 오버로딩

✓ 연습 문제 2

- ▶ 연습 문제 1을 발전시킨다.
- ▶ operator- 연산자를 전역 함수로 정의하고 operator!= 연산자를 CoinMoney 클래스의 멤버 함수로 정의한다. 다음의 main 함수의 코드가 실행되어 [그림 3.64]의 결과를 얻도록 프로그램을 작성한다.

```
CoinMoney m1(2, 0, 1), m2, m3;
cout << “m1 = ” << m1;
m2 = m1;
m2.set_c100(3);
cout << “m2 = ” << m2;
if (m1 != m2)                  // Exer
  cout << “m1 and m2 are not equal” << endl;
m3 = (m2 + m3) - m1;           // Exer
cout << “m3 = ” << m3;
```

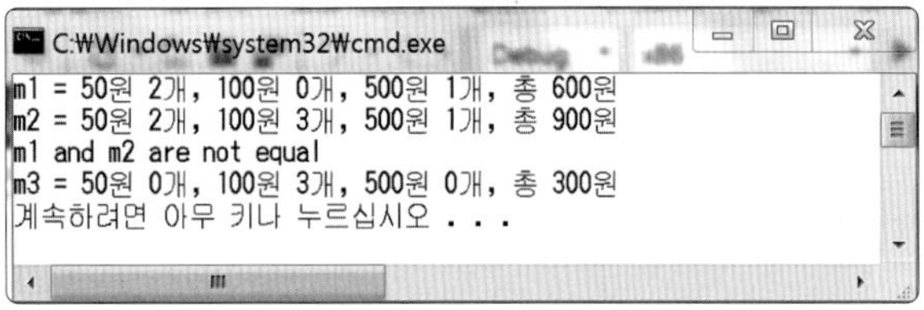

▲ 그림 3.64 ▷ operator-와 operator!= 연산자 오버로딩

✓ 연습 문제 3

- ▶ 응용 과제 1을 발전시킨다.
- ▶ print와 get_value 멤버 함수를 제거하고 operator int 타입 변환 함수를 explicit

멤버 함수로 정의한다. operator int 멤버 함수는 동전 다발 객체를 int 타입의 총액으로 변환한다. operator<< 전역 함수에서 get_value 멤버 함수의 호출 대신 operator int 멤버 함수의 호출을 사용한다. 다음의 main 함수 코드가 실행되어 [그림 3.65]의 결과를 얻도록 프로그램을 작성한다.

```
CoinMoney m1(1, 2, 3);
CoinMoney m2{ 2, 3, 4 };
cout << "m1 = " << m1;
cout << "m2 = " << m2;
int value = int(m2);          // Exer
cout << "m2는 총 " << value << "원" << endl;
```

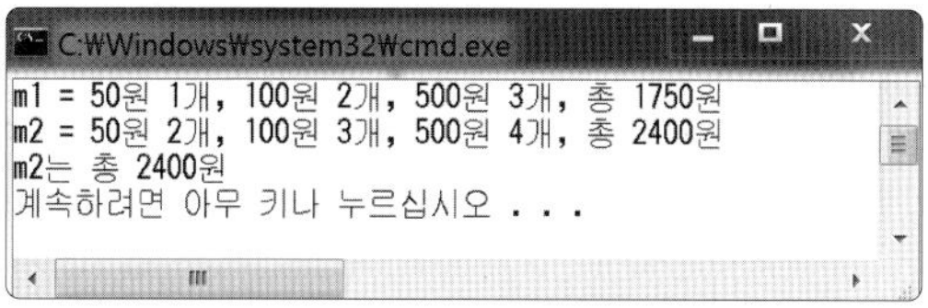

▲ 그림 3.65 ▷ operator int 타입 변환 함수

✓ 연습 문제 4

▶ 연습 문제 3을 발전시킨다.

▶ CoinMoney(int) 타입 변환 생성자를 explicit 함수로 정의한다. CoinMoney(int) 생성자는 총액을 의미하는 정수를 파라미터로 전달받아, 우선 이 총액에 500원짜리 동전을 최대 몇 개까지 배정할 수 있는지 계산한다. 다음으로는 남은 액수에 100원짜리 동전을 최대 몇 개까지 배정할 수 있는지 계산한다. 같은 방법으로 남은 총액에 50원짜리 동전을 최대 몇 개까지 배정할 수 있는지 계산한다. 이후에도 남은 돈이 있다면 CoinMoney(int) 생성자는 남은 액수를 [그림 3.66]처럼 출력하고 계산된 500원짜리, 100원짜리, 50원짜리 동전들의 개수로 c500, c100, c50 멤버 변수들을 초기화한다. 다음의 main 함수 코드가 실행되어 [그림 3.66]의 결과를 얻도록 프로그램을 작성한다.

```
CoinMoney m1;
CoinMoney m2{ 2, 3, 4 };
m1 = CoinMoney(4752);         // Exer
cout << "m1 = " << m1;
cout << "m2 = " << m2;
int value = int(m2);
cout << "m2는 총 " << value << "원" << endl;
```

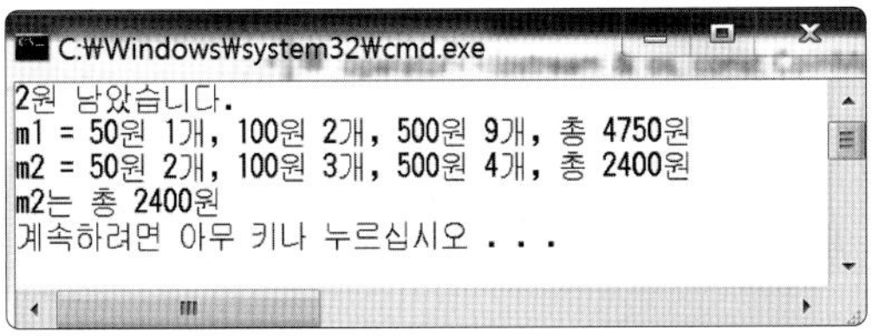

▲ 그림 3.66 ▷ CoinMoney(int) 타입 변환 생성자

✓ 연습 문제 5

- ▶ 응용 과제 1을 발전시킨다.
- ▶ print 멤버 함수를 제거한다. 다음의 main 함수 코드가 실행되어 [그림 3.67]의 결과를 얻도록 함수 객체를 생성하는 FindGreaterValue 클래스를 정의해서 프로그램을 작성한다. 이 프로그램은 벡터에 저장된 동전 다발 중, 값이 2400원 이상인 첫 번째 동전 다발을 find_if 알고리즘으로 찾는다.

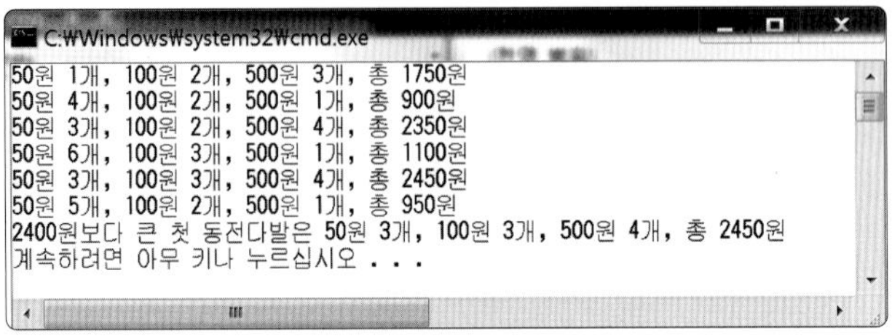

▲ 그림 3.67 ▷ find_if 알고리즘의 활용

```
CoinMoney m1(1, 2, 3); CoinMoney m2(4, 2, 1);
CoinMoney m3(3, 2, 4); CoinMoney m4(6, 3, 1);
CoinMoney m5(3, 3, 4); CoinMoney m6(5, 2, 1);
// Exer: uniform initializer
vector<CoinMoney> coinVec{ m1, m2, m3, m4, m5, m6 };
// print each CoinMoney
for (const CoinMoney& c : coinVec)
  cout << c;
// Exer: first CoinMoney whose value is greater than...
vector<CoinMoney>::iterator it;
FindGreaterValue functor;
functor.compareValue = 2400;              // Exer: 2400원
it = find_if(coinVec.begin(), coinVec.end(), functor);
if (it != coinVec.end()) {
```

```
    cout << functor.compareValue << "원보다 큰 첫 동전 다발은 " << *it;
  }
  else {
    cout << functor.compareValue << "원보다 큰 동전 다발은 없음" << endl;
  }
```

✓ ** 연습 문제 6

- 연습 문제 5를 발전시킨다.
- 다음의 main 함수 코드가 실행되어 [그림 3.68]의 결과를 얻도록 operator< 멤버 함수를 정의해서 프로그램을 작성한다. 이 프로그램은 벡터에 저장된 동전 다발들을 sort 알고리즘을 사용해서 값의 오름차순으로 정렬한다.

```
CoinMoney m1(1, 2, 3); CoinMoney m2(4, 2, 1);
CoinMoney m3(3, 2, 4); CoinMoney m4(6, 3, 1);
CoinMoney m5(3, 3, 4); CoinMoney m6(5, 2, 1);
vector<CoinMoney> coinVec{ m1, m2, m3, m4, m5, m6 };
for (const CoinMoney& c : coinVec)
  cout << c;
// Exer: sort in ascending order
sort(coinVec.begin(), coinVec.end());
// print each CoinMoney after sort
cout << "after ascending sort" << endl;
for (const CoinMoney& c : coinVec)
  cout << c;
```

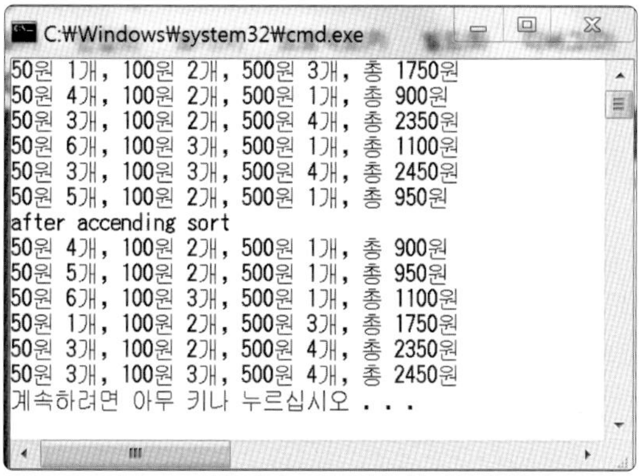

▲ 그림 3.68 ▷ sort 알고리즘의 활용

✓ ** 연습 문제 7

- 응용 과제 1을 발전시킨다.
- print 멤버 함수를 제거한다. 다음의 main 함수 코드가 실행되어 [그림 3.69]의 결과를 얻도록 함수 객체를 생성하는 CoinValueSum 클래스를 정의해서 프로그램을 작성한다. 이 프로그램은 list에 저장된 동전 다발들의 총액을 accumulate 알고리즘을 사용해서 구한다. 코드 중, typedef 문의 사용은 shared_ptr<CoinMoney>의 긴 타입명을 이후에는 CMPtr의 단축명으로 사용하기 위한 것이다.

```
shared_ptr<CoinMoney> pm1(new CoinMoney(1, 2, 3));
shared_ptr<CoinMoney> pm2 = make_shared<CoinMoney>(4, 2, 1);
shared_ptr<CoinMoney> pm3(new CoinMoney(3, 2, 4));
shared_ptr<CoinMoney> pm4 = make_shared<CoinMoney>(6, 3, 1);
// Exer: let's use short type name
typedef shared_ptr<CoinMoney> CMPtr;
CMPtr pm5(new CoinMoney(3, 3, 4));
CMPtr pm6 = make_shared<CoinMoney>(5, 2, 1);
// uniform initializer
list<CMPtr> coinList{ pm1, pm2, pm3, pm4, pm5, pm6 };
// print each CoinMoney
for (auto pm : coinList)                    // auto => const CMPtr&
  cout << *pm;
// Exer: accumulate CoinMoney values
CoinValueSum functor;
int sum = accumulate(coinList.begin(), coinList.end(), 0, functor);
cout << "총: " << sum << "원" << endl;
```

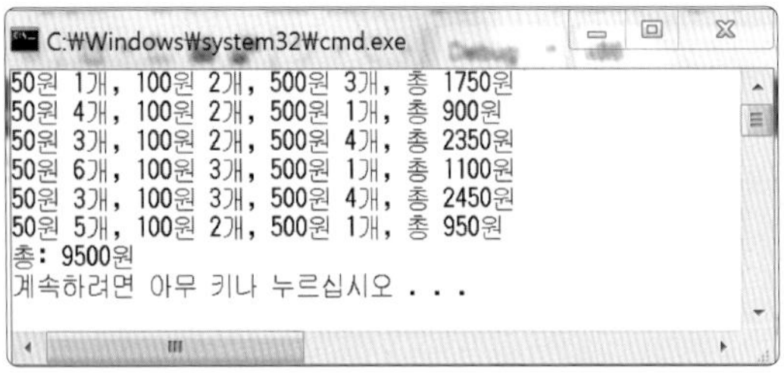

▲ 그림 3.69 ▷ shared_ptr 포인터와 accumulate 알고리즘의 활용

✓ ** 연습 문제 8

▶ 연습 문제 7을 발전시킨다.

▶ 다음의 main 함수 코드가 실행되어 [그림 3.70]의 결과를 얻도록 함수 객체를 생성하는 CoinIncrement 클래스를 정의해서 프로그램을 작성한다. 이 프로그램은 list에 저장된 각 동전 다발의 구성 동전의 개수를 for_each 알고리즘으로 1만큼씩 증가시킨다.

```
shared_ptr<CoinMoney> pm1(new CoinMoney(1, 2, 3));
shared_ptr<CoinMoney> pm2 = make_shared<CoinMoney>(4, 2, 1);
shared_ptr<CoinMoney> pm3(new CoinMoney(3, 2, 4));
shared_ptr<CoinMoney> pm4 = make_shared<CoinMoney>(6, 3, 1);
typedef shared_ptr<CoinMoney> CMPtr;
CMPtr pm5(new CoinMoney(3, 3, 4));
CMPtr pm6 = make_shared<CoinMoney>(5, 2, 1);
list<CMPtr> coinList{ pm1, pm2, pm3, pm4, pm5, pm6 };
for (auto pm : coinList)                    // auto = const CMPtr&
  cout << *pm;
// Exer: increment each coin in CoinMoney by one
CoinIncrement functor;
for_each(coinList.begin(), coinList.end(), functor);
cout << “after increment of each coin” << endl;
for (auto pm : coinList)
  cout << *pm;
```

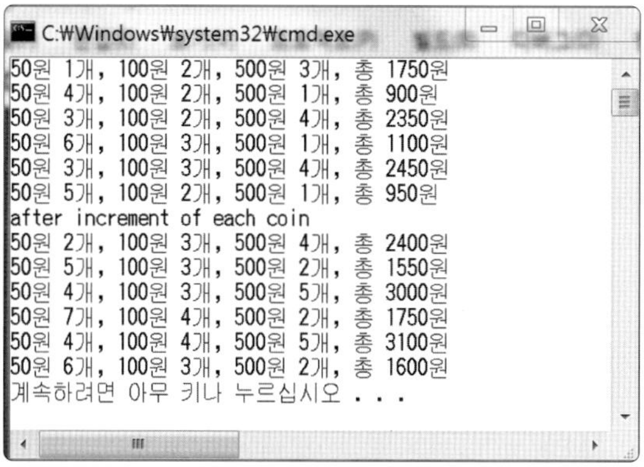

```
C:\Windows\system32\cmd.exe
50원 1개, 100원 2개, 500원 3개, 총 1750원
50원 4개, 100원 2개, 500원 1개, 총 900원
50원 3개, 100원 2개, 500원 4개, 총 2350원
50원 6개, 100원 3개, 500원 1개, 총 1100원
50원 3개, 100원 3개, 500원 4개, 총 2450원
50원 5개, 100원 2개, 500원 1개, 총 950원
after increment of each coin
50원 2개, 100원 3개, 500원 4개, 총 2400원
50원 5개, 100원 3개, 500원 2개, 총 1550원
50원 4개, 100원 3개, 500원 5개, 총 3000원
50원 7개, 100원 4개, 500원 2개, 총 1750원
50원 4개, 100원 4개, 500원 5개, 총 3100원
50원 6개, 100원 3개, 500원 2개, 총 1600원
계속하려면 아무 키나 누르십시오 . . .
```

▲ 그림 3.70 ▷ for_each 알고리즘의 활용

✓ 연습 문제 9

- 응용 과제 1을 발전시킨다.
- 다음 코드처럼 CoinMoney 클래스를 KoreanCoinMoney 클래스로 변경하고, 새롭게 USCoinMoney 클래스를 정의한다. 미국 동전은 nickle(5센트짜리), dime(10센트짜리), quarter(25센트짜리)로 구성된다. 모든 멤버를 public 속성으로 정의하고 USCoinMoney 클래스의 get_value 멤버 함수는 총액을 double 타입의 달러(1달러는 100센트) 단위로 반환한다.

```
class KoreanCoinMoney
{
public:
  // ctor
  KoreanCoinMoney(int, int, int);
  // member functions
  int get_value() const;
  void print() const;
  // member variables
  int c50;
  int c100;
  int c500;
};

class USCoinMoney
{
public:
  // ctor
  USCoinMoney(int, int, int);
  // member functions
  double get_value() const;
  void print() const
  // member variables
  int nickels;
  int dimes;
  int quarters;
};
```

- KoreanCoinMoney와 USCoinMoney의 두 클래스 타입을 템플릿 파라미터로 사용하는 다음 코드의 CoinContainer 템플릿 클래스를 정의한다. addCoin 멤버 함수는 컨테이너에 동전다발을 추가하고 topCoin 멤버 함수는 제일 마지막에 추가된 동전다발을 제거해서 반환한다. print 멤버 함수는 컨테이너의 동전다발들을 출력한다.

```
template <typename CoinType>
class CoinContainer
{
public:
  void addCoin(const CoinType& c);
  CoinType topCoin();
  void print() const;
private:
  vector<CoinType> coinVect;
};
```

▶ 다음의 main 함수 코드가 실행되어 [그림 3.71]의 결과를 얻도록 프로그램을 작성한다.

```
// KoreanCoinMoney Container
KoreanCoinMoney km1(4, 5, 6); KoreanCoinMoney km2(3, 3, 4);
KoreanCoinMoney km3(4, 5, 6); KoreanCoinMoney km4(5, 4, 6);
CoinContainer<KoreanCoinMoney> kContainer;
kContainer.addCoin(km1); kContainer.addCoin(km2);
kContainer.addCoin(km3); kContainer.addCoin(km4);
cout << "KoreanCoinMoney Container:" << endl;
kContainer.print();
// take the last coin out of container
cout << "the last coin is" << endl;
auto c = kContainer.topCoin();
c.print();
cout << "KoreanCoinMoney Container now becomes" << endl;
kContainer.print();
// USCoinMoney Container
USCoinMoney um1(4, 5, 6); USCoinMoney um2(5, 4, 6);
USCoinMoney um3(7, 4, 6); USCoinMoney um4(4, 3, 8);
CoinContainer<USCoinMoney> uContainer;
uContainer.addCoin(um1); uContainer.addCoin(um2);
uContainer.addCoin(um3); uContainer.addCoin(um4);
cout << "USCoinMoney Container:" << endl;
uContainer.print();
```

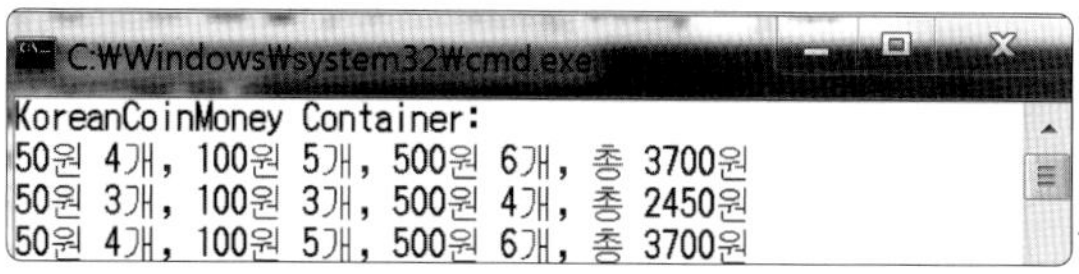

◀ 그림 3.71 ▽ 계속

```
50원 5개, 100원 4개, 500원 6개, 총 3650원
the last coin is
50원 5개, 100원 4개, 500원 6개, 총 3650원
KoreanCoinMoney Container now becomes
50원 4개, 100원 5개, 500원 6개, 총 3700원
50원 3개, 100원 3개, 500원 4개, 총 2450원
50원 4개, 100원 5개, 500원 6개, 총 3700원
USCoinMoney Container:
nickels 4개, dimes 5개, quarters 6개, 총 $2.2
nickels 5개, dimes 4개, quarters 6개, 총 $2.15
nickels 7개, dimes 4개, quarters 6개, 총 $2.25
nickels 4개, dimes 3개, quarters 8개, 총 $2.5
계속하려면 아무 키나 누르십시오 . . .
```

▲ 그림 3.71 ▷ CoinContainer 템플릿 클래스의 정의와 활용

✓ ** 연습 문제 10

- ▶ 연습 문제 9를 발전시킨다.
- ▶ KoreanCoinMoney와 USCoinMoney 타입을 템플릿 파라미터로 사용하는 다음 코드의 CoinPair 템플릿 클래스를 정의한다. getMax 멤버 함수는 first와 second 멤버 변수의 동전 다발을 비교해서 총액이 큰 동전 다발을 반환한다.

```
template <class T>
class CoinPair
{
public:
  CoinPair(T a, T b);
  T getMax() const;
private:
  T first, second;
};
```

- ▶ 다음의 main 함수 코드가 실행되어 [그림 3.72]의 결과를 얻도록 프로그램을 작성한다.

```
// KoreanCoinMoney Pair
KoreanCoinMoney km1(4, 2, 6); KoreanCoinMoney km2(3, 3, 6);
CoinPair<KoreanCoinMoney> kPair(km1, km2);
auto km = kPair.getMax();
cout << "the greater one is ";
km.print();
```

```
// USCoinMoney Pair
USCoinMoney um1(4, 5, 6); USCoinMoney um2(5, 4, 6);
CoinPair<USCoinMoney> uPair(um1, um2);
auto um = uPair.getMax();
cout << "the greater one is ";
um.print();
```

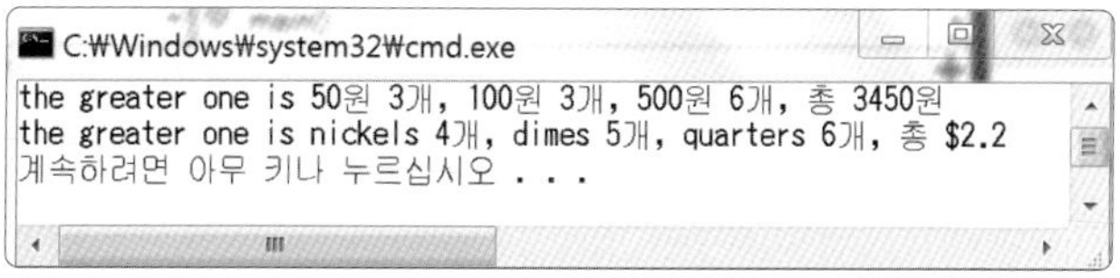

▲ 그림 3.72 ▷ CoinPair 템플릿 클래스의 정의와 활용

✓ 연습 문제 11

- 응용 과제 3을 발전시킨다.
- [그림 3.73]처럼 두 번의 클릭으로 선들을 생성해서 그린다. 첫 번째 클릭점은 선의 시작점이고 두 번째 클릭점은 선의 끝점이다. 선의 개수는 무제한이다. 다음 코드의 Line 클래스를 정의해서 활용한다.

```
class Line
{
public:
  // constructor
  Line(int, int, int, int);
  // operations
  void moveTo(int, int);
  void draw(Application&);
  // data fields
  int startX; int startY;
  int endX; int endY;
};
```

- 선 객체들은 다음 코드처럼 LineApp 클래스의 멤버 변수로 정의된 vector 컨테이너에 저장한다.

```
std::vector<Line> lineVector;
```

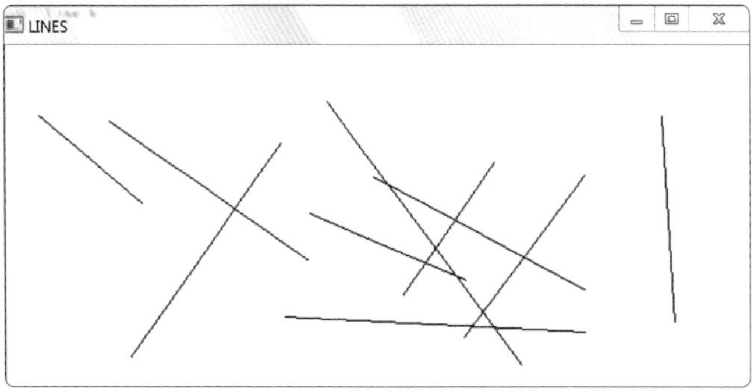

▲ 그림 3.73 ▹ 두 번의 클릭으로 선들을 생성

✓ 연습 문제 12

- ▶ 연습 문제 11을 발전시킨다.
- ▶ 연습 문제 11처럼 동작하고 마우스 오른쪽 버튼 클릭에는 마지막 선을 클릭점으로 이동시킨다.

✓ 연습 문제 13

- ▶ 응용 과제 3을 발전시킨다.
- ▶ [그림 3.74]처럼 두 번의 클릭으로 원들을 생성해서 그린다. 첫 번째 클릭점은 원의 원점이고 두 번째 클릭점은 원주상의 한 점이다. 원의 개수는 무제한이다. 다음 코드의 Circle 클래스를 정의해서 활용한다.

```
class Circle
{
public:
  // constructor
  Circle(int, int, int);
  // operations
  void moveTo(int, int);
  bool includes(int, int);
  void draw(Application&);
  // data fields
  int centerX; int centerY;
  int radius;
};
```

▶ 다음 코드처럼 typedef 문으로 CirclePtr 타입명을 선언하고 이 타입의 원소들을 저장하는 vector 컨테이너를 정의해서 활용한다.

```
typedef std::shared_ptr<Circle> CirclePtr;
std::vector<CirclePtr> circlePtrVector;
```

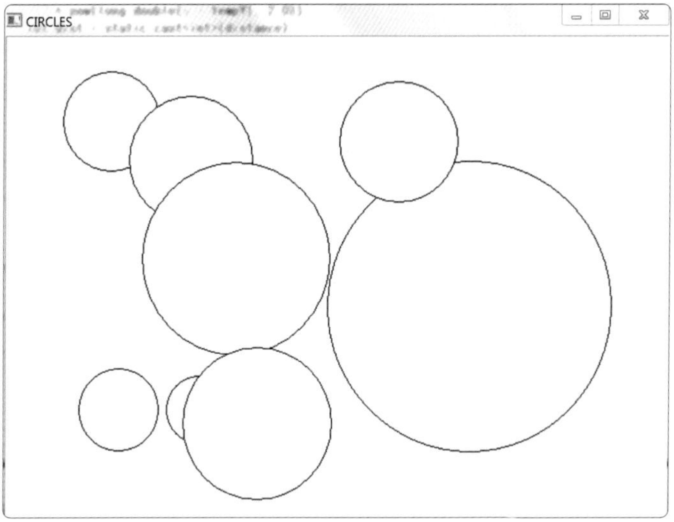

▲ 그림 3.74 ▷ 두 번의 클릭으로 원들을 생성

✓ 연습 문제 14

▶ 연습 문제 13을 발전시킨다.

▶ 연습 문제 13처럼 동작하고 마우스 오른쪽 버튼 클릭에는 [그림 3.75]처럼 생성된 원들의 원점에 면적을 출력한다. Circle 클래스에 area 멤버 함수를 추가해서 사용한다.

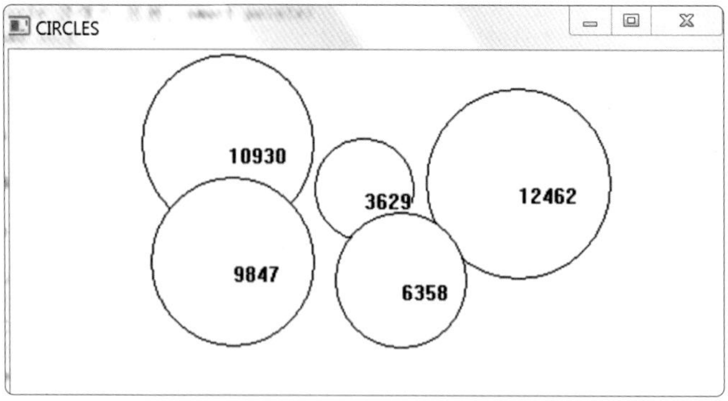

▲ 그림 3.75 ▷ 원들의 면적 출력

CHAPTER 4

Card 응용 프로그램

우리가 윈도우 환경에서 흔글, 탐색기, 익스플로러, 파워포인트 응용 프로그램들을 동시에 실행하는 경우, [그림 3.2]처럼 한 프로그램당 한 개의 메인 윈도우가 생성된다. 한 개의 응용 프로그램은 메인 윈도우 한 개와 이 메인 윈도우에 딸려 프로그램 실행 중 생성됐다가 소멸되는 몇 개의 자식 윈도우들로 구성된다. [그림 4.1]은 흔글의 메인 윈도우와 자식 윈도우인 인쇄 윈도우를 보인 것이다.

▲ 그림 4.1 ▷ 흔글의 메인 윈도우와 자식인 인쇄 윈도우

흔글의 메인 윈도우는 기본적인 문서 편집 기능을 제공하고 인쇄 윈도우, 파일 불러오기 윈도우 등의 자식 윈도우들은 사용자와 대화 다이얼로그를 통해 인쇄, 파일 불러오기 등의 특정 기능들을 제공한다.

pclaf의 Application 클래스는 메인 윈도우의 기본적인 속성들에 대한 부품 원판을 제공하고 ChildWindow 클래스는 자식 윈도우의 기본적인 속성들에 대한 부품 원판을 제공한다. 메인 윈도우 클래스의 이름을 MainWindow라고 하지 않고 Application이라고 한 이유는 윈도우 GUI 환경에서 응용 프로그램 application이 곧 해당 메인 윈도우로 볼 수 있기 때문이다.

메인 윈도우와 자식 윈도우는 모두 윈도우이므로 윈도우로서 가져야 할 위치 clientX, clientY,

크기, 바탕색 등의 데이터적인 속성들을 공통으로 갖고, 기동 run, 클라이언트 영역 그리기 paint, 위치 변경 등의 기능적인 속성들을 공통으로 갖는다. 그러나 세부적인 면에서는 몇 개의 서로 다른 기능들을 갖는다.

메인 윈도우와 자식 윈도우가 공유하는 속성들은 이미 기본 윈도우를 생성하는 pclaf의 Window 클래스로 모델링됐다. 3장의 도입부에서 Window 클래스를 이미 다뤘다. 그렇다면, 기본 윈도우와 세부적으로 달라 메인 윈도우와 자식 윈도우로 세분된 Application 클래스와 ChildWindow 클래스를 Window 클래스로부터 정의할 수 있으면 효율적일 것이다.

C++는 두 개의 클래스를 부모-자식 지 간으로 정의함으로써 부모의 데이터적이고 기능적인 속성들 멤버 변수와 멤버 함수들이 자식에게 그대로 상속 inheritance되도록 하는 기능을 제공한다.

pclaf는 이와 같은 상속 기능을 이용해서 Application 클래스와 ChildWindow 클래스를 Window 클래스의 두 자식 클래스로 정의했다. [그림 4.2]는 이 세 클래스 간의 관계를 보인 것인데, 이와 같은 관계를 클래스 계층구조 class hierarchy 라고 부른다. 클래스 계층구조는 자식으로부터 부모로 향하는 속이 빈 화살표로 표기한다.

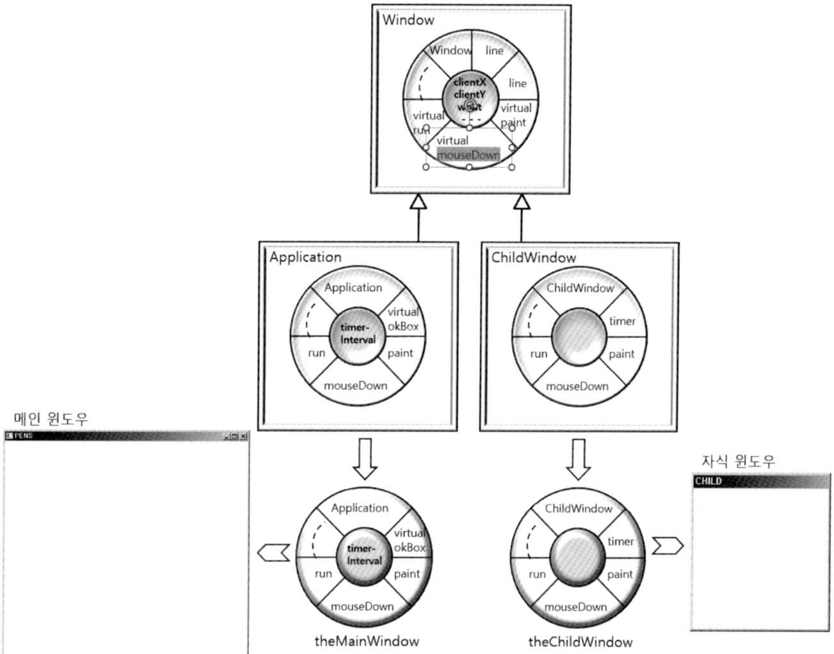

▲ 그림 4.2 ▷ Window 클래스의 세분화

따라서 Window 클래스의 45개의 멤버 변수들과 56개의 멤버 함수들이 자식인 Application 클래스와 ChildWindow 클래스에 상속되고 Application 클래스와 ChildWindow 클래스는 멤버 변수와 멤버 함수를 추가하거나 Window 클래스의 멤버 함수를 재정의함으로써 세분된다.

자식 클래스에서 부모 클래스의 멤버 함수를 오버로딩한 것을 멤버 함수의 재정의나 오버라이딩 overriding이라고 부른다. [그림 4.2]에서 Application 클래스의 run이나 paint처럼 부모 클래스인 Window에 이미 정의된 멤버 함수를 재정의하면 그 멤버 함수는 상속받지 않고 메인 윈도우에 적합하게 재정의된 멤버 함수를 사용하겠다는 의미가 된다.

Application 클래스의 okBox 멤버 함수는 확인 윈도우를 생성하기 위해서 추가된 멤버 함수이며 클래스명과 같은 Application은 생성자이다. Application 클래스의 timeInterval은 상속받은 45개의 멤버 변수에 추가된 멤버 변수이다.

이제, [그림 4.2]처럼 기본 윈도우를 생성하는 Window 클래스는 메인 윈도우 theMainWindow 객체를 생성하는 Application 클래스와 자식 윈도우 theChildWindow 객체를 생성하는 ChildWindow 클래스로 세분됐다. theMainWindow 객체가 모니터상에 표시된 메인 윈도우는 타이틀바에 최소화, 최대화, 닫기 버튼 등이 있지만 theChildWindow 객체가 모니터상에 표시된 자식 윈도우는 이 버튼들이 없다.

theChildWindow 객체는 독립적으로 생성되고 소멸될 수 없으며 메인 윈도우의 제어를 받는다. 부모-자식 지 간은 '자식 클래스 이즈-어(is-a) 부모 클래스'라고 말을 붙여 봐서 의미가 통할 때 맺어 주는 것이 좋다. 'Application 클래스 이즈-어 Window 클래스'와 'ChildWindow 클래스 이즈-어 Window 클래스'는 메인 윈도우가 윈도우이고 자식 윈도우도 윈도우이므로 의미가 통한다.

이 장의 실습 과제에서는 카드 객체를 생성해서 윈도우에 표시하고 마우스 클릭으로 이 카드 객체를 뒤집는 Card 응용 프로그램을 작성한다. 카드는 사각형 형태이므로 '카드 이즈-어 사각형'의 의미가 통한다. 따라서 3장의 실습 과제에서 구현한 Rect 클래스를 상속받는 Card 클래스를 정의해서 활용한다.

Card 응용 프로그램 실습 01

✓ **Check Point** 상속, 정적 멤버 변수, 가상 함수, 멤버 함수의 정적 결합과 동적 결합, 다형성, 다형 변수, 업캐스팅과 다운캐스팅

▶ 프로그램을 실행하면 [그림 4.3]처럼 한 개의 사각형과 두 개의 카드가 뒷면인 상태로 윈도우에 나란히 표시된다. 가운데 카드 내에서 마우스 버튼을 클릭하면 클릭할 때마다 카드가 뒤집혀서 앞면과 뒷면이 번갈아 표시된다. 마지막 카드는 마우스 클릭에 반응하지 않는다.

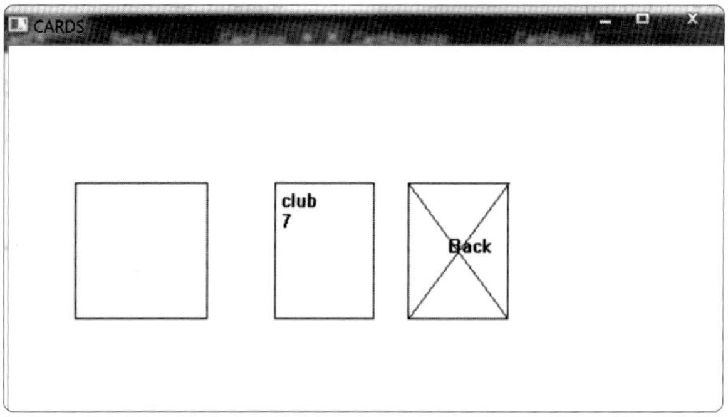

▲ 그림 4.3 ▷ Card 응용 프로그램의 실행

STEP 01 Card 클래스의 모델링

Rect 클래스는 3장 실습 과제의 Rect 클래스를 그대로 사용하고 카드를 표현하는 Card 클래스는 [그림 4.4]처럼 Rect 클래스의 자식으로 정의한다. 그림은 Card 클래스로부터 생성된 카드 객체가 윈도우상에 표시된 상황을 함께 나타낸 것이다.

Card 클래스는 Rect 클래스의 자식이므로 Rect 클래스에 정의된 네 개의 멤버 변수들 upperLeftX, upperLeftY, lowerRightX, lowerRightY와 두 개의 멤버 함수들 moveTo, includes을 상속받는다. 생성자는 상속되지 않으므로 Card 생성자를 따로 정의한다.

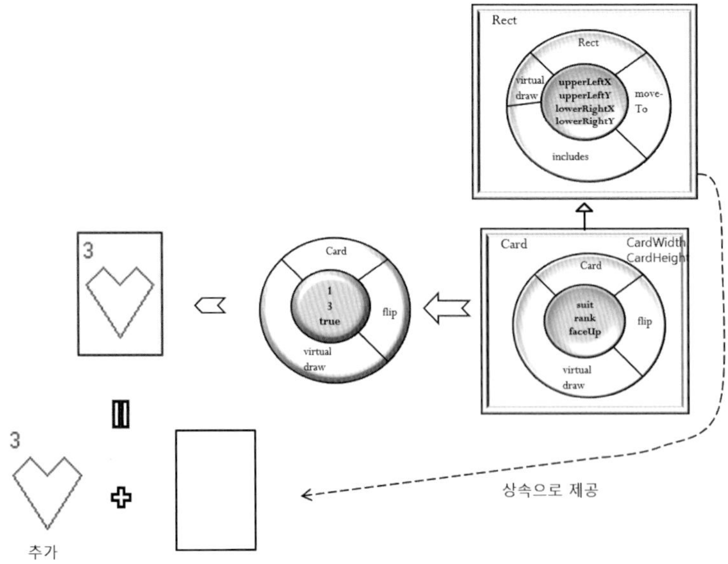

▲ 그림 4.4 ▷ Card 클래스의 모델링

draw 멤버 함수는 Card 클래스에서 재정의하므로 Rect 클래스로부터 상속받지 않고 Card 클래스에서 재정의한 것을 사용한다. Rect와 Card 클래스의 draw 멤버 함수는 앞에 virtual 키워드를 붙여 가상 함수 virtual function로 선언한다. 가상 함수는 이어지는 과정에서 자세하게 설명한다.

카드는 사각형 모양이고 윈도우 상에서 사각형처럼 위치와 크기를 가지므로 '카드 이즈-어 사각형'의 상속 관계가 성립된다. 따라서 [그림 4.4]에 보인 것처럼 카드의 사각형적인 속성들을 Rect 클래스로부터 그대로 상속받는다.

그렇다면, 카드는 사각형과 달리 어떤 데이터적인 속성들이 더 필요할까? 카드는 사각형의 데이터적인 속성에 더해 무늬 suit와 숫자 rank를 가진다. 하트 heart, 클로버 club, 스페이드 spade, 다이아몬드 diamond의 네 무늬를 1에서 4까지의 정수로 표현하고, 13개의 숫자 ace, 2, 3, ... , 10, jack, queen, king를 1에서 13까지의 정수로 표현하자.

또한, 카드는 윈도우상에서 앞면과 뒷면의 두 가지 상태 faceup 중 하나를 가진다. 앞면인 상태를 true로 하고 뒷면인 상태를 false로 지정하는 bool 타입의 faceUp 변수로 카드의 앞뒷면 상태를 표현하자. 따라서 Card 클래스는 Rect 클래스에 비해서 세 개의 멤버 변수들 suit, rank, faceUp을 추가로 가진다.

카드의 색도 데이터적인 속성으로 추가할 수 있다. 다이아몬드와 하트는 빨간색이고 클로버와 스페이드는 검은색이다. 그러나 색 속성은 무늬에 의해 결정될 수 있으므로 독립적인 멤버 변수로 모델링하지 않는다.

각 카드의 크기 폭과 높이는 일정하므로 따로 멤버 변수로 설정하지 않고 모든 카드 객체들이 공유하는 CardWidth와 CardHeight의 정적 멤버 변수 static member variable로 정의한다. [그림 4.4]에서 Card 클래스 원판에 표기한 정적 멤버 변수는 이어지는 과정에서 다룬다.

이번에는 Rect 클래스에 비해 Card 클래스는 어떤 기능적인 속성들을 더 가져야 하는지 생각해 보자. 생성자 외에 세 개의 멤버 함수들을 Card 클래스에 추가 정의한다.

우선, 윈도우상에서 카드는 자신의 이미지를 스스로 그릴 수 있어야 한다. Rect 클래스의 draw 멤버 함수로는 카드의 테두리만 그릴 수 있으므로 Rect 클래스로부터 draw 멤버 함수를 상속받지 않고 draw 멤버 함수를 재정의해서 테두리뿐 아니라 무늬와 숫자도 그릴 수 있게 한다. 카드가 뒷면 상태이면 뒷면의 이미지를 그려야 한다.

또한, 각 카드는 자신의 앞뒷면 상태를 변경해서 뒤집는 기능을 제공해야 한다. 이 기능을 수행하는 멤버 함수를 flip이라고 하자. flip 멤버 함수는 파라미터를 사용하지 않고 현재 앞면이면 뒷면으로 변경하고 뒷면이면 앞면으로 변경한다.

Rect 클래스와 Rect 클래스를 상속받는 Card 클래스의 멤버 함수들은 [표 4.1]에 보인 것과 같다. 표에서 O는 정의됨을 의미하고 x는 정의되지 않음을 의미한다. Card 클래스는 includes 멤버 함수와 moveTo 멤버 함수를 상속받고 flip 멤버 함수를 추가하며 draw 멤버 함수는 재정의한다.

▼ 표 4.1 ▷ Rect 클래스와 Card 클래스의 멤버 함수

클래스 \ 멤버 함수	includes	moveTo	flip	draw
Rect	O	O	X	O
Card	X	X	O	O

STEP 02 Card 클래스의 분석

Card 응용 프로그램은 3장에서 구현한 Rect 클래스, STEP 01에서 모델링한 Card 클래스, 그리고 두 클래스를 활용하는 CardApp 클래스로 구성된다. Card 클래스는 이어지는 장들에서 계속 사용되고 카드를 사용하는 다른 응용 프로그램에서도 이용될 가능성이 큰 클래스이므로 독립된 파일로 구현한다. [그림 4.4]에 보인 Card 클래스를 코드로 옮긴 Card 클래스의 인터페이스 정의는 [리스트 4.1]의 코드와 같다.

리스트 4.1 CardApplication 프로젝트의 Card.h 파일

```
01 // CARD CLASS
02 #pragma once
03 #include “Rect.h”
04 #include <memory>
05
06 class Card : public Rect
07 {
08 public:
09   // constructor
10   Card(int, int, int, int);
11   // operations
12   virtual void draw(Application&);
13   void flip();
14   // static data fields
15   static const int CardWidth = 75;
16   static const int CardHeight = 100;
17   // data fields
18   int suit;
19   int rank;
20   bool faceUp;
21 };
22
23 typedef std::shared_ptr<Card> CardPtr;
```

06행은 Card 클래스를 정의하면서 Card 클래스를 Rect 클래스의 자식으로 선언해서 Rect 클래스의 멤버 변수들과 멤버 함수들을 상속받는다. 컴파일러는 콜론(:) 다음에 지정된 Rect 클래스의 자식으로 Card 클래스를 처리하기 위해서 Rect 클래스의 완전한 정의가 필요하다. 따라서 03행은 Rect.h 헤더 파일을 포함한다.

콜론(:) 다음에 명시된 public 키워드의 용도는 필수 문법 절에서 다룬다. 12행에서 파라미터 타입으로 지정한 Application& 타입을 처리하기 위해서 컴파일러는 Rect.h 헤더 파일에 존재하는 Application 클래스의 선행 선언을 사용한다. Application 클래스가 정의된 pclaf.h 헤더 파일은 Card.cpp 파일에 포함한다. 이 장의 "2.11 헤더 파일의 작성 요령" 절은 이와 같은 헤더 파일의 작성 요령을 자세하게 다룬다.

23행의 typedef 문은 Card 클래스의 포인터 타입의 긴 이름을 CardPtr의 단축명으로 사용한다는 선언이다. 10행은 Card 생성자의 원형이고 12행과 13행은 추가된 멤버 함수들의 원형이다. 18~20행에 추가된 멤버 변수들의 접근자를 public으로 지정한 것은 예제 코드의 길이를 줄이기 위함이고 필수 문법 절에서는 private 접근자를 지정해서 Card 클래스를 다시 정의한다.

카드의 폭과 높이를 나타내는 CardWidth와 CardHeight 멤버 변수를 15행과 16행처럼 75와 100으로 초기화해서 사용한다. 카드의 폭과 높이는 모든 카드에 공통인 값이다. CardWidth와 CardHeight 멤버 변수의 정의에 static 속성을 지정하면 CardWidth와 CardHeight 멤버 변수는 객체 멤버 변수 instance member variable, 인스턴스 멤버 변수에서 정적 멤버 변수 static member variable, 클래스 멤버 변수로 변경된다. 15행과 16행에서 const 속성도 지정했으므로 CardWidth와 CardHeight는 정적 멤버 상수가 된다.

지금까지 사용해 왔던 클래스의 멤버 변수를 정적 멤버 변수와 구분하기 위해서 잠시 객체 멤버 변수라고 부르자. 따라서 Card 클래스의 무늬, 숫자, 앞뒷면 상태를 나타내는 멤버 변수들은 객체 멤버 변수로 정의되고 카드의 폭과 높이를 나타내는 CardWidth와 CardHeight는 정적 멤버 상수로 정의된 것이다.

[그림 4.5]의 왼쪽 그림은 static 키워드를 붙이지 않고 CardWidth와 CardHeight를 객체 멤버 변수로 정의한 경우를 보인 것이고, 오른쪽 그림은 static과 const 속성을 지정해서 정적 멤버 상수로 정의한 경우를 보인 것이다.

객체 멤버 변수는 클래스로부터 객체들이 생성되면 각 객체 내에 존재해서 객체 소속인 멤버 변수를 의미하고, 정적 멤버 변수나 상수는 객체가 생성되기 전이라도 클래스만 정의되면 클래스 내에 존재해서 클래스 소속인 멤버 변수나 상수를 의미한다. CardWidth와 CardHeight가 객체 멤버 변수라면 객체마다 CardWidth와 CardHeight의 멤버 변수가 존재해서 서로 다른 값을 가질 수 있고 정적 멤버 변수나 상수라면 클래스당 한 개만 생성되므로 모든 카드 객체들이 이 값을 공유한다. 이 책의 클래스와 객체 표기 방식에서 멤버 변수가 객체 멤버 변수라면 내부 원에 표기하고 정적 멤버 변수나 상수라면 클래스 원판 상에 표기한다. Card 클래스의 경우, 모든 카드에 공통인 폭과 높이를 객체 멤버 변수로 정의해서 메모리를 낭비할 필요는 없다.

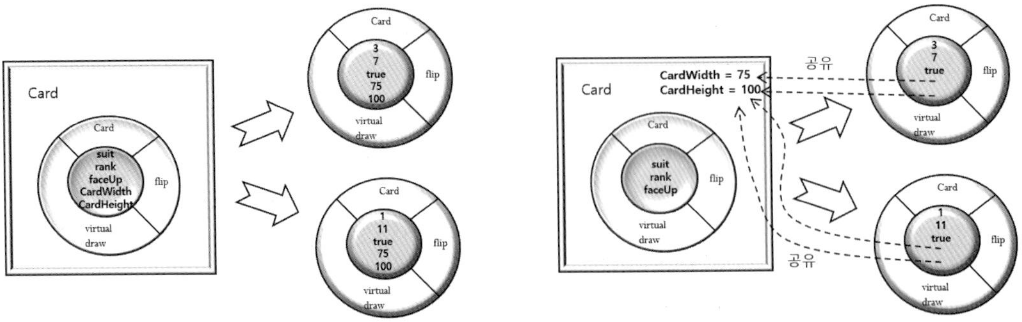

▲ 그림 4.5 ▷ 객체 멤버 변수와 정적 멤버 상수

객체 멤버 변수는 객체가 생성돼야 존재하므로 객체를 생성한 후 사용할 수 있지만, 정적 멤버 변수나 상수는 객체를 생성하기 전이라도 클래스만 존재하면 다음 코드처럼 클래스 이름과 범위 지정 연산자로 접근해서 사용할 수 있다. Card 클래스로부터 생성된 b 객체가 존재한다면 이 객체로도 정적 멤버 변수와 상수에 접근해서 사용할 수 있다. b 객체는 컴파일러에 의해 해당 클래스를 찾는 용도로만 이용된다. 그러나 정적 멤버 변수나 상수는 클래스명으로 접근하는 것을 권장한다.

```
std::cout << Card::CardWidth << std::endl;
std::cout << b.CardWidth << std::endl;
```

C++는 모든 전역 변수, 정적 멤버 변수, 정적 멤버 상수를 main 함수가 실행되기 전에 초기화한다. const 속성을 지정한 정적 멤버 상수는 [리스트 4.1]의 15행과 16행처럼 클래스 내에서 정의하면서 바로 초기화할 수 있지만, 정적 멤버 변수는 다음 코드처럼 클래스 내에 정의하고 클래스 외부에서 초기화해야 한다. 외부에서 초기화할 때는 static 키워드를 사용하지 않는다. 이 코드는 CardWidth와 CardHeight를 정적 멤버 변수로 정의하는 경우이다.

```
static int CardWidth;          // Card 클래스 내에 선언
static int CardHeight;
int Card::CardWidth = 75;      // Card 클래스 외부(Card.cpp 파일)에서 초기화
int Card::CardHeight = 100;
```

일반적으로, 대형 프로그램에서 클래스 소속의 정적 멤버 변수와 상수를 활용하고 전역 변수와 상수의 사용은 최소화하는 것이 좋다. 정적 멤버 변수와 상수는 동일 클래스로부터 생성된 객체들이 서로 대화하거나 그들의 행동을 조정할 때도 유용하다. 주의할 점은 클래스 내에서 정의하는 정적 멤버 변수와 C의 함수 내에서 사용하는 정적 변수 static variable를 혼동하지 말아야 한다는 것이다. 정적 변수는 6장의 응용 과제 4에서 애니메이션을 다룰 때 사용한다. 정적 멤버 변수와 관련해서 정적 멤버 함수라는 것도 있는데, 정적 멤버 함수는 필수 문법 절에서 설명한다.

STEP 03 Card 클래스의 분석 계속

Card 클래스를 구현한 Card.cpp 파일의 코드는 [리스트 4.2]와 같다.

리스트 4.2 CardApplication 프로젝트의 Card.cpp 파일

```
#include “Card.h“
#include “pclaf.h”

Card::Card(int xv, int yv, int s, int r)
       : Rect(xv, yv, xv + CardWidth, yv + CardHeight),
       suit(s), rank(r), faceUp(false)
{}

void Card::draw(Application& win)
{
  //draw the outer Rect
  Rect::draw(win);
  // then draw the inner contents
  if (faceUp) {
    // first print out the suit
    if (suit == 1 || suit == 4) win.setTextColor(brightRed);
    win.wout << setpos(upperLeftX + 5, upperLeftY + 5);
    if (suit == 1) win.wout << TEXT(“heart”);
    else if (suit == 2) win.wout << TEXT(“club”);
    else if (suit == 3) win.wout << TEXT(“spade”);
    else if (suit == 4) win.wout << TEXT(“diamond”);
```

```
22      // then print out the rank
23      win.wout << setpos(upperLeftX + 5, upperLeftY + 20);
24      if (rank == 1) win.wout << TEXT("ace");
25      else if (rank == 11) win.wout << TEXT("jack");
26      else if (rank == 12) win.wout << TEXT("queen");
27      else if (rank == 13) win.wout << TEXT("king");
28      else win.wout << rank;
29      if (suit == 1 || suit == 4)
30        win.setTextColor(black);
31    }
32    else {
33      // face down, draw back
34      win.wout << setpos(upperLeftX + 30, upperLeftY + 38);
35      win.wout << TEXT("Back");
36      win.line(upperLeftX, upperLeftY,
37              upperLeftX + CardWidth, upperLeftY + CardHeight);
38      win.line(upperLeftX + CardWidth, upperLeftY,
39              upperLeftX, upperLeftY + CardHeight);
40    }
41  }
42
43  void Card::flip()
44  {
45    if (faceUp)
46      faceUp = false;
47    else
48      faceUp = true;
49  }
```

Card 클래스는 Rect 클래스로부터 왼쪽 위 꼭짓점 upperLeftX, upperLeftY과 오른쪽 아래 꼭짓점 lowerRightX, lowerRightY을 나타내는 네 개의 멤버 변수들을 상속받고 무늬 suit, 숫자 rank, 앞뒷면 상태 faceUp를 나타내는 세 개의 멤버 변수들을 추가해서 총 일곱 개의 멤버 변수들을 가진다. Rect 클래스의 생성자가 상속되지는 않지만, Rect 생성자는 일곱 개의 멤버 변수 중, Rect 클래스가 상속하는 네 개의 멤버 변수들을 초기화하는 코드를 제공한다.

따라서 04행의 Card 생성자는 카드의 왼쪽 위 꼭짓점 xv, yv, 무늬 s, 숫자 r를 나타내는 네 개의 파라미터를 전달받아 05행처럼 xv + CardWidth와 yv + CardHeight로 오른쪽 아래 꼭짓점을 계산한 후, 이 값들을 전달하면서 부모 클래스의 Rect 생성자를 호출해서 상속받은 네 개의 멤버 변수들을 초기화한다.

이와 같은 부모 클래스의 생성자 호출은 05행처럼 생성자의 바디가 아닌 생성자 초기자에서만 가능하다. 06행은 파라미터 s와 r의 값을 Card 클래스에 추가한 suit와 rank 멤버 변수에 배정해서 초기화한다. factUp은 뒷면인 상태를 나타내는 false로 초기화한다.

생성자는 자동 상속의 대상이 아니지만, 자식 클래스에서 다음 코드처럼 using 키워드를 사용해서 명시적으로 부모 클래스의 생성자를 상속받을 수도 있다.

```
class Parent
{
public:
  Parent() = default;
  Parent(const std::string& str) {};
};

class Child : public Parent
{
public:
  using Parent::Parent;
  Child(int i) {};
};

int main()
{
  // Child(int i) 생성자 실행
  Child child1(1);
  // 상속받은 Parent(const std::string& str) 생성자 실행
  Child child2("hello");

  return 0;
}
```

위 코드의 Parent 클래스에서, Parent() 디폴트 생성자에 default 지시자 ☞ C++11를 지정하면 파라미터를 사용하는 생성자를 정의해도 컴파일러가 디폴트 생성자를 제공한다. Child 클래스에서, using Parent::Parent; 문장은 Parent 클래스의 모든 생성자를 한꺼번에 상속받는다. 이 기능으로 부모 클래스의 생성자를 선택적으로 상속받을 수는 없다. 이제, main 함수에서 정수나 문자열을 전달해서 Child 객체를 생성할 수 있다.

Card 클래스인 경우는 추가한 멤버 변수들이 있으므로 생성자를 따로 정의해서 사용하는

것이 바람직하며 using 키워드를 사용해서 Rect 클래스의 생성자를 명시적으로 상속받는 것은 무의미하다.

[리스트 4.2]에서 09행의 draw 멤버 함수는 윈도우에 그리기 작업을 수행하는 멤버 함수들을 소유한 윈도우 객체를 레퍼런스 전달 방식으로 전달받는다. Card 응용 프로그램에서 사용할 카드의 이미지는 [그림 4.6]처럼 텍스트로 처리한다. 6장의 실습 과제는 그래픽 기반의 비트맵 카드 이미지를 사용하는 방법을 다룬다.

▲ 그림 4.6 ▷ 텍스트로 처리한 카드 이미지

카드 이미지를 그리는 작업은 테두리 그리기와 카드 내용 그리기의 두 단계로 나누어 생각할 수 있다. 사각형 테두리를 그리는 코드는 Rect 클래스의 draw 멤버 함수가 제공한다. Card 클래스의 draw 멤버 함수가 Rect 클래스의 draw 멤버 함수를 재정의했지만, 12행처럼 Rect 클래스의 draw 멤버 함수를 호출해서 사용할 수는 있다. 레퍼런스 파라미터로 전달받은 윈도우 객체를 다시 레퍼런스 전달 방식으로 전달하면서 범위 지정 연산자인 ::를 사용해서 Rect 클래스의 draw 멤버 함수를 호출한다. Rect 클래스의 draw 멤버 함수는 카드의 테두리를 그린다.

카드의 내용 그리기는 카드가 앞면일 경우와 뒷면인 경우가 다르다. 뒷면일 경우는 [그림 4.6]에 보인 것처럼 대각선을 그리고 "Back"이란 문자열을 그리는 것으로 처리한다. 원한다면, 윈도우 객체의 line, circle 등의 멤버 함수들을 이용해서 다른 디자인을 사용해도 좋다. 14행의 if 문에서 카드가 앞면인지 뒷면인지 조사해서 뒷면이면 32행의 else 절이 실행된다. 34행은 2장 응용 과제 2에서 설명한 wout 객체에 문자열의 출력 위치를 지정한다. 카드의 왼쪽 위 꼭짓점으로부터 가로로는 30, 세로로는 38픽셀만큼 더 간 지점을 setpos 함수로 지정한다. 35행은 이 위치에 "Back" 문자열을 그린다. pclaf에게 제공하는 문자열은 항상 TEXT 함수를 씌워서 제공한다. 문자열의 색은 디폴트값인 검은색을 사용한다. 36행과 38행은 윈도우 객체의 line 멤버 함수를 호출해서 두 개의 대각선을 그린다.

다시 14행의 if 문으로 돌아가서 카드가 앞면인 상태이면, 16행의 if 문으로 무늬가 1 하트이거나 4 다이아몬드인지 조사한다. 무늬가 1이나 4이면 텍스트의 색을 디폴트인 검은색에서 16행처럼 빨간색 brightRed으로 변경한다. 문자열의 색 변경은 윈도우 객체의 setTextColor 멤버 함수를 사용한다. 17~21행은 펜의 위치를 왼쪽 위 꼭짓점으로부터 5 x 5만큼 더 간 지점에 위치시키고 무늬에 따라 그 지점에 적합한 텍스트를 그린다. 23~28행은 카드의 숫자에 따라 적합한 텍스트를 무늬 문자열 밑에 그린다. 29행과 30행은 무늬가 하트나 다이아몬드이면 펜의 색을 빨간색에서 원래의 색인 검은색으로 되돌린다.

43행의 flip 멤버 함수는 자신의 앞뒷면 상태 faceUp가 앞면 true이면 뒷면 false으로 변경하고, 뒷면이면 앞면으로 변경한다.

STEP 04 CardApp 클래스의 분석

이제, Rect와 Card 클래스로부터 사각형과 카드 객체들을 생성하고 이들을 활용하는 CardApp 클래스를 살펴본다. CardApp.h 파일의 코드는 [리스트 4.3]과 같다

리스트 4.3 CardApplication 프로젝트의 CardApp.h 파일

```
//===========================================================
// 실습 과제
// 한 개의 사각형과 두 개의 카드를 생성해서 그림
// 첫 번째 카드를 클릭하면 카드가 뒤집기를 반복
//===========================================================
#pragma once
#include "pclaf.h"
#include "Card.h"

// Customized Application
class CardApp : public Application
{
public:
  CardApp(const TCHAR*);
  CardApp(const TCHAR*, int, int, int, int);
  void mouseDown(int, int);
  void paint();
  // data fields
  Rect a{ 50, 100, 150, 200 };
```

```
20    Card b{ 200, 100, 2, 7 };
21    std::shared_ptr<Rect> c = std::make_shared<Card>(300, 100, 3, 5);
22    // std::unique_ptr<Rect> c = std::make_unique<Card>(300, 100, 3, 5);
23 };
```

CardApp 클래스의 정의는 [그림 2.2]의 기본 코드 틀을 기반으로 하고, 5장의 도입부에서는 이 기본 코드 틀의 동작 원리를 자세하게 설명한다. 여기서는 이 기본 코드 틀의 정체를 미리 살짝 들여다보자. CardApp 클래스는 11행에서 [그림 4.2]의 Application 클래스의 자식으로 정의되므로 메인 윈도우의 속성들을 모두 상속받는 클래스이다.

[그림 2.13]에서 PenApp 클래스로부터 생성된 theApp 객체를 윈도우 객체라고 했는데, 이 과제에서 PenApp 클래스의 역할을 수행하는 클래스가 CardApp 클래스이므로 CardApp 클래스로부터 생성된 객체가 theApp 윈도우 객체이다. 따라서 theApp 객체는 Application 부모 클래스와 Window 조부모 클래스가 상속하는 모든 멤버 변수들과 멤버 함수들을 갖는 큰 객체이다. 2장의 응용 과제 3에서는 이 윈도우 객체를 PenApp 클래스로부터 두 개 생성해서 활용해 보았다. CardApp 클래스로부터 생성된 theApp 객체의 동작 원리는 5장의 도입부에서 다루기로 하고 이 장까지는 CardApp 클래스를 기본 코드 틀의 입장에서 활용하기로 하자.

[그림 4.7]은 실습 과제 프로그램을 구성하는 모듈 간의 결합도를 보인 것이다.

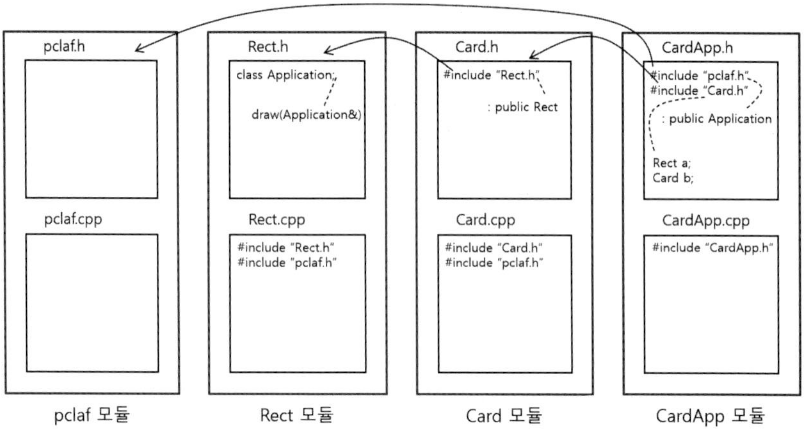

▲ 그림 4.7 ▷ Card 응용 프로그램의 구성

모듈화 프로그래밍이란 대형 프로그램을 작성할 때 기능별로 모듈을 정의해서 프로그램을 모듈 단위로 구현하는 것을 의미한다. 모듈은 프로그램을 논리적인 기능별로 나눈 것이므로 그 크기가 클 수도 있고 작을 수도 있지만, Rect와 Card 클래스를 각각 모듈로 보기에는 크기가 너무 작아서 다소 무리일지 모르겠다.

그러나 사각형, 원, 삼각형, 다각형 등을 모델링해서 구현한 도형 라이브러리를 Rect 클래스가 담긴 모듈로 보고, 카드, 주사위, 룰렛 등을 모델링해서 구현한 게임 라이브러리를 Card 클래스가 담긴 모듈로 본다면, 모듈화 프로그래밍을 학습하기 위해서 Rect 클래스와 Card 클래스 자체를 각각 모듈로 간주해도 좋을 것 같다. [그림 4.7]은 이와 같은 의미를 반영해서 Rect, Card, CardApp 클래스들을 모듈들로 설정한 것이다. 각 모듈은 모듈의 인터페이스 정보를 담은 헤더 파일과 모듈을 구현한 구현 파일로 구성된다.

프로그램을 빌드하는 과정은 크게 세 단계로 이뤄진다. 첫 번째 단계는 선행 처리기가 #include처럼 #으로 시작하는 지시어를 처리하는 단계이다. #include 지시어는 지정된 헤더 파일의 전체 텍스트를 그 위치에 삽입하라는 것이다. 두 번째 단계는 컴파일러가 각 모듈을 독립적으로 컴파일해서 중간 코드를 생성하는 단계이다. 세 번째 단계는 링커가 모듈들의 중간 코드와 라이브러리를 결합해서 실행 파일을 생성하는 단계이다.

A 모듈을 사용하는 모듈은 자신의 헤더 파일에 A.h 헤더 파일을 포함하게 되는데, 이때 두 모듈 간의 결합도가 헤더 파일을 통해 발생하며 A 모듈을 사용하는 모듈은 A 모듈에 종속된다. pclaf, Rect, Card, CardApp 모듈 간의 종속 관계를 화살표로 표시한 [그림 4.7]에서, Rect.h 헤더 파일을 한 행이라도 변경하면 이 파일에 종속된 Card.h 헤더 파일이 영향을 받고 이 파일에 종속된 CardApp.h 헤더 파일도 영향을 받는다. Card.h와 CardApp.h 헤더 파일들에 종속된 구현 파일들도 영향을 받는다. 따라서 컴파일러는 모든 모듈을 다시 컴파일하게 된다. 또한, #include 지시어는 지정된 파일 전체를 삽입하므로 파일 크기도 커져서 컴파일 시간이 많이 소요된다. 따라서 헤더 파일을 작성할 때는 헤더 파일을 통한 모듈 간의 종속 관계를 최소화하는 것이 바람직하다.

#include 지시어를 사용해서 헤더 파일 전체를 포함하는 대신 결합도를 낮추기 위해서 선행 선언을 적극적으로 활용하는 것이 좋다. 선행 선언은 컴파일러가 그 파일을 컴파일하기 위해서 사용하려는 타입의 완전한 정보가 필요하지 않으면 가능하다.

Rect.h 헤더 파일의 경우, 이 파일은 pclaf 모듈의 Application 클래스 타입을 사용하는데, Application 타입이 draw 멤버 함수의 파라미터로 사용되므로 Application

클래스의 완전한 정의를 담은 pclaf.h 헤더 파일까지는 필요하지 않고 Application 클래스의 선행 선언만으로 충분하다. 대신, pclaf.h 헤더 파일은 Rect.cpp 파일에 포함되는데, 컴파일러가 Rect.cpp 파일을 처리할 때 Application 타입의 완전한 정보를 활용하게 된다. [그림 4.7]에서 Rect.h와 Card.h 헤더 파일은 pclaf.h 헤더 파일을 포함하는 대신 Application 클래스의 선행 선언만을 사용하므로 pclaf.h 헤더 파일이 변경되어도 영향을 받지 않는다.

Card.h 헤더 파일에서 Rect 클래스가 Card 클래스의 부모로 지정되므로 컴파일러는 Card.h 헤더 파일을 처리하기 위해서 Rect 클래스의 완전한 정의가 필요하고 CardApp.h 헤더 파일에서는 a 사각형 객체와 b 카드 객체를 생성하므로 컴파일러는 CardApp.h 헤더 파일을 처리하기 위해서 Card 클래스와 Rect 클래스의 완전한 정의가 필요하다. Card 응용 프로그램은 [그림 4.7]에 보인 것처럼 Rect 클래스, Card 클래스, CardApp 클래스의 관계가 워낙 밀접하므로 위에서 설명한 원칙을 적용해도 결합도를 최소화하는 효과가 작지만 수십 개의 모듈로 구성되는 대형 프로그램은 이러한 원칙을 적용해서 설계하고 구현하면 큰 효과를 얻을 수 있다. 이와 같은 헤더 파일의 작성 요령은 이 장의 “2.11 헤더 파일의 작성 요령” 절에서 자세하게 다룬다. C++20 표준은 module ☞ C++20 기능을 지원해서 헤더 파일을 사용하지 않고 모듈을 정의하고 관리하는 방법을 제공한다. 이 장의 필수 문법 절에서 module 기능을 소개한다.

CardApp 클래스는 [리스트 4.3]의 14행과 15행처럼 두 개의 생성자를 가진다. 15행의 생성자는 기본 코드 틀에서 설명한 생성자이고 14행의 생성자는 이 생성자와 오버로딩해서 추가한 것인데, 14행의 생성자는 메인 윈도우의 타이틀 문자열만 전달받고 윈도우의 위치와 크기는 디폴트값으로 설정하는 생성자이다.

19행과 20행의 a 사각형 객체와 b 카드 객체는 3장의 “2.16 유니폼 초기자” 절에서 소개한 유니폼 초기자로 생성되는데, a는 (50, 100)점과 (150, 200)점을 왼쪽 위 꼭짓점과 오른쪽 아래 꼭짓점으로 갖고, b는 (200, 100)점을 왼쪽 위 꼭짓점으로 갖는 클로버 7의 카드이다. 유니폼 초기자를 사용하지 않고 Rect a;와 Card b;처럼 디폴트 생성자를 호출해서 초기화할 수도 있는데, 이 경우는 Rect 클래스와 Card 클래스에 디폴트 생성자를 정의하고 CardApp 클래스의 생성자에서 a와 b 객체의 멤버 변수들을 초기화해야 한다.

컴파일러는 두 문장을 처리하기 위해서 Rect 객체와 Card 객체의 크기를 알아야 하므로

Rect 클래스와 Card 클래스의 완전한 정의가 필요하다. 따라서 Rect.h 헤더 파일을 포함한 Card.h 헤더 파일을 08행처럼 포함한다.

21행의 c는 shared_ptr<Rect> 타입의 포인터 변수인데, make_shared<Card> 함수를 통해 동적으로 생성한 카드 객체의 포인터를 저장한다. 이 카드의 왼쪽 위 꼭짓점은 (300, 100)점이고 무늬와 숫자는 다이아몬드 queen [12]이다. Rect 클래스가 Card 클래스의 부모이므로 21행처럼 Rect 클래스의 포인터 타입인 c 변수는 Card 클래스의 객체를 가리킬 수 있다. 물론, 다음 코드처럼 Card 클래스의 포인터 변수를 사용해도 좋지만, 이 프로그램에서는 c를 Rect 클래스의 포인터 변수로 사용한다.

```
std::shared_ptr<Card> c = std::make_shared<Card>(300, 100, 3, 5);
```

이 프로그램에서 c는 다이아몬드 queen 카드 객체를 독점적으로 소유한다 [가리킨다]. 이 카드 객체의 포인터를 다른 포인터 변수에 배정하지 않으므로 주석 처리된 22행처럼 unique_ptr<Rect> 포인터 타입을 사용해도 좋다.

STEP 05 CardApp 클래스의 분석 계속

CardApp 클래스의 구현은 [리스트 4.4]의 코드와 같다.

리스트 4.4 CardApplication 프로젝트의 CardApp.cpp 파일

```
#include "CardApp.h"

CardApp::CardApp(const TCHAR* apName)
        : Application(apName)
{}

CardApp::CardApp(const TCHAR* apName, int width, int height, int x, int y)
        : Application(apName, width, height, x, y)
{}

void CardApp::mouseDown(int x, int y)
{
  if (b.includes(x, y))
    b.flip();
  /*
  if (c->includes(x, y)) {
```

```
17     CardPtr k = std::static_pointer_cast<Card>(c);
18     k->flip();
19   }
20   */
21   clearAndUpdate();
22 }
23
24 void CardApp::paint()
25 {
26   a.draw(*this);
27   b.draw(*this);
28   c->draw(*this);
29   /*
30   CardPtr k = std::static_pointer_cast<Card>(c);
31   k->draw(*this);
32   */
33 }
34
35 // pclaf program entry point
36 int mainLAF()
37 {
38   CardApp theApp(TEXT("CARDS"));
39   theApp.run();
40
41   return 0;
42 }
```

[리스트 4.4]에서 03행의 생성자는 07행의 생성자처럼 생성자 초기자 기능을 사용해서 부모인 Application 클래스의 생성자를 호출하면서 전달받은 타이틀 문자열을 전달한다. Application 클래스의 생성자는 윈도우의 위치와 크기를 디폴트값으로 설정한다.

24행의 paint 함수는 프로그램 초기에 윈도우를 모니터에 처음으로 표시할 때도 호출되는데, 이 함수는 26~28행처럼 a 객체, b 객체, c가 가리키는 객체의 draw 멤버 함수를 호출해서 객체들을 그린다. 29~32행처럼 주석 처리된 코드는 이어지는 과정에서 설명한다.

사용자가 윈도우에서 마우스를 클릭하면 11행의 mouseDown 함수가 호출되면서 클릭점이 파라미터로 전달된다. 클릭점이 b 카드 객체의 내부점인지 판단하기 위해서 13행처럼 if 문의 조건절에서 b 객체의 includes 멤버 함수를 호출한다. b 객체의 includes 멤버 함수는 Rect 클래스로부터 상속받은 함수이다. Rect 클래스의 includes 멤버 함수는 클릭점이 사각형의 내부점인지 판단해서 true나 false를 반환하는 함수이다. 내부점이면 14행처럼 b 객체의 flip 멤버 함수를 호출해서 b 객체가 스스로 뒤집히게 한다. 21행은 clearAndUpdate 함수를 통해 paint 멤버 함수를 호출해서 뒤집힌 b 카드 객체를 시각적으로 표시한다. 15~20행처럼 주석 처리된 코드는 이어지는 과정에서 설명한다.

STEP 06 Card 응용 프로그램의 실행

프로젝트를 빌드하고 실행하면 [그림 4.3]처럼 사각형 객체 하나와 카드 객체 두 개가 그려진 윈도우가 표시된다. 가운데 카드 내에서 마우스를 클릭하면 카드가 뒤집힌다. 가운데 카드는 이어지는 마우스 클릭에 뒤집기를 반복한다. 사각형과 오른쪽 카드는 마우스 클릭에 반응하지 않는다. Card 응용 프로그램의 종료는 윈도우 타이틀바 오른쪽의 ☒ 버튼을 클릭하거나 왼쪽 끝의 아이콘 메뉴를 클릭해서 표시되는 항목 중, [닫기] 항목을 선택한다.

STEP 07 c가 가리키는 객체 뒤집기

[리스트 4.4]의 mouseDown 멤버 함수에 다음 코드를 삽입해서 c가 가리키는 카드 객체도 뒤집기를 수행하도록 해 본다.

```
if(c->includes(x, y))
  c->flip();
```

위 코드의 두 번째 행에서 다음과 같은 컴파일 오류가 발생한다.

```
error C2039: 'flip' : is not a member of 'Rect'
```

c 변수가 Card 객체를 가리키지만, Rect 클래스의 포인터 타입이므로 이 Card 객체의 flip 멤버 함수를 호출하면 컴파일러는 flip 멤버 함수를 Rect 클래스에서 찾게 된다. Rect 클래스에는 flip 멤버 함수의 정의가 없으므로 컴파일 오류가 발생한다. 위 코드를 mouseDown 함수에서 삭제하고 15행과 20행의 '/*'와 '*/'를 지워서 주석을 해제한다. 17행처럼 c 변수의 포인터 타입을 Card 클래스의 포인터 타입으로 변환해서 그 포인터를 Card 클래스의 포인터 변수인 k에 저장한다.

3장의 "2.9 타입 변환" 절에서 설명했듯이, C 포인터 타입의 변환에는 static_cast 함수를 사용하고 스마트 포인터 타입의 변환에는 static_pointer_cast 함수를 사용한다. 이처럼 부모 클래스 타입의 변수를 자식 클래스 타입의 변수로 변환하는 것을 다운캐스팅 down-casting이라고 부른다.

이제, 18행처럼 k가 가리키는 객체의 flip 멤버 함수를 호출하면 컴파일 오류 없이 k가 가리키는 Card 객체가 뒤집기를 수행한다. 반대로, 다음 코드처럼 자식 클래스 타입의 변수를 부모 클래스 타입의 변수로 변환하는 것을 업캐스팅 up-casting이라고 부른다.

```
Rect d = b;
```

b 변수에 저장된 객체가 Card 객체이지만 업캐스팅으로 Rect 클래스 타입의 변수 d에 배정되므로 d에 저장된 객체는 Card 객체이지만 이 객체의 flip 멤버 함수를 사용할 수 없다. 다운캐스팅은 명시적으로 17행처럼 static_pointer_cast 함수로 변환할 자식 클래스 타입을 지정하는 반면, 업캐스팅은 위 코드처럼 배정문에 의해 타입 변환이 자동으로 처리된다. 필수 문법 절에서는 업캐스팅과 다운캐스팅 문제를 자세하게 다룬다.

STEP 08 가상 함수

프로그램을 STEP 06 이전으로 복원한다. Rect 클래스와 Card 클래스의 인터페이스 정의에서 draw 멤버 함수 앞의 virtual 키워드를 제거한 후, 실행해 보면 [그림 4.8]과 같은 결과를 얻게 된다. [그림 4.3]과 비교해서 다른 점은 c가 가리키는 카드 객체의 이미지가 사각형만 그려진다는 것이다.

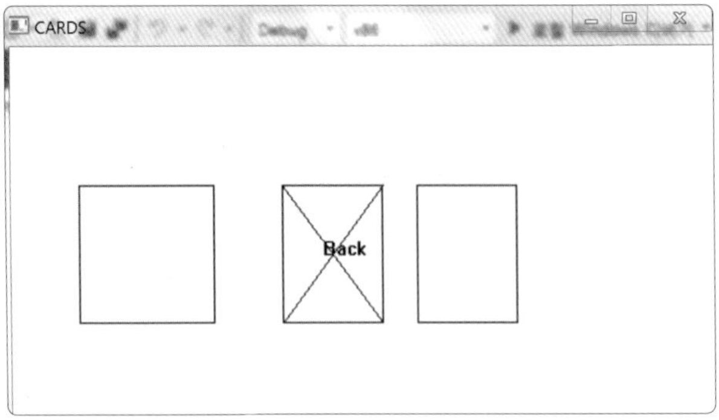

▲ 그림 4.8 ▷ 가상 함수의 효과

virtual 키워드로 virtual 속성이 지정된 함수를 가상 함수 virtual function라고 부르고 virtual 속성이 지정되지 않은 함수를 일반 함수라고 부른다. 이번에는 Rect 클래스의 draw 멤버 함수는 virtual 속성을 지정하고 Card 클래스의 draw 멤버 함수는 virtual 속성을 지정하지 않는다. 프로그램을 실행하면 [그림 4.3]의 결과와 같다.

C++에서 virtual 속성을 부모 클래스의 멤버 함수에 지정하면 자식 클래스의 재정의된 멤버 함수는 자동으로 virtual 속성이 지정된다. 반대의 경우는 성립되지 않는다. 따라서 Card 클래스의 draw 멤버 함수 앞의 virtual 키워드는 선택사항이나 프로그램의 가독성을 위해서 붙여 주는 것이 좋다.

[표 4.2]는 includes, flip, draw, moveTo 멤버 함수의 가상 함수 여부를 정리한 것이다.

▼ 표 4.2 ▷ 가상 함수와 일반 함수

멤버 함수 / 클래스	includes	flip	draw	moveTo
Rect	일반	X	가상	일반
Card	X	일반	가상	X

C++ 프로그램은 컴파일러에 의해 컴파일된 후 실행 시스템에 의해 실행된다. C++는 멤버 함수의 호출과 해당 멤버 함수를 결합하는 방법을 두 가지 제공한다. 첫 번째 방법은 컴파일할 때 결합하는 컴파일시 결합 compile time binding 방법이고 두 번째 방법은 컴파일이 끝난 후 실행할 때 결합하는 실행시 결합 run time binding 방법이다. C++는 멤버 함수의 호출문에서 멤버 함수명이 일반 함수일 때는 컴파일시 결합 방법을 사용하고 가상 함수일 때는 실행시 결합 방법을 사용한다.

[그림 4.9]는 paint 함수의 26~28행에서 C++가 세 멤버 함수의 호출문을 처리하는 과정을 보인 것이다.

paint 멤버 함수는 a, b 객체와 c가 가리키는 객체의 draw 멤버 함수를 호출해서 각자 자신의 이미지를 그리게 한다. draw 멤버 함수는 Rect 클래스와 Card 클래스에 정의된 두 개가 존재한다. draw 멤버 함수가 가상 함수이므로 세 멤버 함수의 호출문은 모두 실행시 결합 방법에 의해 실행된다. 여기서, 결합이란 두 개의 draw 멤버 함수 중, 호출될 멤버 함수를 결정하는 것을 의미한다.

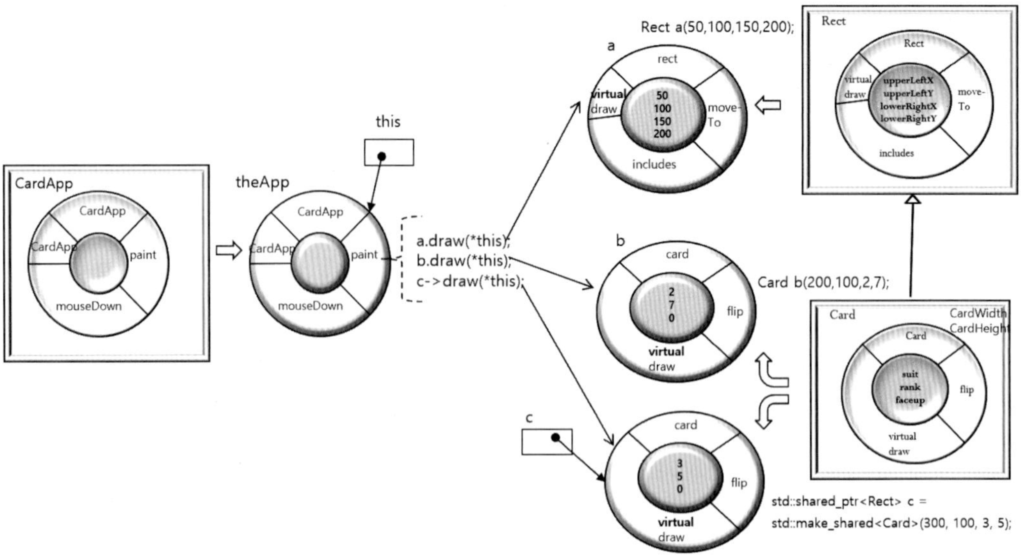

▲ 그림 4.9 ▷ paint 함수의 실행

실행 시스템은 멤버 함수를 호출받은 객체에 주목한다. 실행 시스템은 a.draw(*this); 문장에서 a를 생성한 클래스인 Rect 클래스에 가서 draw 멤버 함수를 결합하므로 [그림 4.3]의 첫 번째 사각형 그림을 얻게 된다. b.draw(*this); 문장에서는 b를 생성한 클래스인 Card 클래스에 가서 draw 멤버 함수를 결합하므로 두 번째 카드 이미지 그림을 얻게 된다. 물론, 실행 초기엔 이 카드가 뒷면인 상태이므로 마우스를 클릭하기 전까지는 뒷면 이미지를 유지할 것이다. 실행 시스템은 c->draw(*this); 문장에서도 c가 가리키는 카드 객체를 생성한 Card 클래스에 가서 draw 멤버 함수를 결합하므로 Card 클래스의 draw 멤버 함수가 실행돼서 세 번째 카드 이미지를 얻게 된다.

Rect 클래스의 draw 멤버 함수와 Card 클래스의 draw 멤버 함수 앞의 virtual 키워드를 제거해서 일반 함수로 설정하고 실행하는 경우를 생각해 보자. 이제 draw 멤버 함수가 일반 함수이므로 [그림 4.9]에 보인 paint 함수의 세 문장은 컴파일시 결합 방법을 사용한다.

컴파일러는 a.draw(*this); 문장에서 a의 타입에 주목한다. a가 Rect 클래스 타입이므로 Rect 클래스에 가서 draw 멤버 함수를 결합한다. 실행 시스템은 컴파일러가 결정한 대로 Rect 클래스의 draw 멤버 함수를 실행해서 [그림 4.8]의 첫 번째 사각형 그림을 얻게 된다.

b.draw(this); 문장에서는 b가 Card 클래스 타입이므로 Card 클래스에 가서 draw 멤버 함수를 결합한다. 실행 시스템은 컴파일러가 결정한 대로 Card 클래스의 draw 멤버 함수를 실행해서 두 번째 카드 이미지를 얻게 된다. 컴파일러는 c->draw(this); 문장에 대해서 c 변수의 타입이 Rect 클래스의 포인터 타입이므로 Rect 클래스에 가서 draw 멤버 함수를 결합한다. 실행 시스템은 컴파일러가 결정한 대로 Rect 클래스의 draw 멤버 함수를 실행해서 카드 이미지가 아닌 [그림 4.8]에 보인 사각형 이미지만 그린다. 컴파일러는 변수의 타입을 기준으로 결합하고, 실행 시스템은 변수에 저장되거나 변수가 가리키는 객체를 기준으로 결합한다.

[리스트 4.4]의 28행 대신 주석 처리한 30행과 31행을 실행하면 컴파일러는 k->draw(*this); 문장에서 k가 Card 클래스의 포인터 타입이므로 Card 클래스에 가서 draw 멤버 함수를 결합한다. 실행 시스템은 컴파일러가 결정한 대로 Card 클래스의 draw 멤버 함수를 실행하므로 제대로 된 카드 이미지를 얻게 된다. 이와 같은 멤버 함수 호출 대해당 멤버 함수의 결합 방법은 필수 문법 절에서 자세하게 다룬다.

paint 함수는 Rect 클래스의 사각형 객체 a와 Card 클래스의 카드 객체 b의 같은 draw 멤버 함수를 호출해서 각자 자신의 이미지를 그리게 한다. 이처럼 같은 코드로 서로 다른 타입의 데이터를 처리할 수 있는 기능을 프로그래밍 언어에서 다형성 polymorphism이라고 부른다.

다형성이란 그리스어로 많은 poly과 형태 morph의 복합어이다. Rect 클래스 타입의 데이터 a 객체와 Card 클래스 타입의 데이터 b 객체를 같은 멤버 함수 호출 코드로 처리할 수 있다는 의미이다. C++와 같은 객체지향 언어에서 다형성은 두 개 이상의 클래스에서 멤버 함수를 오버로딩해서 구현한다.

Rect와 Card 클래스에서 draw란 이름에 두 개의 서로 다른 함수 바디가 부과됨으로써 오버로딩됨으로써 다형성의 근간이 마련됐고, 더 나아가 draw 멤버 함수가 가상 함수로 선언됐으므로 다형성 기능이 구현된 것이다. 사각형 객체도 가리킬 수 있고 카드 객체도 가리킬 수 있는 c와 같은 변수를 다형 변수 polymorphic variable라고 부른다. 가상 함수를 언제 왜 사용해야 하는지와 다형성의 활용은 이 장의 응용 과제 2와 이어지는 과제들에서 계속 다룬다.

C++의 템플릿 함수와 템플릿 클래스도 같은 함수와 클래스로 서로 다른 타입의 데이터를 처리할 수 있는 다형성 기능을 제공한다. 객체지향 다형성과 템플릿 기능이 제공하는

다형성은 차이점이 있는데, 이 차이점은 객체지향 다형성의 개념이 명확해지는 이 장의 응용 과제 2에서 설명하기로 한다.

02 필수 문법

3장의 "2.14 표준 템플릿 라이브러리" 절에서 다룬 STL 알고리즘들은 함수 포인터, 함수 객체, 람다 표현식으로 생성한 람다 함수 중 하나를 조건자로 사용한다.

이 절에서는 함수 포인터와 함수 객체의 장점만을 수용한 람다 표현식과 그 활용을 자세하게 살펴보고 람다 표현식을 제네릭 람다 표현식으로 확장하는 방법도 설명한다.

C++ 프로그램을 구성하는 모듈들이 많아지면 물리적으로 나눠지는 파일들이 많아지므로 각 모듈의 정보를 담고 있는 헤더 파일들을 효율적으로 작성하고 관리하는 요령이 필요하다. 이 절에서 헤더 파일 작성의 가이드라인도 제시한다. C++20 표준은 헤더 파일을 사용하지 않고 모듈을 작성하는 module ☞ C++20 기능을 지원하는데, 이 장의 2.12절에서 module 기능을 소개한다.

또한, 실습 과제에서 사용한 Card 클래스의 인터페이스 정의를 [리스트 4.5]의 코드처럼 개선하고 Card 클래스를 콘솔 버전으로 변경한다. Card 클래스의 부모로 사용하는 Rect 클래스는 3장의 2절에서 개선된 Rect 클래스를 그대로 사용한다.

리스트 4.5 CardApplication(console) 프로젝트의 Card.h 파일

```
// Refined Card Class - console version
#pragma once
#include "Rect.h"
#include <memory>

class Card : public Rect
{
public:
  // 생성자 함수
  Card(int, int, int, int);
```

```
11   Card(int, int);
12   // 소멸자 함수
13   virtual ~Card();
14   // 연산
15 // virtual void draw(Application&);       // console version
16   void flip();
17   // 접근 함수
18   int getSuit() const;
19   int getRank() const;
20   bool getFaceUp() const;
21   // 변경 함수
22   void setSuit(int);
23   void setRank(int);
24   void setFaceUp(bool);
25   // 프렌드 함수
26   friend bool operator==(const Card&, const Card&);
27   // console version
28   friend std::ostream& operator<<(std::ostream&, const Card&);
29   // 정적 멤버
30   static int getCardWidth();
31   static int getCardHeight();
32   static const int CardWidth = 75;
33   static const int CardHeight = 100;
34 private:
35   // 멤버 변수
36   int suit;
37   int rank;
38   bool faceUp;
39 };
40
41 extern bool operator==(const Card&, const Card&);
42 // console version
43 extern std::ostream& operator<<(std::ostream&, const Card&);
44 typedef std::shared_ptr<Card> CardPtr;
```

Card 클래스를 콘솔 버전으로 변경하기 위해서 그래픽 관련 멤버 함수인 15행의 draw 멤버 함수의 선언을 주석 처리한다. Card.cpp 파일에서 draw 멤버 함수의 정의와 pclaf.h 헤더 파일을 포함하는 문장도 주석 처리한다. draw 멤버 함수를 주석 처리하는 대신 43행에 선언한 operator<< 연산자를 추가해서 콘솔 윈도우에 카드 객체를 직접 출력할 수 있게 한다. 03행에서 Rect.h 헤더 파일을 포함하므로 operator<< 연산자의 선언에서 사용하는 <iostream> 헤더 파일은 이미 포함됐다.

실습 과제의 Card.h 파일을 분석할 때 설명했듯이, 44행은 std::shared_ptr<Card> 타입명 대신 CardPtr의 단축명을 사용하기 위해서 typedef 문을 사용한 것이다. shared_prt 타입을 사용하기 위해서 04행처럼 <memory> 헤더 파일을 포함한다. 36~38행의 멤버 변수들에 34행처럼 private 속성을 지정한다. 17~24행의 접근 함수와 변경 함수들은 Card.cpp 파일에 다음 코드처럼 정의한다.

```
int Card::getSuit() const
{ return suit; }

int Card::getRank() const
{ return rank; }

bool Card::getFaceUp() const
{ return faceUp; }

void Card::setSuit(int k)
{ suit = k; }

void Card::setRank(int k)
{ rank = k; }

void Card::setFaceUp(bool k)
{ faceUp = k; }
```

[리스트 4.6]은 개선된 Card 클래스를 활용하고 실습 과제의 프로그램을 콘솔 버전으로 변경한 CardApp.cpp 파일의 코드이고 [그림 4.10]은 실행 결과를 보인 것이다.

리스트 4.6 CardApplication(console) 프로젝트의 CardApp.cpp 파일

```
#include "Card.h"

int main()
{
  Rect a{ 50, 100, 150, 200 };
  Card b{ 200, 100, 2, 7 };
  std::shared_ptr<Rect> c = std::make_shared<Card>(300, 100, 3, 5);
  cout << a << endl;
  cout << b << endl;
  cout << *c << endl;
  b.flip();
  cout << "after b flips" << endl;
```

```
13    cout << a << endl;
14    cout << b << endl;
15    cout << *c << endl;
16    cout << "after down casting c" << endl;
17    CardPtr k = std::static_pointer_cast<Card>(c);
18    k->flip();
19    cout << a << endl;
20    cout << b << endl;
21    cout << *k << endl;
22
23    return 0;
24 }
```

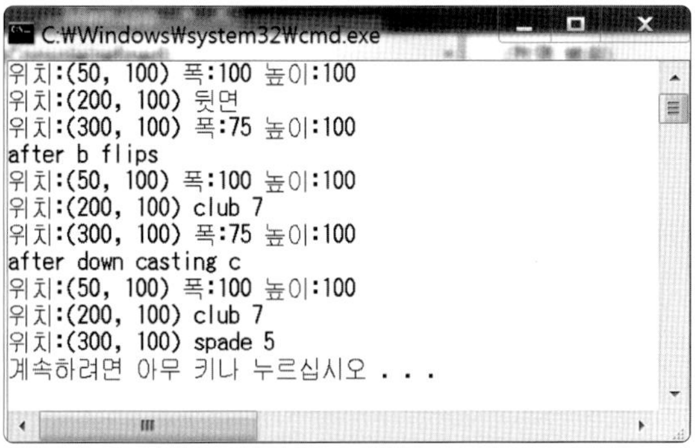

▲ 그림 4.10 ▷ 콘솔 버전의 Card 응용 프로그램

05행은 사각형 객체를 생성하고, 06행은 카드 객체를 생성한다. 07행은 카드 객체를 동적으로 생성해서 그 포인터를 Rect 클래스의 포인터 타입 변수 c에 저장한다. 08행에서 사용한 operator<< 연산자는 3장의 "2.7.1 이항 연산자 오버로딩" 절에서 설명한 사각형 객체를 콘솔 윈도우에 직접 출력하는 함수이다. 09행에서 사용한 operator<< 연산자는 이 장의 2.6절에서 설명할 카드 객체를 콘솔 윈도우에 직접 출력하는 함수이다. 이 함수는 [그림 4.10]에 보인 것처럼 카드가 앞면일 경우에 카드의 위치, 무늬, 숫자를 출력하고 뒷면일 경우에는 위치와 "뒷면" 문자열을 출력한다.

10행에서 c 변수가 가리키는 카드 객체를 출력하지만, c 변수가 Rect 클래스의 포인터 타입이므로 [그림 4.10]의 세 번째 행에 보인 것처럼 사각형을 출력하는 operator<< 연산자가 실행된다. 실습 과제는 Rect 클래스와 Card 클래스의 draw 멤버 함수를 오버로딩

하고 가상 함수로 지정했으므로 다형성 기능으로 c가 가리키는 카드 객체도 카드 이미지로 그려졌었다. 11행은 b 카드 객체를 뒤집고 13~15행은 세 객체를 다시 출력한다. [그림 4.10]에 보인 것처럼 b 카드 객체가 뒤집힌 것을 확인할 수 있다. 17행에서 Rect 클래스의 포인터 타입인 c 변수를 Card 클래스의 포인터 타입 변수인 k로 다운캐스팅한 후, 18행처럼 k가 가리키는 카드 객체를 뒤집는다. 21행에 의해서 k가 가리키는 카드 객체도 앞면인 상태로 출력된다.

이제, 실습 과제에서 다루지 않은 상속과 연관된 C++의 문법 요소들을 살펴보고 [리스트 4.5]에 보인 Card 클래스의 개선된 사항들을 차례대로 설명한다. 이 장의 2.6절까지는 [리스트 4.5]에 보인 개선된 사항들을 다루면서 [리스트 4.5]의 코드를 자주 언급하므로 [리스트 4.5]의 페이지를 살짝 접어 두어 쉽게 찾아볼 수 있게 하는 것도 좋은 생각인 것 같다.

2.1 protected 멤버

[리스트 4.7]의 코드는 Base 클래스에서 protected 접근자로 지정한 멤버 변수 x를 Derived 자식 클래스에서 사용하는 예이고 [그림 4.11]은 실행 결과를 보인 것이다.

리스트 4.7 Syntax1 프로젝트의 ProtectedMemberApp.cpp 파일

```
#include <iostream>
using std::cout; using std::endl;

class Base
{
protected:
  int x;
private:
  int y;
};

class Derived : public Base
{
public:
  void setX(int a)
```

```
16     { x = a; }
17     int getX() const
18     { return x; }
19 private:
20     int z;
21 };
22
23 int main()
24 {
25     Derived derivedObject;
26     derivedObject.setX(3);
27     cout << derivedObject.getX() << endl;
28
29     return 0;
30 }
```

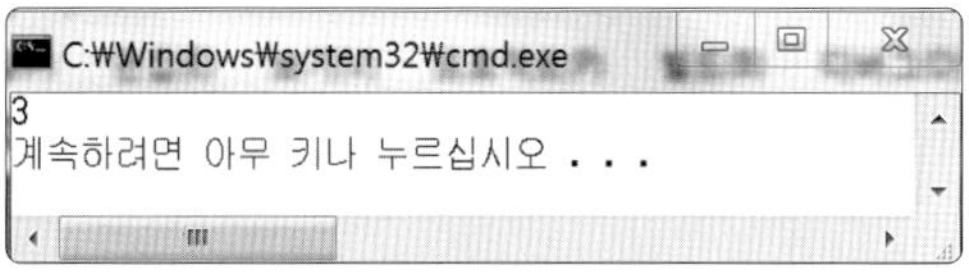

▲ 그림 4.11 ▷ protected 멤버의 활용

[리스트 4.7]에 보인 Base와 Derived 클래스는 모두 생성자의 정의가 없다. 생성자를 하나도 정의하지 않으면 3장의 "2.1 디폴트 생성자" 절에서 설명한 디폴트 생성자가 컴파일러에 의해 자동으로 제공된다. 디폴트 생성자는 파라미터를 사용하지 않고 아무런 기능도 수행하지 않는 함수이다. 디폴트 생성자가 제공되므로 25행처럼 derivedObject 객체를 Derived 클래스로부터 생성할 수 있다.

protected 멤버 변수나 함수는 외부에서 보면 private 속성으로 보이고 지금처럼 상속 관계의 자식 클래스에서 보면 public 속성으로 보인다. 다시 표현하면, protected 속성은 private 속성과 같으나 자식 클래스가 있으면 그 자식 클래스에게는 접근을 허용하는 속성이다.

26행처럼 derivedObject 객체의 setX 멤버 함수를 호출하면, setX 멤버 함수는 16행처럼 상속받은 x 멤버 변수에 3을 배정한다. x 멤버 변수는 Base 클래스에서 protected 속성으로 정의됐으므로 Derived 클래스로부터 생성된 derivedObject 객체의 setX 멤버 함수에서

16행처럼 접근해서 값을 변경할 수 있다. 따라서 개선된 Rect 클래스에서 protected 속성이 지정된 upperLeftX, upperLeftY, lowerRightX, lowerRightY 멤버 변수들은 결과적으로 [리스트 4.5]의 Card 클래스에 상속된 public 속성의 멤버 변수들인 셈이다.

2.2 세 가지 형태의 상속

C++는 public 상속, protected 상속, private 상속의 세 가지 형태의 상속을 지원한다. 부모 클래스의 멤버는 자식 클래스로 상속되면서 그 멤버에 지정된 접근 속성이 변경된다. 실습 과제에서 다뤘던 public 상속을 먼저 정리해 보자. [리스트 4.8]의 코드는 Base 클래스를 public 형태로 상속받는 Derived 클래스를 정의한 예이고 [그림 4.12]는 실행 결과를 보인 것이다.

리스트 4.8 Syntax2 프로젝트의 InheritanceApp.cpp 파일

```
#include <iostream>
using std::cout; using std::endl;

class Base
{
public:
  int x;
  int getZ() const
  { return z; }
protected:
  int w;
private:
  int z = 100;
};

class Derived : public Base
{
public:
  int y;
  void setW(int a)
  { w = a; }
};

```

```
24 int main()
25 {
26   Derived derivedObject;
27   cout << derivedObject.getZ() << endl;
28
29   return 0;
30 }
```

▲ 그림 4.12 ▷ public 상속

일반적으로는 16행처럼 부모 클래스명 앞에 public 키워드를 명시해서 public 상속을 사용한다. 상속 후, Derived 클래스 멤버들의 접근 속성은 [표 4.3]처럼 변경된다. 표에서 접근 불가란 상속은 받았지만, 클래스 내에서도 직접 접근이 허용되지 않는다는 의미이다. 따라서 접근 불가는 private 속성보다 강한 제한이라고 할 수 있다. 접근 불가 속성의 멤버 변수들은 08행의 getZ 멤버 함수처럼 public이나 protected 속성의 멤버 함수를 부모로부터 상속받아 27행처럼 이 함수를 통해서 접근할 수 있다.

▼ 표 4.3 ▷ public 상속

멤버	Derived에서의 접근 속성	설명
x	public	Base의 public 멤버 변수는 Derived의 public
getZ	public	Base의 public 멤버 함수는 Derived의 public
w	protected	Base의 protected 멤버는 Derived의 protected
z	접근 불가	Base의 private 멤버는 상속되나 Derived에서 접근 불가
y	public	Derived에 추가
setW	public	Derived에 추가

[표 4.4]는 [리스트 4.8]의 16행에서 public 대신 protected 키워드를 명시해서 protected 상속을 할 경우, Derived 클래스 멤버들의 접근 속성을 보인 것이다. protected

속성이 상한선이므로 Base 클래스의 public 멤버들은 상속되어 모두 protected 속성을 갖게 된다.

▼ 표 4.4 ▷ protected 상속

멤버	Derived에서의 접근 속성	설명
x	protected	Base의 public 멤버 변수는 Derived의 protected
getZ	protected	Base의 public 멤버 함수는 Derived의 protected
w	protected	Base의 protected 멤버는 Derived의 protected
z	접근 불가	Base의 private 멤버는 상속되나 Derived에서 접근 불가
y	public	Derived에 추가
setW	public	Derived에 추가

[표 4.5]는 [리스트 4.8]의 16행에서 public 대신 private 키워드를 명시해서 private 상속을 할 경우, Derived 클래스 멤버들의 접근 속성을 보인 것이다. private 속성이 상한선이므로 Base 클래스의 public과 protected 멤버들은 상속되어 모두 private 속성을 갖게 된다.

▼ 표 4.5 ▷ private 상속

멤버	Derived에서의 접근 속성	설명
x	private	Base의 public 멤버 변수는 Derived의 private
getZ	private	Base의 public 멤버 함수는 Derived의 private
w	private	Base의 protected 멤버는 Derived의 private
z	접근 불가	Base의 private 멤버는 상속되나 Derived에서 접근 불가
y	public	Derived에 추가
setW	public	Derived에 추가

[리스트 4.5]의 Card 클래스는 Rect 클래스를 public 형태로 상속받고 Rect 클래스에 private 속성의 멤버가 없으므로 Rect 클래스의 모든 멤버들은 Card 클래스에 상속되며 그 접근 속성도 유지된다. public 상속이 아닌 나머지 상속이 필요한 경우는 매우 드물다. protected이나 private 상속을 사용한다면 접근 속성이 변경되므로 주의가 필요하다.

멤버 함수의 정적 결합과 동적 결합 2.3

C++는 멤버 함수의 호출에 대해 해당 멤버 함수를 찾아 결합하는 방법을 두 가지 제공한다. 첫 번째 방법은 컴파일할 때 결합하는 컴파일시 결합 compile time binding이고 두 번째 방법은 컴파일이 끝난 후 실행할 때 결합하는 실행시 결합 run time binding이다. 컴파일시 결합을 정적 결합 static binding 또는 이른 결합 early binding이라 부르고 실행시 결합을 동적 결합 dynamic binding 또는 지연 결합 late binding이라고도 부른다.

문법상으로는, 멤버 함수를 선언할 때 멤버 함수명 앞에 virtual 키워드를 붙이지 않으면 컴파일시 결합 방법을 사용하고 virtual 키워드를 붙이면 실행시 결합 방법을 사용한다. virtual 키워드를 붙이지 않은 멤버 함수를 일반 함수라고 부르고 virtual 키워드를 붙인 멤버 함수를 가상 함수 virtual function라고 부른다. C는 함수 호출 대 해당 함수의 결합을 모두 컴파일시 결합하므로 실행시 결합이 새로울 수 있으나 가상 함수를 잘 활용하기 위해서는 이 두 가지 방법을 구분할 수 있어야 한다.

컴파일시 결합은 컴파일러가 수행한다. 컴파일러는 프로그램 문장을 일반적으로 한 문장씩 기계어로 번역하는 작업을 수행하는 프로그램이다. 실행시, 실행 시스템은 컴파일러가 결합해 준 대로 결정된 멤버 함수를 실행하기만 하면 된다. [그림 4.13]은 컴파일시 결합 방법의 멤버 함수의 호출 대 멤버 함수의 결합 과정을 일반화해서 보인 것이다.

[그림 4.13]에서 A, B, C, D, E 클래스 간의 상속 관계는 그림에 보인 것과 같고 각 클래스는 디폴트 생성자와 그림에 표시한 멤버 함수들을 가진다.

그림에서 ①은 D 클래스로부터 생성된 d1 객체에 y 멤버 함수를 호출하는 멤버 함수 호출문의 처리 과정이다. 컴파일러는 d1 객체를 생성한 D 클래스 타입에 주목한다. D 클래스로부터 클래스 계층구조를 따라 올라가면서 y 멤버 함수명과 일치하는 첫 번째 y 멤버 함수를 찾는다. A 클래스에서 y를 찾게 되고 A::y를 호출문의 y 멤버 함수와 결합한다. 결국, y 멤버 함수를 D 클래스가 상속받은 효과를 낸다.

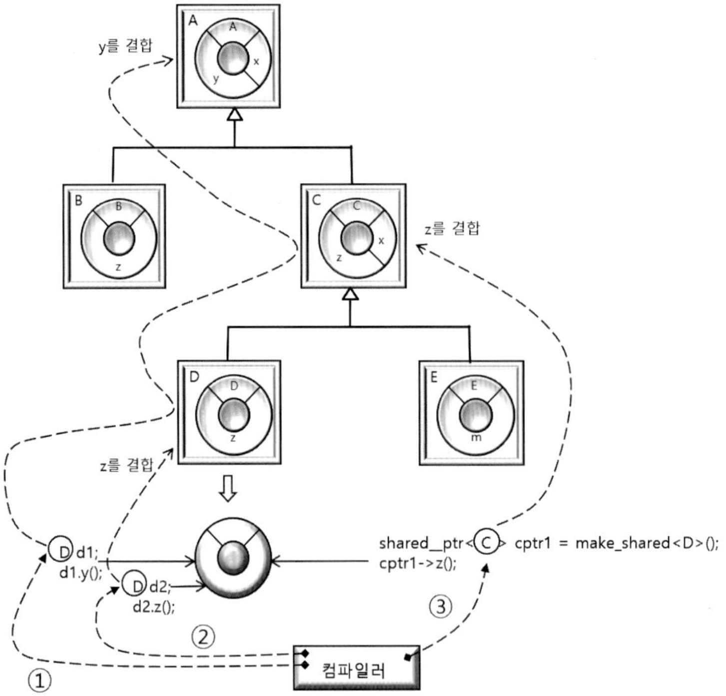

▲ 그림 4.13 ▷ 컴파일시 멤버 함수의 호출 대 해당 멤버 함수의 결합

②는 D 클래스로부터 생성된 d2 객체에 z 멤버 함수를 호출하는 멤버 함수 호출문의 처리 과정이다. 컴파일러는 d2 객체를 생성한 D 클래스에서 바로 z 멤버 함수를 찾게 되므로 D::z를 호출문의 z 멤버 함수와 결합한다. D 클래스에서 z 멤버 함수를 재정의했으므로 C::z 멤버 함수를 상속받지 않는 효과를 낸다.

③은 C 클래스 타입의 스마트 포인터 변수인 cptr1이 동적으로 생성된 D 클래스의 객체를 가리키는 경우이다. 이 경우, 컴파일러는 cptr1의 타입에 주목해서 C 클래스로부터 z 멤버 함수를 찾는다. C 클래스에서 z 멤버 함수를 바로 찾게 되고 C::z를 호출문의 z 멤버 함수와 결합한다.

실행시 결합은 실행 시스템이 수행한다. 가상 함수에 대한 멤버 함수 호출문은 컴파일러가 멤버 함수명 대 해당 멤버 함수의 결합을 실행 시스템에 위임한다. [그림 4.14]는 실행시 결합 방법의 멤버 함수의 호출 대 해당 멤버 함수의 결합 과정을 일반화해서 보인 것이다. A::y와 C::z 멤버 함수에 virtual 키워드를 붙여 가상 함수로 선언한 것에 주의한다.

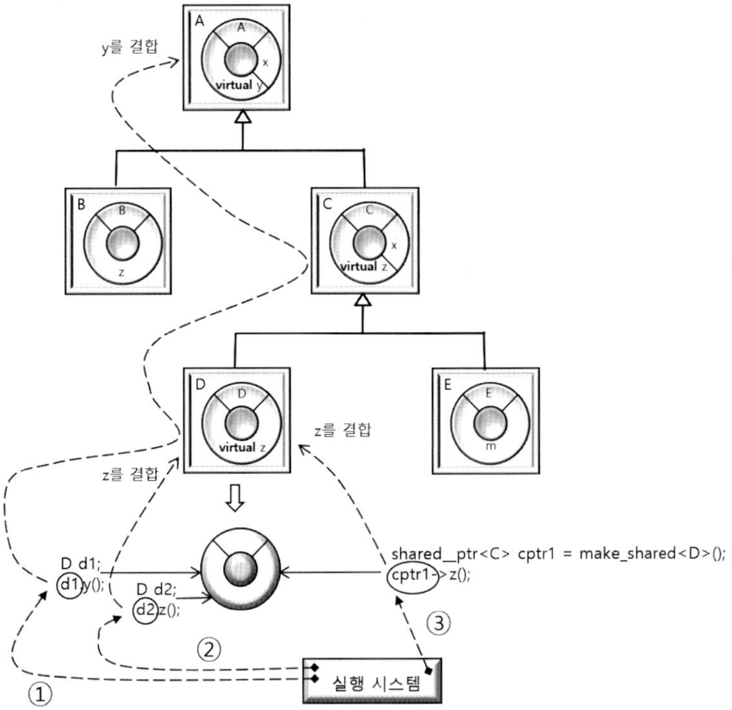

▲ 그림 4.14 ▷ 실행시 멤버 함수 호출 대 해당 멤버 함수의 결합

[그림 4.14]에서 ①은 D 클래스로부터 생성된 d1 객체에 y 멤버 함수를 호출하는 멤버 함수 호출문의 처리 과정이다. 실행 시스템은 호출받은 객체인 d1에 주목한다. d1 객체를 생성한 클래스가 D 클래스이므로 D 클래스로부터 클래스 계층구조를 따라 올라가면서 y 멤버 함수명과 일치하는 첫 번째 y 멤버 함수를 찾는다. A 클래스에서 y를 찾게 되고 A::y를 호출문의 y 멤버 함수와 결합한 후 바로 실행한다. 결국, y 멤버 함수를 D 클래스가 상속 받은 효과는 컴파일시 결합과 마찬가지이다.

②는 D 클래스로부터 생성된 d2 객체에 z 멤버 함수를 호출하는 멤버 함수 호출문의 처리 과정이다. 실행 시스템은 D 클래스에서 바로 z 멤버 함수를 찾게 되므로 D::z를 호출문의 z 멤버 함수와 결합한 후 바로 실행한다. D 클래스에서 z 멤버 함수를 재정의 했으므로 C::z 멤버 함수를 상속받지 않는 효과는 컴파일시 결합과 마찬가지이다.

③은 C 클래스 타입의 스마트 포인터 변수인 cptr1이 동적으로 생성된 D 클래스의 객체를 가리키는 경우다. 이 경우, 실행 시스템은 cptr1의 타입이 아닌 cptr1이 가리키는

객체에 주목한다. 이 객체는 D 클래스로부터 생성된 객체이다. 따라서 D 클래스로부터 z 멤버 함수를 찾는다. D 클래스에서 z 멤버 함수를 바로 찾게 되고 D::z를 호출문의 z 멤버 함수와 결합한 후 바로 실행한다. ①과 ②의 과정은 컴파일시 결합과 같은 결과이고 ③의 과정은 컴파일시 결합과 다른 결과를 낸다.

[리스트 4.9]는 [그림 4.14]에 보인 클래스 계층구조를 코드로 옮겨 테스트한 것이고 [그림 4.15]는 실행 결과를 보인 것이다.

리스트 4.9 Syntax3 프로젝트의 DynamicBindingApp.cpp 파일

```
#include <iostream>
#include <memory>
using std::cout; using std::endl;
using std::shared_ptr;
using std::make_shared;
using std::static_pointer_cast;

class A {
public:
  void x() {
    cout << “A::x” << endl;
  }
  virtual void y() {
    cout << “A::y” << endl;
  }
};

class B : public A {
public:
  void z() {
    cout << “B::z” << endl;
  }
};

class C : public A {
public:
  void x() {
    cout << “C::x” << endl;
  }
  virtual void z() {
    cout << “C::z” << endl;
  }
};
```

```
34
35 class D : public C {
36 public:
37   virtual void z() {
38     cout << "D::z" << endl;
39   }
40 };
41
42 class E : public C {
43 public:
44   void m() {
45     cout << "E::m" << endl;
46   }
47 };
48
49 int main()
50 {
51   D d1;
52   d1.y();
53   D d2;
54   d2.z();
55   // 업캐스팅(D->C) - 포인터와 레퍼런스: OK
56   shared_ptr<C> cptr1 = make_shared<D>();
57   cptr1->z();
58   C& cref = d1;
59   cref.z();
60   // 업캐스팅(D->C) - 일반 변수: 슬라이싱 발생
61   C c1 = d1;
62   c1.z();
63   // 다운캐스팅(C->D) - 포인터와 레퍼런스: C::z 호출
64   shared_ptr<C> cptr2 = make_shared<C>();
65   shared_ptr<D> dptr = static_pointer_cast<D>(cptr2);
66   dptr->z();
67   // 다운캐스팅(C->D) - 일반 변수: 컴파일 오류 발생
68   C c2;
69 // d2 = static_cast<D>(c2);
70
71   return 0;
72 }
```

51~57행은 [그림 4.14]에 보인 ①, ②, ③의 과정을 테스트한 것으로서 분석한 대로 세 개의 출력 결과를 [그림 4.15]처럼 얻는다.

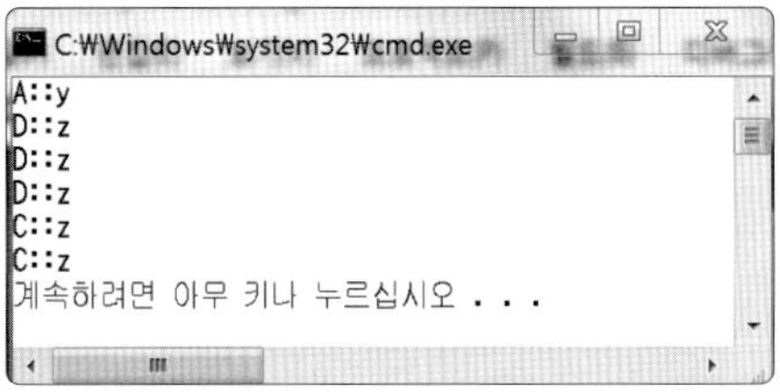

▲ 그림 4.15 ▷ 가상 함수의 활용

56행에서 C 타입의 포인터 변수인 cptr1은 D 객체의 포인터를 저장하므로 cptr1은 D 클래스 타입에서 C 클래스 타입으로 업캐스팅된 변수이다. 58행은 D 타입의 객체인 d1의 레퍼런스를 C 타입의 레퍼런스인 cref로 정의하므로 cref는 역시 업캐스팅된 레퍼런스이다. 업캐스팅 변환은 컴파일러에 의해 자동으로 수행된다. 레퍼런스도 C++ 내부에서 포인터로 구현되므로 59행처럼 z 멤버 함수를 호출하면 포인터의 경우와 같은 결과가 출력된다.

61행은 C 클래스 타입의 변수 c1을 정의하면서 D 클래스 타입의 객체인 d1을 직접 배정해서 업캐스팅한 경우이다. D 클래스가 C 클래스의 자식이므로 D 객체는 C 객체에 비해서 메모리 영역을 조금 더 차지한다. C 타입의 포인터나 레퍼런스로 D 객체를 가리키고 있을 때는 D 객체가 차지하고 있는 메모리 공간의 크기가 변하지 않지만 객체를 직접 업캐스팅하면 메모리 공간의 크기가 D에서 C로 작아지면서 D에 추가한 멤버들이 없어진다. 이러한 현상을 슬라이싱 slicing이라고 부른다. 따라서 62행처럼 z 멤버 함수를 호출하면 D::z가 아닌 C::z가 호출된다. 56행과 58행처럼 포인터나 레퍼런스를 업캐스팅한 경우에는 슬라이싱 문제가 발생하지 않는다.

64행은 C 객체를 생성해서 그 포인터를 C 클래스 포인터 변수인 cptr2에 저장한다. 다운캐스팅은 컴파일러가 자동으로 수행해 주지 않으므로 65행처럼 static_pointer_cast 함수를 사용해서 cptr2를 D 클래스 타입의 포인터 변수인 dptr로 다운캐스팅한다. 스마트 포인터의 타입 변환은 static_pointer_cast 함수를 사용하고 C 포인터의 타입 변한은 static_cast 함수를 사용한다.

포인터 변수끼리는 다운캐스팅이 가능하지만, C 객체가 D 객체로 변환된 것은 아니므로 66행처럼 dptr이 가리키는 객체의 z 멤버 함수를 호출하면 C::z 멤버 함수가 호출된다. 68행은 C 클래스의 객체 c2를 생성한다. 69행처럼 static_cast 함수를 이용해서 D 클래스의 객체인 d2에 c2 객체를 배정하면 C++가 객체 레벨의 다운캐스팅은 지원하지 않으므로 컴파일 오류가 발생한다.

이처럼, 다운캐스팅은 일반적으로 정상 동작이 보장되지 않기 때문에 사용하지 않는 것이 바람직하다. **다운캐스팅이 꼭 필요한 경우라면 static_cast나 static_pointer_cast 함수 대신 dynamic_cast나 dynamic_pointer_cast 함수를 사용한다. dynamic 버전의 변환 함수들은 객체에 저장된 정보를 이용해서 해당 캐스팅이 적합한지 실행시에 검사하고 문제가 있으면 캐스팅을 거부하거나 실행 오류를 발생시킨다.**

[리스트 4.10]의 코드는 실습 과제의 CardApp.cpp 파일에서 mouseDown과 paint 함수만 보인 것이다.

리스트 4.10 CardApplication 프로젝트의 CardApp.cpp 파일(일부)

```
01 void CardApp::mouseDown(int x, int y)
02 {
03   if (b.includes(x, y))
04     b.flip();
05   clearAndUpdate();
06 }
07
08 void CardApp::paint()
09 {
10   a.draw(*this);
11   b.draw(*this);
12   c->draw(*this);
13 }
```

03행과 04행에서 includes와 flip 함수가 일반 함수이므로 includes와 flip 멤버 함수 호출에 대한 멤버 함수의 결합은 컴파일러가 수행한다. 10~12행에서는 Rect::draw 함수가 가상 함수 따라서 Card::draw도 자동으로 가상 함수이므로 draw 멤버 함수 호출에 대한 멤버 함수의 결합은 실행 시스템이 수행한다.

컴파일러는 03행의 문장을 만나면 멤버 함수명 includes에 해당하는 멤버 함수를 찾기 시작한다. 컴파일러는 호출을 받은 b 객체의 타입에 주목한다. b가 Card 클래스 타입이므로 [그림 4.9]의 Card 클래스에 가서 includes 멤버 함수와 같은 이름의 멤버 함수가 존재하는지 조사한다. Card 클래스에는 includes라는 멤버 함수가 없다. 컴파일러는 Card 클래스의 부모가 있는지 본다. Rect 클래스가 부모이므로 이번에는 Rect 클래스에 가서 includes 멤버 함수를 찾는다. Rect 클래스에 includes 멤버 함수가 존재하므로 이 함수를 호출문의 includes 멤버 함수에 결합할 멤버 함수로 결정한다.

이처럼, 부모 자식 클래스 간의 상속은 부모의 멤버 변수와 함수들에 대한 코드가 물리적으로 자식에게 복제되는 것이 아니라 클래스 계층구조를 따라 올라가면서 첫 번째 만나는 멤버 함수를 사용함으로써 상속의 효과를 내는 것이다. 클래스 계층구조를 따라 올라가면서 첫 번째 만나는 멤버 함수를 사용함으로써 재정의에 의해 상속을 안 받는 효과도 낸다. 04행의 문장도 같은 방법으로 처리된다.

컴파일러는 10~12행의 호출문에 대해서는 draw 멤버 함수가 가상 함수이므로 결합 과정을 실행 시스템에 위임한다. 12행의 문장을 실행할 차례가 되면 실행 시스템은 이 draw 멤버 함수명에 결합할 멤버 함수가 [그림 4.9]에 보인 Rect::draw 멤버 함수인지 아니면 Card::draw 멤버 함수인지 판별하기 시작한다. 실행 시스템은 c의 타입이 아닌 c가 가리키는 실제 객체에 주목한다. c가 가리키는 Card 클래스의 객체가 호출을 받은 객체이므로 실행 시스템은 Card 클래스에 가서 draw 멤버 함수를 찾는다. Card 클래스에 draw 멤버 함수가 존재하므로 Card::draw 멤버 함수를 12행의 draw와 결합할 멤버 함수로 결정하고 바로 실행한다. 부모 클래스인 Rect에도 draw 멤버 함수가 존재하나 거기까지 가기 전에 첫 번째 만난 Card::draw 멤버 함수가 선택되므로 상속을 안 받는 효과를 얻게 된다.

같은 원리로 실행 시스템은 10행의 문장에 대해서 호출된 객체인 a에 주목한다. [그림 4.9]에서 a가 Rect 클래스의 객체이므로 Rect 클래스에 가서 draw 멤버 함수를 찾는다. Rect 클래스에 draw 멤버 함수가 존재하므로 Rect::draw 멤버 함수를 10행의 draw와 결합할 멤버 함수로 결정하고 바로 실행한다.

자바나 C#과 같은 객체지향 언어는 실행시 결합만을 지원한다. 따라서 virtual과 같은 키워드를 지원하지 않는다. 자바나 C# 프로그램에서 정의하는 멤버 함수들은 모두 가상 함수인 것이다. 원래 실행시 결합이 객체지향식의 멤버 함수 호출문의 처리 방법이다. 그러나 앞에서 설명했듯이, 실행시 결합은 멤버 함수 호출에 대한 해당 멤버 함수를 찾는 과정이 실행시에 이뤄지므로 그만큼 프로그램의 성능이 떨어진다.

C++는 C의 철학인 '빠른 프로그램의 작성'을 계승하므로 개발자가 이를 구분해서 필요시에만 실행시 결합을 사용하도록 하고 있다. 어떤 경우에 실행시 결합이 필요한지를 판단하는 능력은 C++ 개발자가 갖추어야 할 필수 조건이다. 이 장의 응용 과제 2는 실행시 결합이 꼭 필요한 경우를 다룬다.

그러나 CPU의 성능이 향상될수록 이러한 오버헤드는 무시할 수 있을 정도로 적어지므로 가상 함수의 필요성에 대한 논란이 있을 수 있다. 따라서 가장 편한 방법은 소멸자를 포함해서 멤버 함수마다 virtual 키워드를 붙여 모든 멤버 함수를 가상 함수로 정의하는 것이다. 생성자는 객체를 생성할 때 항상 특정 클래스를 지정하므로 가상 함수로 정의할 수도 없고 그럴 필요도 없다.

2.4 자식 클래스로부터 생성된 객체의 생성과 소멸

[리스트 4.5]에 보인 개선된 Card 클래스에서 10행의 생성자와 [리스트 3.5]에 보인 개선된 Rect 클래스에서 11행의 생성자의 연계된 실행 과정을 살펴보자. [그림 4.16]은 다음 코드의 실행 과정을 순서대로 보인 것이다. 그림에서 Rect 클래스로부터 상속받은 멤버 변수들을 모두 Card 클래스에 표시했다.

```
Card b(200, 100, 2, 7);
```

① b 객체가 메모리에 생성되어 멤버 변수들에 대한 메모리 공간이 할당된다.

② 자동으로 Card(int, int, int, int) 생성자가 실행된다.

③ 생성자 초기자에서 호출한 Rect(int, int, int, int) 생성자가 실행된다.

④ Rect 생성자의 생성자 초기자들이 실행되어 상속받은 upperLeftX, upperLeftY, lowerRightX, lowerRightY 멤버 변수들을 초기화한다.

⑤ Rect 생성자의 바디가 실행된다.

⑥ Card 생성자의 나머지 생성자 초기자들이 실행되어 suit, rank, faceUp 멤버 변수들을 초기화한다.

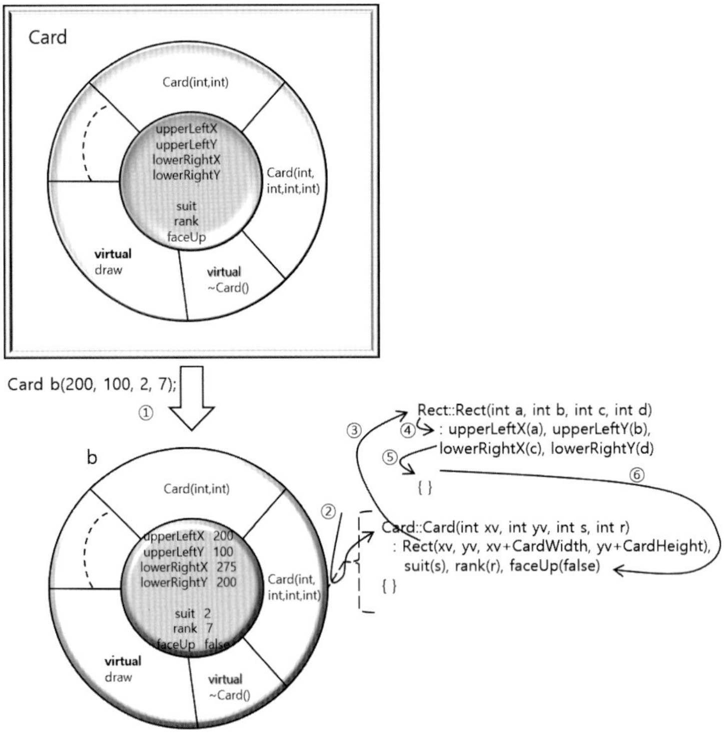

▲ 그림 4.16 ▷ Card b(200, 100, 2, 7); 문장에 의한 생성자들의 연계 과정

개선된 Card 클래스에서 11행의 생성자는 다음 코드처럼 카드의 무늬와 숫자만 파라미터로 전달받는다.

```
Card::Card(int s, int r)
  : suit(s), rank(r), faceUp(false)
{}
```

[그림 4.17]은 다음 코드의 실행 과정을 순서대로 보인 것이다.

```
Card c(1, 12);
```

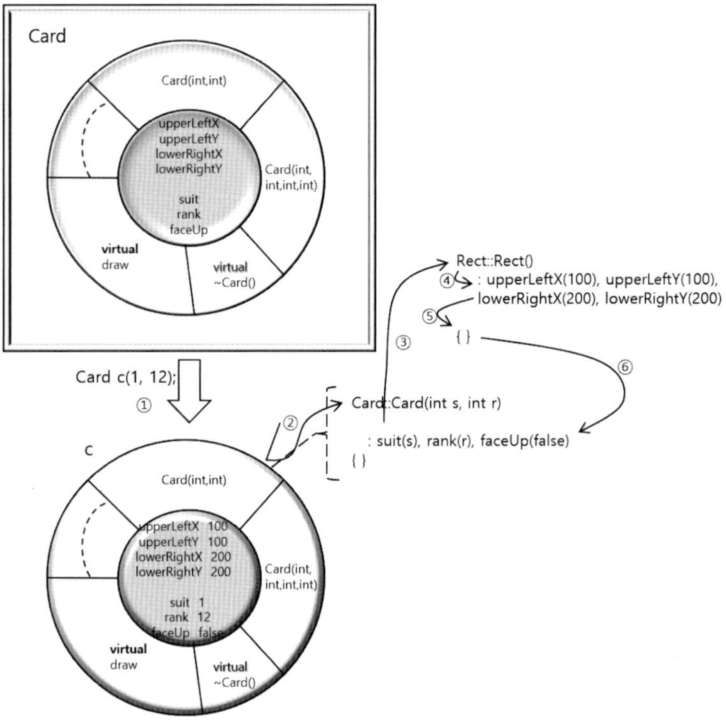

▲ 그림 4.17 ▷ Card c(1, 12); 문장에 의한 생성자들의 연계 과정

① c 객체가 메모리에 생성되어 멤버 변수들에 대한 메모리 공간이 할당된다.

② 자동으로 Card(int, int) 생성자가 실행된다.

③ 생성자 초기자에 Rect 클래스의 생성자 호출이 없으면 Rect 클래스의 디폴트 생성자가 호출된다. 따라서 Rect 클래스에는 디폴트 생성자가 정의돼 있어야 한다. Rect 디폴트 생성자가 실행된다.

④ Rect 디폴트 생성자의 생성자 초기자들이 실행되어 상속받은 upperLeftX, upperLeftY, lowerRightX, lowerRightY 멤버 변수들을 디폴트값으로 초기화한다.

⑤ Rect 생성자의 바디가 실행된다.

⑥ Card 생성자의 생성자 초기자들이 실행되어 suit, rank, faceUp 멤버 변수들을 초기화한다.

결론적으로, 부모 클래스의 생성자가 먼저 실행되고 자식 클래스의 생성자가 실행되는 과정을 거친다. 세 개 이상의 클래스들이 계층구조를 이룰 때도 계층구조 상의 제일 상위 클래스의 생성자부터 실행되어 제일 하위 클래스의 생성자 실행으로 이어진다.

객체의 소멸 과정은 생성 과정과 역순으로 진행된다. [리스트 4.5]의 개선된 Card 클래스에서 13행의 소멸자의 구현은 다음 코드처럼 빈 바디를 가진다. 소멸자가 중요한 역할을 하는 경우는 5장의 필수 문법 절에서 다룬다.

```
Card::~Card()
{}
```

[그림 4.18]은 다음 코드에 의해 동적으로 생성된 카드 객체를 가리키는 shared_ptr<Card> 타입의 변수 d가 더 이상 이 객체를 가리키지 않고 이 카드 객체를 가리키는 다른 포인터 변수도 없을 때 카드 객체가 자동으로 소멸되는 과정을 보인 것이다.

```
std::shared_ptr<Card> d = std::make_shared<Card>(200, 100, 2, 7);
```

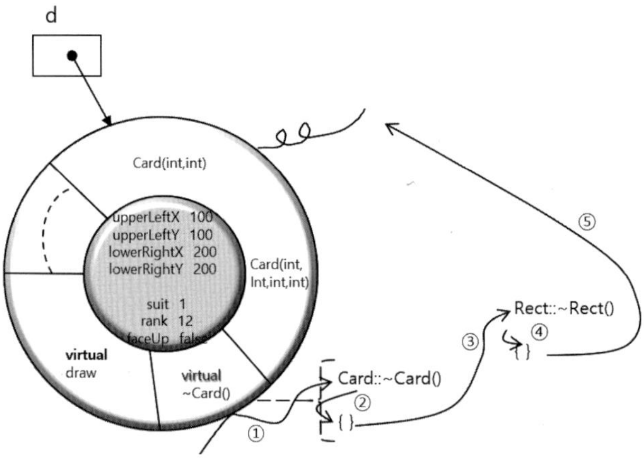

▲ 그림 4.18 ▷ 소멸자들의 연계 과정

① ~Card() 소멸자가 호출된다.

② ~Card() 소멸자의 바디가 실행된다.

③ 자동으로 부모 클래스의 소멸자인 ~Rect() 소멸자가 호출된다.

④ ~Rect() 소멸자의 바디가 실행된다.

⑤ d가 가리키는 카드 객체가 메모리로부터 삭제된다.

결론적으로, 자식 클래스의 소멸자가 먼저 실행되고 부모 클래스의 소멸자가 실행되는 과정을 거친다. 세 개 이상의 클래스들이 계층구조를 이룰 때도 계층구조 상의 제일 하위 클래스의 소멸자부터 실행되어 제일 상위 클래스의 소멸자 실행으로 이어진다.

다음 코드는 Card 객체를 동적으로 생성해서 그 포인터를 Rect 클래스 타입의 포인터 변수 d에 저장한다.

```
std::shared_ptr<Rect> d = std::make_shared<Card>(200, 100, 2, 7);
```

위 코드의 d가 더 이상 이 객체를 가리키지 않고 이 카드 객체를 가리키는 다른 포인터 변수도 없을 때 카드 객체가 자동으로 소멸된다. 카드 객체가 소멸되는 과정에서 Rect::~Rect 소멸자가 호출될 것인지 아니면 Card::~Card 소멸자가 호출될 것인지 생각해 보자. Card::~Card 소멸자가 가상 함수가 아니라면 컴파일러는 d 포인터 변수의 타입인 Rect 클래스에 주목해서 Rect::~Rect 소멸자를 결합한다.

Card::~Card 함수가 가상 함수라면 컴파일러가 아닌 실행 시스템이 d 포인터 변수가 가리키는 Card 클래스의 객체에 주목해서 Card::~Card 소멸자를 실행한 후, 이 소멸자의 호출에 의해 Rect::~Rect 소멸자가 호출된다. 지금의 경우, Card::~Card 소멸자가 수행하는 작업이 없으므로 결과는 마찬가지이나 자식 클래스의 객체도 메모리를 동적으로 할당해서 소유하는 멤버 변수를 가지고 있다면 소멸자를 가상 함수로 선언해서 이 멤버 변수가 가리키는 메모리 공간을 먼저 환원해야 한다.

Card 응용 프로그램인 경우, Rect 클래스의 소멸자를 가상 함수로 선언했으므로 Card 클래스의 소멸자도 자동으로 가상 함수이다. 일반적으로, 클래스 계층구조에서 최상위 클래스의 소멸자를 항상 가상 소멸자 virtual destructor로 지정하는 것이 모든 경우에 대비해서 바람직하다. 컴파일러가 자동으로 생성하는 디폴트 소멸자는 가상 소멸자가 아니므로 항상 소멸자를 명시적으로 정의해서 가상 소멸자로 선언하는 것이 필요하다.

2.5 정적 멤버 함수

실습 과제에서, 52개의 카드 객체들에 공통인 카드의 폭과 높이를 [리스트 4.5]의 32행과 33행처럼 정적 멤버 상수로 정의했다. [리스트 4.5]에 보인 개선된 Card 클래스에서 30행과 31행의 멤버 함수를 정적 멤버 함수 static virtual function라고 하는데, 그 구현은 다음 코드와 같고 [그림 4.19]는 이 두 함수를 우리의 클래스와 객체 표기 방식으로 보인 것이다. 그림에서 정적 멤버 함수는 정적 멤버 변수나 상수처럼 클래스 원판에 표기했다.

```
int Card::getCardWidth()
{ return CardWidth; }

int Card::getCardHeight()
{ return CardHeight; }
```

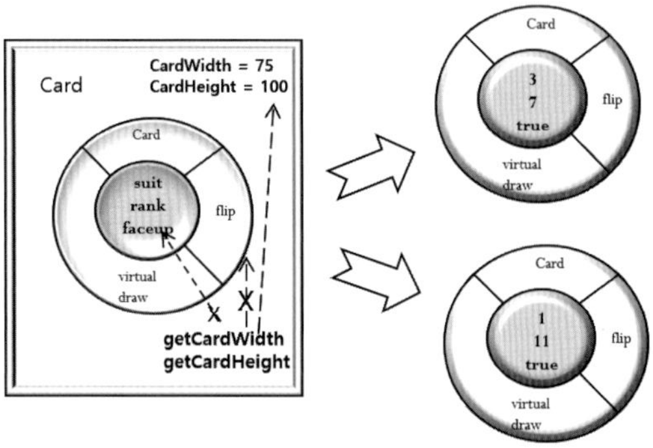

▲ 그림 4.19 ▷ 정적 멤버 상수와 정적 멤버 함수

Card.cpp 파일에 정의한 getCardWidth와 getCardHeight 함수는 위 코드처럼 단지 정적 멤버 상수를 반환하는 함수이다. 정적 멤버 함수의 구현에는 static 키워드를 붙이지 않는다. 정적 멤버 함수는 정적 멤버 변수나 상수 파라미터가 있다면 그 파라미터 그리고 다른 정적 멤버 함수에만 접근할 수 있고, 일반 멤버 변수나 멤버 함수에는 접근할 수 없다. 따라서 [그림 4.19]에 그림에 보인 것처럼 getCardWidth나 getCardHeight 정적 멤버 함수는 CardWidth나 CardHeight 정적 멤버 상수는 사용할 수 있지만, suit, rank, faceUp 멤버 변수나 flip, draw 멤버 함수는 사용할 수 없다.

정적 멤버 함수는 함수가 논리적으로 클래스에 속하며 그 클래스로부터 생성된 객체가 없어도 모든 객체에 공통인 정적 멤버 변수의 값을 조작하는 함수가 필요한 경우에 사용한다. C++의 자기 참조 포인터 변수인 this는 객체를 가리키는 포인터 변수이므로 정적 멤버 함수는 this 변수를 사용할 수 없다.

정적 멤버 함수의 호출은 [리스트 4.11]에 보인 것처럼 클래스명과 함께 범위 지정 연산자를 06행처럼 사용하거나 Card 클래스로부터 생성된 객체가 존재한다면 07행처럼 b 객체의 멤버 함수를 호출하는 형식으로 사용할 수도 있다. [그림 4.20]은 실행 결과를 보인 것이다.

리스트 4.11 Syntax5 프로젝트의 StaticMemberApp.cpp 파일

```
01 #include "Card.h"
02
03 int main()
04 {
05   Card b{ 200, 100, 2, 7 };
06   cout << Card::getCardWidth() << endl;
07   cout << b.getCardHeight() << endl;
08
09   return 0;
10 }
```

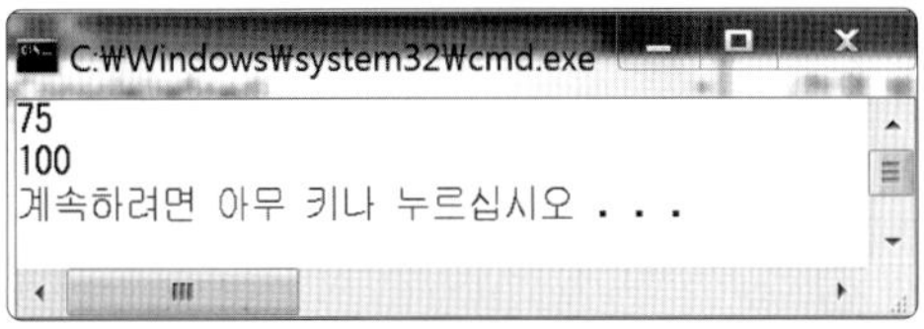

▲ 그림 4.20 ▷ 정적 멤버의 활용

컴파일러는 07행에서 멤버 함수를 호출받는 b 객체를 해당 클래스를 찾는 용도로만 사용한다. 정적 멤버 변수와 정적 멤버 함수는 일반적으로 동일 클래스로부터 생성된 객체들이 서로 대화하거나 그들의 행동을 조정할 때 유용하게 활용된다.

2.6 friend 함수

private 접근자로 지정한 멤버 변수는 외부 접근이 허용되지 않는다. 그러나 [리스트 4.5]에 보인 개선된 Card 클래스에서 26행과 28행처럼 friend 선언을 통해서 private 접근자로 지정된 suit, rank, faceUp 멤버 변수들의 직접 접근을 operator== 연산자와 operator<< 연산자에게 허용할 수 있다. 이 두 연산자는 멤버 함수로 선언된 것처럼 보이나 전역 함수로 정의된다. friend 선언은 이 전역 함수에게 친구의 권한을 준다는 선언일뿐이다. 3장의 "2.7.1 이항 연산자의 오버로딩" 절에서 설명했듯이, operator== 연산자는 멤버 함수나 전역 함수로 구현할 수 있지만, 카드 객체를 출력하는 operator<< 연산자는 전역 함수로만 구현할 수 있다.

26행의 friend 선언은 operator== 연산자에게 친구의 권한을 주어 이 클래스로부터 생성된 객체의 private 멤버 변수들에 대한 직접 접근을 허용한다는 선언이다. 다음은 Card.cpp 파일에 전역 함수로 구현한 operator== 연산자의 코드이다.

```
bool operator==(const Card& left, const Card& right)
{
  if (left.suit == right.suit)
    if (left.rank == right.rank)
      return true;
  return false;
}
```

위 코드의 operator== 연산자는 상수 레퍼런스 호출 방식으로 전달받은 left와 right 객체의 private 멤버 변수인 suit에 직접 접근해서 값을 비교한다. 두 카드의 suit와 rank의 값이 같으면 같은 카드이므로 true를 반환한다. 그 외의 경우는 모두 false를 반환한다. 두 카드 객체의 위치는 상관없는 것으로 하자.

다음은 전역 함수로 구현한 operator<< 연산자의 코드이다.

```
std::ostream& operator<<(std::ostream& os, const Card& c)
{
  os << "위치:(" << c.getUpperLeftX() << ", "
     << c.getUpperLeftY() << ")";
```

```
    if (c.faceUp) {
      if (c.suit == 1) os << “ heart ”;
      else if (c.suit == 2) os << “ club ”;
      else if (c.suit == 3) os << “ spade ”;
      else if (c.suit == 4) os << “ diamond ”;
      if (c.rank == 1) os << “ace”;
      else if (c.rank == 11) os << “jack”;
      else if (c.rank == 12) os << “queen”;
      else if (c.rank == 13) os << “king”;
      else os << c.rank;
    }
    else {
      os << “ 뒷면”;
    }
    return os;
  }
```

위 코드에서 operator<< 연산자는 출력할 Card 객체를 상수 레퍼런스로 전달받는다. Rect 클래스로부터 상속받은 왼쪽 위 꼭짓점은 Card 객체의 소유이므로 operator<< 연산자는 이 멤버 변수들에 직접 접근할 수 있지만, 세 번째 행처럼 접근 함수를 사용해서 카드의 왼쪽 위 꼭짓점을 출력해 보자. 다섯 번째 행의 if 문에서 카드가 앞면이면 suit와 rank 멤버 변수가 private 속성이지만 직접 접근해서 해당 문자열을 출력한다. 카드가 뒷면이면 “ 뒷면” 문자열을 출력한다.

[리스트 4.12]의 코드는 operator==와 operator<< 연산자를 활용한 예이고 [그림 4.21]은 실행 결과를 보인 것이다.

리스트 4.12 Syntax6 프로젝트의 FriendFunctionApp.cpp 파일

```
#include “Card.h”

int main()
{
  Card m(100, 100, 3, 8);
  Card n(200, 200, 3, 8);
  m.flip(); n.flip();
  cout << “m = “ << m << endl;
  cout << “n = “ << n << endl;
  if (m == n)
    cout << “m and n are equal.” << endl;
```

```
12   else
13     cout << "m and n are not equal." << endl;
14
15   return 0;
16 }
```

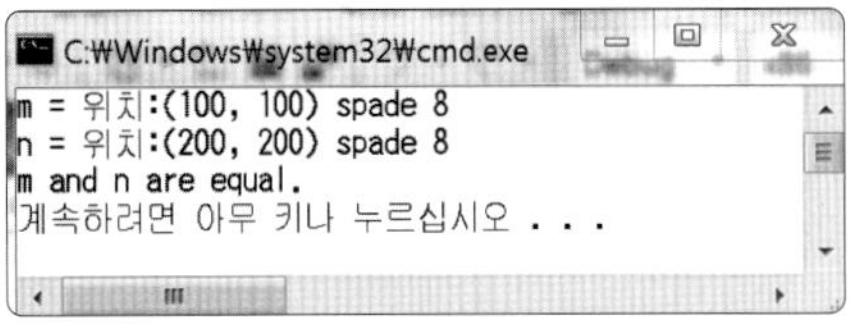

△ 그림 4.21 ▷ friend 함수의 활용

[리스트4.12]에서 05행과 06행은 두 개의 같은 카드 객체들을 생성한다. 07행처럼 두 카드 객체를 앞면인 상태고 변경하고 10행처럼 두 카드 객체를 비교한다. 두 카드 객체의 위치는 달라도 무늬와 숫자가 같으므로 11행이 실행된 것을 [그림 4.21]처럼 확인할 수 있다.

friend 선언은 함수뿐 아니라 클래스에도 적용할 수 있다. 클래스에 적용하면 그 클래스에게 자신의 private 멤버들을 모두 공개한다는 의미이다. friend 함수는 편리하고 함수 실행의 효율성도 얻을 수 있지만, 객체지향 기술의 캡슐화를 어기게 되므로 꼭 필요한 경우가 아니면 사용을 자제하는 것이 좋다.

** 2.7 레퍼런스 멤버 변수

레퍼런스도 클래스의 멤버 변수로 사용할 수 있다. [리스트 4.13]의 코드는 실습 과제의 CardApp.h 파일에 정의된 CardApp 클래스의 멤버 변수들을 레퍼런스 멤버 변수들로 수정한 코드이다.

리스트 4.13 Syntax7 프로젝트의 ReferenceMemberApp.h 파일

```
01 #pragma once
02 #include "pclaf.h"
03 #include "Card.h"
04
05 class CardApp : public Application
06 {
07 public:
08   // 생성자는 한 개만
09   CardApp(TCHAR*, Rect&, Card&, std::shared_ptr<Rect>&);
10   void mouseDown(int, int);
11   void paint();
12   // data fields
13   Rect& aRef;
14   Card& bRef;
15   std::shared_ptr<Rect>& cRef;
16 };
```

실습 과제의 CardApp.h 파일은 13~15행에서 멤버 변수 객체들을 직접 생성해서 초기화했지만, 이 코드에서는 레퍼런스들을 사용한다. 레퍼런스는 정의와 동시에 일반 변수로 초기화해야 하지만 지금처럼 클래스의 멤버 변수로 사용하면 09행의 생성자에서 초기화할 수 있다. 실습 과제의 CardApp.h 파일의 코드는 두 개의 생성자를 사용하지만, 이 코드에서는 한 개만 사용하기로 하자.

[리스트 4.14]의 코드는 이 클래스를 구현하고 활용해서 실습 과제와 같게 동작시키는 코드이고 [그림 4.22]는 실행 결과를 보인 것이다.

리스트 4.14 Syntax7 프로젝트의 ReferenceMemberApp.cpp 파일

```
#include "ReferenceMemberApp.h"

CardApp::CardApp(TCHAR* apName, Rect& rect,
                 Card& card, std::shared_ptr<Rect>& ptr)
       : Application(apName), aRef(rect), bRef(card), cRef(ptr)
{}

void CardApp::mouseDown(int x, int y)
{
  if (bRef.includes(x, y))
```

```
11     bRef.flip();
12   if (cRef->includes(x, y)) {
13     CardPtr k = std::static_pointer_cast<Card>(cRef);
14     k->flip();
15   }
16   clearAndUpdate();
17 }
18
19 void CardApp::paint()
20 {
21   aRef.draw(*this);
22   bRef.draw(*this);
23   cRef->draw(*this);
24 }
25
26 int mainLAF()
27 {
28   Rect a{ 50, 100, 150, 200 };
29   Card b{ 200, 100, 2, 7 };
30   std::shared_ptr<Rect> c = std::make_shared<Card>(300, 100, 3, 5);
31   CardApp theApp(TEXT("CARDS"), a, b, c);
32   theApp.run();
33
34   return 0;
35 }
```

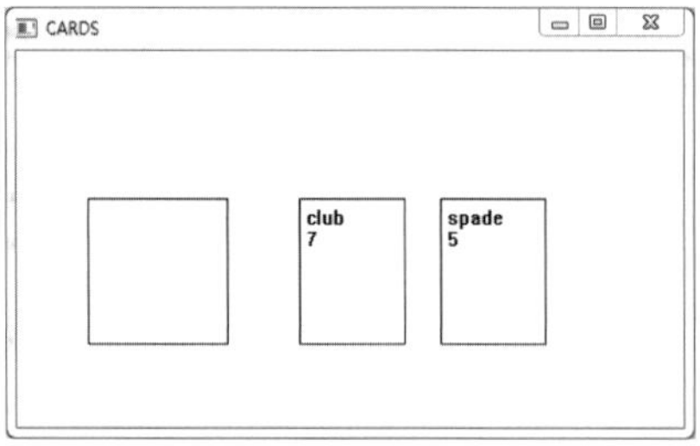

▲ 그림 4.22 ▷ 레퍼런스 멤버 변수의 활용

28~30행은 사각형 객체, 카드 객체, c 포인터 변수가 가리키는 카드 객체들을 생성하고 31행은 theApp 객체를 생성하면서 이 객체들을 03행의 생성자에게 레퍼런스 전달 방식으로 전달한다. 05행의 생성자 초기자는 레퍼런스 멤버 변수들을 전달된 객체들로 초기화

한다. 지금처럼 레퍼런스 멤버 변수의 초기화는 생성자 바디가 아닌 생성자 초기자에서 수행한다. mouseDown과 paint 함수의 코드는 레퍼런스 멤버 변수를 사용하므로 실습 과제의 코드와 거의 같다.

람다 표현식 ☞ C++11 2.8

람다 표현식 lambda expression을 한마디로 요약해서 정의하면, 사용할 현장에서 바로 정의해서 실행하는 일회용 무명 함수라고 정의할 수 있다. 컴파일러는 람다 표현식으로부터 3장의 "2.13 함수 객체" 절에서 다룬 함수 객체를 생성하는데, 이 둘을 구분하는 것이 무의미하므로 이 책에서는 람다 표현식과 이 함수 객체를 구분하지 않고 그냥 람다 또는 람다 함수라고 혼용해서 부른다. 람다는 컵라면과 같은 존재라고 할 수 있다. 일반적으로, 라면은 냄비에 조리한 후 그릇에 담아 먹지만, 컵라면은 냄비와 그릇의 역할을 함께 하는 일회용 용기를 사용한다. 이 비유는 아래에서 코드를 가지고 설명하기로 하자.

또한, 람다 함수는 자기가 속한 스코프 내의 지역 변수들을 파라미터로 전달받지 않고도 함수 내에서 사용할 수 있다. 람다의 기본 용도는 STL 알고리즘의 조건자로 사용하는 것이다.

일회용 무명 함수 2.8.1

우선, 사용할 현장에서 바로 정의해서 실행하는 일회용 무명 함수의 특징부터 [리스트 4.15]의 코드를 가지고 설명한다. 이 프로그램은 정수 벡터 내에서 첫 번째 홀수를 찾는 프로그램이다. 3장의 "2.14.4 find_if 알고리즘" 절에서 다룬 find_if 알고리즘을 사용하는데, 이 알고리즘의 조건자로 함수 객체와 람다 함수를 전달해서 비교한다. [그림 4.23]은 실행 결과를 보인 것이다.

리스트 4.15 Syntax8-1 프로젝트의 LambdaApp.cpp 파일

```
#include <iostream>
#include <vector>
#include <algorithm>
```

```
04 using namespace std;
05
06 class IsOdd {
07 public:
08   bool operator()(int i) {
09     return((i % 2) == 1);
10   }
11 };
12
13 int main() {
14   vector<int> intVector;
15   intVector.push_back(10);
16   intVector.push_back(32);
17   intVector.push_back(21);
18   intVector.push_back(26);
19   IsOdd isOdd;
20   // functor 사용
21   auto it = find_if(intVector.begin(), intVector.end(),isOdd);
22   cout << "Using functor, the first odd value: " << *it << endl;
23   // lambda 사용
24   auto it2 = find_if(intVector.begin(), intVector.end(), [](int i) {
25     return((i % 2) == 1);
26   });
27   cout << "Using lambda, the first odd value: " << *it2 << endl;
28
29   return 0;
30 }
```

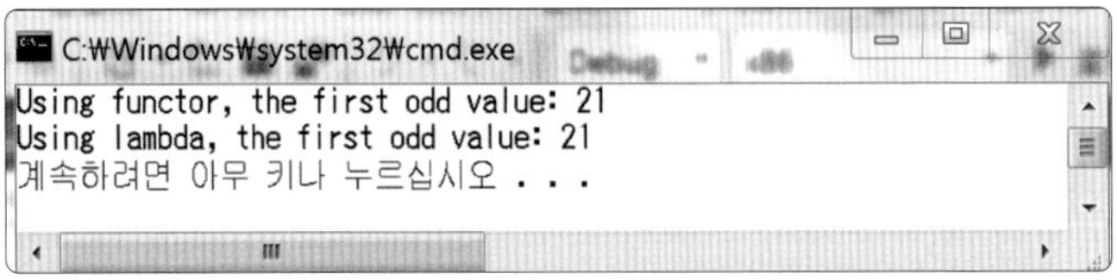

▲ 그림 4.23 ▷ 함수 객체와 람다 함수의 비교

06~11행은 함수 객체를 생성하는 IsOdd 클래스의 정의이다. 08행의 함수 호출 연산자는 정수를 파라미터로 전달받아 이 파라미터가 홀수이면 true를 반환하고 짝수이면 false를 반환한다. 14~18행은 정수 벡터를 정의하고 이 벡터에 네 개의 정수를 저장한다. 19행은 함수 객체 isOdd를 생성한다. 21행은 find_if 함수를 호출해서

첫 번째 홀수를 가리키는 반복자 포인터를 반환받는다. 22행은 이 반복자를 역참조해서 첫 번째 홀수를 출력한다.

일반적으로, 클래스는 여러 객체를 생성하기 위해서 정의하지만, IsOdd와 같이 함수 객체를 생성하기 위한 클래스는 한 개의 조건자를 생성하기 위한 일회용 용도일 경우가 많다. 또한, 클래스를 정의해서 함수 객체를 생성하면 클래스의 정의와 함수 객체의 사용 위치가 달라 대형 프로그램에서 코드 분석에 애를 먹는 요인이기도 하다.

24~26행은 find_if 함수를 호출하면서 람다 함수를 조건자로 전달하는 경우이다. 24~26행은 한 문장인데, 펼치면 다음 코드와 같고 굵게 표시한 부분이 람다 함수이다.

```
auto it2 = find_if(intVector.begin(), intVector.end(),
                   [](int i) { return((i % 2) == 1); });
```

이름이 없는 람다 함수는 []로 시작하며 일반 함수처럼 () 내의 파라미터 리스트를 통해서 값을 전달받는다. 또한, {} 부분은 일반 함수처럼 함수의 몸체이다. 람다 함수의 반환 타입은 컴파일러가 여러 상황을 유추해서 자동 지정한다. 함수 객체와 달리 클래스를 정의해서 객체를 생성할 필요 없이 STL 알고리즘의 조건자 위치에 사용될 현장에 람다를 정의해서 바로 사용한다. 클래스의 정의를 냄비에 라면을 조리하는 것에 비유하고 함수 객체를 생성해서 조건자로 사용하는 것을 라면을 그릇에 담아 먹는 것에 비유한다면 람다 함수를 냄비와 그릇의 역할을 동시에 하는 컵라면에 비유할 수 있을 것이다. 컴파일러는 물밑에서 이 람다로부터 함수 객체를 생성한다. [그림 4.23]에 보인 것처럼 람다 함수를 사용하는 코드와 함수 객체를 사용하는 코드는 같은 결과를 출력한다.

사실상, STL 알고리즘의 조건자 위치 외에도 프로그램 내에서 함수명이 올 수 있는 위치라면 람다를 사용할 수 있다. 람다의 속성은 일회용이지만 다음 코드처럼 람다를 변수에 저장하면 함수 포인터나 함수 객체의 호출과 같은 문법으로 람다 함수를 여러 번 호출하는 것도 가능하다.

```
auto func1 = [](int i) { return((i % 2) == 1); };
func1(43);              // 변수에 저장 후 호출
func1(52);
```

람다 함수의 정확한 타입을 모르더라도 위 코드처럼 auto 타입을 사용하면 변수의 정의와 이 변수를 람다 함수로 초기화하는 것이 가능하다. auto 타입을 매우 유용하게 사용한 예이다. 함수가 복잡해서 람다로는 가독성이 떨어진다면 함수 포인터나 함수 객체를 조건자로 사용하는 것이 좋다.

다음 코드는 람다 함수를 변수에 저장하지 않고 람다 함수를 정의와 동시에 호출하는 문장이다. 끝에 () 내의 43은 파라미터 i에 전달된다.

```
[](int i) { return((i % 2) == 1); }(43);    // 정의와 동시에 호출
```

위 코드에서 람다 함수의 반환 타입은 return 문이 true나 false를 반환하므로 컴파일러에 의해 bool 타입으로 지정된다. 다음 코드처럼 return 문이 없는 람다 함수의 반환 타입은 컴파일러에 의해 void 타입으로 지정된다.

```
[]() { cout << "Hello World!" << endl; }();
```

모든 람다는 반드시 []로 시작해야 하며 파라미터가 없을 때는 바로 뒤의 ()를 생략할 수 있다. 위 코드에서 끝의 ()는 람다 함수를 호출하는 역할을 하는데, 전달할 값이 없으면 빈 괄호를 명시한다. 다음 코드는 return 문을 여러 번 사용하는 람다 함수의 사용 예인데, 파라미터 리스트와 몸체 사이에 ->로 반환 타입을 컴파일러에게 지정한 경우이다.

```
cout << "this lambda returns " <<
  [](int x, int y) -> int {
    if(x > 5)
      return x + y:
    else if(y < 2)
      return x - y;
    else
      return x * y;
  }
  (4, 3) << endl;
```

위 코드는 한 문장인데, 첫 번째 행에서 두 번째 operator<< 연산자 다음에 람다를 사용했으므로 "this lambda returns " 문자열에 이어서 람다 함수가 반환하는 값이 출력된다.

람다 캡처 2.8.2

3장의 "2.13 함수 객체" 절에서 함수 객체를 다루면서 함수 객체는 객체이므로 상태 정보를 저장하는 멤버 변수를 가질 수 있다고 설명했다. 람다는 컴파일러에 의해 함수 객체로 구현되므로 람다도 상태 정보를 활용할 수 있다. 람다가 활용하는 상태 정보는 두 가지 방식으로 가능하다. 첫 번째 방식은 이번 절에서 살펴보고 두 번째 방식은 다음 절에서 살펴본다.

첫 번째 방식은 람다가 정의된 블록 내의 지역 변수를 활용하는 것 capturing the context이다. 다음 코드는 {}로 두 개의 스코프를 내포한 예이다.

```
{
  int intVal = 43;
  double dblVal = 3.14;
  {
    int k = 7;
    cout << intVal << ‘ ’ << dblVal << ‘ ’ << k << endl;
  }
}
```

위 코드에서 바깥 스코프에 정의한 intVal과 dblVal 변수는 안쪽 스코프 내에서도 인식되어 사용할 수 있다. 다음 코드는 람다를 사용해서 이와 비슷한 효과를 낸 예이다.

```
{
  int intVal = 43;
  double dblVal = 3.14;
  [intVal, dblVal]()
  {
    int k = 7;
    cout << intVal << ‘ ’ << dblVal << ‘ ’ << k << endl;
  } ();
}
```

위 코드에서 람다를 정의하면서 [] 내에 intVal과 dblVal 변수를 명시한 것은 바깥 스코프에 정의된 intVal과 dblVal 변수를 함수 스코프 내에서 활용하겠다는 선언이다. []를 캡처 클로저 capture closure라고 부르는데, [] 내의 캡처 리스트로 주변 변수들을 가져온다는 의미를 담고 있다.

이 두 변수를 잘 활용하면 함수 객체가 멤버 변수로 상태 정보를 저장하는 것과 같은 효과를 낼 수 있다. 이 두 변수는 람다가 ()로 전달받는 파라미터나 지역 변수 k와 구분된다. 파라미터와 지역 변수의 스코프는 함수 내이지만 캡처한 두 변수의 스코프는 함수를 싸고 있는 바깥 스코프까지이다. 이렇게 바깥 스코프의 변수를 함수 내에서 활용할 때 주의할 점은 [리스트 4.16]의 코드를 가지고 설명하기로 하자. [그림 4.24]는 실행 결과를 보인 것이다.

리스트 4.16 Syntax8-2 프로젝트의 LambdaApp.cpp 파일

```
#include <iostream>
using std::cout;
using std::endl;

int main()
{
  // capture by value
  int intVal = 43;
  auto lambdaFunc = [intVal]()
  { cout << "this lambda has copy of intVal: " << intVal << endl; };
  for (int i = 0; i < 3; ++i) {
    ++intVal;
    lambdaFunc();
  }
  // capture by reference
  intVal = 43;
  auto lambdaFunc2 = [&intVal]()
  { cout << "this lambda captures intVal by reference: " << intVal << endl; };
  for (int i = 0; i < 3; ++i) {
    ++intVal;
    lambdaFunc2();
  }
  intVal = 43;
  auto lambdaFunc3 = [&intVal]()
  { cout << "this lambda adds 10 to intVal" << endl; intVal += 10; };
  lambdaFunc3();
  cout << "intVal: " << intVal << endl;
  // another example
  int sum = 0;
  for (int i = 0; i < 3; ++i)
    [&sum](int x) { sum += x; cout << "sum: " << sum << endl; }(i);

  return 0;
}
```

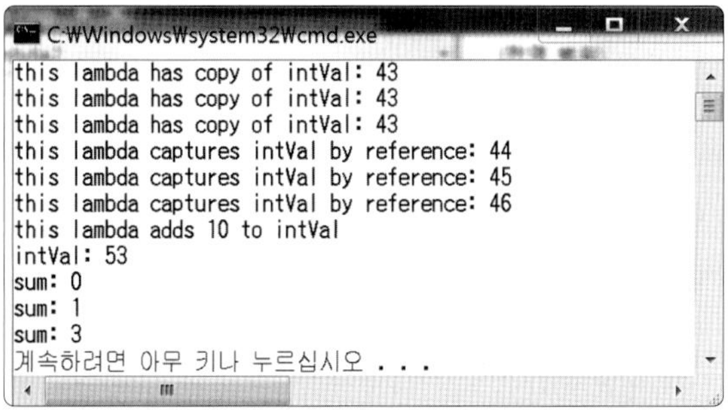

▲ 그림 4.24 ▷ 지역 변수를 활용하는 람다

08행은 43으로 초기화된 intVal 변수를 정의한다. 09행과 10행은 이 intVal 변수를 활용하는 람다 함수를 정의해서 lambdaFunc 변수에 저장한다. 이 람다 함수는 메시지와 함께 intVal의 값을 출력한다. 11~14행의 for 문은 intVal 변수의 값을 1씩 증가시키면서 람다 함수의 호출을 세 번 반복한다.

[그림 4.24]의 출력 결과를 보면, for 문에서 intVal의 값을 세 번 증가시킨 것과 무관하게 같은 43이 출력된 것을 확인할 수 있다. 이는 09행에서 람다가 정의될 때 람다 함수가 그때의 intVal의 값인 43을 캡처해서 사용하고 있기 때문이다. 따라서 '람다가 지역 변수를 활용한다'의 정확한 표현은 '람다가 생성될 때의 지역 변수의 값을 활용한다'가 된다. intVal의 값은 12행에서 증가하지만, 09행이 실행될 때 생성된 13행의 lambdaFunc는 생성될 때의 intVal의 값을 계속 사용한다는 의미이다.

16행은 intVal의 값을 다시 43으로 복원한다. 17행과 18행은 09행의 람다 함수와 똑같은 람다 함수를 정의하면서 이번에는 [] 내의 intVal 변수 앞에 &를 붙여서 intVal 변수의 레퍼런스를 캡처해서 활용한다. 이처럼 변수의 레퍼런스를 캡처하는 것을 레퍼런스 캡처 capture by reference라고 부른다.

이 람다 함수를 lambdaFunc2 변수에 저장하고 19~22행처럼 for 문을 실행하면 [그림 4.24]에 보인 것처럼 intVal의 값이 증가된 효과가 람다 함수의 실행에 반영된다. 람다가 intVal 변수의 레퍼런스를 저장하고 있으므로 함수가 실행될 때마다 intVal 변수를 찾게 되고 그때의 intVal 변수의 값이 사용된다. 23~27행처럼 변수의 레퍼런스를 캡처해서 활용하면 25행의 두 번째 문장처럼 intVal 변수의 값을 람다 함수 내에서 변경할 수도 있다.

람다로부터 생성한 함수 객체의 함수 호출 연산자는 const 멤버 함수로 정의되므로 변수를 레퍼런스로 캡처하지 않는 한, 함수 내에서 캡처한 변수의 값을 변경할 수 없다. 그러나 레퍼런스로 캡처하지 않은 경우에도 다음 코드처럼 mutable 키워드를 파라미터 리스트와 몸체 사이에 지정하면 함수 내에서 intVal 변수의 값을 변경할 수 있다. 그러나 바깥 intVal 변수의 값이 변경되지는 않는다.

```
auto lambdaFunc3 = [intVal]() mutable
  { cout << "this lambda adds 10 to intVal" << endl; intVal += 10; };
lambdaFunc3();
```

[리스트 4.16]에서 29~31행은 파라미터를 사용하는 람다 함수를 변수에 저장하지 않고 for 문에서 정의와 동시에 바로 실행하는 예이다. 이 함수는 sum 변수를 레퍼런스로 캡처해서 활용하고 파라미터로 제공되는 i의 값을 함수 내에서 x로 전달받아 sum 변수에 누적해서 출력한다.

람다의 지역 변수 활용은 다음과 같이 두 가지 축약 표현을 지원하지만 이러한 축약 방식을 사용하는 것보다는 캡처할 지역 변수들을 [리스트 4.16]의 코드처럼 명시적으로 지정해서 사용하는 것이 바람직하다.

[=] 스코프 내의 모든 지역 변수의 현재 값을 캡처
[&] 스코프 내의 모든 지역 변수의 레퍼런스를 캡처

람다 함수는 전역 변수, 정적 변수 static variable, 정적 멤버 변수와 구분, 객체의 멤버 변수는 캡처할 수 없다.

** 2.8.3 일반화된 람다 캡처와 제네릭 람다 ☞ C++14 | 템플릿 람다 ☞ C++20

람다가 상태 정보를 활용하는 첫 번째 방식은 앞 절에서 살펴봤다. 람다가 상태 정보를 활용하는 두 번째 방식은 [리스트 4.17]의 코드를 가지고 설명한다. [그림 4.25]는 이 프로그램을 실행한 결과를 보인 것이다.

리스트 4.17 Syntax8-3 프로젝트의 LambdaApp.cpp 파일

```
01 #include <iostream>
02 using std::cout;
03 using std::endl;
04
05 int main()
06 {
07   // generalized lambda capture
08   cout << "generalized lambda capture" << endl;
09   int x = 4;
10   auto lambda1 = [&r = x, x = x + 1, value = 2]() -> int {
11     r += value;
12     return x + value;
13   };
14   cout << "lambda1 returns " << lambda1() << endl;
15   cout << "x is " << x << endl;
16   // generic lambda
17   cout << "generic lambda" << endl;
18   auto lambda2 = [](auto a) { return a; };
19   int three = lambda2(3);
20   cout << "lambda2 returns " << three << endl;
21   char const* hello = lambda2("hello");
22   cout << "lambda2 returns " << hello << endl;
23
24   return 0;
25 }
```

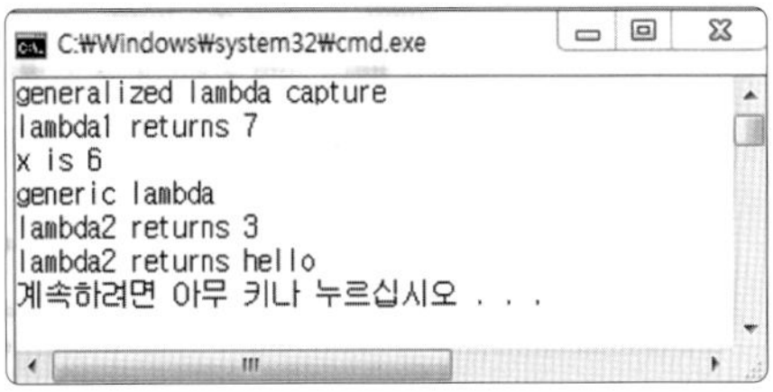

▲ 그림 4.25 ▷ 일반화된 람다 캡처와 제네릭 람다의 활용

람다는 바깥 스코프에 정의되지 않은 변수도 10행의 r이나 value 변수처럼 [] 내에 정의해서 활용할 수 있다. r은 09행에서 정의된 x 변수의 레퍼런스이고 value는 2로 초기화된 람다만의 멤버 변수이다. [] 내의 x는 바깥 스코프의 x 변수를 그때의 값으로 캡처해서 capture by value 1을 더한 표현식으로 초기화된다.

따라서 10행의 lambda1 함수는 컴파일러에 의해 함수 객체로 구현될 때 [그림 4.26]처럼 r, x, value의 멤버 변수들을 갖게 된다. r은 이 장의 "2.7 레퍼런스 멤버 변수" 절에서 설명한 레퍼런스 멤버 변수이다. 이처럼 [] 내에서 표현식을 사용해서 캡처하는 방식을 일반화된 람다 캡처 generalized lambda capture 또는 람다 캡처 표현식 lambda capture expression 이라고 부른다.

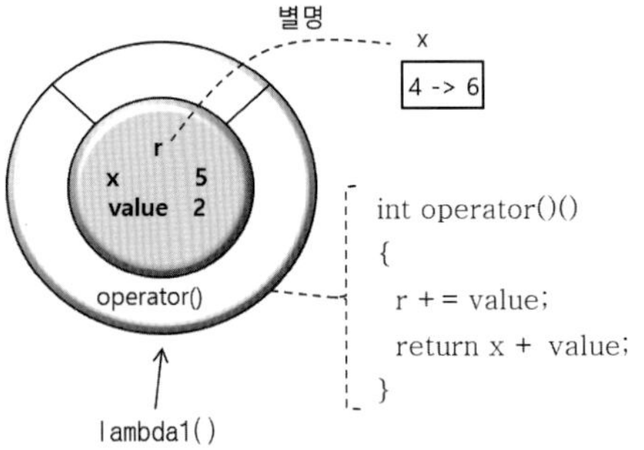

▲ 그림 4.26 ▷ 람다로 생성된 함수 객체

[리스트 4.17]의 14행에서 lambda1 함수를 호출하면 11행에서 r의 값이 변경되므로 [그림 4.26]에 보인 것처럼 09행에서 정의한 x의 값이 6이 된다. 12행에서는 5 + 2의 결과값인 7이 반환된다. r은 캡처된 레퍼런스이므로 11행처럼 배정문의 왼쪽에 위치하는 좌측값으로 바로 사용될 수 있지만, x와 value는 캡처된 const 멤버 변수이므로 배정문의 좌측값으로 사용하려면 10행에 mutable 키워드를 사용해서 mutable 람다로 정의해야 한다.

18행의 람다는 파라미터 a의 타입에 auto 타입을 사용해서 자동 변수로 지정한다. 따라서 19행이나 21행처럼 정수나 문자열을 전달하면서 lambda2 함수를 호출하면 컴파일러가 a 자동 변수의 타입을 유추해서 유추된 타입에 맞는 함수 객체를 생성한다. 이처럼 파라미터를 자동 변수로 지정한 람다를 제네릭 람다 generic lambda라고 부르는데, 컴파일러는 18행의 람다를 다음 코드에 보인 템플릿 클래스의 정의로 해석한다. 이 템플릿 클래스는 함수 객체를 생성한다.

```
template<typename T>
class lambda {
public:
  T operator(T a) { return a; }
};
```

컴파일러는 19행에서 이 템플릿 클래스로부터 템플릿 파라미터 T를 int로 유추해서 클래스를 생성한 후, 이 클래스로부터 함수 객체를 생성한다. 21행에서는 이 템플릿 클래스로부터 T를 char* 타입으로 유추해서 클래스를 생성한 후, 이 클래스로부터 함수 객체를 생성한다.

18행의 제네릭 람다는 다음 코드처럼 auto 대신 T 템플릿 파라미터를 사용해서 템플릿 람다 template lambda ☞ C++20로 정의할 수도 있다.

```
auto lambda2 = [] <typename T> (T a) { return a; };
```

람다의 활용 2.8.4

3장의 "2.14.4 find_if 알고리즘" 절에서 find_if 알고리즘의 조건자로 함수 객체를 사용해서 벡터에 저장된 사각형 중, 면적이 1500 이상인 첫 번째 사각형을 찾는 코드를 다뤘다. [리스트 4.18]의 코드는 find_if 알고리즘의 조건자로 람다 함수를 사용해서 비교한 것이다. [그림 4.27]은 이 프로그램의 실행 결과를 보인 것이다.

리스트 4.18 Syntax8-4 프로젝트의 LambdaApp.cpp 파일

```
#include "Rect.h"
#include <vector>
#include <algorithm>
#include <iostream>
using namespace std;

class FindAreaRect
{
public:
  bool operator()(Rect& r) {
    return (r.area() >= compareArea ? true : false);
  }

  int compareArea = 0;
};

int main()
{
```

```cpp
    vector<Rect> rectVector;
    Rect aRect(30, 40, 70, 70);              // area = 1200
    Rect bRect(100, 90, 130, 150);           // area = 1800
    Rect cRect(20, 30, 50, 50);              // area = 600
    Rect dRect(100, 100, 150, 150);          // area = 2500
    rectVector.push_back(aRect);
    rectVector.push_back(bRect);
    rectVector.push_back(cRect);
    rectVector.push_back(dRect);
    vector<Rect>::iterator findRect;
    // 면적이 1500 이상인 첫 번째 사각형 찾기
    // Functor
    FindAreaRect findAreaRect;
    findAreaRect.compareArea = 1500;
    findRect = find_if(rectVector.begin(), rectVector.end(), findAreaRect);
    if (findRect != rectVector.end()) {
      cout << "면적이 1500 보다 큰 첫 사각형은 " << *findRect << endl;
    }
    else {
      cout << "면적이 1500보다 큰 사각형 없음" << endl;
    }
    // 면적이 2000 이상인 첫 번째 사각형 찾기
    // Lambda
    findRect = find_if(rectVector.begin(), rectVector.end(),
         [compareArea = 2000](auto r)
         { return (r.area() >= compareArea ? true : false); });
    if (findRect != rectVector.end()) {
      cout << "면적이 2000 보다 큰 첫 사각형은 " << *findRect << endl;
    }
    else {
      cout << "면적이 2000보다 큰 사각형 없음" << endl;
    }

    return 0;
}
```

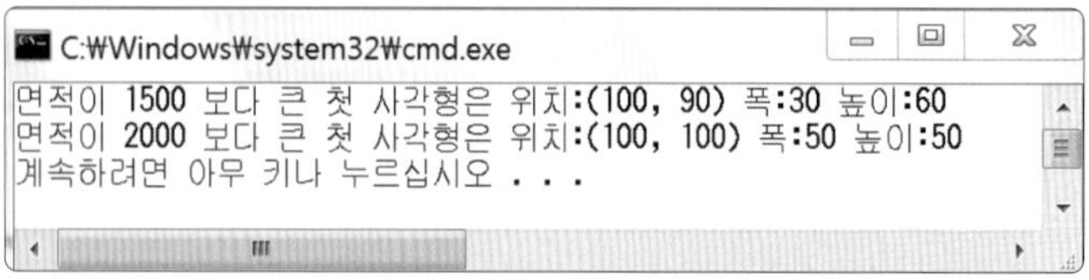

▲ 그림 4.27 ▷ find_if 알고리즘의 조건자로 사용된 함수 객체와 람다 함수

[리스트 4.18]의 43행에서 [] 내에 정의하고 2000으로 초기화한 compareArea 변수는 FindAreaRect 클래스의 14행처럼 정의하고 32행처럼 1500을 배정한 compareArea 멤버 변수의 역할을 한다. 31행에서 생성한 findAreaRect 함수 객체는 상태 정보를 저장한 compareArea 멤버 변수를 [그림 3.49]에 보인 것처럼 사용하고 43행에서 정의한 람다 함수도 상태 정보를 저장한 compareArea 멤버 변수를 사용한다. 람다 함수로 생성한 함수 객체는 [그림 3.49]에 보인 함수 객체와 비교해서 이름만 무명일 뿐 거의 같다.

43행에서 auto 타입의 파라미터는 컴파일러에 의해 Rect& 타입으로 유추된다. 43행의 람다 함수는 find_if 알고리즘의 조건자로 정의와 함께 사용하므로 FindAreaRect 클래스를 정의해야 하는 함수 객체의 사용 방법에 비해 코드가 간결하고 가독성도 증대된다.

constexpr 람다 ☞ C++17 ** 2.8.5

2장의 "2.6 constexpr 표현식" 절에서 constexpr 표현식을 다뤘다. constexpr 지시자가 사용된 표현식은 컴파일러가 이 표현식을 수행해서 값을 결정하므로 효율적인 코드를 생성할 수 있다. 람다에도 constexpr 키워드를 사용해서 컴파일시 값이 결정되는 람다를 다음 코드처럼 정의할 수 있다.

```
int main()
{
  constexpr auto mylambda = [](int x, int y) { return x + y };
  static_assert(mylambda(10, 20) == 30,
                "the lambda condition is not true.");
}
```

static_assert 함수 ☞ C++11는 컴파일시 주어진 constexpr 조건을 검사해서 조건이 false이면 지정된 오류 메시지를 출력한다. 위 코드의 네 번째 행에서 myLambda(10, 20)의 반환값이 30이므로 "the lambda condition is not true"의 오류 메시지는 출력되지 않는다.

위 코드는 다음 코드처럼 constexpr 지시자를 람다 자체에 삽입해서 표현할 수도 있다.

```
int main()
{
  auto mylambda = [](int x, int y) constexpr { return x + y };
  static_assert(mylambda(10, 20) == 30,
                "the lambda condition is not true.");
}
```

** 2.9 주의를 요하는 멤버 함수의 재정의

이 절에서는 주의를 기울여야 하는 멤버 함수의 재정의 상황을 살펴본다.

2.9.1 부모 클래스의 오버로딩된 멤버 함수를 재정의하는 경우

[리스트 4.19]의 코드처럼 부모 클래스의 멤버 함수를 재정의하면 같은 이름을 갖는 부모 클래스의 모든 멤버 함수들이 파라미터 리스트와 관계없이 컴파일러에 의해 가려지게 된다. [그림 4.28]은 이 프로그램을 실행한 결과를 보인 것이다.

리스트 4.19 Syntax9 프로젝트의 OverridingApp.cpp 파일

```
#include <iostream>
#include <memory>
using std::cout; using std::endl;
using std::shared_ptr;

class Parent
{
public:
  virtual void overload()
  {
    cout << "Parent's overload()" << endl;
  }
  virtual void overload(int i)
  {
    cout << "Parent's overload(int i)" << endl;
  }
};

```

```
19 class Child : public Parent
20 {
21 public:
22   virtual void overload()
23   {
24     cout << "Child's overload()" << endl;
25   }
26 };
27
28 int main()
29 {
30   Child myChild;
31 // myChild.overload(2);                    // 컴파일 오류
32   shared_ptr<Parent> myParentPtr(&myChild, [](Child*) {});
33   myParentPtr->overload(7);
34
35   return 0;
36 }
```

▲ 그림 4.28 ▷ 주의를 요하는 멤버 함수의 재정의

Parent 클래스는 09행과 13행에서 오버로딩된 두 개의 overload 멤버 함수를 갖지만 Child 클래스가 22행에서 overload() 멤버 함수를 재정의했으므로 Parent 클래스의 두 멤버 함수인 overload()와 overload(int i)는 모두 Child 클래스에 상속되지 않는다. 30행에서 Child 객체를 생성해서 31행처럼 가려진 overload(int i) 멤버 함수를 호출하면 컴파일 오류가 발생한다.

가려진 멤버 함수라도 포인터를 사용하면 overload(int i) 멤버 함수의 호출이 가능하다. 32행의 문장을 세밀하게 들여다보자. 이 문장에서 컴파일러는 우선 myChild 객체의 C 포인터 &myChild를 shared_ptr<Child> 타입으로 자동 변환한다. 다음에는 변환된 shared_ptr<Child> 타입의 포인터를 shared_ptr<Parent> 타입으로 업캐스팅해서 myParentPtr 변수에 저장한다.

특이한 점은 32행에서 호출되는 shared_ptr 클래스의 생성자가 한 개가 아닌 두 개의 파라미터를 갖는다는 것이다. 람다 함수로 제공된 두 번째 파라미터를 삭제자 deleter라고 부르는데, 이 삭제자는 스마트 포인터가 가리키는 객체가 자동 소멸될 때, 호출되는 원래의 소멸자 대신 소멸자를 지정하고 싶을 때 사용한다. 람다 함수 대신 함수 객체를 사용할 수도 있다.

지금의 경우, 삭제자의 지정이 필요한 이유는 다음과 같다. myChild 객체는 main 함수를 벗어나면 자동 소멸되는데, 이때 컴파일러에 의해 제공된 Child 클래스의 디폴트 소멸자가 실행된다. 또한, main 함수를 벗어나면 myParentPtr 스마트 포인터 변수도 삭제되면서 이 변수가 가리키는 myChild 객체를 자동 소멸하므로 같은 객체에 대해서 디폴트 소멸자가 한 번 더 실행된다. 따라서 같은 메모리 공간을 두 번 삭제하므로 실행 오류가 발생한다.

32행처럼 람다 함수로 제공하는 삭제자를 아무 일도 하지 않는 빈 바디로 제공하면 myParentPtr이 가리키는 객체가 삭제될 때는 이 삭제자가 실행되므로 객체를 두 번 삭제하는 것을 방지할 수 있다.

33행에서 멤버 함수 호출문의 실행 과정은 다음과 같다. myParentPtr의 타입이 Parent이고 Parent 클래스에 overload(int i)가 존재하므로 이 문장은 컴파일러를 통과한다. 또한, overload가 가상 함수이므로 33행은 실행 시스템에 의해 처리된다. 실행 시스템은 myParentPtr이 가리키는 객체에 주목한다. 이 객체가 Child 객체이므로 Child 클래스로부터 Parent 클래스로 진행해서 가려진 overload(int i)를 동적으로 결합하고 바로 실행한다. [그림 4.28]의 출력 결과에서 이 과정을 확인할 수 있다.

부모 클래스의 오버로딩된 멤버 함수를 선택적으로 재정의하려면 다음 코드처럼 using 키워드를 사용할 수 있다.

```
class Child : public Parent
{
public:
  using Parent::overload;
  virtual void overload()
  {
    cout << "Child's overload()" << endl;
  }
};
```

앞의 코드처럼 using 키워드를 사용하면 지정된 Parent 클래스의 overload 멤버 함수 두 개를 모두 상속받을 수 있다. 이 중 다섯 번째 행처럼 overload() 멤버 함수를 재정의하면 overload(int i) 멤버 함수만 상속받으므로 [리스트 4.19]의 31행이 문제없이 컴파일되고 실행된다.

static | 디폴트 파라미터를 갖는 | private(protected) 멤버 함수를 재정의하는 경우 2.9.2

C++에서 정적 멤버 함수는 재정의할 수 없다. 멤버 함수를 재정의하는 이유는 가상 함수로 선언해서 다형성을 활용하기 위해서이다. 따라서 멤버 함수가 static 속성이면서 동시에 virtual 속성을 가질 수는 없다. 자식 클래스에서 부모 클래스의 정적 멤버 함수를 재정의하면 컴파일러는 재정의가 아닌 별개 함수의 추가 정의로 간주한다.

디폴트 파라미터를 갖는 부모 클래스의 멤버 함수를 재정의하는 경우, 이 파라미터에 다른 디폴트값을 지정할 수는 있지만, 혼란을 방지하기 위해서 같은 디폴트값을 사용하는 것이 바람직하다. private나 protected 속성으로 접근 권한이 제한된 부모 클래스의 멤버 함수들도 재정의할 수 있다. 접근자는 멤버 함수를 호출할 수 있는 권한을 제한할 뿐이고 재정의와는 무관하다. private는 접근 불가의 속성이 주어지므로 private 속성으로 지정된 멤버 함수를 상속받아 자식 클래스에서 호출할 수는 없지만, 이 함수를 재정의하면 자식 클래스에서 재정의된 멤버 함수의 호출이 가능하다.

표준 라이브러리의 개요 2.10

C++는 다양하고 유용한 클래스들을 표준 라이브러리 형태로 제공한다. 표준 라이브러리에 정의된 클래스들을 이용하면 중복해서 같은 기능의 클래스를 작성하는 부담을 덜 수 있고 검증된 클래스들이므로 오류를 발생시킬 가능성도 적다. 성능도 최적화돼 있어서 같은 기능의 클래스라면 개발자가 직접 작성하는 것보다 우수하다.

방대한 크기의 표준 라이브러리는 다양한 기능의 소프트웨어 부품 객체을 생성해낼 수 있는 소프트웨어 부품 틀 클래스들의 집합으로서 종류별로 분류되어 제공된다.

프로그램에 활용할 수 있는 기능을 제공하는 클래스들이 어떤 것들이 존재하는지 파악하는 것은 C++ 개발자에게 필수이다. 기능을 제공하는 클래스가 있으면 적극적으로 가져다 활용하고 없으면 정의해서 사용한다. 지금까지의 실습에서 std::string, std::vector, std::shared_ptr 등과 같은 표준 라이브러리 클래스들을 활용해 왔다.

모던 C++ 표준이 발표되고 구현되면서 C++의 표준 라이브러리도 계속 커지고 있다. 모던 C++ 라이브러리는 해당 기능을 소개하는 절에서 다루기로 하고 이 절에서는 개발자들이 현재 많이 사용하고 있는 라이브러리를 위주로 그 기능을 소개하기로 한다. 개발자들이 현재 많이 사용하고 있는 표준 라이브러리를 카테고리별로 개괄적으로 살펴보면 다음과 같다.

■ **문자열**

1장의 "2.10 string 타입" 절에서 설명한 string 클래스는 거의 모든 면에서 C의 문자열보다 우수한 성능과 함께 문자열 연결, 문자열 추출, 메모리 보호를 위한 경계 검사 등과 같은 기능들을 제공한다. string 클래스는 <string> 헤더 파일을 포함해서 활용한다.

■ **입출력(io)**

iostream 라이브러리는 파일, 콘솔, 문자열 등을 대상으로 문자열을 읽고 쓰는 스트림 입출력 기능을 제공한다. 또한, 개발자가 정의하는 클래스에 스트림 입출력 기능을 갖는 멤버 함수를 직접 작성할 수도 있다. 이 라이브러리는 지금까지 사용해 왔고 남은 실습에서도 계속 사용한다.

■ **스마트 포인터**

안정적인 프로그램을 작성하려면 동적으로 생성된 객체들을 적절하게 관리하는 것이 필수이다. 적절한 관리란 다음과 같은 문제의 소지를 예방하거나 제거하는 것을 의미한다.

첫 번째 문제는 메모리 누수라고 하는데, 동적으로 생성된 객체들을 삭제하지 않아 누적되면 메모리가 부족해지는 현상이다. 두 번째 문제는 댕글링 포인터 현상이다. 포인터 변수가 가리키는 객체를 이미 삭제해서 해당 메모리 공간을 다른 용도로 사용하고 있는데, 그 포인터 변수를 통해 이 메모리 공간을 다시 참조할 때 발생한다. 세 번째 문제는 중복 삭제 double free 현상이다. 중복 삭제는 프로그램의 한 코드에서 객체를 삭제했는데, 다른 코드에서 그 메모리를 중복으로 삭제하는 것을 의미한다.

이러한 문제들은 발견하기 어려울 뿐만 아니라 어떤 형태로든 프로그램의 이상 동작을 유발시킨다. 프로그램이 갑자기 비정상 종료되기도 하고 잘 못 된 결과를 내기도 한다. 2장의 "2.4 스마트 포인터" 절에서 다룬 스마트 포인터는 동적으로 할당된 메모리를 자동으로 해제해 주는 기능을 지원해서 개발자의 메모리 관리를 돕고 있다. 스마트 포인터는 <memory> 헤더 파일을 포함해서 활용한다.

■ 예외

객체나 변수를 생성하려는데 컴퓨터에 사용 가능한 메모리가 부족한 경우, 파일을 생성하고자 하는데 하드 디스크의 용량이 부족한 경우, 존재하지 않는 객체에 포인터를 통해 접근하는 경우, 배열의 크기를 벗어나 접근하는 경우 등은 대부분 프로그램이 비정상적으로 갑자기 종료되는 경우들이다. 이러한 상황을 예외 exception가 발생했다고 표현한다. C++는 이러한 예외 상황들을 처리할 수 있는 여러 계층의 클래스들을 제공한다. 예외와 표준 예외 클래스들은 5장의 필수 문법 절에서 다룬다.

■ 수학 유틸리티

C++는 수치 연산 프로그램을 지원하기 위해서 복소수 계산용 complex 클래스, 유리수 계산용 ratio 클래스 등과 같은 다수의 템플릿 클래스들을 제공한다. complex 클래스는 <complex> 헤더 파일을 포함하고 ratio 클래스는 <ratio> 헤더 파일을 포함해서 사용한다. 정밀한 수치 연산을 위해서, 현재 사용하고 있는 컴퓨터 시스템에서 int 타입이 가질 수 있는 최댓값 같은 정보도 얻을 수 있는 <limits> 헤더 파일도 지원한다. ratio 라이브러리는 6장의 필수 문법 절에서 소개한다.

■ 시간 유틸리티

<chrono> 헤더 파일을 통해서 시간 계산용 라이브러리를 사용할 수 있다. 이 라이브러리를 사용하면 두 작업 간의 소요 시간 측정과 같은 시간과 관련된 프로그램을 쉽게 작성할 수 있다. 이 라이브러리는 5장과 6장의 필수 문법 절에서 다룬다.

■ 난수

C++는 균일 난수 생성기 uniform random number generator, 난수 생성 엔진, 난수 분포 등의 기능을 제공하는 난수 random number 라이브러리를 지원한다. 이 기능들을 사용하면 정규 분포나 역지수 분포와 같이 프로그램에서 요구되는 난수를 쉽게 생성해서 활용할 수 있다. 이러한 기능들을 사용하려면 <random> 헤더 파일을 포함한다. 이 라이브러리는 이 장의 응용 과제 2에서 활용한다.

■ 튜플

3장의 "2.10 tuple 타입" 절에서 다룬 튜플은 <tuple> 헤더 파일을 포함해서 사용하며 전혀 관계없는 서로 다른 타입의 항목들을 묶는 기능을 제공한다. STL 컨테이너는 기본적으로 같은 타입의 원소들만 저장할 수 있지만, 튜플을 활용하면 컨테이너에 다른 타입의 항목들을 묶어 원소로 저장할 수 있다.

■ 정규 표현식

C++는 <regex> 헤더 파일을 통해 정규 표현식 regular expression 라이브러리를 제공한다. 정규 표현식은 문자열 처리에 자주 사용하는데, 이 라이브러리를 활용하면 정규 표현식으로 지정한 문자열 패턴과 부합되는 문자열들을 추려내거나 다른 문자열로 변경하는 등의 작업이 쉬워진다. 이 책에서 정규 표현식 라이브러리는 다루지 않는다.

■ 표준 템플릿 라이브러리

표준 템플릿 라이브러리는 STL 컨테이너와 알고리즘으로 분류된다. C++는 현재 16개가 넘는 컨테이너들을 제공하고 60개가 넘는 알고리즘들을 제공하고 있는데, 그 종류는 계속 추가되고 있다.

3장의 "2.14 표준 템플릿 라이브러리" 절에서, 이들 중 대표적인 컨테이너와 알고리즘을 살펴보았고 많이 사용되는 컨테이너와 알고리즘들은 실습 과제와 응용 과제를 통해 활용한다. 6장의 보충 문법 절에서는 고급 STL 컨테이너들을 소개한다. 컨테이너는 <vector>, <list> 등과 같이 해당 헤더 파일을 포함해서 사용하고 알고리즘들은 <algorithm> 헤더 파일을 포함해서 활용한다.

헤더 파일의 작성 요령 ** 2.11

실습 과제에서 사용하는 헤더 파일은 우리가 도입한 pclaf 응용 프레임워크용 pclaf.h를 포함해서 3장에서 작성한 Rect.h, 4장에서 작성한 Card.h와 CardApp.h의 총 네 개나 된다. 5장과 6장을 거치면서 헤더 파일의 개수는 더 추가될 것이다.

헤더 파일의 개수가 많아지기 시작하는 이쯤에서 올바른 헤더 파일 작성에 대한 가이드라인을 제시하는 것이 좋을 듯하다. 일반적으로, 대형 C++ 프로그램은 독립적으로 컴파일되는 모듈들로 구성된다. 이러한 모듈 기반 방식은 변경이 발생한 모듈만 컴파일러가 재컴파일해서 신속하게 실행 파일을 다시 생성할 수 있게 해준다.

6장에서 완성할 카드 게임은 그 규모가 크지 않으므로 여러 모듈로 나누는 것이 적당하지 않을 수 있지만, 우리는 장별로 완성하는 Rect나 Card 클래스의 재사용성을 위해서 장별 모듈식 접근 방법을 채택하고 있다. 또한, 다음에 대형 프로그램을 작성할 경우를 위해서 모듈들을 관리하는 방법을 이 절을 통해서 학습한다.

C++에서 모듈은 구조체 타입, 클래스 타입, 전역 변수와 함수 등의 선언과 정의로 구성된다. 멤버 함수와 전역 함수들은 일반적으로 구현 파일 .cpp 파일에 정의 definition한다. 각 구현 파일은 연계된 헤더 파일 .h 파일을 가지는데, 이 헤더 파일은 다른 모듈이 이 모듈을 사용하는 데 필요한 구조체, 클래스, 전역 변수와 함수의 선언 declaration을 담고 있다.

다른 모듈이 모듈 X의 기능이 필요한 경우, X.h 헤더 파일만 포함하면 링커가 이를 처리해준다. X.cpp 파일이 컴파일된 후, 변경 사항이 없으면 링커는 X 모듈의 코드를 재컴파일하지 않고 실행 파일에 연결시키므로 비주얼 스튜디오와 같은 도구가 효율적으로 프로그램을 관리할 수 있게 해준다. 일반적으로, main 함수를 포함하는 모듈은 헤더 파일을 따로 두지 않지만, 우리의 경우에는 mainLAF 함수를 포함하는 CardApp.cpp 파일도 CardApp.h 헤더 파일을 사용한다.

모듈들을 잘 설계하고 각 모듈이 제공하는 기능을 이해하기 쉽게 헤더 파일을 작성하면 프로그램 내에서 모듈들이 제공하는 기능들을 같은 규칙을 적용해서 일관되게 활용할 수 있다. 한 모듈이 다른 모듈의 기능을 사용하기 위해서 자신의 헤더 파일에 사용할 모듈의 헤더 파일을 포함하게 되는데, 이 포함 관계를 가능한 한 최소화해서 모듈 간의 결합도를 줄이는 방향으로 헤더 파일을 작성한다. 대형 프로그램인 경우, 결합도를 최소로 하면 그만큼 빌드 시간의 단축과 간결한 코드 구성에 따른 효율적인 디버깅 등의 이점을 얻을 수 있다.

다음은 이를 위해서 헤더 파일과 구현 파일의 작성에 대한 가이드라인들을 추려본 것이다.

■ 모듈의 헤더 파일은 모듈의 기능을 선언하고 모듈의 구현 파일은 모듈의 기능을 정의한다

모듈은 구조체, 클래스, 전역 변수와 함수의 선언 헤더 파일과 멤버 함수를 포함하는 함수의 구현 구현 파일으로 구성된다. 모듈의 헤더 파일은 이 모듈을 사용하는 다른 모듈에게 이 모듈을 사용하는 데 필요한 모든 인터페이스 정보를 제공한다.

개념적으로, 한 모듈은 다른 모듈과 독립적으로 관리되며 다른 프로젝트에 재사용되기도 한다. 예를 들어, 표준 라이브러리 모듈인 <cmath>나 <string>처럼 서로 달리 관리되고 사용될 기능들을 한 모듈에 억지로 같이 정의하지 않으며 같이 관리되고 사용될 기능들은 서로 다른 모듈로 분리하지 않는다.

STL 알고리즘을 사용하는 데 필요한 모듈 전용 함수 객체와 이 함수 객체를 생성하기 위한 클래스 등은 구현 파일에 선언과 정의를 같이 하는 것이 좋다. 이와 같은 모듈 전용 클래스의 존재가 일반적으로 다른 모듈에게는 필요하지 않으므로 헤더 파일에 선언하는 것을 피한다.

특히, 모듈 전용 변수나 함수는 선언할 때 static 키워드를 선행해서 모듈 내에서만 유효함을 명시하는 것이 바람직하다. const 속성으로 선언한 상수는 헤더 파일에 위치한다고 해도 자동으로 모듈 내에서만 유효하므로 static 키워드를 선행하지 않는다. <cmath>나 <algorithm>과 같은 라이브러리는 일반적으로 구현 파일에서 함수를 정의할 때 필요한 경우가 많으므로 헤더 파일에는 포함하지 않고 구현 파일에 포함한다.

■ 헤더 파일에 항상 포함 가드를 명시한다

헤더 파일은 일반적으로 이 파일을 필요로 하는 여러 개의 파일에 포함 지시자 #include를 통해서 포함된다. 이 파일이 단 하나의 파일에 포함된다면 문제가 없지만 여러 개의 파일에 포함된다면 중복 정의 문제가 발생한다. 예를 들어, 클래스는 단 하나의 선언만을 가져야 하는데, 헤더 파일이 여러 파일에 포함되면 포함된 횟수만큼 클래스가 중복으로 정의되는 문제가 발생해서 컴파일할 수 없게 된다. 이 문제를 해결하기 위해서 많이 사용하는 방법이 포함 가드 include guard를 사용하는 것인데, 다음 코드는 pclaf.h 헤더 파일에 포함 가드를 사용한 예이다.

```
#ifndef LAF_H
#define LAF_H
(선언부)
#endif
```

LAF_H 심벌을 가드 심벌이라고 부르는데, 일반적으로 헤더 파일명을 모두 대문자로 명시한 것을 많이 사용한다. 컴파일시에 전처리기에 의해 LAF_H 심벌의 정의 여부가 평가된다. LAF_H 심벌이 정의돼 있지 않으면 전처리기는 LAF_H 심벌을 정의하고 컴파일러는 나머지 선언부를 처리한다. 다른 파일에 포함되어 이 헤더 파일의 내용이 다시 한번 처리될 때는 LAF_H 심벌이 정의돼 있으므로 #ifndef와 #endif 사이에 위치하는 선언부가 무시된다. 결과적으로, 이 헤더 파일이 포함되는 횟수에 상관없이 선언부는 단 한 번만 컴파일된다.

Rect.h 헤더 파일에서 사용한 다음 코드와 같은 pragma 지시자도 같은 기능을 수행한다.

```
#pragma once
```

차이가 있다면, 포함 가드 방식의 경우에는 파일 내의 #ifndef LAF_H 부분을 평가해서 처리하므로 파일이 포함될 때마다 전처리기가 파일을 읽어야 하지만 pragma 지시자는 포함 횟수와 관계없이 한번 처리하고 그 이후에는 파일을 읽지도 않으므로 빌드 시간을 절약할 수 있다는 것이다. 일부 구형 컴파일러는 pragma 지시자를 지원하지 않는 경우도 있다.

■ 헤더 파일에는 이름 공간의 using 문장을 사용하지 않는다

내가 작성한 모듈을 사용하려는 개발자는 이 모듈의 헤더 파일을 포함해야 한다. 헤더 파일 내에 이름 공간의 using 문장이 있다면 헤더 파일을 포함한 지점부터 using 문장이 프로그램의 일부가 된다. 포함한 지점을 전후로, 전의 코드와 후의 코드는 이 using 문장 때문에 서로 다른 환경에 놓이게 될 수 있다. 특히, 헤더 파일 내의 using namespace std;의 한 문장은 대형 프로그램의 이름 공간 관리를 어지럽히는 요인이 된다.

string, ostream, cout, cin과 같은 표준 라이브러리의 클래스나 객체를 사용하는 클래스나 함수가 헤더 파일 내에 있다면 이름 공간의 using 문장을 사용하는 대신 std::string, std::ostream, std::cout, std::cin처럼 이름 공간을 선행하는 완전한 표현을 사용하도록 한다.

구현 파일에서는 이름 공간의 using 문장을 사용하되 모든 포함 문장 다음에 사용한다. 다음 코드처럼 이름 공간의 using 문장을 사용한다고 가정해 보자.

```
#include <iostream>
using namespace std;
#include "pclaf.h"
```

포함 문장을 사용한 지점에 지정한 헤더 파일의 모든 텍스트가 삽입된 후 컴파일되므로 위 코드는 pclaf.h 헤더 파일에 using namespace std; 문장을 직접 사용한 것과 같은 효과를 낸다. 이 경우, 다음 코드처럼 pclaf.h 헤더 파일을 포함한 후에 이름 공간의 using 문장을 사용하는 것이 바람직하다.

```
#include <iostream>
#include "pclaf.h"
using namespace std;
```

■ 헤더 파일에는 구조체, 클래스, 전역 변수, 전역 함수를 선언하고 이들의 정의는 헤더 파일과 짝이 되는 구현 파일에 한다

프로그램 전체에 영향을 미치는 전역 변수와 함수는 헤더 파일에 다음 코드처럼 extern 키워드를 선행해서 선언하고 이 변수와 함수는 짝이 되는 구현 파일에 정의한다.

```
extern int globalInt;
extern void globalFunc(int, string);
extern const int GLOBAL_INT;
```

extern 속성은 다른 모듈(파일)에게 공개하는 것을 지정하고 static 속성은 이 모듈 내에서만 사용하는 것을 지정한다. 컴파일러가 extern 속성의 대상을 처리하는 것을 외부 링킹이라고 부르고 static 속성의 대상을 처리하는 것을 내부 링킹이라고 부른다.

전역 변수와 함수는 기본 속성이 extern이지만 명시적으로 선언해서 가독성을 높이는 것이 바람직하다. const나 typedef는 기본적으로 extern의 반대인 static 속성이 주어지지만, extern 속성으로 지정해서 외부 링킹이 적용되게 변경할 수 있다.

C++에서 static 키워드는 지금 설명한 내부 링킹, 클래스의 static 멤버, 함수 내의 static 변수 등에 사용되므로 static 키워드를 사용할 때는 주의가 필요하다. 함수 내에서 static 키워드의 사용은 6장의 응용 과제 4에서 설명한다.

위 코드에서 extern 속성을 지정한 전역 변수와 함수는 구현 파일에 다음 코드처럼 원하는 값으로 초기화해서 정의하거나 바디를 제공해서 정의한다. extern 키워드는 사용하지 않는다.

```
int globalInt = 0;
const int GLOBAL_INT = 100;
```

이 헤더 파일을 포함하는 외부 파일은 이 헤더 파일의 extern 선언과 같은 선언문을 사용해서 전역 변수, 상수, 함수를 사용할 수 있다. 그러나 전역 변수, 상수, 함수의 사용은 대형 프로그램에서 오류의 근원일 수 있으므로 클래스의 정적 멤버 변수나 함수로 대체해서 사용하는 것이 좋다. 템플릿 함수, 템플릿 클래스, 인라인 함수는 컴파일러가 모든 정보를 헤더 파일 단계에서 요구하므로 선언과 정의를 모두 헤더 파일에 작성한다.

■ 선행 선언으로 가능한 경우에는 포함 대신 선행 선언을 적극적으로 사용한다

선행 선언을 불완전 선언 incomplete declaration이라고도 부른다. 모듈 A가 클래스나 구조체

C의 기능이 필요한 경우, A.h 헤더 파일에 C 클래스나 구조체가 속한 헤더 파일을 포함하는 대신 다음 코드처럼 선행 선언을 사용할 수 있다. C++는 클래스와 구조체를 구분하지 않으므로 이후에는 C 클래스나 구조체를 그냥 C 클래스라 부르기로 하자. 대신, C 클래스가 속한 헤더 파일은 A.cpp 파일에 포함한다.

```
class C;
```

class 키워드 대신 struct 키워드를 사용하기도 한다. 선행 선언은 컴파일러에 C라는 클래스의 존재만 미리 알리는 역할은 하는데, 컴파일러는 C가 속한 헤더 파일을 포함하는 A.cpp 파일을 컴파일할 때 C 클래스의 완전한 구조를 제공받는다.

선행 선언을 사용하면 모듈 간 결합도를 줄일 수 있고 종속 관계도 최소화할 수 있으므로 컴파일 시간을 줄이고 프로그램의 관리도 쉬워진다. 선행 선언을 사용할 수 있는 경우는 컴파일러가 C 클래스의 객체가 차지할 메모리 공간의 크기를 몰라도 될 때이다. 이러한 경우는 크게 두 가지이다.

첫 번째 경우는 다음 코드처럼 C 클래스가 A.h 헤더 파일 내에서 함수 원형의 반환 타입이나 파라미터 타입으로 사용될 때이다.

```
class C:
C foo(C c);
```

A.cpp 파일이 C가 선언된 헤더 파일을 포함하므로 컴파일러는 A.cpp 파일 내에 존재하는 foo 함수에 대한 호출문을 처리하면서 파라미터 객체와 반환 객체의 크기를 그때 계산할 수 있다.

두 번째 경우는 다음 코드처럼 C 클래스가 A.h 헤더 파일 내에서 포인터 타입 C*이나 레퍼런스 타입 C&으로 사용될 때이다.

```
class C;
class A
{
  ...
```

```
  private:
    C* c_ptr;
    C& x_ref;
};
```

위 코드에서, 컴파일러는 C 타입의 포인터나 레퍼런스를 처리하면서 클래스 C의 객체가 메모리 공간을 얼마나 차지할지 알 필요가 없다. 이는 포인터가 어떤 타입의 값을 가리키더라도 모든 타입의 포인터 변수의 크기는 일정하며 레퍼런스는 내부적으로 포인터로 구현되기 때문이다. A.cpp 파일이 C가 선언된 헤더 파일을 포함하므로 컴파일러는 A.cpp 파일 내에서 이러한 포인터를 역참조하거나 C의 멤버 변수나 함수에 접근하는 문장을 컴파일할 때 객체의 크기를 그때 계산할 수 있다.

선행 선언은 다음 코드처럼 두 개의 클래스 A와 B가 상호 참조할 경우에는 필수적이다. 한 파일 내에서 A 클래스는 B 클래스를 사용하고 B 클래스는 A 클래스를 사용한다.

```
class A {
public:
  void foo(B b) {      // 1
    b.moo();           // 2
  }
  void goo() { ... }
};
class B {
  public:
    void moo(A a) {    // 3
      a.goo();         // 4
    }
    void noo() { ... }
};
```

위 코드는 컴파일 오류를 발생시킨다. A 클래스의 선언은 1번 행에서 B 클래스를 파라미터 타입으로 사용하고 2번 행에서는 B 클래스의 멤버 함수를 호출한다. 컴파일러가 1번 행을 처리할 때 A 클래스 다음에 선언한 B 클래스를 아직 보지 않았으므로 오류가 발생한다.

1번 행의 경우, B 클래스가 파라미터 타입으로 사용됐으므로 다음 코드의 첫 번째 행처럼 B 클래스의 선행 선언만으로도 해결할 수 있다. 그러나 위 코드에서 2번 행의 경우에는 B 클래스의 멤버에 접근하는 것이므로 B 클래스의 완전한 정보가 필요하다. 다음 코드의

1번 행처럼 멤버 함수의 원형만 선언하고 그 구현은 2번 행처럼 B 클래스의 선언 다음 지점에 정의하면 이 문제도 해결할 수 있다.

```
class B;
class A {
public:
  void foo(B b);              // 1
  void goo() { ... }
};
class B {
  public:
    void moo(A a) {           // 3
      a.goo();                // 4
    }
    void noo() { ... }
};
void A::foo(B b) {
  b.moo();                    // 2
}
```

위 코드의 1번 행은 컴파일러가 B 클래스의 존재를 선행 선언으로 이미 알고 있으므로 잘 처리된다. 3번 행과 4번 행은 컴파일러가 완전한 A 클래스의 정의를 본 이후이므로 잘 처리된다. 2번 행도 컴파일러가 B 클래스의 정의를 완전히 본 이후이므로 문제없이 처리된다.

■ 구현 파일은 짝이 되는 헤더 파일을 먼저 포함하고 나머지 필요한 헤더 파일들을 포함한다

A 모듈은 X 모듈을 사용하고 X 모듈도 A 모듈을 사용하는 경우를 생각해 보자. 이 경우, A.cpp 파일은 자기의 짝인 A.h 헤더 파일을 포함하고 X.h 헤더 파일도 포함해야 하는데, A.h 헤더 파일이 X.h 헤더 파일을 이미 포함하고 있다면 A.cpp 파일은 X.h를 중복해서 포함하지 않아도 좋다.

A.cpp 파일이 X.h 헤더 파일을 포함하지 않는다면 컴파일러가 X.h 헤더 파일을 찾아 열어 보지 않아도 되므로 컴파일 시간을 그만큼 절약할 수 있다. 또는, 중복되더라도 A.cpp 파일이 X.h 헤더 파일을 포함할 수 있는데, 이렇게 이중 포함을 사용하면 A 모듈을 분석하는 다른 개발자에게 모듈 A는 모듈 X를 사용하고 있다는 사실을 명시하는 효과를 내고

A.h 헤더 파일을 변경하더라도 A.cpp 내에서 X의 선언은 유효한 효과를 낼 수도 있다. 따라서 개발자의 편의에 따라 이중 포함을 배제해도 좋고 이중 포함을 사용해도 좋다.

module ☞ C++20 ** 2.12

실습 과제의 STEP 04와 앞 절에서 설명했듯이, C++의 전통적인 모듈은 헤더 파일.h 파일과 구현 파일 .cpp 파일로 구성한다. 헤더 파일은 모듈의 인터페이스를 선언하고 구현 파일은 선언된 인터페이스를 정의한다. C++20 표준에서 도입한 module은 패키지들로 구성되는 자바의 모듈과 비슷한 기능을 제공하는데, 자바가 헤더 파일을 사용하지 않는 것처럼 module은 헤더 파일 없이 모듈을 정의할 수 있는 기능이다. C++의 전통적인 모듈과 이 새로운 모듈을 구분하기 위해서 이 책에서는 전통적인 모듈은 모듈이라고 부르고 새로운 모듈은 module이라고 부르기로 하자.

C++ 라이브러리나 프로그램을 module이라는 단위로 구성할 수 있는데, 이 장의 "2.10 표준 라이브러리의 개요" 절에서 소개한 표준 라이브러리를 표준 라이브러리 module로 구성해서 지원하는 작업이 한창 진행 중이다. 비주얼 스튜디오 2022 버전인 경우, 컴파일러가 완성된 표준 라이브러리 모듈을 실험적인 차원에서 제공한다. module이 현업 시장에서 자리를 잡으려면 시간이 꽤 걸리겠지만, C++ 발전의 길에 큰 획을 긋는 기능인 것은 분명해 보이니 지켜보기로 하자.

이 책은 입문서이므로 module이 무엇이고 어떻게 module을 정의하는지 등 module을 소개하는 것에 초점을 맞추기로 한다. module을 사용하면 프로그램을 헤더 파일과 구현 파일로 나눌 필요가 없다. 다음 코드는 기존 방식대로 헤더 파일과 구현 파일로 프로그램을 구성한 예이다.

```
// MyModule.h 파일
#ifndef MYLIBRARY_H
#define MYLIBRARY_H
  int f();
#endif
```

```
// MyModule.cpp 파일
#include “MyModule.h”
int f()
{
  return 456;
}

// ModuleApp.cpp 파일
#include “MyModule.h”
#include <iostream>
int main()
{
  std::cout << “f() returns ” << f() << std::endl;

  return 0;
}
```

위 코드는 MyModule.h 파일과 MyModule.cpp 파일로 모듈을 정의하고 ModuleApp.cpp 파일의 main 함수는 모듈에 정의한 f 함수를 호출한다. MyModule.cpp 파일과 ModuleApp.cpp 파일이 모두 MyModule.h 헤더 파일을 포함하는데, MyModule.h 파일에서 포함 가드로 f 함수의 선언을 감싸고 있으므로 컴파일러는 이 헤더 파일을 한 번만 처리한다.

[리스트 4.20]과 [리스트 4.21]의 코드는 위의 코드를 module을 사용해서 다시 작성한 것이고 [그림 4.29]는 실행 결과를 보인 것이다.

리스트 4.20 Syntax12 프로젝트의 MyModule.ixx 파일

```
export module mymodule;

int f_private()
{
  return 456;
}

export int f()
{
  return f_private();
}
```

리스트 4.21 Syntax12 프로젝트의 ModuleApp.cpp 파일

```
01 import mymodule;
02 #include <iostream>
03
04 int main()
05 {
06   std::cout << "f() returns " << f() << std::endl;
07   // std::cout << "f_private() returns " << f_private() << std::endl;
08
09   return 0;
10 }
```

▲ 그림 4.29 ▷ module의 활용

[리스트 4.20]은 module의 정의를 담은 MyModule.ixx 파일의 코드를 보인 것인데, 비주얼 스튜디오는 module 파일에 .ixx 확장자를 사용한다. 솔루션 탐색기에서 프로젝트를 오른쪽 마우스로 클릭하고 [추가]▶[새 항목]▶[C++ 모듈 인터페이스 단위(.ixx)] 항목을 선택해서 module 파일을 생성한다. 모듈의 인터페이스와 정의를 module 파일에 다 담는데, 인터페이스 정보는 export 지시자로 명시한다.

[리스트 4.20]의 01행은 이 파일에 mymodule이라는 module이 존재하며 mymodule을 외부에 공개한다고 export 지시자로 선언한다. 08행의 f 함수 앞에 붙인 export 지시자는 이 module을 사용하는 코드가 f 함수에 접근해서 사용할 수 있음을 선언한다. export 지시자를 붙이지 않은 03행의 f_private 함수는 외부에 공개되지 않고 10행처럼 모듈 내부에서 사용하는 용도로 지정된다.

[리스트 4.21]은 module을 사용하는 코드를 보인 것이다. 01행은 import 지시자로 mymodule을 사용한다고 선언한다. 기존 방식대로 헤더 파일을 포함하는 #include 지시문을 02행처럼 01행의 import 문과 같이 사용할 수 있다. 이 절의 도입부에 설명한 실험적인 표준 라이브러리 module을 사용한다면 02행을 import std.core; 문장으로 대체할 수

있다. std.core는 표준 라이브러리 module 중, 스트림 입출력 기능을 제공하는 module 이다. std.core 모듈을 사용하려면, 1장에서 기존 비주얼 스튜디오 버전을 제거하기 위해 사용했던 비주얼 스튜디오 인스톨러를 실행하고 수정 기능을 통해 [v142 빌드 도구용 C++ 모듈(x64/x86 - 실험적)] 항목을 추가 설치한다.

06행은 mymodule 내의 f 함수를 호출해서 반환값을 출력한다. 07행은 f_private 함수를 호출하는데, f_private는 mymodule 외부에 공개된 함수가 아니므로 컴파일 오류가 발생한다.

다음 코드는 module 내에 이름 공간을 설정한 예이다.

```
// MyModule2.ixx 파일
export module mymodule2;
namespace MySpace
{
  int f_private()
  {
    return 456;
  }
  export int f()
  {
    return f_private();
  }
}

// ModuleApp.cpp 파일
import module2;
int main()
{
    std::cout << “f() returns ” << MySpace::f() << std::endl;
}
```

위 코드처럼 module 내에 이름 공간이 존재하고 이 이름 공간 내에 f 함수처럼 export 지시자를 붙인 선언이 한 개라도 있다면, 이름 공간 전체가 module 외부에 공개된다. 위 코드에서 MySpace 이름 공간은 전체가 공개되지만, 함수는 이름 공간 내의 export 지시자가 붙은 f 함수만 공개된다. ModuleApp.cpp 파일의 main 함수처럼 f 함수는 MySpace::을 붙여 호출한다.

응용 과제 03

이 절에서는 실습 과제를 응용하고 필수 문법 절에서 설명한 문법을 활용하는 세 개의 응용 과제를 다룬다.

응용 과제 1 3.1

✔ **Check Point** MyCoinMoney 클래스의 정의

- ▶ 3장의 응용 과제 1을 발전시킨다.
- ▶ CoinMoney 클래스를 상속받는 MyCoinMoney 클래스를 정의해서 활용한다. MyCoinMoney 클래스에 동전 다발의 소유자와 10원짜리 동전의 개수를 저장하는 멤버 변수를 추가한다. 한국 동전의 5원짜리와 1원짜리 동전은 무시하기로 한다. MyCoinMoney 객체를 정적과 동적으로 생성해서 [그림 4.30]처럼 두 동전 다발을 출력한다. 생성자와 소멸자에 간단한 출력문을 포함해서 이들의 실행 순서를 살펴본다.

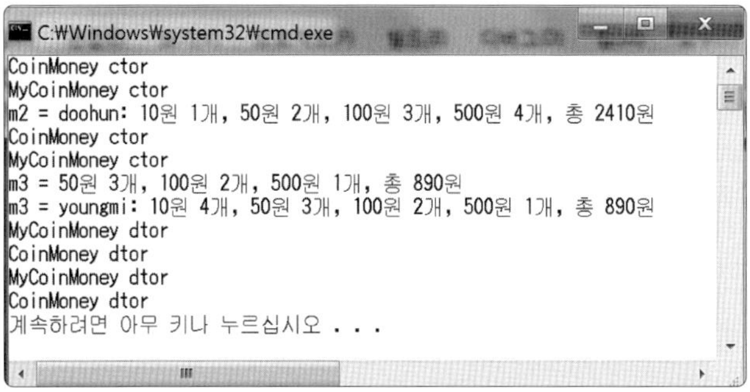

▲ 그림 4.30 ▷ MyCoinMoney 클래스의 활용

[리스트 4.22]의 코드는 3장의 응용 과제 1에 MyCoinMoney 클래스를 추가해서 MyCoinMoney 객체 두 개를 생성하고 이 객체들을 출력하는 프로그램이다.

리스트 4.22 App1 프로젝트의 CoinMoneyApp.cpp 파일

```
//===========================================================
// 응용 과제 1
// 3장의 응용 과제 1번을 발전시킴
// inheritance
//===========================================================
#include <iostream>
#include <string>            // 응용 과제 1
#include <memory>
using std::string; using std::shared_ptr;
using std::static_pointer_cast;
using std::cout; using std::endl;
using std::ostream;

class CoinMoney
{
public:
  CoinMoney() : c50(0), c100(0), c500(0)
  { cout << "CoinMoney default ctor" << endl; }

  CoinMoney(int c, int cc, int ccc)
       : c50(c), c100(cc), c500(ccc)
  { cout << "CoinMoney ctor" << endl; }

  virtual ~CoinMoney()
  { cout << "CoinMoney dtor" << endl; }

  virtual int get_value() const
  { return (50 * c50 + 100 * c100 + 500 * c500); }

  int get_c50() const { return c50; }
  int get_c100() const { return c100; }
  int get_c500() const { return c500; }
  void set_c50(int c) { c50 = c; }
  void set_c100(int cc) { c100 = cc; }
  void set_c500(int ccc) { c500 = ccc; }
protected:
  int c50, c100, c500;
};
CoinMoney add(const CoinMoney& m1, const CoinMoney& m2)
{
  CoinMoney sum;
  sum.set_c50(m1.get_c50() + m2.get_c50());
  sum.set_c100(m1.get_c100() + m2.get_c100());
```

```
  sum.set_c500(m1.get_c500() + m2.get_c500());
  return sum;
}
ostream& operator<<(ostream& os, const CoinMoney& m)
{
  os << "50원 " << m.get_c50() << "개, "
       << "100원 " << m.get_c100() << "개, "
       << "500원 " << m.get_c500() << "개, "
       << "총 " << m.get_value() << "원" << endl;
  return os;
}
// 응용과제 1
class MyCoinMoney : public CoinMoney
{
public:
  MyCoinMoney(int nc, int c, int cc, int ccc, string name)
       : CoinMoney(c, cc, ccc),  c10(nc), owner(name)
  { cout << "MyCoinMoney ctor" << endl; }
  // same as default dtor
  ~MyCoinMoney()
  { cout << "MyCoinMoney dtor" << endl; }

  virtual int get_value() const
  { return (10 * c10 + 50 * c50 + 100 * c100 + 500 * c500); }
  // friend declaration for operator<<
  friend ostream& operator<<(ostream&, const MyCoinMoney&);
private:
  int c10;
  string owner;
};
// operator<< overloading
ostream& operator<<(ostream& os, const MyCoinMoney& m)
{
  os << m.owner << ": "
       << "10원 " << m.c10 << "개, "
       << "50원 " << m.c50 << "개, "
       << "100원 " << m.c100 << "개, "
       << "500원 " << m.c500 << "개, "
       << "총 " << m.get_value() << "원" << endl;
  return os;
}

int main()
{
// MyCoinMoney m1;          // error!!, no default ctor
```

```
89   MyCoinMoney m2{ 1, 2, 3, 4, "doohun" }; // uniform initializer
90   cout << "m2 = " << m2;
91 // up-casting
92   shared_ptr<CoinMoney> pm3(new MyCoinMoney(4, 3, 2, 1, "youngmi"));
93   cout << "m3 = " << *pm3;
94 // down-casting
95   shared_ptr<MyCoinMoney> pm = static_pointer_cast<MyCoinMoney>(pm3);
96   cout << "m3 = " << *pm;
97
98   return 0;
99 }
```

[리스트 4.22]의 72행처럼 추가되는 owner 멤버 변수를 string 타입으로 정의하기 위해서 <string> 헤더 파일을 07행처럼 포함하고, 92행처럼 MyCoinMoney 객체를 동적으로 생성하기 위해서 <memory> 헤더 파일을 08행처럼 포함한다. 10행은 static_pointer_cast 함수의 사용을 선언하는데, 이 함수는 스마트 포인터 버전의 static_cast 함수이다. static_cast 함수는 C 포인터 변수 간의 타입 변환에 사용된다. 14~54행은 3장의 응용과제 1에서 활용했던 CoinMoney 클래스의 정의이다.

CoinMoney 클래스를 상속받는 56행의 MyCoinMoney 클래스에 71행과 72행처럼 10원짜리 동전의 개수를 저장하는 c10 멤버 변수와 동전 다발의 소유자를 나타내는 owner 멤버 변수를 추가한다. 59행의 MyCoinMoney 생성자는 60행처럼 부모 클래스의 생성자를 호출해서 상속받은 멤버 변수들을 초기화하고 추가된 멤버 변수들은 생성자 초기자로 초기화한다.

61행처럼 MyCoinMoney 생성자가 실행되는 것을 표시하는 출력문을 생성자에 추가한다. 정의하지 않으면 컴파일러가 자동으로 제공하는 소멸자와 똑같은 소멸자를 63행처럼 정의해서 64행의 출력문을 추가한다. 이 소멸자는 24행에서 부모 클래스의 소멸자가 가상 함수로 정의됐으므로 가상 함수이다.

66행의 get_value 멤버 함수는 부모 클래스의 get_value 멤버 함수를 재정의해서 10원짜리 동전이 추가된 것을 반영한다. 부모 클래스의 get_value 멤버 변수가 27행처럼 가상 함수로 선언됐으므로 이 함수도 가상 함수이다. 69행에서 friend 함수로 선언한 75행의 operator<< 전역 함수는 77행과 78행처럼 추가된 멤버 변수들도 출력 형식에 포함한다.

88행은 MyCoinMoney 객체 m1을 디폴트 생성자를 사용해서 생성하는데, MyCoinMoney 클래스에는 디폴트 생성자의 정의가 없다. 또한, 59행에서 생성자를 정의했으므로 컴파일러도 디폴트 생성자를 제공하지 않는다. 따라서 88행은 컴파일 오류를 발생시킨다. 89행은 유니폼 초기자로 MyCoinMoney 객체 m2를 생성하는데, [그림 4.30]에 보인 것처럼 부모 클래스의 생성자인 CoinMoney 생성자가 먼저 실행되고 MyCoinMoney 생성자가 연이어서 실행된다.

90행에 사용한 operator<< 연산자는 m2 객체가 MyCoinMoney 타입이므로 75행의 operator<< 연산자이다. 92행은 동적으로 MyCoinMoney 객체를 생성하고 그 포인터를 업캐스팅해서 CoinMoney 타입의 포인터 변수인 pm3에 저장한다. MyCoinMoney 객체를 생성하므로 역시 CoinMoney 생성자와 MyCoinMoney 생성자가 [그림 4.30]에 보인 것처럼 차례대로 실행된다.

93행은 pm3이 가리키는 객체를 출력하는데, pm3 변수가 CoinMoney 타입이므로 75행의 operator<< 연산자 대신 47행의 operator<< 연산자가 실행된다. 그러나 52행의 getValue 멤버 함수가 가상 함수이므로 52행에서 호출되는 getValue 함수는 66행의 멤버 함수이다. 따라서 890원을 출력한다.

95행은 static_pointer_cast 함수를 사용해서 pm3 포인터 변수를 MyCoinMoney 타입의 pm 포인터 변수로 다운캐스팅한다. pm이 가리키는 객체를 96행처럼 다시 출력하면 [그림 4.30]에 보인 것처럼 MyCoinMoney 객체가 정상적으로 출력되는 것을 확인할 수 있다. 98행에서 main 함수가 종료되면 정적으로 생성한 m2 객체와 pm3이 가리키는 동적으로 생성한 객체가 소멸되므로 [그림 4.30]에 보인 것처럼 각각 MyCoinMoney 소멸자가 먼저 실행되고 이어서 CoinMoney 소멸자가 실행된다.

응용 과제 2 3.2

✔ **Check Point** 순수 가상 함수, 추상 클래스, random 라이브러리, 다형 변수, 다형성, vector 컨테이너

- 실습 과제를 발전시킨다.
- 프로그램을 실행하면 빈 윈도우가 생성되고 윈도우 내에서 마우스의 왼쪽 버튼을 클릭하면 클릭점을 왼쪽 위 꼭짓점으로 하는 임의의 카드 객체가 [그림 4.31]처럼 생성되어 표시되며 마우스의 오른쪽 버튼을 클릭하면 클릭점을 원점으로 하고 반지름이 40인 원이 생성되어 그려진다. 도형의 개수에는 제한이 없다.

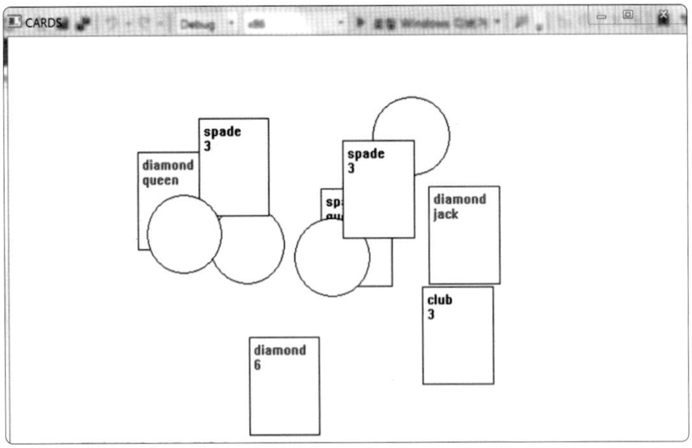

▲ 그림 4.31 ▷ 카드와 원 그리기

실습 과제에 비해서 원 그리기를 추가한다. 따라서 원 객체들을 생성할 수 있는 원 클래스를 정의해야 하는데, 원의 데이터적인 속성은 무엇이 있을까를 먼저 생각해 보자. 원점 (x, y)과 반지름 radius이면 이번 과제에서는 충분할 것이다. 색과 선의 굵기 등을 추가할 수도 있다.

기능적인 속성으로는 Card나 Rect 클래스처럼 자기 자신을 스스로 그릴 수 있어야 하고 클릭점으로 이동할 수 있어야 하며 클릭점이 자신의 내부점인지 판단할 수 있어야 한다. 이외에도 자신의 면적을 계산해서 그 값을 반환하는 기능 등을 추가할 수 있다. 객체지향 프로그램에서는 오버로딩이 가능하므로 자신을 그리는 멤버 함수명을 Rect나 Card와 같이 draw로 정의하고 이동하는 멤버 함수명은 moveTo로 정의하며, 클릭점이 내부점인지 판단하는 멤버 함수명은 includes로 정의하면 자연스러울 것이다. 원 클래스명은 Circle을 사용하기로 한다.

멤버 변수와 함수들을 정의하고 보니, Circle 클래스는 Rect나 Card 클래스와 유사한 점이 많다. 따라서 상속의 개념을 사용하면 보다 효율적으로 Circle 클래스를 정의할 수 있을 것이다. 원과 사각형 카드을 포함할 수 있는 개념이 도형이므로 Figure 클래스를 정의해서 공통 속성들은 Figure 클래스에 정의하고 Rect와 Circle 클래스는 이 공통 속성들을 상속받는다. Rect와 Card 클래스는 [그림 4.32]의 클래스 계층구조에 보인 것처럼 속성을 추가하거나 재정의할 수 있다.

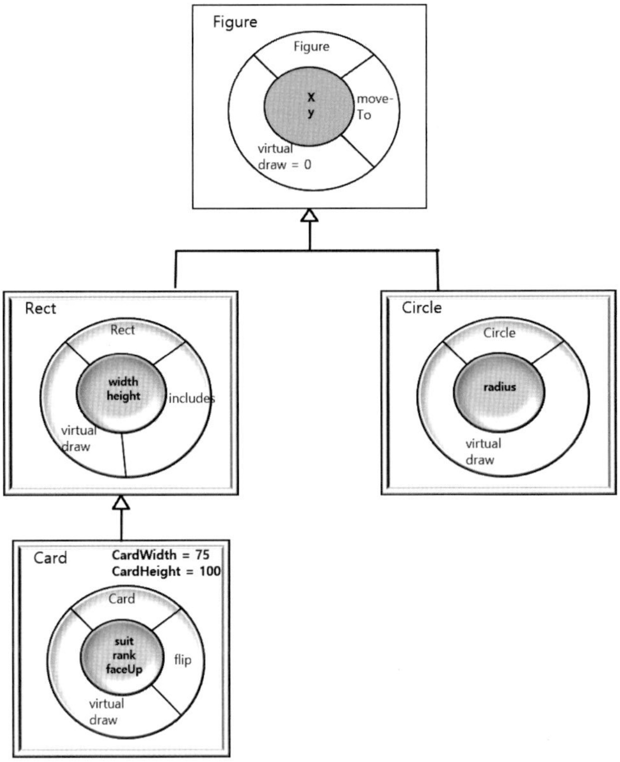

▲ 그림 4.32 ▷ 도형 클래스의 계층구조

Figure 클래스를 정의하면서 실습 과제의 Rect 클래스도 약간 수정하자. 멤버 변수를 사용해서 왼쪽 위 꼭짓점 (upperLeftX, upperLeftY)과 오른쪽 아래 꼭짓점 (lowerRightX, lowerRightY)으로 사각형을 표현하는 것 대신 멤버 변수를 사용해서 왼쪽 위 꼭짓점 (x, y), 폭 width, 높이 height로 사각형을 표현하기로 한다. 이렇게 하면 Rect 클래스의 왼쪽 위 꼭짓점은 Circle 클래스의 원점 (x, y)과 점이란 측면에서 같으므로 Figure 클래스에 x와 y를 정의하고 두 클래스가 상속받으면 효율적이다. 또한, 이 점을 이동시키는 moveTo 멤버 함수도 Figure 클래스로 올릴 수 있다.

Circle 클래스의 includes 멤버 함수는 응용 과제 3에서 추가하기로 하고, 우선 Circle 생성자와 draw 멤버 함수만 [그림 4.32]처럼 정의하자. 뒤집는 기능인 flip은 카드에만 적용되는 개념이므로 Card 클래스에 정의한다. 이미지를 그리는 draw 멤버 함수는 각 클래스에 하나씩 정의되어 네 개가 존재하며 가상 함수로 선언된다. Circle 클래스의 draw 멤버 함수는 자신의 (x, y)점을 원점으로 하고 반지름이 radius인 원을 그린다.

실행시 사용자의 왼쪽이나 오른쪽 마우스 버튼 클릭으로 카드나 원 객체가 생성되어 그려지므로 컴파일러는 Card::draw와 Circle::draw 중 어느 것을 실행해야 할지 그 순서를 컴파일시 미리 결정할 수 없다. 이와 같은 상황이 멤버 함수를 가상 함수로 정의해야 하는 전형적인 경우이다. draw 멤버 함수를 가상 함수로 정의하면 실행 시스템에 의해 실행시 draw 멤버 함수가 호출된 객체를 생성한 클래스로부터 부모가 있을 경우 위로 올라가면서 draw 멤버 함수를 찾으므로 draw가 호출된 객체에 적합한 멤버 함수가 결합되어 실행된다.

[리스트 4.23]의 코드는 [그림 4.32]에 보인 클래스 중, Card 클래스를 제외한 나머지 클래스들의 인터페이스를 정의한 것이다.

리스트 4.23 App2 프로젝트의 Figure.h 헤더 파일

```
#pragma once
#include <memory>
class Application;

// Figure Class
class Figure
{
public:
  Figure(int, int);
  void moveTo(int, int);
  virtual void draw(Application&) = 0;
  // data fields
  int x;
  int y;
};

// Circle Class
class Circle : public Figure
{
public:
  Circle(int, int, int);
```

```
22   virtual void draw(Application&);
23   // data field
24   int radius;
25 };
26
27 // Rectangle Class
28 class Rect : public Figure
29 {
30 public:
31   Rect(int, int, int, int);
32   bool includes(int, int) const;
33   virtual void draw(Application&);
34   // data fields
35   int width;
36   int height;
37 };
38
39 using FigurePtr = std::shared_ptr<Figure>;
```

Figure 클래스의 draw 멤버 함수를 11행에서 = 0로 선언하는데, = 0의 선언은 함수의 구현을 제공하지 않고 단지 Figure 클래스의 자식 클래스들은 반드시 draw 멤버 함수를 가상 함수로 재정의해야 하는 것을 명시한다. 이와 같은 용도의 가상 함수를 순수 가상 함수 pure virtual function라고 부른다.

이 멤버 함수의 바디가 없으므로 Figure 클래스는 객체를 생성할 수 없는 추상 클래스 abstract class가 된다. 따라서 우리의 객체와 클래스 표기 방식에서 Figure 클래스는 [그림 4.32]처럼 입체 효과 없이 그린다. 멤버 함수 중 한 개라도 순수 가상 함수로 정의되면 그 클래스는 추상 클래스가 된다.

39행에서 사용한 using 키워드는 typedef 문과 같은 기능을 제공하는 것으로서 기존 타입에 새로운 이름을 지정하는 타입 별명 type aliases ☞ C++11 기능에 사용한다. 이 프로그램에서 std::shared_ptr<Figure> 타입명은 이제 FigurePtr의 단축 타입명으로 사용할 수 있다. 다음 코드는 int 타입에 대한 타입 별명으로 MyInt를 선언한다.

```
using MyInt = int;            // typedef int MyInt;
```

위 코드에서 주석 처리한 코드는 기존의 typedef 문을 사용해서 MyInt 타입 별명을 선언한 것이다.

타입 별명 기능은 특히 함수 포인터처럼 typedef 문으로 별명을 붙이기가 까다로운 경우에 유용하다. 다음 코드는 char 타입과 double 타입의 파라미터를 전달받고 int 타입의 값을 반환하는 함수의 원형이다.

```
int someFunction(char c, double d);
```

이 함수에 대한 함수 포인터 변수인 pFunc를 정의하는 다음 코드는 의미가 한눈에 전달되지 않는다.

```
int (*pFunc)(char, double) = &someFunction;
```

typedef 문을 사용하면 다음 코드처럼 함수 원형에 대해 FuncType이라는 별명을 지정해서 위 코드의 가독성을 향상시킬 수 있다.

```
typedef int (*FuncType)(char, double);
FuncType pFunc = &someFunction;
```

위 코드의 첫 번째 행처럼 한번 별명을 붙이고 나면 별명 타입의 사용 방법이 간단해서 두 번째 행에 보인 것처럼 문장을 쉽게 이해할 수 있다. 그러나 위 코드의 typedef 문처럼 FuncType 별명이 구문 가운데 위치하므로 문장 구성이 자연스럽지 않다. 다음 코드처럼 using 키워드를 사용하면 가독성이 한층 더 향상되므로 C의 typedef 문 대신 C++의 타입 별명 기능을 사용하는 것이 바람직하다.

```
using FuncType = int (*)(char, double);
FuncType pFunc = &someFunction;
```

[리스트 4.24]는 Figure, Circle, Rect 클래스들을 구현한 Figure.cpp 파일의 코드이다.

리스트 4.24 App2 프로젝트의 Figure.cpp 파일

```
#include "Figure.h"
#include "pclaf.h"

Figure::Figure(int xv, int yv)
        : x(xv), y(yv)
{}
```

```
07
08 void Figure::moveTo(int xv, int yv)
09 {
10   x = xv;
11   y = yv;
12 }
13
14 Circle::Circle(int xv, int yv, int r)
15        : Figure(xv, yv), radius(r)
16 {}
17
18 void Circle::draw(Application& theWindow)
19 {
20   theWindow.setPen(blue, solidLine, 1);
21   theWindow.circle(x, y, radius);
22 }
23
24 Rect::Rect(int xv, int yv, int wid, int hgt)
25        : Figure(xv, yv), width(wid), height(hgt)
26 {}
27
28 void Rect::draw(Application& theWindow)
29 {
30   theWindow.setPen(blue, solidLine, 1);
31   theWindow.rectangle(x, y, width, height);
32 }
33
34 bool Rect::includes(int xv, int yv) const
35 {
36   if ((x < xv) && (x + width > xv))
37     if ((y < yv) && (y + height > yv))
38       return true;
39   return false;
40 }
```

18행의 Circle::draw 함수에서, 21행에 사용한 circle 함수는 (x, y)를 원점으로 하고 반지름이 radius인 원을 그리는 Application 클래스의 멤버 함수이다. Application 클래스는 pclaf가 제공하는 클래스이다. 24~40행의 Rect 클래스의 구현에서, 실습 과제의 Rect 클래스의 구현에 비해 변경된 것은 upperLeftX, upperLeftY, lowerRightX, lowerRightY 멤버 변수로 표현한 사각형을 x, y, width, height 멤버 변수로 변경한 것에 따른 것들이다.

Card 클래스 Card.h와 Card.cpp 파일의 생성자는 실습 과제의 Card 클래스의 생성자에 비해서 faceUp에 false가 아닌 true를 배정해서 앞면인 상태를 기본으로 설정한다. 따라서 사용자가 왼쪽 마우스 버튼을 클릭하면 앞면 이미지가 바로 출력된다. Card::draw 멤버 함수는 사각형의 표현을 x, y, width, height로 변경한 것에 따른 좌표점 계산 문장들이 달라진다.

실습 과제의 CardApp.h 헤더 파일과 거의 유사한 FigureApp.h 헤더 파일에 다음 코드처럼 도형 객체들의 포인터를 저장하는 벡터를 멤버 변수로 추가하고 <vector> 헤더 파일을 포함한다.

```
std::vector<FigurePtr> figures;
```

위 코드의 figures 벡터는 Figure 클래스의 포인터 타입을 원소로 가지므로 카드 객체나 원 객체의 포인터를 저장할 수 있다. [그림 4.33]은 figures 벡터가 왼쪽 마우스 버튼 클릭 세 번과 오른쪽 마우스 버튼 클릭 두 번으로 생성된 다섯 개의 도형 객체들을 저장한 상태를 보인 것이다.

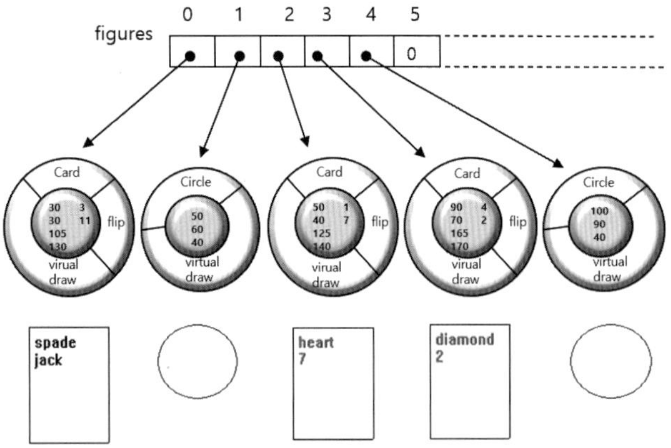

▲ 그림 4.33 ▷ 다섯 개 도형의 포인터를 저장한 figures 벡터

[리스트 4.25]는 FigureApp.cpp 파일의 코드를 보인 것이다.

리스트 4.25 App2 프로젝트의 FigureApp.cpp 파일

```
#include "FigureApp.h"
#include <random>
#include <ctime>

std::mt19937 eng(static_cast<unsigned long>(time(nullptr)));
std::uniform_int_distribution<int> distSuit(1, 4);
std::uniform_int_distribution<int> distRank(1, 13);

FigureApp::FigureApp(const TCHAR* apName)
        : Application(apName)
{}

FigureApp::FigureApp(const TCHAR* apName, int width, int height, int x, int y)
        : Application(apName, width, height, x, y)
{}

void FigureApp::mouseDown(int x, int y)
{
  figures.push_back(std::make_shared<Card>(x, y,
              distSuit(eng), distRank(eng)));
  clearAndUpdate();
}

void FigureApp::mouseRDown(int x, int y)
{
  figures.push_back(std::make_shared<Circle>(x, y, 40));
  clearAndUpdate();
}

void FigureApp::paint()
{
  for (auto f : figures)
    f->draw(*this);
}

int mainLAF()
{
  FigureApp theApp(TEXT("FIGURES"));
  theApp.run();

  return 0;
}
```

이번 과제에서 요구된 대로 마우스 왼쪽 버튼의 클릭에는 임의의 카드를 생성해서 그려야 한다. 임의의 카드를 생성하기 위해서 임의의 무늬와 임의의 숫자를 사용하는데, 무늬는 1부터 4로 모델링되고 숫자는 1부터 13까지이므로 난수 생성기를 사용해서 임의의 카드를 생성한다.

C의 난수 생성 방식은 srand와 rand 함수를 사용하는 것인데, 난수의 분포가 고정되므로 유연성이 떨어진다. 02행처럼 <random> 헤더 파일을 포함해서 C++의 난수 라이브러리를 사용하면 난수 생성을 위한 알고리즘과 분포를 선택할 수 있는 강력한 기능을 활용할 수 있다.

C++의 난수 라이브러리는 엔진 engine, 엔진 어댑터 engine adaptor, 분포 distribution의 세 부분으로 구성된다. 엔진은 연이은 난수를 생성하는 기능을 제공하고 분포는 난수들이 주어진 범위 내에서 수학적으로 어떻게 분포될지 결정하는 기능을 제공한다. 엔진 어댑터는 엔진이 생성한 난수를 수정하는 역할을 수행한다.

난수 라이브러리는 default_random_engine, minstd_rand, mt19937 등의 미리 정의된 엔진 클래스들을 제공한다. [리스트 4.25]는 05행처럼 mt19937 클래스를 사용하는데, 이 클래스로부터 생성된 엔진은 소프트웨어 기반의 난수 생성기이므로 난수의 초깃값 seed이 필요하다.

초깃값은 03행에서 포함한 <ctime> 헤더 파일에 존재하는 time(nullptr) 함수를 호출해서 반환되는 현재 시스템 시간을 사용한다. 이 시스템 시간을 unsigned long 타입으로 변환해서 mt19937 클래스의 생성자로 전달하면 05행처럼 eng 난수 생성기를 생성할 수 있다. 소프트웨어 기반의 엔진을 사용하면 난수 분포도 정의해야 하는데, 난수 라이브러리는 유니폼 분포 uniform distribution, 정규 분포 normal distribution, 베르누이 분포 bernoulli distribution 등을 지원하는 클래스들도 제공한다.

[리스트 4.25]에서 06행과 07행은 유니폼 분포를 지원하는 uniform_int_distribution 템플릿 클래스로부터 1부터 4까지와 1부터 13까지의 범위를 갖는 유니폼 정수 분포 객체 distSuit와 distRank를 생성한다. 엔진과 분포가 정의되면 20행처럼 분포를 함수로 사용하고 엔진을 그 함수의 파라미터로 전달해서 난수를 생성한다. 마우스 왼쪽 버튼이 클릭될 때마다 난수를 생성해야 하므로 난수 생성기와 분포 객체를 05~07행처럼 전역 객체로 생성한다.

17행의 mouseDown 함수는 사용자의 왼쪽 마우스 버튼 클릭에 반응하고 24행의 mouseRDown 함수는 사용자의 오른쪽 마우스 버튼 클릭에 반응한다. mouseDown 함수는 19행처럼 클릭점 (x, y)를 왼쪽 위 꼭짓점으로 하는 카드 객체를 동적으로 생성해서 그 포인터를 figures 벡터에 추가한다. 이때, 1부터 4까지의 무늬와 1부터 13까지의 숫자는 분포 객체가 생성한 난수를 사용한다. 카드 객체를 생성한 후, clearAndUpdate 함수를 호출하면 paint 함수가 생성된 카드를 그린다. mouseRDown 함수는 26행처럼 클릭점을 원점으로 하고 반지름이 40인 원 객체를 생성한 후, 그 포인터를 figures 벡터에 저장한다.

30행의 paint 함수는 figures 벡터에 저장된 도형 원 또는 카드들을 차례대로 그린다. 그리기 작업은 2장의 "2.5 범위 기반 for 문" 절에서 다룬 범위 기반 for 문으로 모든 도형을 그린다. 33행에서 호출한 draw 멤버 함수는 가상 함수이므로 컴파일러는 결합할 함수가 Card::draw인지 아니면 Circle::draw인지 결정하지 않고 실행 시스템에 그 결정을 위임한다.

실행 시스템은 for 문의 각 루프에서 호출된 객체가 어느 것이냐에 따라 이 객체를 생성한 클래스로 가서 해당 멤버 함수를 찾고 호출된 객체에 적합한 draw 멤버 함수를 결합해서 실행한다. 따라서 호출된 객체가 카드 객체이면 Card::draw를 실행하고 원 객체이면 Circle::draw를 실행한다.

객체지향 프로그래밍의 다형성 기능을 활용하는 paint 함수는 두 행짜리지만 많은 작업을 수행한다. 33행의 문장 하나로 Card 타입의 데이터 객체와 Circle 타입의 데이터 객체를 함께 처리할 수 있다. Card와 Circle 클래스의 draw란 이름에 두 개의 서로 다른 함수 바디를 오버로딩 오버라이딩해서 다형성의 근간을 마련했고, 더 나가 draw를 가상 함수로 선언해서 코드가 한층 더 간결해졌다. 실습 과제의 c 변수나 지금의 figures 벡터 변수를 다형 변수라고 부른다. 다형 변수는 [그림 4.33]의 figures 변수처럼 여러 타입의 데이터를 저장할 수 있는 변수이다.

다형성이란 같은 코드로 두 개 이상의 타입을 처리할 수 있는 기능을 의미한다. C++는 크게 컴파일시 다형성 compile time polymorphism과 실행시 다형성 run time polymorphism을 제공하는데, 컴파일시 다형성은 주로 컴파일러가 템플릿 함수나 클래스를 [그림 2.17]이나 [그림 3.21]처럼 처리할 때 실현되고, 실행시 다형성은 실행 시스템이 [리스트 4.25]의

32행과 33행처럼 오버라이딩된 가상 함수를 [그림 4.14]에 보인 동적 결합 방식으로 처리할 때 실현된다.

따라서 컴파일시 다형성은 C++의 제네릭 프로그래밍 기능이 주로 제공하고 실행시 다형성은 객체지향 기능이 제공한다고 할 수 있다. 앞 문장에서 주로 제공한다고 한 이유는 객체지향의 오버로딩 기능만으로도 같은 코드로 서로 다른 타입의 데이터를 처리할 수 있고 이는 컴파일시 처리되기 때문이다. 두 가지 종류의 다형성은 이어지는 장들의 실습에서 계속 사용된다.

3.3 응용 과제 3

✓ Check Point 다형 변수와 다형성의 활용, array 컨테이너

- ▶ 응용 과제 2를 발전시킨다.
- ▶ 최대 도형(카드 또는 원)의 개수를 10개로 지정하고 10개의 도형이 생성되어 다 그려진 후, 생성된 도형 내에서 마우스 버튼을 더블클릭하면 그 도형이 선택된다. 선택된 도형은 [그림 4.34]처럼 굵기 3인 초록색 선으로 다시 그려진다.

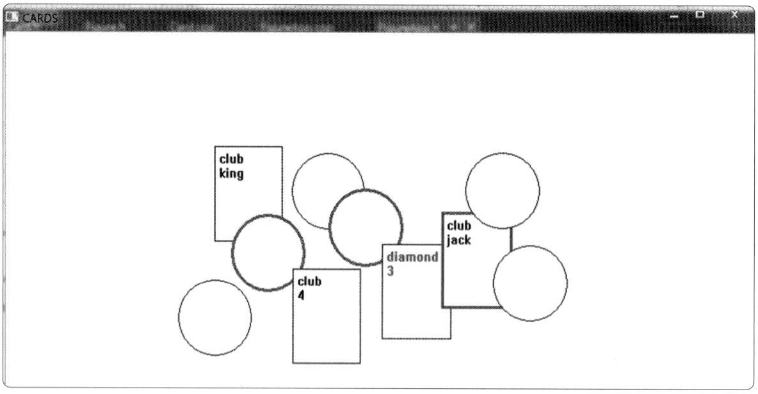

▲ 그림 4.34 ▷ 도형의 선택

Figure 클래스의 변경 사항을 먼저 살펴보자. 우선, 도형의 선택을 판단하는 멤버 함수가 필요하다. 카드의 경우는 이미 Rect 클래스의 includes 멤버 함수를 상속받았으므로 더블클릭점이 카드의 내부점인지 판단할 수 있으나 원의 경우에는 더블클릭점이 원의 내부점인지 판단하는 includes 멤버 함수의 정의가 필요하다. includes 멤버 함수는 draw 멤버 함수처럼 가상 함수로 정의해야 한다.

Rect와 Circle 클래스의 부모인 Figure 클래스에 includes 멤버 함수를 순수 가상 함수로 정의하기 위해서 다음 코드를 Figure 클래스의 인터페이스 정의에 추가한다. 이 멤버 함수는 멤버 변수들의 값을 변경하지 않으므로 const 속성을 지정한다.

```
virtual int includes(int, int) const = 0;
```

선택된 도형을 그리기 위해 굵기 3인 초록색을 사용한다. 따라서 각 도형 객체에 색을 나타내는 col 멤버 변수를 추가한다. 일반 도형은 col의 값으로 black을 갖고 선택된 도형은 col의 값으로 green을 갖게 한다. Figure 클래스의 인터페이스 정의에 다음 코드의 멤버 변수를 추가하고 black으로 초기화한다.

```
Color col = black;
```

Color 타입은 2장의 실습 과제에서 설명한 pclaf의 열거 타입이다. 이 열거 타입을 사용하기 위해서 Figure.h 헤더 파일에서 Application 클래스의 선행 선언 대신 pclaf.h 헤더 파일을 포함한다. Figure.cpp 파일에 포함했던 pclaf.h 헤더 파일은 제거한다. col 멤버 변수는 자식 클래스들에 상속되므로 Card와 Circle 클래스의 객체인 카드 객체와 원 객체가 col 멤버 변수를 소유하게 된다.

Circle 클래스의 인터페이스 정의에 다음 코드를 추가해서 Figure 클래스의 includes 멤버 함수를 재정의한다.

```
virtual int includes(int, int) const;
```

일반 도형은 검은색이고 선택된 도형은 초록색이다. 도형을 그 도형의 색에 맞게 그리기 위해서 Figure.cpp 파일의 Circle::draw와 Rect::draw 멤버 함수에서 다음 코드의 문장을 삭제한다. 이 문장이 존재하면 도형의 색과 상관없이 도형을 무조건 파란색으로 그리게 된다. 도형을 그릴 펜의 색은 [리스트 4.27]의 코드에서 살펴볼 paint 함수에서 설정한다.

```
theWindow.setPen(blue, solidLine, 1);
```

Circle 클래스의 includes 멤버 함수의 구현은 다음 코드와 같다.

```
bool Circle::includes(int a, int b) const
{
  int distance;
  distance = (int)sqrt(pow((long double)(a - x), 2) +
             pow((long double)(b - y), 2));
  if (distance < radius)
    return true;
  else
    return false;
}
```

더블클릭된 점이 원의 내부점인지 판단하기 위해서 원점과 더블클릭점 사이의 거리를 구한다. 이 값이 반지름보다 작으면 클릭점은 내부점이고, 크면 외부점이다. 두 점 (a, b)와 (x, y) 간의 거리는 $(a - x)^2 + (b - y)^2$ 값의 제곱근이다. 제곱근을 구하는 sqrt 함수와 pow 함수를 제공하는 <cmath> 헤더 파일은 Visual C++ 2022인 경우, 기본적으로 프로그램에 포함된다. pow 함수는 첫 번째 파라미터의 두 번째 파라미터 승을 반환한다. sqrt와 pow 함수의 파라미터들은 위 코드처럼 타입 변환을 적절히 해줘야 컴파일 오류를 피할 수 있다.

[리스트 4.26]은 FigureApp.h 헤더 파일의 코드를 보인 것이다.

리스트 4.26 App3 프로젝트의 FigureApp.h 파일

```
//==============================================================
// 응용 과제 3
// 응용 과제 2를 발전시킴
// 도형을 10개까지 생성 후 도형을 더블 클릭하면
// 선택된 도형이 초록색으로 변함
// std::array 사용
//==============================================================
#pragma once
```

```
09 #include “pclaf.h”
10 #include “Card.h”
11 #include <array>
12
13 const int MAX_FIGURES = 10;
14
15 class FigureApp : public Application
16 {
17 public:
18   FigureApp(const TCHAR*);
19   FigureApp(const TCHAR*, int, int, int, int);
20   void mouseDown(int, int);
21   void mouseRDown(int, int);
22   // 응용 과제 3
23   void doubleClick(int, int);
24   void paint();
25   // data fields, 응용 과제 3
26   int numFigures = 0;
27   std::array<FigurePtr, MAX_FIGURES> figures;
28 };
```

13행은 최대 도형의 개수를 10으로 지정하는 MAX_FIGURES 상수를 정의한다. 더블클릭을 처리하기 위해서 Application 클래스의 doubleClick 멤버 함수를 23행처럼 재정의한다. 27행은 도형 객체들의 포인터를 저장하는 figures 멤버 변수를 정의하는데, 응용 과제 2에서 사용한 벡터 대신 STL의 array 컨테이너를 사용한다.

배열은 벡터와 달리 크기가 고정되므로 26행처럼 생성된 도형의 개수를 저장하는 정수 타입의 변수가 필요하다. numFigures 멤버 변수는 현재 생성된 도형의 개수를 나타내기도 하지만, 다음 도형을 삽입할 배열 내 위치를 지정하는 역할도 담당한다.

[리스트 4.27]은 FigureApp.cpp 파일의 코드이다.

리스트 4.27 App3 프로젝트의 FigureApp.cpp 파일

```
#include “FigureApp.h”
#include <random>
#include <ctime>

std::mt19937 eng(static_cast<unsigned long>(time(nullptr)));
std::uniform_int_distribution<int> distSuit(1, 4);
```

```
std::uniform_int_distribution<int> distRank(1, 13);

FigureApp::FigureApp(const TCHAR* apName)
        : Application(apName)
{}

FigureApp::FigureApp(const TCHAR* apName, int width, int height, int x, int y)
        : Application(apName, width, height, x, y)
{}

void FigureApp::mouseDown(int x, int y)
{
  if (numFigures < MAX_FIGURES) {          // 응용 과제 3
    figures[numFigures] = std::make_shared<Card>(x, y,
                    distSuit(eng), distRank(eng));
    ++numFigures;
    clearAndUpdate();
  }
}

void FigureApp::mouseRDown(int x, int y)
{
  if (numFigures < MAX_FIGURES) {          // 응용 과제 3
    figures[numFigures] = std::make_shared<Circle>(x, y, 40);
    ++numFigures;
    clearAndUpdate();
  }
}
// 응용 과제 3
void FigureApp::doubleClick(int x, int y)
{
  if (numFigures == MAX_FIGURES) {
    for (int i = MAX_FIGURES-1; i >= 0; --i) {
      if (figures[i]->includes(x, y)) {
        figures[i]->col = green;
        break;
      }
    }
  }
  clearAndUpdate();
}

void FigureApp::paint()
{
  for (int i = 0; i < numFigures; ++i) {
    if (figures[i]->col == green) {
```

```
53        setPen(green, solidLine, 3);
54        figures[i]->draw(*this);
55        setPen(black);
56      }
57      else {
58        figures[i]->draw(*this);
59      }
60    }
61  }
62
63  int mainLAF()
64  {
65    FigureApp theApp(TEXT("FIGURES"));
66    theApp.run();
67
68    return 0;
69  }
```

사용자가 마우스 버튼을 더블클릭하면 36행의 doubleClick 함수가 호출된다. 도형의 선택은 10개의 도형이 다 생성된 후에 이뤄지므로 38행에서 numFigures의 값이 10인지 조사한다. 39행의 for 문은 figures 배열을 역방향으로 순회하면서 40행처럼 저장된 도형 객체의 includes 멤버 함수를 호출해서 더블클릭점을 포함하는 첫 번째 도형을 찾는다. 찾은 도형은 41행처럼 col 멤버 변수에 green을 배정한다. 도형을 찾으면 나머지 도형들을 검사할 필요가 없으므로 42행의 break 문으로 for 루프를 벗어난다. 선택된 도형을 초록색으로 표시하기 위해서 clearAndUpdate 함수로 paint 함수를 호출한다.

카드나 원은 [그림 4.35]에 보인 것처럼 면이 확보된 도형이므로 서로 겹친 경우를 고려한다면, 클릭점이 어느 도형 내에 위치하는지 판단하기 위해 39행의 for 문처럼 제일 마지막에 생성된 도형부터 시작해서 첫 번째 도형으로 40행처럼 도형 객체의 includes 멤버 함수를 호출해서 조사해야 한다.

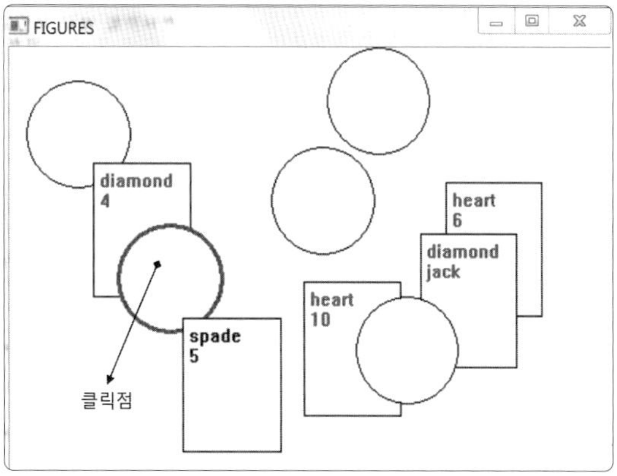

△ 그림 4.35 ▷ 겹친 도형의 선택

[그림 4.35]에서 카드와 원이 겹친 영역 내에 클릭점이 존재한다. 겹친 상태로 보아 원이 카드보다 나중에 생성된 것이고 사용자가 선택하고 싶은 도형은 원일 것이다. 처음 생성된 도형부터 이 점이 도형의 내부점인지 조사한다면 클릭점은 카드의 내부점으로 판단되어 카드를 선택하게 된다. 내부점인지의 조사를 마지막에 생성된 도형부터 조사한다면 사용자의 의도대로 원을 선택하게 된다.

49행의 paint 함수를 살펴보자. figures 배열을 순회하면서 저장된 도형의 col 멤버 변수를 52행처럼 조사해서 이 값이 green이면 선택된 도형을 의미하므로 53행처럼 펜을 초록색으로 변경하고 이 도형의 draw 멤버 함수를 호출해서 도형을 그린다. 선택된 도형을 그린 후에는 55행처럼 펜의 색을 검은색으로 복원한다. col 멤버 변수의 값이 green이 아니면 검은색 펜으로 설정되어 있을 것이므로 58행처럼 도형 객체의 draw 멤버 함수만 호출한다.

04 연습 문제

✓ 연습 문제 1

- ▶ 3장의 연습 문제 5를 발전시킨다.
- ▶ 함수 객체 대신 람다 함수를 사용해서 3장의 연습 문제 5를 다시 작성한다.

✓ ** 연습 문제 2

- ▶ 3장의 연습 문제 7을 발전시킨다.
- ▶ 함수 객체 대신 람다 함수를 사용해서 3장의 연습 문제 7을 다시 작성한다.

✓ 연습 문제 3

- ▶ 응용 과제 1을 발전시킨다.

▶ 우선, MyCoinMoney 클래스에 owner 멤버 변수의 값을 반환하는 get_owner 멤버 함수를 다음 코드처럼 정의한다.

```
string get_owner() const { return owner; }
```

▶ 다음 코드는 벡터에 저장된 MyCoinMoney 객체 중, 소유주가 "youngmi"인 첫 번째 원소를 찾아 출력하기 위한 main 함수의 시작 부분이다. main 함수를 완성해서 [그림 3.36]에 보인 결과를 얻도록 프로그램을 작성한다. find_if 알고리즘을 사용하고 이 함수의 조건자는 람다 함수를 사용한다.

```
MyCoinMoney m1{ 1, 2, 3, 4, "doohun" };
MyCoinMoney m2{ 2, 3, 4, 5, "doohun" };
MyCoinMoney m3{ 3, 4, 2, 1, "doohun" };
MyCoinMoney m4{ 3, 2, 4, 3, "youngmi" };
MyCoinMoney m5{ 2, 4, 3, 2, "doohun" };
MyCoinMoney m6{ 3, 4, 4, 3, "youngmi" };
vector<MyCoinMoney> vec{ m1, m2, m3, m4, m5, m6 };
// Exer: lambda
vector<MyCoinMoney>::iterator it;
string name = "youngmi";
......
```

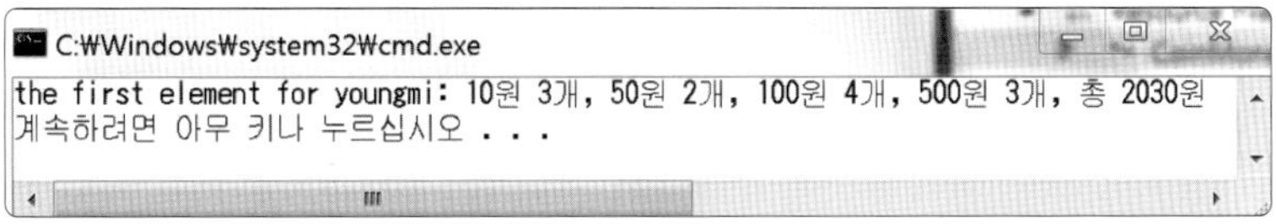

▲ 그림 4.36 ▷ 람다 함수를 사용하는 find_if 알고리즘

✓ ** 연습 문제 4

▶ 연습 문제 3을 발전시킨다.

▶ 연습 문제 3의 동전 다발 벡터를 사용해서 [그림 4.37]처럼 "doohun"이 소유한 모든 동전 다발들을 찾아 출력하고 그 총합도 출력한다. accumulate 알고리즘을 사용하고 이 함수의 조건자는 람다 함수를 사용한다.

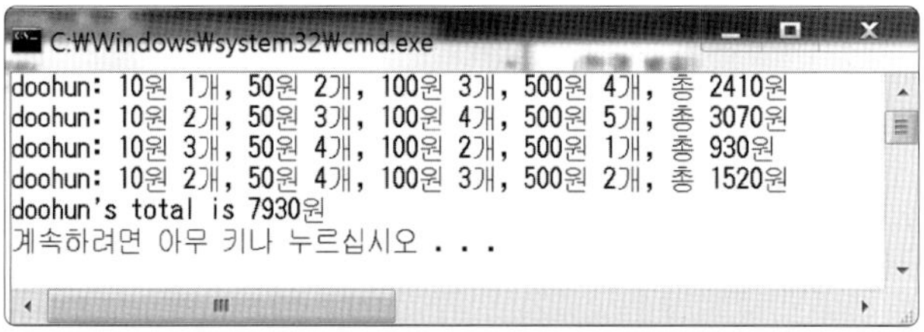

▲ 그림 4.37 ▷ 람다 함수를 사용하는 accumulate 알고리즘

✓ 연습 문제 5

- ▶ 2장의 실습 과제를 발전시킨다.
- ▶ [그림 4.38]에 보인 것처럼 메인 윈도우와 자식 윈도우를 생성한다. 메인 윈도우에는 2장의 실습 과제처럼 마우스로 선을 그리고 자식 윈도우에는 첫 번째 마우스 클릭점을 원점으로 하고 반지름이 30인 원을 그린다. 자식 윈도우에서 연이은 마우스 클릭은 원의 원점을 클릭점으로 이동시킨다.

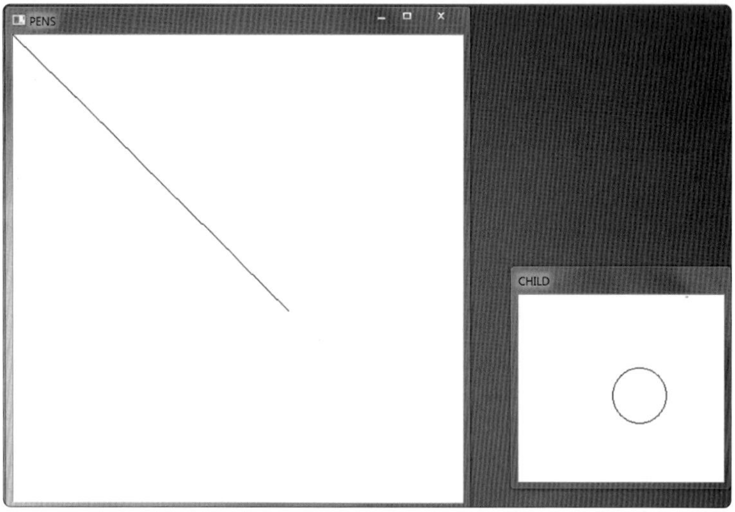

▲ 그림 4.38 ▷ 메인 윈도우와 자식 윈도우

- ▶ [그림 4.2]에 보인 것처럼 자식 윈도우는 pclaf의 ChildWindow 클래스를 상속받는 클래스로 정의하고 이 클래스로부터 객체를 생성해서 사용한다. 2장 실습 과제의 PenApp 클래스의 인터페이스 정의에 이어서 다음 코드처럼 MyChild 클래스를 정의한다.

```
class MyChild : public ChildWindow
{
public:
  MyChild(const TCHAR*, int, int, int, int);
  void mouseDown(int, int);
  void paint();
  // data fields
  int childX = 50;
  int childY = 50;
};
```

▶ 위 코드에서 MyChild 생성자, mouseDown 함수, paint 함수가 동작하는 방식은 기본 코드 틀인 PenApp 클래스의 함수들이 동작하는 방식과 같다. 자식 윈도우에서 마우스를 클릭하면 mouseDown 함수가 호출되고 clearAndUpdate 함수를 호출하면 paint 함수가 호출된다. paint 함수는 pclaf가 제공하는 circle 함수를 이용해서 원을 그린다. 원의 반지름은 30으로 고정되므로 멤버 변수로 설정하지 않는다. childX와 childY 멤버 변수는 원점의 좌표이다. mainLAF에 다음 코드를 삽입해서 자식 윈도우를 생성한다.

```
MyChild theChild(TEXT("CHILD"), 200, 200, 700, 500);
```

▶ theApp 객체의 run 함수가 실행될 때 자동으로 theChild 객체도 활성화되므로 theChild 객체에 run 함수를 호출할 필요는 없다. theChild 객체는 theApp 객체와 비슷하게 동작하나 메인 윈도우 객체인 theApp 객체 없이 독립적으로 실행할 수 없고 자식 윈도우를 닫을 수도 없다.

✓ 연습 문제 6

▶ 응용 과제 2를 발전시킨다.

▶ 마우스의 가운데 버튼을 클릭하면(휠 마우스의 휠을 누르면) 클릭점을 위 꼭짓점으로 하고 한 변의 길이가 100인 정삼각형을 [그림 4.39]에 보인 것처럼 생성해서 그린다.

▶ 정삼각형을 모델링한 Triangle 클래스의 인터페이스 정의는 다음 코드와 같다.

```
class Triangle : public Figure {
public:
  Triangle(int, int);
```

```
    virtual void draw(Application&);
    // data field
    int length;
  };
```

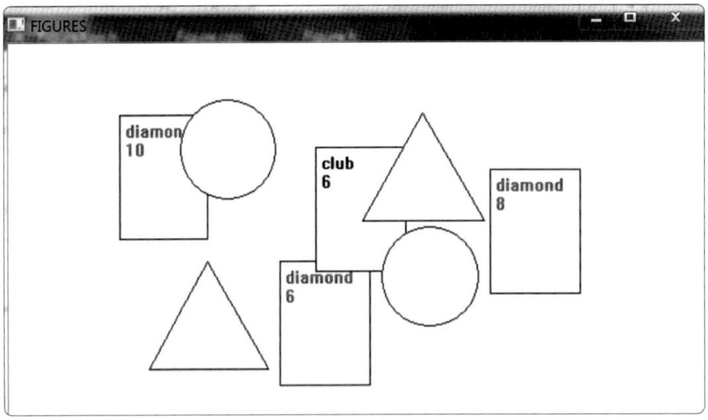

▲ 그림 4.39 ▷ 정삼각형의 추가

▶ Triangle:draw 멤버 함수에서 정삼각형을 그리는 코드는 다음과 같다.

```
int dx, dy;
dx = static_cast<int>(length * cos(60 * M_PI / 180));
dy = static_cast<int>(length * sin(60 * M_PI / 180));
theWindow.setPen(blue, solidLine, 1);
// use pclaf's Point struct
Point trianglePoints[] = { { x, y },
                           { x - dx, y + dy },
                           { x + dx, y + dy } };
theWindow.polygon(trianglePoints, 3);
```

▶ 정삼각형의 위 꼭짓점으로부터 왼쪽과 오른쪽 꼭짓점은 [그림 4.40]에 보인 것처럼 구한다.

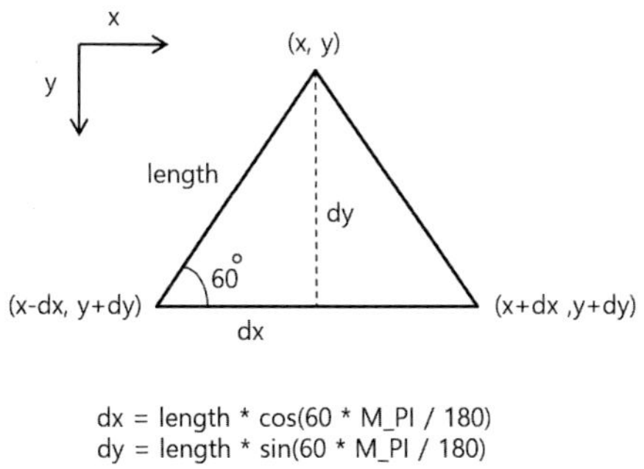

▲ 그림 4.40 ▷ 정삼각형의 위 꼭짓점으로부터 왼쪽과 오른쪽 꼭짓점 구하기

- int 타입의 x와 int 타입의 y를 필드로 갖는 Point 구조체는 pclaf가 제공한다. Application 클래스의 멤버 함수인 polygon은 임의의 다각형을 그리는 함수인데, 첫 번째 파라미터에 다각형의 꼭짓점들을 저장한 Point 타입 배열을 전달하고 두 번째 파라미터에는 꼭짓점의 개수를 전달한다. sin과 cos 함수를 제공하는 <cmath> 헤더 파일은 프로그램에 기본적으로 포함되고, 3.14로 지정된 M_PI는 C가 제공하는 상수이다.
- FigureApp 클래스에 마우스의 가운데 버튼 클릭에 반응하는 mouseMDown 함수를 다음 코드처럼 정의해서 구현한다.

```
void mouseMDown(int, int);
```

✓ 연습 문제 7

- 실습 과제를 발전시킨다.
- 실습 과제에서 작성한 Rect 클래스 대신 <atltypes.h> 헤더 파일이 제공하는 CRect 클래스를 상속받는 Card 클래스를 작성한다. 이 Card 클래스를 사용해서 [그림 4.41]에 보인 것처럼 동작하는 실습 과제를 재작성한다. CRect 클래스에는 draw와 같은 그래픽 멤버 함수가 없으므로 [그림 4.3]에 보인 첫 번째 사각형은 생략한다. 두 카드는 마우스 클릭에 뒤집기를 반복한다.
- Rect.h와 Rect.cpp 파일을 프로젝트에서 제거하고 Card.h 헤더 파일에 pclaf.h와 <atltypes.h> 헤더 파일들을 포함한다. CRect 클래스는 [그림 4.42]에 보인 것처럼 사각형을 public 속성의 left, top, right, bottom 멤버 변수로 모델링한다.

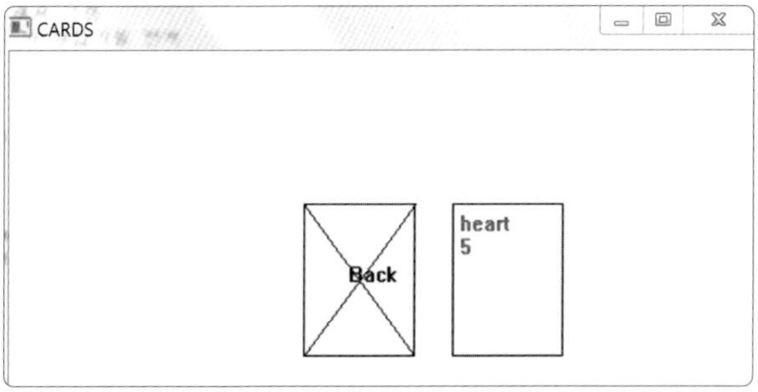

▲ 그림 4.41 ▷ CRect 클래스를 사용하는 Card 응용 프로그램

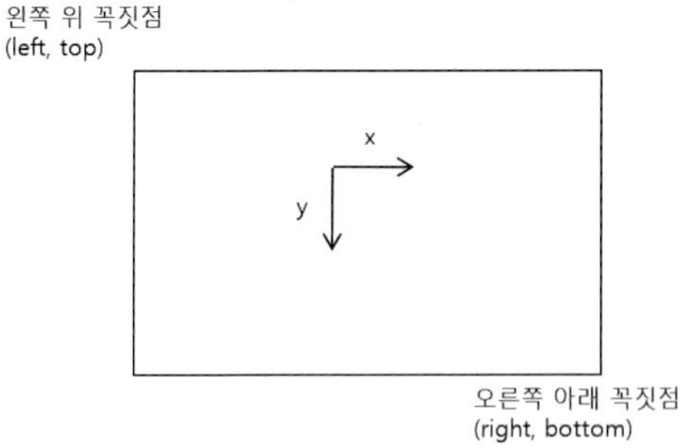

▲ 그림 4.42 ▷ CRect 클래스의 사각형 모델링

- ▶ 따라서 Card.cpp 파일에서 사용한 upperLeftX, upperLeftY, lowerRightX, lowerRightY 멤버 변수들을 CRect 클래스에 맞게 변경한다.
- ▶ CardApp 클래스의 멤버 변수는 다음 코드처럼 정의한다.

```
Card b{ 200, 100, 2, 7 };
std::shared_ptr<Card> c = std::make_shared<Card>(300, 100, 1, 5);
```

- ▶ 또한, Rect 클래스의 includes 멤버 함수를 사용하는 대신 CRect 클래스가 제공하는 PtInRect 멤버 함수를 다음 코드처럼 사용한다. CPoint도 <atltypes.h> 헤더 파일이 제공하는데, CPoint는 점을 모델링한 클래스이다.

```
if (b.PtInRect(CPoint(x, y)))
  b.flip();
```

CHAPTER 5

Pile 응용 프로그램

3장에서 클래스의 개념을 다뤘고, 4장에서는 상속의 개념을 설명했다. 실습을 진행하기 전에 지금까지 윈도우 기반 응용 프로그램의 틀로 사용해 왔던 기본 코드 틀을 3장의 실습 과제를 이용해서 분석해 보자. 3장의 실습 과제인 'Rectangle 응용 프로그램'은 윈도우 내에서 마우스를 클릭하면 클릭점을 왼쪽 위 꼭짓점으로 하는 사각형 객체가 생성되어 그려지는 것이었다. 이를 위해서, 윈도우에 그리기 기능이 필요하고 다음으로 마우스 클릭을 감지하고 이에 반응하는 기능이 필요하다. 이 두 기능을 pclaf는 Window 클래스의 기능으로 제공한다.

[그림 5.1]은 다소 복잡하게 보이지만, 이 두 기능을 RectApp이라는 응용 클래스에 상속을 통해 제공하기 위한 클래스 계층구조를 보인 것이다.

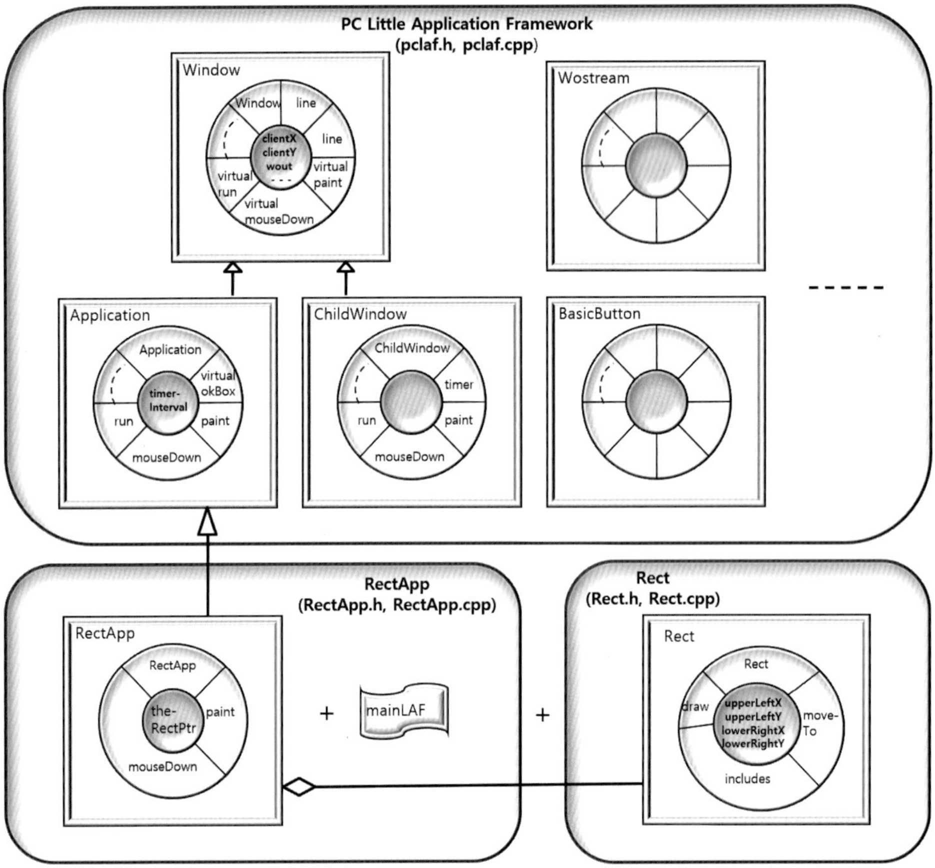

▲ 그림 5.1 ▷ Rectangle 응용 프로그램의 클래스 계층구조

Window 클래스는 윈도우 운영체제의 도움을 받아 윈도우의 생성, 윈도우에 그리기 등의 윈도우 기능을 지원하고 마우스 클릭의 감지 기능도 제공한다. Rect 클래스 Rect.h와 Rect.cpp 파일는 사각형 클래스를 구현한 것이고 RectApp 응용 클래스 RectApp.h와 RectApp.cpp 파일는 Rect 클래스를 활용해서 사각형을 그린다.

RectApp 클래스의 theRectPtr 멤버 변수는 Rect 클래스로부터 생성된 사각형 객체의 포인터를 가진다. 이처럼 한 클래스가 자신의 멤버 변수로 다른 클래스의 객체를 소유하는 상황을 두 클래스 간에 포함 관계 composition relationship가 성립한다고 부른다. 또한, 'RectApp 클래스 해즈-어 Rect 클래스'라는 의미로 그림처럼 RectApp 클래스 쪽에 속이 빈 다이아몬드 모양을 표시하고 두 클래스 사이에 선을 연결해서 표기한다. 두 클래스 간의 상속 관계는 속이 빈 화살표로 표기한다.

윈도우 기능과 클릭에 반응하는 기능 중 윈도우 기능을 먼저 설명한다. pclaf는 그래픽 사용자 인터페이스 GUI 기반의 응용 프로그램을 작성하기 위한 클래스들을 제공한다. 그래픽 사용자 인터페이스 기반의 응용 프로그램은 콘솔 기반 응용 프로그램과 달리 윈도우, 메뉴, 버튼, 레이블 등과 같은 GUI 컴포넌트들을 활용해서 사용자와 대화한다.

[그림 3.3]으로 설명한 Window 클래스는 윈도우가 가져야 할 데이터적인 속성들과 기능적인 속성들이 구현되어 윈도우 기능을 제공하는 클래스이다. [그림 4.2]에 보인 Application 클래스와 ChildWindow 클래스는 Window 클래스의 자식으로 정의되므로 Application 클래스로부터 생성한 객체는 상속에 의해 윈도우의 속성을 이미 갖고 있다. 3장 실습 과제의 RectApp 응용 클래스는 [그림 5.1]에 보인 것처럼 다시 Application 클래스의 자식으로 선언됨으로써 Window와 Application 클래스의 멤버 변수와 멤버 함수들을 공짜로 상속받는다. 따라서 RectApp 클래스로부터 생성한 객체는 메인 윈도우로서의 모습과 기능을 갖고 시작한다.

[그림 5.1]을 자세하게 살펴보자. RectApp 클래스의 paint 멤버 함수에서 사용했던 line 멤버 함수는 Window 클래스에서 오버로딩되어 두 개가 제공되는 것을 상속받은 것이다. RectApp 클래스의 mouseDown과 paint 멤버 함수는 Window 클래스에서 가상 함수로 정의되고 Application 클래스에서 재정의된 것을 RectApp 클래스에서 다시 재정의한 것이다.

okBox 멤버 함수는 Application 클래스에서 추가된 것을 상속받아 사용하게 된다.

run, clearAndUpdate 등의 멤버 함수들도 클래스 계층구조 상에서 비슷하게 해석할 수 있다. 결론적으로, 이 모든 멤버 함수들이 제공하는 기능들을 다 가진 클래스가 RectApp 응용 클래스인 것이다. 아래에서 설명하겠지만, 이러한 RectApp 클래스로부터 생성한 객체가 메인 윈도우 객체가 되고 이 객체가 모니터상에 표시된 윈도우가 우리가 실습 과제를 통해 사용해 왔던 그 윈도우인 것이다.

이제, 마우스 클릭에 반응하는 Window 클래스의 기능을 살펴본다. 'Rectangle 응용 프로그램'과 같은 윈도우 기반 프로그램은 콘솔 기반 프로그램과 달리, 프로그램의 흐름이 사용자의 마우스 클릭이나 키 입력 등에 의해 결정된다. 마우스 클릭, 키 입력 등과 같은 사용자의 액션을 이벤트 event라고 부르고 이벤트에 의해서 프로그램의 흐름이 결정되는 프로그램을 이벤트 기반 프로그램 event-driven program이라고 부른다.

반면, 콘솔 기반 프로그램은 개발자가 작성한 프로그램 내에서 모든 실행 흐름이 결정된다. 'Rectangle 응용 프로그램'은 마우스 클릭 클릭 위치, 왼쪽/오른쪽 클릭에 따라 프로그램의 흐름이 결정되는 이벤트 기반 프로그램이다. 이벤트 기반 프로그램은 이벤트를 처리하는 이벤트 리스너 event listener 또는 이벤트 어댑터 event adapter 코드를 준비해서 이벤트가 발생할 때마다 해당 이벤트 리스너가 이 이벤트를 처리하도록 작성한다.

마우스 클릭에 반응하는 기본 기능은 Window 클래스의 mouseDown 멤버 함수로 구현됐다. 그러나 이 멤버 함수는 마우스 클릭에 반응만 할 뿐, 클릭에 작업을 연계하려면 이 클래스를 상속받는 클래스의 mouseDown 멤버 함수에서 작업을 연계시켜야 한다. [그림 5.1]의 RectApp 클래스의 mouseDown 멤버 함수는 Application 클래스의 mouseDown 멤버 함수를 재정의해서 마우스 클릭점을 왼쪽 위 꼭짓점으로 하는 사각형을 그린다.

따라서 RectApp 클래스로부터 생성한 객체는 마우스 이벤트에 반응하는 마우스 이벤트 리스너 객체의 역할도 수행한다. 사용자가 마우스를 클릭할 때마다 이 객체의 mouseDown 멤버 함수가 호출되어 마우스 클릭 이벤트를 처리한다. 사용자가 마우스를 클릭하면 클릭점의 x와 y 좌표가 mouseDown 멤버 함수에 파라미터로 전달된다. 오른쪽 마우스 버튼 클릭에 반응하는 mouseRDown 멤버 함수도 같은 방식으로 동작한다.

이제, 3장의 실습 과제인 'Rectangle 응용 프로그램'을 분석할 준비가 됐다. [그림 5.2]는 'Rectangle 응용 프로그램' 중, Rect.cpp 파일과 RectApp.cpp 파일을 보인 것이고 [그림 5.3]은 이 프로그램이 실행되는 과정을 순서별로 보인 것이다.

참고로, Rect 클래스의 draw 멤버 함수를 Rect.h 헤더 파일에 가상 함수로 선언했는데, 이는 4장의 Card 클래스를 정의할 때 영향을 줄 속성을 미리 지정한 것이므로 draw 멤버 함수 앞에 붙인 virtual 키워드가 'Rectangle 응용 프로그램'의 실행 결과에 영향을 주지 않는다. 따라서 draw 멤버 함수의 호출 대 draw 멤버 함수의 결합은 실행시 결합방식을 사용하고 draw 멤버 함수를 제외한 모든 멤버 함수의 호출 대 해당 멤버 함수의 결합은 컴파일시 결합방식을 사용한다.

Rect.cpp

```
#include "Rect.h"
#include "pclaf.h"

Rect::Rect(int a, int b, int c, int d) ---------------------- ⑩
            : upperLeftX(a), upperLeftY(b),
            lowerRightX(c), lowerRightY(d)
{}

void Rect::moveTo(int x, int y)
{
  int width = lowerRightX - upperLeftX;
  int height = lowerRightY - upperLeftY;
  upperLeftX = x;
  upperLeftY = y;
  lowerRightX = x + width;
  lowerRightY = y + height;
}

void Rect::draw(Application& theWindow) -------------------- ⑬
{
  // first make sure the pen is correct
  theWindow.setPen(blue, solidLine, 1); -------------------- ⑭
  // then draw the rectangle
  int width = lowerRightX - upperLeftX;
  int height = lowerRightY - upperLeftY;
  theWindow.rectangle(upperLeftX, upperLeftY, width, height); --- ⑮
}

bool Rect::includes(int x, int y)
{
  if ((upperLeftX < x) && (lowerRightX > x))
    if ((upperLeftY < y) && (lowerRightY > y))
      return true;
  return false;
}
```

RectApp.cpp

```
#include "RectApp.h"
#include "Rect.h"

RectApp::RectApp(const TCHAR* apName, int width, int height, int x, int y)
            : Application(apName, width, height, x, y) ------- ②
{}

void RectApp::mouseDown(int x, int y) ----------------------- ⑦
{
  if (theRectPtr != nullptr) {
    if (theRectPtr->includes(x, y)) {
      // move the rectangle
      theRectPtr->moveTo(x, y);
    }
  }
  else {
    theRectPtr = new Rect(x, y, x + 70, y + 50); ------------- ⑧ ⑨
  }
  // then update the screen
  clearAndUpdate(); ------------------------------------------ ⑪
}

void RectApp::paint() -------------------------------------- ⑤ ⑫
{
  if (theRectPtr != nullptr)
    theRectPtr->draw(*this); -------------------------------- ⑬
}

// pclaf program entry point
int mainLAF()
{
  RectApp theApp(TEXT("RECTANGLES"), 750, 500, 150, 150); ------ ①
  theApp.run(); ------------------------------------------ ③ ④ ⑥

  delete theApp.theRectPtr;
  return 0;
}
```

▲ 그림 5.2 ▷ Rect.cpp와 RectApp.cpp 파일

두 그림에 매겨진 번호별로 실행 과정을 설명한다. 프로그램 실행의 시작은 [그림 5.2]의 오른쪽에 보인 mainLAF 함수이다.

① RectApp 클래스로부터 메모리 내에 theApp 객체가 [그림 5.3]의 ①에 보인 것처럼 생성된다.

② theApp 객체가 생성되면 자동으로 RectApp 생성자가 호출되어 윈도우의 타이틀과 크기가 설정된다. (부모 클래스의 생성자 호출 과정은 생략한다.)

③ theApp 객체의 run 멤버 함수가 호출된다. run 멤버 함수는 Application 클래스로부터 상속받은 것이므로 [그림 5.3]의 ③에 보인 것처럼 Application 클래스의 run 멤버 함수가 실행된다. 프로그램에 run 멤버 함수의 실체는 없지만, run 멤버 함수는 물밑에서 프로그램이 종료될 때까지 실행된다.

④ run 멤버 함수는 크게 두 가지 작업을 수행하는데, 첫 번째 작업은 theApp 윈도우 객체를 모니터상에 표시하는 것이다. run 멤버 함수가 이 작업을 수행하면 사용자는 theApp 객체를 모니터상의 윈도우로 인식할 수 있게 된다.

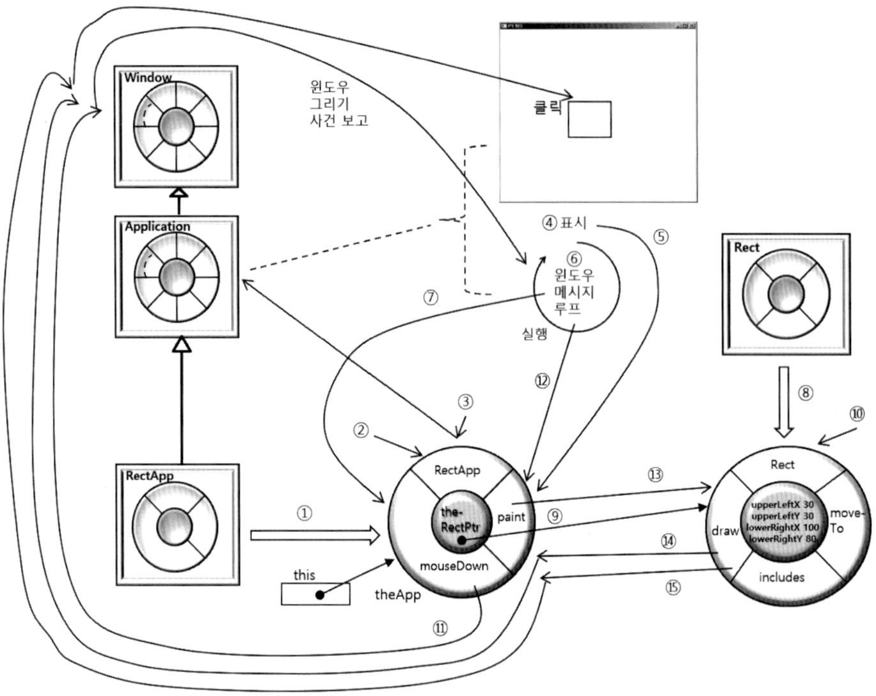

▲ 그림 5.3 ▷ Rectangle 응용 프로그램의 실행 과정

⑤ 윈도우가 처음으로 표시되면서 [그림 5.3]의 ⑤에 보인 것처럼 theApp 객체의 paint 멤버 함수가 호출된다. theRectPtr 멤버 변수의 값이 nullptr이므로 paint 멤버 함수는 바로 종료된다.

⑥ run 멤버 함수의 두 번째 작업은 윈도우 메시지 루프를 실행해서 사용자의 마우스 클릭에 반응할 수 있는 대기 상태로 진입하는 것이다. 윈도우 메시지 루프는 이벤트를 감지하는 루프라는 의미로 이벤트 루프라고도 부른다.

사용자가 클라이언트 영역의 (30, 30)점에서 마우스를 클릭했다고 가정하자. (윈도우 운영 체제와의 연계 과정은 생략한다.)

⑦ 마우스 클릭 사건이 발생했으므로 윈도우 메시지 루프는 마우스 이벤트 리스너인 theApp 객체의 mouseDown 멤버 함수를 호출하면서 파라미터로 30과 30을 전달한다. mouseDown 멤버 함수는 [그림 5.2]의 ⑦에 보인 if 문에서 멤버 변수인 theRectPtr의 값을 조사한다. 이 시점에 theRectPtr의 값은 초기값인 nullptr 이므로 else 절이 실행된다.

⑧ 파라미터로 전달된 30과 30을 이용해서 [그림 5.3]의 ⑧에 보인 것처럼 Rect 클래스로부터 사각형 객체가 동적으로 생성된다.

⑨ new 연산자의 반환값인 사각형 객체의 포인터는 theRectPtr 멤버 변수에 배정된다. 따라서 theRectPtr 멤버 변수는 [그림 5.3]의 ⑨에 보인 것처럼 생성된 사각형 객체를 가리키게 된다.

⑩ 사각형 객체가 생성됐으므로 Rect 생성자가 호출되어 upperLeftX, upperLeftY, lowerRightX, lowerRightY 멤버 변수들의 값을 각각 30, 30, 100, 80으로 초기화한다.

⑪ mouseDown 멤버 함수 내의 clearAndUpdate 멤버 함수가 실행된다. clearAndUpdate 멤버 함수는 Window 클래스로부터 상속받은 것이므로 Window 클래스의 clearAndUpdate 멤버 함수가 [그림 5.3]의 ⑪에 보인 것처럼 호출된다. clearAndUpdate 멤버 함수는 윈도우 메시지 루프에 윈도우를 다시 그려야 하는 사건을 보고한다.

⑫ 윈도우 메시지 루프는 theApp 객체의 paint 멤버 함수를 호출한다. paint 멤버 함수는 theRectPtr의 값을 조사한다. ⑨에 의해 theRectPtr에는 사각형 객체의 포인터가 배정되어 있다.

⑬ theRectPtr이 가리키는 사각형 객체의 draw 멤버 함수가 호출된다. 이때 파라미터로는 this 시스템 포인터 변수의 역참조값을 제공한다. 3장의 실습 과제에서 소개한 this 자기 참조 변수는 C++에 의해서 현재 실행되는 멤버 함수의 소유 객체를 가리키도록 항시 조정된다. 현재 실행되고 있는 멤버 함수는 paint 함수이고 이 함수를 소유하는 객체는 theApp이므로 this에는 theApp 객체의 포인터인 &theApp가 저장되어 있을 것이다. 따라서 *this는 theApp 객체 자신을 의미한다. theApp 객체는 [그림 5.2]의 ⑬처럼 레퍼런스 전달 방식으로 draw 멤버 함수의 theWindow 파라미터에 전달된다.

⑭ theWindow 파라미터는 theApp 변수의 별명이므로 theApp 객체의 setPen 멤버 함수가 [그림 5.3]의 ⑭에 보인 것처럼 호출된다. setPen 멤버 함수는 Window 클래스에 정의되어 상속받은 것이므로 Window 클래스의 setPen 멤버 함수가 실행되어 디폴트인 검은색 펜이 지정된 파란색 펜으로 교체된다.

⑮ setPen 멤버 함수가 종료되면 프로그램의 흐름이 draw 멤버 함수로 돌아와서 rectangle 멤버 함수가 [그림 5.3]의 ⑮에 보인 것처럼 호출된다. rectangle 멤버 함수는 upperLeftX, upperLeftY, lowerRightX, lowerRightY 멤버 변수들의 값이 현재 30, 30, 100, 80이므로 이 크기의 파란색 사각형을 그린다. draw 멤버 함수가 종료되면 프로그램의 흐름은 paint 멤버 함수로 돌아가고 paint 멤버 함수가 종료되면 흐름은 다시 윈도우 메시지 루프로 돌아가서 다음 마우스 클릭을 기다린다. 이후 사용자의 마우스 클릭은 ⑦부터 반복된다.

이 장의 실습 과제는 카드들이 겹쳐 쌓인 형태인 카드 파일 card pile 두 개를 윈도우에 표시하고 한 파일에서 마우스 버튼을 클릭하면 다른 파일로 제일 위 카드가 넘어가는 프로그램을 작성한다.

01 Pile 응용 프로그램 실습

✓ **Check Point** 카드 컨테이너, array 컨테이너, shuffle 알고리즘, 포함 관계를 통한 재사용, 상속 관계를 통한 재사용

▶ 52장의 카드들이 임의의 순으로 쌓인 카드 파일 card pile이 [그림 5.4]처럼 윈도우의 왼쪽 위에 위치한다. 카드 파일이란 카드들이 겹쳐 쌓인 묶음을 말한다. 모든 카드는 뒷면인 상태이다. 오른쪽에는 빈 카드 파일이 위치한다. 왼쪽 파일 위에서 마우스의 버튼을 클릭하면 제일 위 카드가 오른쪽에 위치한 파일로 이동한다. 오른쪽 파일 위에서 마우스를 클릭하면 제일 위 카드가 뒤집힌다. 왼쪽 파일에 쌓인 52장의 카드들이 소진될 때까지 이 과정이 반복된다. 왼쪽 파일을 데크 파일 deck pile이라 하고 오른쪽 파일을 디스카드 파일 discard pile이라고 하자. 데크 파일은 카드를 공급하는 파일을 의미하며 디스카드 파일은 카드가 버려지는 파일을 의미한다.

STEP 01 CardPile 클래스의 모델링

카드 파일이란 카드들이 겹쳐 쌓인 묶음을 말한다. Pile 응용 프로그램은 두 개의 카드 파일을 사용한다. 객체지향적으로 생각해 보면, 이 두 개의 파일도 객체로 볼 수 있어야 한다. 카드 파일 객체는 [그림 5.5]처럼 겹쳐 쌓인 카드 객체들을 소유하면서 이들을 관리하는 역할을 수행한다. 여기서, 관리란 새로운 카드를 받아들이고 요구된 카드를 반환해 주는 등의 기능을 의미한다.

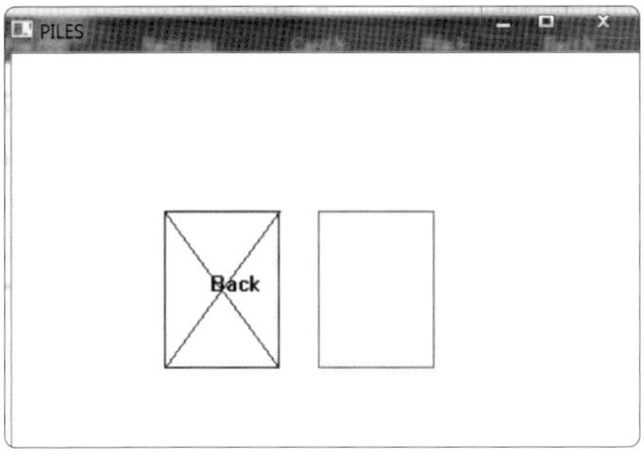

▲ 그림 5.4 ▷ Pile 응용 프로그램의 실행 과정

그렇다면, 카드 파일 객체는 소유와 관리 역할을 위해서 어떤 데이터적인 속성과 기능적인 속성을 필요로 하는지 생각해 보자. 우선, 카드 파일 객체도 윈도우상에 자신을 그릴 수 있어야 하므로 display란 멤버 함수가 필요하고, 자신을 그리기 위해 자신의 왼쪽 위 꼭짓점을 나타내는 upperLeftX와 upperLeftY의 멤버 변수도 필요하다. 소유의 역할을 수행하기 위해서는 현재 소유한 카드 객체들을 담을 멤버 변수가 필요하다. 이 멤버 변수로는 객체 포인터 배열도 좋고 잘 사용하면 효율적인 연결 리스트도 좋다.

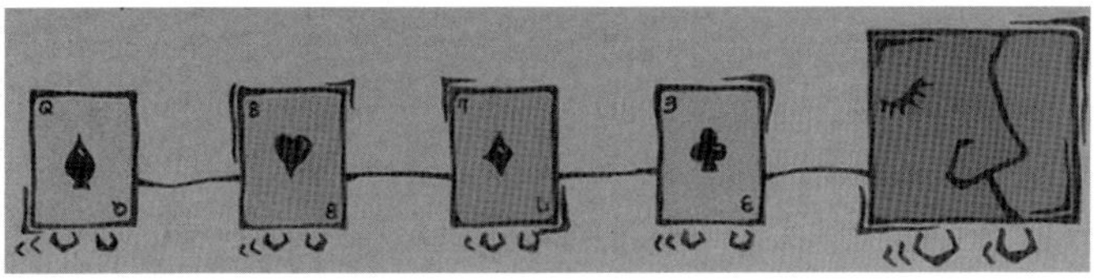

▲ 그림 5.5 ▷ 카드들을 소유한 카드 파일

실습 과제에서는 [그림 5.6]에 보인 것처럼 theCards 객체 포인터 배열을 사용하고 이 장의 응용 과제 2에서는 리스트를 사용해서 이 Card 응용 프로그램을 다시 구현해 보기로 하자.

[그림 5.6]에 보인 CardPile 클래스는 우리가 지금 정의하려는 카드 파일 클래스이고 theDiscard는 이 클래스로부터 생성된 객체이다. theDiscard 객체는 4장에서 구현한 Card 클래스의 객체들을 소유하므로 CardPile 클래스와 Card 클래스는 포함 관계이다. 이 포함 관계는 CardPile 클래스의 theCards 멤버 변수가 Card 클래스의 객체들을 가리킴으로써 표현된다. 그림에서는 theCards 객체 포인터 배열을 오른쪽에 확대해서 표시했다. 따라서 CardPile 클래스는 4장에서 정의한 Card 클래스를 포함을 통해 재사용한다.

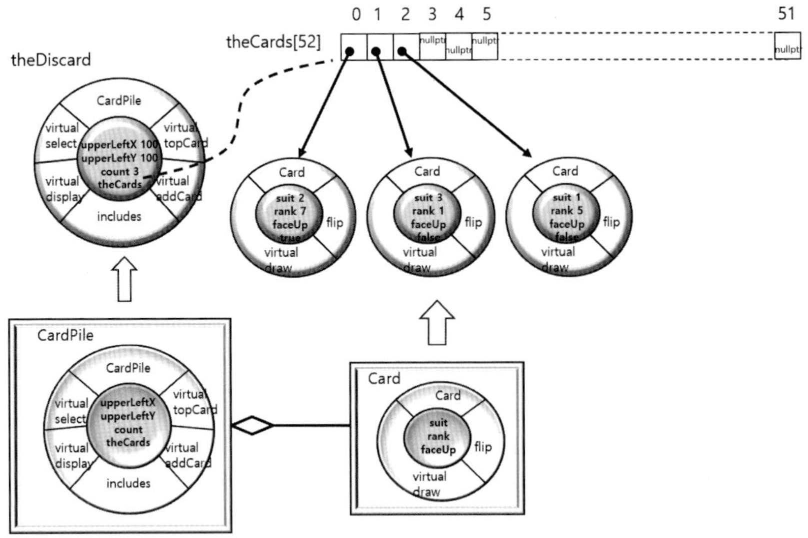

▲ 그림 5.6 ▷ CardPile 클래스와 Card 클래스의 포함 관계

CardPile 클래스는 현재 소유한 카드들의 개수를 나타내는 정수 타입의 멤버 변수 count도 필요하다. 이 count 멤버 변수의 값은 새로운 카드를 삽입할 때 배열 내의 인덱스값이기도 하다. 그림에서 theDiscard 객체는 현재 세 개의 카드 객체들을 소유하므로 count 멤버 변수의 값은 3이다.

display 멤버 함수 외에 실습 과제를 위해서 더 필요한 멤버 함수들을 생각해 보자. 카드 파일 객체는 카드 객체처럼 마우스 클릭점이 내부점인지 판단하는 includes 멤버 함수도 필요하다. 또한, 관리 역할을 수행하려면 새로운 카드를 받아들여 theCards 배열에 삽입할 수 있는 addCard 멤버 함수와 현재 소유한 카드 중, theCards 배열에서 제일 위 카드를 빼서 반환할 수 있는 topCard 멤버 함수도 필요하다. 6장에서 완성할 최종 카드 게임을 위해서 필요한 기능인 select 멤버 함수도 정의해 놓도록 하자.

STEP 02 DeckPile 클래스의 모델링

[그림 5.6]의 CardPile 클래스로부터 생성한 카드 파일 객체는 실습 과제에서 요구된 디스카드 파일의 역할을 display, includes, topCard, addCard 멤버 함수들로 충분히 해낼

수 있다. CardPile 클래스로부터 생성한 디스카드 파일 객체는 프로그램 초기에 소유한 카드가 없이 시작하지만, 왼쪽 데크 파일을 클릭하면 데크 파일의 제일 위 카드가 넘어오게 되고 넘어온 카드를 addCard 멤버 함수가 전달받아 theCards 배열에 넣게 된다. 카드가 뒤집히는 기능은 카드 객체들이 가진 flip 멤버 함수에 의해 수행된다.

윈도우의 왼쪽에 위치할 데크 파일 객체를 생각해 보자. 이 데크 파일 객체의 이름을 theDeck이라고 하자. CardPile 클래스로부터 생성해서 오른쪽에 위치할 theDiscard 객체와 무엇이 다른가? 카드의 소유와 관리의 기능 외에 6장의 카드 게임을 위해서 사용될 카드 공급의 역할이 theDeck 객체에 더 주어진다. 카드 게임은 카드를 임의의 순으로 섞는 과정이 꼭 필요하다.

theDeck 객체도 처음에는 소유한 카드 객체가 없이 시작한다. 카드 게임 프로그램은 실행 초기에 mainLAF 함수에서 52개의 카드 객체들을 동적으로 생성해서 theDeck 객체에 넘겨 준다. 따라서 theDeck 객체는 52개의 카드 객체들을 소유하게 되는데, theDeck 객체가 어떻게 이 카드들을 섞을지 생각해 보자. 52개의 카드를 다 받은 후, 카드들의 자리를 임의의 순으로 이동시켜서 섞는 방법도 있겠지만, 여기서는 theDeck 객체의 addCard 멤버 함수가 새로운 카드를 전달받아 theCards 배열에 삽입할 때마다 소유한 카드들을 섞기로 하자. 실습 과제를 위해서 DeckPile 클래스를 정의하지만 10장 또는 20장의 카드를 사용하는 다른 카드 게임에 DeckPile 클래스를 재사용하려면 카드를 받을 때마다 섞는 것이 바람직하다.

DeckPile 클래스는 CardPile 클래스의 addCard 멤버 함수를 재정의한다. 따라서 theDeck 객체는 CardPile 클래스로부터 바로 생성할 수 없고 CardPile 클래스의 자식인 DeckPile 클래스를 [그림 5.7]처럼 정의해서 DeckPile 클래스로부터 생성한다.

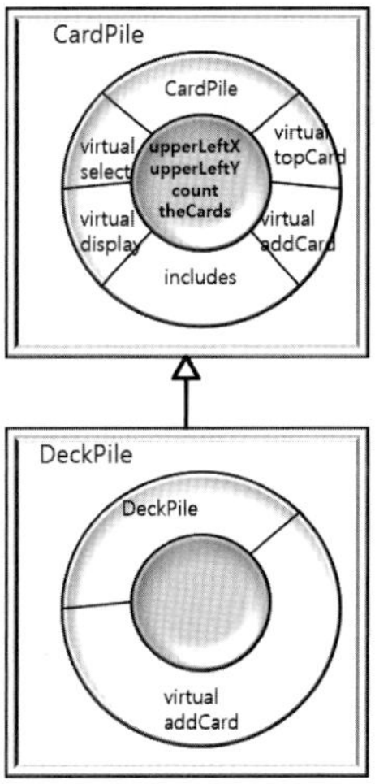

▶ 그림 5.7 ▽
addCard 멤버 함수를 재정의한 DeckPile 클래스

STEP 03 CardPile과 DeckPile 클래스의 분석

[그림 5.6]에 보인 것처럼 모델링한 CardPile 클래스와 [그림 5.7]에 보인 것처럼 모델링한 DeckPile 클래스의 인터페이스 정의는 [리스트 5.1]의 코드와 같다. 이 두 클래스는 독립된 Pile.h 파일과 Pile.cpp 파일에 선언하고 구현한다. 3장의 실습 과제에서 작성한 Rect 클래스와 4장의 실습 과제에서 작성한 Card 클래스는 그대로 사용한다.

리스트 5.1 PileApplication 프로젝트의 Pile.h 파일

```
// PILE CLASS
#pragma once
#include "Card.h"
#include <array>

const int MAX_CARDS = 52;

// CARDPILE CLASS
class CardPile
{
public:
  // 생성자 함수, 파라미터는 왼쪽위 꼭짓점
  CardPile(int, int);
  // 연산
  virtual CardPtr topCard();
  virtual void addCard(const CardPtr&);
  bool includes(int, int);
  virtual void display(Application&);
  virtual void select();
  // 멤버 변수
  int upperLeftX;
  int upperLeftY;
  int count;
  std::array<CardPtr, MAX_CARDS> theCards;
};

// DECKPILE CLASS
class DeckPile : public CardPile
{
public:
  // 생성자 함수
  DeckPile(int, int);
  // 연산
  virtual void addCard(const CardPtr&);   // 랜덤 삽입을 위해 재정의
};
```

```
36
37 typedef std::shared_ptr<CardPile> CardPilePtr;
```

24행은 theCards 객체 포인터 배열을 4장의 응용 과제 3에서 다룬 STL의 array 타입으로 정의한다. 원소의 타입은 Card.h 헤더 파일에 선언한 CardPtr로 지정하고 크기는 06행에 정의한 52로 설정한다. CardPtr은 Card 클래스의 shared_ptr 포인터 타입이다. 따라서 CardPile 객체를 카드들을 저장하고 관리하는 카드 컨테이너라고 할 수 있는데, 이 카드 컨테이너는 STL의 array 컨테이너를 사용해서 정의한다.

13행의 생성자는 파일 객체의 왼쪽 위 꼭짓점을 파라미터로 전달받아 21행과 22행의 upperLeftX와 upperLeftY 멤버 변수를 초기화한다. 15행의 topCard 멤버 함수는 theCards 배열에서 제일 위 카드의 포인터를 반환한다. 16행의 addCard 멤버 함수는 카드 객체의 포인터를 상수 레퍼런스 전달 방식으로 전달받아 이 포인터를 theCards 배열에 삽입한다.

17행의 includes 멤버 함수는 클릭점을 파라미터로 전달받아 이 클릭점이 내부점인지 판단한다. includes 멤버 함수는 멤버 변수의 값을 변경하지 않으므로 const 멤버 함수로 정의할 수 있다. 18행의 display 멤버 함수는 파일 객체를 그리고 6장에서 사용할 19행의 select 멤버 함수는 미리 정의해 놓은 것이다. includes 멤버 함수를 제외한 모든 멤버 함수들은 다형성 기능을 활용하기 위해서 가상 함수로 선언한다. 그 이유는 6장의 실습 과정을 진행하면서 설명한다.

28행에 선언한 DeckPile 클래스는 34행처럼 addCard 멤버 함수를 재정의한다. 이번 과제에서는 사용하지 않지만 6장의 실습 과제에서 활용할 CardPile 클래스의 포인터 타입을 37행처럼 CardPilePtr로 선언한다.

STEP 04 CardPile과 DeckPile 클래스의 분석 계속

CardPile과 DeckPile 클래스를 구현한 Pile.cpp 파일의 코드는 [리스트 5.2]와 같다.

리스트 5.2 PileApplication 프로젝트의 Pile.cpp 파일

```
#include “Pile.h”
#include “pclaf.h”
#include <random>
#include <ctime>
#include <algorithm>

std::mt19937 eng(static_cast<unsigned long>(time(nullptr)));

CardPile::CardPile(int x, int y)
       : upperLeftX(x), upperLeftY(y), count(0)
{}

void CardPile::addCard(const CardPtr& newCard)
{
  if (count < MAX_CARDS) {
    theCards[count] = newCard;
    newCard->moveTo(upperLeftX, upperLeftY);
    count = count + 1;
  }
}

CardPtr CardPile::topCard()
{
  if (count > 0) {
    count = count - 1;
    return theCards[count];
  }
  return nullptr;
}

bool CardPile::includes(int x, int y)
{
  for (int k = count; k > 0; k--) {
    if (theCards[k - 1]->includes(x, y)) {
      return true;
    }
  }
  return false;
}

void CardPile::display(Application& win)
{
  if (count > 0) {
```

```
44     theCards[count - 1]->draw(win);
45   }
46   else {
47     win.setPen(green);
48     win.rectangle(upperLeftX, upperLeftY,
49                   Card::CardWidth, Card::CardHeight);
50   }
51 }
52
53 void CardPile::select()
54 {}
55
56 DeckPile::DeckPile(int a, int b)
57       : CardPile(a, b)
58 {}
59
60 void DeckPile::addCard(const CardPtr& newCard)
61 {
62   if (count < MAX_CARDS) {
63     CardPile::addCard(newCard);
64     newCard->moveTo(upperLeftX, upperLeftY);
65     auto it = theCards.begin();
66     std::advance(it, count);
67     std::shuffle(theCards.begin(), it, eng);
68   }
69 }
```

07행에 정의한 eng 객체는 4장의 응용 과제 2에서 설명한 난수 엔진인데, 이 엔진은 67행에서 카드를 섞을 때 shuffle 알고리즘의 파라미터로 제공된다. eng 난수 엔진을 정의하기 위해서 03행과 04행은 <random>과 <ctime> 헤더 파일들을 포함한다.

09행의 CardPile 생성자는 왼쪽 위 꼭짓점 (upperLeftX, upperLeftY)를 10행처럼 파라미터값으로 초기화한다. 처음에는 소유한 카드 객체가 없는 상태이므로 count 멤버 함수에 0을 배정한다. Pile.h 헤더 파일에 정의한 theCards 멤버 변수의 원소들은 모두 nullptr로 초기화된 상태이다.

[그림 5.8]은 13행의 addCard 멤버 함수가 수행하는 작업을 자세하게 보인 것이다. 그림에서 theDiscard 객체의 멤버 함수에 지정한 virtual 속성은 지면상 표시하지 않았다.

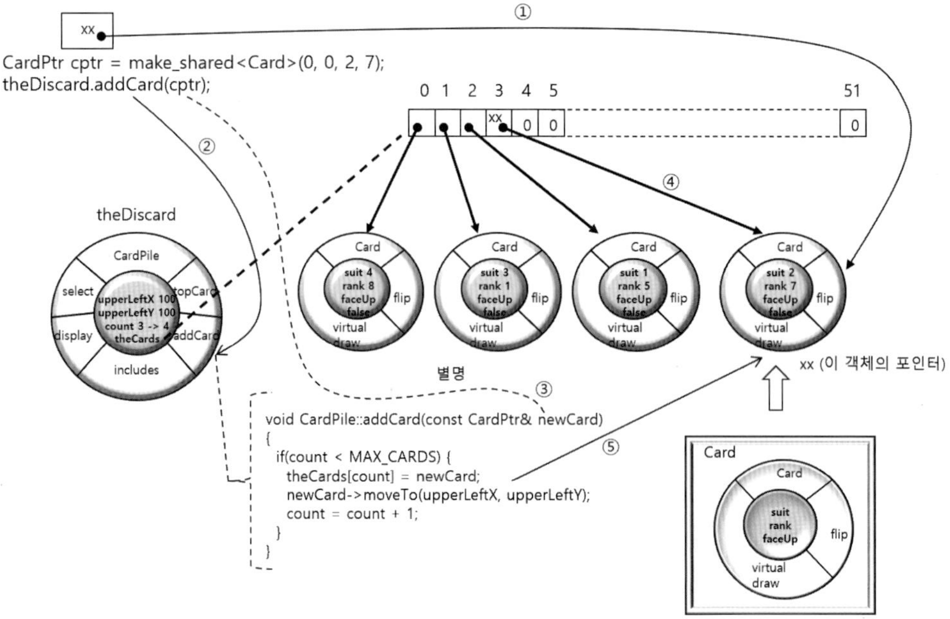

▲ 그림 5.8 ▷ addCard 멤버 함수의 실행

그림에 보인 것처럼 theDiscard 객체는 현재 세 개의 카드 객체들을 소유한 것으로 가정한다. addCard 멤버 함수가 CardPtr cptr = make_shared<Card>(0, 0, 2, 7); 문장과 theDiscard.addCard(cptr); 문장에 의해 새로운 카드 객체를 전달받아 이 카드 객체를 theCards 배열에 삽입하는 과정은 다음과 같다.

① CardPtr cptr = make_shared<Card>(0, 0, 2, 7); 문장이 실행되어 카드 객체가 메모리에 생성된다. 이 객체의 포인터가 반환되어 cptr 변수에 배정된다. 반환된 포인터를 편의상 xx라고 하면 cptr은 ①에 보인 것처럼 새로운 카드 객체를 가리킨다.

② theDidcard.addCard(cptr); 문장이 실행되는데, cptr은 addCard 멤버 함수의 newCard 파라미터에 상수 레퍼런스 전달 방식으로 전달된다.

③ newCard는 cptr의 별명이므로 newCard도 생성된 카드 객체를 가리킨다. 객체가 아닌 객체의 포인터가 상수 레퍼런스 방식으로 전달되므로 함수 내에서 newCard는 상수화된 cptr의 별명으로 사용되지만, newCard가 가리키는 새로운 카드 객체가 상수 객체가 되는 것은 아니다. 따라서 newCard를 이용해서 cptr이 저장하고 있는 xx를 다른 값으로 변경할 수 없지만, newCard가 가리키는 새로운 카드 객체의 모든 멤버 함수를 호출할 수 있다.

④ theDiscard 객체의 count 값이 현재 3이므로 배열의 크기인 52보다 작아 if 문의 조건절을 만족한다. count 멤버 변수의 값은 소유한 카드의 개수이면서 새로 삽입될

카드 객체의 배열 내 인덱스값이기도 하다. theCards[count] = newCard; 문장에 의해 theCards[3]에 xx가 배정되므로 theCards[3]은 ④에 보인 것처럼 새로운 카드 객체를 가리킨다. 새로운 카드가 theCards 배열의 오른쪽 끝에 삽입되므로 디스카드 파일의 제일 위 카드는 theCards 배열의 제일 오른쪽 카드 객체이다.

⑤ newCard->moveTo(upperLeftX, upperLeftY); 문장에 의해 newCard가 가리키는 새로운 카드 객체의 moveTo 멤버 함수가 호출된다. 따라서 새로운 카드 객체는 theDiscard의 왼쪽 위 꼭짓점으로 이동된다. Pile 응용 프로그램에서 카드들은 디스카드 파일에 겹쳐 쌓이게 되므로 파일의 위치와 카드의 위치가 같다. count의 값은 1만큼 증가돼서 4가 되며 이 값은 다음 카드 객체가 삽입될 배열 내 인덱스값이 된다.

[리스트 5.2]에서 22행의 topCard 멤버 함수는 theCards 배열의 제일 오른쪽 카드를 빼내 반환한다. [그림 5.9]는 theDiscard 파일 객체가 현재, 네 개의 카드 객체들을 소유하고 있을 때 CardPtr cptr = theDiscard.topCard(); 문장이 실행된다고 가정하고 그 실행 과정을 보인 것이다.

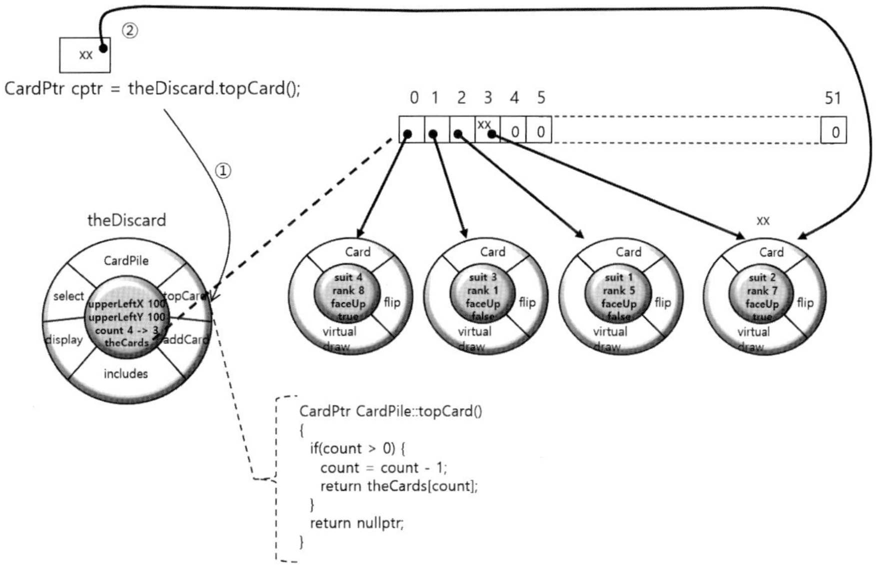

▲ 그림 5.9 ▷ topCard 멤버 함수의 실행

① theDiscard.topCard()에 의해 theDiscard 객체의 topCard 멤버 함수가 호출되면 topCard 멤버 함수는 먼저 count의 값을 조사한다. count의 값이 0이면

소유한 카드가 없으므로 nullptr을 반환한다. count의 값이 현재 4이므로 1만큼 감소시켜 count에 3을 배정한다. 이 값은 theDiscard 파일 객체의 제일 위 카드의 배열 내 위치를 나타낸다.

② topCard 멤버 함수 내의 return theCards[count]; 문장으로 theCards[3]의 값인 xx가 반환되어 cptr 변수에 배정된다. 따라서 cptr 변수는 ②에 보인 것처럼 반환된 카드 객체를 가리키게 된다. 다음 카드가 삽입될 theCards 배열 내의 위치는 3이며 theCards[3]의 값인 xx는 그때 새로 삽입될 카드의 포인터를 배정받게 되므로 일부러 theCards[3]에 nullptr을 배정해서 반환된 객체와의 연결을 끊을 필요는 없다. 따라서 count의 값이 3이 되어 theCards[3]의 값이 지워진 효과를 가져온다. Card.h 헤더 파일에 선언한 CardPtr이 shared_ptr<Card> 타입이므로 지금처럼 같은 객체를 두 개의 포인터 변수가 가리킬 수 있고 theCards[3]에 새로운 카드 객체의 포인터가 배정되면 그때 cptr이 가리키는 카드 객체의 참조 카운터가 감소하게 된다. shared_ptr 포인터는 포인터가 가리키는 객체의 해제를 걱정할 필요 없이 C 포인터처럼 활용하면 된다.

[리스트 5.2]에서 31행의 includes 멤버 함수는 파라미터로 전달받은 클릭점이 파일 객체의 내부점인지 판단한다. [그림 5.10]은 theDiscard 파일 객체가 현재 네 개의 카드 객체들을 소유하고 있을 때 theDiscard.includes(110, 120); 문장이 실행되는 과정을 보인 것이다.

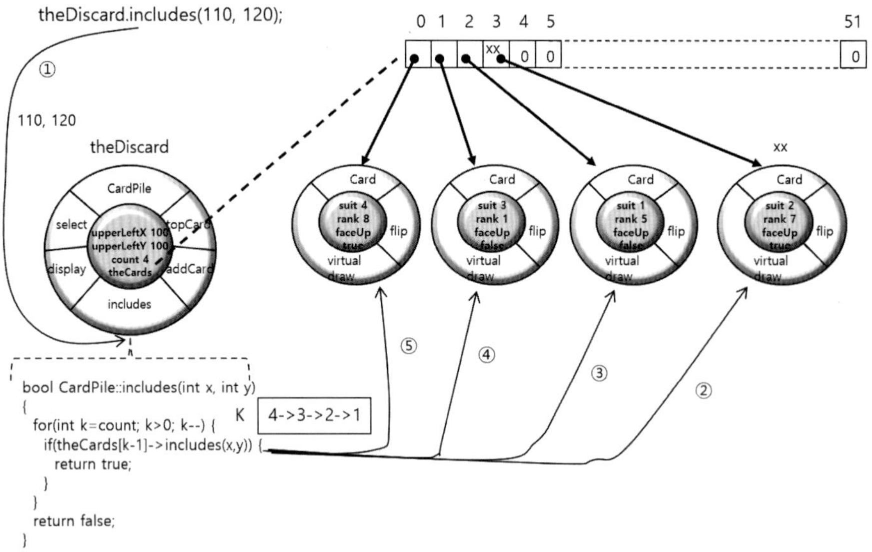

▲ 그림 5.10 ▷ includes 멤버 함수의 실행

① theDiscard 객체의 includes 멤버 함수가 호출되면, includes 멤버 함수의 파라미터 x에는 110이 전달되고 y에는 120이 전달된다.

② for 문에서 count의 현재 값인 4가 k 변수에 배정되고 k는 0보다 크므로 for 문이 실행된다. if 문의 조건절인 theCards[k-1]->includes(x, y)의 의미는 theCards[k-1]이 가리키는 객체의 includes 멤버 함수를 호출하는 것이다. k가 4일 때 theCards[k-1]이 가리키는 객체는 theDiscard 객체의 제일 위 카드이다.

여기서, theDiscard 객체의 제일 위 카드 객체가 includes 멤버 함수 호출에 대해서 true를 반환하는 경우와 false를 반환하는 경우를 생각해 보자. true를 반환하는 경우는 나머지 카드 객체들을 조사할 필요 없이 클릭점 (110, 120)을 theDiscard 파일 객체가 포함하므로 theDiscard 객체의 includes 멤버 함수는 true를 반환하면 된다.

제일 위 카드 객체가 false를 반환하는 경우를 생각해 보자. 'Pile 응용 프로그램'인 경우, [그림 5.4]에 보인 것처럼 디스카드 파일의 카드들이 정확하게 겹쳐 쌓이므로 theDiscard 객체가 점유하는 영역과 theDiscard가 소유한 카드 객체들이 점유한 영역이 일치한다. 따라서 첫 번째 카드가 includes 멤버 함수 호출에 대해 false를 반환하면 나머지 카드들은 조사할 필요 없이 theDiscard 파일은 false를 반환하면 된다.

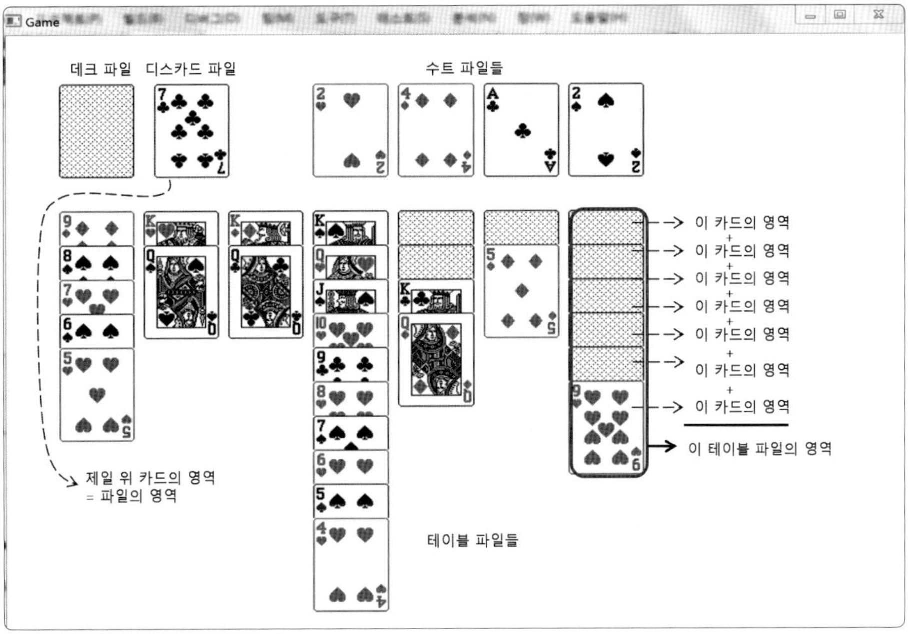

▲ 그림 5.11 ▷ 카드의 영역과 파일의 영역

그러나 6장의 카드 게임 환경을 보인 [그림 5.11]에서, 밑의 테이블 파일들은 소유한 카드들을 조금씩 아래로 빗겨 그린다. 제일 오른쪽 테이블 파일을 보면, 카드들이 점유한 총 영역이 테이블 파일의 영역이 되므로 소유한 객체들에게 일일이 클릭점의 포함 여부를 조사해야 한다. 여기서는 6장의 카드 게임을 위해서 includes 멤버 함수를 일반적으로 작성하도록 하자. 따라서 제일 위 카드 객체가 false를 반환하면 나머지 카드 객체들이 클릭점을 포함하는지 모두 조사한다.

③ [그림 5.10]에서 for 문의 k--가 실행되어 k가 3이 되며 아직 0보다 크므로 if 문의 조건절을 만족한다. 따라서 theCards[2]가 가리키는 위에서 두 번째 카드 객체의 includes 멤버 함수가 호출된다. 두 번째 카드 객체가 false를 반환하면 k는 2가 되며 그림의 ④와 ⑤에 보인 과정이 이어진다. k의 값이 0이 되면 for 문을 빠져나오는데, 이때의 의미는 모든 카드 객체들이 false를 반환했다는 것이다. 따라서 theDiscard 객체는 false를 반환하게 되고 includes 멤버 함수는 종료된다.

이제, [리스트 5.2]에서 41행의 display 멤버 함수를 살펴보자. 'Pile 응용 프로그램'에서 파일이 점유한 영역은 그 파일이 소유한 카드들이 점유한 영역과 정확하게 일치한다. 따라서 제일 위 카드의 이미지를 그리면 파일의 이미지를 그리는 것이다. [그림 5.11]에 보인 테이블 파일인 경우는 6장의 실습 과제에서 이 display 멤버 함수를 재정의해서 카드 이미지들을 빗겨 그린다.

display 멤버 함수는 43행처럼 count의 값을 조사해서 소유한 카드 객체가 없으면 46행의 else 절을 실행해서 초록색 사각형을 그린다. 이 초록색 사각형은 빈 파일을 의미한다. 소유한 카드 객체들이 있을 경우는 44행처럼 theCards[count-1]이 가리키는 제일 위 카드 객체의 draw 멤버 함수를 호출해서 제일 위 카드를 그린다. 53행의 select 멤버 함수는 6장에서 재정의해서 사용할 함수이므로 여기서는 빈 바디를 갖도록 하자. 56행의 DeckPile 생성자는 CardPile 생성자와 같다.

60행의 addCard 멤버 함수는 63행처럼 CardPile 클래스의 addCard 멤버 함수를 호출해서 파라미터로 제공된 카드 객체의 포인터를 삽입하고 64행처럼 이 카드 객체를 DeckPile 객체의 왼쪽 위 꼭짓점으로 이동시킨다. 카드들을 섞는 작업은 STL의 shuffle 알고리즘을 사용해서 수행한다. STL의 shuffle 함수는 컨테이너 내의 주어진 범위의 원소들을 임의로 섞는 기능을 제공한다. shuffle 알고리즘은 05행에 포함한 <algorithm> 헤더 파일에 정의되어 있다.

섞을 카드들은 theCards 배열의 [0, count) 범위에 존재한다. 따라서 65행처럼 theCards 배열의 첫 번째 원소의 반복자를 구하고 std::advance 함수를 사용해서 이 반복자를 count의 값만큼 증가시킨다. array 컨테이너는 순차 컨테이너이고 원소의 임의 접근을 허용하므로 66행처럼 advance 함수를 사용하는 대신 it = it + count; 문장으로 it 반복자를 증가시켜도 된다. 67행은 shuffle 함수를 호출하면서 섞을 범위를 지정하고 shuffle 함수가 사용할 eng 난수 엔진을 세 번째 파라미터로 제공한다. 3장의 "2.14 표준 템플릿 라이브러리" 절에서 소개한 shuffle 알고리즘은 변경 알고리즘이므로 theCards 배열의 순서를 임의 순서로 변경한다.

STEP 05 PileApp 클래스의 분석

PileApp.h 파일은 [리스트 5.3]과 같다.

리스트 5.3 PileApplication 프로젝트의 PileApp.h 파일

```
//===============================================================
// 실습 과제
// 데크 파일과 디스카드 파일 생성
// 데크 파일을 클릭하면 제일 위 카드가 디스카드 파일에 삽입
//===============================================================
#pragma once
#include "pclaf.h"
#include "Pile.h"

// Customized Application
class PileApp : public Application
{
public:
  PileApp(const TCHAR*);
  PileApp(const TCHAR*, int, int, int, int);
  void mouseDown(int, int);
  void paint();
  // data fields, 실습 과제
  DeckPile theDeck{ 100, 100 };
  CardPile theDiscard{ 200, 100 };
};
```

[그림 5.12]는 'Pile 응용 프로그램'을 구성하는 모듈 간의 결합도를 보인 것이다.

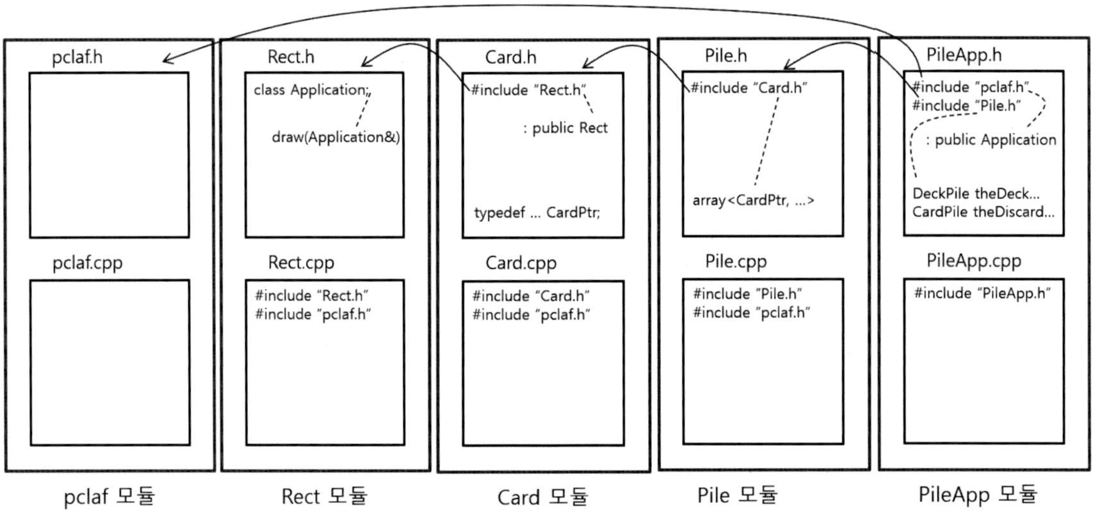

▲ 그림 5.12 ▷ Pile 응용 프로그램의 구성

[리스트 5.1]의 Pile.h 헤더 파일에서, Card.h 헤더 파일에 선언한 CardPtr 타입을 사용해서 CardPile 클래스가 array 타입의 theCards 멤버 변수를 정의하므로 Pile.h 헤더 파일은 [그림 5.12]에 보인 것처럼 Card.h 헤더 파일을 포함한다. [리스트 5.3]에 보인 PileApp.h 헤더 파일에서, 19행과 20행처럼 theDeck 객체와 theDiscard 객체를 멤버 변수로 정의하므로 컴파일러는 DeckPile 클래스와 CardPile 클래스의 완전한 정의가 필요하다. 따라서 PileApp.h 헤더 파일은 [그림 5.12]에 보인 것처럼 Pile.h 헤더 파일을 포함한다.

STEP 06 PileApp 클래스의 분석 계속

PileApp.cpp 파일의 코드는 [리스트 5.4]와 같다.

리스트 5.4 PileApplication 프로젝트의 PileApp.cpp 파일

```
#include "PileApp.h"

PileApp::PileApp(const TCHAR* apName)
        : Application(apName)
{}

PileApp::PileApp(const TCHAR* apName, int width, int height, int x, int y)
```

```
08        : Application(apName, width, height, x, y)
09 {}
10
11 void PileApp::mouseDown(int x, int y)
12 {
13   if (theDeck.includes(x, y)) {
14     CardPtr deckTop = theDeck.topCard();
15     theDiscard.addCard(deckTop);
16   }
17   if (theDiscard.includes(x, y)) {
18     CardPtr discardTop = theDiscard.topCard();
19     discardTop->flip();
20     theDiscard.addCard(discardTop);
21   }
22   clearAndUpdate();
23 }
24
25 void PileApp::paint()
26 {
27   theDeck.display(*this);
28   theDiscard.display(*this);
29 }
30
31 // pclaf program entry point
32 int mainLAF()
33 {
34   PileApp theApp(TEXT("PILES"));
35   // 카드 생성 후 데크 파일에 삽입
36   for (int i = 1; i <= 4; i++)
37     for (int j = 1; j <= 13; j++)
38       theApp.theDeck.addCard(std::make_shared<Card>(0, 0, i, j));
39   theApp.run();
40
41   return 0;
42 }
```

사용자가 데크 파일 위에서 마우스를 클릭하면 데크 파일의 제일 위 카드가 오른쪽 디스카드 파일에 놓이게 된다. 11행의 mouseDown 멤버 함수는 13행처럼 theDeck 객체의 includes 멤버 함수를 호출해서 클릭점의 포함 여부를 조사한다. 클릭점이 theDeck 객체의 내부점이면 14행처럼 theDeck 객체의 topCard 멤버 함수를 호출하고 topCard 멤버 함수가 반환하는 제일 위 카드 객체의 포인터를 deckTop 변수에 저장한다. 15행은 deckTop의 값을 파라미터로 전달하면서 theDiscard 객체의 addCard 멤버 함수를 호출해서 방금 꺼내 온 카드를 theDiscard 객체에 삽입한다.

사용자가 디스카드 파일 위에서 마우스를 클릭하면 디스카드 파일의 제일 위 카드가 뒤집힌다. 17행의 if 문은 클릭점이 디스카드 파일 내에서 이뤄졌는지 조사한다. 클릭점이 theDiscard 객체의 내부점이면 18행처럼 theDiscard 객체의 제일 위 카드 객체를 topCard 멤버 함수로 꺼내오고 19행처럼 이 카드 객체의 flip 멤버 함수를 호출해서 카드 객체가 스스로 뒤집게 한다. 20행은 이 카드 객체를 다시 theDiscard 객체에 앞면인 상태로 삽입한다.

[리스트 5.4]에서 22행의 clearAndUpdate 함수는 paint 멤버 함수를 호출한다. 25행의 paint 멤버 함수는 27행과 28행처럼 theDeck과 theDiscard 객체의 display 멤버 함수를 호출해서 스스로 자신의 이미지를 그리게 한다.

mainLAF 함수에서 36~38행의 내포된 for 문은 52개의 카드 객체들을 동적으로 생성해서 그 포인터를 theDeck 객체에 넘겨준다. 36행에서 변수 i는 suit 값의 1 heart부터 4 diamond까지 변하고 각 suit 값에 대해 rank 값을 나타내는 37행의 j가 1부터 13까지 변하면서 카드 객체들을 생성한다. make_shared 함수를 사용해서 카드 객체를 동적으로 생성한다. 이 카드 객체의 포인터는 38행처럼 theDeck 객체의 addCard 멤버 함수를 호출해서 삽입한다. theApp는 윈도우 객체이고 theDeck은 이 윈도우 객체의 멤버 변수이므로 theApp.theDeck.addCard의 형태로 theDeck 객체의 addCard 멤버 함수를 호출한다. 생성된 카드 객체의 위치는 (0, 0)으로 지정되는데, 이 값은 theDeck 객체의 addCard 멤버 함수에서 theDeck 객체의 upperLeftX와 upperLeftY 멤버 변수의 값으로 조정된다. 따라서 52장의 카드들은 theDeck 객체의 위치에 겹쳐 쌓인다.

[그림 5.8]에 보인 카드 객체의 생성과 삽입 과정은 CardPtr cptr = make_shared<Card>(0, 0, 2, 7); 문장으로 카드 객체를 생성하고, 이 객체를 theDiscard.addCard(cptr); 문장으로 theDiscard 객체에 삽입한다. addCard 멤버 함수의 파라미터로 지정한 cptr은 1장의 "2.8 우측값 레퍼런스" 절에서 다룬 좌측값이다. 38행의 문장은 카드 객체의 생성과 삽입을 한 문장으로 처리한 것인데, addCard 멤버 함수의 파라미터로 지정한 값은 make_shared 함수가 반환하는 우측값이다. make_shared 함수가 반환하는 값은 생성된 객체의 포인터인데, 이 포인터는 이름이 없는 임시값이다.

이름이 없는 임시값은 우측값이므로 addCard 멤버 함수의 파라미터 정의에서 CardPtr& newCard = (임시값)이 성립되지 않지만, const 속성이 지정된 const CardPtr& newCard

= (임시값)은 컴파일러가 문제없이 처리해 준다. 이 경우, newCard는 addCard 멤버 함수 내에서 상수명으로 사용된다. addCard 멤버 함수는 전달받은 카드 객체의 포인터를 theCards 배열에 삽입하는 함수이므로 이 포인터를 상수로 전달받아도 문제가 발생하지 않는다. 이 포인터는 배열에 삽입되면 theCards[3] 등으로 이름이 주어지므로 좌측값이 된다.

필수 문법 02

3장의 "2.8 디폴트 배정 연산자와 디폴트 복사 생성자" 절에서 컴파일러가 제공하는 디폴트 복사 생성자와 디폴트 복사 배정 연산자를 다뤘다. 이번 절에서는 복사 생성자와 복사 배정 연산자를 꼭 정의해서 사용해야 하는 경우를 살펴본다.

개발자가 복사 생성자와 복사 배정 연산자를 클래스에 정의해서 사용하더라도 이 클래스를 활용하는 프로그램의 성능이 현저히 떨어지는 경우가 있다. 이 경우에는 이동 생성자 move constructor와 이동 배정 연산자 move assignment operator를 이 클래스에 추가 정의하는 것이 바람직한데, 이번 절은 이동 생성자와 이동 배정 연산자의 개념과 함께 CardPile 클래스를 활용해서 어떤 경우에 필요한지 설명한다.

객체나 변수를 생성하려는데 컴퓨터에 사용 가능한 메모리가 부족한 경우, 파일을 생성하고자 하는데 하드 디스크의 용량이 부족한 경우, 존재하지 않는 객체에 포인터를 통해 접근하는 경우, 배열의 크기를 벗어나 접근하는 경우 등은 대부분 프로그램이 비정상적으로 갑자기 종료되는 경우들이다. 이러한 상황을 예외가 발생됐다고 표현한다. 이 절에서 이러한 예외 상황들을 처리하는 방법도 다룬다.

또한, 실습 과제에서 사용한 CardPile 클래스와 DeckPile 클래스의 인터페이스 정의를 [리스트 5.5]의 코드처럼 개선하고 콘솔 버전으로 변경한다. Card 클래스는 4장의 2절에서 개선한 Card 클래스를 사용하고, Rect 클래스는 3장의 2절에서 개선한 Rect 클래스를 그대로 사용한다.

리스트 5.5 PileApplication(console) 프로젝트의 Pile.h 헤더 파일

```
// Refined Pile Classes - console version
#pragma once
#include “Card.h”
#include <array>

const int MAX_CARDS = 52;

// Refined CardPile Class - console version
class CardPile
{
public:
  // 생성자 함수, 파라미터는 왼쪽위 꼭짓점
  CardPile(int, int);
  // 복사 생성자 함수
  CardPile(const CardPile&);
  // 이동 생성자 함수
  CardPile(CardPile&&);
  // 소멸자 함수
  virtual ~CardPile();
  // 연산
  virtual CardPtr topCard();
  virtual void addCard(const CardPtr&);
  bool includes(int, int);
// virtual void display(Application&);    // console version
  virtual void select();
  // 복사 배정 연산자
  CardPile& operator=(const CardPile&);
  // 이동 배정 연산자
  CardPile& operator=(CardPile&&);
  void moveTo(int x, int y);
  // 접근 함수
  int getUpperLeftX() const;
  int getUpperLeftY() const;
  int getCount() const;
  // 변경 함수
  void setUpperLeftX(int);
  void setUpperLeftY(int);
  // console version
  friend std::ostream& operator<<(std::ostream&, const CardPile&);
protected:
  // 멤버 변수
  int upperLeftX;
  int upperLeftY;
  int count;
```

```
45   std::array<CardPtr, MAX_CARDS> theCards;
46 };
47
48 // Refined DeckPile Class - console version
49 class DeckPile : public CardPile
50 {
51 public:
52   // 생성자 함수
53   DeckPile(int, int);
54   // 연산
55   virtual void addCard(const CardPtr&);
56 };
57
58 // console version
59 extern std::ostream& operator<<(std::ostream&, const CardPile&);
60 typedef std::shared_ptr<CardPile> CardPilePtr;
```

실습 과제의 CardPile 클래스를 콘솔 버전으로 변경하기 위해서 그래픽 관련 멤버 함수인 24행의 display 멤버 함수를 주석 처리한다. Pile.cpp 파일에서 display 멤버 함수의 정의와 pclaf.h 헤더 파일을 포함하는 문장도 주석 처리한다. display 멤버 함수를 주석 처리하는 대신 59행처럼 operator<< 연산자를 추가해서 콘솔 윈도우에 카드 파일 객체를 직접 출력할 수 있게 한다. Pile.cpp 파일에 구현한 operator<< 연산자는 다음 코드와 같다.

```
std::ostream& operator<<(std::ostream& os, const CardPile& cp)
{
  for (int i = 0; i < cp.count; ++i)
    os << *(cp.theCards[i]) << endl;
  return os;
}
```

카드 파일 객체를 상수 레퍼런스로 전달받아 이 객체가 소유한 카드의 개수만큼 각 카드의 포인터를 역참조해서 카드를 출력한다. 위 코드의 for 문 내에서 사용한 첫 번째 operator<< 연산자는 오른쪽 항이 카드 객체이므로 Card 클래스에서 friend 멤버 함수로 지정한 operator<< 연산자이다.

[리스트 5.5]에서 60행은 6장의 카드 게임에서 자주 사용하는 std::shared_ptr<CardPile> 타입명 대신 CardPilePtr의 단축명을 사용하기 위해서 typedef 문을 사용한 것이다.

[리스트 5.5]에서 42~45행의 멤버 변수들에 40행처럼 protected 속성을 지정한다. Pile.cpp 파일에 정의한 31~37행의 접근 함수와 변경 함수들은 다음 코드와 같다.

```
int CardPile::getUpperLeftX() const
{ return upperLeftX; }

int CardPile::getUpperLeftY() const
{ return upperLeftY; }

int CardPile::getCount() const
{ return count; }

void CardPile::setUpperLeftX(int k)
{ upperLeftX = k; }

void CardPile::setUpperLeftY(int k)
{ upperLeftY = k; }
```

30행에 새롭게 추가한 moveTo 멤버 함수는 파라미터로 지정한 위치로 파일을 이동시키는 기능을 수행하는데, 다음 코드처럼 Pile.cpp 파일에 구현한다.

```
void CardPile::moveTo(int x, int y)
{
  upperLeftX = x;
  upperLeftY = y;
  for (int i = 0; i < count; ++i) {
    theCards[i]->moveTo(x, y);
  }
}
```

위 코드는 파일의 왼쪽 위 꼭짓점인 upperLeftX와 upperLeftY의 값을 파라미터의 값으로 변경하면서 파일이 소유한 카드들도 for 문으로 모두 같은 점으로 이동시킨다. for 문은 파일이 소유한 카드의 개수인 count의 값만큼 반복해서 소유한 카드들을 이동시키는데, 카드의 이동은 Card 클래스의 moveTo 멤버 함수를 사용한다.

[리스트 5.6]의 코드는 개선된 CardPile과 DeckPile 클래스를 활용하는 콘솔 버전의 'Pile 응용 프로그램'이고 [그림 5.13]은 실행 결과의 끝부분을 보인 것이다.

리스트 5.6 PileApplication(console) 프로젝트의 PileApp.cpp 파일

```
#include “Pile.h”

int main()
{
  DeckPile theDeck{ 100, 100 };
  CardPile theDiscard{ 200, 100 };
  for (int i = 1; i <= 4; i++)
    for (int j = 1; j <= 13; j++)
      theDeck.addCard(std::make_shared<Card>(0, 0, i, j));
  cout << “after clicking inside theDeck -”
       << “ one card is moved to theDiscard” << endl;
  int x = 120, y = 120;
  if (theDeck.includes(x, y)) {
    CardPtr deckTop = theDeck.topCard();
    theDiscard.addCard(deckTop);
  }
  cout << theDeck << endl;
  cout << theDiscard << endl;
  cout << “after clicking inside theDiscard -”
       << “ top card is flipped” << endl;
  x = 220; y = 120;
  if (theDiscard.includes(x, y)) {
    CardPtr discardTop = theDiscard.topCard();
    discardTop->flip();
    theDiscard.addCard(discardTop);
  }
  cout << theDeck << endl;
  cout << theDiscard << endl;

  return 0;
}
```

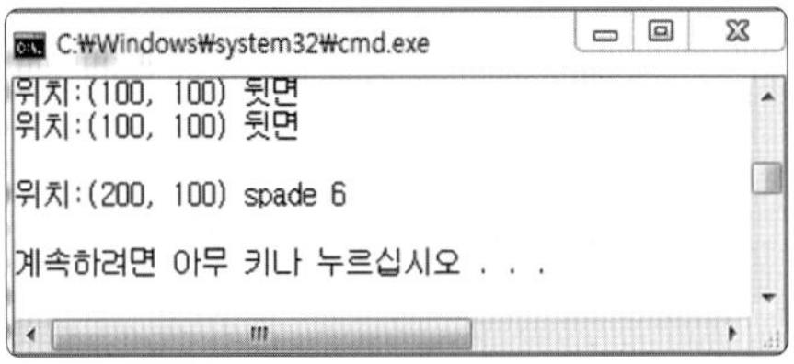

▲ 그림 5.13 ▷ 콘솔 버전의 Pile 응용 프로그램(끝부분)

[리스트 5.6]에서 05행은 데크 파일 객체를 생성하고 06행은 디스카드 파일 객체를 생성한다. 07~09행은 카드 객체들을 동적으로 생성해서 이 객체들의 포인터를 데크 파일에 저장한다. 12~16행은 실습 과제의 데크 파일 위에서 마우스를 클릭하는 것을 시뮬레이션한 코드이다. 17행과 18행은 데크 파일과 디스카드 파일을 콘솔 윈도우에 직접 출력한다.

17행에서 데크 파일을 출력할 때 사용한 operator<< 연산자는 DeckPile 클래스가 CardPile 클래스의 자식이므로 [리스트 5.5]의 59행에서 선언한 operator<< 연산자이다. theDeck 객체가 소유한 51장의 카드들이 출력되고 theDiscard 객체가 소유한 한 장의 카드가 출력된다. 출력되는 카드의 개수가 많으므로 [그림 5.13]은 출력 결과의 끝부분만 표시한다.

21~26행은 디스카드 파일 위에서 마우스를 클릭하는 것을 시뮬레이션한 코드이다. 27행과 28행처럼 데크 파일과 디스카드 파일을 다시 출력하면 [그림 5.13]의 세 번째 행에 보인 것처럼 디스카드 파일이 소유한 제일 위 카드가 뒤집혀서 앞면인 상태인 것을 확인할 수 있다.

이제, [리스트 5.5]의 코드에 보인 것처럼 실습 과제의 코드에 새롭게 추가한 나머지 멤버 함수들을 종류별로 살펴보자. 이 장의 2.3절까지는 개선한 사항들을 다루면서 [리스트 5.5]의 코드를 자주 언급하므로 [리스트 5.5]의 페이지를 살짝 접어 두어 쉽게 찾아볼 수 있게 하는 것도 좋은 생각인 것 같다.

2.1 복사 생성자와 복사 배정 연산자

3장의 "2.8 디폴트 배정 연산자와 디폴트 복사 생성자" 절에서 컴파일러가 제공하는 디폴트 복사 생성자와 디폴트 배정 연산자를 소개했다. CardPile 클래스는 컴파일러가 제공하는 디폴트 복사 생성자와 디폴트 배정 연산자 대신 복사 생성자와 배정 연산자를 정의해서 활용해야 하는 클래스이다. 복사 생성자를 반드시 정의해야 하는 경우를 설명하기 위해서 다음과 같은 상황을 생각해 보자. theDiscard 객체는 CardPile 클래스로부터 이미 생성한 객체라고 가정하자.

1. 기존의 theDiscard 객체로부터 새로운 cp 객체를 생성

```
CardPile cp = theDiscard;  // CardPile cp(theDiscard)
```

2. 값 전달 방식으로 foo 함수 호출시 cp 객체 생성

```
void foo(CardPile cp);
foo(theDiscard);
```

3. foo 함수가 반환한 객체로 cp 객체를 초기화

```
CardPile foo()
{
  CardPile tempPile(200, 300);
  ...
  return tempPile;
}
CardPile cp = foo();
```

첫 번째 상황은 CardPile 클래스의 객체인 cp를 생성하면서 cp 객체의 멤버 변수들의 값을 theDiscard 객체의 멤버 변수들의 값과 같게 초기화하는 상황이다. 두 번째 상황은 foo 함수의 파라미터로 CardPile 클래스의 객체를 값 전달 방식으로 전달하는 상황이다. theDiscard 객체의 복사본인 cp 객체가 생성되고 cp 객체의 멤버 변수들은 전달된 theDiscard 객체의 멤버 변수들과 같게 초기화된다. 세 번째 상황은 foo 함수 내에서 CardPile 클래스의 객체인 tempPile을 생성해서 활용하다가 tempPile 객체를 반환하는 상황으로서 tempPile 객체는 함수가 종료되는 시점에 소멸되고 tempPile 객체의 복사본이 생성되어 tempPile 객체와 같게 초기화된 후 반환된다. 이후, CardPile cp = (복사본);은 첫 번째 상황과 같은 상황이므로 cp 객체의 멤버 변수들의 값은 복사본 객체의 멤버 변수들의 값과 같게 초기화된다. 이처럼 복사 생성자는 객체의 복사본이 필요한 경우에 자동으로 실행되는 함수이다.

첫 번째 상황을 확인해 보기 위해서, [리스트 5.5]의 개선된 CardPile 클래스에서 15, 17, 27, 29행을 모두 주석 처리하고 Pile.cpp 파일에서 이 함수들의 구현도 모두 주석 처리한다. 15행과 27행의 복사 생성자와 배정 연산자들을 주석 처리했으므로 컴파일러가 디폴트 복사 생성자와 디폴트 배정 연산자를 제공한다. 17행과 29행의 이동 생성자와 이동 배정 연산자는 다음 절에서 다룬다.

[리스트 5.7]의 코드는 컴파일러가 제공하는 디폴트 복사 생성자를 테스트해 보는 코드이고, [그림 5.14]는 실행 결과를 보인 것이다.

리스트 5.7 Syntax1 프로젝트의 CopyCtorAssignApp.cpp 파일

```
01 #include “Pile.h”
02
03 int main()
04 {
05   CardPile theDiscard{ 200, 100 };
06   for (int k = 1; k <= 3; ++k) {
07     CardPtr cptr = std::make_shared<Card>(0, 0, 1, k);
08     cptr->flip();
09     theDiscard.addCard(cptr);
10   }
11   // default copy ctor
12   CardPile cp = theDiscard;        // CardPile cp(theDiscard);
13   cout << theDiscard << ‘\n’ << cp << endl;
14   cp.moveTo(600, 500);
15   cout << “after cp moves:” << endl;
16   cout << theDiscard << ‘\n’ << cp << endl;
17
18   return 0;
19 }
```

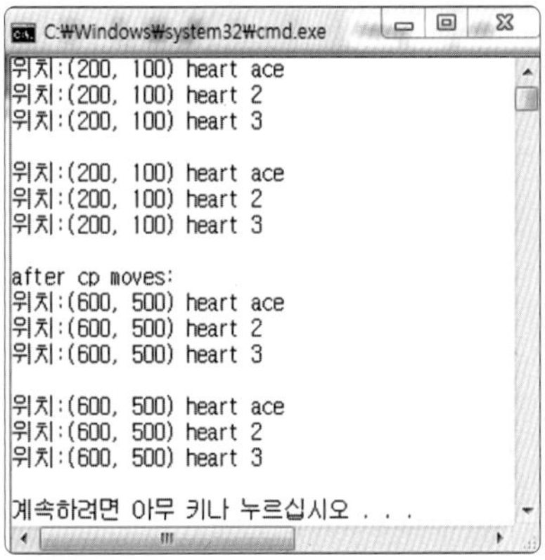

▲ 그림 5.14 ▷ 디폴트 복사 생성자의 활용

05행은 CardPile 클래스로부터 theDiscard 객체를 생성한다. 06~10행은 heart ace, heart 2, heart 3의 세 카드 객체를 동적으로 생성하고 앞면으로 변경한 후, 포인터들을 theDiscard 객체에 저장한다. 12행은 디폴트 복사 생성자를 이용해서 theDiscard 객체의 복사본인 cp 객체를 생성한다. 주석 처리한 문장을 사용하기도 한다.

디폴트 복사 생성자는 [그림 5.15]처럼 멤버 변수들에 대해 비트 대 비트의 복사를 수행한다.

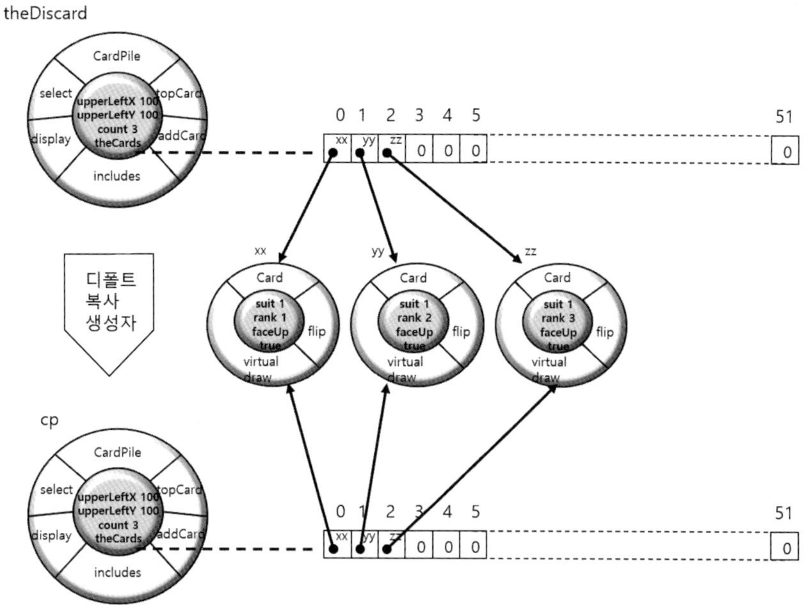

▲ 그림 5.15 ▷ 디폴트 복사 생성자에 의한 복사

그림에서 upperLeftX, upperLeftY, count 멤버 변수의 복사가 수행되고 theCards 멤버 변수도 원소 대 원소의 복사가 이뤄져서 theDiscard.theCards[0]과 theDiscard.theCards[1]의 값인 xx와 yy는 cp.theCards[0]과 cp.theCards[1]에 복사된다. 따라서 theDiscard 객체와 cp 객체는 세 개의 카드 객체들을 공유하게 된다.

[리스트 5.7]의 13행처럼 theDiscard 파일 객체와 cp 파일 객체를 출력해 보면, [그림 5.14]에 보인 것처럼 두 파일 객체가 같은 카드 객체들을 소유한 것을 확인할 수 있다. 14행은 cp 객체를 (600, 500)점으로 이동시키는데, cp 객체의 moveTo 멤버 함수는 cp 객체가 소유한 카드들도 (600, 500)점으로 이동시킨다. 이렇게 cp 객체를 이동시키면, theDiscard 객체는 이동시키지 않았지만, 카드 객체들을 두 파일 객체가 공유하므로 theDiscard 객체가 소유한 카드들이 이동되는 결과를 가져온다. 16행에서 theDiscard 파일 객체와 cp 파일 객체를 다시 출력해 보면, [그림 5.14]에 보인 것처럼 theDiscard 객체가 소유한 카드들도 이동된 것을 확인할 수 있다. 출력된 카드들의 '위치'를 살펴본다.

일반적으로, 원본으로부터 복사본을 생성한 경우, 복사본을 이용한 조작이 원본에는 영향을 주지 않아야 한다. 또한, theCards 배열의 원소가 C 포인터 타입이라면 두 파일 객체들이 소멸될 때 소멸자는 카드 객체들이 차지한 같은 메모리 영역을 두 번 환원하게 되고 그 결과는 컴파일러에 따라 다르겠지만 예측할 수 없다. 우리가 구현한 theCards 배열은 shared_ptr 스마트 포인터를 활용해서 카드 객체들을 가리키므로 메모리 관리는 자동으로 이뤄진다.

2.1.1 복사 시맨틱 활성화 CardPile 클래스

디폴트 복사 생성자에 의해 이뤄지는 [그림 5.15]의 복사를 얕은 복사 shallow copy라고 부른다. 개발자의 의도가 [그림 5.16]에 보인 것처럼 theDiscard 객체가 소유한 카드 객체들까지 복사하는 완전한 복사라면, [리스트 5.5]의 15행처럼 상수 레퍼런스를 파라미터로 사용하는 복사 생성자를 CardPile 클래스에 추가해서 복사 방식을 지정해 줘야 한다. 이 복사 생성자에 의해 이뤄지는 [그림 5.16]의 복사를 깊은 복사 deep copy라고 부른다.

t

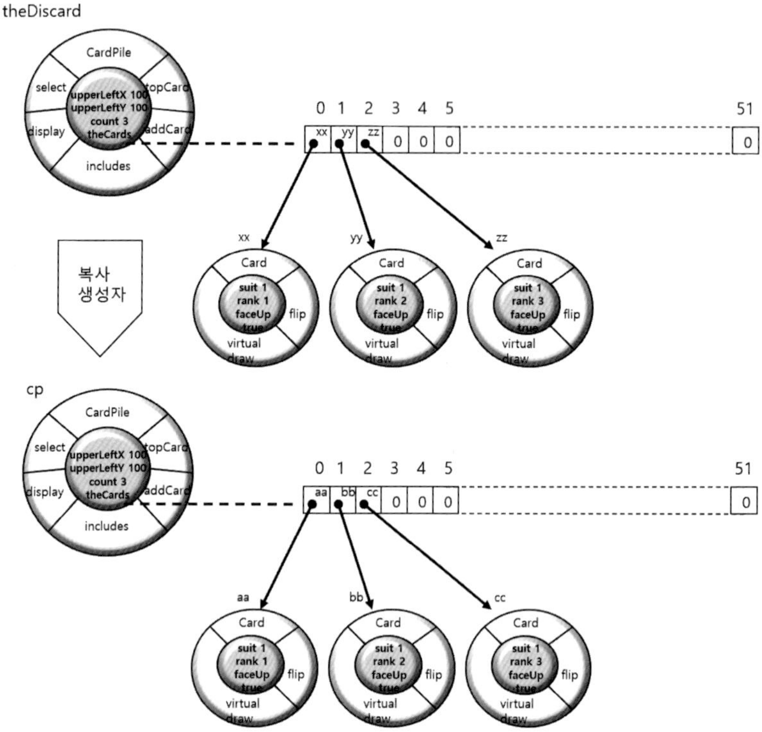

▲ 그림 5.16 ▷ 복사 생성자에 의한 완전한 복사

[리스트 5.5]의 코드에서 주석 처리한 15, 17, 27, 29행을 복원하고 Pile.cpp 파일의 코드에서 해당 함수의 정의도 복원한다. 15행의 복사 생성자의 구현은 다음 코드와 같다.

```
CardPile::CardPile(const CardPile& cpile)
  : upperLeftX(cpile.upperLeftX),
    upperLeftY(cpile.upperLeftY), count(cpile.count)
{
  for (int i = 0; i < count; i++) {
    theCards[i] =
        std::make_shared<Card>(cpile.theCards[i]->getUpperLeftX(),
                               cpile.theCards[i]->getUpperLeftY(),
                               cpile.theCards[i]->getSuit(),
                               cpile.theCards[i]->getRank());
    theCards[i]->setFaceUp(cpile.theCards[i]->getFaceUp());
  }
}
```

위 코드의 두 번째 행과 세 번째 행은 생성자 초기자를 사용해서 상수 레퍼런스로 전달받은 cpile 객체의 멤버 변수 값으로 복사본 객체의 멤버 변수들을 초기화한다. for 문은 cpile 객체가 소유한 카드 객체의 개수만큼 make_shared<Card> 함수로 카드 객체들을 새롭게 생성해서 복제하고 그 포인터를 theCards 배열에 저장한다. 카드 객체의 멤버 변수들은 protected 속성이고 파일 객체에서 카드 객체에 대한 접근은 외부 접근이므로 Card 클래스의 접근 함수를 사용해서 카드 객체의 멤버 변수에 접근한다. 카드 객체가 복제되면, 끝에서 세 번째 행처럼 그 카드의 앞뒷면 상태도 복사해서 앞뒷면 상태를 반영한다.

[그림 5.17]은 복사 생성자와 복사 배정 연산자를 복원한 후, [리스트 5.7]의 프로그램을 다시 실행한 결과이다. 깊은 복사가 수행됐으므로 cp 객체를 이동시켜도 원본 객체인 theDiscard 객체가 소유한 카드들은 이동되지 않는다.

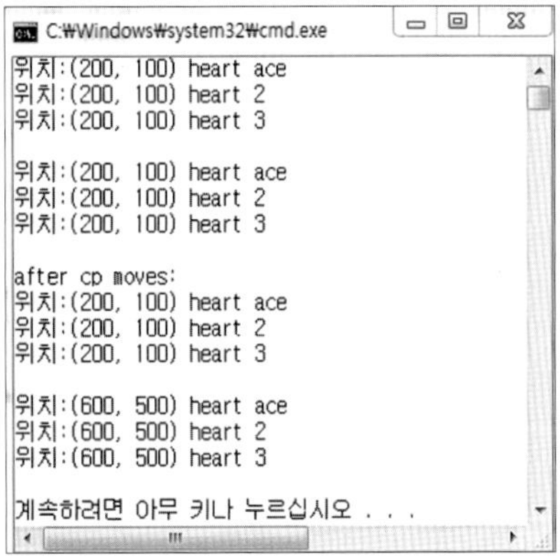

▶ 그림 5.17 ▵
깊은 복사를 수행하는 복사 생성자의 활용

일반 생성자처럼 복사 생성자는 객체를 정의하는 문장이나 실행문에 의해 자동으로 호출될 뿐 아니라 객체를 메모리의 한 장소에서 다른 장소로 복사할 때도 자동으로 호출된다. CardPile 클래스처럼 포인터를 멤버 변수로 사용하는 클래스는 복사 생성자를 정의해서 지금처럼 복사 과정을 명시하는 것이 바람직하다. 포인터를 멤버 변수로 사용한다는 것은 메모리를 동적으로 할당해서 사용한다는 의미이다.

복사 생성자를 정의한 클래스에는 [리스트 5.5]의 27행처럼 복사 배정 연산자도 정의해 주도록 한다. 컴파일러가 제공하는 디폴트 배정 연산자는 디폴트 복사 생성자처럼 비트 대 비트의 배정을 수행하므로 다음 코드의 배정문에서 디폴트 복사 생성자와 같은 문제가 발생한다. 따라서 컴파일러가 제공하는 디폴트 배정 연산자를 디폴트 복사 배정 연산자라고도 부른다.

```
CardPile cp(300, 300);
cp = theDiscard;
```

복사 배정 연산자의 정의는 일반적으로 다음 코드처럼 복사 생성자의 정의와 비슷하다.

```
CardPile& CardPile::operator=(const CardPile& cpile)
{
  if (this == &cpile)
    return *this;
  upperLeftX = cpile.upperLeftX;
  upperLeftY = cpile.upperLeftY;
  for (int i = 0; i < count; i++)
    theCards[i] = nullptr;
  count = cpile.count;
  for (int i = 0; i < count; i++) {
    theCards[i] =
         std::make_shared<Card>(cpile.theCards[i]->getUpperLeftX(),
                                cpile.theCards[i]->getUpperLeftY(),
                                cpile.theCards[i]->getSuit(),
                                cpile.theCards[i]->getRank());
    theCards[i]->setFaceUp(cpile.theCards[i]->getFaceUp());
  }
  return *this;
}
```

위 코드의 첫 번째 행처럼 복사 배정 연산자의 반환 타입을 CardPile&로 지정하고 마지막 문장은 *this를 반환한다. 반환 타입을 CardPile 클래스의 레퍼런스 타입으로 정의한 것은 다음 코드의 마지막 문장처럼 배정 연산을 연속으로 적용하기 위해서이다. 객체 레퍼런스를 반환하는 연산자는 3장의 "2.7.2 단항 연산자의 오버로딩" 절에서 이미 다뤘다.

```
CardPile cp1(300, 300);
CardPile cp2(400, 400);
cp2 = cp1 = theDiscard;
```

복사 배정 연산자 코드의 if 문은 다음 코드처럼 파일 객체를 자기 자신으로 배정하는 의미 없는 문장이 있을 경우, 이를 안전하게 처리하는 데 필요하다.

```
theDiscard = theDiscard;
```

이 경우는 배정 연산자의 왼쪽 객체를 가리키는 this와 상수 레퍼런스 파라미터로 전달된 오른쪽 객체의 포인터가 같은 경우이므로 객체 자신인 *this를 반환하고 함수를 종료한다. 새로 복제본을 생성하는 복사 생성자와 달리, 복사 배정 연산자는 왼쪽 객체의 theCards 객체 포인터 배열에 기존 카드 객체들의 포인터가 저장되어 있다. 복사 배정 연산자 코드의 첫 번째 for 문은 theCards 배열의 각 원소에 nullptr을 배정해서 원소가 가리키는 카드 객체를 자동으로 소멸시킨다. 나머지 코드는 복사 생성자와 같다.

복사 배정 연산자는 복사 생성자와 짝을 이뤄 함께 정의한다. 복사 생성자와 복사 배정 연산자가 구현된 클래스를 복사 시맨틱 활성화 클래스 copy semantic enabled class라고 부른다.

[표 5.1]은 Visual C++ 2022 컴파일러가 생성자, 배정 연산자, 소멸자 등을 제공하는 경우와 함께 사용 가능한 객체 생성 방법을 보인 것이다.

▼ 표 5.1 ▷ 생성자와 배정 연산자의 자동 생성 원칙

개발자의 직접 정의	컴파일러의 자동 생성	가능한 객체 생성 방법
없음	디폴트 생성자 A 소멸자	CardPile pile; CardPile cpile(pile);
디폴트 생성자	A 소멸자	CardPile pile; CardPile cpile(pile);
A	소멸자	pile을 생성할 방법이 없어서 객체 생성 불가

복사 생성자가 아닌 파라미터가 있는 생성자	A 소멸자	`CardPile pile(10, 20);` `CardPile cpile(pile);`

디폴트 생성자
복사 생성자가 아닌 파라미터가 있는 생성자
	A
	소멸자
		`CardPile pile;`
		`CardPile pile(10, 20);`
		`CardPile cpile(pile);`

디폴트 생성자: 파라미터가 없는 생성자 A: 복사 생성자, 복사 배정 연산자 소멸자는 직접 정의하지 않으면 모든 경우에 자동 생성		

[표 5.1]에서 '컴파일러의 자동 생성' 열에 표시한 'A'는 디폴트 복사 생성자와 디폴트 복사 배정 연산자를 의미한다. 디폴트 생성자와 복사 생성자의 자동 생성은 서로 영향을 미치지 않는다. 복사 생성자는 개발자가 복사 생성자를 직접 정의하지 않으면 무조건 자동 생성되지만, 디폴트 생성자는 개발자가 직접 정의한 생성자가 존재하면 그 종류와 상관없이 자동 생성되지 않는다. 소멸자의 정의는 디폴트 생성자와 복사 생성자의 자동 생성과는 무관하다.

디폴트 생성자처럼 복사 생성자도 default와 delete 키워드를 사용해서 다음 코드처럼 컴파일러의 자동 생성을 명시적으로 지정하거나 방지할 수 있다.

```
CardPile(const CardPile& cpile) = default;
CardPile(const CardPile& cpile) = delete;
```

2.1.2 복사 시맨틱 활성화 DeckPile 클래스

[리스트 5.5]의 DeckPile 클래스처럼 복사 생성자와 복사 배정 연산자를 따로 정의하지 않으면 컴파일러는 다음 코드와 같은 복사 생성자와 복사 배정 연산자를 제공해서 DeckPile 클래스를 복사 시맨틱 활성화 클래스로 만든다.

```
DeckPile::DeckPile(const DeckPile& dpile)
  : CardPile(dpile)
{}

DeckPile& DeckPile::operator=(const DeckPile& dpile)
{
  if (this == &dpile)
    return *this;
```

```
  CardPile::operator=(dpile);

  return *this;
}
```

위 코드의 두 번째 행처럼 복사 생성자는 생성자 초기자로 CardPile 클래스의 복사 생성자를 호출한다. 배정 연산자는 CardPile::operator=(dpile); 문장으로 부모 버전의 배정 연산자를 호출한다. 이처럼 자식 클래스에 포인터를 사용해서 동적으로 메모리를 할당받는 멤버 변수가 없으면 자체적인 복사 생성자나 배정 연산자가 필요 없으므로 자식 클래스는 컴파일러가 제공하는 복사 생성자와 배정 연산자를 사용한다. 자체적인 복사 생성자와 배정 연산자를 정의하려면 위 코드 틀에 추가적인 작업을 코딩한다. 생성자 초기자를 사용해서 부모의 생성자를 호출하지 않으면 부모의 파라미터를 사용하지 않는 디폴트 생성자가 호출되므로 주의가 필요하다.

복사 시맨틱 활성화 Stack 템플릿 클래스 2.1.3

이번에는 3장의 "2.5.1 Stack 템플릿 클래스" 절에서 다룬 Stack 템플릿 클래스에 복사 생성자와 복사 배정 연산자를 추가해서 개선해 보자. Stack 템플릿 클래스는 C 포인터를 멤버 변수로 사용해서 정의했다. Stack.h 헤더 파일의 Stack 템플릿 클래스 정의에 다음 코드처럼 복사 생성자와 복사 배정 연산자의 선언을 추가한다.

```
Stack(const Stack& other);
Stack& operator=(const Stack& other);
```

선언한 복사 생성자의 외부 정의는 다음 코드와 같다.

```
template <typename T>
Stack<T>::Stack(const Stack& other)
  : top(other.top), size(other.size), stackPtr(new T[other.size])
{
  for (int i = 0; i < other.size; ++i)
    stackPtr[i] = other.stackPtr[i];
}
```

Stack 템플릿 클래스의 멤버 함수들을 외부 정의하려면, 위 코드처럼 template <typename T> 절을 선행하고 클래스명을 Stack<T>로 지정하는 것에 유의하자. 생성자 초기자에서 복사본의 top, size, stackPtr 멤버 변수는 상수 레퍼런스 파라미터로 제공되는 other의 멤버 변수들로 초기화한다. other.size 크기의 배열을 동적으로 할당해서 할당된 배열을 stackPtr 멤버 변수에 배정한다. for 문은 이 배열의 원소들을 other.stackPtr 배열의 원소들로 복제해서 채운다.

복사 배정 연산자의 구현은 다음 코드와 같다.

```
template <typename T>
Stack<T>& Stack<T>::operator=(const Stack& other)
{
  if (this == &other)
    return *this;
  top = other.top;
  size = other.size;
  delete[] stackPtr;
  stackPtr = new T[other.size];
  for (int i = 0; i < other.size; ++i)
    stackPtr[i] = other.stackPtr[i];
  return *this;
}
```

Stack 클래스의 인터페이스 정의에 이 연산자의 반환 타입을 Stack&로 지정했지만, 이 연산자를 외부 정의하려면 위 코드처럼 반환 타입을 Stack<T>&로 지정해야 한다. delete[] 연산자로 기존의 stackPtr이 가리키는 배열을 소멸하고 other.size 크기의 배열을 다시 동적으로 생성해서 stackPtr이 가리키도록 한다. 나머지는 CardPile 클래스의 복사 배정 연산자처럼 멤버 변수들을 복사는 코드이다.

[리스트 5.8]은 이 Stack 템플릿 클래스를 활용하는 CopyCtorAssignApp.cpp 파일의 코드이고, [그림 5.18]은 실행 결과를 보인 것이다.

리스트 5.8 Syntax1-3 프로젝트의 CopyCtorAssignApp.cpp 파일

```
#include "Stack.h"
#include <iostream>
#include <string>
using namespace std;
```

```

template <typename T>
void reversePrint(Stack<T>& stk)
{
  int cnt = stk.length();
  for (int i = 0; i < cnt; ++i) {
    cout << stk.pop() << endl;
  }
}

int main()
{
  Stack<string> stringStack(10);
  stringStack.push(“eum”);
  stringStack.push(“doo”);
  stringStack.push(“hun”);
  Stack<string> stringStack2(stringStack);
  Stack<string> stringStack3;
  stringStack3 = stringStack;
  stringStack.pop();
  cout << “-----------------original stack” << endl;
  reversePrint(stringStack);
  cout << “----stack with copy constructor” << endl;
  reversePrint(stringStack2);
  cout << “-----stack with copy assignment” << endl;
  reversePrint(stringStack3);

  return 0;
}
```

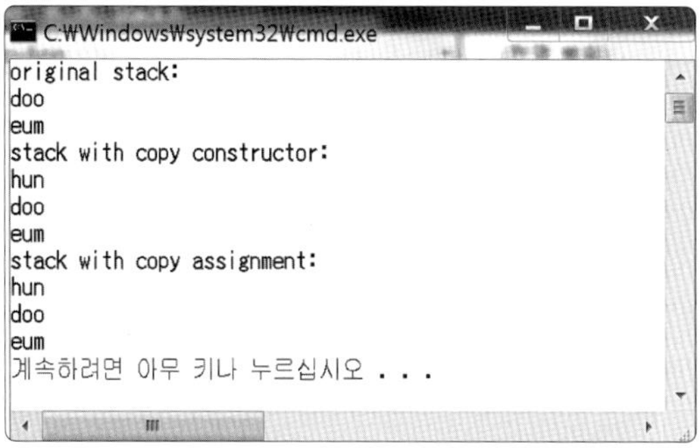

▲ 그림 5.18 ▷ 복사 시맨틱 활성화 Stack 템플릿 클래스의 활용

[리스트 5.8]에서 17행은 string 객체들을 저장하는 stringStack 객체를 생성하고 18~20행은 이 스택에 세 개의 문자열을 저장한다. 21행은 stringStack 객체의 복사본 객체인 stringStack2를 정의하는데, 복사 생성자가 실행되어 깊은 복사를 수행한다.

22행에서 stringStack3 객체를 생성하면서 Stack 생성자의 디폴트 파라미터값인 10이 사용되므로 stringStack3 객체는 역시 크기 10인 스택으로 설정된다. 23행은 stringStack3 객체에 stringStack 객체를 배정하는데, 복사 배정 연산자가 실행되어 역시 깊은 복사를 수행한다.

24행은 원본인 stringStack 객체의 pop 멤버 함수를 호출해서 제일 마지막에 삽입된 "hun" 문자열을 제거한다. 26행처럼 이 스택 객체를 상수 레퍼런스 파라미터로 전달하면서 07행의 reversePrint 함수를 호출하면, [그림 5.18]에 보인 것처럼 "doo"와 "eum" 문자열이 출력되고 스택은 빈 상태가 된다. 28행에서 stringStack2 객체를 상수 레퍼런스 파라미터로 전달하면서 reversePrint 함수를 호출하면 stringStack2가 깊은 복사를 사용해서 생성한 복사본이므로 원본과 상관없이 세 개의 문자열이 역순으로 출력되고 스택은 빈 스택이 된다. 30행에서 stringStack3 객체에 대해서 같은 작업을 수행하면 stringStack3 객체도 깊은 복사로 배정한 독립적인 스택이므로 세 개의 문자열이 역순으로 출력된다.

Stack.h 헤더 파일에서 복사 생성자와 복사 배정 연산자의 선언과 정의를 주석 처리하고 실행하면 얕은 복사를 수행하는 디폴트 복사 생성자와 디폴트 복사 배정 연산자가 사용되어 컴파일은 되지만 실행 오류가 발생한다. 얕은 복사가 수행되므로 stringStack, stringStack2, stringStack3의 세 객체는 stackPtr 멤버 변수가 가리키는 동적으로 생성된 배열을 공유한다. main 함수의 지역 객체로 정의한 이 세 객체가 33행을 벗어나면 차례대로 소멸자가 세 번 호출되는데, 첫 번째 호출에서 stackPtr이 가리키는 메모리 공간을 삭제했는데 두 번째와 세 번째 호출에서 이 공간을 중복으로 삭제하기 때문에 실행 오류가 두 번 발생한다.

2.2 꼭 필요한 소멸자

3장의 "2.4 소멸자와 디폴트 소멸자" 절에서 동적으로 메모리 공간을 할당해서 사용하는

Stack 클래스의 예를 가지고 디폴트 소멸자 대신 소멸자를 정의해서 사용해야 하는 경우를 다뤘다. 클래스의 멤버 변수가 동적으로 메모리 공간을 할당해서 사용한다면 소멸자를 정의해서 객체가 소멸되기 직전에 멤버 변수가 사용하는 메모리 공간을 환원하도록 한다.

CardPile 클래스로부터 생성한 파일 객체가 소멸될 때 디폴트 소멸자 함수는 이 파일 객체의 theCards 멤버 변수가 가리키는 카드 객체들까지 소멸시키지는 않는다. 따라서 [리스트 5.5]의 19행처럼 소멸자를 선언하고 다음 코드처럼 정의한다.

```
CardPile::~CardPile()
{
  for (int i = 0; i < count; ++i)
    theCards[i].reset();      // 또는 theCards[i] = nullptr;
}
```

위 코드의 for 문은 소유한 카드 개수만큼 카드 객체들을 소멸시킨다. theCards는 shared_ptr<Card> 타입의 배열이므로 원소의 reset 멤버 함수를 호출하거나 주석 처리한 것처럼 원소에 nullptr을 배정하면 자동으로 원소가 가리키는 카드 객체가 스마트 포인터 기능에 의해 소멸된다. 소멸자는 4장의 "2.4 자식 클래스로부터 생성된 객체의 생성과 소멸" 절에서 설명한 대로 [리스트 5.5]에서 가상 함수로 선언한다.

동적으로 메모리를 할당하는 포인터와 같은 멤버 변수가 DeckPile 클래스에는 없으므로 DeckPile 클래스에는 소멸자를 정의하지 않고 컴파일러가 제공하는 디폴트 소멸자를 사용한다. 이 디폴트 소멸자는 부모 클래스인 CardPile의 소멸자가 가상 함수이므로 가상 함수이고 [그림 4.18]에 보인 것처럼 실행된 후, 부모 클래스인 CardPile 클래스의 소멸자가 연이어 실행된다.

이동 시맨틱 ** 2.3

1장의 "2.8 우측값 레퍼런스" 절에서 우측값 레퍼런스의 개념을 살펴봤는데, 실습 과제와 응용 과제에서 우측값 레퍼런스를 아직 한 번도 사용하지 않았다. 이는 우측값 레퍼런스가 지금부터 다룰 이동 시맨틱 move semantic을 위해 제공되는 기능이기 때문이다. 이 절을 시작하기 전에 1장의 2.8절을 다시 훑어볼 것을 권한다.

프로그램의 성능을 개선하는 이동 시맨틱이라는 것이 무엇이고 왜 필요한지 설명하기 위해서 [리스트 5.9]의 코드를 사용한다. 이 코드는 이 장의 "2.1.3 복사 시맨틱 활성화 Stack 템플릿 클래스" 절에서 다룬 복사 시맨틱 활성화 Stack 템플릿 클래스를 사용한다. [그림 5.19]는 이 프로그램의 실행 결과를 보인 것이다.

리스트 5.9 Syntax3 프로젝트의 MoveSemanticApp.cpp 파일

```
01 #include "Stack.h"
02 #include <iostream>
03 #include <chrono>
04 using std::cout;
05 using std::endl;
06 using std::chrono::high_resolution_clock;
07 using std::chrono::duration_cast;
08 using std::chrono::milliseconds;
09
10 template <typename T>
11 Stack<T> copyStack(Stack<T> stk)
12 {
13   Stack<T> tempStack(stk);
14   return tempStack;
15 }
16
17 int main()
18 {
19   Stack<int> intStack(50000000);
20   for (int i = 0; i < 50000000; ++i)
21     intStack.push(i);
22   Stack<int> intStack2;
23   auto ct1 = high_resolution_clock::now();
24   intStack2 = copyStack(intStack);
25   auto ct2 = high_resolution_clock::now();
26   auto delta = duration_cast<milliseconds>(ct2 - ct1).count();
27   cout << "COPY SEMANTICS: " << delta << " msec" << endl;
28   intStack.pop();
29   cout << "intStack's last element: " << intStack.pop() << endl;
30   cout << "intStack2's last element: " << intStack2.pop() << endl;
31
32   return 0;
33 }
```

컴파일러는 19행에서 Stack<int> 클래스를 생성하고 24행에서 Stack<int> copyStack(Stack<int> stk) 함수를 생성해서 사용하지만, 분석 과정에서는 Stack<int>

클래스를 그냥 Stack 클래스라고 부르고 Stack<int> copyStack(Stack<int> stk) 함수를 그냥 copyStack 함수라고 부르기로 하자.

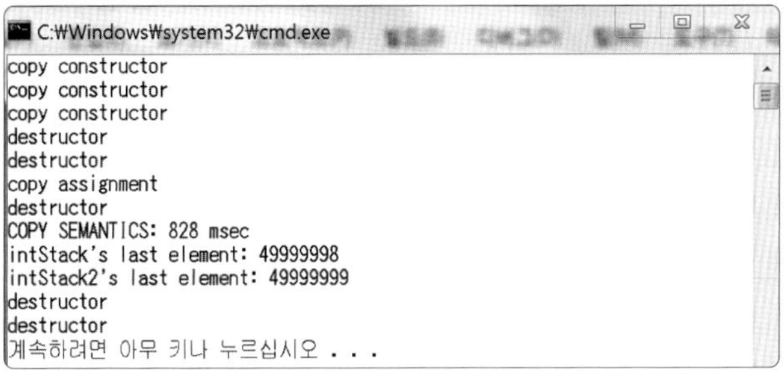

▲ 그림 5.19 ▷ 복사 시맨틱 활성화 Stack 템플릿 클래스의 성능

Stack 템플릿 클래스의 복사 생성자에 다음 코드를 마지막에 삽입해서 복사 생성자가 실행될 때마다 콘솔 윈도우에 실행 사실을 출력한다.

```
cout << "copy constructor" << endl;
```

복사 배정 연산자는 return 문 직전에 "copy assignment" 문자열을 출력하는 출력문을 삽입하고 소멸자도 마지막에 "destructor" 문자열을 출력하는 출력문을 삽입한다.

프로그램의 성능을 측정하기 위해서 03행에 <chrono> 헤더 파일을 포함한다. 6장의 필수 문법 절에서 자세하게 다룰 chrono 라이브러리는 시간과 날짜를 처리하기 위한 클래스와 함수들을 제공한다. 이 클래스와 함수들의 이름은 std 이름 공간 내에 존재하는 chrono 이름 공간 std::chrono에 정의되어 있다. 06~08행은 프로그램에서 사용할 이름들을 선언한다.

10~15행의 copyStack 함수는 파라미터의 값 전달 방식으로 스택 객체를 전달받는다. 전달받은 stk 객체를 사용해서 Stack 템플릿 클래스의 깊은 복사를 수행하는 복사 생성자로 13행처럼 tempStack 객체를 생성한다. 14행은 이 복사본 객체를 반환한다.

19행은 5천만 개의 정수를 저장하는 intStack 스택 객체를 생성하고 20행의 for 문은 이 스택 객체에 0부터 49,999,999까지의 정수를 저장한다. 22행은 intStack2 객체를 생성하는데, 크기를 지정하지 않았으므로 intStack2 객체의 크기는 디폴트값인 10으로 설정된다.

23~26행은 24행의 문장이 실행되는 시간을 밀리초 단위로 측정한다. high_resolution_clock은 시스템에 설치된 CPU 클록을 클래스로 모델링한 것이다. 이 클래스의 정적 멤버 함수로 정의된 now는 현재 시각을 std::chrono::time_point 클래스 타입으로 반환하는데, 예에서는 23행처럼 편리하게 auto 타입을 사용했다. 23행에서 시스템 시각을 구하고 25행에서 시스템 시각을 다시 구하면 그 차 duration가 24행의 문장이 실행된 시간이다. 26행은 이 두 시각의 차를 계산하고 이 시각차 동안에 CPU 클록이 똑딱거린 횟수를 count 멤버 함수로 구한다. 이어서 이 횟수를 duration_cast 템플릿 함수를 사용해서 밀리초 단위로 환산한다.

27행은 이 시간을 출력하는데, [그림 5.19]에 보인 것처럼 약 828밀리초가 소요된 것을 확인할 수 있다. 물론, 이 시간은 사용하고 있는 컴퓨터 시스템에 따라 다를 수 있다.

이제, 24행에 의해 이 시간 동안 어떤 일들이 벌어졌는지 [그림 5.20]을 가지고 순서대로 추적해 보자. [그림 5.20]의 오른쪽에 보인 그림은 [그림 5.19]이다.

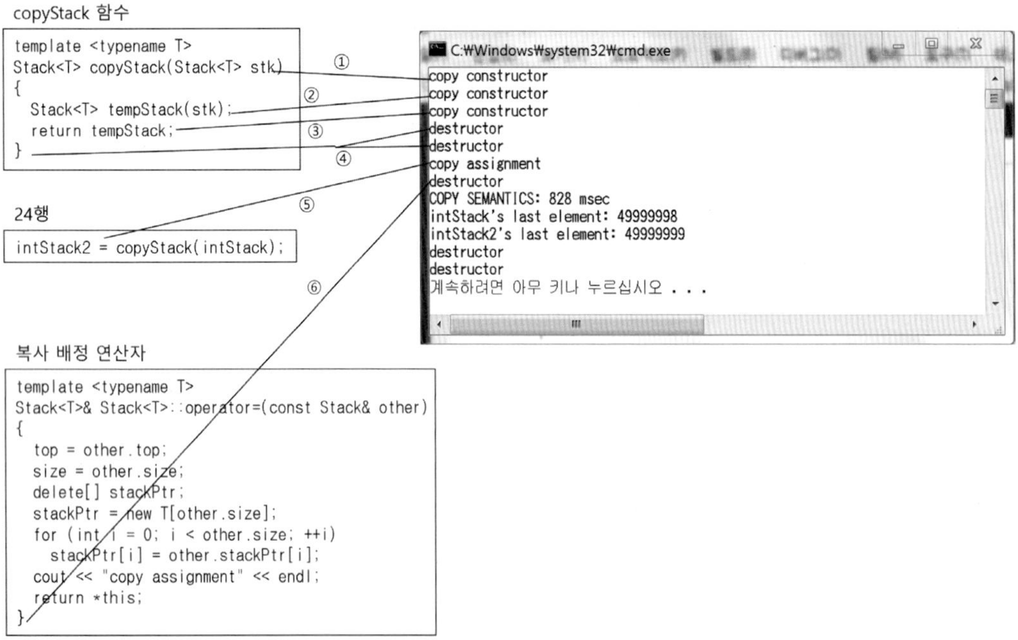

▲ 그림 5.20 ▷ 24행의 실행 과정

① 24행에서 intStack을 값 전달 방식으로 전달하면서 copyStack 함수를 호출하면, 자동으로 이 장의 2.1.3 절에 보인 Stack<T>::Stack 복사 생성자가 실행되어 intStack의 복사본인 stk가 생성된다. 복사 생성자는 intStack 객체를 상수 레퍼런스로 전달받는다. 객체를 상수 레퍼런스로 전달받는다는 것은 3장의 "2.2 const 멤버 함수와 상수 객체" 절에서 설명했듯이, 생성자 내에서 상수 객체화한 intStack 객체를 other라는 별명으로 접근해서 사용한다는 의미이다. 이 복사 생성자는 깊은 복사를 수행한다. 이 프로그램에서 스택 객체의 깊은 복사는 5천만 개의 정수가 저장될 수 있는 배열을 동적으로 생성해서 원소를 일일이 복제해 넣는 것이다. 복사 생성자에 삽입한 출력문은 "copy constructor" 문자열을 그림에 보인 것처럼 출력한다.

② copyStack 함수 내에서 stk 객체의 복사본인 tempStack 스택 객체를 생성하는데, 이때도 복사 생성자가 호출된다.

③ return 문은 tempStack 객체의 복사본을 생성해서 반환한다. 복사본을 생성하기 위해서 복사 생성자가 다시 호출된다. 이 복사본은 임시 객체로서 1장의 "2.8 우측값 레퍼런스" 절에서 설명한 우측값이다.

④ copyStack 함수가 종료되면 함수 내에서 사용했던 stk와 tempStack 객체가 소멸되므로 소멸자가 두 번 호출된다. 이 소멸자는 stk와 tempStack 객체의 배열을 소멸하고 "destructor" 문자열을 그림처럼 출력한다.

⑤ 24행에서 그림의 아래 쪽에 보인 intStack2 객체의 복사 배정 연산자가 실행되는데, 이 배정 연산자에게 제공되는 파라미터는 ③에서 반환된 임시 객체이다. 우측값인 임시 객체는 Stack& other 형식의 좌측값 레퍼런스로는 전달받을 수 없지만, const Stack& other 형식의 좌측값 상수 레퍼런스로는 전달받을 수 있다. 복사 배정 연산자 내에서 other라는 이름으로 임시 객체에 접근할 수는 있지만, const 속성이 지정된 상수 객체이므로 이 임시 객체를 수정할 수는 없다. 복사 배정 연산자의 목적은 intStack2를 임시 객체의 복사본으로 만드는 것이므로 임시 객체를 수정할 필요는 없다. 복사 배정 연산자에서 "copy assignment" 문자열이 출력된다.

⑥ 복사 배정 연산자가 종료되면 함수 내에서 사용했던 other 객체가 소멸되므로 소멸자가 호출된다. 소멸자에서 "destructor" 문자열이 출력된다.

[리스트 5.9]에서 main 함수의 25행부터 실행이 이어져 main 함수가 종료되면 main 함수의 지역 객체로 사용된 intStack 객체와 intStack2 객체가 소멸되므로 [그림 5.19]의 끝 두 행에 보인 것처럼 소멸자가 두 번 더 호출된다. 27행은 [그림 5.20]에 보인 과정에서 소요된 시간을 출력한다. 이 과정에서 깊은 복사를 수행하는 복사 생성자가 세 번 실행됐고 복사 배정 연산자는 한 번 실행됐다.

28~30행은 intStack의 복사본인 intStack2가 깊은 복사를 통해 제대로 생성됐는지 테스트한다. 28행에서 intStack 객체의 마지막 원소를 제거하고 29행과 30행처럼

intStack 객체와 intStack2 객체의 마지막 원소를 출력해 본다. 깊은 복사가 이뤄졌으므로 28행의 효과가 intStack2 객체에 반영되지 않았다.

2.3.1 이동 생성자와 이동 배정 연산자

[그림 5.20]에서 깊은 복사를 수행하는 복사 생성자는 ①, ②, ③에서 실행됐고 역시 깊은 복사를 수행하는 복사 배정 연산자는 ⑤에서 실행됐다. 5천만 개의 정수를 복제하는 깊은 복사 과정을 개선해서 성능을 개선할 방법은 없을까? 우선 ⑤를 주목해 보자. ⑤는 다음 코드에 보인 24행에서 copyStack 함수가 반환하는 임시 객체를 intStack2 객체에 배정하기 위해서 복사 배정 연산자가 호출되는 단계이다.

```
intStack2 = copyStack(intStack);
```

1장의 "2.8 우측값 레퍼런스" 절에서 좌측값은 메모리 방이 생성되고 이 방에 이름이 주어지는 대상을 말하고 우측값은 좌측값이 아닌 것들이라고 설명했다. 1장의 2.8절에서는 정수를 가지고 설명했지만, C++에서 클래스 타입인 객체는 기본 데이터 타입의 값들과 똑같이 취급되므로 우측값과 좌측값은 객체에도 똑같이 적용되는 개념이다. 따라서 copyStack 함수가 반환하는 임시 객체는 intStack2 객체에 그 내용이 복사되면 더 이상 사용할 일이 없는 우측값이다.

좌측값 레퍼런스와 우측값 레퍼런스를 파라미터로 사용하는 두 개의 오버로딩된 함수를 정의하면 컴파일러가 전달되는 파라미터의 값이 좌측값인지 우측값인지 구분해서 문법적으로 해당 함수를 연결해 준다는 것이 1장의 2.8절의 결론이었다. 이 구분을 위해서 우측값 레퍼런스 기능이 핵심적인 역할을 한다.

[그림 5.21]은 컴파일러가 이러한 구분 능력을 Stack 템플릿 클래스에 적용하는 과정을 보인 것이다.

그림에서 복사 배정 연산자는 이미 정의해서 [리스트 5.9]의 프로그램에 활용한 함수이고 이동 배정 연산자 move assignment operator는 [그림 5.20]의 ⑤ 단계를 개선하기 위해서 새롭게 오버로딩해서 추가하려고 하는 함수이다. 복사 배정 연산자는 좌측값 상수 레퍼런스 파라미터를 사용하고 이동 배정 연산자는 우측값 레퍼런스 파라미터를 사용한다.

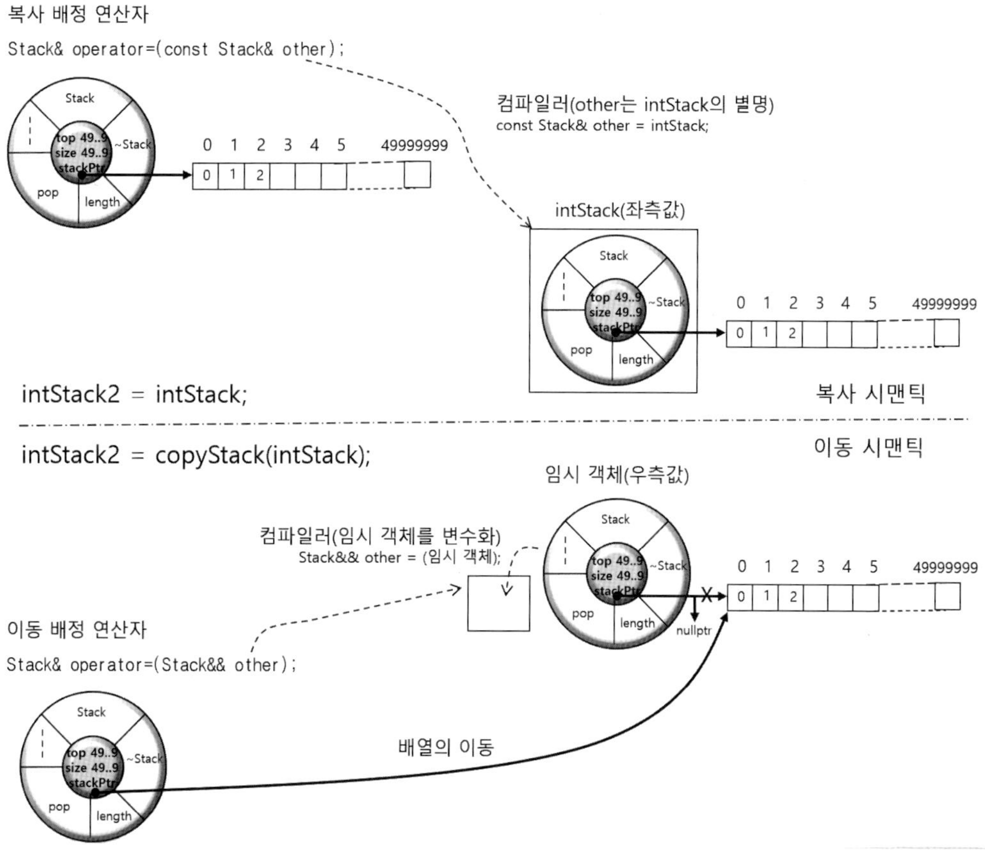

▲ 그림 5.21 ▷ 복사 배정 연산자와 이동 배정 연산자

컴파일러는 다음 코드에 보인 문장을 처리할 때 복사 배정 연산자를 연결한다.

```
intStack2 = intStack;
```

위 코드에서 intStack은 [그림 5.21]의 위쪽 그림에 보인 것처럼 이미 메모리 방과 이름이 존재하는 좌측값이다. const Stack& other = intStack이 성립하므로 컴파일러는 복사 배정 연산자를 연결한다. 복사 배정 연산자는 intStack의 값은 변경하지 않고 for 문으로 intStack이 소유한 배열의 원소를 일일이 복제해서 intStack2를 완성한다.

[그림 5.20]의 ⑤는 다음 코드에 보인 문장을 처리하는 단계이다.

```
intStack2 = copyStack(intStack);
```

[그림 5.21]의 아래쪽 그림에 보인 것처럼 Stack&& other = (copyStack 함수가 반환한 임시 객체)가 성립하므로 컴파일러는 이동 배정 연산자를 연결한다. 1장의 2.8절에서 Stack&& other = (임시 객체)의 처리는 그림처럼 메모리 방을 만들어 임시 객체를 넣고 이 방의 이름을 other로 지정하는 변수화 과정이라고 설명했다. 임시 객체는 intStack2 객체에 복사되기 위해 잠시 필요한 객체이고 복사가 끝나면 자동으로 용도 폐기될 객체이다. 용도 폐기될 객체이므로 이동 배정 연산자는 이 객체의 stackPtr 멤버 변수가 가리키는 동적으로 생성된 배열의 내용을 복사 배정 연산자처럼 for 문으로 일일이 복제해 오는 대신 배열을 통째로 가로채 온다. 그만큼 성능은 개선될 것이다.

여기서, 가로채 오는 것은 임시 객체의 stackPtr 멤버 변수의 값을 intStack2 객체의 stackPtr 멤버 변수에 배정하는 한 문장으로 처리된다. 따라서 가로채 온다는 것은 그림의 굵은 화살표로 표시한 것처럼 배열을 임시 객체로부터 intStack2 객체로 이동시키는 것을 의미한다. C++에서 이러한 기능을 이동 시맨틱 move semantic이라고 부른다. 주의할 점은 배열의 이동 후에는 임시 객체의 stackPtr에 nullptr을 배정해서 임시 객체가 소멸될 때 가로채 온 배열을 소멸자가 소멸시키는 것을 방지해야 한다는 것이다. 소멸자가 배열을 소멸시키면 intStack2 배열의 stackPtr은 댕글링 포인터가 된다.

복사 배정 연산자는 Stack 클래스의 좌측값 상수 레퍼런스를 사용하고 이동 배정 연산자는 Stack 클래스의 우측값 레퍼런스를 사용한다. 컴파일러가 전달하려고 하는 파라미터가 우측값이면 이동 배정 연산자와 연결하고 좌측값이면 복사 배정 연산자를 연결하므로 개발자는 다음 코드에 보인 이동 배정 연산자의 선언과 정의를 Stack 템플릿 클래스에 추가하기만 하면 된다.

```
Stack& operator=(Stack&& other);      // Stack 템플릿 클래스 내에 선언

template <typename T>                 // Stack 템플릿 클래스 외부에 정의
Stack<T>& Stack<T>::operator=(Stack&& other)
{
  if (this == &other)
    return *this;
```

```
    top = other.top;
    size = other.size;
    delete[] stackPtr;
    stackPtr = other.stackPtr;
    other.stackPtr = nullptr;
    cout << "move assignment" << endl;
    return *this;
  }
```

위 코드처럼 템플릿 클래스의 멤버 함수를 클래스 외부에 정의할 때는 클래스명으로 Stack 대신 Stack<T>를 사용한다는 것에 유의한다. 파라미터에서 Stack&& other = (임시 객체)가 성립되어 [그림 5.21]의 아래 그림처럼 우측값 레퍼런스 other라는 이름의 메모리 방이 생성되고 그 안에 임시 객체가 저장된다. 따라서 이 임시 객체는 이동 배정 연산자 내에서는 other라는 이름의 메모리 방이 있으므로 좌측값 행세를 하면서 이 함수가 종료될 때까지 그 목숨을 유지할 수 있게 된다. 1장의 2.8절에서 우측값 레퍼런스는 결과적으로 좌측값이라고 설명한 것을 잊지 말자.

위 코드에 보인 이동 배정 연산자는 delete[] 연산자로 intStack2 객체의 stackPtr 멤버 변수가 가리키는 기존의 배열을 해제한다. 다음 행은 이 stackPtr에 파라미터로 전달받은 임시 객체 other 객체의 stackPtr을 배정해서 other 객체의 배열을 가로채 온다 이동시킨다. 다음 행은 임시 객체의 stackPtr에 nullptr을 배정해서 임시 객체가 소멸되더라도 소멸자가 intStack2 객체의 이동시킨 배열을 해제하는 것을 방지한다. other는 const 속성이 아니고 이 함수 내에서는 좌측값이므로 other 객체의 stackPtr 멤버 변수에 nullptr을 배정할 수 있다.

[그림 5.20]에서 성능 개선의 여지가 더 있는지 살펴보자. [그림 5.20]의 ③은 다음 코드에 보인 문장을 처리하는 단계이다.

```
return tempStack;
```

copyStack 함수가 위 코드의 return 문으로 tempStack 객체의 복사본을 반환하는데, tempStack은 copyStack 함수가 종료되면 사라질 객체이다. 사라질 객체의 복사본을 만들기 위해서 깊은 복사를 수행하는 복사 생성자가 실행되는 것은 성능의 낭비이다.

이동 배정 연산자와 같은 원리의 이동 생성자 move constructor를 복사 생성자와 오버로딩해서 정의해 주면, Microsoft Visual C++ 2022(MSVC)와 같은 컴파일러는 tempStack 객체가 좌측값이지만 곧 사라질 것을 감지하고 영리하게 복사 생성자 대신 이동 생성자를 [그림 5.22]처럼 연결한다. 이 부분은 컴파일러의 종류에 따라 다를 수 있다.

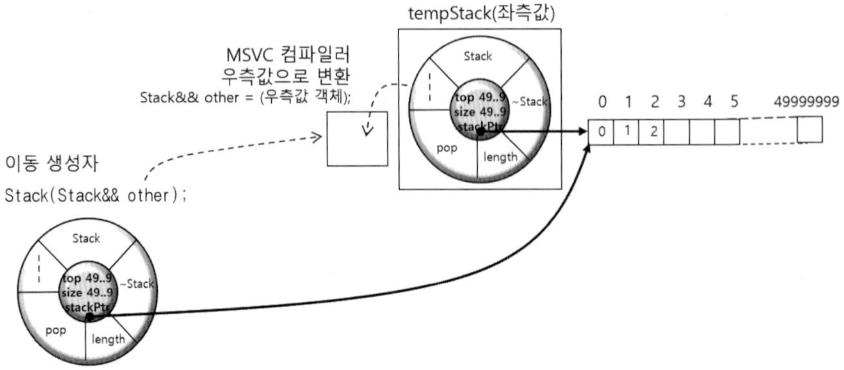

△ 그림 5.22 ▷ 이동 생성자의 호출

다음 코드에 보인 이동 생성자의 선언과 정의를 Stack 템플릿 클래스에 추가해서 [그림 5.20]의 ③의 단계를 개선한다.

```
Stack(Stack&& other);          // Stack 템플릿 클래스 내에 선언

template <typename T>          // Stack 템플릿 클래스 외부에 정의
Stack<T>::Stack(Stack&& other)
  : top(other.top), size(other.size), stackPtr(other.stackPtr)
{
  other.stackPtr = nullptr;
  cout << "move constructor" << endl;
}
```

이동 생성자가 수행하는 작업은 기본적으로 이동 배정 연산자가 수행하는 작업과 같다. 다른 점은 생성자 초기자 문법을 사용해서 멤버 변수들을 초기화하는 것과 새롭게 스택 객체를 생성하므로 기존의 배열을 소멸하는 코드가 없다는 것이다. 위 코드처럼 세 번째 생성자 초기자에서 stackPtr 멤버 변수에 other.stackPtr의 값을 배정해서 [그림 5.22]에 보인 것처럼 동적으로 생성된 배열을 가로채 온다. 복사 생성자는 배열의 원소를 일일이 복제하고 이동 생성자는 배열 전체를 한 번에 가로채 온다. 그만큼 성능은 개선될 것이다.

[그림 5.20]에서 성능 개선의 여지가 더 있을까? [그림 5.20]의 ②는 다음 코드에 보인 문장을 처리하는 단계이다.

```
Stack<T> tempStack(stk);
```

위 코드는 stk 객체의 복사본인 tempStack 객체를 생성하는데, copyStack 함수 전체를 살펴보면 이 문장 이외에는 stk 객체를 사용하는 곳이 없다. 따라서 stk 객체의 배열을 복제하는 대신 tempStack 객체로 이동시켜서 성능을 개선할 수 있다. 그러나 컴파일러가 이러한 사실을 감지할 정도로 영리하지는 못하다. 좌측값을 우측값으로 변환하는 함수인 std::move를 다음 코드처럼 사용하면 컴파일러가 이 문장을 처리할 때 복사 생성자 대신 이동 생성자를 호출한다.

```
Stack<T> tempStack(std::move(stk));
```

마지막으로 [그림 5.20]의 ①의 단계는 값 전달 호출 방식을 사용하므로 복사 생성자가 실행되는데, 레퍼런스 호출 방식을 사용하면 어떻게 될까? ②와 ③의 단계에서 stk와 tempStack은 더 이상 사용하지 않을 객체들이므로 이동 시맨틱을 적용했었다. 레퍼런스 호출 방식을 사용하면 stk가 곧 main 함수의 intStack 객체의 별명이므로 intStack 객체가 ②의 단계를 개선한 위 코드에서 망가지게 된다.

[그림 5.23]은 이동 생성자와 이동 배정 연산자를 Stack 템플릿 클래스에 추가해서 Stack 템플릿 클래스를 이동 시맨틱 활성화 클래스 move semantic enabled class로 변경한 후, [리스트 5.9]의 프로그램을 실행한 결과이다. main 함수의 24행을 실행하는 데 걸리는 시간이 828밀리초에서 171밀리초로 다섯 배 가까이 개선된 것을 확인할 수 있다. 이동 시맨틱 활성화 버전의 Stack 템플릿 클래스는 이 책이 제공하는 5장의 Syntax3-2 폴더에 제공된다.

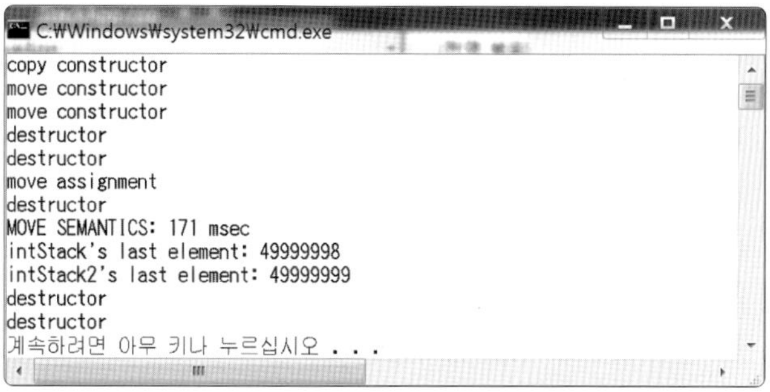

▲ 그림 5.23 ▷ 이동 시맨틱 활성화 Stack 템플릿 클래스의 성능

2.3.2 이동 시맨틱 활성화 CardPile 클래스

이제, [리스트 5.5]의 개선된 CardPile 클래스에서 이동 시맨틱을 제공하는 17행의 이동 생성자와 29행의 이동 배정 연산자의 정의를 살펴보자. 우선, CardPile 클래스의 복사 생성자, 이동 생성자, 복사 배정 연산자, 이동 배정 연산자, 소멸자의 정의에 다음 코드처럼 출력문을 마지막에 삽입해서 각 함수가 실행될 때마다 콘솔 윈도우에 실행 사실을 출력한다.

```
cout << “copy constructor” << endl;
```

이동 배정 연산자는 “move assignment” 문자열을 출력하고 소멸자는 “destructor” 문자열을 출력한다.

[리스트 5.10]은 CardPile 클래스의 이동 생성자와 이동 배정 연산자를 활용하는 코드이고 [그림 5.24]는 실행 결과를 보인 것이다.

리스트 5.10 Syntax3-2 프로젝트의 MoveSemanticApp.cpp 파일

```
#include “Pile.h”

CardPile copyPile(CardPile pile)
{
  CardPile tempPile(std::move(pile));
  return tempPile;
}

int main()
{
  CardPile theDiscard{ 200, 100 };
  for (int k = 1; k <= 3; ++k) {
    CardPtr cptr = std::make_shared<Card>(0, 0, 1, k);
    cptr->flip();
    theDiscard.addCard(cptr);
  }
  CardPile cp{ 200, 350 };
  cp = copyPile(theDiscard);
  cout << theDiscard << ‘\n’ << cp << endl;

  return 0;
}
```

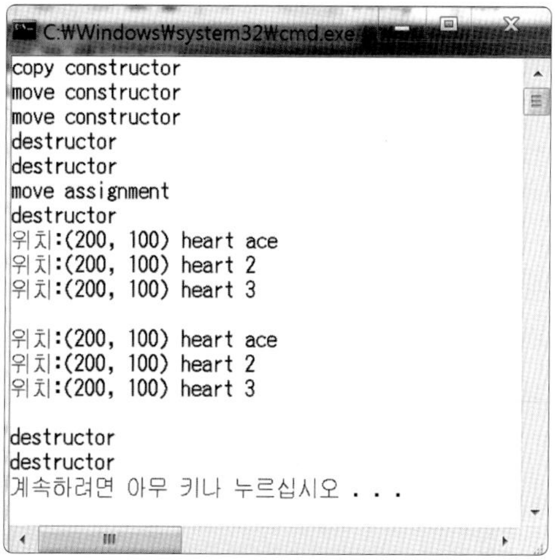

▲ 그림 5.24 ▷ 이동 시맨틱의 활용

03행의 copyPile 함수는 파라미터로 전달받은 파일 객체의 복사본을 생성해서 반환하는 함수이다. 11행은 CardPile 클래스로부터 theDiscard 객체를 생성하고 12~16행은 세 개의 카드 객체들을 생성해서 앞면인 상태로 변경하고 그 포인터들을 theDiscard 객체에 저장한다. 17행은 cp 객체를 생성하고 18행은 theDiscard 객체를 파라미터로 전달하면서 copyPile 함수를 호출한다. copyPile 함수가 반환하는 CardPile 객체는 cp에 배정한다.

18행에서 copyPile 함수를 값 전달 방식으로 호출하면 [그림 5.24]의 첫 번째 행에 보인 것처럼 복사 생성자가 실행되어 03행의 pile 객체를 생성한다. 05행은 tempPile 객체를 생성하는데, 파라미터가 std::move(pile)이므로 pile 객체를 우측값으로 변환해서 생성자에게 전달한다. 따라서 컴파일러는 다음 코드에 보인 이동 생성자를 [그림 5.24]의 두 번째 행에 보인 것처럼 호출한다.

```
CardPile::CardPile(CardPile&& cpile)
  : upperLeftX(cpile.upperLeftX), upperLeftY(cpile.upperLeftY),
  count(cpile.count), theCards(std::move(cpile.theCards))
{}
```

위 코드의 첫 번째 행에서 cpile 우측값 레퍼런스 파라미터는 CardPile 클래스의 우측값 객체를 배정받지만, 이 우측값 객체는 함수 내에서 cpile라는 이름을 갖는 좌측값 행세를 하게 된다. 우측값 객체란 일반적으로 임시 객체를 의미하는데, 생성자인 경우에는 이 임시 객체의 복사본을 만들기 위해서 임시 객체를 파라미터로 전달받는다. 위 코드에서 기본 데이터 타입의 멤버 변수들은 생성자 초기자로 값을 복사해 온다.

theCards 멤버 변수는 STL 컨테이너인 array 타입인데, C++의 표준 라이브러리 클래스들은 이미 이동 시맨틱이 구현되어 있다. 이동 시맨틱이 구현되어 있다는 의미는 각 클래스에 이동 생성자와 이동 배정 연산자가 정의되어 있다는 것이다. 따라서 theCards 배열도 이동 생성자와 이동 배정 연산자를 갖고 있다. 여기서 주의할 점은 다른 STL 컨테이너들과는 달리 array 컨테이너는 원소가 이동 가능한 원소일 때만 이동 시맨틱이 적용된다는 것이다.

'Pile 응용 프로그램'에서는 theCards 배열의 원소가 shared_ptr<Card> 타입이므로 이동 가능한 포인터 원소이다. 따라서 theCards는 이동 시맨틱 활성화 배열이다. 위 코드의 생성자 초기자에서 theCards(std::move(cpile.theCards))는 다음 코드와 같은 배정문이다.

```
theCards = std::move(cpile.theCards);
```

cpile이 생성자 내에서는 좌측값이므로 cpile.theCards를 std::move 함수로 우측값으로 변환해서 theCards 멤버 변수에 배정한다. 이때, array 클래스의 이동 배정 연산자가 호출되는데, 이동 배정 연산자는 [그림 5.25]에 보인 것처럼 임시 객체의 theCards 배열을 05행에 정의한 tempPile 객체의 theCards로 가로채오고 임시 객체의 theCards 멤버 변수에는 nullptr를 배정한다.

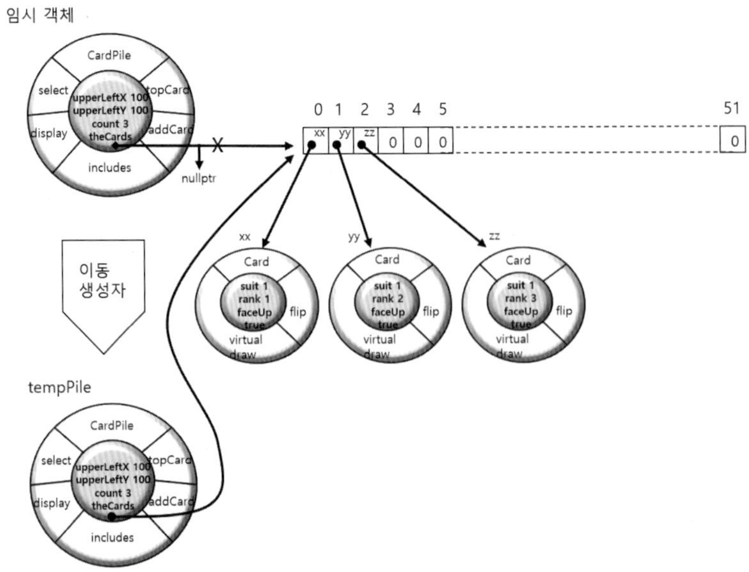

▲ 그림 5.25 ▷ array 클래스의 이동 생성자

[리스트 5.10]의 06행은 tempPile 객체의 복사본을 반환하는데, CardPile이 이동 시맨틱 활성화 클래스이므로 이때도 [그림 5.24]의 세 번째 행처럼 이동 생성자가 호출된다. 07행에서 copyPile 함수가 종료되면 pile과 tempPile 객체가 소멸되므로 [그림 5.24]에 보인 것처럼 소멸자가 두 번 호출되는 것을 확인할 수 있다. 18행에서 copyPile 함수가 반환하는 객체가 임시 객체이므로 이 임시 객체가 cp 객체에 배정될 때 다음 코드에 보인 이동 배정 연산자가 호출된다. 이동 배정 연산자가 수행하는 작업은 이동 생성자가 수행하는 작업과 비슷하다.

```
CardPile& CardPile::operator=(CardPile&& cpile)
{
  if (this == &cpile)
    return *this;
  upperLeftX = cpile.upperLeftX;
  upperLeftY = cpile.upperLeftY;
  for (int i = 0; i < count; i++)
    theCards[i] = nullptr;
  count = cpile.count;
  theCards = std::move(cpile.theCards);
  return *this;
}
```

위 코드의 for 문은 theCards 배열이 가리키던 기존의 카드 객체들을 소멸시킨다. theCards 배열의 원소들이 shared_ptr<Card> 포인터 타입이므로 원소에 nullptr을 배정하면 참조 카운터가 감소해서 가리키던 객체가 자동으로 소멸된다. 이동 배정 연산자가 종료되면 전달됐던 임시 객체 cpile 객체가 소멸되면서 소멸자가 호출되는 것을 [그림 5.24]의 일곱 번째 행처럼 확인할 수 있다. 19행에서 theDiscard 객체와 cp 객체를 출력해 보면 [그림 5.24]에 보인 것처럼 cp 객체가 theDiscard 객체의 복사본임을 확인할 수 있다. 22행에서 main 함수가 종료되면 theDiscard 객체와 cp 객체가 소멸되므로 소멸자가 두 번 더 호출된다.

복사 생성자와 복사 배정 연산자는 짝을 이루어서 함께 정의한다. 이동 생성자, 이동 배정 연산자, 소멸자는 상호 연관된 코드를 가질 수밖에 없으므로 한 그룹으로 생각해야 한다. 그룹으로 정의하든지 아니면 컴파일러가 자동 생성해주는 그룹을 사용하든지 선택한다.

[표 5.2]는 컴파일러가 자동 생성해주는 함수들을 정리한 [표 5.1]에 이동 시맨틱을 추가한 것이다.

▼ 표 5.2 ▷ 생성자와 배정 연산자의 자동 생성 원칙(이동 시맨틱 추가)

개발자의 직접 정의	컴파일러의 자동 생성	가능한 객체 생성 방법

없음	디폴트 생성자
	A, B
		`CardPile pile;`
		`CardPile cpile(pile);`
		`CardPile cpile(std::move(pile));`

디폴트 생성자	A, B	`CardPile pile;`
		`CardPile cpile(pile);`
		`CardPile cpile(std::move(pile));`

A	소멸자	pile을 생성할 방법이 없어서 객체 생성 불가
B	없음	pile을 생성할 방법이 없어서 객체 생성 불가

복사나 이동 생성자가 아닌 파라미터가 있는 생성자	A, B	`CardPile pile(10, 20);`
		`CardPile cpile(pile);`
		`CardPile cpile(std::move(pile));`

디폴트 생성자
복사나 이동 생성자가 아닌 파라미터가 있는 생성자
	A, B	`CardPile pile;`
		`CardPile pile(10, 20);`
		`CardPile cpile(pile);`
		`CardPile cpile(std::move(pile));`

디폴트 생성자: 파라미터가 없는 생성자
A: 복사 생성자, 복사 배정 연산자
B: 이동 생성자, 이동 배정 연산자, 소멸자
B 중 한 개라도 직접 정의하면 나머지는 자동 생성 없음

이동 생성자도 디폴트 생성자나 복사 생성자와 마찬가지로 default와 delete 키워드를 사용해서 다음 코드처럼 컴파일러의 자동 생성을 명시적으로 지정하거나 방지할 수 있다.

```
CardPile(CardPile&& cpile) = default;
CardPile(CardPile&& cpile) = delete;
```

모든 STL 컨테이너는 이동 시맨틱을 지원한다. 컨테이너가 이동 시맨틱을 지원한다는 것은 이동 생성자와 이동 배정 연산자를 갖고 있다는 의미이다. 따라서 STL 컨테이너를 사용하면 다음 코드처럼 함수가 컨테이너를 값으로 반환하는 상황 등에서 프로그램의 성능을 개선할 수 있다.

```
vector<int> createVector(size_t size)
{
  vector<int> vec(size);
  int contents = 0;
  for (auto& i : vec)
    i = contents++;
  return vec:
}
vector<int> myVec = createVector(10);
```

위 코드에서 vec은 지역 변수이므로 이 함수가 종료되면 사라진다. 컴파일러는 영리하게도 곧 사라질 vec이 return 문에 의해 값으로 반환될 때 vec을 통째로 복사한 복사본을 생성하는 대신 vector 클래스의 이동 생성자를 사용해서 vec을 이동시킨다. 또한, 이 이동된 vector 객체가 myVec에 배정될 때도 컴파일러는 반환된 vector 객체가 임시 객체(우측값)이므로 vector 클래스의 복사 배정 연산자를 호출하는 대신 이동 배정 연산자를 호출해서 myVec으로 이동시킨다.

다음 코드처럼 push_back 멤버 함수로 객체를 삽입하는 경우에도 이동 시맨틱을 사용해서 성능을 개선할 수 있다.

```
Rect r(10, 20, 50, 60);
vector<Rect> myVec;
myVec.push_back(r);
```

위 코드에서 r은 임시 객체가 아닌 좌측값이다. 따라서 push_back 멤버 함수를 호출하면 vector 클래스의 push_back(const T& val) 멤버 함수가 호출되어 r의 복사본이 삽입된다. 그러나 다음 코드처럼 객체를 삽입하면 push_back의 이동 시맨틱 버전인 push_back(T&& val) 멤버 함수가 호출되어 성능이 개선된다.

```
myVec.push_back(Rect(10, 20, 50, 60));
// myVec.push_back({10, 20, 50, 60});
```

위 코드에서 주석 처리한 문장은 Rect 클래스의 생성자를 사용하지 않고 myVec의 원소 타입이 Rect 타입이므로 유니폼 초기자 기능을 사용해서 사각형 객체를 생성한다.

이동 시맨틱 활성화 DeckPile 클래스 2.3.3

[리스트 5.5]의 DeckPile 클래스에서 이동 생성자, 이동 배정 연산자, 소멸자를 따로 정의하지 않았으므로 컴파일러는 다음 코드와 같은 디폴트 이동 생성자, 디폴트 이동 배정 연산자, 디폴트 소멸자를 제공해서 DeckPile 클래스도 이동 시맨틱 활성화 클래스로 만든다.

```
DeckPile::DeckPile(DeckPile&& dpile)
  : CardPile(std::move(dpile))
{}

DeckPile& DeckPile::operator=(DeckPile&& dpile)
{
  if (this == &dpile)
    return *this;
  CardPile::operator=(std::move(dpile));
  return *this;
}

virtual DeckPile::~DeckPile()
{}
```

위 코드처럼 이동 시맨틱을 상속할 때 주의할 점은 이동 시맨틱은 할당된 메모리 공간을 가로채 오는 기능이므로 DeckPile 클래스에 사용자 정의의 소멸자가 존재하면 디폴트 이동 생성자와 디폴트 배정 연산자가 제공되지 않는다는 것이다. 이동 생성자, 이동 배정 연산자, 소멸자는 패키지로 함께 정의하든지 아니면 모두 정의하지 않고 디폴트 버전을 사용하든지 선택한다. [리스트 5.5]에 보인 DeckPile 클래스는 소멸자를 따로 정의하지 않았으므로 컴파일러는 디폴트 이동 생성자, 디폴트 이동 배정 연산자, 디폴트 소멸자를 DeckPile 클래스에 제공한다.

STL 컨테이너에 저장될 원소들이 [표 5.3]에 나열한 요건들을 갖추면 STL 컨테이너는 성능 면으로 최적화된다. 일반적으로, STL 컨테이너는 내부에서 자주 원소를 복사, 배정, 비교하므로 원소도 복사 시맨틱과 이동 시맨틱이 활성화되어 있다면 컨테이너가 필요에 따라 선택적으로 이들을 활용해서 성능을 개선할 수 있다.

▼ 표 5.3 ▷ STL 컨테이너에 저장할 원소들의 바람직한 요건

멤버 함수	설명
복사 생성자	원소를 삽입할 때마다 호출
이동 생성자	원소 삽입 후 원본이 소멸될 때 호출
복사 배정 연산자	원소를 수정할 때마다 호출
이동 배정 연산자	수정 후 원본이 소멸될 때 호출
소멸자	원소를 제거할 때마다 호출
디폴트 생성자	특별한 경우에만 필요

operator==	컨테이너 간에 operator==가 사용될 때 원소들의 비교를 위해 호출
operator<	컨테이너 간에 operator<가 사용될 때, 원소가 6장에서 다룰 연관 컨테이너의 키로 사용될 때 호출

STL 컨테이너와 마찬가지로 STL 알고리즘도 이동 시맨틱을 활용해서 최적화 성능을 제공한다. 예를 들어, sort 알고리즘에 적용시킬 컨테이너의 원소들도 이동 시맨틱이 활성화되어 있다면 sort 알고리즘은 훨씬 빨리 작업을 수행할 수 있다.

복사 시맨틱과 이동 시맨틱 활성화 String 클래스 2.3.4

3장의 "2.9.3 String 클래스의 정의" 절에서 소개한 String 클래스에 복사 시맨틱과 이동 시맨틱을 추가해서 표준 라이브러리의 string 클래스와 유사하게 개선해 보자. 개선된 버전과 이를 활용하는 프로그램은 [리스트 5.11], [리스트 5.12], [리스트 5.13]에 보인 String.h, String.cpp, MoveSemanticApp.cpp 파일로 구성된다. [그림 5.26]은 이 프로그램의 실행 결과를 보인 것이다.

리스트 5.11 Syntax3-4 프로젝트의 String.h 파일

```
#pragma once

class String {
public:
  // char* 타입 파라미터를 취하는 타입 변환 생성자
  String(const char* cstr = nullptr);
  // 복사 생성자
  String(const String& str);
  // 이동 생성자
  String(String&& str);
  // 소멸자
  ~String();
  // 타입 변환 연산자
  operator char*();
  // 복사 배정 연산자
  String& operator=(const String& str);
  // 이동 배정 연산자
  String& operator=(String&& str);
  String operator+(const String& str);
```

```
20   bool operator==(const String& str);
21 private:
22   // 멤버 변수
23   int length;
24   char* s;
25 };
```

[리스트 5.11]에서 08행, 10행, 16행, 18행은 복사 생성자, 이동 생성자, 복사 배정 연산자, 이동 배정 연산자의 원형을 선언한다. 19행은 두 String 객체를 이어 붙이는 operator+ 연산자를 오버로딩해서 선언한다.

리스트 5.12 Syntax3-4 프로젝트의 String.cpp 파일

```
#include "String.h"
#include <cstring>

String::String(const char* cstr)
{
  if (cstr == nullptr)
    length = 1;
  else
    length = strlen(cstr) + 1;
  s = new char[length];
  if (cstr != nullptr)
    strcpy_s(s, length, cstr);
}

String::String(const String& str)
{
  length = str.length;
  s = new char[length];
  strcpy_s(s, length, str.s);
}

String::String(String&& str)
{
  length = str.length;
  s = str.s;
  str.s = nullptr;
}

String::~String()
{
```

```
  delete[] s;
}

String::operator char*()
{
  return s;
}

String& String::operator=(const String& str)
{
  if (this == &str)
   return *this;
  delete[] s;
  length = str.length;
  s = new char[length];
  strcpy_s(s, length, str.s);
  return *this;
}

String& String::operator=(String&& str)
{
  if (this == &str)
    return *this;
  delete[] s;
  length = str.length;
  s = str.s;
  str.s = nullptr;
  return *this;
}

String String::operator+(const String& str)
{
  char* temp = new char[length + str.length - 1];
  strcpy_s(temp, length, s);
  strcat_s(temp, length + str.length - 1 str.s);
  String tempStr(temp);
  delete[] temp;
  return tempStr;
}

bool String::operator==(const String& str)
{
  return strcmp(s, str.s) ? false : true;
}
```

[리스트 5.12]에서 15행의 복사 생성자는 strcpy_s 함수를 사용해서 상수 레퍼런스 파라미터로 전달받은 str 객체의 C 문자열을 복제한다. 22행의 이동 생성자는 str 객체의 C 문자열을 25행처럼 가로채 온다 이동시킨다. str 객체가 27행에서 소멸되면 29행의 소멸자가 호출되는데, 소멸자가 가로채 온 C 문자열을 제거하지 못하도록 26행처럼 str.s에 nullptr을 배정한다. 우측값 레퍼런스는 좌측값이므로 우측값 레퍼런스로 전달받은 str 객체는 좌측값이다. str 객체가 좌측값이므로 26행처럼 배정 연산자의 왼쪽에 위치할 수 있다.

39행의 복사 배정 연산자는 strcpy_s 함수를 사용해서 상수 레퍼런스로 전달받은 str 객체의 C 문자열을 복제한다. 기존의 C 문자열은 43행처럼 삭제하고 47행은 *this를 반환한다. *this는 현재 실행되고 있는 복사 배정 연산자를 소유한 String 객체를 의미한다. 50행의 이동 배정 연산자의 정의는 이동 생성자의 정의와 거의 같다.

61행의 operator+ 연산자는 63행처럼 상수 레퍼런스로 전달받은 str 객체의 문자열 길이와 자신의 문자열 길이를 합한 길이의 C 문자열 temp를 생성한다. 두 문자열의 길이는 널 문자를 포함해서 설정됐고 합한 문자열은 널 문자가 한 개만 필요하므로 합한 길이에서 1을 감소한 크기로 temp 배열을 생성한다.

64행은 strcpy_s 함수를 사용해서 자신의 문자열을 temp에 복사하고 65행은 strcat_s 함수를 사용해서 str 객체의 C 문자열을 temp에 이어 붙인다. 66행은 temp 문자열로 tempStr 객체를 생성하고 68행은 tempStr 객체를 반환한다. C 문자열을 이어 붙인 temp는 67행처럼 할당된 메모리를 환원한다.

리스트 5.13 Syntax3-4 프로젝트의 MoveSemanticApp.cpp 파일

```
#include "String.h"
#include <iostream>
using std::cout; using std::endl;

int main()
{
  String str1("eum");
  String str2;
  // 이동 배정 연산자
  str2 = "doohun";
  // operator+, 이동 배정 연산자
  str1 = str1 + str2;
  cout << str1 << endl;
```

```
14
15     return 0;
16 }
```

▲ 그림 5.26 ▷ 복사와 이동 시맨틱 활성화 String 클래스의 활용

[리스트 5.13]의 10행에서 배정 연산자의 오른쪽 항을 먼저 생각해 보자. 오른쪽 항인 "doohun" C 문자열은 [리스트 5.11]의 06행에 보인 타입 변환 생성자에 의해서 String 객체로 변환된다. 이 변환된 String 객체는 임시 객체이므로 왼쪽 항인 str2 객체의 이동 배정 연산자가 호출되어 임시 객체의 문자열을 str2 객체의 s 멤버 변수로 이동시킨다.

12행의 오른쪽 항처럼 operator+ 연산자로 두 문자열을 합치면 str1 객체와 str2 객체는 합친 후에 변경되지 않고 합쳐진 새로운 String 객체가 생성되어 반환된다. 반환된 String 객체는 임시 객체이므로 str1 객체의 이동 배정 연산자가 실행되어 임시 객체의 문자열을 str1의 s 멤버 변수로 이동시킨다. 13행처럼 str1 객체를 출력하면 [리스트 5.11]의 14행에 보인 operator char* 타입 변환 연산자가 str1 객체를 char* 타입의 C 문자열로 변환하고 이 C 문자열이 출력된다.

예외 처리 2.4

객체나 변수를 생성하려는데 컴퓨터에 사용 가능한 메모리가 부족한 경우, 파일을 생성하고자 하는데 하드 디스크의 용량이 부족한 경우, 존재하지 않는 객체에 접근하는 경우, 배열의 크기를 벗어나 접근하는 경우 등은 대부분 프로그램이 비정상적으로 갑자기 종료되는 경우들이다. 이러한 상황을 예외 exception가 발생됐다고 표현한다. C++는 예외가 발생될 경우, 이에 대처할 수 있는 기능을 제공한다.

[리스트 5.14]의 코드는 콘솔 버전의 'Pile 응용 프로그램'인데, 52장의 카드를 생성하는 내포된 for 문에 try~catch 문장으로 예외를 처리한 것이고 [그림 5.27]은 이 프로그램의 실행 결과를 보인 것이다.

리스트 5.14 Syntax4 프로젝트의 ExceptionApp.cpp 파일

```
#include "Pile.h"

int main()
{
  DeckPile theDeck{ 100, 100 };
  CardPile theDiscard{ 200, 100 };
  // 카드 생성 후 데크 파일에 삽입
  try {                                        // try 블록
    for (int i = 1; i <= 5; i++) {
      for (int j = 1; j <= 13; j++) {
        CardPtr cptr = std::make_shared<Card>(0, 0, i, j);
        theDeck.addCard(cptr);
      }
    }
  }
  catch (const std::out_of_range& e) {    // catch 블록
    cout << e.what() << endl;
  }
  catch (const std::bad_alloc& e) {
    cout << e.what() << endl;
  }
  catch (const std::exception& e) {
    cout << e.what() << endl;
  }
  cout << theDeck << endl;

  return 0;
}
```

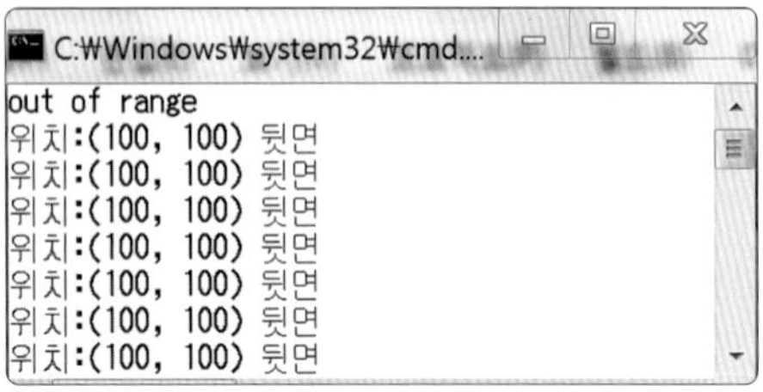

▲ 그림 5.27 ▷ 예외 처리

C++에서 예외 상황을 모델링한 표준 클래스들의 계층구조는 [그림 5.28]에 보인 것과 같고, 자주 발생되는 예외 상황에 대한 설명은 [표 5.4]에 보인 것과 같다

▼ 표 5.4 ▷ 자주 발생하는 예외

예외 클래스	예외 발생 상황
exception	모든 예외 클래스의 부모
bad_alloc	new 연산자의 메모리 할당 실패
logic_error	개발자의 부주의로 발생
out_of_range	배열이나 벡터의 범위를 벗어나 operator[]로 접근
length_error	너무 긴 std::string 객체를 생성
runtime_error	개발자의 부주의로 발생
range_error	범위를 벗어나 값을 저장
overflow_error	수학적으로 오버플로 발생

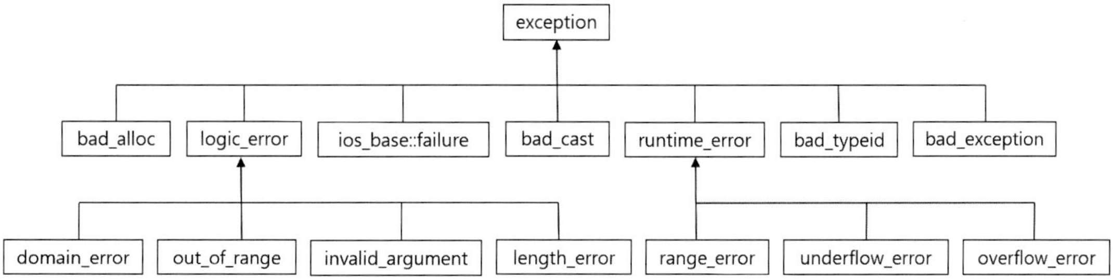

▲ 그림 5.28 ▷ 예외 클래스의 계층구조

[리스트 5.14]에서 08~24행은 52개의 카드 객체들을 생성하면서 발생할 수 있는 예외를 try~catch 문을 사용해서 처리한다. 08~15행의 try 블록은 52개의 카드 객체들을 생성하는 부분을 예외가 발생할 수 있는 범위로 지정한다. 16~24행에서 세 개의 catch 블록은 예외가 발생할 경우 이에 대처하는 코드인데, 17행, 20행, 23행처럼 예외 상황을 알리는 메시지를 콘솔 윈도우에 출력한다. catch 절은 [리스트 5.14]처럼 여러 개를 나열할 수 있다.

예외 객체는 예외 상황을 모델링한 [표 5.4]의 해당 예외 클래스로부터 생성된다. C++는 try 블록에서 발행한 예외 객체의 종류에 따라 나열된 catch 절들 중, 첫 번째 catch 절의 파라미터에 예외 객체의 레퍼런스가 배정될 수 있는지 조사한다. 파라미터의 클래스 타입이

예외 객체의 타입과 정확하게 일치하거나 파라미터가 부모 클래스 타입이면 예외 객체의 레퍼런스가 배정될 수 있으므로 그 catch 절이 실행된다. 나머지 catch 절들은 무시된다. 타입이 일치하지 않으면 다음 catch 절의 파라미터에 배정될 수 있는지 순차적으로 조사한다.

따라서 catch 절을 여러 개 나열하려면 [그림 5.28]에 보인 클래스 계층구조에서 하위 클래스 타입의 파라미터를 지정한 catch 절부터 시작해서 경로를 따라 상위 클래스 타입의 파라미터를 지정한 catch 절들을 나열한다. 이는 감기에 걸렸을 때, 무조건 종합 감기약 std::exception 클래스을 복용하는 것보다는 병원에 가서 코감기 std::out_of_range 클래스, 목감기 std::bad_alloc 클래스 등의 정확한 처방을 받아 약을 복용하는 것이 바람직한 것에 비유할 수 있다.

[리스트 5.14]의 16행에서 std::out_of_range 클래스 타입의 레퍼런스 파라미터를 지정한 catch 절을 명시하고, 19행에서는 std::bad_alloc 클래스 타입의 레퍼런스 파라미터를 명시하며, 22행에는 모든 예외 클래스의 부모인 std::exception 클래스 타입의 레퍼런스 파라미터를 지정한 catch 절을 명시한다. [그림 5.28]에 보인 계층구조에서 부모 클래스의 레퍼런스 타입으로 지정한 파라미터는 자식 클래스들로부터 생성된 예외 객체들도 참조할 수 있다.

try 블록 내에서 예외가 발생하면, 그 지점에서 예외 객체가 생성되고 프로그램의 흐름은 즉시 해당 catch 블록으로 넘어간다. 11행의 make_shared<Card> 함수는 내부에서 new 연산자로 카드 객체를 동적으로 생성하는데, 메모리 할당에 성공하면 생성된 객체를 가리키는 포인터를 반환하고 실패하면 std::bad_alloc 예외 객체를 생성해서 던진다.

이 예외 객체는 19행처럼 함수 형태의 문법을 갖는 catch 블록의 e 상수 레퍼런스 파라미터로 전달된다. 예외가 발생하지 않으면 모든 catch 블록을 건너뛰고 try~catch 블록의 다음 문장인 25행으로 프로그램의 흐름이 이어진다. [그림 5.28]에 보인 클래스들은 char* 타입의 문자열을 반환하는 what 멤버 함수를 갖고 있어서 17행처럼 출력하면 오류 메시지를 확인할 수 있다.

try 블록은 12행의 DeckPile::addCard 멤버 함수의 호출도 포함하므로 Pile.cpp 파일에 정의한 DeckPile::addCard 멤버 함수도 다음 코드처럼 예외 처리 코드를 추가한다.

```
void DeckPile::addCard(const CardPtr& newCard) noexcept(false)
{
  if (count < MAX_CARDS) {
    CardPile::addCard(newCard);
    newCard->moveTo(upperLeftX, upperLeftY);
    auto it = theCards.begin();
    std::advance(it, count);
    std::shuffle(theCards.begin(), it, eng);
  }
  else {
    throw std::out_of_range("out of range");      // throw
  }
}
```

위 코드에서 함수 원형에 붙인 noexcept(false) ☞ C++11는 DeckPile::addCard 함수가 예외를 던질 수 있는 함수라는 의미이다. noexcept가 false이므로 except인 셈이다. 예외를 던지지 않는 함수에는 noexcept 또는 noexcept(true)라고 선언한다. 함수를 noexcept로 선언하면, 예외를 던지지 않는 함수 내에서 noexcept로 선언된 다른 함수를 안전하게 사용할 수 있고 최적화 코드를 생성할 수 있는 정보를 컴파일러에게 제공한다. noexcept 지정을 사용하지 않으면 함수가 잠정적으로 예외를 던질 수 있다는 의미의 noexcept(false)로 설정된다. 따라서 위 코드에서 noexcept(false)의 선언은 생략할 수 있다. Pile.h 헤더 파일의 DeckPile::addCard 함수 원형도 noexcept(false)로 같게 지정한다.

위 코드의 if 문에서 count의 값이 MAX_CARDS로 지정된 52보다 크면 else 절은 std::out_of_range 생성자를 호출해서 std::out_of_range 예외 객체를 생성하고, 이 객체를 throw 문으로 던진다. std::exception 클래스를 제외한 모든 클래스의 생성자는 what 멤버 함수가 반환할 C 문자열 메시지를 파라미터로 사용한다. 이 예외 객체는 DeckPile::addCard 함수 밖으로 던져지고 [리스트 5.14]에서 16행의 catch 블록이 던져진 예외 객체를 전달받는다.

[리스트 5.14]에서 main 함수의 09행처럼 for 문의 상한값을 4에서 5로 수정해서 실행하면 [그림 5.27]의 첫 번째 행처럼 DeckPile::addCard 멤버 함수에서 설정된 "out of range" 문자열이 출력되는 것을 확인할 수 있다. 예외 상황을 알리기 위해서 throw 문으로 던질 수 있는 것은 문자열, 정수, 실수, 객체 등을 포함하는 C++의 모든 데이터이다.

catch 블록에서 객체 타입의 예외를 전달받을 때는 상수 레퍼런스로 전달받는 것이 좋다. DeckPile::addCard 멤버 함수가 던진 예외 객체는 첫 번째 catch 절의 파라미터 타입과 일치하므로 17행이 실행된다. 예외가 처리됐으므로 예외가 발생했더라도 프로그램은 멈추지 않고 25행부터 실행이 이어진다.

이러한 예외 처리 기능이 꼭 필요한 경우를 생각해 보자. [그림 5.29]에 보인 것처럼 미사일에 탑재되어 바람, 온도 등을 분석해서 목표 지점을 조정하는 미사일 유도 프로그램인 경우, 예외 처리가 안 된 상태로 날아가는 도중, 어떤 이유로 예외 상황이 발생하면 프로그램이 갑자기 종료되고 그 결과는 엉뚱한 지점에 미사일이 떨어지는 상황을 맞게 될 것이다.

이 경우, try~catch 블록을 이용하면 예외가 발생하더라도 자폭 등의 대처를 할 수 있는 안전한 프로그램으로 만들 수 있을 것이다. 군사용 프로그램 뿐만 아니라 일반적으로 민감한 상황을 다루는 프로그램에서 예외 처리는 필수이다. 예외 클래스를 직접 정의해서 활용하는 예는 응용 과제 1에서 다룬다.

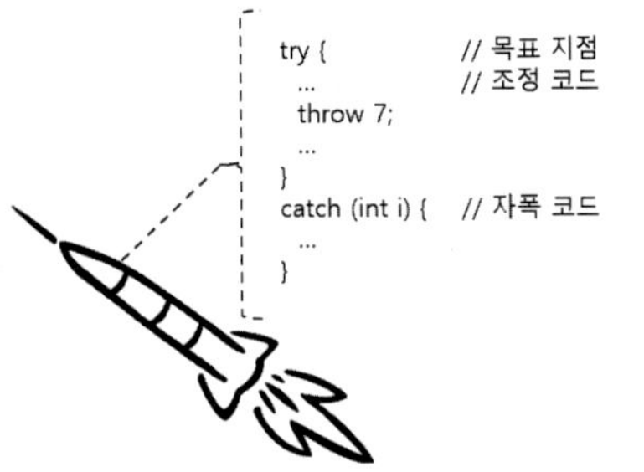

▲ 그림 5.29 ▷ 예외 처리를 하는 미사일 유도 프로그램

** 2.5 span 라이브러리 ☞ C++20

C 배열, std::array 타입의 배열, 벡터는 모두 원소를 연속으로 저장하는 컨테이너이다. 원소를 연속으로 저장하므로 첫 원소의 주소값과 컨테이너의 크기로 이러한 컨테이너를 정의할 수 있다. C 배열을 함수의 파라미터로 전달하면 첫 원소의 주소값만 전달되고

크기가 전달되지 않으므로 함수 내에서 이 배열을 잘 못 다룬다면 프로그램 오류가 발생하기도 한다. std::span<T> 템플릿 클래스는 원소를 연속으로 저장하는 컨테이너를 첫 원소의 주소값과 크기로 정의하는데, 컨테이너의 크기를 유추할 수 있는 기능을 제공한다.

[리스트 5.15]는 span 템플릿 클래스를 활용하는 코드이고 [그림 5.30]은 실행 결과를 보인 것이다.

리스트 5.15 Syntax5 프로젝트의 SpanApp.cpp 파일

```
#include <iostream>
#include <vector>
#include <array>
#include <span>

void printMe(std::span<int> container)
{
  std::cout << “container size: ” << container.size() << std::endl;
  for (auto e : container)
    std::cout << e << ' ';
  std::cout << std::endl;
}

int main()
{
  int arr1[]{ 1, 2, 3, 4 };
  printMe(arr1);
  std::array<int, 5> arr2{ 1, 2, 3, 4, 5 };
  printMe(arr2);
  std::vector<int> vec{ 1, 2, 3, 4, 5, 6 };
  printMe(vec);
  std::cout << std::endl;

  std::span<int> span1{ vec };     // std::span span1 = vec;
  printMe(span1);
  std::span<int> span2{ vec.data(), vec.size() };
  printMe(span2);
  std::span<int> span3{ span1.subspan(1, span1.size() - 2) };
  printMe(span3);
  span3[0] = 200;
  printMe(vec);

  return 0;
}
```

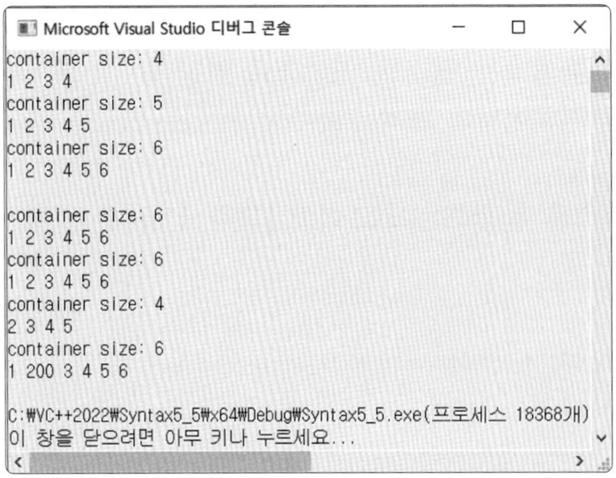

▲ 그림 5.30 ▷ span의 활용

[리스트 5.15]에서 04행은 <span> 헤더 파일을 포함한다. 06~12행은 printMe 함수를 정의하는데, 정수를 담은 컨테이너가 파라미터로 전달되면 컨테이너의 첫 원소의 주소값과 크기로 모델링된 span<int> 타입의 container 객체로 파라미터를 변환한다.

2장의 "2.9 string_view 타입 ☞C++17" 절에서 다뤘던 string_view 타입의 객체는 뷰 view 객체였는데, span 객체도 뷰 객체이다. 뷰 객체는 자기가 나타내는 원본 객체의 보조인데, 원본 객체의 원소를 소유하지는 않지만, 효과적으로 원소를 다룰 수 있는 객체를 의미한다. 원본 객체의 가벼운 버전인 셈이다. string_view 객체는 문자열의 뷰 객체이고 span 객체는 원소를 연속으로 저장하는 컨테이너의 뷰 객체이다. 08행은 컨테이너의 크기를 출력하고 09행과 10행은 원소를 모두 출력한다.

16행과 17행은 C 배열을 생성해서 printMe 함수로 출력한다. C 배열을 파라미터로 전달하는데, 컴파일러가 C 배열의 크기를 유추해서 span 타입의 객체로 변환하므로 08행처럼 크기를 출력할 수 있다. 18행과 19행은 array 타입의 배열 객체를 생성해서 printMe 함수로 출력하고 20행과 21행은 벡터 객체를 생성해서 printMe 함수로 출력한다. [그림 5.30]에 보인 것처럼 세 컨테이너의 크기와 원소가 출력되는데, 세 컨테이너는 모두 원소를 연속으로 저장하는 컨테이너이다.

24행은 vec 벡터 객체의 가벼운 버전인 span1 객체를 생성한다. 주석 처리한 문장처럼 컴파일러가 vec의 원소 타입을 가지고 int 타입을 유추할 수 있으므로 <int>를 생략할 수 있고 배정문 형태의 문법을 사용하기도 한다. 25행은 printMe 함수로 span1 객체를 출력한다. 26행은 vec 객체의 첫 원소의 주소값과 크기로 span2 객체를 생성한다. 벡터 객체의 data 멤버 함수를 호출하면 첫 원소의 주소값이 반환된다. 27행은 printMe 함수로 span2 객체를 출력하는데, [그림 5.30]에 보인 것처럼 span1 객체와 같은 결과를 출력한다. span1 객체와 span2 객체는 다른 방식으로 생성했지만, 내용상 같은 객체이다.

28행은 span1 객체의 subspan 멤버 함수를 호출해서 span1 객체의 첫 원소와 마지막 원소를 배제하는 구간으로 span3 객체를 생성한다. 29행은 printMe 함수로 span3 객체를 출력하는데, [그림 5.30]에 보인 것처럼 span1 객체의 구간에서 첫 원소인 1과 마지막 원소인 6이 배제된 것을 확인할 수 있다.

string_view 객체와 span 객체는 모두 뷰 객체이지만, string_view 객체와 달리 span 객체는 30행처럼 원본 객체의 원소값을 변경할 수 있다. 30행처럼 span3 객체의 첫 원소를 변경하면 span3 객체의 첫 원소는 vec 객체와 span1 객체의 두 번째 원소이므로 vec 객체의 두 번째 원소가 변경된다. 31행에서 printMe 함수로 vec 객체를 출력하면 [그림 5.30]에 보인 것처럼 두 번째 원소가 변경된 것을 확인할 수 있다.

컨셉트 ☞ C++20 ** 2.6

한 번 정의한 코드를 여러 데이터 타입에 적용할 수 있게 작성하는 프로그래밍 기법을 제네릭 프로그래밍이라고 부른다. C++는 템플릿 함수나 템플릿 클래스의 형태로 제네릭 프로그래밍을 지원하는데, 우리는 이미 2장의 "2.1 템플릿 함수"절에서 템플릿 함수를 다뤘고 3장의 "2.5 템플릿 클래스" 절에서 템플릿 클래스를 다뤘다. 템플릿 함수나 템플릿 클래스는 템플릿 파라미터를 사용하는데, 템플릿 파라미터는 정수, 실수, 문자열 등과 같은 특정 타입이 아닌, 이들을 포괄적으로 표현하는 타입을 의미한다. 컨셉트 concept는 템플릿 파라미터 T에 조건을 설정할 수 있는 기능이다. 컴파일러는 T에 설정된 컨셉트 조건을 검증한다.

[리스트 5.16]은 컨셉트를 활용하는 코드이고 [그림 5.31]은 실행 결과를 보인 것이다.

리스트 5.16 Syntax6 프로젝트의 ConceptApp.cpp 파일

```
#include <iostream>
#include <concepts>

template <typename T>
concept MustBeIncrementable = requires(T x)
{
  x++;
};
template <typename T>
concept MustBeEvenOrOdd = requires(T x)
{
  x % 2;
};

template <MustBeIncrementable T>
void myfunction(T x)
{
  x += 1;
  std::cout << x << std::endl;
}

template <typename T>
requires MustBeIncrementable<T> && MustBeEvenOrOdd<T>
void yourfunction(T x)
{
  std::cout << “the parameter ” << x
            << “ satisfies both condition.” << std::endl;
}

int main()
{
  myfunction<char>(42);
  myfunction<int>(123);
  myfunction<double>(456.789);
// myfunction<std::string>(“eum”);

  yourfunction<char>(42);
  yourfunction<int>(123);
// yourfunction<double>(456.789);
// yourfunction<std::string>(“eum”);

  return 0;
}
```

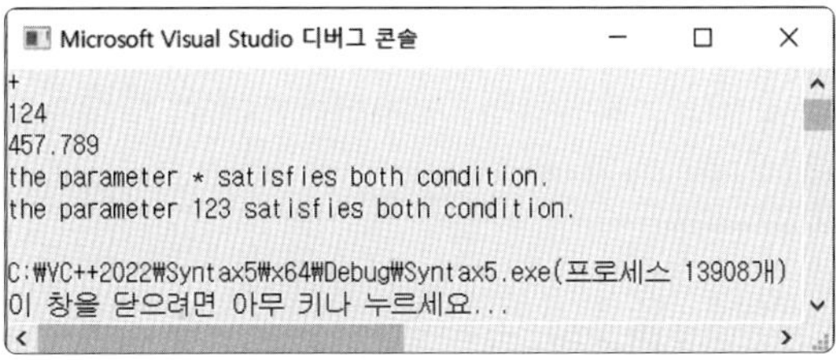

▲ 그림 5.31 ▷ 컨셉트의 활용

컨셉트를 사용하려면 02행처럼 <concepts> 헤더 파일을 포함한다. 16행의 myfunction 템플릿 함수와 24행의 yourfunction 템플릿 함수는 T 템플릿 파라미터 타입의 파라미터를 전달받는다. 04~08행은 MustBeIncrementable 컨셉트를 정의하는데, 이 컨셉트는 T 템플릿 파라미터 타입이 1만큼 증가 가능한 타입이어야 한다는 조건을 설정한다. concept와 requires 키워드를 사용하고 () 안에는 템플릿 파라미터 타입 T와 함께 지역 변수 x를 명시한다.

15행은 T가 MustBeIncrementable 타입임을 선언하고, 16~20행은 이 T를 사용하는 myfunction 템플릿 함수를 정의한다. myfunction 템플릿 함수는 18행처럼 x 파라미터의 값을 1만큼 증가시키고 19행처럼 증가된 값을 출력한다. 06~08행은 컴파일러가 검증 가능한 문장을 명시하는데, 컴파일러는 32~35행처럼 T에 특정 타입이 주어지면 07행의 문장이 이 특정 타입의 지역 변수를 가지고 실행 가능한지를 판단한다. 07행은 지역 변수 x를 1만큼 증가시키는 문장이다.

[그림 5.31]에 보인 것처럼 char, int, double 타입의 값은 1만큼 증가시킬 수 있지만, 35행의 string 타입은 1만큼 증가시킬 수 없으므로 35행에서 컴파일 오류가 발생한다. 32행은 char 타입을 사용하므로 42를 1만큼 증가시킨 43에 해당하는 '+' 문자를 출력한다. 15행과 16행은 requires 키워드를 사용해서 다음 코드처럼 작성할 수도 있다.

```
template <typename T>
requires MustBeIncrementable<T>
void myfunction(T x)
```

09~13행은 MustBeEvenOrOdd 컨셉트를 정의하는데, 이 컨셉트는 T 템플릿 파라미터가 짝수나 홀수를 표현할 수 있는 타입이어야 한다는 조건을 설정한다. 22행과 23행은 T가

MustBeIncrementable 타입이면서 MustBeEvenOrOdd 타입임을 선언하고, 24~28행은 이 T를 사용하는 yourfunction 템플릿 함수를 정의한다. yourfunction 템플릿 함수는 x 파라미터가 두 조건을 만족하는 값이라는 메시지를 출력한다.

컴파일러는 37~40행처럼 T에 특정 타입이 주어지면 MustBeIncrementable 컨셉트에서 지정한 07행의 문장이 이 특정 타입의 지역 변수를 가지고 실행 가능한지 먼저 검증하고 MustBeEvenOrOdd 컨셉트에서 지정한 12행의 문장이 이 특정 타입의 지역 변수를 가지고 실행 가능한지 검증한다. 지역 변수 x가 char 타입이거나 정수 타입이면 07행과 12행이 실행 가능하므로 [그림 5.31]의 마지막 두 행에 보인 것처럼 메시지를 출력한다. 39행의 double 타입은 07행은 만족시키지만, 12행을 만족시키지 못하므로 컴파일 오류가 발생한다. double 타입의 값에는 12행처럼 % 연산자를 적용할 수 없다. 40행의 string 타입은 07행과 12행 모두 만족시키지 못하므로 컴파일 오류가 발생한다.

T가 클래스 타입이고 이 클래스가 f라는 멤버 함수를 가지고 있다면 다음 코드처럼 T 타입이 f 멤버 함수를 가지고 있고 f 멤버 함수가 bool 타입의 값을 반환해야 한다는 컨셉트 조건을 설정할 수 있다.

```
template <typename T>
concept HasMemberFunction = requires(T x)
{
  { x.f() } -> std::convertible_to<bool>;
};
```

MustBeIncrementable이나 MustBeEvenOrOdd 컨셉트처럼 개발자가 컨셉트를 직접 정의해서 활용할 수 있지만, 위 코드의 std::convertible_to처럼 <concepts> 헤더 파일이 제공하는 미리 정의된 컨셉트를 사용할 수도 있다. 컴파일러는 T 타입의 x 객체에게 f 멤버 함수를 호출할 수 있고 반환값이 bool 타입인지 검증한다.

[표 5.5]는 <concepts> 헤더 파일이 제공하는 미리 정의된 시스템 컨셉트의 일부를 보인 것이다.

▼ 표 5.5 ▷ 시스템 컨셉트

컨셉트	설명
integral	정수 타입인지 검증

boolean	bool 타입인지 검증
unsigned_integral	양의 정수 타입인지 검증
floating_point	실수 타입인지 검증
movable	T 타입의 객체가 이동 가능한지 검증
convertible_to	지정된 타입으로 변환 가능한지 검증

응용 과제 03

이 절에서는 실습 과제를 응용하고 필수 문법 절에서 설명한 문법을 활용하는 세 개의 응용 과제를 다룬다.

응용 과제 1 3.1

✓ **Check Point** Array 클래스의 정의, 커스텀 예외 클래스

- ▶ 동적으로 메모리를 할당하는 Array 클래스를 정의해서 활용해 본다.
- ▶ 이 장의 연습 문제는 Array 클래스에 기능들을 추가해서 복사 시맨틱과 이동 시맨틱 활성화 Array 클래스로 발전시킨다. 또한, 6장의 응용 과제 1은 Array 클래스를 템플릿 클래스로 발전시킨다.
- ▶ [그림 5.32]처럼 배열의 크기를 입력받아 정수 배열을 동적으로 생성한다. 원소들의 값도 입력받아 저장하고 출력하는 프로그램을 작성한다. 왼쪽 그림은 크기 3인 배열을 생성해서 정상적으로 진행된 경우를 보인 것이고, 오른쪽 그림은 배열의 인덱스를 벗어나 코드에서 정의한 예외가 발생된 경우를 보인 것이다.

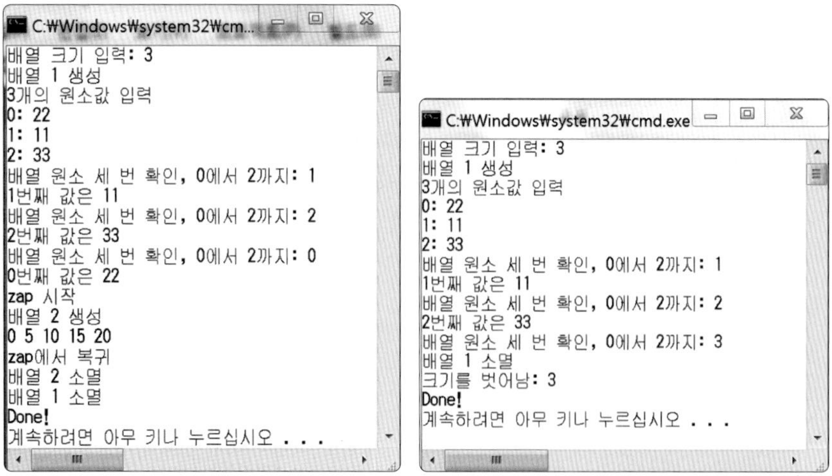

▲ 그림 5.32 ▷ 동적으로 메모리를 할당하는 Array 클래스의 활용

[리스트 5.17]은 Array 클래스와 ArrayException 클래스를 정의해서 활용한 코드이다.

리스트 5.17 App1 프로젝트의 ArrayApp.cpp 파일

```
//============================================================
// 응용 과제 1
// Array class
//============================================================
#include <iostream>
#include <string>
using std::cout; using std::cin; using std::endl;
using std::string; using std::to_string;
using std::exception; using std::logic_error;

class ArrayException : public logic_error
{
public:
  ArrayException(const string& msg)
        : logic_error(msg), message(msg)
  {}

  virtual const char* what() const noexcept
  {
    return message.c_str();
  }
  // data field
protected:
```

```
  string message;
};

class Array
{
public:
  Array(int s)
       : size(s), serial_number(++counter)
  {
    if (size < 0)
      // throw a bad-size exception
      throw ArrayException("배열 크기는 0 이상: " + to_string(size));
    ptr = new int[size];
    cout << "배열 " << serial_number << " 생성" << endl;
  }

  ~Array()
  {
    delete[] ptr;
    cout << "배열 " << serial_number << " 소멸" << endl;
  }

  int get_size() const
  { return size; }
  // overload the subscripting operator
  int& operator[](int index)
  {
    if (index < 0 || index > size - 1) {
      // throw a bad-subscript exception
      throw ArrayException("크기를 벗어남: "+ to_string(index));
    }
    return ptr[index];
  }
  // forbid copy ctor and assignment
  // no default move ctor and assignment provided because of above dtor
  Array(const Array& source) = delete;
  Array& operator=(const Array& source) = delete;
  // data fields
private:
  int size;
  int* ptr;
  int serial_number;
  static int counter;
};
// initialize static member variable
int Array::counter = 0;
```

```
// declaration of zap function
void zap();

int main()
{
  try {
    cout << "배열 크기 입력: ";
    int n;
    cin >> n;
    Array my_ints(n);
    cout << n << "개의 원소값 입력" << endl;
    for (int i = 0; i < my_ints.get_size(); i++) {
      cout << i << ": ";
      int x;
      cin >> x;
      // use subscript operator on left hand side of assignment
      // can use cin >> my_ints[i];
      my_ints[i] = x;;
    }
    for (int i = 0; i < 3; i++) {
      cout << "배열 원소 세 번 확인, 0에서 " << n - 1 << "까지: ";
      int index;
      cin >> index;
      // use subscript operator on right hand side of assignment
      int result = my_ints[index];
      cout << index << "번째 값은 " << result << endl;
    }
    zap();
  }
  catch (const ArrayException& e) {
    cout << e.what() << endl;
  }
  catch (const exception& e) {
    cout << e.what() << endl;
  }

  cout << "Done!" << endl;
  return 0;
}

void zap()
{
  cout << "zap 시작" << endl;
  Array a(5);
  for (int i = 0; i < 5; i++)
    a[i] = i * 5;
```

```
116    for (int i = 0; i < 5; i++)
117      cout << a[i] << ' ';
118    cout << endl;
119    cout << "zap에서 복귀" << endl;
120    return;
121 }
```

[리스트 5.17]의 11~25행에 정의한 ArrayException 클래스는 커스텀 예외 클래스 custom exception class인데, 27행의 Array 클래스용으로 정의한다.

[그림 5.28]에 보인 것처럼 C++ 표준 라이브러리가 제공하는 예외 클래스는 종류가 제한되어 있다. 오류 문자열만 멤버 변수로 갖는 표준 예외 클래스들과 달리 커스텀 예외 클래스는 클래스를 정의해서 사용하는 것이므로 여러 오류 상황에 필요한 정보를 멤버 변수나 멤버 함수로 모델링할 수 있다. 커스텀 예외 클래스를 정의해서 활용하더라도 [그림 5.28]의 계층구조에 보인 exception 클래스를 직간접으로 상속받아 커스텀 예외 클래스를 정의하는 것이 바람직하다. 커스텀 예외 클래스를 exception 클래스의 하위 클래스로 정의하면 catch 블록에서 다형성을 활용할 수 있으므로 예외 클래스를 쉽게 활용할 수 있다. [그림 5.28]의 계층구조에서 배열과 연관된 오류는 logic_error 카테고리로 분류하는 것이 적절하므로 11행처럼 ArrayException 클래스를 logic_error 클래스의 자식으로 정의한다.

ArrayException 클래스는 24행처럼 오류 메시지를 저장하는 string 타입의 message 멤버 변수를 가진다. 14행의 ArrayException 생성자는 오류 문자열을 상수 레퍼런스로 전달받아 message 멤버 변수를 초기화한다. 4장의 "2.4 자식 클래스로부터 생성된 객체의 생성과 소멸" 절에서 설명했듯이, 부모 클래스인 logic_error는 디폴트 생성자를 제공하지 않으므로 15행처럼 오류 문자열을 파라미터로 사용하는 logic_error 클래스의 생성자를 호출한다. logic_error 생성자에 전달하는 파라미터값은 빈 문자열을 전달하거나 전달받은 문자열을 그대로 전달한다.

표준 예외 클래스를 상속받으려면 18행처럼 what 멤버 함수를 재정의해야 한다. 이 멤버 함수는 const char* 타입의 C 문자열을 반환하는데, 20행처럼 string 타입의 message 멤버 변수의 c_str 멤버 함수를 호출해서 반환되는 const char* 타입의 문자열을 반환한다. 이 함수는 예외 객체를 던지지 않는다는 의미로 noexcept 속성을 지정한다.

동적으로 메모리를 할당하는 Stack 클래스를 3장의 "2.4 소멸자와 디폴트 소멸자" 절부터 정의하고 발전시켜 왔으므로 동적으로 메모리를 할당하는 27~67행의 Array 클래스의 정의는 쉽게 이해할 수 있을 것이다. 63~66행의 멤버 변수들을 먼저 살펴보자. size는 배열의 크기를 저장하고 ptr은 동적으로 할당된 메모리를 가리킨다. 연습 문제를 통해 이 Array 클래스에 복사 시맨틱과 이동 시맨틱을 추가할 것인데, serial_number와 counter 멤버 변수는 그때 복사 시맨틱과 이동 시맨틱이 추가된 것을 확인하기 위한 용도로 사용한다.

serial_number는 Array 객체가 생성될 때마다 각 객체가 자신의 고유 번호를 저장하는 용도로 사용하고 정적 counter 멤버 변수는 모든 객체가 공유하면서 일련의 고유 번호를 생성하기 위한 용도로 사용한다. 66행의 counter 정적 멤버 변수는 초기화해서 정의하는데, const 속성이 아니면 클래스 스코프 내에서 초기화할 수 없고 69행처럼 반드시 클래스 밖에서 초기화해야 한다.

30행의 생성자는 배열의 크기를 파라미터로 전달받아서 size 멤버 변수를 초기화하고 counter를 1만큼 증가시킨 값으로 serial_number 멤버 변수를 초기화한다. 33행의 if 문은 전달된 크기가 0보다 작은지 조사해서 0보다 작으면 35행처럼 ArrayException 객체를 생성해서 던진다. ArrayException 생성자에게 전달하는 오류 메시지에 std::string 클래스의 to_string 함수를 호출해서 반환되는 문자열을 이어 붙인다.

생성자에서 예외가 발생하면 객체가 생성되는 중이었으므로 해당 객체에는 소멸자가 호출되지 않는다. 메모리를 동적으로 할당하는 36행이 예외 객체를 던지는 if 문 앞에 위치해서 실행되다가 예외가 발생하면 할당한 메모리는 해제될 기회를 잃게 된다. 따라서 36행은 if 문 다음에 위치해야 한다.

예외가 발생하지 않고 배열이 정상적으로 생성되면 37행처럼 이를 알리는 메시지를 배열의 고유 번호와 함께 출력한다. 40행의 소멸자는 할당된 메모리를 해제하고 이를 알리는 메시지를 배열의 고유 번호와 함께 출력한다. 46행의 get_size 멤버 함수는 배열의 크기를 반환한다.

Array 클래스가 배열 객체를 생성하므로 operator[] 연산자를 오버로딩해서 활용하면 Array 객체를 C 배열처럼 사용할 수 있어서 편리하다. 49행의 operator[] 연산자는 전달받은 index가 범위를 벗어나면 53행처럼 ArrayException 예외 객체를 던진다. operator[] 연산자는 이항 연산자이고 다음 코드에 보인 것처럼 Array 객체 a는 배정문의 우측값이나 좌측값으로 사용될 수 있다.

```
int x = a[3];
a[3] = 7;
```

위 코드에서 a[3]의 표현은 a 객체의 멤버 함수 operator[]를 호출하면서 3을 파라미터로 전달하는 a.operator[](3)의 표현으로 해석되므로 operator[] 멤버 함수는 this 포인터가 가리키는 객체 자신(a)과 3을 항으로 사용하는 이항 연산자이다. 위 코드처럼 a[3]이 배정문의 좌측값으로 사용되려면 operator[] 연산자가 7이 저장될 수 있는 좌측값을 반환해야 하므로 반환 타입은 정수의 레퍼런스 타입으로 지정한다. 55행에서 ptr[index]에 저장된 값은 우측값이고 ptr[index] 방은 좌측값이므로 prt[index]의 레퍼런스를 반환한다. 따라서 49행의 operator[] 연산자는 우측값과 좌측값에 모두 적용할 수 있는 읽기와 쓰기가 모두 가능한 연산자이다.

배열의 원소를 읽기만 하는 읽기 전용 operator[] 연산자를 위의 읽기와 쓰기가 가능한 연산자와 다음 코드처럼 오버로딩해서 사용하기도 한다.

```
const int& operator[](int index) const  // const version of operator[]
{
  if (index < 0 || index > size - 1) {
    // throw a bad-subscript exception
    throw ArrayException("크기를 벗어남: " + to_string(index));
  }
  return ptr[index];
}
```

두 연산자의 바디는 똑같지만, 원형이 다르다. 읽기 전용 operator[] 연산자는 위 코드처럼 const int& 타입을 반환 타입으로 지정하는데, 컴파일러가 반환 타입만 다를 경우에 두 연산자를 구분할 수 없으므로 함수 원형 끝에 const 키워드를 붙여 멤버 함수 자체도 const 속성을 지정한다.

[리스트 5.17]의 59행과 60행처럼 복사 생성자와 복사 배정 연산자를 delete 속성으로 지정하면 컴파일러가 디폴트 복사 생성자와 디폴트 배정 연산자를 제공하지 않으므로

Array 객체끼리의 배정이나 복사를 사용하는 문장에서 컴파일 오류가 발생한다. 따라서 Array 클래스의 현 버전은 Array 객체들끼리의 배정이나 복사를 허용하지 않는다. 또한, 40행에서 소멸자를 정의했으므로 컴파일러는 디폴트 이동 생성자와 디폴트 이동 배정 연산자도 제공하지 않는다. 이 장의 연습 문제는 점진적으로 이 제한을 풀어나간다. 71행은 main 함수 뒤에 정의되는 110행의 zap 함수의 존재를 컴파일러에 미리 알리는 역할을 수행한다.

편의상, main 함수의 대부분을 75~98행처럼 try 블록으로 지정한다. 76~79행은 배열의 크기를 콘솔에서 입력받아 my_ints 배열 객체를 생성한다. 생성자에서 예외가 발생하면 99행과 102행의 catch 블록으로 예외 객체가 차례대로 던져진다. ArrayException 클래스가 표준 예외 클래스의 계층구조에 편입됐으므로 catch 블록을 배치하는 방법과 100행처럼 what 멤버 함수로 오류 메시지를 출력하는 방법은 표준 방법을 따른다.

생성자가 성공적으로 실행되면 [그림 5.32]에 보인 것처럼 고유 번호와 함께 이 사실을 출력한다. 80~88행은 콘솔로부터 정수를 입력받아 생성된 배열의 원소에 저장한다. my_ints 배열은 87행처럼 배정문의 왼쪽 항에서 C 배열처럼 사용할 수 있다. 89~96행은 my_ints 배열에 저장된 원소 중, 콘솔에서 입력한 위치의 값을 세 번 출력하는데, [그림 5.32]의 오른쪽 그림에 보인 것처럼 사용자가 범위를 벗어난 값을 입력하면 operator[] 연산자가 예외 객체를 던진 것을 확인할 수 있다.

97행에서 호출한 110행의 zap 함수는 Array 객체 a를 지역 객체로 생성해서 값을 저장하고 출력한다. zap 함수가 종료되면 a 객체가 소멸되고 main 함수가 종료되면 my_ints 객체가 소멸되는 것을 [그림 5.32]의 왼쪽 그림에 보인 것처럼 확인할 수 있다.

** 3.2 응용 과제 2

✓ Check Point list 컨테이너

- ▶ 실습 과제를 발전시킨다.
- ▶ CardPile 클래스의 theCards 멤버 변수를 실습 과제의 배열 대신 STL의 list 컨테이너로 정의해서 실습 과제 프로그램을 재작성한다. [그림 5.33]은 실행 결과를 보인 것이다.

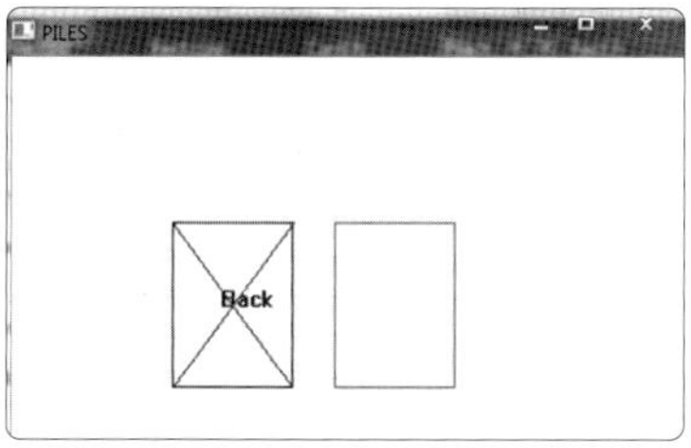

▲ 그림 5.33 ▷ list 컨테이너를 활용하는 Pile 응용 프로그램

Pile.h 헤더 파일에서 CardPile 클래스의 theCards 멤버 변수를 다음 코드처럼 array 타입에서 list 타입으로 변경한다. 그리고 <array> 헤더 파일을 포함하는 대신 <list> 헤더 파일을 포함한다.

```
std::list<CardPtr> theCards;
```

[그림 5.34]의 위 그림은 실습 과제에서 array 타입의 theCards를 보인 것이고 아래 그림은 list 타입의 theCards를 보인 것이다.

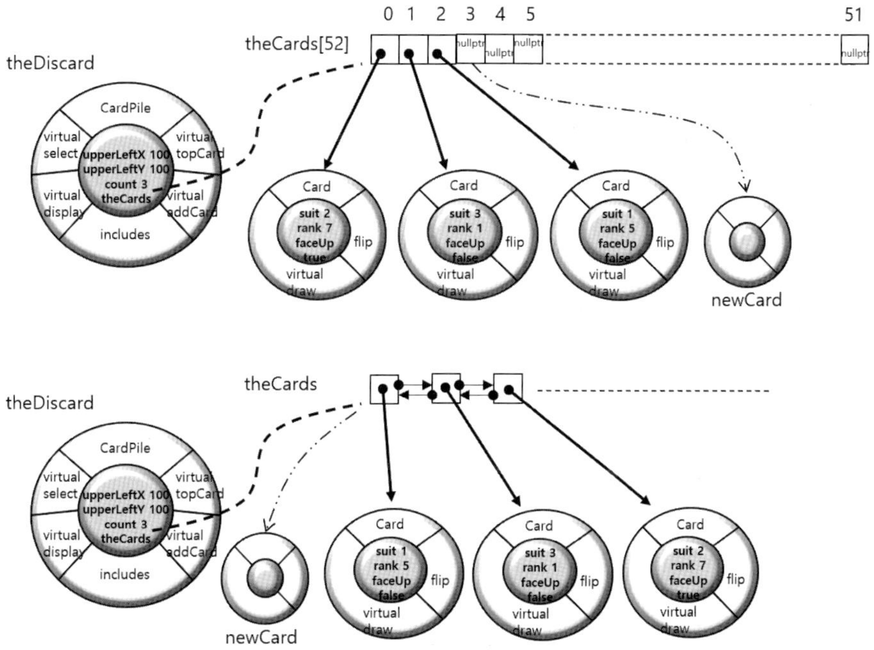

△ 그림 5.34 ▷ array 타입의 theCards 멤버 변수와 list 타입의 theCards 멤버 변수

CardPile 클래스의 theCards 멤버 변수의 타입을 배열에서 리스트로 변경하면서 새로운 구조에 맞게 카드들을 관리하는 방식도 수정한다. addCard 멤버 함수를 사용해서 새로운 카드 newCard를 삽입할 때, 크기가 고정된 배열의 경우에 순서대로 배열 내의 다음 삽입 위치에 카드 객체의 포인터를 그림처럼 저장하지만, 리스트인 경우에는 리스트의 제일 앞에 카드 객체의 포인터를 삽입한다. 따라서 두 구조에서 카드들의 배치 순서가 서로 반대이다.

theCards 멤버 변수의 타입과 저장 방식을 변경하면 멤버 함수들도 수정해야 하지만 CardPile과 DeckPile 클래스의 인터페이스는 그대로 유지할 수 있다. CardPile과 DeckPile 클래스의 인터페이스를 유지한다는 것은 멤버 함수의 원형을 유지해서 PileApp 클래스가 CardPile와 DeckPile 클래스를 사용하는 방식이 실습 과제와 같게 한다는 의미이다. 따라서 이번 과제에서 수정할 파일은 Pile.h와 Pile.cpp 파일뿐이다.

Pile.h 파일은 위에서 이미 수정했고 Pile.cpp 파일을 [리스트 5.18]의 코드처럼 수정한다.

리스트 5.18 App2 프로젝트의 Pile.cpp 파일

```
#include “Pile.h”
#include “pclaf.h”
#include <random>
#include <ctime>

std::mt19937 eng(static_cast<unsigned long>(time(nullptr)));

CardPile::CardPile(int x, int y)
        : upperLeftX(x), upperLeftY(y), count(0)
{}

void CardPile::addCard(const CardPtr& newCard)
{
  if (count < MAX_CARDS) {
    theCards.push_front(newCard);
    newCard->moveTo(upperLeftX, upperLeftY);
    count = count + 1;
  }
}

CardPtr CardPile::topCard()
{
```

```
    if (count > 0) {
      count = count - 1;
      CardPtr cptr = theCards.front();
      theCards.pop_front();
      return cptr;
    }
    return nullptr;
  }

  bool CardPile::includes(int x, int y)
  {
    for (std::list<CardPtr>::reverse_iterator it = theCards.rbegin();
         it != theCards.rend(); ++it) {
      if ((*it)->includes(x, y)) {
        return true;
      }
    }
    return false;
  }

  void CardPile::display(Application& win)
  {
    if (count > 0) {
      theCards.front()->draw(win);
    }
    else {
      win.setPen(green);
      win.rectangle(upperLeftX, upperLeftY,
                    Card::CardWidth, Card::CardHeight);
    }
  }

  void CardPile::select()
  {}

  DeckPile::DeckPile(int a, int b)
        : CardPile(a, b)
  {}

  void DeckPile::addCard(const CardPtr& newCard)
  {
    if (count < MAX_CARDS) {
      std::uniform_int_distribution<int> dist(0, count);
      int n = dist(eng);
```

```
67      if (n == 0)  // add to front
68        CardPile::addCard(newCard);
69      else {    // add in list, move the card
70        std::list<CardPtr>::iterator it = theCards.begin();
71        for (int i = 0; i < n; ++i)
72          ++it;
73        theCards.insert(it, newCard);
74        newCard->moveTo(upperLeftX, upperLeftY);
75        count = count + 1;
76      }
77    }
78  }
```

[리스트 5.18]에서 12행의 CardPile::addCard 멤버 함수는 15행처럼 list 클래스의 push_front 멤버 함수를 이용해서 카드 객체의 포인터를 리스트의 제일 앞에 삽입하는 문장만 변경한다. 리스트이므로 21행의 topCard 멤버 함수는 제일 앞 카드 객체의 포인터를 25행처럼 front 멤버 함수를 사용해서 cptr 지역 변수에 확보한다. 제일 앞 원소의 포인터가 확보됐으면 26행처럼 pop_front 멤버 함수를 사용해서 제일 앞 원소를 리스트로부터 제거하고 확보된 cptr의 값을 반환한다.

카드를 저장하는 순서가 실습 과제의 프로그램과 반대이므로 32행의 includes 멤버 함수는 역반복자를 사용해서 리스트를 거꾸로 순회하면서 각 카드가 클릭점을 포함하는지 조사한다. 36행처럼 it 반복자를 역참조하면 카드 객체를 가리키는 포인터를 얻을 수 있고 이 포인터가 가리키는 카드 객체의 includes 멤버 함수는 operator-> 연산자를 사용해서 호출한다. 43행의 display 멤버 함수는 46행처럼 front 멤버 함수를 사용해서 제일 앞의 카드만 그리는 것으로 변경한다.

실습 과제에서 DeckPile 클래스의 addCard 멤버 함수는 STL의 shuffle 알고리즘을 array 컨테이너에 적용해서 카드를 쉽게 섞을 수 있었지만, list 컨테이너에는 shuffle 알고리즘을 적용할 수 없으므로 62~78행처럼 섞는 과정을 직접 작성한다. 여기서, 카드를 섞는다는 것은 새로운 카드를 삽입할 때마다 리스트의 임의 위치에 삽입해서 여러 개의 카드를 리스트에 삽입하면 카드들이 섞어지는 효과를 내는 것을 의미한다.

4장의 응용 과제 2에서 random과 ctime 라이브러리를 사용해서 난수를 생성하는 방법을 다뤘다. 실습 과제에서 count의 값은 현재 소유한 카드들의 개수이자 다음 삽입될 카드의 배열 내 위치였지만 이 프로그램에서 count의 값은 현재 소유한 카드들의 개수이자 리스트의 길이이다. 0과 count의 값을 범위로 하는 dist 분포 객체를 65행처럼 생성하고 이 분포 객체에게 06행에서 생성한 eng 분포 엔진을 제공해서 0과 count의 값 사이의 난수를 구한다. 이 난수를 66행처럼 n 변수에 저장한다. n은 새로운 카드를 삽입할 리스트 내의 임의의 위치를 나타낸다. n의 값이 0이면 68행처럼 부모 클래스인 CardPile 클래스의 addCard 멤버 함수를 호출해서 리스트의 제일 앞에 새로운 카드의 포인터를 삽입한다.

n의 값이 0이 아니면 [그림 5.35]에 보인 것처럼 70행에서 구한 시작 반복자 it를 for 문으로 n만큼 증가시키고 list 클래스의 insert 멤버 함수를 호출해서 그 위치에 새로운 카드 객체 newCard의 포인터를 삽입한다. 새로운 카드를 삽입할 때마다 임의의 위치에 포인터가 삽입되므로 카드가 섞어지는 효과를 낸다.

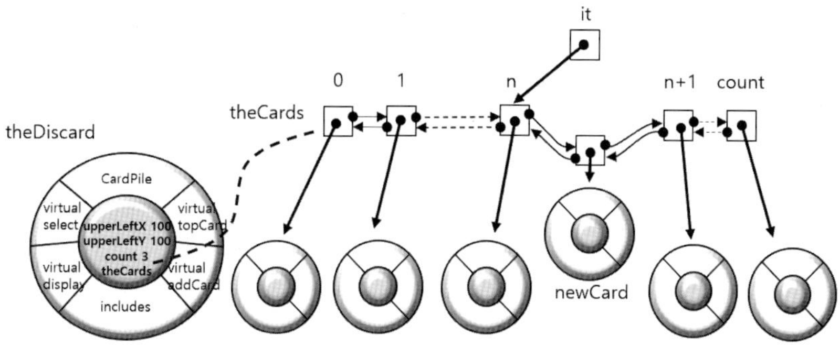

▲ 그림 5.35 ▷ 리스트의 임의 위치에 카드 객체의 포인터를 삽입

지금까지 살펴본 멤버 함수들의 수정은 theCards 멤버 변수의 타입과 카드 저장 방식의 변경에 따른 것이지만 함수 원형들을 전혀 변경하지 않았으므로 CardPile과 DeckPile 클래스를 사용하는 PileApp 클래스는 한 행도 변경할 필요가 없다.

3.3 응용 과제 3

✓ **Check Point** 가상 함수와 다형성의 활용

- 실습 과제를 발전시킨다.
- 마우스의 왼쪽 버튼 클릭에 대해서는 실습 과제의 프로그램과 같게 반응한다. 디스카드 파일 위에서 마우스의 오른쪽 버튼을 클릭하면, 디스카드 파일의 카드들이 [그림 5.36]에 보인 것처럼 펼쳐지고 접히기를 반복한다. 펼쳐진 상태에서 디스카드 파일의 영역은 소유한 카드들이 점유한 총 영역이 된다.

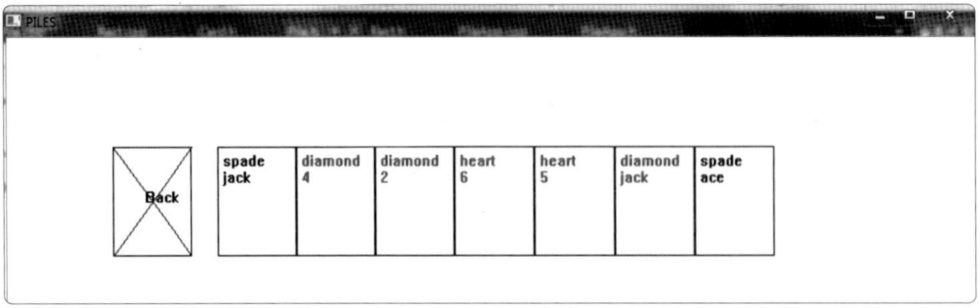

▲ 그림 5.36 ▷ 디스카드 파일의 접고 펼치기

파일의 펼쳐진 상태를 표시하는 다음의 멤버 변수를 CardPile 클래스에 추가하고 접힌 상태를 의미하는 false로 초기화한다.

```
bool wideDisplay = false;
```

또한, 파일을 펼쳐 그리는 display 멤버 함수의 원형을 제일 마지막 카드만 그리는 기존의 display 멤버 함수와 오버로딩해서 다음 코드처럼 CardPile 클래스에 선언한다. 이 멤버 함수는 두 번째 파라미터로 제공되는 정수만큼 카드들을 오른쪽으로 빗겨 그린다.

```
virtual void display(Application&, int);
```

Pile.cpp 파일에 정의된 display 멤버 함수는 다음 코드와 같다.

```
void CardPile::display(Application& win, int xoffset)
{
  int tx = 0;
  if (count > 0) {
    for (int i = count; i > 0; i--) {
      theCards[i - 1]->faceUp = true;
      theCards[i - 1]->moveTo(upperLeftX + tx, upperLeftY);
      theCards[i - 1]->draw(win);
      tx = tx + xoffset;
    }
  }
}
```

위 코드에서 for 문은 소유한 카드들을 제일 위 카드부터 차례대로 앞면인 상태로 변경하고, x축으로 tx만큼 이동시킨 후 그리는 작업을 반복한다. for 문이 종료되면 모든 카드가 펼쳐 그려진다. theCards[count-1]이 제일 위 카드 객체를 가리키므로 배열을 거꾸로 순회하면서 그린다. 빗겨 그릴 값을 저장하는 tx 변수는 0으로 초기화한 후, for 문에서 offset 파라미터값만큼 누적시켜서 사용한다.

마우스의 오른쪽 버튼 클릭에 반응해야 하므로 PileApp.h 헤더 파일의 PileApp 클래스에 다음 코드처럼 mouseRDown 멤버 함수의 선언을 추가한다.

```
void mouseRDown(int, int);
```

PileApp.cpp 파일에 정의된 mouseRDown 멤버 함수는 다음 코드와 같다.

```
void PileApp::mouseRDown(int x, int y)
{
  if (theDiscard.includes(x, y)) {
    if (theDiscard.wideDisplay) {
      theDiscard.wideDisplay = false;
      for (int i = 0; i < theDiscard.count; ++i)
        theDiscard.theCards[i]->moveTo(theDiscard.upperLeftX,
                                       theDiscard.upperLeftY);
    }
    else {
      theDiscard.wideDisplay = true;
    }
  }
  clearAndUpdate();
}
```

위 코드의 첫 번째 if 문은 오른쪽 버튼의 클릭이 theDiscard 객체가 점유한 영역 내에서 이뤄졌는지 theDiscard 객체의 includes 멤버 함수를 호출해서 조사한다. 이 includes 멤버 함수는 소유한 각 카드의 includes 멤버 함수를 호출해서 클릭점의 포함 여부를 조사한다. 두 번째 if 문에서 theDiscard 객체의 펼쳐진 상태를 조사해서 접힌 상태이면 else 절을 실행한다. else 절은 wideDisplay 멤버 변수의 값을 펼쳐진 상태를 나타내는 true로 변경한다.

theDiscard 객체가 펼쳐진 상태이면, wideDisplay 멤버 변수의 값을 false로 변경하고 펼쳐진 모든 카드를 theDiscard 객체의 왼쪽 위 꼭짓점으로 이동시켜서 접는다.

theDiscard 객체의 접고 펼쳐진 상태를 반영하는 그래픽 작업은 clearAndUpdate 멤버 함수에 의해 다음 코드에 보인 paint 멤버 함수가 수행한다.

```
void PileApp::paint()
{
  theDeck.display(*this);
  if (theDiscard.wideDisplay)
    theDiscard.display(*this, Card::CardWidth);
  else
    theDiscard.display(*this);
}
```

위 코드의 if 문은 theDiscard 파일이 접힌 상태이면 기존의 display 멤버 함수를 호출하고, 펼쳐진 상태이면 새롭게 오버로딩한 display 멤버 함수를 호출한다. 이 display 멤버 함수의 두 번째 파라미터에 카드의 폭을 전달하므로 카드들은 카드의 폭만큼 빗겨 그려진다.

연습 문제 04

✓ 연습 문제 1

- 응용 과제 1을 발전시킨다.
- zap 함수는 사용하지 않으므로 삭제한다. 빈 배열을 생성하는 디폴트 생성자를 정의하고 Array 객체를 상수 레퍼런스 파라미터로 사용하는 printem(const Array&) 전역 함수를 정의한다. printem 함수는 전달받은 Array 객체의 원소들을 모두 출력하는데, Array 객체를 레퍼런스 파라미터로 전달받으므로 복사본을 생성하는 복사 생성자가 필요 없다.
- 또한, const 속성으로 전달받으므로 operator[] 연산자를 사용해서 원소를 출력하기 위해서 응용 과제 1에서 설명한 const 버전의 operator[] 연산자를 Array 클래스에 추가해야 한다. const 속성이 지정된 상수 객체는 const 멤버 함수만 호출할 수 있으므로 기존의 non-const 버전의 operator[] 연산자로는 함수 내에서 상수 객체화된 Array 객체의 원소에 접근할 수 없다. 또한, serial_number 멤버 변수의 값을 반환하는 getSerial_number 멤버 함수를 정의한다.
- 다음의 main 함수의 코드가 실행되어 [그림 5.37]에 보인 결과를 얻도록 프로그램을 작성한다. [그림 5.37]에서 첫 번째 배열인 a는 빈 배열이므로 printem 함수로 출력해도 배열의 내용이 출력되지 않는다. 출력 결과를 살펴보고 출력 결과와 같은 메시지를 출력하는 출력문을 디폴트 생성자에 사용한다.

```
// default array
Array a;
cout << “배열 ” << a.getSerial_number() << “ 내용:” << endl;
// call by const reference
printem(a);
Array b(5);
for (int i = 0; i < b.get_size(); i++)
  b[i] = i;
cout << “배열 ”
     << b.getSerial_number()
     << “ 내용:” << endl;
printem(b);
```

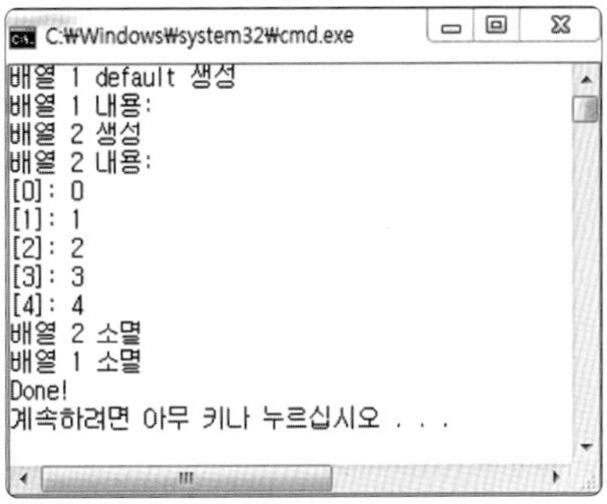

▲ 그림 5.37 ▷ Array 클래스의 활용

✓ 연습 문제 2

- 연습 문제 1을 발전시킨다.
- 연습 문제 1과 같으나 main 함수에서 std::shared_ptr 포인터를 사용해서 두 배열 객체를 동적으로 생성한다.

✓ 연습 문제 3

- 연습 문제 1을 발전시킨다.
- Array 클래스에서 delete 키워드로 지정한 디폴트 복사 생성자와 디폴트 복사 배정 연산자의 문장들을 주석 처리한 후, 복사 배정 연산자를 정의한다. 복사 배정은 기존 Array 객체의 내용을 배정된 Array 객체의 내용으로 복사하는 것이지만 각 Array 객체의 고유 번호인 serial_number만은 복사하지 않고 자신의 고유 번호를 유지한다.
- 다음의 main 함수의 코드가 실행되어 [그림 5.38]의 왼쪽 그림에 보인 결과를 얻도록 프로그램을 작성한다.
- 복사 배정 연산자를 정의하지 않고 디폴트 복사 배정 연산자를 이용하면 a = b; 문장에서 얕은 복사가 수행된다. 이 경우, main 함수가 종료되면 a와 b 객체가 소멸자에 의해 소멸되는데, a와 b 객체가 공유하는 메모리를 두 번 소멸하므로 [그림 5.38]의 오른쪽 그림에 보인 것처럼 실행 오류가 발생한다. 출력 결과를 살펴보고 출력 결과와 같은 메시지를 출력하는 출력문을 복사 배정 연산자에 사용한다.

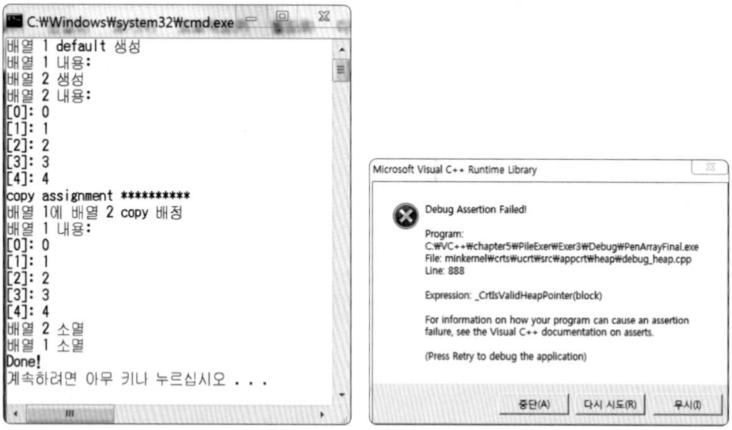

▲ 그림 5.38 ▷ 복사 배정 연산자가 추가된 Array 클래스의 활용

```
// default array
Array a;
cout << "배열 " << a.getSerial_number() << " 내용:" << endl;
// call by const reference
printem(a);
Array b(5);
for (int i = 0; i < 5; i++)
  b[i] = i;
cout << "배열 " << b.getSerial_number() << " 내용:" << endl;

printem(b);
// Exer: copy assignment
cout << "copy assignment **********" << endl;
a = b;
cout << "배열 " << a.getSerial_number() << " 내용:" << endl;
printem(a);
// Exer: self assignment
b = b;
```

✓ 연습 문제 4

▶ 연습 문제 3을 발전시킨다.

▶ Array 클래스에 복사 생성자를 정의한다. 복사 생성은 새로운 Array 객체를 생성하면서 주어진 Array 객체의 내용과 같게 하는 것이므로 생성된 Array 객체에 새로운 serial_number를 배정한다. 다음의 main 함수의 코드가 실행되어 [그림 5.39]에 보인 결과를 얻도록 프로그램을 작성한다. 출력 결과를 살펴보고 출력 결과와 같은 메시지를 출력하는 출력문을 복사 생성자에 사용한다.

```
Array a(5);
for (int i = 0; i < a.get_size(); i++)
  a[i] = i;
cout << "배열 " << a.getSerial_number() << " 내용:" << endl;
printem(a);
// Exer: b from a, copy ctor called
Array b(a);
cout << "배열 " << b.getSerial_number() << " 내용:" << endl;
printem(b);
// Exer: call by value, copy ctor called
cout << "averagem **********" << endl;
double avg = averagem(a);
cout << "평균값: " << avg << endl;
```

```
// Exer: return value assignment
cout << "squarem **********" << endl;
a = squarem(b);
printem(a);
```

▶ 위 코드에서 호출한 averagem 전역 함수는 값 전달 방식으로 전달받은 a 파라미터의 원소들의 평균을 구해서 반환한다. 파라미터의 값 전달 방식이므로 복사 생성자가 자동으로 호출된다. 이 함수의 원형은 다음 코드와 같다.

```
double averagem(Array a);
```

▶ squarem 전역 함수는 다음 코드처럼 상수 레퍼런스 파라미터로 전달받은 배열 a의 각 원소에 대해서 제곱값을 원소로 갖는 새로운 배열 b를 생성해서 반환한다. b 객체를 생성할 때, 정수를 파라미터로 사용하는 Array 생성자가 호출되고, b 객체를 반환할 때는 복사 생성자가 호출되어 복사본이 반환된다.

```
Array squarem(const Array& a)
{
  Array b(a.get_size());
  ......
  return b;
}
```

▲ 그림 5.39 ▷ 복사 생성자가 추가된 Array 클래스의 활용

✓ ** 연습 문제 5

- 연습 문제 4를 발전시킨다.
- 이 장의 "2.3 이동 시맨틱" 절에서 소개한 std::chrono 라이브러리를 사용해서 다음 main 함수의 코드 중, 마지막 배정문의 실행 소요 시간을 [그림 5.40]처럼 측정한다. 배열이 생성, 소멸, 배정되면서 출력되는 메시지도 [그림 5.40]에 보인 것처럼 출력한다.

```
const int BIG_SIZE = 10000000;
Array a1(BIG_SIZE);
Array a2(BIG_SIZE);
for (int i = 0; i < BIG_SIZE; ++i)
  a1[i] = i;
.....
a2 = squarem(a1);
.....
```

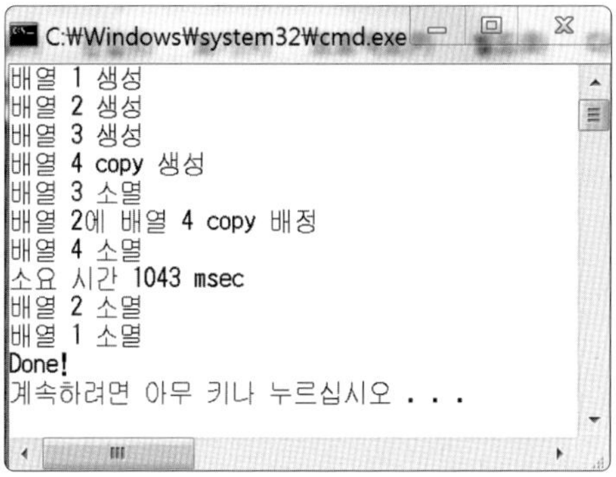

▲ 그림 5.40 ▷ 복사 시맨틱 활성화 Array 클래스의 성능

✓ ** 연습 문제 6

- 연습 문제 5를 발전시킨다.
- Array 클래스에 이동 생성자와 이동 배정 연산자를 추가해서 연습 문제 5와 같은 main 함수를 실행한다. [그림 5.41]에 보인 것처럼 소요 시간과 함께 배열이 생성, 소멸, 배정되면서 출력되는 메시지도 출력한다. 출력 결과를 살펴보고 출력 결과와 같은 메시지를 출력하는 출력문을 이동 생성자와 이동 배정 연산자에 사용한다.

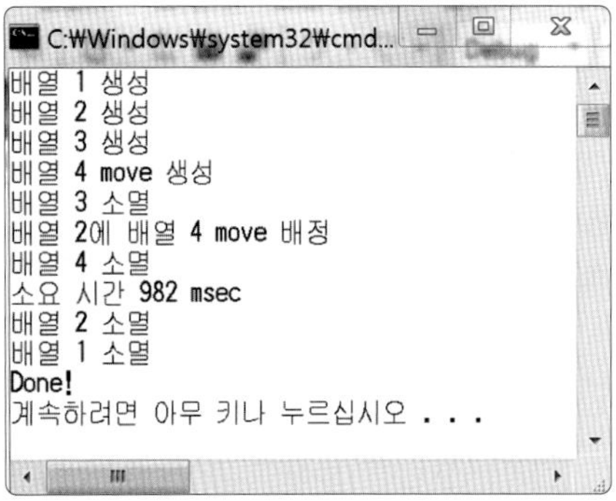

▲ 그림 5.41 ▷ 이동 시맨틱이 추가된 Array 클래스의 성능

✓ ** 연습 문제 7

- 연습 문제 6을 발전시킨다.
- Array 클래스에 operator+ 연산자를 멤버 함수로 정의하고 다음의 main 함수의 코드가 실행되어 [그림 5.42]에 보인 결과를 얻도록 프로그램을 작성한다. operator+ 연산자는 두 배열을 이어 붙이는 연산자가 아니고 두 배열의 원소별로 더한 값을 원소로 갖는 배열을 생성하는 연산자이다.

```
cout << "a 배열 초기화" << endl;
Array a(5);
for (int i = 0; i < 5; i++)
  a[i] = i;
printem(a);
cout << "a 배열로 초기화된 b 배열" << endl;
Array b(a);
printem(b);
// Exer
cout << "rvalue 표현식(a + b)로 초기화된 c 배열" << endl;
Array c(a + b);
printem(c);
cout << "default 생성 후 rvalue 표현식(a + b)으로 초기화된 d 배열" << endl;
Array d;
d = a + b;
printem(d);
```

▶ 위 코드에서 operator+ 연산자는 다음 코드처럼 상수 레퍼런스 파라미터로 전달받은 배열 rhs와 this가 가리키는 자신이 크기가 같은지 조사해서 크기가 다르면 ArrayException 예외 객체를 던진다. 크기가 같으면 지역 객체 result를 생성하고 이 객체의 원소에 두 배열 원소의 합을 저장해서 반환한다. result 객체를 생성할 때 정수를 파라미터로 사용하는 생성자가 호출되고 result 객체가 반환될 때는 이동 생성자가 호출된다.

```
Array operator+(const Array& rhs)
{
  .....
  Array result(size);
  .....
  return result;
}
```

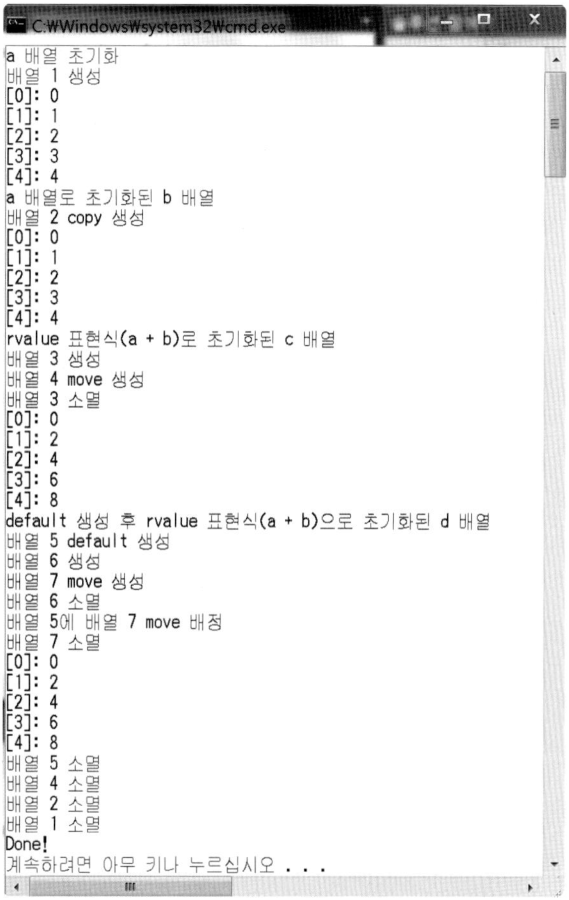

▲ 그림 5.42 ▷ 우측값을 처리하는 Array 클래스

✔ 연습 문제 8

- ▶ 실습 과제를 발전시킨다.
- ▶ 데크 파일을 오른쪽 마우스 버튼으로 클릭하면 데크 파일의 남은 카드 개수가 [그림 5.43]처럼 (100, 200)점에 표시된다.

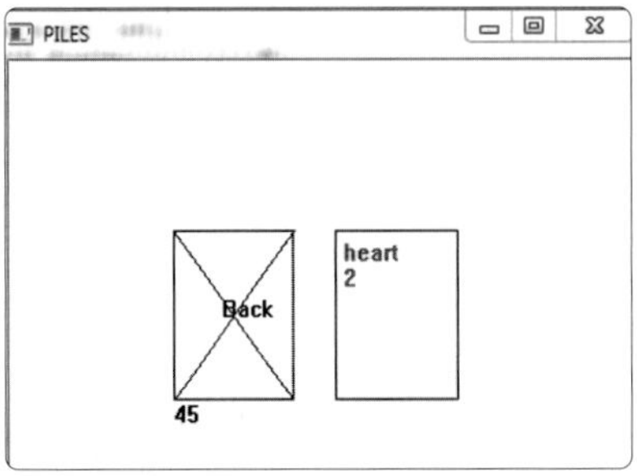

▲ 그림 5.43 ▷ 데크 파일의 남은 카드 개수 출력

✔ 연습 문제 9

- ▶ 실습 과제를 발전시킨다.
- ▶ 실행 중, 마우스 버튼을 더블클릭하면 데크 파일과 디스카드 파일이 소유한 카드들의 숫자의 합을 [그림 5.44]처럼 (100, 220)점과 (200, 220)점에 표시한다. CardPile 클래스에 sumRank 멤버 함수를 추가해서 카드 숫자의 합을 구한다.

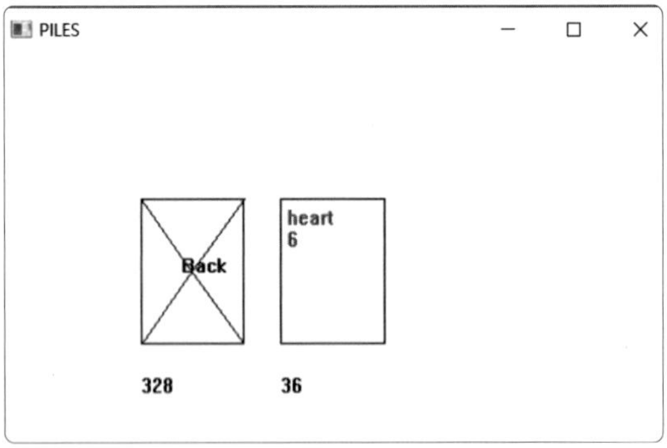

▲ 그림 5.44 ▷ 카드들의 숫자 합 출력

✓ ** 연습 문제 10

- 응용 과제 3을 발전시킨다.
- 실행 중, 마우스 버튼을 더블클릭하면 디스카드 파일이 소유한 카드들의 숫자의 합을 [그림 5.45]처럼 (100, 250)점에 표시한다. CardPile 클래스에 sumRank 멤버 함수를 추가하는데, sumRank 멤버 함수를 STL의 accumulate 알고리즘과 람다 함수를 사용해서 정의한다.

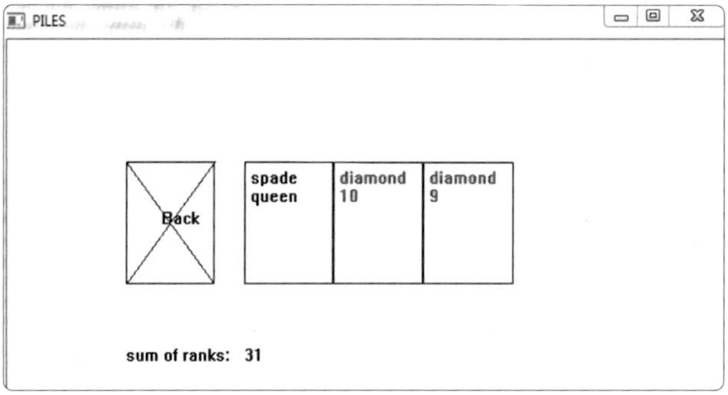

▲ 그림 5.45 ▷ 디스카드 파일이 소유한 카드들의 숫자 합 출력

✓ ** 연습 문제 11

- 응용 과제 3을 발전시킨다.
- 실행 중, 마우스 버튼을 더블클릭하면 디스카드 파일의 카드들의 숫자에 따라 카드들이 [그림 5.46]에 보인 것처럼 오름차순으로 정렬된다. 그림에서는 마지막에 삽입된 제일 위 카드부터 그려지므로 내림차순으로 정렬된 것처럼 보인다. PileApp 클래스에 doubleClick 멤버 함수를 추가하는데, 이 함수는 STL의 sort 알고리즘과 람다 함수를 사용해서 정의한다. DeckPile 클래스의 addCard 멤버 함수의 정의를 참고한다.

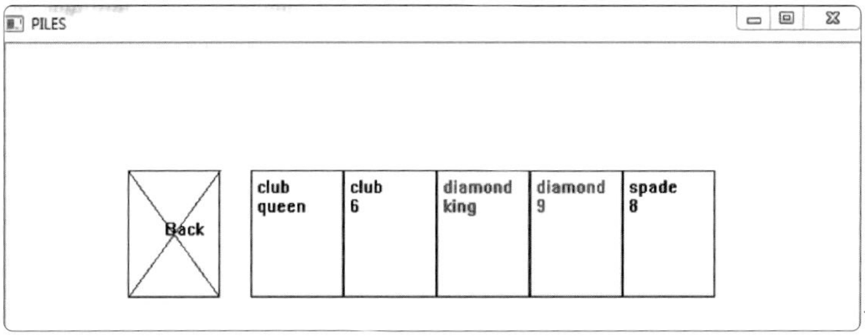

◀ 그림 5.46 ▽ 계속

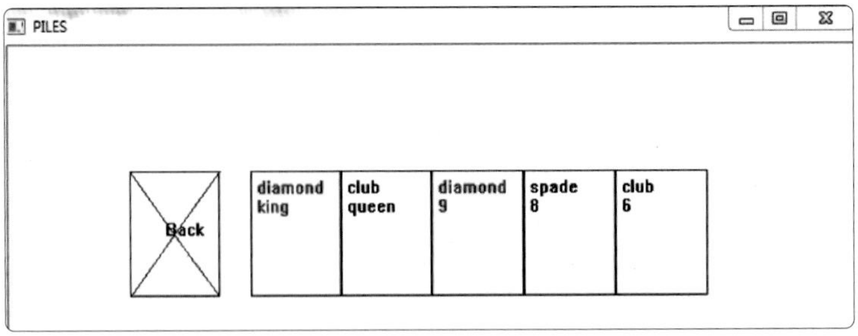

▲ 그림 5.46 ▷ 디스카드 파일이 소유한 카드들을 오름차순으로 정렬

✓ ** 연습 문제 12

▶ 응용 과제 2와 3을 발전시킨다.

▶ STL의 list 컨테이너를 사용해서 [그림 5.47]에 보인 것처럼 응용 과제 3을 재작성한다.

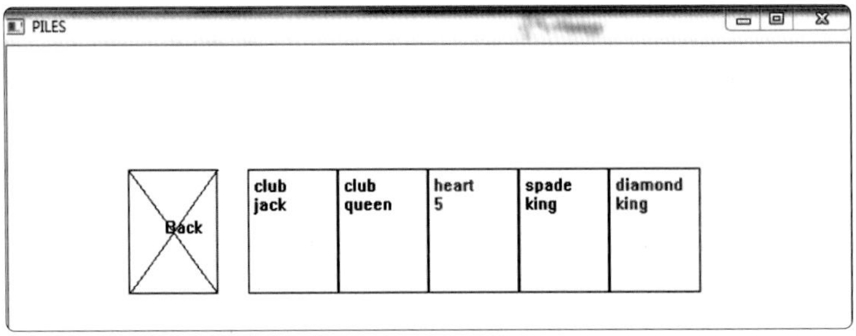

▲ 그림 5.47 ▷ list 컨테이너를 사용한 응용 과제 3

✓ ** 연습 문제 13

▶ 연습 문제 12를 발전시킨다.

▶ STL의 list 컨테이너를 사용해서 연습 문제 10을 [그림 5.48]에 보인 것처럼 재작성한다.

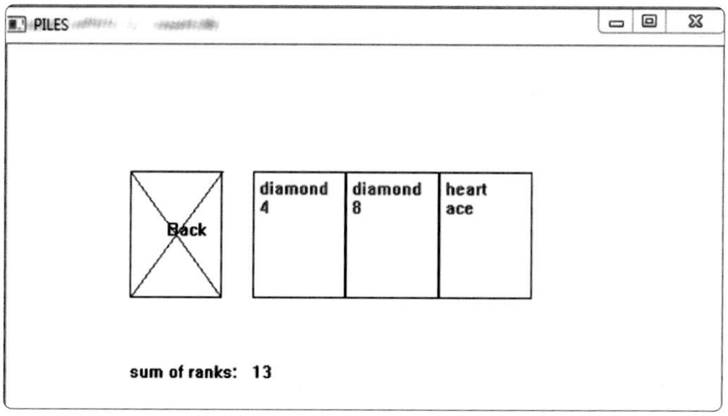

▲ 그림 5.48 ▷ list 컨테이너를 사용한 연습 문제 10

CHAPTER 6

Game 응용 프로그램

Chapter 6

객체지향 프로그래밍에서 핵심이 되는 세 가지 개념은 캡슐화 encapsulation, 상속과 포함 inheritance and containment 그리고 다형성 polymorphism이다. 하나의 프로그램이 객체지향 프로그램이냐 아니냐의 판단은 이 세 가지 개념을 적용했느냐가 기준이 된다. 앞선 장들에서 실습을 통해 이 개념들을 설명했다. 여기서는 우리가 작성한 클래스들을 이용해서 그 개념을 다시 정리해 보자.

C++에서 제네릭 프로그래밍은 템플릿 기능으로 제공된다. C++의 표준 템플릿 라이브러리가 채택한 방식처럼 개발자는 일반적으로 객체지향 개념을 큰 틀로 삼고 그 안에서 템플릿 기능을 적극적으로 활용하는 방식을 취하게 되는데, 객체지향 프로그래밍의 세 가지 핵심 개념이 제공하는 기능들은 템플릿 기능이 더해지면 더욱 강력해진다. 템플릿 클래스의 정의는 여러 타입을 수용할 수 있는 포괄적인 클래스의 정의라는 것을 염두에 두고 이 세 가지 개념이 제공하는 장점들을 생각해 보자.

■ **캡슐화**

캡슐화란 연관된 데이터와 이 데이터를 처리하는 함수들을 결합해서 캡슐로 만드는 것을 의미한다. 데이터와 함수의 구현은 캡슐로 싸서 은닉하고 함수의 원형만 캡슐 밖에 내놓아 외부와의 인터페이스로 제공한다. 캡슐로 싸는 것을 객체지향 용어로는 정보의 은닉 information hiding이라 부른다. 3장에서는 이러한 캡슐을 CD 플레이어와 같은 하드웨어 부품에 비유했고 캡슐화를 박스 처리에 비유했다. CD 플레이어의 인터페이스는 재생, 정지, 앞으로 빨리 감기 등의 버튼들이다. C++에서 클래스의 정의는 곧 이러한 캡슐을 생성해 낼 수 있는 캡슐 틀의 정의이다.

5장의 실습 과제에서 구현한 PileApp 클래스로부터 생성한 메인 윈도우 객체를 CD 플레이어에 비유한다면 CardPile 클래스로부터 생성한 디스카드 파일 객체는 CD 플레이어의 핵심 부품에 비유할 수 있을 것이다. 실제 CD 플레이어의 핵심 부품을 [그림 6.1]에 보인 하드웨어 칩이라 가정하자.

하드웨어 칩은 내부의 복잡한 회로와 동작 원리를 캡슐화해서 패키지 처리한 부품이다. 외부와의 인터페이스는 핀들이며 이 핀들은 1번부터 시작되는 번호가 주어진다. 칩은 특정 핀에 전기 신호가 들어오면 그 핀과 연결된 내부 회로를 동작시켜서 해당 기능을 수행하고 필요하다면 결과 신호를 핀으로 내보낸다. 이 칩을 사용하는 입장에서 보면 내부의 어떤 회로가 어떻게 동작하는지 알 필요 없고 단지 몇 번 핀이 어떤 기능을 수행하는 핀인지만 알면 된다.

▲ 그림 6.1 ▷ 하드웨어 칩

[그림 6.2]의 왼쪽 그림은 5장의 실습 과제에서 구현한 CardPile 클래스로부터 생성한 디스카드 파일 객체를 하드웨어 칩에 비유해서 소프트웨어 칩으로 본 것이다. 이 파일 객체를 thisDiscard라고 하자. CardPile 클래스의 theCards 멤버 변수는 STL의 array 컨테이너로 구현했다.

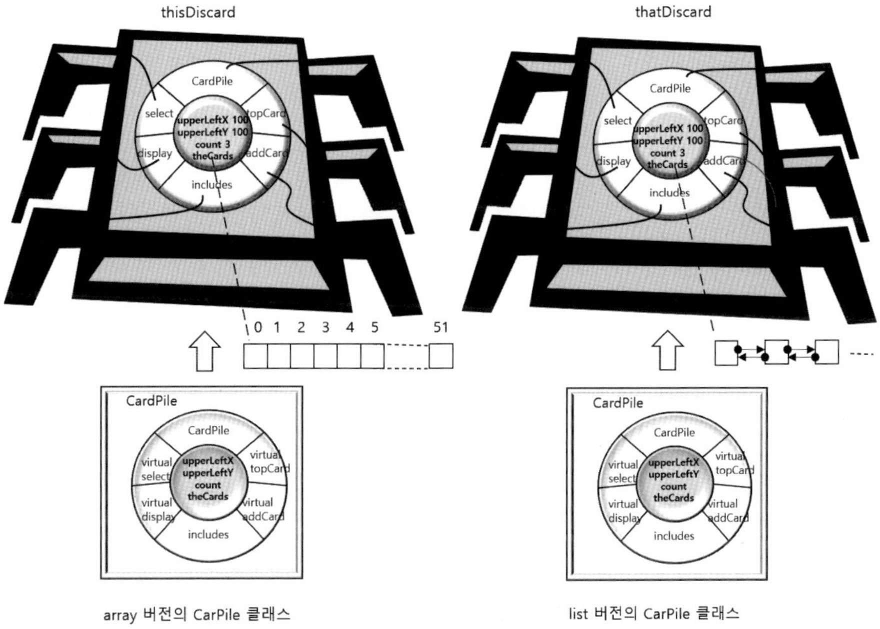

▲ 그림 6.2 ▷ array 버전과 list 버전의 CardPile 클래스로부터 생성한 소프트웨어 칩

멤버 함수들의 원형은 핀에 연결되어 외부와의 인터페이스 역할을 한다. 5장 필수 문법 절의 개선된 CardPile 클래스에서 upperLeftX, upperLeftY, count, theCards 멤버 변수들을 protected 접근자로 지정해서 패키지 처리했고 이 책의 클래스 표기 방식에서 내부 원에 표시했고 CardPile 생성자와 addCard, topCard, display, getUpperLeftX, getUpperLeftY 등의 멤버 함수들의 원형은 public 접근자로 지정해서 외부와의 인터페이스로 제공했다.

멤버 함수들의 구현 멤버 함수의 바디에 대한 정보도 패키지 내에 존재한다. 멤버 변수들이 은닉됨에 따라 이 값들을 반환하고 변경하는 getUpperLeftX, setUpperLeftX 등의 접근 함수와 변경 함수들을 제공했다. 그림에서 접근 함수와 변경 함수의 표시는 생략하기로 하자.

정보의 은닉은 이러한 객체를 사용하는 프로그램에서 이 객체에 대해 알 필요 없는 정보를 하드웨어 칩처럼 객체 내에 은닉해서 가능한 한 독립적인 소프트웨어 부품으로 만들기 위해 적용하는 개념이다. 정보의 은닉은 알 필요 없는 정보를 캡슐화해서 객체와의 불필요한 결합을 피하고 필요한 정보만 public 접근자로 정의함으로써 이 객체와의 인터페이스를 최소화하려고 적용하는 개념이다. 따라서 프로그램에서 객체의 멤버 변수나 멤버 함수의 구현을 변경하고 싶을 때 프로그램의 나머지 부분에 큰 영향을 주지 않고 수정할 수 있다.

5장의 응용 과제 2에서 STL의 array 컨테이너를 사용해서 구현한 CardPile 클래스 대신 STL의 list 컨테이너를 이용한 CardPile 클래스로 실습 과제를 다시 작성했다. [그림 6.2]의 오른쪽 그림에 보인 list 컨테이너를 사용한 CardPile 클래스로부터 생성한 디스카드 파일 객체를 생각해 보자. 이 파일 객체를 thatDiscard라고 하자.

array 버전의 CardPile 클래스와 list 버전의 CardPile 클래스의 멤버 함수의 원형 반환 타입, 멤버 함수명, 파라미터 리스트을 같게 정의했다. 멤버 함수의 원형을 변경하지 않았으므로 이 인터페이스만 사용하는 PileApp 클래스는 전혀 영향을 받지 않았다. 이는 [그림 6.3]에 보인 것처럼 나머지 회로와 연결되는 오른쪽 소켓에 thisDiscard 객체 칩 대신 thatDiscard 객체 칩을 그냥 꼽아 사용할 수 있는 것에 비유할 수 있다.

나머지 회로로부터 이 소켓을 통해 includes, display 등과 같은 전기 신호가 전달된다 멤버 함수의 호출. includes 멤버 함수가 반환하는 bool 타입의 값은 includes 신호가 전달된 핀으로 다시 전달되어 나머지 회로에 공급된다. 따라서 array 버전의 CardPile 클래스를

list 버전의 CardPile 클래스로 수정함으로써 발생되는 파급 효과를 CardPile 클래스 내로 지역화 localization할 수 있었다.

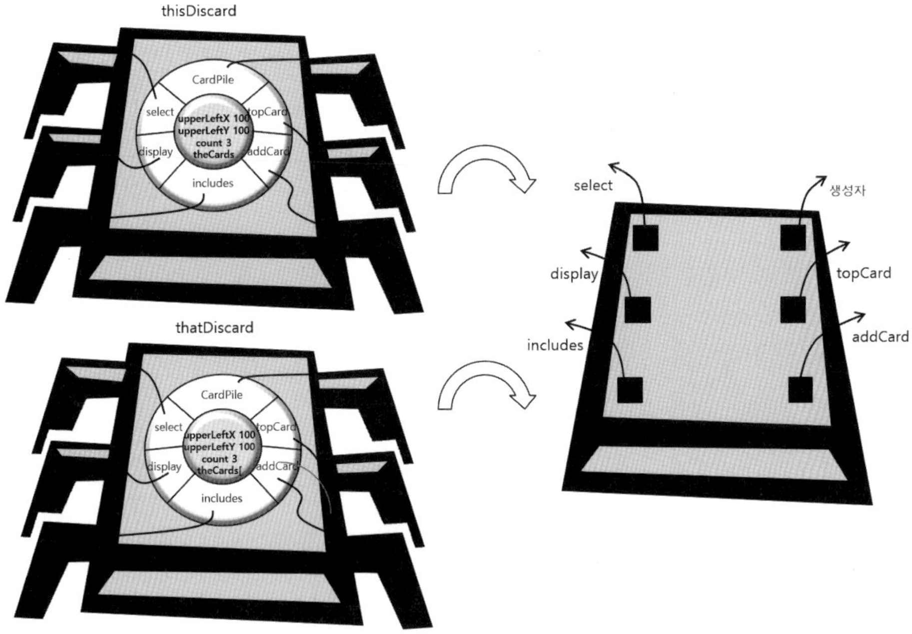

▲ 그림 6.3 ▷ thisDiscard 객체와 thatDiscard 객체의 동일한 사용

이처럼 캡슐화는 코드 수정의 효과를 지역화해서 프로그램의 관리를 쉽게 해 준다. [그림 1.4]에 보인 객체지향 프로그램의 이상적인 작성과 관리 환경을 다시 생각해 보자. 캡슐화는 프로그램을 수정할 때 수정이 필요한 소프트웨어 부품만 꺼내서 수정 후 재삽입할 수 있게 해 준다.

■ 상속과 포함

상속과 포함은 이미 앞에서 여러 번 다뤄서 그 개념을 잘 알고 있을 것이다. 여기서는 실습 과제에서 구현한 클래스들을 이용해서 상속과 포함을 정리해 보자. 포함을 먼저 생각해 보면, [그림 6.4]에 보인 것처럼 CardPile 클래스는 Rect 클래스를 상속받는 Card 클래스와 포함 관계이다. CardPile 객체는 멤버 변수 theCards 배열을 통해 '해즈-어' 관계로 카드 객체들을 포함해서 사용한다. 따라서 5장의 CardPile 클래스는 4장에서 구현한 Card 클래스를 포함을 통해 재사용한다.

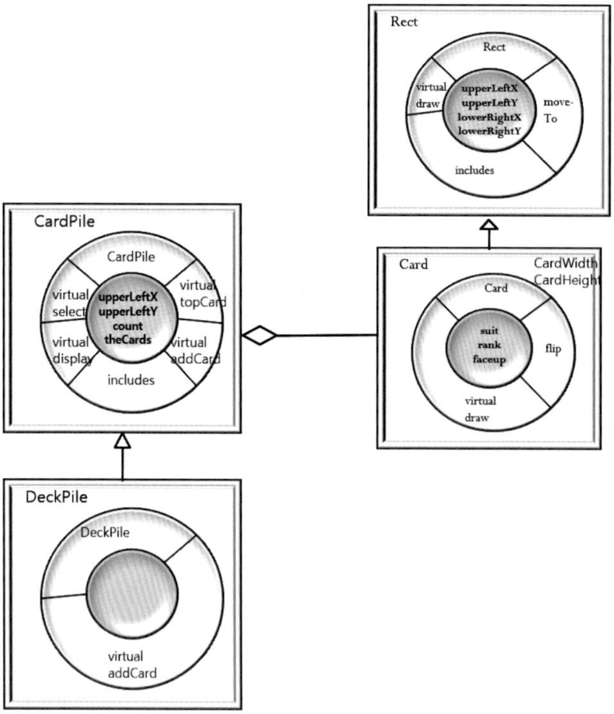

▲ 그림 6.4 ▷ 클래스 간 상속과 포함을 통한 재사용

상속 관계를 살펴보자. 상속 관계를 이용해서 부모 클래스로부터 자식 클래스를 정의하는 방법은 자식 클래스에 멤버를 추가 정의하는 방법과 부모 클래스의 멤버 함수를 재정의하는 방법이 있다. 대부분 두 가지 방법을 함께 사용한다. [그림 6.4]에서 Card 클래스는 부모인 Rect 클래스에 suit, rank, faceUp 멤버 변수를 추가했고 draw 멤버 함수를 재정의했으며 flip 멤버 함수를 추가했다. DeckPile 클래스는 부모인 CardPile 클래스의 addCard 멤버 함수를 재정의했다.

자식 클래스는 부모 클래스를 세분화하고 구체화한다. 부모 클래스로부터 자식 클래스를 정의할 때 유의할 점은 부모와 자식 간의 '이즈-어' 관계가 유지되도록 정의해야 한다는 것이다. 너무 많은 멤버들을 추가하거나 재정의한 결과, 자식 클래스의 특성이 부모 클래스의 특성과 완전히 달라졌다면 이는 프로그램을 혼란스럽게 만드는 원인이 된다. 이런 경우는 자식 클래스가 필요한 것이 아니라 새로운 클래스가 필요한 상황일 것이다.

상속이 제공하는 장점은 응용 프로그램 간에 코드의 재사용 code reusability이다. C 스타일로 소프트웨어를 개발하는 개발자는 이전에 다른 소프트웨어 작성시 구현했던 같은 기능의 코드를 응용 프로그램의 조건에 따라 다시 구현해야 하는 것이 일반적이다. 그러나 pclaf의 Application 클래스와 같은 범용 클래스의 구현은 하드웨어 칩처럼 소프트웨어 칩을 구현하는 것이므로 여러 응용 프로그램들에 재사용되는 소프트웨어 부품의 구현을 의미한다. 메인 윈도우를 제공하는 Application 클래스는 PenApp, RectApp, CardApp, PileApp 클래스를 구현할 때 상속을 통해 재사용됐다.

상속과 포함은 코드의 재사용을 통해 신속하고 쉽게 프로그램을 작성할 수 있게 해 준다. [그림 1.4]에서 소프트웨어 부품 라이브러리의 집 부품은 집을 제작할 때 상속을 통해 재사용되며 기와, 처마 등의 부품들은 집 부품에 포함되어 재사용된다.

■ 다형성

다형성은 4장의 응용 과제 2를 다시 살펴보면서 정리한다. C++에서 객체지향 다형성은 멤버의 오버로딩과 가상 함수를 통해 이뤄진다. 멤버의 오버로딩이 제공하는 장점을 먼저 생각해 보자.

[그림 4.32]에 보인 것처럼 draw 멤버 함수는 Figure, Rect, Circle, Card 클래스에 한 개씩 네 개가 오버로딩되어 존재한다. Rect, Circle, Card 객체는 자신의 모습을 그리는 방식이 서로 다르다. 자신의 모습을 그린다는 의미는 같으나 그리는 방식이 세부적으로 다르다. 세부적인 방식에 차이가 있어 서로 다른 멤버 함수명을 사용해야 한다면 대형 프로그램에서 이름들을 관리하는 데 많은 어려움이 따르게 된다. 이름들의 개수를 최소화할 수 있다면, 프로그래밍 과정을 간략화할 수 있고 프로그램의 가독성 readability도 개선할 수 있다.

프로그래밍 언어에서 다형성이란 같은 코드로 여러 타입의 데이터를 처리할 수 있는 기능을 의미한다. [그림 6.5]는 FigureApp 클래스의 paint 멤버 함수에서 다섯 개의 도형을 그리는 상황을 보인 것이다.

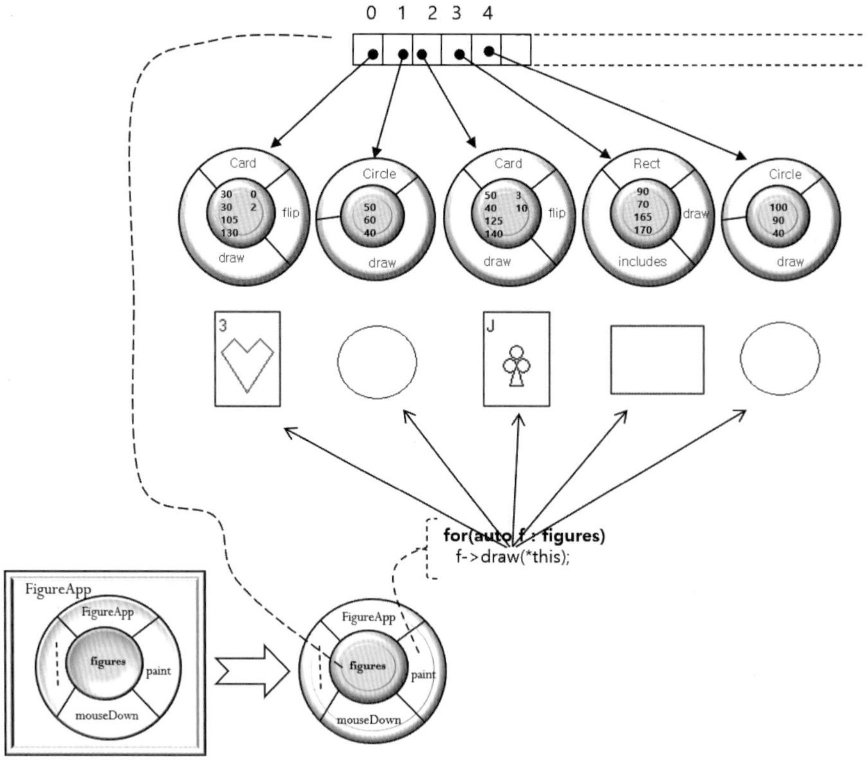

▲ 그림 6.5 ▷ 다형성을 이용한 draw 멤버 함수들의 실행

다섯 개의 도형은 카드, 사각형, 원의 세 종류이지만 이들을 그리는 코드는 매우 간결하다. 도형 객체들은 FigureApp 클래스의 figures 벡터에 저장된다. figures 멤버 변수는 세 종류의 도형 객체를 모두 저장할 수 있는 다형 변수이다. paint 멤버 함수의 for 문은 이 다형 변수가 가리키는 도형 객체들에게 그 종류에 상관없이 가상 함수로 선언된 draw 멤버 함수를 호출한다. draw 멤버 함수가 가상 함수이므로 4장의 "2.3 멤버 함수의 정적 결합과 동적 결합" 절에서 소개한 멤버 함수의 동적 결합에 의해 각 도형에 맞는 draw 멤버 함수가 자동으로 결합되어 실행된다. 다형성 기능에 의해서 도형(데이터)의 종류와 상관없이 같은 draw 멤버 함수 호출문(같은 코드)으로 그래픽 작업을 수행할 수 있어서 코드가 간결해진다.

다형 변수와 가상 함수를 사용하는 객체지향 다형성을 실행시 다형성이라고 부르고 컴파일러가 템플릿 함수나 클래스를 처리할 때 제공하는 다형성을 컴파일시 다형성이라고 부른다.

다형성은 객체들을 보다 독립적으로 만들어 주며 새로운 객체를 추가할 때 기존 객체들의 수정을 최소화해서 프로그램의 확장성을 높여줄 수 있다. [그림 4.32]에 삼각형, 선 등의 클래스를 추가하는 경우, 기존의 클래스 계층구조를 변경하지 않고 새로운 클래스를 Figure 클래스의 자식으로 쉽게 정의할 수 있다.

새로운 클래스도 draw, includes 등의 멤버 함수를 오버로딩해서 가상 함수로 재정의하면 새로운 도형을 그리기 위해서 FigureApp 클래스의 paint 멤버 함수를 수정할 필요가 없다. 일반적으로, 상속과 다형성은 함께 제공된다. [그림 1.4]에서 추상 클래스를 활용하는 규격화된 부품들을 사용한다면 이 규격을 만족하는 새로운 부품들은 다형성 기능에 의해 기존 부품들과 잘 조립되어 시공이 신속하고 간결해지며 확장 시공도 쉬워진다.

위에서 객체지향 프로그래밍의 세 가지 핵심 개념들을 분리해서 설명했지만, 이 개념들은 pclaf가 구현된 것처럼 복합적으로 적용되어 가능한 한 독립적인 소프트웨어 부품 만들기와 이 부품의 재사용이라는 객체지향 기술의 목적을 가능하게 해 주는 역할을 담당한다.

이 장에서는 이 책의 목표인 카드 게임을 완성한다. 1장의 실습 과제에서 cout 객체를 처음 사용했을 때와 비교해서 다양한 객체들이 생성되어 프로그램을 구성하고 프로그램의 실행은 이 객체들이 상호작용하는 패턴으로 진행된다.

Game 응용 프로그램 실습 01

✓ Check Point 상속과 다형성의 활용, 비트맵 이미지의 처리

▶ 카드 게임의 게임 환경은 [그림 6.6]처럼 윈도우의 아래쪽에 위치한 일곱 개의 테이블 파일 table pile, 위쪽에 위치한 한 개의 데크 파일 deck pile, 한 개의 디스카드 파일 discard pile, 네 개의 수트 파일 suit pile들로 구성된다. 프로그램 실행 초기에 일곱 개의 테이블 파일들은 왼쪽부터 차례대로 한 장부터 일곱 장까지의 임의 카드들로 구성되며 각 테이블 파일의 제일 위에 위치한 카드를 제외한 나머지 카드들은 뒷면인 상태이다.

▶ 오른쪽 위에 위치하는 네 개의 수트 파일들은 처음에 비어있는 상태에서 시작하지만, 게임이 진행되면 다이아몬드, 하트, 클로버, 스페이드의 무늬별로 에이스에서 킹까지 카드들이 차례대로 쌓인다. 카드 게임은 52장의 카드들을 네 개의 수트 파일에 무늬별로 차례대로 쌓으면 이기는 것이고 진행 중에 막히면 지는 것이다.

▶ 처음에, 테이블 파일들에는 임의로 카드들이 배정되며 24장의 나머지 카드들은 데크 파일에 뒷면인 상태로 위치한다. 데크 파일의 카드들은 마우스 버튼 클릭에 따라 한 장씩 디스카드 파일에 앞면인 상태로 놓이게 되고, 여기서 마우스 버튼 클릭으로 테이블이나 수트 파일로 이동하게 된다. 이 과정에서 데크 파일이 소진되고 더 이상의 이동이 불가능하면 게임이 끝나게 된다.

▶ 하나의 카드가 테이블 파일로 이동하기 위해서는 테이블 파일의 앞면 상태인 제일 위 카드보다 숫자가 하나 작아야 하고 색깔이 반대여야 한다. 무늬는 상관없다. 또한, 하나의 카드가 수트 파일로 이동하기 위해서는 수트 파일의 제일 위 카드와 같은 무늬여야 하고 숫자는 하나 위여야 한다.

▶ 빈 수트 파일에 에이스는 항상 이동할 수 있다. 게임이 진행되는 과정에서 빈 테이블 파일이 생길 수 있으며 이 빈 테이블 파일에는 숫자가 킹인 카드만 위치할 수 있다.

▲ 그림 6.6 ▷ Game 응용 프로그램의 실행

STEP 01 GameApp.h 파일의 분석

Game 응용 프로그램은 다섯 개의 모듈들로 구성되고 모듈 간의 결합도는 [그림 6.7]에 보인 것과 같다. 이 과제에서 Rect, Card, Pile, GameApp 클래스들을 작은 단위의 모듈들로 간주한다.

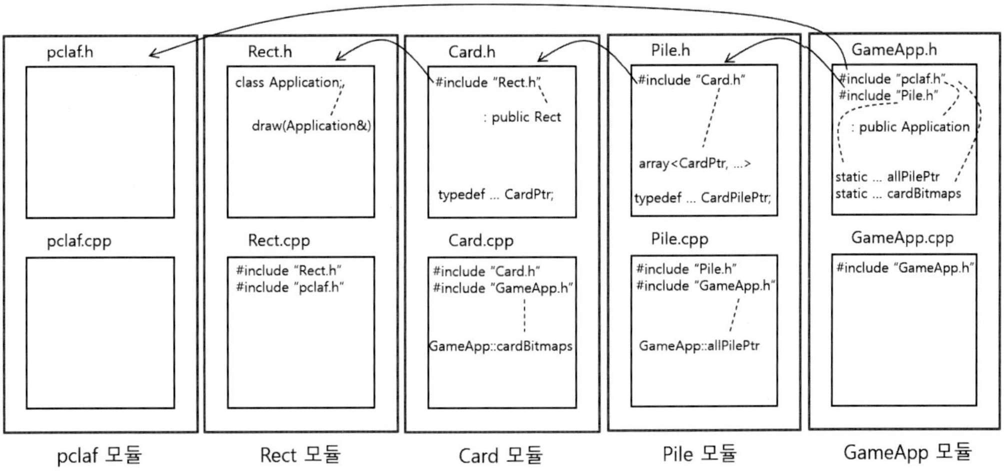

▲ 그림 6.7 ▷ Game 응용 프로그램의 구성

C++ 프로그램의 결합도는 헤더 파일 간의 결합도로 결정된다. PileApp 모듈이 GameApp 모듈로 변경된 것을 제외하면 5장 실습 과제의 결합도와 같다.

[리스트 6.1]은 다섯 개의 모듈 중, GameApp 모듈의 GameApp.h 헤더 파일의 코드를 보인 것이다.

리스트 6.1 GameApplication 프로젝트의 GameApp.h 파일

```
//============================================================
// 실습 과제
// Solitaire 카드 게임 기본 버전
//============================================================
#pragma once
#include "pclaf.h"
#include "Pile.h"
#include <vector>
```

```
09
10 // Customized Application
11 class GameApp : public Application
12 {
13 public:
14   GameApp(const TCHAR*);
15   GameApp(const TCHAR*, int, int, int, int);
16   void mouseDown(int, int);
17   void paint();
18   void init();
19   // static 멤버의 선언, 실습 과제
20   static std::vector<CardPilePtr> allPilePtr;
21   // 카드 비트맵 배열, 실습 과제
22   static std::array<Bitmap, 53> cardBitmaps;
23 };
```

[리스트 6.1]에서 20행의 allPilePtr 멤버 변수는 vector 타입인데, 이 벡터는 CardPile 클래스의 포인터를 원소의 타입으로 사용한다. [그림 6.7]에 보인 것처럼 CardPile 클래스의 포인터 타입인 CardPilePtr은 Pile.h 헤더 파일에 선언됐으므로 07행처럼 Pile.h 헤더 파일을 포함한다.

정적 멤버 변수로 선언한 20행의 allPilePtr 벡터를 Pile 모듈도 사용하므로 [리스트 6.1]의 GameApp.h 헤더 파일을 Pile 모듈에 포함시켜야 한다. Pile.h 헤더 파일에 GameApp.h 헤더 파일을 [그림 6.8]에 보인 것처럼 포함하면 순환 포함 recursive include 문제가 발생하므로 [그림 6.7]에 보인 것처럼 Pile.cpp 파일에 GameApp.h 헤더 파일을 포함한다.

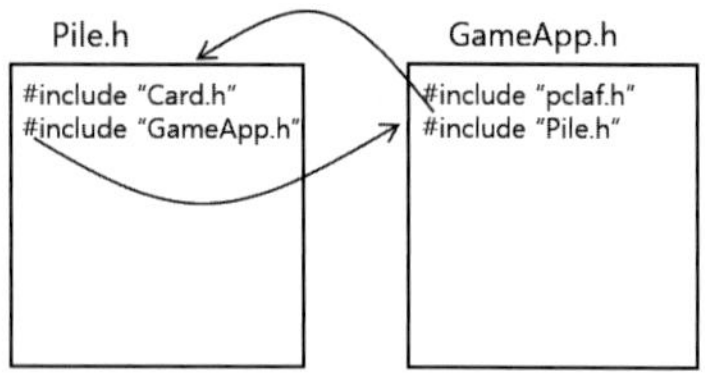

▲ 그림 6.8 ▷ 헤더 파일의 순환 포함 문제

[그림 6.8]에 보인 헤더 파일의 순환 포함 문제란 Pile.h 헤더 파일이 GameApp.h 헤더 파일을 포함하면 포함된 GameApp.h 파일에서 다시 Pile.h 헤더 파일을 포함하고 포함된

Pile.h 헤더 파일이 또다시 GameApp.h 헤더 파일을 포함하므로 포함 관계가 무한 반복되어 컴파일할 수 없게 되는 것을 말한다.

allPilePtr 멤버 변수는 정적 멤버 변수이므로 GameApp 클래스로부터 객체를 생성하기 전이라도 GameApp::allPilePtr의 형식으로 접근해서 사용할 수 있다. allPilePtr 벡터는 [그림 6.6]에 보인 13개 파일 객체들의 포인터를 저장하는 다형 변수인데, 프로그램에서 한 개만 필요하므로 전역 변수 대신 GameApp 클래스의 정적 멤버 변수로 정의하는 것이 바람직하다. allPilePtr 멤버 변수는 [그림 6.5]에 보인 figures 다형 변수처럼 다형 변수의 역할을 수행한다.

[리스트 6.1]에서 22행의 cardBitmaps 멤버 변수는 array 타입인데, 이 배열은 pclaf의 Bitmap 클래스를 원소의 타입으로 사용한다. pclaf.h 헤더 파일은 06행에서 이미 포함했다. 정적 멤버 변수로 선언한 cardBitmaps 배열을 Card 모듈도 사용하므로 GameApp.h 헤더 파일을 Card 모듈에 포함시켜야 한다. Card.h 헤더 파일에 GameApp.h 헤더 파일을 포함하면 Pile.h 헤더 파일을 통해서 역시 순환 포함 문제가 발생하므로 [그림 6.7]에 보인 것처럼 Card.cpp 파일에 GameApp.h 헤더 파일을 포함한다. cardBitmaps 멤버 변수도 정적 멤버 변수이므로 GameApp 클래스로부터 객체를 생성하기 전이라도 GameApp::cardBitmaps의 형식으로 접근해서 사용할 수 있다. cardBitmaps 배열은 카드들의 비트맵 이미지를 저장한다.

정적 멤버 변수는 클래스 외부에서 초기화해서 정의하므로 20행과 22행의 두 정적 멤버 변수는 GameApp.cpp 파일에 다음 코드처럼 기본 생성자를 사용해서 벡터 객체와 배열 객체를 생성하는 문장으로 정의한다.

```
// static 멤버의 정의(빈 벡터 생성)
std::vector<CardPilePtr> GameApp::allPilePtr;
// static 멤버의 정의(배열 생성)
std::array<Bitmap, 53> GameApp::cardBitmaps;
```

STEP 02 카드 비트맵 이미지의 처리

5장까지는 카드의 이미지를 그래픽으로 처리했다. 'Game 응용 프로그램'은 카드의 이미지를 비트맵으로 처리하는데, 이를 위해서 다음의 두 단계 작업이 필요하다.

첫 번째 단계는 이 책에서 제공하는 CARD.RES 리소스 파일을 사용해서 53개의 카드 이미지들을 cardBitmaps 배열에 저장하는 것이다. CARD.RES 리소스 파일은 52장의 카드 앞면 이미지와 카드 뒷면 이미지를 저장하고 있다. 저장된 이미지들에는 [그림 6.9]에 보인 것처럼 1부터 53까지의 ID가 지정되어 있다.

ID	1	2	3	4	5	6	7	8	9	10	11	12	13
카드	ha	h2	h3	h4	h5	h6	h7	h8	h9	h10	hj	hq	jk

ID	14	15	16	17	18	19	20	21	22	23	24	25	26
카드	ca	c2	c3	c4	c5	c6	c7	c8	c9	c10	cj	cq	ck

ID	27	28	29	30	31	32	33	34	35	36	37	38	39
카드	sa	s2	s3	s4	s5	s6	s7	s8	s9	s10	sj	sq	sk

ID	40	41	42	43	44	45	46	47	48	49	50	51	52
카드	da	d2	d3	d4	d5	d6	d7	d8	d9	d10	dj	dq	dk

ID	53
카드	뒷면

▲ 그림 6.9 ▷ CARD.RES 리소스 파일 내의 카드 이미지와 ID

그림에서 ha는 heart ace, h2는 heart 2, cj는 club[클로버] jack, sq는 spade queen, dk는 diamond king 등이고 카드 뒷면 이미지는 ID 53이 지정됐다. 비주얼 스튜디오에서 GameApplication 프로젝트를 생성하고 소스 파일들을 프로젝트에 추가할 때 CARD.RES 파일도 같이 추가한다.

GameApp 클래스의 생성자에 다음 코드처럼 CARD.RES 파일로부터 53개의 카드 이미지들을 읽어 들여 cardBitmaps 배열에 저장한다.

```
for (int i = 0; i < 53; ++i)
  cardBitmaps[i] = loadBitmap(i + 1);
```

위 코드에서 loadBitmap 멤버 함수는 pclaf의 Window 클래스에 정의된 것을 Application 클래스를 통해서 GameApp 클래스가 상속받은 함수이다. 이 함수는 파라미터로 제공된 ID의 비트맵을 리소스 파일로부터 읽어서 pclaf의 Bitmap 타입으로 반환한다. for 문의 실행이 종료되면 카드 뒷면 이미지의 비트맵은 cardBitmaps[52]에 저장된다.

카드의 비트맵 이미지 처리를 위한 두 번째 단계는 카드의 이미지를 그리는 Card 클래스의 draw 멤버 함수를 다음 코드처럼 수정하는 것이다.

```
void Card::draw(Application& win)
{
  // 카드 이미지 선택
  int which = faceUp ? ((suit - 1) * 13 + rank - 1) : 52;
  // 선택된 카드 이미지 그리기
  win.drawBitmap(GameApp::cardBitmaps[which], upperLeftX,
        upperLeftY, CardWidth, CardHeight);
}
```

비트맵 이미지를 사용하므로 카드의 테두리를 따로 그릴 필요가 없고 텍스트로 이미지를 처리하기 위한 긴 코드도 필요하지 않다. 위 코드는 네 번째 행처럼 3항 연산자를 사용해서 카드가 뒷면이면 which 변수에 52를 배정한다. 카드가 앞면이면 suit의 값에서 1을 빼고 그 결과값에 각 무늬의 카드 개수인 13을 곱한 후, (rank - 1)를 더한 값을 which 변수에 배정한다. 이렇게 하면 which 변수의 값은 해당 이미지가 저장된 cartBitmaps 배열 내의 인덱스값이 된다.

레퍼런스 파라미터로 전달받은 win 윈도우 객체의 drawBitmap 멤버 함수를 호출해서 비트맵을 윈도우에 표시한다. 표시할 비트맵을 drawBitmap 함수의 첫 번째 파라미터로 전달하는데, STEP 01의 끝 부분에 설명한 것처럼 cardBitmaps 배열은 GameApp::cardBitmaps의 형식으로 접근한다. 나머지 파라미터들은 그릴 비트맵의 왼쪽 위 꼭짓점, 폭, 높이인데 각 카드의 왼쪽 위 꼭짓점, 폭, 높이를 전달한다.

STEP 03 네 종류 파일 클래스의 모델링

게임 규칙에서 알 수 있듯이, 카드 게임은 [그림 6.6]에 보인 카드 파일들이 카드를 주고받으면서 진행되기 때문에 카드 게임을 객체지향 방식으로 작성하려면 파일을 객체로 보고 각 파일에 대한 데이터적인 속성과 기능적인 속성들을 생각해 봐야 한다. 데크 파일, 디스카드 파일, 수트 파일, 테이블 파일의 네 종류의 파일은 많은 속성을 공유한다. 5장의 실습 과제에서 정의한 CardPile 클래스는 이러한 공통적인 속성들을 이미 대부분 지원한다. 'Game 응용 프로그램'이 요구하는 각 파일의 공통적인 기능들을 다시 정리해 보자.

각 파일 객체는 소유하고 있는 카드들을 가리키는 객체 포인터 배열 theCards, 소유 카드의 개수 count, 왼쪽 위 꼭짓점 upperLeftX, upperLeftY을 멤버 변수로 갖고 카드의 삽입 addCard 멤버 함수, 카드의 인출 topCard 멤버 함수, 클릭점의 포함 여부 판단 includes 멤버 함수, 자기 이미지 그리기 display 멤버 함수, 새로운 카드를 받아들일지의 판단 canTake 멤버 함수, 마우스로 선택되었을 때 수행할 작업 select 멤버 함수의 기능을 멤버 함수로 갖는다.

5장의 실습 과제에서 정의한 CardPile 클래스에 비해서 새롭게 추가한 멤버 함수는 canTake 멤버 함수이고 이 장에서 사용할 것이라고 5장의 실습 과제에서 언급한 select 멤버 함수는 이제 구현해서 사용한다. canTake 멤버 함수는 새로운 카드를 파라미터로 전달받아 이미 소유한 카드들에 삽입할지 판단한다. 새로운 카드를 받을 수 있으면 true를 반환하고 없으면 false를 반환한다.

네 종류의 파일이 공통으로 갖는 속성들은 5장의 CardPile 클래스에 이미 구현했다. 이제, [그림 6.10]에 보인 것처럼 CardPile 클래스를 부모로 하는 클래스 계층구조를 생각해 보자.

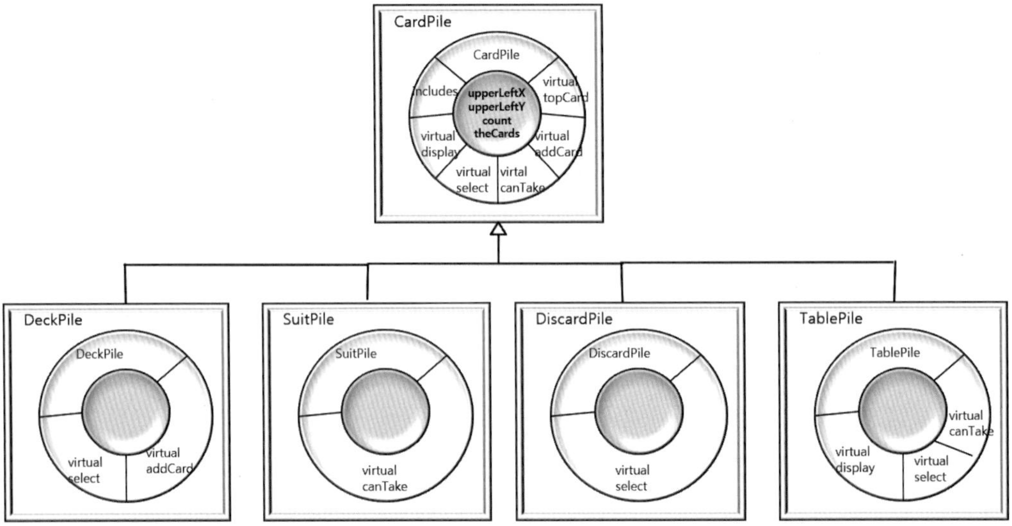

▲ 그림 6.10 ▷ 파일 클래스들의 계층구조

CardPile 클래스의 select 멤버 함수는 빈 바디를 갖고 자식 클래스들은 필요에 따라 이 멤버 함수를 재정의해서 사용한다. CardPile::canTake 멤버 함수는 새로운 카드를 받을지 판단하는 함수인데, CardPile 클래스는 canTake 멤버 함수를 다음 코드처럼 false를 반환하는 한 문장으로 구현하고 자식 클래스들은 필요에 따라 이 멤버 함수를 재정의해서 사용한다. false를 반환하는 한 문장으로 구현한다는 것은 항상 no를 반환한다는 의미이다.

```
bool CardPile::canTake(const CardPtr& c)
{
  return false;
}
```

DeckPile 클래스의 addCard 멤버 함수는 5장의 'Pile 응용 프로그램'처럼 카드를 삽입과 동시에 섞기 위해서 재정의한다. DeckPile::select 멤버 함수는 데크 파일이 마우스 클릭으로 선택되면 자신으로부터 카드를 한 장 꺼내고 그 카드를 뒤집어서 디스카드 파일에 삽입하는 작업을 수행한다. 5장의 'Pile 응용 프로그램'은 비슷한 작업을 PileApp::mouseDown 멤버 함수에서 수행했으나 이제는 이 기능을 DeckPile 클래스의 select 멤버 함수가 수행한다.

SuitPile 클래스의 canTake 멤버 함수는 파라미터로 전달받은 카드가 에이스 rank 값이 1이고 현재 자신이 소유한 카드가 없을 때나, 소유한 카드들과 같은 무늬이고 숫자가 소유한 카드 중 제일 위 카드보다 하나 위일 때만 true(yes)를 반환한다. 수트 파일은 마우스 클릭으로 선택됐을 때 특별히 수행해야 할 작업이 없으므로 부모 클래스인 CardPile의 select 멤버 함수를 상속받아 그대로 사용한다.

DiscardPile 클래스의 select 멤버 함수는 디스카드 파일이 선택되면 제일 위 카드를 수트 파일이나 테이블 파일로 이동시킬 수 있는지 조사해서 이동시킬 수 있는 파일이 있으면 그 파일에 제일 위 카드를 삽입하는 기능을 수행한다. 디스카드 파일은 데크 파일이 넘겨준 카드 외에는 새로운 카드를 다른 파일로부터 받을 수 없다. 따라서 부모인 CardPile 클래스의 canTake 멤버 함수를 상속받아 그대로 사용한다.

TablePile 클래스의 canTake 멤버 함수는 파라미터로 전달받은 카드가 킹 rank 값 13이고 현재 자신이 소유한 카드가 없을 때나, 소유한 카드 중 제일 위 카드와 색깔이 반대이고 숫자가 하나 아래일 때 true를 반환한다. TablePile::select 멤버 함수는 DiscardPile::select 멤버 함수와 비슷하나 수트 파일과 자신을 제외한 나머지 테이블 파일이 자신의 제일 위 카드를 받을 수 있는지 조사해서 받을 수 있는 파일이 있다면 그 파일에 제일 위 카드를 삽입하는 기능을 수행한다. TablePile::display 멤버 함수는 다른 파일들과 달리 소유하고 있는 카드들을 한 장씩 아래로 빗겨 그려야 하므로 재정의 한다.

CardPile 클래스의 includes 멤버 함수를 제외한 나머지 멤버 함수들을 CardPile 클래스에서 가상 함수로 선언한다. 가상 함수로 선언하는 이유는 GameApp::mouseDown 멤버 함수를 다룰 때 자세하게 설명하기로 하자. [표 6.1]은 각 파일 클래스에 정의한 멤버 함수들을 가상 함수 여부와 함께 정리한 것이다.

▼ 표 6.1 ▷ 멤버 함수들의 가상 함수와 재정의 여부

클래스 \ 멤버 함수	topCard	addCard	canTake	select	display	includes
CardPile	가상	가상	가상	가상	가상	일반
DeckPile	X	가상	X	가상	X	X
SuitPile	X	X	가상	X	X	X
DiscardPile	X	X	X	가상	X	X
TablePile	X	X	가상	가상	가상	X

[표 6.1]에서 X로 표시된 것은 재정의 없이 CardPile 클래스의 멤버 함수를 상속받아 사용한다는 의미이다. 포커, 하이로우 등과 같은 다른 게임에서 활용할 경우를 위해서 CardPile 클래스의 topCard 멤버 함수도 가상 함수로 정의한다. 5장의 실습 과제에서 설명했듯이, CardPile 클래스의 includes 멤버 함수는 소유한 모든 카드 객체들의 includes 멤버 함수를 호출해서 클릭점의 포함 여부를 판단하므로 모든 파일이 재정의 없이 그대로 사용한다. 재정의할 필요가 없으므로 includes 멤버 함수는 가상 함수로 정의하지 않는다.

STEP 04 Pile.h 파일의 분석

[그림 6.10]처럼 모델링된 파일 클래스들을 코드로 옮긴 Pile.h 파일의 코드는 [리스트 6.2]와 같다. 5장 실습 과제의 CardPile 클래스와 DeckPile 클래스의 인터페이스 정의 이후에 SuitPile, DiscardPile, TablePile 클래스들의 인터페이스 정의를 추가한다.

리스트 6.2 GameApplication 프로젝트의 Pile.h 파일

```
// PILE CLASSES
#pragma once
#include "Card.h"
#include <array>

const int MAX_CARDS = 52;

// CARDPILE CLASS
class CardPile
{
public:
  // 생성자 함수, 파라미터는 왼쪽 위 꼭짓점
  CardPile(int, int);
  // 연산
  virtual CardPtr topCard();
  virtual void addCard(const CardPtr&);
  bool includes(int, int);
  virtual void display(Application&);
  virtual void select();
  // 실습 과제
  virtual bool canTake(const CardPtr&);
  // 멤버 변수
  int upperLeftX;
  int upperLeftY;
  int count;
  std::array<CardPtr, MAX_CARDS> theCards;
};

// DECKPILE CLASS
class DeckPile : public CardPile
{
public:
  // 생성자 함수
  DeckPile(int, int);
  // 연산
  virtual void addCard(const CardPtr&) override;
  virtual void select();            // 실습 과제
};

// 이하 실습 과제
// SUITPILE CLASS
class SuitPile final : public CardPile
{
```

```
44 public:
45   // 생성자 함수
46   SuitPile(int, int);
47   // 연산
48   virtual bool canTake(const CardPtr&);
49 };
50
51 // DISCARDPILE CLASS
52 class DiscardPile : public CardPile
53 {
54 public:
55   // 생성자 함수
56   DiscardPile(int, int);
57   // 연산
58   virtual void select();
59 };
60
61 // TABLEPILE CLASS
62 class TablePile : public CardPile
63 {
64 public:
65   // 생성자 함수
66   TablePile(int, int);
67   // 연산
68   virtual bool canTake(const CardPtr&);
69   virtual void select();
70   virtual void display(Application&) final;
71 };
72
73 typedef std::shared_ptr<CardPile> CardPilePtr;
```

5장 실습 과제의 CardPile 클래스에 비해서 09행의 CardPile 클래스에 21행처럼 canTake 멤버 함수를 추가하고, 5장 실습 과제의 DeckPile 클래스에 비해서 30행의 DeckPile 클래스에 37행처럼 select 멤버 함수를 추가한다. 나머지 클래스들은 [그림 6.10]에서 모델링한 것을 코드로 옮긴 것이다.

36행처럼 override 속성을 DeckPile::addCard 멤버 함수에 적용하면 이 멤버 함수는 부모 클래스인 CardPile의 addCard 멤버 함수를 재정의한 것임을 지정한다. 부모 클래스의 addCard 멤버 함수에서 파라미터 타입을 변경하는 것과 같이 함수 원형에 변경이 발생하면 override 속성으로 지정한 36행의 addCard 멤버 함수도 갱신되어야 하는 것을 컴파일러가 검증하므로 override 속성은 안전한 코딩을 지원하는 용도로 사용한다.

36행처럼 override 속성을 지정하지 않고 부모 클래스의 addCard 멤버 함수의 원형을 변경하면 컴파일러는 36행의 addCard 멤버 함수를 자식 클래스에 새롭게 추가하는 멤버 함수로 간주하므로 컴파일 오류가 발생하지 않는다. 구현 파일에서 이 addCard 멤버 함수를 정의할 때는 override 키워드를 사용하지 않는다.

42행의 SuitPile 클래스에 지정한 final 속성은 SuitPile이 자식 클래스를 가질 수 없는 최종 클래스임을 지정한다. 이 클래스를 상속받는 클래스를 정의하면 컴파일 오류가 발생한다. 또한, 70행처럼 final 속성을 TablePile::display 멤버 함수에 적용하면 display 멤버 함수는 자식 클래스에서 재정의할 수 없음을 지정한다. 73행은 CardPile 클래스의 포인터 타입을 typedef 문으로 CardPilePtr의 단축명으로 지정한다.

STEP 05 Pile.cpp 파일의 분석

5장 실습 과제의 Pile.cpp 파일에 추가되는 코드는 [리스트 6.3]과 같다.

리스트 6.3 GameApplication 프로젝트의 Pile.cpp 파일(일부)

```
// 이하 실습 과제
void DeckPile::select()
{
  if (count > 0) {
    CardPtr c = topCard();
    c->flip();
    GameApp::allPilePtr[1]->addCard(c);
  }
}

SuitPile::SuitPile(int x, int y)
       : CardPile(x, y)
{}

bool SuitPile::canTake(const CardPtr& c)
{
  if ((count == 0) && (c->rank == 1))
    return true;
  if (count > 0) {
    int s = theCards[count - 1]->suit;
    int r = theCards[count - 1]->rank;
    if ((s == c->suit) && ((c->rank - r) == 1))
```

```
      return true;
  }
  return false;
}

DiscardPile::DiscardPile(int x, int y)
       : CardPile(x, y)
{}

void DiscardPile::select()
{
  if (count > 0) {
    CardPtr c = topCard();
    int i;
    for (i = 2; i <= 12; i++) {
      if (GameApp::allPilePtr[i]->canTake(c)) {
        GameApp::allPilePtr[i]->addCard(c);
        break;
      }
    }
    if (i == 13)
      addCard(c);
  }
}

TablePile::TablePile(int x, int y)
       : CardPile(x, y)
{}

bool TablePile::canTake(const CardPtr& c)
{
  if ((count == 0) && (c->rank == 13))
    return true;
  if (count > 0) {
    if (theCards[count - 1]->faceUp) {
      int s = theCards[count - 1]->suit;
      int r = theCards[count - 1]->rank;
      if ((r - c->rank) == 1) {
        switch (c->suit) {
        case 1:
        case 4: if (s == 2 || s == 3) return true;
                else return false;
        case 2:
        case 3: if (s == 1 || s == 4) return true;
                else return false;
```

```
68         }
69       }
70     }
71   }
72   return false;
73 }
74
75 void TablePile::display(Application& win)
76 {
77   int ty = 0;
78   if (count > 0) {
79     for (int i = 0; i < count; i++) {
80       theCards[i]->moveTo(upperLeftX, upperLeftY + ty);
81       theCards[i]->draw(win);
82       ty = ty + 35;
83     }
84   }
85   else {
86     win.setPen(green);
87     win.rectangle(upperLeftX, upperLeftY,
88                 Card::CardWidth, Card::CardHeight);
89   }
90 }
91
92 void TablePile::select()
93 {
94   if (count > 0) {
95     if (!theCards[count - 1]->faceUp) {
96       theCards[count - 1]->flip();
97     }
98     else {
99       for (int i = 2; i <= 12; i++) {
100        if (GameApp::allPilePtr[i]->canTake(theCards[count - 1])) {
101          GameApp::allPilePtr[i]->addCard(topCard());
102          break;
103        }
104      }
105    }
106  }
107 }
```

02행의 DeckPile::select 멤버 함수는 자신의 제일 위 카드를 topCard 멤버 함수로 꺼내고 그 카드 객체의 flip 멤버 함수를 호출해서 카드를 앞면인 상태로 변경한 후, 07행처럼 디스카드 파일의 addCard 멤버 함수를 호출해서 디스카드 파일에 삽입한다.

[그림 6.7]의 Pile.cpp 파일에서 사용하는 GameApp::allPilePtr은 [그림 6.6]에 보인 13개 파일 객체들의 포인터를 저장하는 벡터이다. 13개의 파일 객체들을 생성하고 그 포인터를 allPilePtr 벡터에 저장하는 작업은 다음 과정에서 살펴볼 GameApp 생성자에서 이뤄지는데, 저장하는 순서는 데크 파일, 디스카드 파일, 수트 파일 네 개, 테이블 파일 일곱 개의 순이므로 GameApp::allPilePtr[1]의 값은 디스카드 파일 객체의 포인터이다. 따라서 07행은 디스카드 파일 객체의 addCard 멤버 함수를 호출하는 문장이다.

11행의 SuitPile::SuitPile 생성자는 CardPile 생성자를 호출하고 추가 작업은 없다. 15행의 SuitPile::canTake 멤버 함수는 파라미터로 제공되는 카드를 받을 수 있는지 판단한다. 소유한 카드가 없고 제공된 카드의 rank 값이 1 에이스이면 yes를 의미하는 true를 반환한다. 소유한 카드가 있으면 theCards[count-1]이 가리키는 제일 위 카드의 suit와 rank 값을 제공된 카드의 suit와 rank 값과 22행처럼 비교해서 suit 값이 같고 제일 위 카드의 rank 값이 제공된 카드의 rank 값보다 1만큼 작으면 true를 반환한다. 나머지 경우는 25행처럼 모두 false를 반환한다.

28행의 DiscardPile::DiscardPile 생성자는 CardPile 생성자를 호출하고 추가 작업은 없다. 마우스 클릭으로 디스카드 파일이 선택되면 실행될 32행의 DiscardPile::select 멤버 함수는 소유한 카드가 있으면 35행처럼 제일 위 카드를 topCard 멤버 함수로 꺼내서 그 포인터를 c 변수에 저장한다.

37행의 for 문은 네 개의 수트 파일 객체들 i가 2부터 5까지과 일곱 개의 테이블 파일 객체들 i가 6부터 12까지의 canTake 멤버 함수를 38행처럼 호출해서 꺼낸 카드를 받을 수 있는지 조사한다. 받을 수 있다고 답하는 객체가 있다면 39행처럼 그 객체의 addCard 멤버 함수를 호출해서 꺼낸 카드를 삽입한다. 나머지 파일 객체들을 더 이상 조사할 필요가 없으므로 40행의 break 문으로 for 문을 벗어난다. for 문을 벗어난 후, 43행에서 i의 값이 13이라는 의미는 꺼낸 카드를 받을 수 있는 파일이 없다는 것이므로 44행처럼 addCard 멤버 함수로 꺼낸 카드를 자신에게 다시 삽입한다.

38행과 39행에서 다형성 기능을 사용하기 위해서 canTake와 addCard 멤버 함수를 가상 함수로 정의하고 allPilePtr 다형 변수를 사용했으므로 코드가 간결해졌다.

48행의 TablePile::TablePile 생성자는 CardPile 생성자를 호출하고 추가 작업은 없다.

52행의 TablePile::canTake는 54행처럼 소유한 카드가 없고 파라미터로 제공된 카드의 rank 값이 13 킹이면 true를 반환한다. 소유한 카드가 있을 경우는 theCards[count-1]이 가리키는 제일 위 카드의 suit와 rank 값을 58행과 59행처럼 각각 s와 r 지역 변수에 저장한다. r의 값이 제공된 카드의 rank 값보다 하나 위일 경우 61행의 switch 문에서 suit 값을 기반으로 카드의 색이 서로 반대인지 조사한다. 반대이면 true를 반환하고 나머지 경우는 false를 반환한다.

62행과 63행에서 suit 값이 1 heart이나 4 diamond이면 빨간색 카드이므로 suit 값이 2 club나 3 spade이 검은색으로 반대가 된다. 65행과 66행에서 suit 값이 2나 3이면 검은색이므로 suit 값이 1이나 4가 빨간색으로 반대가 된다.

75행의 TablePile::display 멤버 함수는 소유한 카드들을 아래로 y축으로 35픽셀만큼 한 장씩 빗겨 그린다. 제일 위 카드는 theCards[count-1]이 가리키고 제일 밑의 카드는 theCards[0]이 가리키므로 79행의 for 문에서 theCards[0]이 가리키는 카드 객체부터 차례대로 80행처럼 moveTo 멤버 함수를 호출해서 이동시키고 81행처럼 draw 멤버 함수를 호출해서 빗겨 그린다. 소유한 카드가 없으면 87행처럼 초록색 사각형을 그린다.

92행의 TablePile::select 멤버 함수는 마우스를 테이블 파일 위에서 클릭하면 실행된다. 이 함수는 제일 위 카드가 뒷면이면 96행처럼 그 카드 객체의 flip 멤버 함수를 호출해서 앞면인 상태로 변경한다. 95행에서 제일 위 카드가 이미 앞면인 상태라면 99행의 for 문으로 이 카드를 이동시킬 수 있는 파일을 검색한다.

이때, 32행의 DiscardPile::select 멤버 함수와 다른 점은 DiscardPile::select 멤버 함수는 일단 제일 위 카드를 꺼낸 다음에 꺼낸 카드로 수트 파일과 테이블 파일들에 대해 조사하지만, TablePile::select 멤버 함수는 카드를 꺼내지 않고 theCards[count-1]이 가리키는 제일 위 카드 객체인 채로 수트 파일과 나머지 테이블 파일들에 대해 이동 가능 여부를 조사한다. 그 이유는 [그림 6.11]에 보인 두 번째 테이블 파일의 제일 위 카드인 클로버 7의 경우를 예로 들어 설명한다.

[그림 6.11]의 클로버 7은 네 번째 테이블 파일로도 이동될 수 있다. 사용자가 두 번째 테이블 파일 위에서 마우스를 클릭하면 클로버 7은 네 번째 테이블 파일로 이동되고 네 번째 테이블 파일에서 마우스를 다시 클릭하면 두 번째 테이블 파일로 이동된다. 클로버 7은 사용자의 마우스 클릭에 따라 두 번째와 네 번째 테이블 파일로 번갈아 이동된다.

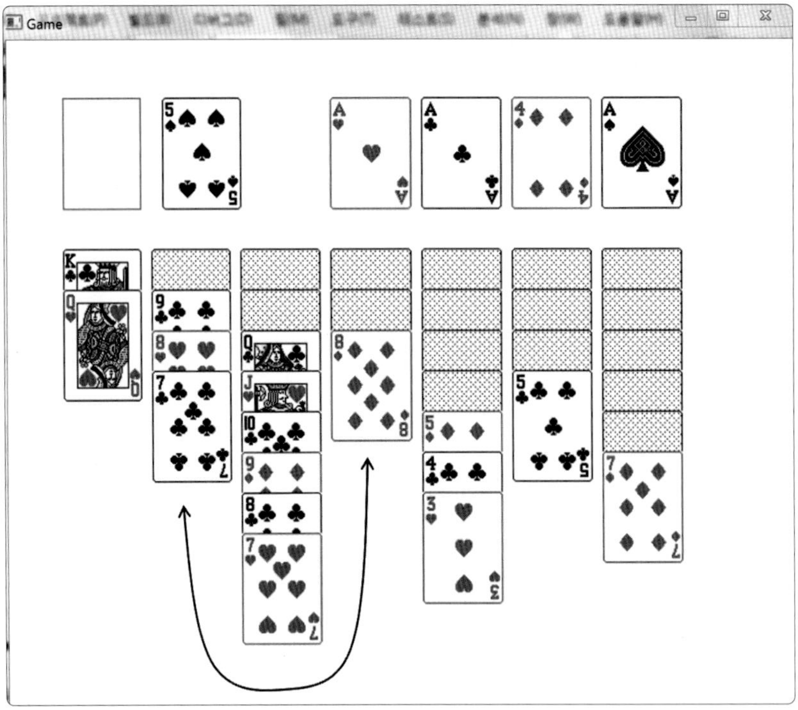

▲ 그림 6.11 ▷ 클로버 7의 이동

이렇게 동작시키기 위해서, 99행의 for 문은 네 개의 수트 파일과 자신을 뺀 나머지 여섯 개의 테이블 파일들에 대해 이동 가능 여부를 조사한다. 클로버 7을 꺼내지 않고 조사하면 클로버 7을 소유한 테이블 파일은 자신의 제일 위 카드가 아직 클로버 7이므로 같은 카드에 대해 조사하게 되고 결국 false를 반환하게 된다. 따라서 자신을 뺀 나머지 여섯 개의 테이블 파일들에 대해 이동 가능 여부를 조사하는 효과를 낸다.

STEP 06 GameApp.cpp 파일의 분석

GameApp.cpp 파일의 코드는 [리스트 6.4]와 같다.

리스트 6.4 GameApplication 프로젝트의 GameApp.cpp 파일

```
#include "GameApp.h"

// 다른 파일(Pile.cpp)에서 접근할 수 있도록 static 멤버의 정의(빈 벡터 생성)
```

```
std::vector<CardPilePtr> GameApp::allPilePtr;
// 다른 파일(Card.cpp)에서 접근할 수 있도록 static 멤버의 정의(빈 배열 생성)
std::array<Bitmap, 53> GameApp::cardBitmaps;

void GameApp::init() {
  // 파일 객체 포인터들을 allPilePtr 벡터에 저장
  allPilePtr.push_back(std::make_shared<DeckPile>(50, 50));
  allPilePtr.push_back(std::make_shared<DiscardPile>(140, 50));
  allPilePtr.push_back(std::make_shared<SuitPile>(290, 50));
  allPilePtr.push_back(std::make_shared<SuitPile>(370, 50));
  allPilePtr.push_back(std::make_shared<SuitPile>(450, 50));
  allPilePtr.push_back(std::make_shared<SuitPile>(530, 50));
  allPilePtr.push_back(std::make_shared<TablePile>(50, 180));
  allPilePtr.push_back(std::make_shared<TablePile>(130,180));
  allPilePtr.push_back(std::make_shared<TablePile>(210,180));
  allPilePtr.push_back(std::make_shared<TablePile>(290,180));
  allPilePtr.push_back(std::make_shared<TablePile>(370,180));
  allPilePtr.push_back(std::make_shared<TablePile>(450,180));
  allPilePtr.push_back(std::make_shared<TablePile>(530,180));
  // 카드 비트맵 로딩
  for (int i = 0; i < 53; ++i)
    cardBitmaps[i] = loadBitmap(i + 1);
}

GameApp::GameApp(const TCHAR* apName)
       : Application(apName)
{
  init();
}

GameApp::GameApp(const TCHAR* apName, int width, int height, int x, int y)
       : Application(apName, width, height, x, y)
{
  init();
}

void GameApp::mouseDown(int x, int y)
{
  for (auto it = allPilePtr.begin(); it != allPilePtr.end(); ++it) {
    if ((*it)->includes(x, y)) {
      (*it)->select();
      break;
    }
  }
  clearAndUpdate();
```

```
49 }
50
51 void GameApp::paint()
52 {
53   for (auto it = allPilePtr.begin(); it != allPilePtr.end(); ++it) {
54     (*it)->display(*this);
55 }
56
57 // pclaf program entry point
58 int mainLAF()
59 {
60   GameApp theApp(TEXT("Game"), 700, 700, 150, 30);
61   // 카드 생성 후 데크 파일에 삽입
62   for (int i = 1; i <= 4; i++)
63     for (int j = 1; j <= 13; j++)
64       GameApp::allPilePtr[0]->addCard(std::make_shared<Card>(0, 0, i, j));
65   // 테이블 파일의 초기화
66   for (int m = 1; m <= 7; m++)
67     for (int n = 1; n <= m; n++)
68       GameApp::allPilePtr[m + 5]->addCard(GameApp::allPilePtr[0]->topCard());
69   // 테이블 파일의 제일 위 카드를 앞면인 상태로
70   for (int p = 6; p <= 12; p++)
71     GameApp::allPilePtr[p]->select();
72   theApp.run();
73
74   return 0;
75 }
```

[리스트 6.4]에서 04행과 06행은 GameApp 클래스의 두 정적 멤버 변수들을 정의한다. 28행과 34행의 GameApp 생성자에서 호출하는 08~26행의 init 멤버 함수는 이 두 정적 멤버 변수들을 초기화한다. 10~22행에서 데크 파일, 디스카드 파일, 수트 파일 네 개, 테이블 파일 일곱 개를 동적으로 생성한다. allPilePtr 벡터의 원소 타입은 파일 클래스들의 부모 클래스인 CardPile의 포인터 타입 CardPtr인데, 생성된 파일 객체들의 포인터를 벡터의 지정된 위치에 저장한다. allPilePtr 객체 포인터 벡터는 다형 변수이다. 24행과 25행은 **STEP 02**에서 설명한 코드이다.

40행의 mouseDown 멤버 함수는 allPilePtr 벡터가 가리키는 13개의 파일 객체들의 includes 멤버 함수를 호출해서 클릭점의 포함 여부를 조사한다. 클릭점을 포함하는 파일 객체가 있으면 44행처럼 그 객체의 select 멤버 함수를 호출해서 선택됐을 때 해야 할 작업을 수행하도록 한다.

나머지 파일 객체들은 클릭점의 포함 여부를 조사할 필요가 없으므로 45행의 break 문으로 for 문을 벗어난다. 48행은 clearAndUpdate 함수를 이용해서 paint 멤버 함수를 호출한다. 51행의 paint 멤버 함수는 allPilePtr 벡터를 순회하면서 54행처럼 모든 파일 객체들의 display 멤버 함수를 호출해서 각자 자신의 이미지를 그리도록 한다.

[그림 6.12]는 43행의 문장에서 멤버 함수의 호출 대 해당 멤버 함수의 결합이 컴파일러에 의해 어떻게 이뤄지는지 보인 것이다.

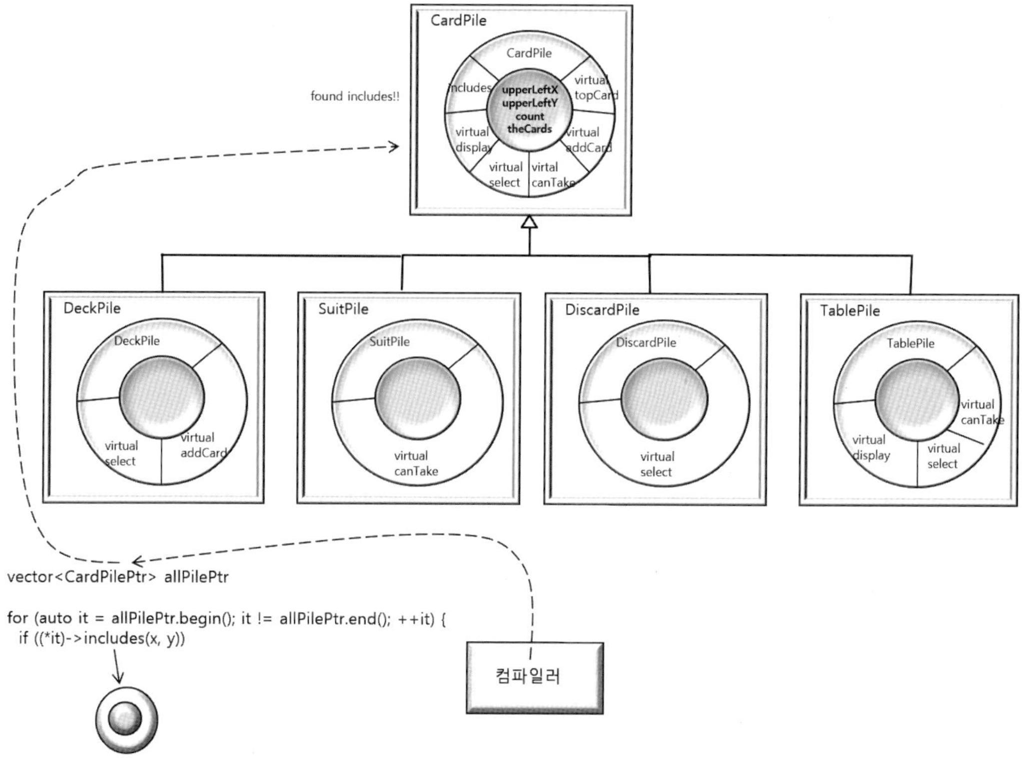

▲ 그림 6.12 ▷ 컴파일러에 의한 includes 멤버 함수의 호출 대 includes 멤버 함수의 결합

[그림 6.12]에서 includes 멤버 함수는 가상 함수가 아닌 일반 함수이고 allPilePtr 벡터의 원소 타입이 CardPile 클래스의 포인터 타입이므로 컴파일러는 CardPile 클래스에 주목한다. 컴파일러는 CardPile 클래스로 가서 includes 멤버 함수의 호출에 일치하는 includes 멤버 함수를 바로 찾게 되므로 includes 멤버 함수 호출을 CardPile::includes

멤버 함수와 결합한다. includes 멤버 함수는 CardPile 클래스에 한 개가 존재하며 모든 파일 객체들에 대해 공통 작업을 수행하기 때문에 가상 함수로 정의할 필요가 없다.

파일들은 선택시 수행해야 할 작업이 종류별로 다르다. 데크 파일은 자신이 소유한 카드들로부터 카드 한 장을 꺼내 그 카드를 뒤집어 앞면인 상태로 디스카드 파일에 삽입한다 DeckPile::select. 수트 파일은 카드들을 종류별로 쌓는 역할만 수행하므로 선택시 해야 할 작업이 없다. 따라서 부모 클래스인 CardPile의 빈 바디를 갖는 select 멤버 함수를 그대로 상속받아 사용한다.

디스카드 파일은 선택시 자신의 제일 위 카드를 꺼내고 이 카드를 네 개의 수트 파일들과 일곱 개의 테이블 파일들이 받을 수 있는지 조사해서 받을 수 있는 파일이 있으면 그 파일에 꺼낸 카드를 삽입한다 DiscardPile::select. 테이블 파일은 네 개의 수트 파일들과 자신을 제외한 여섯 개의 테이블 파일들에게 자신의 제일 위 카드를 받을 수 있는지 조사해서 받을 수 있는 파일이 있으면 제일 위 카드를 꺼내 그 파일에 삽입한다 TablePile::select.

[그림 6.13]은 44행의 문장에서 멤버 함수의 호출 대 해당 멤버 함수의 결합이 실행 시스템에 의해 어떻게 이뤄지는지 보인 것이다.

[그림 6.13]에서 select 멤버 함수가 가상 함수이므로 실행 시스템은 멤버 함수가 호출된 객체에 주목한다. 실행 시스템은 호출된 객체를 생성한 클래스에 가서 select 멤버 함수의 호출과 일치하는 select 멤버 함수가 있는지 찾고, 없으면 클래스 계층구조를 따라 올라가면서 처음으로 일치하는 select 멤버 함수를 찾아서 그 함수를 실행한다. 따라서 파일 객체의 종류에 따라 그에 적합한 select 멤버 함수가 실행시 결합되어 실행된다.

이처럼 클릭점의 포함 여부 조사와 파일별 다른 작업을 수행하는 select 멤버 함수의 호출이 mouseDown 멤버 함수에서 43행과 44행처럼 깔끔하게 처리된다. 이는 C++의 다형성 기능을 십분 활용했기 때문이다. C++의 다형성을 이용하기 위해서, 각 클래스에 select 멤버 함수를 오버로딩 이 경우는 오버라이딩해서 재정의했고, CardPile 클래스에서 select 멤버 함수를 가상 함수로 정의했으며 다형 변수 allPilePtr을 사용했다.

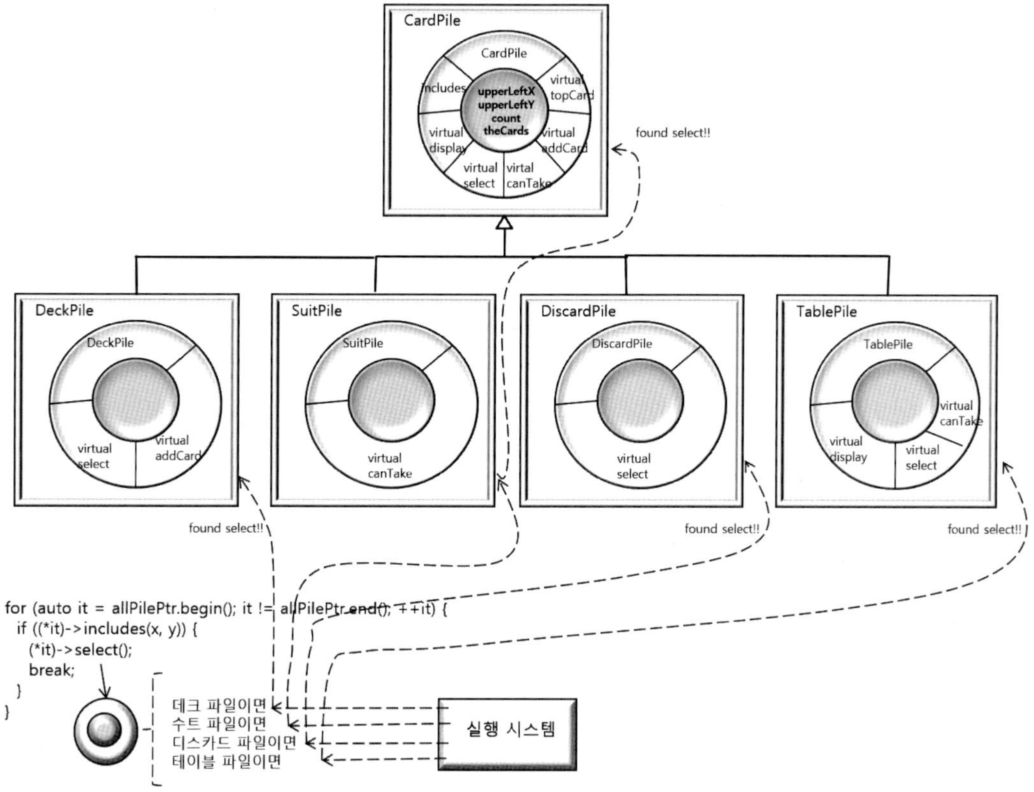

▲ 그림 6.13 ▷ 실행 시스템에 의한 select 멤버 함수의 호출 대 select 멤버 함수의 결합

카드 게임의 사용자가 게임을 하면서 게임 프로그램을 실행하면서 어떤 순서로 어떤 파일을 클릭할지 'Game 응용 프로그램'을 컴파일할 때는 예측할 수 없다. 따라서 44행의 멤버 함수 호출 문장에 대해 네 개의 서로 다른 select 멤버 함수 중 어떤 select 함수를 실행시킬지의 결정은 select 멤버 함수를 가상 함수로 정의해서 실행시 이뤄져야 한다.

display 멤버 함수도 CardPile 클래스에 가상 함수로 정의했고 TablePile 클래스에서 카드들을 빗겨 그리기 위해 재정의했지만, paint 멤버 함수는 다형성 기능을 활용해서 54행처럼 모든 파일 객체의 display 멤버 함수만 호출하면 된다.

62~64행은 5장의 실습 과제에서 설명했듯이, 52개의 카드 객체들을 생성해서 allPilePtr[0]이 가리키는 데크 파일 객체에 삽입한다. 데크 파일의 addCard 멤버 함수는 카드가 삽입될 때마다 소유한 카드들을 섞는다.

66행의 for 문은 일곱 개의 테이블 파일들에게 카드를 각각 한 장부터 일곱 장까지 배분하는 작업을 수행한다. m 변수가 1부터 7까지 변하면 68행의 m + 5는 6부터 12까지 변하면서 테이블 파일들의 allPilePtr 벡터 내의 인덱스값이 된다.

n 변수는 67행의 for 문에서 1부터 m까지 변해서 1부터 7까지의 값을 갖게 되므로 첫 번째 테이블 파일에는 한 장의 카드를, 두 번째 테이블 파일에는 두 장의 카드를, 세 번째 테이블 파일에는 세 장의 카드 등을 배분한다. 테이블 파일에 카드 배분이 끝난 뒤에는 테이블 파일들의 제일 위 카드를 앞면인 상태로 변경해야 한다. 이는 70행의 for 문처럼 테이블 파일 객체들의 select 멤버 함수를 한 번씩 호출해 주면 select 멤버 함수가 제일 위 카드를 앞면인 상태로 변경한다.

STEP 07 Game 응용 프로그램의 동작 분석

'Game 응용 프로그램'은 메인 윈도우, 파일, 카드 등의 다양한 객체들로 구성되고 프로그램의 실행은 객체 간의 상호작용 패턴으로 진행된다. Game 응용 프로그램을 실행하고 데크 파일 위에서 마우스 버튼을 클릭해서 제일 위 카드를 앞면인 상태로 디스카드 파일로 이동시키는 데까지의 동작 과정은 [그림 6.14]에 보인 것과 같다. 비트맵 이미지 처리 부분은 생략한다.

프로그램을 실행하면 프로그램의 흐름은 [리스트 6.4]의 mainLAF 함수에서 시작된다.

① 60행은 GameApp 클래스로부터 메인 윈도우 객체인 theApp를 생성한다.

② theApp 객체의 정적 멤버 변수인 allPilePtr 벡터가 생성된다. allPilePtr 벡터는 다형 변수로이므로 모든 종류의 파일 객체들의 포인터를 저장할 수 있다. 이 벡터는 아직 빈 상태이다.

③ GameApp 생성자가 호출되어 메인 윈도우의 타이틀, 크기, 모니터상의 위치 등을 설정한다. 37행은 init 멤버 함수를 호출한다.

④ 10행은 DeckPile 클래스로부터 데크 파일 객체를 생성한다. 자동으로 DeckPile 생성자가 호출되어 upperLeftX, upperLeftY, count 멤버 변수들을 50, 50, 0으로 초기화하고 theCards 배열의 원소들을 nullptr로 초기화한다. push_back 멤버 함수를 호출해서 데크 파일 객체의 포인터를 allPilePtr 벡터의 첫 번째 원소로 추가한다.

⑤ 11행은 DiscardPile 클래스로부터 디스카드 파일 객체를 생성한다. 자동으로 DiscardPile 생성자가 호출되어 upperLeftX, upperLeftY, count 멤버 변수들을

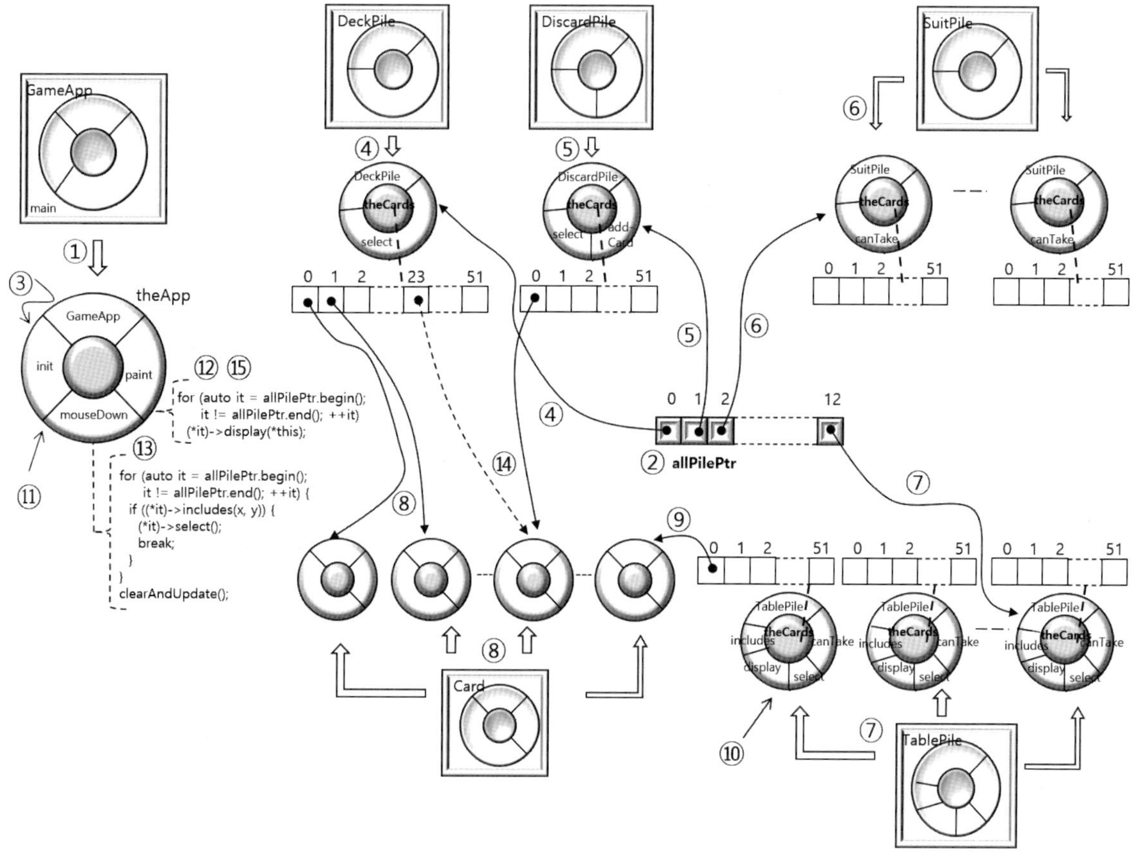

▲ 그림 6.14 ▷ Game 응용 프로그램의 동작 과정

140, 50, 0으로 초기화하고 theCards 배열의 원소들을 nullptr로 초기화한다. push_back 멤버 함수를 호출해서 디스카드 파일 객체의 포인터를 allPilePtr 벡터의 두 번째 원소로 추가한다.

⑥ 12~15행은 SuitPile 클래스로부터 수트 파일 객체 네 개를 생성한다. 자동으로 SuitPile 생성자가 호출되어 수트 파일 객체들의 upperLeftX, upperLeftY, count, theCards 멤버 변수들을 초기화한다. 수트 파일 객체들의 포인터들을 allPilePtr 벡터에 차례대로 추가한다.

⑦ 16~22행은 TablePile 클래스로부터 테이블 파일 객체 일곱 개를 생성한다. 자동으로 TablePile 생성자가 호출되어 테이블 파일 객체들의 upperLeftX, upperLeftY, count, theCards 멤버 변수들을 초기화한다. 테이블 파일 객체들의 포인터들을 allPilePtr 벡터에 차례대로 추가해서 allPilePtr 벡터를 완성한다. init 멤버 함수가 종료되고 GameApp 생성자도 종료되며 프로그램의 흐름은 62행으로 복귀된다.

⑧ 62~64행의 for 문은 52개의 카드 객체들을 생성해서 그 포인터들을 데크 파일 객체의 theCards 배열에 삽입하는 작업을 수행한다. 변수 i와 j가 1일 때 64행은 std::make_shared<Card>(0, 0, 1, 1)를 실행해서 카드 객체를 메모리에 생성한다. 자동으로 Card 생성자가 호출되어 생성된 카드 객체의 멤버 변수들을 초기화한다. 64행은 생성된 카드 객체의 포인터를 파라미터로 전달하면서 데크 파일 객체의 addCard 멤버 함수를 호출한다. DeckPile::addCard 멤버 함수는 데크 파일 객체의 count가 0이므로 theCards[0]에 상수 레퍼런스 파라미터로 제공된 카드 객체의 포인터를 저장한다. 따라서 theCards[0]은 생성된 카드 객체를 가리킨다. 이 과정이 51번 더 반복되어 데크 파일 객체의 theCards 배열은 52개의 카드 객체들을 가리키게 된다.

⑨ 66~68행의 내포된 for 문은 데크 파일로부터 카드들을 꺼내 일곱 개의 테이블 파일들에 각각 한 장부터 일곱 장까지 배분하는 작업을 수행한다. 변수 m과 n이 1일 때 68행은 데크 파일 객체의 topCard 멤버 함수를 호출해서 데크 파일 객체의 theCards[51]이 가리키는 카드 객체의 포인터를 반환받고 첫 번째 테이블 파일의 addCard 멤버 함수를 호출해서 이 포인터를 테이블 파일의 theCards[0]에 저장한다. 따라서 첫 번째 테이블 파일의 theCards[0]은 꺼낸 카드를 가리킨다. 이 과정이 반복되어 테이블 파일 객체들의 theCards 배열이 카드 객체들을 가리키게 된다. 데크 파일은 나머지 24장의 카드들을 소유한다.

⑩ 70행의 for 문은 테이블 파일들에 배분된 카드 중 제일 위 카드를 앞면으로 변경하는 작업을 수행한다. 테이블 파일 객체들의 select 멤버 함수를 호출하면 select 멤버 함수는 테이블 파일 객체들의 theCards[count - 1]이 가리키는 제일 위 카드 객체를 앞면인 상태로 변경한다.

⑪ 72행은 theApp 객체의 run 멤버 함수를 호출해서 메인 윈도우를 활성화시킨다. run 멤버 함수는 메인 윈도우를 모니터상에 표시하고 theApp 객체의 paint 멤버 함수를 호출한다.

⑫ 51행의 paint 멤버 함수는 13개의 파일 객체들의 display 멤버 함수를 호출해서 초기 게임 환경을 완성한다. 데크 파일 객체는 theCards[23] 테이블 파일들에 28장의 카드를 배분한 후이 가리키는 제일 위 카드 이미지를 그려서 데크 파일 객체의 존재를 윈도우 상에 표시한다. 이 과정이 12번 더 반복된다. 디스카드 파일과 수트 파일들은 소유한 카드가 없으므로 빈 사각형만 표시한다. 테이블 파일들은 소유한 카드들을 아래로 35픽셀만큼 한 장씩 빗겨 그린다. run 멤버 함수는 이어서 윈도우 메시지 루프를 실행한다.

사용자가 데크 파일 이미지 내에서 마우스 왼쪽 버튼을 클릭했다고 가정하자.

⑬ 윈도우 메시지 루프는 theApp 객체의 mouseDown 멤버 함수를 호출한다. mouseDown 멤버 함수 내의 for 문은 13개의 파일 객체들의 includes 멤버 함수를 호출해서 true를 반환하는 첫 번째 파일 객체에게 select 멤버 함수를 호출한다. 지금의 경우, 데크 파일 객체가 includes 멤버 함수의 호출에 대해 true를 반환한다.

⑭ 44행에서 데크 파일 객체의 select 멤버 함수가 호출하는데, DeckPile::select 멤버 함수는 자신으로부터 카드 한 장을 꺼내서 theCards[23]이 가리키는 카드 객체를 꺼내서 그 카드를 뒤집어 앞면인 상태로 변경한 후 디스카드 파일에 삽입한다. 따라서 디스카드 파일 객체의 theCards[0]은 이 카드 객체를 가리킨다. clearAndUpdate 멤버 함수에 의해 paint 멤버 함수가 호출된다.

⑮ theApp 객체의 paint 멤버 함수가 두 번째 호출되어 ⑫의 과정을 반복한다. 이번에는 디스카드 파일도 한 장의 카드를 소유하므로 그 카드의 앞면이 그려진다. 사용자의 눈에는 데크 파일의 제일 위 카드가 뒤집혀 디스카드 파일에 놓이는 것으로 보인다. paint 멤버 함수가 종료되면 mouseDown 멤버 함수도 종료되고 프로그램의 흐름은 run 멤버 함수 내의 윈도우 메시지 루프로 돌아가고 사용자의 다음 마우스 클릭을 기다리게 된다. 다음 마우스 클릭부터는 ⑬~⑮의 과정이 반복된다.

필수 문법 02

이 절에서는 STL의 컨테이너 중, 3장의 "2.14 표준 템플릿 라이브러리" 절에서 다루지 않은 연관 컨테이너들을 소개한다. 대표적인 연관 컨테이너들을 STL의 알고리즘에 적용해서 사용하는 방법을 설명하고 이 컨테이너들을 앞서 작성한 CoinMoney 클래스에 적용해서 활용하는 과제들은 연습 문제로 제시한다. 함수 포인터, 함수 객체, 람다 표현식을 STL 알고리즘의 콜백 함수로 사용하는 방법은 이미 다뤘다. 이 절에서는 C++의 bind 템플릿 함수를 사용해서 함수 객체를 생성하고 이 함수 객체를 STL 알고리즘의 콜백 함수로 활용하는 방법도 다룬다.

또한, 이 장의 실습 과제에서 추가한 파일 클래스들을 개선된 콘솔 버전으로 변경한다. Rect 클래스 Rect.h와 Rect.cpp 파일는 3장의 2절에서 개선된 Rect 클래스를 그대로 사용하고 Card 클래스 Card.h와 Card.cpp 파일는 4장의 2절에서 개선된 Card 클래스를 그대로 사용한다. CardPile과 DeckPile 클래스는 5장의 2절에서 개선된 CardPile과 DeckPile 클래스 Pile.h와 Pile.cpp 파일를 사용한다.

실습 과제를 개선된 콘솔 버전으로 변경하기 위해서 다음 단계를 따른다.

첫 번째 단계로, 이 장의 실습 과제에서 CardPile 클래스에 추가한 canTake 멤버 함수를 5장의 2절에서 작성한 Pile.h와 Pile.cpp 파일에 추가하고 DeckPile 클래스에 추가한 select 멤버 함수도 Pile.h와 Pile.cpp 파일에 추가한다.

두 번째 단계로, 이 장의 실습 과제에서 정의한 DiscardPile, SuitPile, TablePile 클래스의 인터페이스와 구현을 5장의 2절에서 작성한 Pile.h와 Pile.cpp 파일에 추가한다.

세 번째 단계로, TablePile 클래스를 콘솔 버전으로 변경하기 위해서 TablePile 클래스의 display 멤버 함수를 주석 처리한다.

네 번째 단계로, 다음 코드의 SuitPile::canTake 멤버 함수처럼 c->rank와 같이 카드의 멤버 변수에 직접 접근하는 표현을 모두 c->getRank()와 같이 접근 함수를 사용하는 표현으로 변경한다.

```
bool SuitPile::canTake(const CardPtr& c)
{
  if ((count == 0) && (c->rank == 1))     // c->getRank()로 변경
    return true;
  if (count > 0) {
    int s = theCards[count - 1]->suit;    // theCards[count - 1]->getSuit()로 변경
    int r = theCards[count - 1]->rank;    // theCards[count - 1]->getRank()로 변경
    if ((s == c->suit) && ((c->rank - r) == 1))    // 변경
      return true;
  }
  return false;
}
```

TablePile::canTake와 TablePile::select 멤버 함수에서도 카드의 멤버 변수를 직접 접근하는 표현들도 모두 접근 함수를 사용하는 표현으로 변경한다.

마지막 단계로, 실습 과제의 GameApp 클래스는 사용하지 않고 main 함수를 사용하는 GameApp.cpp 파일을 작성하는데, GameApp 클래스의 정적 멤버 변수로 정의했던 allPilePtr 벡터를 전역 변수로 정의한다. 따라서 Pile.cpp 파일에 다음 코드처럼 allPilePtr 전역 변수의 사용을 extern 속성으로 선언한다. GameApp 클래스에 정적 멤버 변수로 정의했던 cardBitmaps는 콘솔 버전이므로 사용하지 않는다.

```
extern std::vector<CardPilePtr> allPilePtr;
```

Pile.cpp 파일에서 다음 코드처럼 GameApp 클래스의 allPilePtr 정적 멤버 변수를 사용하는 문장들을 이제 주석 처리한 문장처럼 GameApp.cpp 파일의 전역 변수 allPilePtr을 사용하는 문장으로 변경한다.

```
GameApp::allPilePtr[1]->addCard(c); // allPilePtr[1]->addCard(c);로 변경
```

[리스트 6.5]는 GameApp.cpp 파일의 코드이고 [그림 6.15]는 실행 결과의 앞부분을 보인 것이다.

리스트 6.5 GameApplication(console) 프로젝트의 GameApp.cpp 파일

```
#include "Pile.h"
#include <vector>

std::vector<CardPilePtr> allPilePtr;      // 6장 - global var

void init() {
  // 파일 객체 포인터들을 allPilePtr 벡터에 저장
  allPilePtr.push_back(std::make_shared<DeckPile>(50, 50));
  allPilePtr.push_back(std::make_shared<DiscardPile>(140, 50));
  allPilePtr.push_back(std::make_shared<SuitPile>(290, 50));
  allPilePtr.push_back(std::make_shared<SuitPile>(370, 50));
  allPilePtr.push_back(std::make_shared<SuitPile>(450, 50));
  allPilePtr.push_back(std::make_shared<SuitPile>(530, 50));
  allPilePtr.push_back(std::make_shared<TablePile>(50, 180));
  allPilePtr.push_back(std::make_shared<TablePile>(130,180));
  allPilePtr.push_back(std::make_shared<TablePile>(210,180));
  allPilePtr.push_back(std::make_shared<TablePile>(290,180));
  allPilePtr.push_back(std::make_shared<TablePile>(370,180));
  allPilePtr.push_back(std::make_shared<TablePile>(450,180));
  allPilePtr.push_back(std::make_shared<TablePile>(530,180));
}

int main()
{
  init();
  // 카드 생성 후 데크 파일에 삽입
  for (int i = 1; i <= 4; i++)
    for (int j = 1; j <= 13; j++)
```

```
      allPilePtr[0]->addCard(std::make_shared<Card>(0, 0, i, j));
  // 테이블 파일의 초기화
  for (int m = 1; m <= 7; m++)
    for (int n = 1; n <= m; n++)
      allPilePtr[m + 5]->addCard(allPilePtr[0]->topCard());
  // 테이블 파일의 제일 위 카드를 앞면인 상태로
  for (int p = 6; p <= 12; p++)
    allPilePtr[p]->select();
  // display table piles
  for (int i = 6; i < 13; ++i)
    cout << *(allPilePtr[i]) << endl;
  // select each table pile
  for (int p = 6; p <= 12; p++)
    allPilePtr[p]->select();
  // display table piles again
  cout << "after selecting each table pile-----" << endl;
  for (int i = 6; i < 13; ++i)
    cout << *(allPilePtr[i]) << endl;

  return 0;
}
```

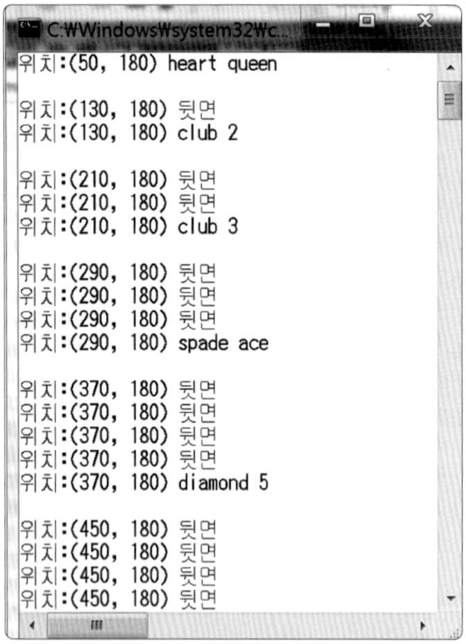

▲ 그림 6.15 ▷ 콘솔 버전의 Game 응용 프로그램

[리스트 6.5]에서 04행은 allPilePtr 벡터를 전역 변수로 정의한다. 25행은 init 함수를 호출해서 allPilePtr 벡터에 13개 파일 객체의 포인터들을 저장한다. 27행의 for 문은 52개의 카드 객체들을 생성해서 그 포인터들을 데크 파일에 저장한다. 31행과 32행의 내포된 for 문은 일곱 개의 테이블 파일에 한 장부터 일곱 장까지의 카드들을 배분한다. 35행의 for 문은 테이블 파일들의 select 멤버 함수를 호출해서 제일 위 카드를 앞면인 상태로 변경한다.

38행의 for 문은 테이블 파일들을 [그림 6.15]에 보인 것처럼 출력한다. 41행의 for 문은 테이블 파일들을 한 번씩 마우스로 클릭하는 것을 시뮬레이션한 코드이다. 45행의 for 문은 테이블 파일들을 다시 출력한다. 출력되는 카드의 개수가 많으므로 [그림 6.15]는 출력 결과의 앞부분만 보인다. 출력 결과를 잘 살펴보면 일곱 개의 테이블 파일을 한 번씩 클릭한 효과를 확인할 수 있다.

연관 컨테이너 2.1

지금까지 사용해온 STL의 array, vector, list 등을 순차 컨테이너라고 하는데, 순차 컨테이너는 데이터를 순서에 따라 저장한다. 이 절에서 설명할 map은 키 key와 짝을 이뤄 데이터를 저장하고, set은 데이터 자체를 키로 사용하는 연관 컨테이너 associative container이다.

연관 컨테이너는 데이터를 넣고, 빼고, 찾을 때 키를 사용한다. 순차 컨테이너는 소량의 데이터를 보관하고 검색 속도가 중요한 경우에 사용하고 연관 컨테이너는 대량의 데이터를 보관하면서도 삽입, 삭제, 검색을 키 기반으로 신속하게 하고 싶을 때 사용한다.

연관 컨테이너로는 map, set, unordered_map, unordered_set 등이 있는데, 중복키를 허용하지 않을 때 이 컨테이너들을 사용하고 컨테이너명 앞에 multi를 붙인 multimap, multiset, unordered_multimap, unordered_multiset 등은 중복키를 허용할 때 사용한다. 키의 중복 허용 여부만 다를 뿐 사용 방법은 같다.

map과 set 컨테이너는 데이터를 정렬해서 저장한다. 따라서 저장된 데이터를 반복자로 순회하면 저장된 순서로 순회하지 않고 정렬된 순서대로 순회한다. unordered_map과 unordered_set 컨테이너는 해시 hash라는 자료구조를 사용하므로 검색 속도가 map과 set에 비해 빠르다.

2.1.1 pair 타입과 map 컨테이너

map 컨테이너는 키와 데이터를 묶어 저장한다. 3장의 "2.10 tuple 타입" 절에서 두 개 이상의 원소를 묶어주는 tuple 클래스를 설명했다. C++는 두 개의 원소를 묶어주는 pair 템플릿 클래스도 제공하는데, map은 tuple보다는 pair에 최적화되어 있다. 따라서 map 컨테이너를 사용하기 전에 pair 클래스의 활용을 먼저 살펴보자.

■ pair 타입

<utility> 헤더 파일을 통해 제공되는 pair 타입은 서로 다른 두 원소를 묶기 위해 사용하는 템플릿 클래스이다. [리스트 6.6]은 pair 클래스를 활용한 예이고 [그림 6.16]은 실행 결과를 보인 것이다.

리스트 6.6 Syntax1-1-1 프로젝트의 PairApp.cpp 파일

```
#include <iostream>
#include <utility>          // pair
#include <string>
using std::pair; using std::make_pair;
using std::string;
using std::cout; using std::endl;

int main()
{
  // 파라미터가 두 개인 생성자와 디폴트 생성자
  pair<string, int> myPair("doohun", 5);
  pair<string, int> thisPair;
  thisPair.first = "youngmi";
  thisPair.second = 7;
  // 복사 생성자
  pair<string, int> thatPair(thisPair);
  // make_pair 함수
  auto thePair = make_pair("wonjin", "eum");
  // operator<
```

```
20    if (myPair < thisPair) {
21      cout << “myPair is less than thisPair” << endl;
22    }
23    // operator==
24    if (thisPair == thatPair)
25      cout << “thisPair is equal to thatPair” << endl;
26    else {
27      cout << “thisPair is not equal to thatPair” << endl;
28    }
29
30    return 0;
31  }
```

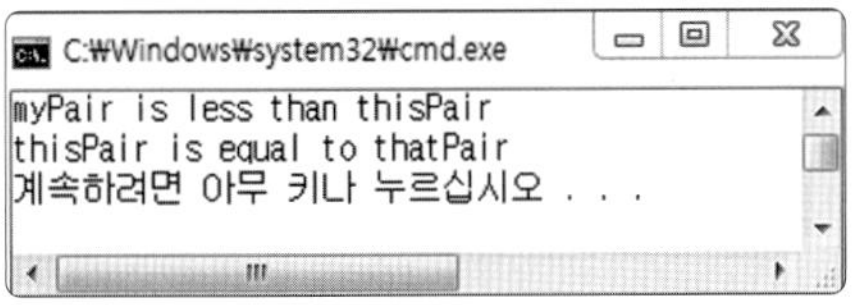

▲ 그림 6.16 ▷ pair 타입의 활용

[리스트 6.6]에서 11행은 두 개의 파라미터를 전달받는 생성자를 사용해서 myPair 객체를 생성하고 12행은 디폴트 생성자를 사용해서 thisPair 객체를 생성한다. pair 템플릿 클래스의 첫 번째 템플릿 파라미터는 string 타입으로 지정하고 두 번째 템플릿 파라미터는 int 타입으로 지정한다. 묶인 항목은 13행과 14행처럼 first와 second 필드를 사용해서 접근한다. 16행처럼 pair 클래스의 복사 생성자를 사용해서 thatPair 객체를 생성할 수도 있다.

18행에서 컴파일러가 파라미터의 타입으로부터 make_pair 함수의 반환 타입을 추론할 수 있으므로 auto 타입을 지정해서 thePair 변수를 정의한다. 컴파일러가 추론한 thePair 객체의 타입은 std::pair<string, string>일 것이다. 20행과 24행처럼 operator==와 operator< 비교 연산자를 pair 객체 간에 사용하면 비교 연산은 pair 객체의 두 원소 모두에게 적용된다. operator< 연산자인 경우, first 항목의 값이 같으면 second 항목의 값으로 크기를 비교한다.

■ map 컨테이너

map 컨테이너를 사용하려면 <map> 헤더 파일을 포함하고 std 이름 공간을 사용한다. [표 6.2]는 map 클래스의 주요 멤버 함수들을 설명한 것이다.

▼ 표 6.2 ▷ map 클래스의 주요 멤버 함수

멤버 함수	설명
begin	첫 원소에 대한 반복자 반환
end	마지막 원소 다음의 반복자 반환
clear	모든 원소 삭제
empty	원소가 없으면 true 반환
erase	지정 위치나 지정 범위의 원소 삭제
find	키와 연관된 원소의 반복자 반환
insert	원소 추가
operator[]	지정 키로 원소 접근이나 원소 추가
size	원소의 개수 반환
rbegin	역방향으로 첫 원소에 대한 반복자 반환
rend	역방향으로 마지막 원소 다음의 반복자 반환

map 컨테이너를 사용할 때는 대부분 추가, 삭제, 검색의 세 가지를 사용한다. [리스트 6.7]은 map 컨테이너를 사용해서 학생들의 전화번호를 관리하는 예이고 [그림 6.17]은 실행 결과를 보인 것이다.

리스트 6.7 Syntax1-1-2 프로젝트의 AssociativeContainerApp.cpp 파일

```
#include <map>
#include <iostream>
#include <string>
using namespace std;

struct PhoneData
{
  string name;
  string phone;
};

template <typename T>
```

```
void printMap(const T& m)
{
  if (!m.empty()) {
    for (auto& e : m)
      cout << e.first << “(” << e.second.name << “) : ” <<
        e.second.phone << endl;
  }
  cout << “----------------------------------”
       << “size : ” << m.size() << endl;
}

int main()
{
  map<int, PhoneData> studentPhoneBook;
  PhoneData pd1{ “doohun”, “010-1234-1234” };
  PhoneData pd2 = { “wonjin”, “010-4321-4321” };
  PhoneData pd3 = { “youngmi”, “010-5678-5678” };
  studentPhoneBook.insert(make_pair(20163333, pd1));
  studentPhoneBook.insert({
              { 20162222, pd2 },
              { 20164444, pd3 }
  });
  printMap(studentPhoneBook);
  PhoneData pd4 = { “saejin”, “010-8765-8765” };
  studentPhoneBook.insert(make_pair(20161111, pd4));
  pd4.phone = “010-1111-1111”;
  studentPhoneBook[20161111] = pd4;
  PhoneData pd5{ “seongjin”, “010-6789-6789” };
  studentPhoneBook[20165555] = pd5;
  printMap(studentPhoneBook);
  studentPhoneBook.erase(20163333);
  printMap(studentPhoneBook);
  map<int, PhoneData>::iterator it;
  it = studentPhoneBook.find(20164444);
  if (it == studentPhoneBook.end())
    cout << “등록되지 않았습니다” << endl;
  else
    cout << (*it).second.phone << endl;
  studentPhoneBook.erase(it);
  printMap(studentPhoneBook);
  studentPhoneBook.clear();
  printMap(studentPhoneBook);

  return 0;
}
```

```
C:\Windows\system32\cmd.exe
20162222(wonjin) : 010-4321-4321
20163333(doohun) : 010-1234-1234
20164444(youngmi) : 010-5678-5678
---------------------------------size : 3
20161111(saejin) : 010-1111-1111
20162222(wonjin) : 010-4321-4321
20163333(doohun) : 010-1234-1234
20164444(youngmi) : 010-5678-5678
20165555(seongjin) : 010-6789-6789
---------------------------------size : 5
20161111(saejin) : 010-1111-1111
20162222(wonjin) : 010-4321-4321
20164444(youngmi) : 010-5678-5678
20165555(seongjin) : 010-6789-6789
---------------------------------size : 4
010-5678-5678
20161111(saejin) : 010-1111-1111
20162222(wonjin) : 010-4321-4321
20165555(seongjin) : 010-6789-6789
---------------------------------size : 3
---------------------------------size : 0
계속하려면 아무 키나 누르십시오 . . .
```

▲ 그림 6.17 ▷ map 컨테이너의 활용

[리스트 6.7]에서 01행은 <map> 헤더 파일을 포함한다. 06~10행은 학생의 이름과 전화번호를 string 타입의 필드로 갖는 PhoneData 구조체를 정의한다. 26행은 int 타입의 학번을 키로 지정하고 PhoneData 구조체를 데이터로 저장하는 studentPhoneBook 맵 객체를 정의한다.

27~29행은 세 개의 구조체 변수를 정의하고 30행은 학번과 첫 번째 구조체의 쌍을 pair 객체로 정의해서 맵의 첫 번째 원소로 저장한다. 31~34행은 유니폼 초기자 기능을 사용해서 나머지 키와 데이터의 쌍을 맵에 저장한다. 35행은 이 맵을 상수 레퍼런스 파라미터 전달 방식으로 전달하면서 13행의 printMap 템플릿 함수를 호출한다.

printMap은 템플릿 함수이고 16행처럼 auto 타입으로 맵을 순회하므로 맵에 저장된 임의 타입의 키와 데이터의 쌍을 출력할 수 있다. 여기서 임의 타입이란 17행의 cout 객체가 출력할 수 있는 기본 데이터 타입과 string 타입을 의미한다. 빈 맵이 아니면 16행의 for 문은 맵의 모든 원소에 대해 키인 학번과 학생 데이터를 출력한다. 맵의 원소는 pair 객체이므로 (first, second)의 형식인데, first는 키를 의미하고 second는 데이터를 의미한다. second가 구조체이므로 이름은 second.name 형식으로 접근하고 전화번호는 second.phone 형식으로 접근한다. 20행과 21행은 맵의 크기를 출력한다.

36행과 37행은 한 개의 원소를 맵에 추가한다. 38행처럼 데이터를 수정해서 39행처럼 맵에 마지막으로 추가된 데이터를 변경한다. 39행처럼 키를 기반으로 맵에 operator[] 연산자를 사용할 수 있다. 40행과 41행은 새로운 원소를 추가하는데, PhoneData 구조체를 40행처럼 정의하고 41행처럼 새로운 키를 operator[] 연산자의 인덱스로 지정해서 이 구조체를 저장하면 새로운 키와 데이터의 쌍이 맵에 추가된다.

42행처럼 맵을 다시 출력하면 [그림 6.17]의 두 번째 섹션에 보인 것처럼 다섯 개의 원소가 출력되는 것을 확인할 수 있다. 43행은 키를 파라미터로 지정하면서 erase 멤버 함수를 호출해서 해당 원소를 맵에서 삭제한다. 44행처럼 맵을 다시 출력해 보면 [그림 6.17]의 세 번째 섹션에 보인 것처럼 원소가 삭제된 것을 확인할 수 있다.

맵을 순회하기 위해서 45행처럼 이 맵의 반복자 변수 it을 정의한다. 46행처럼 find 멤버 함수를 호출하면서 키를 지정하면, 해당 키를 갖는 원소의 반복자가 반환된다. 이 find 멤버 함수는 map 클래스에 정의된 것인데, 모든 컨테이너에 적용 가능한 STL의 find_if 알고리즘보다 맵에 최적화되어 있다.

맵에 찾는 원소가 없으면 find 멤버 함수는 47행처럼 마지막 원소의 다음 반복자를 반환하므로 이를 알리는 메시지를 출력한다. 찾는 원소가 존재하면, 반환되는 반복자를 50행처럼 역참조해서 전화번호를 [그림 6.17]의 네 번째 섹션 첫 번째 행처럼 출력하고, 51행처럼 이 반복자를 사용해서 원소를 삭제한다. 53행처럼 clear 멤버 함수로 모든 원소를 삭제하고 맵을 다시 출력하면 [그림 6.17]의 끝에 보인 것처럼 맵이 빈 상태인 것을 확인할 수 있다.

set 컨테이너 2.1.2

map 컨테이너는 키와 데이터를 한 쌍으로 저장하지만, set 컨테이너는 데이터와 키의 역할을 동시에 하는 키만 저장한다. set 컨테이너는 원하는 키를 신속하게 찾고 이 키가 정렬되어 저장되기를 원할 때 사용한다. set 컨테이너도 map 컨테이너처럼 키를 중복으로 저장할 수 없다.

컴퓨터 시스템의 보안 기능을 구현하는 일반적인 방법은 기능마다 접근 권한을 부여하고 통제하는 것이다. 접근 권한을 가진 사용자 목록을 관리할 때 set 컨테이너를 편리하게 사용할 수 있다. set 클래스의 주요 멤버 함수들은 [표 6.2]의 map 클래스의 멤버 함수들과 비슷하다. [리스트 6.8]은 [리스트 6.7]의 전화번호부 예제에 set 컨테이너를 사용해서 전화번호부에 대한 접근 권한 기능을 추가한 것이고 [그림 6.18]은 실행 결과를 보인 것이다.

리스트 6.8 Syntax1-2 프로젝트의 AssociativeContainerApp.cpp 파일

```
#include <set>
#include <map>
#include <iostream>
#include <string>
using namespace std;

struct PhoneData
{
  string name;
  string phone;
};

int main()
{
  map<int, PhoneData> studentPhoneBook;
  PhoneData pd1{ “doohun”, “010-1234-1234” };
  PhoneData pd2 = { “wonjin”, “010-4321-4321” };
  PhoneData pd3 = { “youngmi”, “010-5678-5678” };
  studentPhoneBook.insert(make_pair(20163333, pd1));
  studentPhoneBook.insert({
              { 20162222, pd2 },
              { 20164444, pd3 }
  });
  PhoneData pd4 = { “saejin”, “010-8765-8765” };
  studentPhoneBook.insert(make_pair(20161111, pd4));
  pd4.phone = “010-1111-1111”;
  studentPhoneBook[20161111] = pd4;
  PhoneData pd5{ “seongjin”, “010-6789-6789” };
  studentPhoneBook[20165555] = pd5;
  set<string> phoneAccess;
  phoneAccess.insert(pd1.name);
  phoneAccess.insert(pd3.name);
  if (phoneAccess.count(“doohun”) == 1) {
    map<int, PhoneData>::iterator it;
    for (it = studentPhoneBook.begin(); it != studentPhoneBook.end(); ++it)
      cout << it->first << “(” << it->second.name << “) : ” <<
```

```
37        it->second.phone << endl;
38    }
39    else {
40      cout << "권한이 없습니다" << endl;
41    }
42
43    return 0;
44 }
```

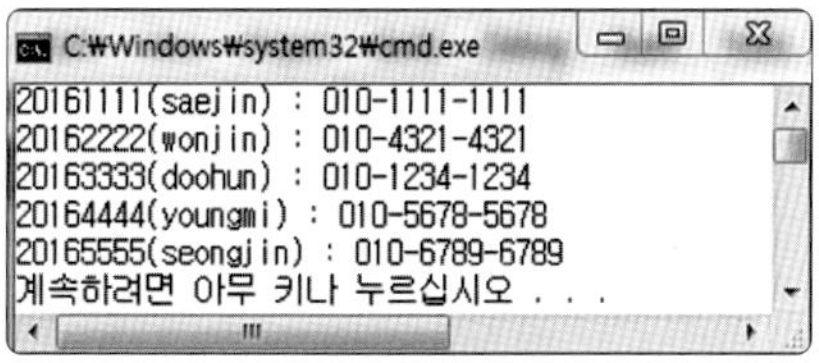

▲ 그림 6.18 ▷ set 컨테이너의 활용

01행은 <set> 헤더 파일을 포함하고 29행까지는 [리스트 6.7]의 코드와 같다. 30행은 string 타입의 원소를 저장하는 phoneAccess set 객체를 정의한다. 이 string 타입의 원소는 키와 데이터의 역할을 동시에 한다. 31행과 32행은 두 원소를 phoneAccess 객체에 저장한다. 33행처럼 키를 전달하면서 phoneAccess 객체의 count 멤버 함수를 호출하면 count 멤버 함수는 해당 원소가 존재하면 1을 반환한다. 이 프로그램에서 1이 반환되면 전화번호부에 접근 권한이 있다는 것을 의미한다. 원소가 존재하므로 35행의 for 문으로 맵을 순회하면서 모든 원소를 [그림 6.18]처럼 출력한다.

다중 상속 2.2

지금까지 다룬 상속은 자식 클래스를 정의하면서 부모 클래스가 하나인 경우인데, 이러한 상속을 단일 상속 single inheritance이라고 부른다. 두 개 이상의 부모 클래스로부터 자식 클래스를 정의하는 것을 다중 상속 multiple inheritance을 사용한다고 말한다. 단일 상속에서 자식 클래스는 부모 클래스의 세분된 형태를 표현하고 다중 상속에서는 자식 클래스가 부모 클래스들의 조합 combination된 형태를 표현한다.

다중 상속이 필요한 예로 한 호텔의 요리사 출신인 부장 요리부장을 생각할 수 있다. 요리부장은 부장의 관리자의 역할과 요리사의 역할을 둘 다 수행해야 한다. 단일 상속만 사용하면 정보의 중복 정의 없이 요리부장을 표현하기가 쉽지 않다.

요리부장을 요리사 클래스만의 자식 클래스로 정의한다면 부장의 데이터와 기능적인 속성들을 요리부장 클래스에 추가해야 한다. 더 나아가, 요리부장만 있는 것이 아니고 경호원 출신의 경호부장, 기술자 출신의 기술부장 등이 있어 이 객체들을 모두 표현해야 한다면 부장에 대한 속성들을 여러 클래스에 걸쳐 중복으로 정의해야 하는 문제가 발생한다. 요리부장을 부장 클래스만의 자식 클래스로 정의하는 경우도 비슷한 문제가 발생한다.

그러나 요리부장 CookHead 클래스를 [그림 6.19]에 보인 것처럼 요리사 Cook와 부장 Head 클래스의 자식으로 정의하면 중복 정의 문제를 해결할 수 있다. 경호부장 BodyguardHead도 중복 정의 없이 부장 Head 클래스와 경호원 Bodyguard 클래스의 조합된 형태로 정의할 수 있다.

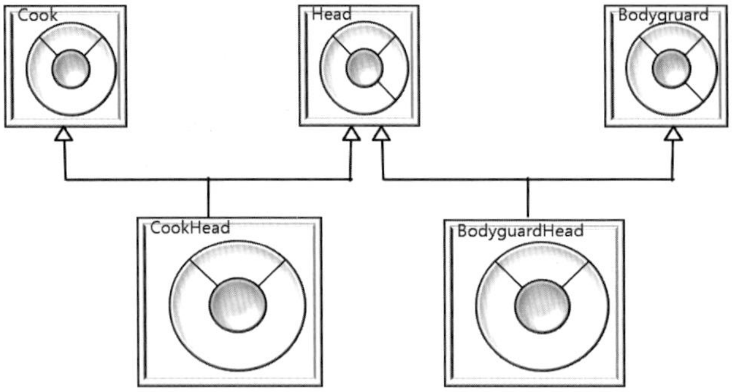

▲ 그림 6.19 ▷ 다중 상속의 예

응용 환경에 따라 단일 상속만으로 충분한 경우가 많다. 예를 들어, 대학원의 교육 조교를 단일 상속만으로 표현해 보자. 교육 조교는 대학원생의 역할과 강사의 역할을 둘 다 수행해야 한다. 그러나 교육 조교를 대학원생 클래스만의 자식 클래스로 정의하고 강사로서의 속성들을 추가해도, 직원 조교, 연구원 조교 등이 대학 내에서 현실적으로 존재하지 않으므로 여러 클래스에 걸쳐 강사의 속성들을 중복으로 정의해야 하는 문제가 발생하지 않는다.

다음은 두 개의 클래스 A와 B로부터 상속받는 클래스 C를 정의하는 코드이다.

```
class C : public A, public B
{
  // some code
};
```

위 코드처럼 부모 클래스들을 콜론(:) 다음에 콤마(,)로 분리해서 나열하면 C 클래스로부터 생성된 객체는 다음과 같은 특성을 갖게 된다.

1. C 객체는 A와 B의 모든 public 멤버 멤버 변수와 멤버 함수를 상속받는다.
2. C 객체의 멤버 함수는 상속받은 A와 B의 protected 멤버에 접근할 수 있다.
3. C 객체는 A나 B 객체로 업캐스팅될 수 있다.
4. C 객체를 생성하면 자동으로 A와 B의 디폴트 생성자가 호출된다. 호출 순서는 나열된 순서를 따른다.
5. C 객체를 삭제하면 A와 B의 소멸자가 호출된다. 호출 순서는 나열된 순서의 반대 순서를 따른다.

[리스트 6.9]의 코드는 다중 상속을 사용하는 예이고 [그림 6.20]은 실행 결과를 보인 것이다.

리스트 6.9 Syntax2-1 프로젝트의 MultipleInheritanceApp.cpp 파일

```
#include <iostream>
using std::cout;
using std::endl;

class A
{
public:
  void virtual display(int i)
  {
    cout << “in A: “ << i << endl;
  }
};

class B
{
```

```
16 public:
17   void virtual display(double d)
18   {
19     cout << “in B: “ << d << endl;
20   }
21 };
22
23 class C : public B, public A
24 {
25 public:
26   void virtual display(int i)
27   {
28     A::display(i);
29   }
30
31   void virtual display(double d)
32   {
33     B::display(d);
34   }
35 };
36
37 int main()
38 {
39   C c;
40   c.display(13);
41   c.display(3.14);
42
43   return 0;
44 }
```

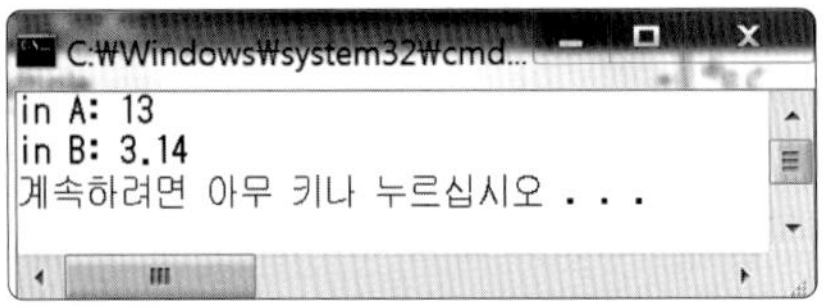

▲ 그림 6.20 ▷ 다중 상속의 이름 충돌 문제

다중 상속을 사용하면 이름 충돌 name conflict 문제가 발생할 수 있다. 클래스 A와 B는 08행과 17행처럼 모두 display 멤버 함수를 가진다. 클래스 A와 B의 display 멤버 함수는 서로 다른 타입의 파라미터를 사용한다. 다중 상속으로 클래스 C를 23행처럼 정의하면 클래스

C는 클래스 A와 B의 서로 다른 파라미터를 사용하는 display 멤버 함수들을 상속받는다.

39행은 C 클래스로부터 c 객체를 생성한다. 40행과 41행처럼 c 객체의 display 멤버 함수를 호출하면서 정수 13이나 실수 3.14를 파라미터로 전달하면, 컴파일러는 c 객체가 상속받은 두 개의 display 멤버 함수 중 어느 것을 실행해야 할지 구분하지 못한다. 컴파일러는 13을 13.0으로 타입 변환해서 17행의 display 멤버 함수를 호출할지 아니면 타입 변환 없이 08행의 display 멤버 함수를 호출할지 결정하지 못한다.

이러한 모호성을 해결하기 위해서 개발자는 클래스 C에 두 개의 display 멤버 함수를 26행과 31행처럼 재정의하고 범위 지정 연산자를 이용해서 적합한 멤버 함수가 실행되도록 지정해야 한다. C 클래스에 두 개의 display 멤버 함수를 재정의하는 대신 main 함수에서 모호성 해결을 위해 다음 코드처럼 범위 지정 연산자를 포함하는 멤버 함수 호출문을 사용하는 것도 가능하다.

```
c.A::display(13);
c.B::display(3.14);
```

다중 상속을 사용하면 이름 충돌 문제를 해소하는 것이 개발자의 책임이므로 다중 상속 기능을 필요로 하는 경우에 주의가 필요하다. 대부분의 프로그래밍 환경은 단일 상속만으로도 충분하다.

[리스트 6.10]의 코드는 다중 상속을 사용하는 또 다른 예이고 [그림 6.21]은 실행 결과를 보인 것이다. 이 프로그램은 이름 충돌 문제가 없는 예이다.

리스트 6.10 Syntax2-2 프로젝트의 MultipleInheritanceApp.cpp 파일

```
#include <iostream>
using std::cout;
using std::endl;

// Base Class Figure
class Figure
{
public:
  Figure(int xv, int yv)
       : x(xv), y(yv)
  {};
```

```
protected:
  int x;
  int y;
};

// Base Class PaintCost
class PaintCost
{
public:
  int getCost(int area)
  {
    return area * 10;
  }
};

// Derived Class Rect
class Rect : public Figure, public PaintCost
{
public:
  Rect(int xv, int yv, int wid, int hgt)
       : Figure(xv, yv), width(wid), height(hgt)
  {}
  int area()
  {
    return width * height;
  }
private:
  int width;
  int height;
};

int main()
{
  Rect r(100, 100, 150, 160);
  // the area of the rectangle
  cout << "total area: " << r.area() << endl;
  // the total cost of painting
  cout << "total paint cost: " << r.getCost(r.area()) << endl;

  return 0;
}
```

▲ 그림 6.21 ▷ 다중 상속의 활용

[리스트 6.10]에서 06~15행은 한 점 (x, y)을 멤버 변수로 갖는 Figure 도형 클래스를 정의하고 18~25행은 도형을 칠하는 데 드는 비용을 산출하는 PaintCost 클래스를 정의한다. PaintCost 클래스는 21행의 getCost 멤버 함수만 가진다. 28행은 Rect 사각형 클래스를 정의하면서 Figure 클래스와 PaintCost 클래스를 모두 부모로 지정한다. 사각형은 도형이면서 칠할 수 있는 대상이므로 두 클래스로부터 멤버들을 상속받는다. Rect 클래스는 폭과 높이를 멤버 변수로 추가하고 34행처럼 면적을 반환하는 area 멤버 함수를 가진다.

45행은 사각형 객체를 Rect 클래스로부터 생성한다. 이 사각형 객체는 Figure 클래스와 PaintCost 클래스의 멤버 변수와 함수들을 상속받으므로 47행처럼 Rect 클래스의 area 멤버 함수를 호출할 수 있고 49행처럼 getCost 멤버 함수도 호출할 수 있다.

ratio 라이브러리 ** 2.3

C++는 유리수 rational number 라이브러리를 제공해서 컴파일 타임에 유리수를 정의하고 연산할 수 있도록 지원한다. 유리수란 분모 denominator와 분자 numerator가 모두 정수인 분수이다.

유리수 연산을 이용하려면 <ratio> 헤더 파일을 포함한다. 유리수를 표현하는 분모와 분자의 타입으로 intmax_t 타입을 사용하는데, 유리수의 표현과 연산을 컴파일 타임에 지원하므로 문법이 다소 복잡하고 자연스럽지 못하다.

[리스트 6.11]은 유리수 라이브러리를 사용해서 유리수 연산을 수행하는 간단한 예이고 [그림 6.22]는 실행 결과를 보인 것이다.

리스트 6.11 Syntax3 프로젝트의 RatioApp.cpp 파일

```
01 #include <iostream>
02 #include <ratio>
03 using std::cout; using std::endl;
04 using std::ratio; using std::boolalpha;
05 using std::ratio_add; using std::ratio_less;
06
07 int main()
08 {
09   typedef ratio<1, 60> r1;
10   cout << r1::num << "/" << r1::den << endl;
11   intmax_t numerator = r1::num;
12   intmax_t denominator = r1::den;
13   cout << numerator << "/" << denominator << endl;
14   typedef ratio<20, 30> r2;
15   cout << r2::num << "/" << r2::den << endl;
16   typedef ratio_add<r1, r2> r;
17   cout << r::num << "/" << r::den << endl;
18   typedef ratio_less<r2, r1> result;
19   cout << boolalpha << result::value << endl;
20
21   return 0;
22 }
```

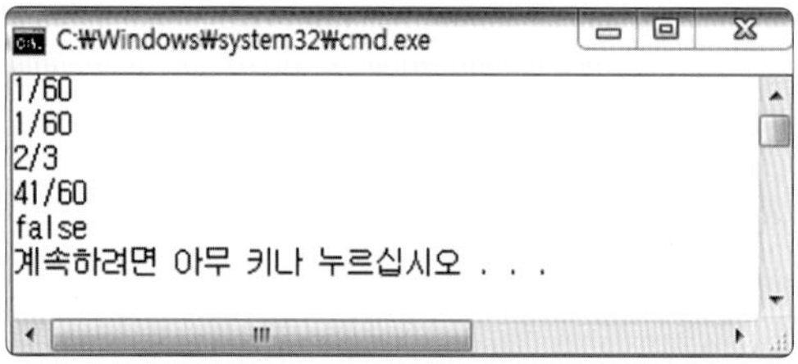

▲ 그림 6.22 ▷ ratio 라이브러리의 활용

유리수를 나타내는 ratio 객체는 컴파일 타임 객체이므로 일반적인 객체를 정의하는 방법과 다르고 객체의 멤버 함수도 호출할 수 없다. 09행은 typedef 문을 사용해서 유리수 1/60의 상수 객체인 r1을 정의한다. r1의 분모와 분자는 intmax_t 타입의 컴파일 타임 상수이므로 10행처럼 r1::num과 r1::den의 형식으로 접근한다. typedef 문을 사용하는 이유는 r1이 일반적인 객체가 아니라 컴파일 타임 때 사용하는 일종의 타입명 컴파일 타임 상수 객체이기 때문이다.

r1은 컴파일 타임 상수 객체이므로 다음과 같은 코드는 컴파일 오류를 발생시킨다. 그러나 n과 d 변수에 주석 처리한 것처럼 const 속성을 지정하면 문제없이 컴파일된다.

```
intmax_t n = 1;              // const intmax_t n = 1;과
intmax_t d = 60;             // const intmax_t d = 60;이면 ok!
typedef ratio<n, d> r1;      // 컴파일 오류
```

[리스트 6.11]에서 11~13행은 r1의 분모와 분자를 denominator와 numerator 변수에 저장해서 [그림 6.22]의 첫 번째 행처럼 출력한다. 유리수는 항상 약분된 상태로 정의되므로 14행에서 정의한 r2는 20/30을 약분한 2/3를 저장한다.

유리수 라이브러리는 유리수 간의 덧셈, 뺄셈, 곱셈, 나눗셈을 지원하지만, 유리수가 컴파일 타임 상수 객체로 정의되므로 일반적인 연산자를 사용할 수 없고 ratio_add, ratio_subtract, ratio_multiply, ratio_divide의 템플릿 함수를 사용해야 한다. 이 함수들은 ratio 타입의 결과값을 반환한다. 16행은 typedef 문으로 r1과 r2를 더한 결과를 r이라 지정하고 17행처럼 r을 출력하면 [그림 6.22]에 보인 것처럼 41/60이 출력된다.

유리수 라이브러리는 산술 연산뿐만 아니라 ratio_equal, ratio_not_equal, ratio_less, ratio_less_equal, ratio_greater, ratio_greater_equal의 비교 연산자도 지원한다. 비교 연산을 수행하면 std::integral_constant 타입의 결과가 반환된다. integral_constant는 integral_constant<bool, true>, integral_constant<int, 15> 등과 같이 타입과 컴파일 타임 상수를 담은 템플릿 구조체이다.

18행에서 r2의 값이 r1의 값보다 크므로 결과인 result는 integral_constant<bool, false>가 된다. 이 값은 19행처럼 integral_constant에 정의된 value 필드를 통해서 접근할 수 있다. 19행에서 사용한 boolalpha는 bool 타입의 값을 true나 false의 문자열로 출력해 주는 스트림 메뉴퓰레이터라고 부른다.

chrono 라이브러리 ** 2.4

C의 시간 라이브러리인 <ctime> 대신 <chrono> 라이브러리를 사용하면 보다 정밀한 시간 작업을 할 수 있다. <chrono> 라이브러리는 경과 시간의 계산을 위한 duration 템플릿

클래스, 시계 조작을 지원하는 clock 템플릿 클래스, 특정 시점을 나타내기 위한 time_point 템플릿 클래스로 구성된다. 이 클래스명들은 모두 std 이름 공간의 하위 이름 공간인 std::chrono에 존재한다.

duration 클래스는 시계가 똑딱이는 틱 tick의 개수와 이 틱의 주기를 저장해서 두 시점 사이의 경과 시간을 표현한다. 틱 주기란 틱과 틱 사이의 시간을 초 단위로 나타낸 것으로서 디폴트값은 1초이지만, 이 장의 "2.3 ratio 라이브러리" 절에서 소개한 유리수로 지정해서 1초 미만으로 설정할 수도 있다. 이 책에서는 틱 주기가 디폴트값인 1초인 경우만 다루기로 하자.

[리스트 6.12]는 chrono 라이브러리를 활용한 코드이고, [그림 6.23]은 실행 결과를 보인 것이다.

리스트 6.12 Syntax4 프로젝트의 ChronoApp.cpp 파일

```
#include <iostream>
#include <chrono>
using std::cout;
using std::endl;
using std::chrono::duration; using std::chrono::hours;
using std::chrono::minutes; using std::chrono::seconds;
using std::chrono::milliseconds;
using std::chrono::system_clock;
using std::chrono::duration_cast;

int main()
{
  // duration
  duration<long> d1(0);
  duration<long> d2(14);
  duration<long> d3;
  d3 = ++d1 + d2 * 2;
  if(d3 > d2)
    cout << d3.count() << "sec" << endl;
  minutes m(23);
  auto t = hours(2) + m + d3;
  cout << seconds(t).count() << "sec" << endl;
  cout << minutes(duration_cast<minutes>(t)).count() << "min" << endl;
  // clock, time_point
  system_clock::time_point tpoint1 = system_clock::now();
  system_clock::time_point tpoint2;
```

```
27    tpoint2 = tpoint1 + minutes(10);
28    if (tpoint2 > tpoint1) {
29      time_t tt = system_clock::to_time_t(tpoint2);
30      char buff[30];
31      ctime_s(buff, sizeof(buff),  &tt);
32      cout << buff;
33    }
34    // execution time
35    double d = 0.0;
36    auto ct1 = system_clock::now();
37    for (int i = 0; i < 1000000; ++i)
38      d += sqrt(sin(i) * cos(i));
39    auto ct2 = system_clock::now();
40    auto delta = duration_cast<milliseconds>(ct2 - ct1).count();
41    cout << “time to execute the for loop: ” << delta << “msec” << endl;
42
43    return 0;
44 }
```

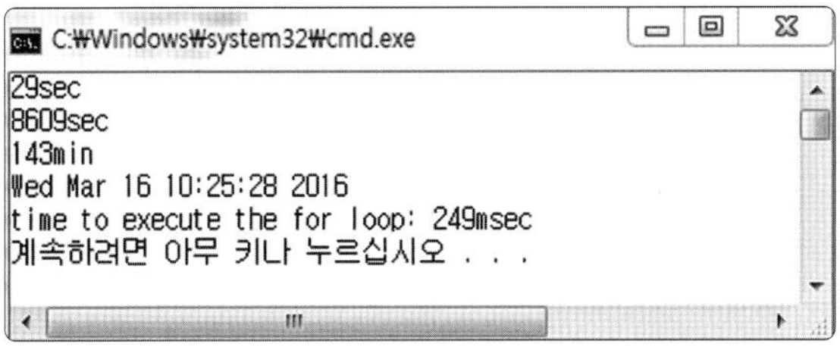

▲ 그림 6.23 ▷ chrono 라이브러리의 활용

02행은 <chrono> 헤더 파일을 포함하고 05~09행은 프로그램에서 사용할 클래스들을 이름 공간의 using 문으로 선언한다. 14행에 정의한 d1 객체는 틱의 개수 0이 long 타입으로 저장되고 틱의 주기는 명시하지 않았으므로 디폴트값인 1초로 설정된다. 따라서 d1은 경과 시간 0초를 나타낸다.

15행의 d2는 14초의 경과 시간을 나타내는 객체이다. 16행은 duration<long> 타입의 변수 d3을 정의하고 17행은 d2에 2를 곱한 값과 d1을 1만큼 증가시킨 값을 더해서 그 결과값을 d3에 배정한다. 따라서 d3 객체는 29초를 나타낸다. duration 클래스는 +, -, += 등의 산술 연산과 <, <=, == 등의 비교 연산을 모두 지원한다.

[리스트 6.12]의 18행에서 d3의 값이 d2의 값보다 크므로 19행이 실행되는데, 19행은 duration 클래스의 count 멤버 함수를 d3 객체에게 호출해서 틱의 개수를 반환받아 [그림 6.21]의 첫 번째 행처럼 출력한다. d3의 틱 간격을 디폴트값인 1초로 설정했으므로 반환된 틱의 개수는 곧 초 단위가 된다.

20행의 minutes는 chrono 라이브러리에서 typedef 문으로 duration 템플릿 클래스의 틱 간격을 일 분으로 설정한 타입이다. minutes 객체의 틱 개수는 곧 분 단위를 나타내므로 20행의 m은 23분으로 설정된 객체이다. 21행의 hours도 틱 간격을 한 시간으로 정의한 타입이므로 hours(2)는 두 시간으로 설정된 duration 객체를 반환한다. 이 객체는 서로 다른 단위의 m 객체와 더해지고 29초를 나타내는 d3 객체와 더해져서 auto 타입으로 지정한 t 변수에 저장된다.

22행은 seconds 타입을 이용해서 t 객체의 시간을 초 단위로 변환하고 그 결과를 콘솔 윈도우에 출력한다. 초 단위의 변환은 문제가 없으나 분이나 시간 단위의 변환은 주의가 필요하다. duration 객체가 저장하는 틱의 개수는 정수 타입인데, t 변수에 저장된 객체를 분 단위의 객체로 변환하면 초 단위의 값이 60으로 나뉘어 실수가 된다. 따라서 23행처럼 t에 duration_cast 함수로 타입 변환을 명시적으로 지정해줘야 컴파일 오류를 방지할 수 있다.

25행에서는 chrono 라이브러리가 제공하는 clock 클래스 중 system_clock을 사용하지만, 이외에도 steady_clock과 5장의 "2.3 이동 시맨틱" 절에서 사용해 봤던 high_resolution_clock도 사용할 수 있다. system_clock이 가장 일반적으로 사용되는 것으로서 시스템 시간을 지원하고 C의 time_t 타입과도 호환된다. steady_clock은 물리적인 시간처럼 역행하지 않는 시간을 지원한다. high_resolution_clock은 말 그대로 정밀한 시간을 지원하지만, 컴파일러에 따라 system_clock이나 steady_clock의 별명으로 설정되기도 한다.

세 clock 클래스는 모두 정적 멤버 함수 now를 제공하는데, 25행은 이 now 함수를 호출해서 현재의 시점을 나타내는 time_point 타입의 객체를 반환받아 tpoint1 변수에 저장한다. 26행은 tpoint2 변수를 선언하고 27행은 tpoint1 객체에 10분의 시간을 더한 객체를 tpoint2 변수에 배정한다.

28행의 if 문의 조건절에서 tpoint2 객체가 tpoint1 객체보다 크므로 29~32행이 실행된다. 29행은 system_clock 클래스의 to_time_t 정적 멤버 함수를 사용해서 tpoint2 객체를 C의 time_t 타입으로 변환한다. 30~32행은 변환된 tt의 주소값을 제공하면서 C의 ctime_s 함수를 호출해서 사용자가 읽을 수 있는 포맷으로 시간을 콘솔 윈도우에 출력한다.

35~41행은 37행과 38행의 for 문을 실행하는 데 걸리는 시간을 측정해서 출력한다. 성능 측정 방법은 이미 5장의 "2.3 이동 시맨틱" 절에서 high_resolution_clock을 사용해서 설명했다. 36행처럼 현재의 시각을 구해서 time_point 객체인 ct1에 저장하고 37행의 for 문을 실행한 후 39행처럼 다시 현재의 시각을 구해서 ct2에 저장한다. for 문은 성능 측정을 위해서 일부러 sqrt, sin, cos 등의 함수를 사용했다.

40행에서 두 time_point 객체인 ct2와 ct1의 차를 구하면 경과 시간이 계산되고 이 duration 객체의 count 멤버 함수를 호출하면 틱의 개수를 얻을 수 있다. 이 틱의 개수를 duration_cast<milliseconds> 함수를 이용해서 밀리초 단위로 변환하고 41행처럼 콘솔 윈도우에 출력한다.

bind 함수 ** 2.5

bind는 3장의 "2.13 함수 객체" 절에서 다룬 함수 객체를 생성하는 템플릿 함수인데, 람다가 함수 객체를 생성하는 것처럼 STL의 알고리즘에 사용되는 함수 객체를 생성하는 용도로 bind 함수를 활용한다.

[리스트 6.13]의 코드로 bind 함수의 기본 사용법을 살펴보자. [그림 6.24]는 이 프로그램의 실행 결과를 보인 것이다.

리스트 6.13 Syntax5 프로젝트의 BindApp.cpp 파일

```
#include <iostream>
#include <functional>                    // bind
using namespace std;
using namespace std::placeholders;

```

```
06 int sum3(int x, int y, int z)
07 {
08   int sum = x + y + z;
09   cout << x << ‘+’ << y << ‘+’ << z << ‘=’ << sum << endl;
10   return sum;
11 }
12
13 int main()
14 {
15   int int1 = 1;
16   int int2 = 2;
17   int int3 = 3;
18   int result;
19   cout << “bind with integer variables and constants” << endl;
20   auto functor1 = bind(sum3, int1, int2, int3);
21   result = functor1();
22   cout << “result is ” << result << endl;
23   auto functor2 = bind(sum3, 5, int2, int3);
24   result = functor2();
25   cout << “result is ” << result << endl;
26 // auto functor3 = bind(sum3, int1);
27 // result = functor3();                    // 컴파일 오류
28   cout << “bind with placeholders” << endl;
29   auto functor4 = bind(sum3, int1, _1, _2);
30   result = functor4(2, 3);
31   cout << “result is ” << result << endl;
32   result = bind(sum3, int1, _2, _1)(3, 2);
33   cout << “result is ” << result << endl;
34   cout << int1 << ‘ ’ << int2 << ‘ ’ << int3 << endl;
35
36   return 0;
37 }
```

bind 함수를 사용하기 위해 [리스트 6.13]의 02행처럼 <functional> 헤더 파일을 포함한다. 04행은 std 이름 공간의 하위 이름 공간인 std::placeholders의 사용을 선언한다. 06행의 sum3 전역 함수는 파라미터로 제공되는 세 개의 정수를 더한 값을 반환한다. 또한, sum 함수는 전달받은 세 개의 정수와 더한 값을 09행처럼 출력한다. 15~18행은 네 개의 int 타입 변수들을 정의한다.

20행은 bind 함수를 호출해서 반환되는 함수 객체를 functor1 변수에 저장한다. bind 함수에 제공한 네 개의 파라미터 중, 첫 번째 파라미터는 sum3 함수의 함수 포인터이다.

나머지 세 개의 파라미터를 결합 파라미터 bound parameter라고 부르는데, 결합 파라미터는 15~17행에서 정의한 int 타입 변수들이다.

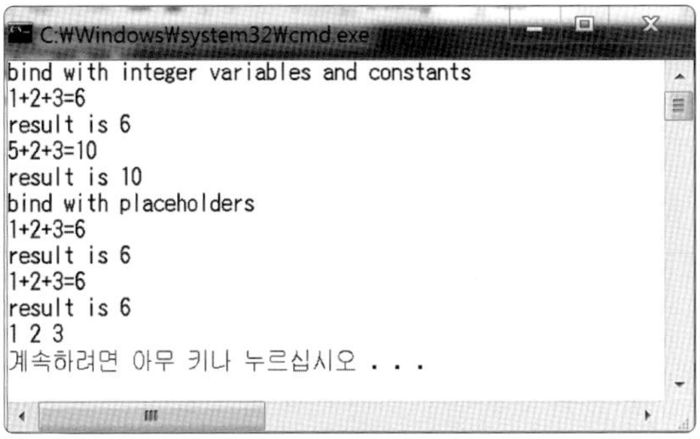

▲ 그림 6.24 ▷ bind 함수의 활용

bind 함수가 반환한 함수 객체 functor1은 [그림 6.25]에 보인 것과 같다.

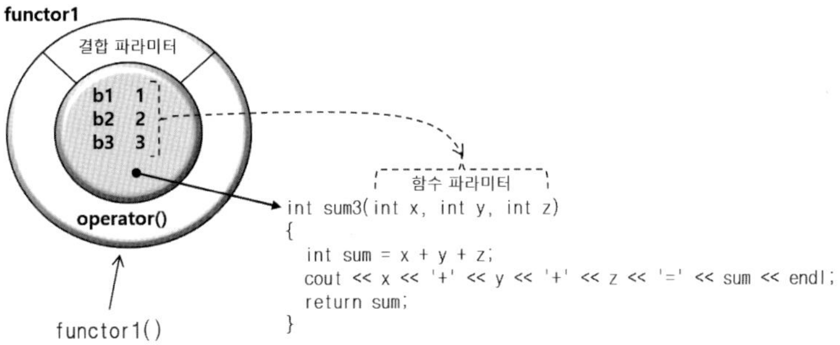

▲ 그림 6.25 ▷ bind 함수가 반환한 함수 객체

functor1 객체는 화살표로 표시한 sum3 함수의 함수 포인터와 functor1 함수 호출시 전달될 결합 파라미터들을 멤버 변수로 갖고 operator() 함수 호출 연산자를 멤버 함수로 갖는다. functor1 객체의 결합 파라미터 멤버 변수명을 b1, b2, b3이라고 하자. 20행에서 제공된 int1, int2, int3 정수 타입 변수의 값은 b1, b2, b3 결합 파라미터의 값으로 복사된다. 21행처럼 functor1 함수 객체를 호출하면 함수 객체는 함수 포인터가 가리키는 sum3을 호출하면서 b1, b2, b3 결합 파라미터들을 순서대로 sum3의 파라미터로 제공한다.

그림에 보인 것처럼 sum3 함수의 파라미터를 함수 파라미터 function parameter라고 부른다. 따라서 21행의 문장은 다음 코드에 보인 문장과 같은 작업을 수행하므로 22행은 [그림 6.24]에 보인 것처럼 6을 출력한다.

```
int result = sum3(int1, int2, int3);
```

23행은 functor2 객체를 생성하는데, 제공된 결합 파라미터는 상수 5와 두 개의 int 타입 변수들이다. 24행은 functor2 객체를 호출하고 25행은 sum3(5, int2, int3)의 반환값인 10을 출력한다. bind 함수를 사용해서 함수 객체를 반환받으려면 결합 파라미터의 개수와 함수 파라미터의 개수가 같아야 하므로 26행과 27행에서 컴파일 오류가 발생한다.

29행은 _1과 _2의 자리표시자 placeholder를 사용해서 [그림 6.26]에 보인 것처럼 functor4 함수 객체를 생성한다.

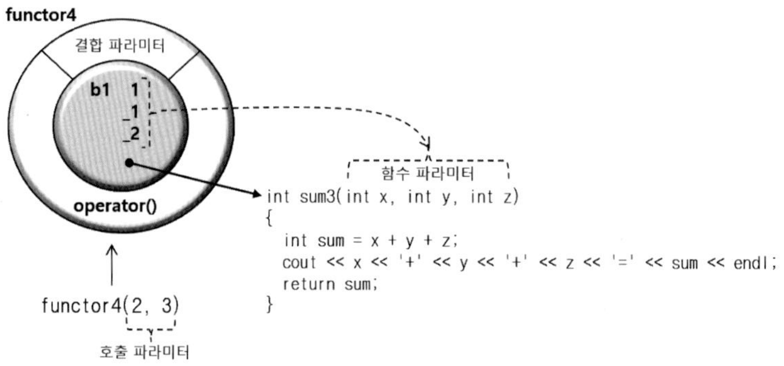

▲ 그림 6.26 ▷ 자리표시자를 사용하는 함수 객체

_1과 _2를 자리표시자라고 하는데, 04행에서 std::placeholders 하위 이름 공간의 사용을 선언했으므로 std::placeholders::_1과 std::placeholders::_2의 표현 대신 _1과 _2로 간단하게 명시할 수 있다. 반환되는 functor4 객체는 [그림 6.26]에 보인 것처럼 1, _1, _2의 결합 파라미터를 갖는데, 1은 sum3 함수의 첫 번째 파라미터로 제공될 실제 값이고 _1과 _2는 제공될 값의 위치만 표시하는 역할을 한다.

30행에서 이 함수 객체를 호출하면서 제공하는 2와 3을 호출 파라미터 call parameter라고 하는데, 2는 _1과 3은 _2와 순서대로 연계되어 sum3 함수의 나머지 파라미터들로 제공된다. _1, _2, _3 등은 차례대로 호출 파라미터들을 지정한다. 따라서 bind 함수를 사용하면 sum3 함수에 제공하는 파라미터를 결합 파라미터와 호출 파라미터의 혼합 형식으로 제공할 수 있고 sum3 함수가 사용하는 파라미터의 개수를 30행처럼 세 개에서 두 개로 줄이는 효과를 낼 수 있다. sum3 함수의 나머지 한 개의 파라미터는 int1의 값인 1로 고정된다.

32행은 bind 함수가 반환하는 함수 객체를 operator() 연산자를 사용해서 바로 호출하면서 3과 2를 호출 파라미터로 제공한다. 그러나 결합 파라미터로 지정한 _1과 _2의 순서가 바뀌었으므로 _1은 3과 연계되고 _2는 2와 연계된다. [그림 6.27]은 bind 함수가 반환하는 함수 객체를 보인 것이다. 따라서 32행은 30행과 같은 효과를 내는 문장이 된다. 34행처럼 세 변수를 출력하면 이 변수들의 값은 [그림 6.24]의 마지막 행에 보인 것처럼 변경되지 않았다는 것을 확인할 수 있다.

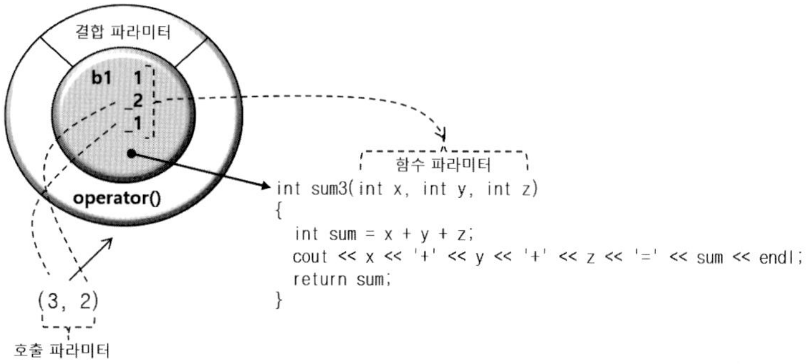

▲ 그림 6.27 ▷ 자리표시자의 역할

결합 파라미터의 개수와 함수 파라미터의 개수만 같으면 bind 함수가 생성하는 함수 객체를 활용할 수 있으므로 다음 코드와 같은 문장도 문제없이 실행된다.

```
bind(sum3, _2, int2, _5)(int3, int1, int4, int5, int6);
bind(sum3, _1, _1, _1)(int1);
```

위 코드의 첫 번째 문장은 두 번째와 다섯 번째 호출 파라미터인 int1과 int6을 사용하고 나머지는 무시한다. 두 번째 문장은 같은 호출 파라미터를 세 번 사용한다.

2.5.1 ref 레퍼런스 포장 함수

[리스트 6.14]는 레퍼런스 파라미터 호출 방식을 사용하는 함수를 bind 함수로 활용하는 예이고, [그림 6.28]은 실행 결과를 보인 것이다.

리스트 6.14 Syntax5-1 프로젝트의 BindApp.cpp 파일

```
#include <iostream>
#include <functional>
using namespace std;
using namespace std::placeholders;

void modify23(int x, int& y, int& z)
{
  cout << "modify23 input: " << x << ' ' << y << ' ' << z << endl;
  y = y + x;
  z = z + y;
  cout << "modify23 output: " << x << ' ' << y << ' ' << z << endl;
}

int main()
{
  int int1 = 1;
  int int2 = 2;
  int int3 = 3;
  cout << "Bind with function that modifies parameters" << endl;
  cout << int1 << ' ' << int2 << ' ' << int3 << endl;
  auto functor1 = bind(modify23, int1, int2, int3);
  functor1();
  cout << int1 << ' ' << int2 << ' ' << int3 << endl;
  bind(modify23, int1, int2, ref(int3))();
  cout << int1 << ' ' << int2 << ' ' << int3 << endl;
  cout << "bind with placeholders" << endl;
  // call parameters are passed in by lvalue reference
  bind(modify23, int1, _1, _2)(int2, int3);
  cout << int1 << ' ' << int2 << ' ' << int3 << endl;
// bind(mod23, int1, _1, _2)(100, 200);            // 컴파일 오류
  cout << "using with constants" << endl;
  auto functor2 = bind(modify23, 1, 2, 3);
  functor2();
  functor2();
// bind(mod23, 1, 2, ref(3))();                    // 컴파일 오류

  return 0;
}
```

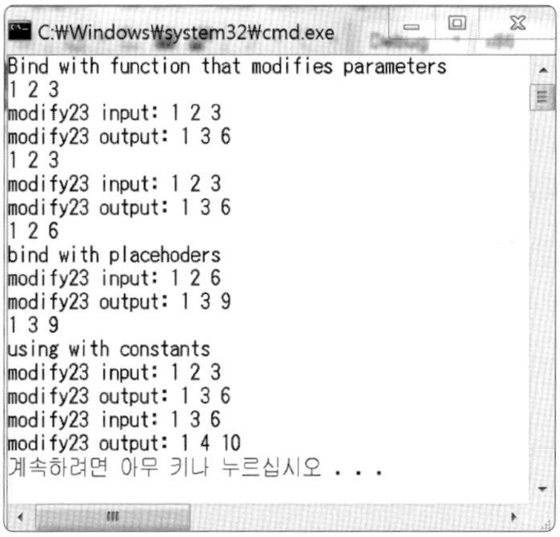

▲ 그림 6.28 ▷ 레퍼런스 파라미터를 사용하는 함수의 활용

06행의 modify23 전역 함수는 두 번째와 세 번째 파라미터를 레퍼런스로 전달받아 09행과 10행처럼 파라미터의 값을 변경하는 함수이다. 또한, modify23 함수는 파라미터의 값을 변경하기 전과 후에 파라미터의 값들을 출력한다.

[그림 6.29]는 21행에서 bind 함수가 반환하는 functor1 함수 객체와 22행처럼 functor1 객체를 호출하는 상황을 보인 것이다.

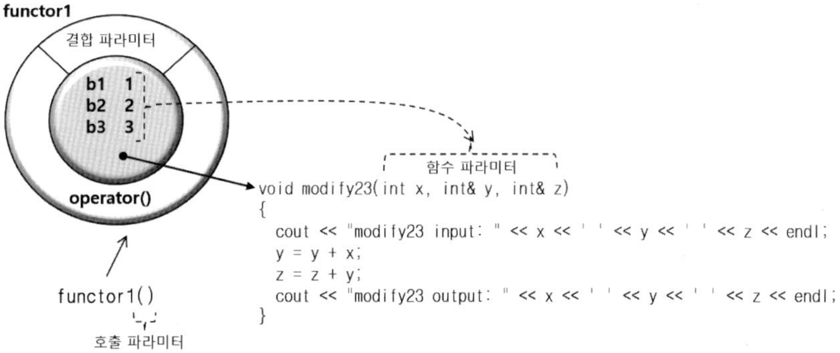

▲ 그림 6.29 ▷ 레퍼런스 파라미터를 사용하는 함수 객체

modify23 함수가 호출될 때 b1, b2, b3이 좌측값이므로 int& y = b2와 int& z = b3이 성립되어 컴파일 오류 없이 잘 실행된다. 그러나 23행처럼 main 함수의 int1, int2, int3을

출력해 보면 modify23 함수가 변경한 y와 z의 값은 b2와 b3에 반영되고 int2와 int3에는 반영되지 않는다는 것을 [그림 6.28]에서 확인할 수 있다. 24행처럼 int3 변수에 std::ref 함수를 적용하면 modify23 함수에서 z 파라미터의 값을 변경한 것이 main 함수의 int3 변수에 반영된다. std::ref 함수는 레퍼런스 복사가 가능한 레퍼런스 포장 객체 reference wrapper object를 int3 변수에 씌워서 생성하는 함수이다.

[리스트 6.14]의 28행에서 bind 함수가 생성하는 함수 객체는 [그림 6.30]에 보인 것과 같다.

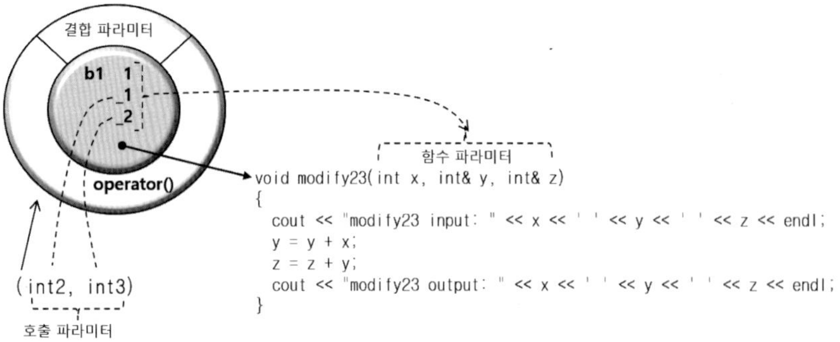

▲ 그림 6.30 ▷ 자리표시자를 사용한 레퍼런스 파라미터의 전달

_1과 _2는 자리 표시의 역할만 하므로 함수 파라미터와 호출 파라미터 사이에 int& y = int2와 int& z = int3이 성립되어 레퍼런스 전달 호출의 효과를 낸다. 따라서 modify23 함수에서 y와 z의 값을 변경하면 main 함수의 int2와 int3에 적용된다는 것을 [그림 6.28]에서 확인할 수 있다.

[리스트 6.14]의 30행처럼 호출 파라미터인 100과 200을 결합 파라미터인 _1과 _2에 연계해서 modify23의 두 번째와 세 번째 함수 파라미터로 전달하면 컴파일 오류가 발생한다. 100과 200은 우측값이므로 modify23 함수에서 int& y = 100과 int& z = 200이 성립되지 않아 컴파일 오류가 발생하는 것이다. y와 z에 const 속성을 지정하면 100과 200을 전달받을 수 있지만, modify23 함수 내에서 y와 z의 값을 변경하므로 const 속성을 지정할 수 없다.

32행에서 생성하는 functor2 함수 객체는 [그림 6.29]에 보인 functor1 객체와 구조가 같으므로 33행과 34행처럼 두 번 호출해도 멤버 변수 b2와 b3의 값만 변경된다.

다음 코드의 첫 번째 문장처럼 우측값을 생성하는 표현식과 우측값을 반환하는 foo 함수를 호출 파라미터로 사용해도 [리스트 6.13]의 sum3 함수는 레퍼런스 파라미터를 사용하지 않으므로 잘 처리된다.

```
result = bind(sum3, _1, _2, _3)(foo(), int1+3, 300);
bind(modify23, _1, int2, _2)(foo(), int3);
bind(modify23, int1, _1, _2)(foo(), int1+3);      // 컴파일 오류
```

[리스트 6.14]의 modify23 함수는 두 번째와 세 번째 파라미터를 레퍼런스로 전달받는다. 위 코드의 두 번째 문장은 int x = (우측값), int& y = int2, int& z = int3이 성립되므로 잘 실행된다. 그러나 세 번째 문장에서 int& y = (우측값)과 int& z = (우측값)이 모두 성립되지 않으므로 컴파일 오류가 발생한다.

STL 알고리즘에 활용되는 bind 함수 2.5.2

람다 함수처럼 bind 함수의 주된 용도는 STL 알고리즘에 사용되는 콜백 함수 객체를 생성하는 것이다. [리스트 6.15]는 bind 함수를 STL의 for_each 알고리즘에 적용한 예이고, [그림 6.31]은 실행 결과를 보인 것이다.

리스트 6.15 Syntax5-2 프로젝트의 BindApp.cpp 파일

```
#include <iostream>
#include <functional>
#include <vector>
#include <algorithm>                    // for_each
using namespace std;
using namespace std::placeholders;

void modify23(int x, int& y, int& z)
{
  cout << "modify23 input: " << x << ' ' << y << ' ' << z << endl;
  y = y + x;
  z = z + y;
```

```
13   cout << "modify23 output: " << x << ' ' << y << ' ' << z << endl;
14 }
15
16 int main()
17 {
18   cout << "using bind in algorithms" << endl;
19   vector<int> intVector = { 1, 2, 3 };
20   for_each(intVector.begin(), intVector.end(), bind(modify23, 1, 2, _1));
21   cout << intVector[0] << ' ' << intVector[1] << ' ' << intVector[2] << endl;
22   cout << "using lambda in algorithms" << endl;
23   intVector[0] = 1; intVector[1] = 2; intVector[2] = 3;
24   for_each(intVector.begin(), intVector.end(),
25     [x = 1, y = 2] (int& z) mutable {
26     cout << "lambda input: " << x << ' ' << y << ' ' << z << endl;
27     y = y + x;
28     z = z + y;
29     cout << "lambda output: " << x << ' ' << y << ' ' << z << endl;
30   });
31   cout << intVector[0] << ' ' << intVector[1] << ' ' << intVector[2] << endl;
32
33   return 0;
34 }
```

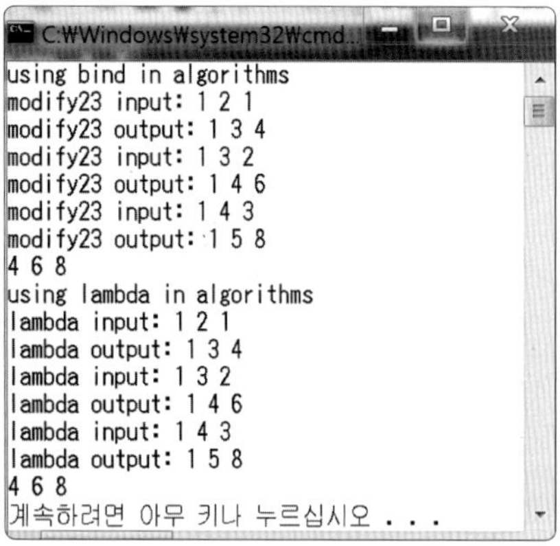

▲ 그림 6.31 ▷ for_each 알고리즘에 적용한 bind 함수와 람다 함수

[리스트 6.15]에서 08행의 modify23 함수는 [리스트 6.14]의 modify23 함수와 같다. 19행은 정수 벡터를 생성하고 세 개의 정수로 초기화한다. 20행에 사용한 for_each 알고리즘은 벡터 컨테이너에 저장된 각 원소에 적용되는데, [그림 6.32]에 보인 것처럼 벡터의

각 원소가 bind 함수가 생성한 함수 객체의 결합 파라미터 중, _1과 연계되는 세 번째 호출 파라미터로 사용된다.

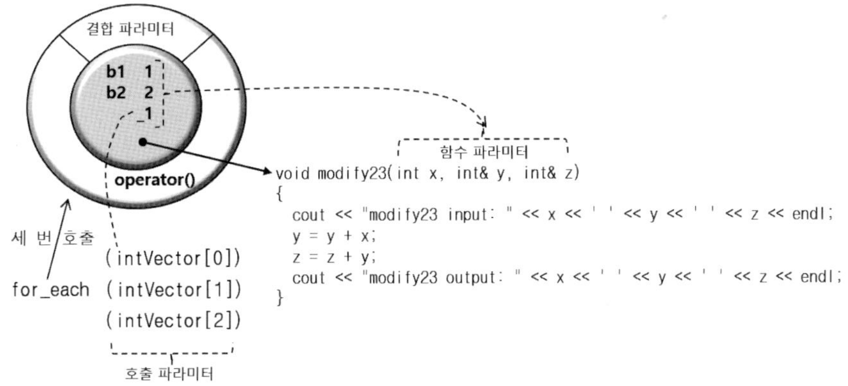

▲ 그림 6.32 ▷ 자리표시자로 컨테이너의 원소를 사용하는 함수 객체

벡터의 각 원소는 벡터 내에 intVector[0], intVector[1], intVector[2]의 이름을 갖고 저장 공간을 확보한 좌측값이다. 따라서 modify23 함수가 z의 값을 변경하면 변경된 값이 벡터의 원소에 적용된다. y 값의 변경은 함수 객체 내의 멤버 변수 b2에만 적용된다.

for_each 알고리즘은 함수 객체를 세 번 호출하는데, 첫 번째 호출에서 intVector[0]의 값이 1이므로 modify23 함수에 전달되는 x, y, z의 값은 1, 2, 1이고 함수 내에서 1, 3, 4로 변경된다. 4는 intVector[0]에 반영되고 3은 b2에 반영된다. 함수 객체의 두 번째 호출에서 intVector[1]의 값이 2이므로 modify23 함수에 전달되는 x, y, z의 값은 1, 3, 2이고 함수 내에서 1, 4, 6으로 변경된다. 6은 intVector[1]에 반영되고 4는 b2에 반영된다. 21행에서 벡터의 원소들을 출력해 보면 [그림 6.31]에 보인 것처럼 4, 6, 8로 변경된 것을 확인할 수 있다.

23행은 벡터의 원소들을 원래의 값으로 복원한다. 24~30행은 modify23 함수와 bind 함수를 사용하는 대신 람다 함수를 사용해서 같은 작업을 수행한다. 람다도 함수 객체로 구현되므로 [] 내의 x와 y는 이 함수 객체에서 b1이나 b2처럼 멤버 변수가 되고 각각 1과 2로 초기화된다. () 내에서 int& z의 형태로 벡터의 각 원소를 레퍼런스 파라미터 전달 방식으로 전달받는다. 26~29행은 modify23 함수의 바디와 같고 실행 결과도 같다.

bind 함수는 modify23 함수처럼 파라미터를 여러 개 사용하는 함수를 STL 알고리즘의 콜백 함수로 사용할 수 있게 해 준다. 여러 개의 파라미터 중, 컨테이너의 원소로부터 제공받을 파라미터는 _1로 지정하고 나머지는 원하는 값으로 결합해서 사용한다. 파라미터를 두 개 사용하는 콜백 함수는 _1과 _2로 지정해서 사용한다. 객체를 저장하는 컨테이너에 bind 함수를 활용하는 알고리즘은 연습 문제에서 다룬다.

** 2.6 ranges 라이브러리 ☞ C++20

3장의 "2.14 표준 템플릿 라이브러리" 절에서 데이터의 저장, 검색, 삭제, 가공 등을 효율적이고 신속하게 처리해 주는 STL을 설명했다. 그러나 STL 컨테이너와 STL 알고리즘 함수으로 구성되는 STL은 두 가지 정도의 약점을 가지고 있다. 첫 번째 약점은 반드시 begin과 end 반복자를 사용해서 STL 컨테이너를 순회해야 한다는 것이고 두 번째 약점은 여러 개의 알고리즘을 조합해서 사용하기가 쉽지 않다는 것이다.

STL의 다음 버전이라고도 불리는 ranges 라이브러리는 이러한 STL의 약점을 보완해서 편리하고 강력하게 STL을 활용할 수 있게 해주는 기능을 제공한다. ranges 라이브러리가 제공하는 알고리즘은 반복자를 사용하지 않고 다른 알고리즘과 쉽게 조합할 수 있게 설계됐다. 또한, ranges 라이브러리의 알고리즘 함수는 지연 계산 lazy evaluation을 지원하는데, 이어지는 코드에서 지연 계산을 설명하기로 한다.

[리스트 6.16]의 코드는 ranges 라이브러리가 지원되기 이전 방식으로 벡터 컨테이너를 처리하는 예이고 [그림 6.33]은 실행 결과를 보인 것이다.

리스트 6.16 Syntax6-1 프로젝트의 RangeApp.cpp 파일

```
#include <iostream>
#include <vector>
#include <algorithm>

int main()
{
  std::vector<int> numbers = { 3, 2, 5 ,1, 4 };

```

```
09    std::sort(numbers.begin(), numbers.end());
10    for (int n : numbers)
11    {
12      std::cout << n << ' ';
13    }
14    std::cout << std::endl;
15
16    std::vector<int> evenNumbers;
17    std::copy_if(numbers.begin(), numbers.end(),
18        std::back_inserter(evenNumbers), [](int n) { return n % 2 == 0; });
19
20    std::vector<int> evenSquareNumbers;
21    std::transform(evenNumbers.begin(), evenNumbers.end(),
22        std::back_inserter(evenSquareNumbers), [](int n) { return n * n; });
23
24    for (int n : evenSquareNumbers)
25    {
26      std::cout << n << ' ';
27    }
28
29    return 0;
30 }
```

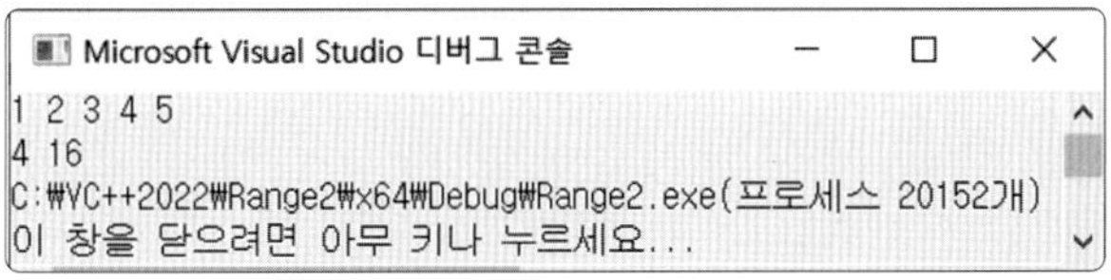

▲ 그림 6.33 ▷ vector를 활용한 코드

07행은 numbers 벡터를 정의하면서 임의 순서의 정수로 벡터를 초기화한다. 09행의 std::sort 알고리즘은 numbers의 begin과 end 반복자를 파라미터로 전달받아 numbers의 원소들을 정렬된 순서로 배치한다. 10~14행은 [그림 6.33]의 첫 번째 행을 출력한다. 이제, numbers 벡터는 { 1, 2, 3, 4, 5 }의 값을 가진다.

16행은 evenNumbers 벡터를 정의한다. evenNumbers는 numbers 벡터에서 짝수만 골라 담을 벡터이다. 17행은 std::copy_if 함수를 호출하는데, std::copy_if 함수는 numbers의 begin 반복자, numbers의 end 반복자, 원소를 evenNumbers 벡터의 뒤에 삽입하는

std::back_inserter 함수, n이 짝수이면 true를 반환하고 홀수이면 false를 반환하는 람다를 파라미터로 전달받는다. 짝수 원소를 담을 evenNumbers 벡터가 따로 필요하고 복사하는 과정도 필요하다. evenNumbers 벡터는 { 2, 4 }의 값을 가진다.

[리스트 6.6]에서 20행은 evenSquareNumbers 벡터를 정의한다. evenSquareNumbers는 evenNumbers 벡터 원소의 제곱값을 담을 벡터이다. 21행은 std::transform 함수를 호출하는데, std::transform 함수는 evenNumbers의 begin 반복자, evenNumbers의 end 반복자, 원소를 evenSquareNumbers 벡터의 뒤에 삽입하는 std::back_inserter 함수, n의 제곱값을 반환하는 람다를 파라미터로 전달받는다. 짝수 원소의 제곱값을 담을 evenSquareNumbers 벡터가 따로 필요하고 복사하는 과정도 필요하다. 24~27행은 [그림 6.33]의 두 번째 행처럼 { 4, 16 }의 값을 출력한다.

[리스트 6.17]의 코드는 ranges 라이브러리를 사용해서 [리스트 6.16]의 프로그램을 다시 작성한 것이고 실행 결과는 [그림 6.33]과 같다.

리스트 6.17 Syntax6-2 프로젝트의 RangeApp.cpp 파일

```
#include <iostream>
#include <vector>
#include <algorithm>
#include <ranges>

int main()
{
  std::vector<int> numbers = { 3, 2, 5 ,1, 4 };

  std::ranges::sort(numbers);
  for (int n : numbers)
  {
    std::cout << n << ‘ ‘;
  }
  std::cout << std::endl;

  auto evenSquareNumbers =
        numbers | std::views::filter([](int n) { return n % 2 == 0; })
                | std::views::transform([](int n) { return n * n; });

  for (int n : evenSquareNumbers)
  {
```

```
23      std::cout << n << ' ';
24    }
25
26    return 0;
27 }
```

04행은 ranges 헤더 파일을 포함한다. 10행은 std::sort 함수 대신 std::ranges::sort 함수를 사용하는데, 반복자를 사용하지 않고 정렬 대상인 numbers 벡터만 파라미터로 제공한다. 같은 결과를 내면서 문장이 간결하고 직관적이다. numbers 벡터는 { 1, 2, 3, 4, 5 }의 값을 가진다.

range 범위란 시작과 끝이 있어서 순회할 수 있는 대상을 의미하는데, 벡터와 같은 STL 컨테이너들이 range 카테고리에 속한다. ranges 라이브러리는 range를 std::ranges::input_range, std::ranges::output_range, std::ranges::forward_range, std::ranges::bidirectional_range, std::ranges::random_access_range, std::ranges::contiguous_range 등의 세분된 카테고리 콘셉트로 분류한다.

2장의 "2.9 string_view 타입 ☞ C++17" 절에서 문자열에 적용할 수 있는 string_view 타입을 다뤘고 5장의 "2.5 span 라이브러리 ☞ C++20" 절에서는 컨테이너의 view를 생성하는 span 타입을 다뤘다. ranges 라이브러리도 view라는 개념을 사용하는데, ranges 라이브러리가 제공하는 view는 string_view 타입의 view나 span 타입의 view와 조금 다르다. ranges 라이브러리의 view는 range를 참조해서 특정 연산을 수행하는 보조 range range 어댑터를 의미한다. 이 view는 range의 원소에 접근해서 range에 적용할 수 있는 특정 연산을 수행한다. 주어진 연산을 수행하는 보조 range가 view이다. 특정 연산을 수행한다는 것이 다르다. 그러나 view는 참조하는 range 내의 원소에 대한 소유권이 없으므로 원소를 수정할 수는 없다.

std::views는 range에서 조건에 맞는 원소를 골라내는 std::views::filter, range의 각 원소에 지정한 연산을 적용하는 std::views::transform, range의 첫 n개 원소를 추출하는 std::views::take, range의 첫 n개 원소를 건너뛰는 std::views::drop, range를 거꾸로 순회하는 std::views::reverse 등의 view들을 제공한다.

17~19행의 배정문에서 오른쪽 항은 numbers 벡터, std::views::filter view 그리고

std::views::transform view를 | 파이프 연산자로 조합한 것인데, numbers 벡터를 std::views::filter view에 제공하고 그 결과값을 다시 std::views::transform view에 제공한다는 의미이다. 람다로 설정된 std::views::filter의 조건은 numbers 벡터의 원소가 짝수이면 true를 반환하고 홀수이면 false를 반환하는 것이다. 람다로 설정된 std::views::transform의 연산은 std::views::filter가 전달하는 원소의 제곱값을 반환하는 것이다. 따라서 17~19행은 [리스트 6.16]의 16~22행이 수행하는 작업을 파이프 연산자로 view들을 구성해서 직관적인 배정문 한 개로 작성한 것이다. 물론, 반복자도 전혀 사용하지 않았다.

auto 타입으로 지정한 17행의 evenSquareNumbers는 오른쪽 항의 조합된 view를 저장하는데, view는 지연 계산 lazy evaluation의 속성을 가지므로 21~24행처럼 실제 순회 작업이 일어날 때 evenSquareNumbers에 저장된 조합된 view가 실행된다. 21~24행의 출력 결과는 [그림 6.33]의 두 번째 행에 보인 것과 같다. 지연 계산을 하는 이유는 프로그램의 성능 향상을 위해서이다.

** 2.7 코루틴 ☞ C++20

네트워크 통신, 파일 입출력, 복잡한 암호화 연산 등의 고급 프로그래밍 작업에 블로킹 이슈 blocking issue는 거의 필수적으로 등장한다. 블로킹이란 프로그램의 흐름이 연속적이지 못하고 정체되는 현상을 의미하는데, 클라이언트-서버 구조의 네트워크 통신에서 서버가 클라이언트의 작업 완료를 기다리는 것, 시간이 많이 소모되는 파일 입출력 작업의 완료를 기다리는 것, 역시 시간이 많이 소모되는 복잡한 연산 작업의 완료를 기다리는 것 등이 프로그램의 흐름을 정체시키는 블로킹 요소들이다. 블로킹 이슈에 대처하기 위해서 개발된 기술이 비동기 asynchronous 방식인데, 비동기 방식은 프로그램의 흐름이 정체된 구간을 활용해서 정체되는 동안 다른 작업을 진행하다가 블로킹을 일으킨 작업이 완료되면 그 작업의 결과를 처리하는 방식이다.

비동기 방식은 보통 멀티스레드 multi-thread 기술과 함께 사용된다. 실타래로 번역되는 스레드는 프로그램의 흐름을 실타래에 비유한다는 의미이다. 멀티스레드는 프로그램의 흐름을 여러 개 병행적으로 사용하는 기술인데, 프로그램의 주 스레드와 함께 블로킹 요소 작업을 처리하는 스레드를 같이 운영하는 것이 일반적이다. 멀티스레드와 비동기 기술은 모두 프로그램의 성능 향상을 위한 것이지만, 콜백 함수 callback function 등을 이용한 코드 작성이 어렵고 코드의 가독성도 떨어지는 것이 단점이다.

개발자가 비동기 멀티스레드 프로그램을 쉽고 직관적으로 작성할 수 있게 도와주는 기능이 코루틴 coroutine인데, 프로그램의 직관적인 작성은 곧 프로그램의 가독성도 높아진다는 것을 의미한다.

[그림 6.34]는 일반 함수와 코루틴을 비교한 것이다.

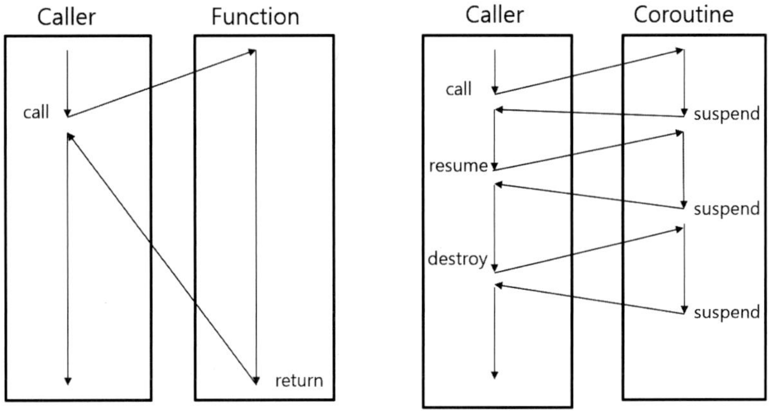

▲ 그림 6.34 ▷ 일반 함수와 코루틴

[그림 6.34]의 왼쪽 그림처럼 일반 함수는 한번 진입하고 한번 반환한다. 함수 중간중간에 return 문이 존재하더라고 프로그램의 흐름은 return 문을 만나거나 함수의 끝에 도달하면 호출자 Caller에게 넘어가므로 한번 반환하는 것은 마찬가지이다. 함수가 반환되면 함수 실행을 위해서 사용했던 지역 변수, 파라미터 등의 메모리 자원도 모두 해제된다. 코루틴은 오른쪽 그림처럼 몇 번이든 실행을 중단 suspend할 수 있고 중단 시점 이후부터 실행을 재개 resume할 수 있다. 코루틴이 중단되면, 코루틴 실행을 위해서 사용했던 메모리 자원을 그대로 유지한 채 프로그램의 흐름만 호출자에게 넘어간다. 호출자가 코루틴의 재개를 요청하면 프로그램의 흐름은 다시 코루틴으로 넘어가고 코루틴은 유지했던 메모리 자원을 이용해서 성능 저하 없이 실행을 이어간다. 일반 함수와 달리 코루틴은 여러 번 진입과 중단을 반복할 수 있는 함수이다.

[리스트 6.18]은 코루틴을 소개하기 위해서 작성한 간단한 예이고 [그림 6.35]는 실행 결과를 보인 것이다.

리스트 6.18 Syntax7 프로젝트의 CoroutineApp.cpp 파일

```
#include <iostream>
#include <coroutine>

class ReturnObject
{
public:
  struct promise_type
  {
    ReturnObject get_return_object() noexcept
    {
      return ReturnObject{
        std::coroutine_handle<promise_type>::from_promise(*this) };
    }
    auto initial_suspend() noexcept { return std::suspend_always{}; }
    auto final_suspend() noexcept { return std::suspend_always{}; }
    void return_void() { return; }
    void unhandled_exception() { return std::exit(1); }
  };

  ReturnObject(std::coroutine_handle<promise_type> handler) :
                                      co_handler(handler) {}
  ~ReturnObject() { if((bool)co_handler) co_handler.destroy(); }

  std::coroutine_handle<promise_type> co_handler;
};

ReturnObject foo()
{
  // 다른 스레드에 블록킹을 유발하는 작업 호출
  std::cout << “foo: the first part” << std::endl;
  co_await std::suspend_always{};
  // 블록킹 작업의 결과 처리
  std::cout << “foo: the second part” << std::endl;
}

int main()
{
  ReturnObject obj = foo();
  std::cout << “main: the first part” << std::endl;
  obj.co_handler.resume();
```

```
41    // 블록킹된 시간 동안 다른 작업 진행
42    std::cout << "main: the second part" << std::endl;
43    obj.co_handler.resume();
44
45    return 0;
46 }
```

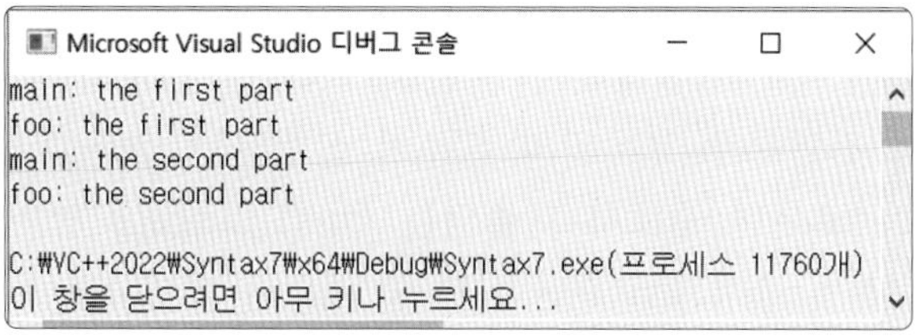

▲ 그림 6.35 ▷ 코루틴의 활용

코루틴을 사용하기 위해서 02행처럼 <coroutine> 헤더 파일을 포함한다. 36행의 main 함수와 27행의 foo 함수가 [그림 6.34]의 오른쪽 그림에 보인 'Caller'와 'Coroutine'이다. foo 코루틴의 반환 타입은 04~25행에 정의한 ReturnObject 타입인데, 38행은 foo 코루틴이 반환하는 ReturnObject 객체를 obj 변수에 저장한다.

foo 코루틴은 최초 호출시 리턴 객체라는 것을 호출자에게 넘겨주는데, 04~25행은 리턴 객체를 생성하는 ReturnObject 클래스의 정의이다. 07~18행은 C++의 코루틴에서 요구하는 promise_type 내부 구조체의 정의이고 20행과 22행은 ReturnObject 클래스의 생성자와 소멸자의 정의이다. promise_type은 키워드이므로 이름을 변경할 수 없다.

24행은 ReturnObject 클래스의 co_handler 멤버 변수를 정의한다. std::coroutine_handle<promise_type> 타입의 co_handler 객체를 코루틴 핸들 coroutine handle이라고 부른다. 리턴 객체가 호출자에게 반환되면 리턴 객체의 co_handler 멤버 객체가 호출자와 코루틴의 연결 고리 역할을 수행하는데, 40행과 43행은 co_handler 객체의 resume 멤버 함수를 호출해서 코루틴을 재개한다.

38행처럼 코루틴을 최초 실행하면 코루틴 내부에서 관리되는 promise 객체라는 것이 물밑에서 생성되고 이 promise 객체로부터 리턴 객체를 생성한다. 07~18행은 이 promise 객체를 생성하기 위한 promise_type 구조체의 정의인데, promise 객체가 생성되면 바로 09행의 get_return_object 멤버 함수가 호출돼서 리턴 객체를 생성하고 이어서 14행의 initial_suspend 함수가 호출된다. initial_suspend 함수가 반환하는 suspend_always는 생성된 리턴 객체를 즉시 반환할 것을 지정한다. 따라서 38행에서 foo 코루틴을 호출했지만 foo 코루틴의 본문이 바로 실행되는 것이 아니고 리턴 객체만 obj 변수에 반환된다. 39행의 출력문이 실행되고 40행에서 리턴 객체가 가지고 있는 co_handler 객체의 resume 멤버 함수를 호출하면, foo 코루틴으로 재진입해서 본문의 시작인 30행의 출력문이 비로소 실행된다. 이처럼 두 번의 진입으로 코루틴의 본문이 실행되는 것을 지연 시작 lazy start이라고 부른다. 14~17행은 코루틴 종료시 호출되는 final_suspend 멤버 함수, 밑에서 설명할 return_void 멤버 함수, 그리고 코루틴 실행 중 예외가 발생하면 호출되는 unhandled_exception 멤버 함수를 정의한다.

이제, main 함수와 foo 코루틴의 연계된 실행 과정을 살펴보자. 프로그램의 시작점은 main 함수이다. 38행은 foo 코루틴을 호출하는데, 14행에서 코루틴이 지연 시작 모드 std::suspend_always로 설정됐으므로 foo 코루틴의 본문 실행 없이 리턴 객체만 반환되어 obj 변수에 저장된다. 39행은 [그림 6.35]의 첫 번째 행을 출력한다. 40행은 리턴 객체가 가지고 있는 co_handler 객체의 resume 멤버 함수를 호출해서 foo 코루틴에 재진입한다.

foo 코루틴의 본문인 30행이 실행되어 [그림 6.35]의 두 번째 행을 출력한다. 비동기 멀티스레드 프로그램을 작성한다면, 30행이 블로킹을 유발하는 작업을 수행하는 스레드를 호출할 위치이다. 프로그램의 주 스레드는 여기서 블로킹 작업을 수행하는 스레드를 분기시키고 자신은 흐름을 이어 간다. 31행의 co_await 단항 연산자는 suspend_always가 지정한 대로 foo 코루틴을 중단하고 프로그램의 흐름을 호출자인 main 함수에 돌려준다. co_await 연산자 외에 중단과 동시에 호출자에게 전달할 값이 있다면 co_yield 연산자를 사용하고 코루틴을 완전히 종료하려면 co_return 연산자를 사용한다. co_return 연산자를 사용하면 16행의 return_void 멤버 함수가 호출되고 co_yield 연산자를 사용하면 yield_value 멤버 함수가 호출된다. co_yield 연산자를 사용하려면 promise_type 구조체에 yield_value 멤버 함수를 추가 정의한다. 따라서 코루틴은 이 세 연산자 중 하나라도 사용하는 함수를 의미한다.

42행은 블로킹된 시간 동안 다른 작업을 수행하는 코드가 올 위치이지만 예제에서는 출력문을 사용해서 [그림 6.35]의 세 번째 행을 출력한다. foo 코루틴에 재진입하기 위해서 43행은 프로그램의 흐름을 다시 foo 코루틴에 넘긴다.

foo 코루틴은 중단됐던 지점의 다음 문장인 33행을 실행해서 [그림 6.35]의 네 번째 행을 출력하는데, 비동기 멀티스레드 프로그램을 작성한다면 이 위치가 분기된 스레드가 보내 준 블로킹 작업의 결과를 처리할 위치이다. foo 코루틴의 실행이 종료되고 프로그램의 흐름은 다시 main 함수로 돌아온다. main 함수의 나머지 문장이 실행되고 프로그램은 종료된다.

코루틴을 중단하면 코루틴은 그때까지의 실행 결과를 메모리에 확보해 둔 채 흐름만 호출자에게 넘긴다. 코루틴이 재개되면 확보해 둔 중간 결과를 가지고 이어 실행하므로 코루틴의 중단과 재개에 따는 성능 저하가 거의 일어나지 않는다. 비동기 요청이 빈번하게 이뤄지는 비동기 멀티스레드 프로그램을 코루틴 없이 콜백 함수라는 것을 사용해서 작성한다면 코드가 상당히 복잡해지고 너저분해지는 경향이 있다. 코루틴을 사용해서 작성하면 [그림 6.34]의 오른쪽 그림처럼 프로그램의 흐름이 선형적이므로 코드를 직관적으로 작성할 수 있고 가독성도 증대된다. 선형 코드 구조에서 [리스트 6.18]의 31행처럼 co_await 문장만 넣어주면 추가적인 코드 없이 깔끔하게 비동기 작업을 처리할 수 있다.

마지막으로, 14행에 suspend_always 대신 suspend_never를 사용하면 foo 코루틴을 즉시 시작 eagerly start하겠다는 의미인데, 38행에서 foo 코루틴을 최초로 호출하면 promise 객체가 생성되고 promise 객체로부터 리턴 객체가 생성된 후, 프로그램의 흐름은 foo 코루틴 내에서 계속 이어져 본문인 30행의 문장이 실행된다. 31행에서 foo 코루틴의 실행이 중단되면, 이때 리턴 객체가 반환되어 38행의 obj에 저장된다. [리스트 6.18]의 코드를 즉시 시작 모드로 설정하고 실행한 결과는 [그림 6.36]에 보인 것과 같다.

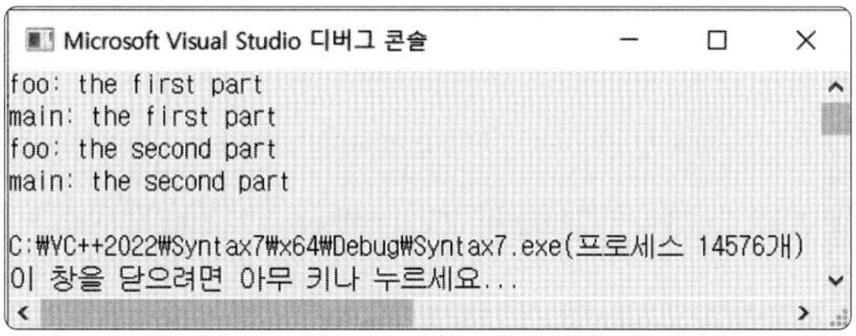

▲ 그림 6.36 ▷ 즉시 시작 모드로 실행

03 응용 과제

이 절에서는 실습 과제를 응용하고 필수 문법 절에서 설명한 문법을 활용하는 네 개의 응용 과제를 다룬다.

3.1 응용 과제 1

✓ Check Point CoinMoney 클래스와 Array 템플릿 클래스의 활용

▶ 5장 응용 과제 1에서 작성한 Array 클래스를 Array<T> 템플릿 클래스로 개선하고 Array<T> 클래스를 3장 응용 과제 1에서 작성한 CoinMoney 클래스에 적용하는 프로그램을 작성한다. Array<CoinMoney> 배열 객체는 열 개의 동전 다발들을 [그림 6.37]에 보인 것처럼 저장한다. 배열에 저장한 동전 다발들을 출력하고 동전 다발들의 총액도 구해서 출력한다.

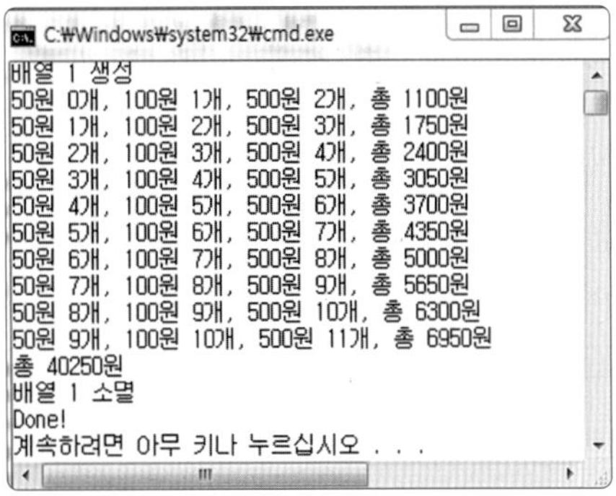

▲ 그림 6.37 ▷ Array 템플릿 클래스의 활용

[리스트 6.19]의 코드는 Array 템플릿 클래스를 정의해서 CoinMoney 객체들을 저장하고 활용하는 예이다.

리스트 6.19 App1 프로젝트의 CoinMoneyArrayApp.cpp 파일

```
//===========================================================
// 응용 과제 1
// 3장 응용 과제 1의 CoinMoney 클래스와
// 5장 응용 과제 1의 Array 클래스 활용
// Array template class with CoinMoney class
//===========================================================
#include <iostream>
#include <string>
#include <numeric>                              // 응용 과제 1
using std::cout; using std::endl; using std::ostream;
using std::string; using std::to_string;
using std::logic_error; using std::accumulate;

class CoinMoney
{
public:
  CoinMoney() : c50(0), c100(0), c500(0) {}
  CoinMoney(int c, int cc, int ccc) : c50(c), c100(cc), c500(ccc) {}
  virtual ~CoinMoney() {}
  int get_value() const { return (50 * c50 + 100 * c100 + 500 * c500); }
  int get_c50() const { return c50; }
  int get_c100() const { return c100; }
  int get_c500() const { return c500; }
  void set_c50(int c) { c50 = c; }
  void set_c100(int cc) { c100 = cc; }
  void set_c500(int ccc) { c500 = ccc; }
protected:
  int c50; int c100; int c500;
};
ostream& operator<<(ostream& os, const CoinMoney& m)
{
  os << "50원 " << m.get_c50() << "개, " << "100원 " << m.get_c100() << "개, "
     << "500원 " << m.get_c500() << "개, " << "총 "
     << m.get_value() << "원" << endl;
  return os;
}

class ArrayException : public logic_error
{
public:
  ArrayException(const string& msg) : logic_error(msg), message(msg) {}
  virtual const char* what() const noexcept { return message.c_str(); }
protected:
```

```
  string message;
};

template <typename T>                          // 응용 과제 1
class Array
{
public:
  Array(int s) : size(s), serial_number(++counter) {
    if (size < 0)
      throw ArrayException("배열 크기는 0 이상: " + to_string(size));
    ptr = new T[size];                         // 응용 과제 1
    cout << "배열 " << serial_number << " 생성" << endl;
  }
  ~Array() {
    delete[] ptr;
    cout << "배열 " << serial_number << " 소멸" << endl;
  }
  int get_size() const { return size; }
  T& operator[](int index) {                   // 응용 과제 1
    if (index < 0 || index > size - 1) {
      throw ArrayException("크기를 벗어남: "+ to_string(index));
    }
    return ptr[index];
  }
  Array(const Array& source) = delete;
  Array& operator=(const Array& source) = delete;
  T* begin() { return &ptr[0]; }               // 응용 과제 1
  T* end() { return &ptr[size]; }
private:
  int size; T* ptr;                    // 응용 과제 1
  int serial_number; static int counter;
};
template <typename T>                          // 응용 과제 1
int Array<T>::counter = 0;

int main()
{
  try {
    Array<CoinMoney> coinContainer(10);
    for (int i = 0; i < coinContainer.get_size(); ++i) {
      CoinMoney m(i, i + 1, i + 2);
      coinContainer[i] = m;
    }
    for (const CoinMoney& cm : coinContainer)
      cout << cm;
```

```
89       int sum = accumulate(coinContainer.begin(), coinContainer.end(),
90                            0, [](int s, const CoinMoney& m) {
91                            return (s + m.get_value());
92       });
93       cout << "총 " << sum << "원" << endl;
94     }
95     catch (const ArrayException& e) {
96       cout << e.what() << endl;
97     }
98     cout << "Done!" << endl;
99
100    return 0;
101  }
```

[리스트 6.18]의 14~36행은 3장 응용 과제 1의 코드 중, CoinMoney 클래스의 print 멤버 함수와 add 전역 함수를 제거한 것이다. 47~77행은 5장 응용 과제 1의 Array 클래스를 템플릿 클래스로 변경한 것이다. 47행처럼 T 템플릿 파라미터를 선언하고 Array 클래스 내의 int 타입으로 지정된 부분을 T 템플릿 파라미터 타입으로 변경한다. 77행의 counter 정적 멤버 변수의 초기화도 클래스 외부에서 초기화하는 것이므로 76행처럼 T 템플릿 파라미터를 선언한다.

STL의 표준 컨테이너들을 순회할 때 사용하는 begin과 end 멤버 함수들처럼, Array 클래스도 70행과 71행에 정의한 begin과 end 멤버 함수를 추가해서 이 멤버 함수들로 Array 컨테이너를 순회할 수 있게 한다. 표준 컨테이너의 begin 멤버 함수가 컨테이너의 첫 원소를 가리키는 포인터 반복자를 반환하는 것처럼 70행의 begin 멤버 함수는 배열의 첫 원소인 ptr[0]의 포인터를 반환한다. 71행의 end 멤버 함수는 배열의 마지막 원소 다음의 원소인 ptr[size]의 포인터를 반환한다.

82행은 CoinMoney 객체를 저장하는 크기 10인 coinContainer 배열을 생성한다. 83~86행은 열 개의 CoinMoney 객체들을 생성해서 coinContainer 배열에 저장한다. 87행과 88행은 배열을 순회하면서 [그림 6.37]에 보인 것처럼 저장된 CoinMoney 객체들을 출력한다. 89~92행은 3장의 "2.14.6 accumulate 알고리즘" 절에서 다룬 STL의 accumulate 알고리즘과 람다 함수를 사용해서 배열 내 CoinMoney 객체들의 값을 모두 더한 총액을 구한다. 배열의 순회는 70행과 71행의 begin과 end 멤버 함수를 사용하고 93행은 [그림 6.37]에 보인 것처럼 동전 다발들의 총액을 출력한다.

3.2 응용 과제 2

✓ **Check Point** 가상 함수와 다형성의 활용

- ▶ 실습 과제를 발전시킨다.
- ▶ 실습 과제의 프로그램으로 게임을 하면 이기기가 쉽지 않다. 한 가지 기능을 추가해서 게임이 쉬워지도록 개선한다. 데크 파일이 소진되어 [그림 6.38]에 보인 것처럼 빈 상태가 되면 게임이 끝나는데, 빈 데크 파일에 마우스 왼쪽 버튼을 클릭하면 디스카드 파일의 카드들이 다시 데크 파일에 삽입되어 게임이 이어질 수 있도록 한다.

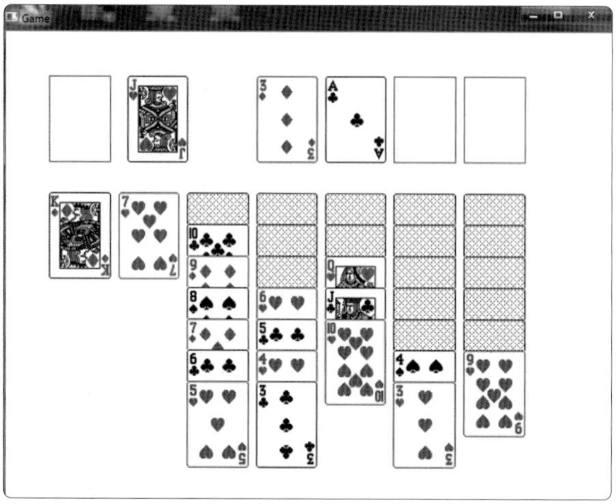

▲ 그림 6.38 ▷ 데크 파일 소진시 디스카드 파일의 카드들을 재사용

프로그램의 어디를 수정해야 할까? 실습 과제의 CardPile::includes 멤버 함수는 프로그램 내에 한 개가 존재하며 소유한 카드들의 includes 멤버 함수를 호출해서 그 결과를 반환한다. 데크 파일은 이 includes 멤버 함수를 상속받는다. 따라서 데크 파일이 빈 상태라면 마우스를 클릭해도 소유한 카드가 없으므로 false를 반환한다.

데크 파일이 빈 상태라도 데크 파일을 선택해서 카드의 재삽입 작업을 연계하려면 CardPile::includes 멤버 함수를 데크 파일에서 재정의해야 한다. 이렇게 하면, 프로그램 내에 CardPile::includes 멤버 함수와 DeckPile::includes 멤버 함수가 존재하게 된다.

프로그램이 allPilePtr 다형 변수를 사용하므로 includes 멤버 함수도 가상 함수로 정의해서 사용자의 마우스 클릭에 따라 실행시 CardPile::includes 함수와 DeckPile::includes 함수 중, 적합한 includes 함수를 실행해야 한다. 데크 파일이 선택되면 데크 파일이 수행해야 할 작업은 DeckPile::select 멤버 함수에서 이뤄진다. 따라서 DeckPile::select 멤버 함수도 수정이 필요하다.

CardPile 클래스의 인터페이스 정의에서 includes 멤버 함수 앞에 virtual 키워드를 붙이고 DeckPile 클래스의 인터페이스 정의에는 다음 코드를 삽입해서 includes 멤버 함수를 재정의한다.

```
virtual bool includes(int, int);
```

이 멤버 함수의 정의는 다음 코드와 같다.

```
bool DeckPile::includes(int x, int y)
{
  if (count == 0) {
    if ((upperLeftX < x) && (x < (upperLeftX + Card::CardWidth))) {
      if ((upperLeftY < y) && (y < (upperLeftY + Card::CardHeight)))
        return true;
    }
    return false;
  }
  else {
    return(CardPile::includes(x, y));
  }
}
```

위 코드에서 소유한 카드가 있으면, CardPile::includes 멤버 함수의 경우와 같으므로 else 절은 CardPile::includes 멤버 함수를 호출해서 반환된 결과를 반환한다. 소유한 카드가 없으면, 데크 파일이 차지한 영역이 곧 카드의 크기이므로 클릭점의 포함 여부를 자신의 왼쪽 위 꼭짓점과 카드의 크기로 판단한다. CardWidth와 CardHeight는 Card 클래스에 정의한 정적 멤버 상수이다.

DeckPile::select 멤버 함수는 다음 코드처럼 변경한다.

```
void DeckPile::select()
{
  if (count > 0) {
    CardPtr c = topCard();
    c->flip();
    GameApp::allPilePtr[1]->addCard(c);
  }
  else {
    int cardCount = GameApp::allPilePtr[1]->count;
    for (int i = 0; i < cardCount; ++i) {
      CardPtr c = GameApp::allPilePtr[1]->topCard();
      c->flip();
      addCard(c);
    }
  }
}
```

데크 파일이 빈 상태인 경우를 처리하기 위해서 위 코드처럼 else 절을 추가한다. else 절은 allPilePtr[1]이 가리키는 디스카드 파일 객체의 카드 개수를 cardCount 지역 변수에 저장한다. for 문은 카드의 개수만큼 topCard 멤버 함수를 호출해서 디스카드 파일로부터 카드를 꺼내고 꺼낸 카드를 뒤집어서 뒷면인 상태로 변경한 후, addCard 멤버 함수를 호출해서 자기 자신에게 삽입한다. 디스카드 파일 객체의 topCard 멤버 함수를 호출하면 디스카드 파일 객체의 count 멤버 변수의 값이 감소되므로 디스카드 파일 객체의 처음 count 멤버 변수의 값을 cardCount 변수에 저장해서 for 문의 제어 변수로 사용해야 한다.

** 3.3 응용 과제 3

✓ Check Point stack 컨테이너

- ▶ 응용 과제 2를 발전시킨다.
- ▶ 응용 과제 2에 한 가지 기능을 더 추가해서 게임이 더욱 쉬워지도록 한다. 테이블 파일 간에 카드 그룹의 이동을 지원한다. [그림 6.39]에 보인 것처럼 마우스 오른쪽 버튼으로 클로버 8을 클릭하면 타원으로 묶은 카드 그룹이 하트 9 위로 이동된다.

[그림 6.39]에서 타원으로 묶은 네 장의 카드 그룹을 이동시키기 위해서, topCard 멤버 함수를 이용해 하트 5부터 차례대로 네 장을 세 번째 테이블 파일로부터 빼내 보관했다가 addCard 멤버 함수를 이용해서 그 역순으로 일곱 번째 테이블 파일에 삽입하면 된다. 카드들을 저장했다가 저장된 순서의 역순으로 카드들을 꺼내올 수 있는 컨테이너로는 3장의 "2.5.1 Stack 템플릿 클래스" 절에서 정의한 Stack 템플릿 클래스를 사용하면 적합할 것이나 이번 과제에서는 C++가 제공하는 stack 컨테이너를 사용해 보기로 하자.

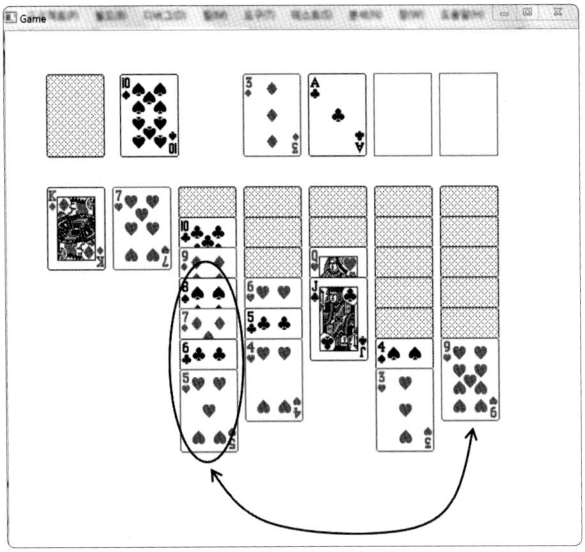

▲ 그림 6.39 ▷ 카드 그룹의 이동

STL의 stack이나 queue와 같은 컨테이너들은 vector나 list와 같은 순차 컨테이너를 사용해서 구현됐는데, 이처럼 순차 컨테이너에 특정 기능을 덧씌워 정의한 컨테이너들을 컨테이너 어댑터 container adaptor라고 부른다.

마우스로 테이블 파일을 선택하면 실행되는 멤버 함수는 파라미터를 사용하지 않는 TablePile::select 함수이다. 그러나 이번 과제에서는 테이블 파일 내에서 어떤 카드를 선택했는지 조사할 수 있어야 하므로 클릭점 (x, y)를 파라미터로 사용하는 TablePile::select(int, int) 멤버 함수를 오버로딩해서 추가한다. 다음 코드처럼 멤버 함수의 선언을 TablePile 클래스에 추가한다.

```
virtual void select(int, int);
```

다음 코드처럼 이 함수를 구현한 Pile.cpp 파일에는 <stack> 헤더 파일을 포함한다.

```
void TablePile::select(int x, int y)
{
  for (int k = count; k > 0; k--) {
    if (theCards[k - 1]->includes(x, y) && theCards[k - 1]->faceUp) {
      for (int i = 6; i <= 12; i++) {
        if (GameApp::allPilePtr[i]->canTake(theCards[k - 1])) {
          std::stack<CardPtr> cardStack;          // 빈 스택 생성
          int cnt = count;
          for (int j = cnt; j > k - 1; j--)
            cardStack.push(topCard());
          for (int m = cnt; m > k - 1; m--) {
            CardPtr c = cardStack.top();
            cardStack.pop();
            GameApp::allPilePtr[i]->addCard(c);
          }
          break;
        }
      }
      break;
    }
  }
}
```

위 코드에서 첫 번째 for 문은 소유한 모든 카드에 대해 클릭점을 포함하고 앞면인 상태인지 제일 위 카드부터 if 문으로 조사한다. 이러한 카드가 있다면, 두 번째 for 문과 if 문으로 테이블 파일들의 canTake 멤버 함수를 호출해서 이 카드를 받을 수 있는지 조사한다. 이러한 테이블 파일이 있다면 카드 그룹을 옮기는 작업을 시작한다.

우선, std::stack<CardPtr> 클래스로부터 카드 객체의 포인터를 저장하는 빈 스택 객체 cardStack을 생성한다. topCard 멤버 함수를 실행하면 테이블 파일이 소유한 카드들의 개수를 나타내는 count의 값이 감소되므로 테이블 파일의 현재 카드의 개수를 cnt 지역 변수에 저장해 둔다.

cnt - (k - 1)의 값이 이동될 그룹의 카드 개수이므로, 세 번째 for 문은 이 개수만큼 topCard 멤버 함수를 호출해서 카드의 포인터들을 빼내고 이 포인터들을 cardStack 객체에 푸시해서 넣는다. 마지막 for 문은 카드 그룹을 받을 수 있다고 했던 파일 객체 allPilePtr[i]가 가리키는에게 빼낸 역순으로 카드들을 삽입하는 작업을 수행한다.

std::stack 클래스의 pop 멤버 함수는 3장의 "2.5.1 Stack 템플릿 클래스" 절에서 작성한 Stack 클래스와 달리 마지막 원소를 반환하지 않고 제거만 한다. 따라서 마지막 원소를 반환하는 top 멤버 함수를 호출해서 제거하기 전에 원소를 받아 놓아야 한다. 반환된 카드 객체의 포인터는 addCard 멤버 함수를 호출해서 해당 파일 객체 allPilePtr[i]가 가리키는에게 삽입한다.

카드 그룹을 옮기는 작업이 완료되면 더 이상 다른 테이블 파일 객체들을 조사할 필요가 없으므로, 첫 번째 break 문으로 두 번째 for 문을 벗어난다. 더 이상 카드들도 조사할 필요가 없으므로 두 번째 break 문으로 첫 번째 for 문을 벗어난다.

마우스 오른쪽 버튼을 클릭해서 카드 그룹을 옮겨야 하므로 GameApp 클래스의 인터페이스 정의에 다음 코드를 추가한다.

```
void mouseRDown(int, int);
```

이 함수의 구현은 다음 코드와 같다.

```
void GameApp::mouseRDown(int x, int y)
{
  for (int i = 6; i <= 12; i++) {
    if (GameApp::allPilePtr[i]->includes(x, y)) {
      GameApp::allPilePtr[i]->select(x, y);
      break;
    }
  }
  clearAndUpdate();
}
```

위 코드에서 카드 그룹의 이동은 테이블 파일 간에만 허용되므로 for 문의 i는 테이블 파일들의 인덱스인 6부터 12까지 변한다. 클릭점을 포함하는 테이블 파일이 있으면, 클릭점을 전달하면서 오버로딩된 select 멤버 함수를 호출한다.

** 3.4 응용 과제 4

✓ **Check Point** 정적 변수, 애니메이션, 재귀 호출

- ▶ 응용 과제 3을 발전시킨다.
- ▶ 게임에 이기면 [그림 6.40]에 보인 것처럼 첫 번째 수트 파일의 첫 번째 카드를 애니메이션시킨다. 이 카드는 x축과 y축으로 한 번에 10픽셀씩 일정한 간격으로 움직이다가 윈도우의 벽에 부딪히면 반사각으로 튕기면서 일정 시간 동안 윈도우 내에서 애니메이션된다. 시간이 지나면 애니메이션을 멈추고 프로그램을 종료한다.

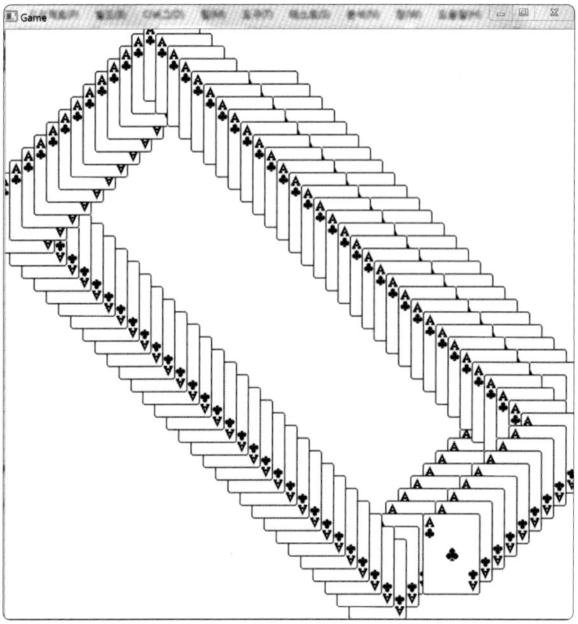

▲ 그림 6.40 ▷ 카드의 애니메이션

다음 코드처럼 bool 타입의 멤버 변수 winGame을 GameApp 클래스의 인터페이스 정의에 추가하고 false로 초기화한다. 이 값이 true이면 게임에 이긴 것을 의미한다.

```
bool winGame = false;
```

게임에 이긴 것은 어디서 감지할 수 있을까? mouseDown 멤버 함수에서 감지하도록 해 보자. 다음은 mouseDown 멤버 함수에서 clearAndUpdate 함수 호출 전에 게임에 이긴 것을 감지하기 위한 코드이다. 게임에 이기는 조건은 수트 파일들이 소유한 카드의 개수가 모두 13일 때이다. 이 조건이 만족되면 winGame 멤버 변수의 값을 true로 변경한다.

```
if ((GameApp::allPilePtr[2]->count == 13) &&
    (GameApp::allPilePtr[3]->count == 13) &&
    (GameApp::allPilePtr[4]->count == 13) &&
    (GameApp::allPilePtr[5]->count == 13)) {
  winGame = true;
}
```

애니메이션 작업은 윈도우에 그림을 전담해서 그리는 paint 멤버 함수에 코딩한다. 다음 코드는 변경된 paint 멤버 함수를 보인 것이다.

```
void GameApp::paint()
{
  static int aniCount = 0;
  static int tx = 15, ty = 15;
  if (!winGame) {
    for (auto it = allPilePtr.begin(); it != allPilePtr.end(); ++it)
      (*it)->display(*this);
  }
  else {
    CardPtr c = GameApp::allPilePtr[2]->theCards[0];
    c->draw(*this);
    c->moveTo(c->upperLeftX + tx, c->upperLeftY + ty);
    if ((c->upperLeftX < 0) ||
        (c->upperLeftX + Card::CardWidth > width()))
      tx = -tx;
    if ((c->upperLeftY < 0) ||
        (c->upperLeftY + Card::CardHeight > height()))
      ty = -ty;
    for (int m = 0; m < 10000; m++) for (int n = 0; n < 1000; n++) {}
    aniCount += 1;
    if (aniCount < 800)
      update();
    else
      quit();
  }
}
```

위 코드의 paint 함수는 C의 정적 변수 static variable를 사용한다. C의 정적 변수는 C++의 정적 멤버 변수나 헤더 파일 작성시 변수의 내부 링킹을 지정하기 위해 사용하는 static 속성과 구별하도록 하자. static 속성으로 정의한 aniCount, tx, ty 정적 변수는 paint 멤버 함수의 지역 변수이지만 전역 변수처럼 paint 멤버 함수가 종료돼도 배정된 값을 유지했다가 다음 paint 멤버 함수 호출 때 유지된 값을 사용하는 변수이다.

첫 번째 if 문에서 winGame 멤버 변수의 값이 false이면 실습 과제처럼 모든 파일을 그리고 true이면 else 절에서 애니메이션 작업을 진행한다. 애니메이션은 첫 번째 수트 파일의 제일 위 카드를 그리고 주어진 거리만큼 이동시키는 작업을 일정 시간 동안 반복해서 구현한다. 이 반복 작업은 aniCount 정적 변수를 사용해서 800번 이뤄진다. aniCount 변수는 처음에 0으로 초기화하고 한 번의 작업이 끝나면 1만큼 증가시킨다. aniCount의 값이 마지막 if 문에서 800보다 작으면 update 멤버 함수를 호출하고 800 이상이면 quit 멤버 함수로 프로그램을 종료한다.

pclaf의 update 멤버 함수는 clearAndUpdate 멤버 함수와 달리 이전 그림을 유지하고 그 위에 새로운 그림을 그리기 위해 paint 멤버 함수를 호출하므로 애니메이션 효과를 더욱 즐길 수 있게 해 준다. 따라서 paint 멤버 함수 내에서 paint 멤버 함수를 호출하는 재귀 호출 recursive call의 효과를 내지만 일반적인 재귀 호출과 동작 원리가 정확하게 일치하지는 않는다. aniCount는 정적 변수이므로 매 paint 멤버 함수 호출 때마다 증가된 값을 계속 유지한다.

다음 코드는 일반적인 재귀 호출을 사용하는 예이다.

```
#include <iostream>

int mult(int n, int k = 2)          // k = 2가 디폴트
{
  if(k == 2)
    return (n * n);
  else
    return (mult(n, k-1) * n);
}

int main()
{
```

```
    std::cout << mult(5, 5) << std::endl;     // 5^5를 출력
    std::cout << mult(5) << std::endl;        // 5 * 5를 출력
    return 0;
}
```

위 코드에서 mult 함수는 n^k 값을 반환한다. mult 함수의 두 번째 파라미터를 지정하지 않으면 디폴트값인 2가 사용된다. main 함수에서 mult(5, 5)의 호출은 [그림 6.41]에 보인 것처럼 처리된다.

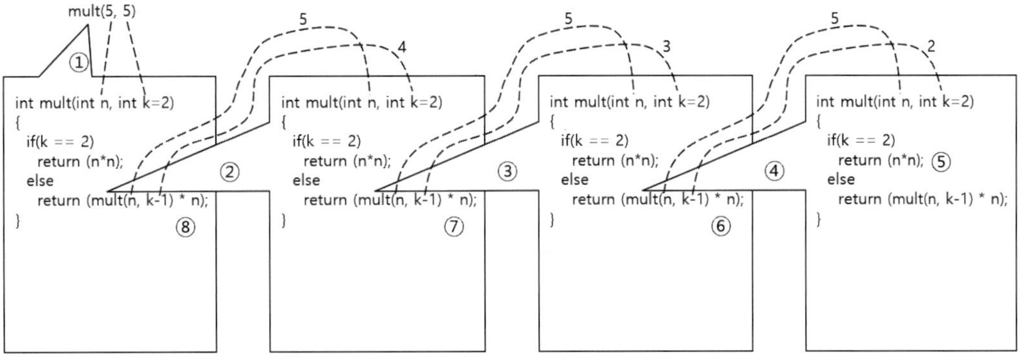

▲ 그림 6.41 ▷ 재귀 호출의 과정

①, ②, ③, ④에 보인 것처럼 mult 함수의 두 번째 파라미터값이 1씩 감소하면서 세 번의 재귀 호출이 이뤄진다.

⑤에 보인 것처럼 k 파라미터에 2가 전달되어 5 * 5가 반환된다.

⑥에 보인 것처럼 재귀 호출이 풀려 나오면서 25 * 5가 실행되어 125가 반환된다.

⑦에 보인 것처럼 125 * 5가 실행되어 625가 반환된다.

⑧에 보인 것처럼 625 * 5가 실행되어 3125가 반환된다.

pclaf의 paint 멤버 함수인 경우는 [그림 6.42]에 보인 것처럼 첫 번째 paint 멤버 함수의 실행이 완료된 후, 두 번째 paint 멤버 함수가 실행되고 두 번째 paint 멤버 함수가 완료된 후, 세 번째 paint 멤버 함수가 실행되는 형식으로 진행되며 801번째 paint 멤버 함수가 종료되면 일반 재귀 호출처럼 풀려 나오는 과정이 없다. 정적 변수인 aniCount가 재귀 호출의 횟수를 제어하는 역할을 한다.

다시 paint 멤버 함수의 else 절을 살펴보자. allPilePtr[2]->theCards[0]이 가리키는 첫 번째 수트 파일의 제일 위 카드 객체의 포인터를 c 변수에 저장한다. 이 카드를 그리고 tx와 ty만큼 이동시킨다. else 절의 첫 번째 if 문은 이동된 카드가 차지하는 영역의 왼쪽 x 좌표와 오른쪽 x 좌표가 윈도우의 왼쪽과 오른쪽 벽에 부딪히는지 조사한다.

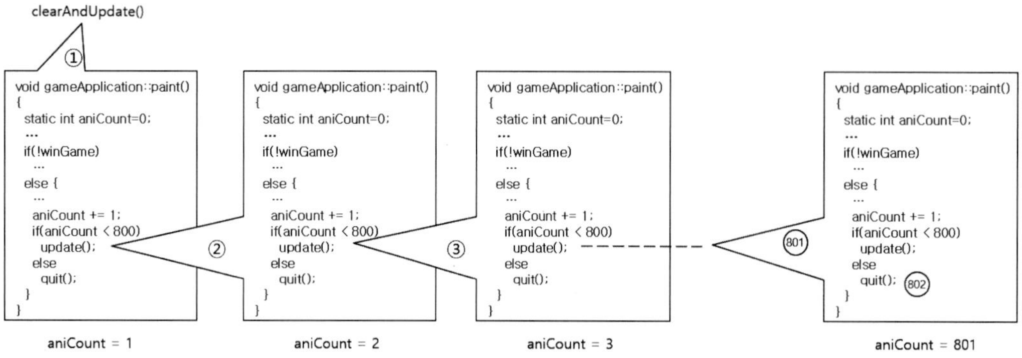

▲ 그림 6.42 ▷ paint 멤버 함수의 재귀 호출

width 함수는 pclaf의 Window 클래스에 정의되어 윈도우 객체가 상속받은 멤버 함수인데, 현재 윈도우의 폭을 반환한다. 벽에 부딪힌 경우, tx 값의 부호를 변경해서 이어지는 x축으로의 이동은 반대 방향으로 이뤄지도록 한다. tx와 ty는 정적 변수이므로 paint 멤버 함수 호출 간에 갱신된 값을 유지한다. y축으로의 이동도 마찬가지로 두 번째 if 문으로 처리한다.

내포된 for 문은 애니메이션의 장면과 장면 사이에 지연 시간을 두어 애니메이션 효과를 내기 위해서 사용된다. 지연 시간이 없으면 장면들이 너무 빨리 지나가 애니메이션의 효과를 제대로 낼 수 없다. 애니메이션의 한 장면에 대한 작업이 완료됐으며 이 작업은 [그림 6.42]에 보인 것처럼 재귀 호출 형태로 800번 반복된다.

연습 문제 04

✓ 연습 문제 1

- 3장의 응용 과제 1을 발전시킨다.
- 3장의 응용 과제 1에서 main 함수를 제거하고 STL의 multimap 컨테이너를 활용하기 위해서 <map> 헤더 파일을 포함한다. 다음의 main 코드가 실행되어 [그림 6.43]에 보인 결과를 얻도록 ...... 부분을 채워서 프로그램을 완성한다.
- multimap 컨테이너는 키의 중복을 허용한다. 따라서 지정된 키를 갖는 모든 원소를 검색하기 위해서 equal_range 멤버 함수를 사용하는데, 이 함수는 주어진 키와 매칭되는 원소들을 검색해서 그 시작 원소의 반복자와 마지막 원소의 다음 반복자를 pair 객체 형태로 반환한다. 따라서 pair 객체의 타입은 pair<multimap<string, CoinMoney>::iterator, multimap<string, CoinMoney>::iterator>로 지정된다. 따라서 pair 객체의 첫 번째와 두 번째 원소의 타입은 multimap<string, CoinMoney> 컨테이너의 반복자 타입이다.

```
multimap<string, CoinMoney> coinMap;
CoinMoney m1{ 1, 2, 3 };
CoinMoney m2{ 3, 4, 5 };
CoinMoney m3{ 3, 2, 1 };
CoinMoney m4{ 2, 4, 3 };
CoinMoney m5{ 4, 3, 2 };
CoinMoney m6{ 3, 4, 3 };
coinMap.insert({
  { "doohun", m1 }, { "doohun", m2 }, { "doohun", m3 },
  { "youngmi", m4 }, { "doohun", m5 }, { "youngmi", m6 }
});
......
cout << "한 원소 검색:" << endl;
string name = "youngmi";
......
cout << "모든 원소 검색:" << endl;
pair<multimap<string, CoinMoney>::iterator,
multimap<string, CoinMoney>::iterator> ret;
ret = coinMap.equal_range(name);
for (it = ret.first; it != ret.second; ++it)
  cout << (*it).first << ": " << (*it).second;
```

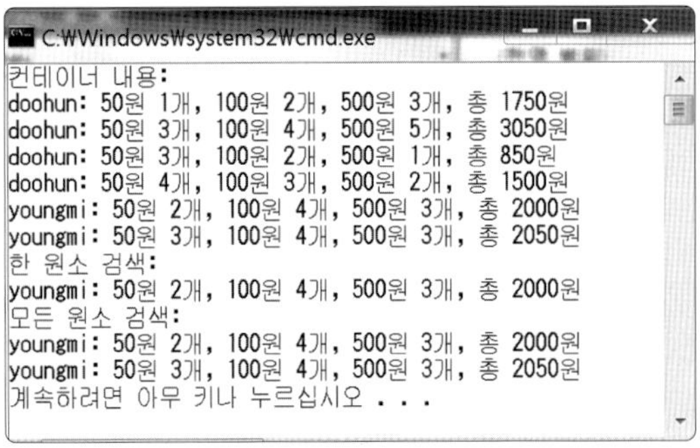

```
C:\Windows\system32\cmd.exe
컨테이너 내용:
doohun: 50원 1개, 100원 2개, 500원 3개, 총 1750원
doohun: 50원 3개, 100원 4개, 500원 5개, 총 3050원
doohun: 50원 3개, 100원 2개, 500원 1개, 총 850원
doohun: 50원 4개, 100원 3개, 500원 2개, 총 1500원
youngmi: 50원 2개, 100원 4개, 500원 3개, 총 2000원
youngmi: 50원 3개, 100원 4개, 500원 3개, 총 2050원
한 원소 검색:
youngmi: 50원 2개, 100원 4개, 500원 3개, 총 2000원
모든 원소 검색:
youngmi: 50원 2개, 100원 4개, 500원 3개, 총 2000원
youngmi: 50원 3개, 100원 4개, 500원 3개, 총 2050원
계속하려면 아무 키나 누르십시오 . . .
```

▲ 그림 6.43 ▷ multimap 컨테이너의 활용

✓ 연습 문제 2

- ▶ 연습 문제 1을 발전시킨다.
- ▶ 연습 문제 1에서 동전 다발의 소유자인 "doohun"과 "youngmi"를 STL의 set<string> 컨테이너에 저장하고 [그림 6.44]의 왼쪽 그림에 보인 것처럼 콘솔로부터 이름을 입력받아 이 이름이 저장된 동전 다발의 소유자면 해당 동전 다발들을 모두 출력한다. 입력받은 이름이 동전 다발의 소유자가 아니면 오른쪽 그림처럼 메시지를 출력한다.

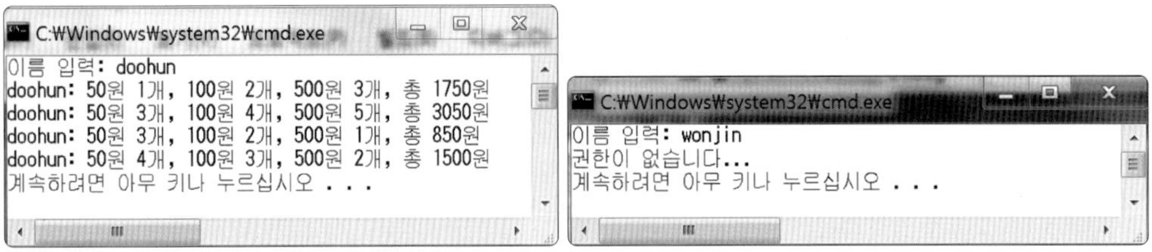

```
C:\Windows\system32\cmd.exe
이름 입력: doohun
doohun: 50원 1개, 100원 2개, 500원 3개, 총 1750원
doohun: 50원 3개, 100원 4개, 500원 5개, 총 3050원
doohun: 50원 3개, 100원 2개, 500원 1개, 총 850원
doohun: 50원 4개, 100원 3개, 500원 2개, 총 1500원
계속하려면 아무 키나 누르십시오 . . .
```

```
C:\Windows\system32\cmd.exe
이름 입력: wonjin
권한이 없습니다...
계속하려면 아무 키나 누르십시오 . . .
```

▲ 그림 6.44 ▷ multimap과 set 컨테이너의 활용

✓ 연습 문제 3

- ▶ 응용 과제 1을 발전시킨다.
- ▶ [그림 6.45]에 보인 것처럼 저장된 동전 다발 중, 값이 5000원 이상인 첫 번째 동전 다발을 검색해서 출력하도록 다음의 main 함수의 코드를 완성한다. find_if 알고리즘과 람다 함수를 사용한다.

```
Array<CoinMoney> coinContainer(10);
for (int i = 0; i < coinContainer.get_size(); ++i) {
  CoinMoney m(i, i + 1, i + 2);
  coinContainer[i] = m;
}
for (const CoinMoney& cm : coinContainer)
  cout << cm;
int moneyValue = 5000;
.....
```

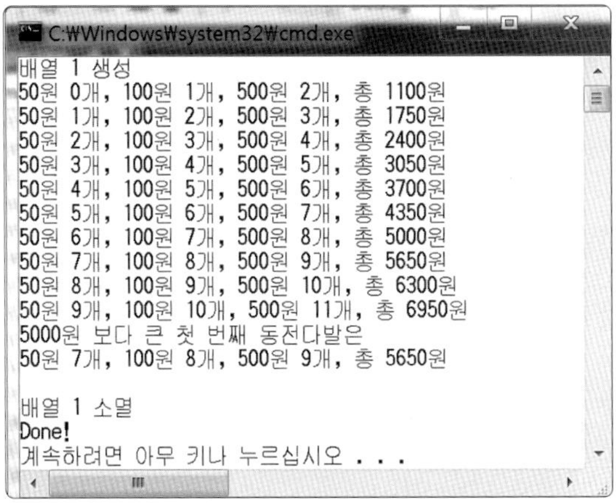

▲ 그림 6.45 ▷ Array 템플릿 클래스에 적용한 find_if 알고리즘과 람다 함수

✓ ** 연습 문제 4

- ▶ 연습 문제 3을 발전시킨다.
- ▶ 연습 문제 3번의 프로그램을 람다 함수 대신 bind 함수를 사용해서 재작성한다.

✓ ** 연습 문제 5

- ▶ 응용 과제 1을 발전시킨다.
- ▶ [그림 6.46]에 보인 것처럼 저장된 동전 다발들을 내림차순으로 정렬해서 출력하도록 다음의 main 함수의 코드를 완성한다. sort 알고리즘과 람다 함수를 사용한다.

```
Array<CoinMoney> coinContainer(10);
for (int i = 0; i < coinContainer.get_size(); ++i) {
  CoinMoney m(i, i + 1, i + 2);
  coinContainer[i] = m;
}
for (const CoinMoney& cm : coinContainer)
  cout << cm;
.....
```

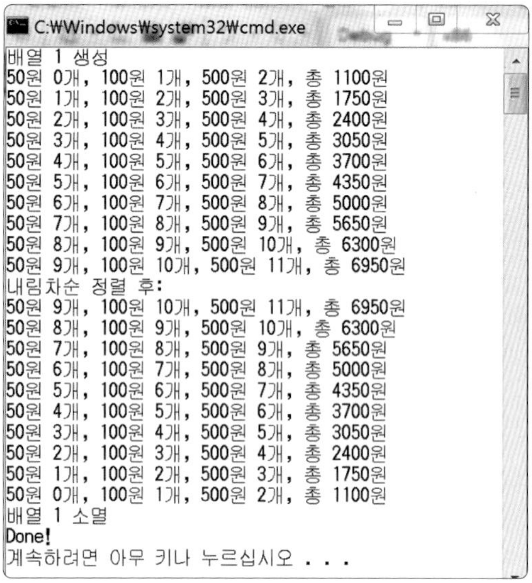

▲ 그림 6.46 ▷ Array 템플릿 클래스에 적용한 sort 알고리즘과 람다 함수

✓ ** 연습 문제 6

- ▶ 연습 문제 5를 발전시킨다.
- ▶ 연습 문제 5의 프로그램을 람다 함수 대신 bind 함수를 사용해서 작성한다. bind 함수가 사용하는 greaterCoin 전역 함수는 파라미터를 두 개 사용하므로 bind 함수는 다음 코드처럼 _1과 _2의 자리표시자를 두 개 사용한다. greaterCoin 전역 함수는 상수 레퍼런스 파라미터로 전달받은 두 개의 동전 다발을 비교해서 첫 번째 동전 다발이 크면 true를 반환한다.

```
sort(coinContainer.begin(), coinContainer.end(),
       bind(greaterCoin, _1, _2));
```

✓ 연습 문제 7

▶ 실습 과제를 발전시킨다.

▶ 게임 중, 마우스 오른쪽 버튼을 클릭해서 이동시킬 테이블 파일을 선택하고, 오른쪽 버튼을 이동시킬 위치에 한 번 더 클릭하면 선택된 테이블 파일이 [그림 6.47]에 보인 것처럼 이동된다. GameApp.cpp 파일에 다음 코드처럼 두 개의 전역 변수를 정의해서 사용한다. movingPilePtr 변수는 선택된 테이블 파일의 포인터를 저장하는 용도로 사용한다. CardPile 클래스에는 moveTo 멤버 함수를 추가한다.

```
bool firstClick = true;
CardPilePtr movingPilePtr = nullptr;
```

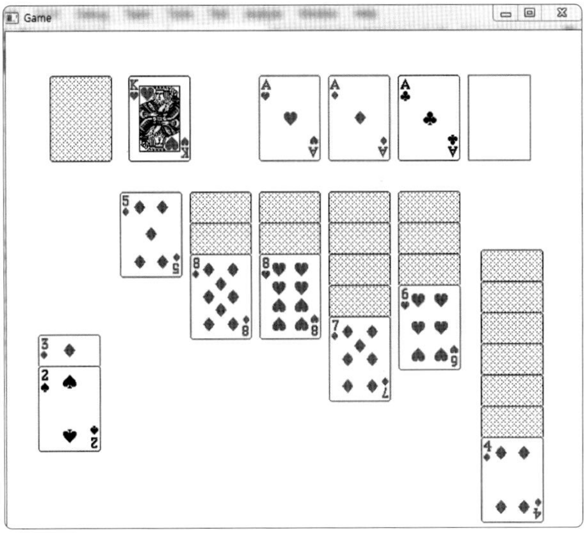

▲ 그림 6.47 ▷ 테이블 파일의 이동

✓ 연습 문제 8

▶ 실습 과제를 발전시킨다.

▶ 게임 중, 마우스 오른쪽 버튼을 클릭하면 [그림 6.48]에 보인 것처럼 새로운 게임이 시작된다.

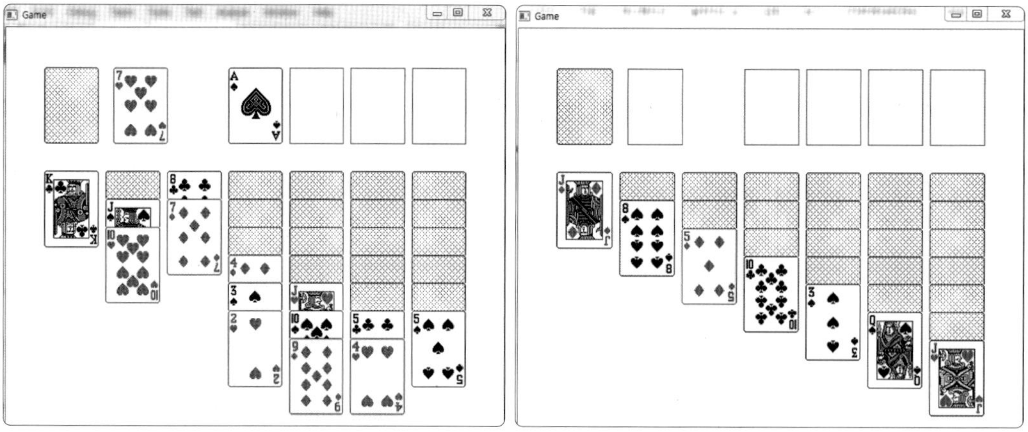

▲ 그림 6.48 ▷ 게임의 초기화

✓ 연습 문제 9

- ▶ 실습 과제를 발전시킨다.
- ▶ [그림 6.49]에 보인 것처럼 점수를 부여하도록 수정한다. 디스카드 파일과 테이블 파일에서 카드가 이동되면 2점을 부여한다. GameApp.h와 GameApp.cpp 파일에 점수를 관리하고 출력하는 ScoreManager 클래스를 다음 코드처럼 정의하고 이 클래스의 객체 score를 GameApp 클래스의 정적 멤버 변수로 사용한다.

```
class ScoreManager {
public:
  ScoreManager(int);
  void plusScore(int);
  void minusScore(int);
  void printScore(Application&);
private:
  int totalScore;
};
```

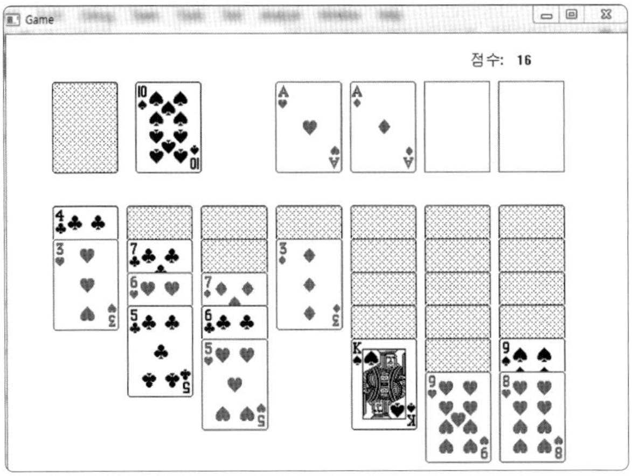

▲ 그림 6.49 ▷ 점수 기능의 추가

✓ ** 연습 문제 10

▶ 실습 과제를 발전시킨다.

▶ [그림 6.50]에 보인 것처럼 카드 게임을 프리셀 게임으로 발전시킨다. 프리셀 게임의 초기 화면은 왼쪽 그림처럼 빈 버퍼 파일 네 개, 빈 수트 파일 네 개, 테이블 파일 여덟 개로 구성된다. 테이블 파일 중, 왼쪽에 위치한 네 개의 테이블 파일에는 일곱 장의 카드들이 임의로 배분되고 나머지 네 개의 테이블 파일에는 여섯 장씩 배분된다.

▶ 데크 파일은 존재하나 화면에 표시되지 않는다. 게임은 오른쪽 그림처럼 진행되어 수트 파일에 무늬별로 에이스부터 킹까지 쌓으면 이기고 중간에 막히면 진다. 수트 파일, 테이블 파일은 실습 과제의 수트 파일, 테이블 파일과 똑같이 동작한다. 단, 빈 테이블 파일이 생기면 카드 게임인 경우는 이 파일에 킹 카드만 이동될 수 있지만 프리셀 게임은 어떤 카드라도 이동될 수 있다. 또한, 카드 게임과 달리 카드 그룹의 이동은 허용되지 않는다.

▶ 버퍼 파일은 한 장의 카드를 임시로 보관하는 파일로서 한 장 이상의 카드를 저장할 수 없다.

▶ 각 파일은 마우스 버튼 클릭에 다음처럼 반응한다.

① **테이블 파일** : 마우스 왼쪽 버튼을 클릭하면 나머지 테이블 파일이나 수트 파일 중, 제일 위 카드를 받을 수 있는 파일로 카드가 이동된다. 마우스 오른쪽 버튼을 클릭하면 제일 위 카드가 빈 버퍼 파일로 이동된다.

② **버퍼 파일** : 마우스 왼쪽 버튼을 클릭하면 수트 파일이나 테이블 파일 중, 현재 카드를 받을 수 있는 파일로 카드가 이동된다. 마우스 오른쪽 버튼에는 반응하지 않는다.

③ **수트 파일** : 마우스 왼쪽과 오른쪽 버튼에 반응하지 않는다.

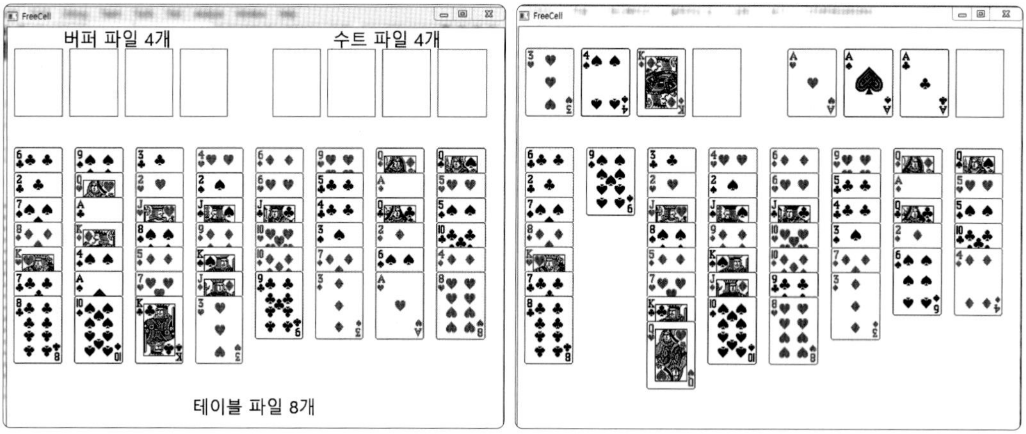

▲ 그림 6.50 ▷ 프리셀 게임

▶ [그림 6.51]에 보인 클래스 계층구조는 카드 게임의 카드 파일 클래스 계층구조를 프리셀 게임에 맞게 변경한 것이다. 카드 게임의 DiscardPile 클래스를 BufferPile 클래스로 변경했다. 또한, 추가되는 멤버 함수는 진하게 표시했고 삭제되는 멤버 함수는 삭제 기호로 표시했다. 데크 파일은 화면에 표시되지 않지만, 초기에 테이블 파일에 임의의 카드들을 배분하기 위해 사용한다.

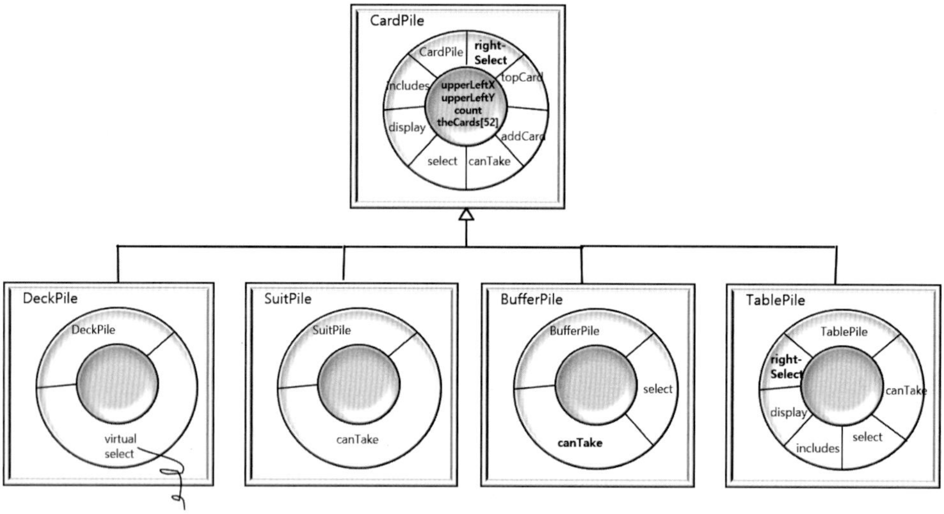

▲ 그림 6.51 ▷ 프리셀 게임의 카드 파일 클래스 계층구조

찾아보기

A

B

C

D

E

F

G

H

I

L

M

N

O

P

Q

R

S

T

U

V

W

ㄱ

ㅈ